名家名著

DDD Series

博碩文化

實戰領域驅動設計

VAUGHN VERNON

Implementing Domain-Driven Design

高效軟體開發的正確觀點、
應用策略與實作指引

錢亞宏　翻譯
博碩文化 何芃穎　審校
搞笑談軟工 *Teddy Chen*　專文推薦

實戰領域驅動設計

VAUGHN VERNON

Implementing Domain-Driven Design
高效軟體開發的正確觀點、
應用策略與實作指引

錢亞宏 翻譯
博碩文化 何芃穎 審校
搞笑談軟工 Teddy Chen 專文推薦

本書如有破損或裝訂錯誤，請寄回本公司更換

作　　者：Vaughn Vernon
譯　　者：錢亞宏
責任編輯：何芃穎

董 事 長：曾梓翔
總 編 輯：陳錦輝

出　　版：博碩文化股份有限公司
地　　址：221 新北市汐止區新台五路一段 112 號 10 樓 A 棟
　　　　　電話 (02) 2696-2869　傳真 (02) 2696-2867

發　　行：博碩文化股份有限公司
郵撥帳號：17484299　戶名：博碩文化股份有限公司
博碩網站：http://www.drmaster.com.tw
讀者服務信箱：dr26962869@gmail.com
訂購服務專線：(02) 2696-2869 分機 238、519
（週一至週五 09:30 ～ 12:00；13:30 ～ 17:00）

版　　次：2024 年 5 月初版一刷

建議零售價：新台幣 1280 元
I S B N：978-626-333-815-9
律師顧問：鳴權法律事務所 陳曉鳴律師

商標聲明

有限擔保責任聲明

著作權聲明

國家圖書館出版品預行編目資料

實戰領域驅動設計：高效軟體開發的正確觀點、應用策略與實作指引 / Vaughn Vernon 著；錢亞宏譯.
-- 初版 . -- 新北市：博碩文化股份有限公司, 2024.05
面；　公分 譯自：Implementing domain-driven design.

ISBN 978-626-333-815-9（平裝）

1.CST: 軟體研發 2.CST: 物件導向程式
3.CST: 電腦程式設計

312.2　　　　　　　　　　　　　113003680

Printed in Taiwan

博碩粉絲團

歡迎團體訂購，另有優惠，請洽服務專線
(02) 2696-2869 分機 238、519

本書獻給我最親愛的 Nicole 與 Tristan，
感謝你們的愛、支持與耐心

Contents

目錄

Chapter 1　DDD 入門

Chapter 2　領域，子領域，Bounded Context

Chapter 3 情境地圖

Chapter 4 架構

Chapter 5　實體

Chapter 6　值物件

Chapter 7　領域服務

Chapter 8　領域事件

Chapter 9　模組

Chapter 10　聚合

Chapter 11　工廠

Chapter 12　Repository

Chapter 13　整合 Bounded Contexts

Chapter 14　應用程式

Appendix A　聚合與事件溯源（A+ES）

參考資料

Foreword
推薦序

Vaughn Vernon 在本書中以一種獨到的方式向我們展示了何謂「領域驅動設計」（Domain-Driven Design, DDD），包含嶄新的概念解說、新的範例以及獨特的主題編排方式，個人相信，這種創新方法將幫助人們掌握 DDD 的精髓，尤其是聚合（Aggregate）、Bounded Context（有界情境）這類抽象的概念。畢竟每個人的觀點與解讀方式都不一樣，若沒有多角度的詮釋，是很難理解這些抽象概念的。

除此之外，本書也彙整了過去這九年領域驅動設計上的一些觀點，這些理論已出現在各大論文與研討會講稿中，卻始終沒有一本書將它們統整起來。而這本書，它將領域事件（Domain Event）、實體（Entity）及值物件（Value Object）視為模型的建構區塊；它討論了「大泥球」（Big Ball of Mud）問題，並試圖以情境地圖（Context Map）來解決這個議題；它詳盡說明了何以六角架構（hexagonal architecture）比傳統的分層架構（layered architecture）更能清楚描述領域驅動設計的概念。

個人大概是在兩年前第一次接觸到這本書的內容（雖然那時 Vaughn 已經動手編寫這本書一段時間了）。那是第一屆的 DDD 高峰會，我們當中的幾名與會者都致力於一些特定主題的撰寫工作，這些主題我們認為有新的觀點或社群需要具體的指引方向。而那時 Vaughn 接下了「聚合」主題的寫作挑戰，寫出了一系列關於聚合的出色文章（後來也成為了本書的其中一章）。

在高峰會上我們還達成了一項共識，那就是如果能夠對某些 DDD 設計做出規範，將會對業界更有幫助。老實說，軟體開發遇到的問題幾乎都要「視情況」來找出答案，但這並不是那些渴望學習新技術的人會想要聽到的回答。對於正在學習新知的人來說，

需要明確的指引。經驗法則未必要適用於所有情況，這些經驗通常是行之有效的首選方法，透過明確果斷的指導原則，能夠傳達出解決問題的方法背後的理論。Vaughn 的這本書在提供簡單明確的指引與討論複雜的實務權衡之間，也取得了良好的平衡，使得內容不至於過於簡化而缺乏深度。

過去被視為可有可無的設計模式（如領域事件），近年來也晉升到 DDD 的主流工具之列，業界中人們也學會把這個模式落實在開發中，並且嘗試運用到各式新架構與技術上。我個人的著作《領域驅動設計》（*Domain-Driven Design*）一書出版近九年，這些年已經累積了不少關於 DDD 的新知識，包括基礎知識新的介紹方式，而 Vaughn 這本書正是對 DDD 有最完整闡述的指引，更為我們帶來了全新的實作觀點。

—— Eric Evans
Domain Language Inc.

Foreword
推薦序

要認真學會領域驅動設計（DDD）至少要讀兩本書，第一本是 Eric Evans 所寫的「DDD 藍皮書」（中文版：《領域驅動設計：軟體核心複雜度的解決方法》），從中了解領域驅動設計的**模式語言（Pattern Language）**。但絕大多數的人，讀了第一本書之後的心得就是腦袋中多了一堆問號，不知如何落實 DDD。

此時，你需要閱讀第二本書，指引你如何實作 DDD。本書，就是屬於這一類的書（博碩出版的另一本《領域驅動設計與 .NET Core：應用 DDD 原則，探索軟體核心複雜度》也屬於這類書籍）。

本書透過開發「敏捷專案管理系統」作為範例，除了具體展示 DDD 藍皮書中重要模式的實作**程式碼**，對於這些模式的**定義**亦提供十分詳盡的說明。例如，本書對於 Aggregate 與 Repository 模式的解釋就更加完整與具體。閱讀 DDD 藍皮書時搭配本書一起服用，學習效果更好。此外，本書還包含在 DDD 藍皮書中沒有提到，但後來 DDD 社群廣泛使用的模式，像是領域事件（Domain Event）、事件溯源（Event Sourcing）、六角架構、命令與查詢責任分離（CQRS）等，兼顧深度與廣度，誠意十足。

本書也是 Teddy 當年學習 DDD 所閱讀的「第二本書」，從中獲益良多，時至今日還是會經常參考書中內容。對於閱讀本書的讀者，Teddy 有兩點提醒。首先，本書英文版出版至今已超過 10 年，書中透過 DomainEventPublisher 直接發布領域事件的做法稍顯過時，與當今主流方式「先將領域事件保存在聚合根（Aggregate Root）」的做法不同，讀者在實作時需稍加留意。其次，本書內容非常紮實，作者苦口婆心闡述 DDD，讀者

在閱讀時不要抱持「一口氣看完整本書」的想法。採用分段式、挑重點與多次閱讀的方式，比較容易吸收書中精華。

對於一本中文版翻譯書而言，翻譯的品質與排版決定了書的價值。本書一如博碩出版的翻譯書籍，具有高水準的翻譯品質與排版，讀者不需擔心買了一本中文翻譯書籍還是看不懂書中的文字含義。

—— Teddy Chen

部落格「搞笑談軟工」板主

2024 年 5 月 11 日

Preface

前言

不可行？那就讓它變成可行。對軟體開發來說，領域驅動設計（DDD）實在是太重要了，因此，必須為有能力的開發人員指供成功實作 DDD 的明確指引。

起飛與降落

在我很小的時候，我父親曾學過駕駛輕型飛機。一有空，我們就會全家一起飛行，有時候飛去另一個機場、在那邊吃過午餐再回來。而當他沒有太多時間卻又想駕駛飛機時，他會只帶著我，在機場上空盤旋、降落再起飛的「蜻蜓點水」飛法。

我們有時也會來趟長途飛行，這時就會準備一張爸爸事先繪製好的航行圖，而小孩子會擔任起領航員，幫忙對照地面上地標的位置，以確保航線沒有偏移。我們超喜歡這項工作，因為要努力辨識出遠方地面上那些小到不行的地標物體特徵，是一件很有挑戰性的事情。事實上，我敢肯定我爸根本不需要我們來導航，因為他光靠儀表板就能清楚知道我們身在何方，他可是有牌的飛行員呢。

從空中俯瞰的經驗，著著實實改變了我的視野。我和爸爸兩個人會時不時飛過我們位於鄉下的房子，而在這幾百英呎的高空中，我看到了過去未曾體會過的另一種「家」的風貌。當爸爸飛過屋子上空，媽媽和我的姐妹們會跑到院子裡朝我們揮手；雖然看不清楚她們的樣子，但我知道是她們沒錯。當然，我們不可能與地面上的人交談，就算打開飛機的窗戶朝地面大喊，他們也是聽不到的。我還能看到把我家與馬路分隔開來的護欄，平時我會像走平衡木一樣在護欄上面走著；但從空中看，那些護欄就像又細又小的編織木。家中的院子很大，每到夏天，我會開著割草機來回修剪草坪；從空中看下去，只看到一大片綠色波浪，看不見任何一絲葉片的輪廓。

　　空中翱翔的時光令我難忘，時至今日仍舊深深刻印在我的腦海裡，彷彿我們父子倆才剛降落、飛機正緩緩滑行著的那個黃昏，恍如昨日一樣。但不論我再怎麼喜歡，飛行終究還是無法取代回到地面的踏實感，「蜻蜓點水」再怎麼美好，終究太過短暫，無法給我真正腳踏實地的感受。

降落於領域驅動設計

很多人第一次接觸到 DDD 的感覺，就像是小朋友搭飛機那樣。從天空看下去的景色讓人難忘，但有時候卻因為視角不同而感覺很陌生，導致我們搞不清楚自己身在何處，從沒想過距離遙遠的兩地從上空俯瞰竟是如此地接近。不過，熟悉 DDD 的老手永遠都很清楚自己身處何地，因為他們早早就設定好了路線，並且一路上遵照導航的指示前進。有很多人內心並不踏實，不知該如何是好，此時需要「穩定降落停好」的能力，然後找到一張可以指引方向、帶領我們通往正確目的地的地圖。

　　Eric Evans 的《領域驅動設計：軟體核心複雜度的解決方法》（*Domain-Driven Design: Tackling Complexity in the Heart of Software*）可說是一本不朽的名著，我深信 Eric 的著作在接下來的幾十年，都會是開發人員的實用指南。如同其他談論設計模式的書，該書提供我們一個從高處俯瞰的視角與寬廣的視野，但是當我們需要了解實作領

域驅動設計的根基時，可能就有點挑戰性了，我們會渴望有更詳盡的範例說明；心想著要是能夠快點降落、在地面停留久一點，甚至開車回家或去到一個熟悉的地方該有多好。

而我的目標之一，就是「帶領各位讀者緩緩降落、停穩飛機，走一條熟悉的路線安全到家」：幫助你們建立起實作 DDD 的自信心，利用熟悉的工具與技術提供參考範例。但我們總不能一直待在舒適圈，所以本書同時也會帶各位跨出去，看看那些從未見過的風景，去到你們從未踏足過的地方。過程可能偶爾顛簸難行，但只要應用正確的策略，仍然可以克服難關安全地抵達終點。在這趟旅途中，你將學到各種能夠整合領域模型的架構與設計模式，有些方法可能你過去未曾聽聞，但你會學會各種戰略性建模整合方式，以及如何開發一個具自主性（autonomous）的服務。

我的用意是提供各位讀者一張地圖，無論是短程還是長程旅行都適用，幫助你輕鬆享受旅途上的風景，不會迷路、不會受傷。

繪製地形與飛行路徑

在軟體開發的過程中，我們常會將一樣事物對映到另一樣事物，比方說：我們把物件對映到資料庫，或是把物件對映到使用者介面然後再反過來，甚至是將物件來回對映在各種應用服務的不同表示法（包括提供給其他系統或應用程式）。也因此，自然也會想要在 Evans 所提出的高階觀點設計模式與實務實作之間，找出一種對映的方式。

即使讀者已經接觸過幾次 DDD，還是有機會從中獲益。在初次接觸 DDD 時，我們往往會將其視作一組技術性的工具，有些人會將這種 DDD 稱之為 DDD-Lite。或許有人曾經關注過實體、服務，甚至大膽嘗試過設計聚合並使用 Repository 進行持久性儲存管理。這些設計模式因為平常比較熟悉，所以採納了進來。在這過程當中，我們可能還會找到一些地方需要使用上值物件。以上這些都屬於偏向技術面的「戰術設計模

式」（tactical design pattern），它們就像外科醫生一般，能夠精準地解決軟體層面上的問題。不過即使是熟悉的工具，戰術性設計模式還是有很多值得探討與學習的地方，我將這些模式對映到實作中，以幫助各位理解。

你是否曾跨出戰術性建模的圈子？你接觸過或甚至逗留過人家說的 DDD 的「另一半領域」——「戰略設計模式」（strategic design pattern）嗎？要是你從沒用過 Bounded Context 或情境地圖（Context Map），那恐怕你也沒有用過所謂的通用語言（Ubiquitous Language）了。

如果要說 Evans 對軟體開發社群有什麼重大「發明」貢獻，那肯定就是通用語言了。至少他所帶出來的通用語言，是從塵封已久的設計智慧之中挖掘出來的。這是一種團隊模式，用於捕捉軟體模型核心業務領域中的概念和術語，是開發團隊（包含業務領域專家在內）實際口語表達會使用到的名詞、形容詞、動詞以及更豐富的表達式。

然而，通用語言不僅僅是字詞而已，如同人類的語言是將人們心中的想法反映出來，通用語言也反映了從事業務領域中領域專家的思維。也因此，軟體和那些為驗證模型而存在的測試項目，都會遵循開發團隊使用的同一套通用語言以確保一致性。通用語言與戰術性和戰略性建模設計模式，有著同等的價值，甚至在某些情況下，比這些設計模式更經得起時間考驗。

簡單說，如果僅僅只是 DDD-Lite，會導致建構出劣質的領域模型。因為通用語言、Bounded Context、情境地圖可以提供我們許多好處，其背後的意義，不僅僅只是一套團隊專業術語而已。在明確的 Bounded Context 中，以通用語言來描述領域模型，能夠增加業務價值，並確保我們朝著正確的方向開發軟體。即使是從技術面的觀點來看，也能夠幫助我們建立品質更好的模型，賦予更豐富有效的行為能力，而且更加精簡、更少錯誤。也因此，我會在本書中提供各種範例實作，幫助你理解這些戰略設計模式。

本書相當於一個 DDD 的地貌路線圖，幫助你體驗戰略與戰術設計工具的好處，透過深入探討細節，讓你對業務價值和技術上的優點有更多了解。

如果我們對 DDD 僅止於紙上談兵，那就太可惜了。拘泥於理論細節，會讓人忘記起飛、從高處也能夠學到的東西。不要讓自己停留在狹隘的地面旅行，鼓起勇氣坐上駕駛座、繫好安全帶，從高空看看不同的風景。透過戰略設計來場模擬飛行，透過 Bounded Context 與情境地圖預先安排好航行計畫，便能通往實作、獲得更廣大的視野。當你成功翱翔於 DDD 的天際，我便心滿意足了。

章節概要

底下將說明本書的各章節內容摘要以及學習目標。

第 1 章：領域驅動設計入門

本章節將會說明採用 DDD 設計的好處，以及如何從中獲得最大的效益。你在這邊將學到如何利用 DDD 去應對開發團隊在專案上所面臨的複雜度議題，並且評估是否適合採用 DDD，同時會將那些常見的替代方案與 DDD 互相比較，以了解它們的問題所在。本章作為學習 DDD 的基礎，說明如何在專案中逐步引進 DDD，甚至指引讀者向組織中的管理階層、領域專家、開發技術團隊成員推銷 DDD 的好處，也能讓你在面臨 DDD 的挑戰時，知道要如何解決問題。

　　本章將以一家虛設公司與其開發團隊著手進行的一個專案，作為「案例研究」的範例；雖然人與故事是假的，但這些實作 DDD 的挑戰，保證貨真價實。該公司的目標是開發一套嶄新的多租戶 SaaS（software as a service，軟體即服務）產品，可是團隊卻在引入 DDD 時犯了許多常見的錯誤。好在每每都能發現並糾正過來而化險為夷。這套軟體產品是以 Scrum 為核心的專案管理應用程式，因此是大多數開發人員都會使用到的。而且這個範例將會一路延伸、貫穿全書，故事中的團隊也會隨章節進度發展，在開發過程中學習到各種戰略及戰術模式。我們將一路看著他們跌跌撞撞、有時歡笑有時淚的過程，直到成功實作 DDD。

第 2 章：領域、子領域、Bounded Context

什麼是領域（Domain）？什麼是子領域（Subdomain）？什麼又是核心領域（Core Domain）？什麼是 Bounded Context（有界情境）？我們為什麼要使用這些概念？又該如何使用？以上這些問題，將隨著範例開發團隊在錯誤中得到答案，並與他們一同學習。在該團隊第一次將 DDD 運用於專案開發時，他們並不清楚何謂子領域，也沒有先了解 Bounded Context 和通用語言。實際上，他們根本沒有戰略設計模式的概念，一心只想著利用戰術模式來解決技術性的問題，結果在設計領域模型上遇到最大的難關。幸好，他們在問題演變得更嚴重之前察覺到了。

　本章節將會說明一個重要概念：運用 Bounded Context 妥善地將模型進行劃分與分離。在學習過程中，我們將舉出一些該設計模式常見的誤用情況並給出如何實作的正確指引，並跟著範例團隊逐步了解如何以正確的方式劃出兩個 Bounded Context，進而在第三個 Bounded Context（新的核心領域）中發展出建模概念的分離，成為本書的主要範例。

　對於那些僅在技術層面上運用 DDD 而深感困擾的讀者們來說，閱讀本章應能引起你的共鳴。要是對戰略設計還不熟悉，本章節將能夠為你指引一個正確的方向。

第 3 章：情境地圖

情境地圖（Context Map）是能夠幫助開發團隊更加了解業務領域的強大工具，包括模型本身的邊界、這些模型當前的整合關係以及它們可以如何整合。這項技術不只是把系統架構畫成一張圖，而是要了解一家企業中各個 Bounded Context 之間的關係，以及不同模型之間的物件對映方式，尤其在面臨大型企業的複雜業務時，更需要將情境地圖技術應用在 Bounded Context 上。本章將帶你了解範例專案團隊在建立了第一個 Bounded Context（第 2 章）後所產生的問題，以及應用情境地圖來解決問題的過程；而衍生出兩個邊界清楚的 Bounded Context，是如何被團隊利用來設計實作出新的核心領域。

第 4 章：架構

大家應該都很熟悉何謂分層架構（Layers Architecture）。但分層架構是唯一適用 DDD 應用程式的架構嗎？還是有其他的架構可以選擇？在這裡我們看到了如何將 DDD 運用於各種架構，像是六角架構（Hexagonal，亦稱為 Port and Adapter 埠口與轉接器架構）、服務導向設計、REST、CQRS、事件驅動（Event-Driven，又稱 Pipe and Filter 管道與過濾器架構、Long-Running Process/Saga 長期運行處理程序、Event Sourcing 事件溯源）以及 Data Fabric/Grid-Based 等。範例專案團隊將會採用其中幾種架構風格作為解決方案。

第 5 章：實體

實體（Entity）是第一個在本書中提及的 DDD 戰術模式，但在本章一開始，範例團隊太過依賴實體、因而忽略了應適當使用值物件（Value Object）來建模。因此本章將討論如何避免資料庫和持久性架構的不當影響導致大範圍過度使用實體。

一旦能夠分辨出何時該用實體、何時該用值物件，接著會看到設計實體的範例，像是：如何將通用語言體現在實體上？如何對實體進行測試、實作及持久保存？以上這些議題都將提供詳細的指引。

第 6 章：值物件

起初專案團隊小看了值物件的重要性，太過偏重於實體的個別屬性上，而沒有關注到相關的屬性應該要組成一個不可變的整體。因此在本章中，我們將會以各種角度探討值物件的設計，討論如何辨識出模型中的特性，作為判斷使用值物件的方法。其他重要議題還包括，值物件在整合時扮演的角色，以及對標準類型（Standard Type）建模。本章還會探討如何以領域為中心來設計測試、如何實作值類別，以及將值物件作為聚合的一部分時，如何避免持久性機制可能造成的不良影響。

第 7 章：領域服務

本章節將說明如何決定什麼時候將領域模型中的概念建模為一個精緻（fine-grained）、無狀態的服務（Service），你將了解何時應設計一個服務，而不是實體或值物件，並且說明實作領域服務可以同時處理業務領域邏輯以及技術上的整合。範例專案團隊在本章中會展示應該使用領域服務的時機以及實作方法。

第 8 章：領域事件

Eric Evans 在其著作中並沒有正式介紹領域事件（Domain Event），而是在出版一段時間後，才撰文說明的。在本章中，你將會理解為何領域事件如此有用，並學習各種應用方式，包括整合 Bounded Contexts 以及自主性業務服務。雖然應用程式會發送並處理各種類型的技術事件，但我們在這裡想強調「領域事件」的各種獨特性質，而不是探討事件機制本身。本章提供了設計與實作的指引供讀者參考，了解有哪些可能選擇並權衡各個優缺點，也會教你如何實作「發布 / 訂閱機制」（Publish-Subscribe mechanism）、如何利用發布領域事件來整合公司內外的訂閱者、如何建立與管理一個「Event Store」（存放事件的資料庫）並且處理訊息傳送過程中常遇到的困難與挑戰。當然了，以上這些都是為了使範例專案團隊正確運用領域事件，確保獲得最大的效益。

第 9 章：模組

我們該如何將模型物件妥善規劃成適當大小的分群容器（container），並限制不同容器中物件的耦合呢？而這些容器，又該如何命名，才能呈現出通用語言的精神？除了套件（package）與命名空間（namespace）之外，我們該如何運用程式語言或框架所提供的新近模組化功能（如 OSGi 與 Jigsaw）？以上這些種種疑問，將隨著範例專案團隊引入模組（Module）這個概念時，逐步得到解答。

第 10 章：聚合

在 DDD 的戰術建模工具當中，聚合（Aggregate）恐怕是最難理解的一項概念了。不過本書集結了許多過來人的經驗談，能夠更容易理解聚合、更快上手實作。在本章中，你將學會如何利用聚合在一群小型物件的集合四周建立「一致性」（consistency）的邊界，來降低模型的複雜度。範例專案團隊花了太多心神在沒那麼重要的聚合細節上，以至於實作總是跌跌撞撞。我們跟隨團隊每一次建模所面對的挑戰，分析問題之所在，並了解他們如何克服這些困難。這些過程將使他們對核心領域有更深刻的了解。在解決問題的過程中，我們會看到他們如何確保交易階段與最終一致性，以便在分散式處理的環境中提高模型的可擴展性與效能。

第 11 章：工廠模式

在 Gamma 等人的著作 [Gamma et al.] 中，對於工廠模式（Factory）有十分詳盡的解說，因此本書並不打算贅述。本章將重點放在「應該在何處運用工廠模式」上，並分享在 DDD 中設計工廠模式時的一些小撇步。我們將隨範例專案團隊一同看到如何在核心領域中建立工廠模式來簡化用戶端的介面，保護模型的使用方不會引入多租戶環境中的災難性程式缺失。

第 12 章：Repository

Repository（資源庫）不就是「資料存取物件」（Data Access Object, DAO）嗎？如果不是的話，這兩者之間有什麼區別？為什麼 Repository 要設計為資料的集合而不是一個資料庫？本章將說明如何運用兩種 ORM 來設計與實作 Repository：一種是基於網格的分散式快取，一種是採用 NoSQL 的鍵值儲存方案。由於 Repository 建構區塊模式的強大與多功能性，因此範例團隊決定這兩種持久性機制都採用。

第 13 章：整合 Bounded Contexts

至止，讀者應該已經了解到情境地圖這類高階戰略性工具，也學到了各種戰術模式，接下來要面對的問題就是該如何在實作上將這些模型整合？DDD 是否有提供整合上的工具？本章介紹了使用情境地圖整合模型時可用的解決方案。在這裡會看到範例專案團隊試圖將核心領域與前幾章介紹的支援型 Bounded Context 整合的做法。

第 14 章：應用服務

你已經運用核心領域的通用語言設計了各種模型，也對其使用情境及正確性進行了充分的測試，模型運作正常無誤。但這些模型該如何以一個應用程式包裝起來呢？模型之間以及模型與使用者介面之間，該如何使用資料傳輸物件（data transfer object, DTO）進行傳輸？還是有其他的方式可以將模型以及資料在使用者介面以適當形式呈現出來？而應用服務（Application Service）與基礎設施之間又是如何互動的？本章將透過範例案團隊的情境來逐一解答以上問題。

附錄 A：聚合與事件溯源：A+ES

事件溯源（Event Sourcing）是保存聚合時的一項重要技術性工具，也是事件驅動架構的重要基礎。事件溯源指的是，以一連串的事件來表示聚合從建立以來的狀態演變；透過這些事件，我們得以按照發生順序重新執行（replay）事件的方式，重建出聚合的狀態。採用事件溯源的前提是：可以簡化持久性機制並且捕捉到具有複雜行為屬性的概念，否則，將可能會對系統本身甚至外部系統造成重大的影響。

Java 與開發工具

本書絕大多數範例都是以 Java 程式語言寫成；當然，要用 C# 程式語言寫也不是不行，但我是在考量之下選擇了 Java 作為範例。

之所以選擇 Java，是因為我認為在 Java 社群中，實在是缺乏設計的意識以及良好的開發實作；要在基於 Java 開發的專案中找到一個簡潔、清楚的領域模型真的很難。外界似乎用 Scrum 與其他的敏捷開發技巧來取代謹慎的建模；產品待辦清單強行交給了開發人員，好像這個清單就是一套設計。大多數的敏捷開發從業人員，在每日「站立會議」（stand-up）之後，也都不會思考待辦事項任務對業務模型會有什麼影響。雖然我認為這應該是再清楚不過的道理，但還是要在此強調，諸如 Scrum 這類敏捷開發方法，從來都不是要用來取代設計。無論有多少的專案或產品經理死命地鞭策你在持續交付這條路上前進，Scrum 也不應該僅是用來滿足那些甘特圖（Gantt chart）擁護者的手段而已。但不幸地，現實中情況早已變成這樣了。

我認為這是一個很嚴重的問題，這也是為什麼我想要給出一定程度的激盪，展示良好且同時不失敏捷效率的設計方法是可以對工作有所助益的，讓 Java 社群回歸到領域建模來。

此外，.NET 環境中已經有一些優質的資源可以用於採用領域驅動設計，其中之一就是 Jimmy Nilsson 撰寫的《*Applying Domain-Driven Design and Patterns: With Examples in C# and .NET*》。有鑑於 Jimmy 的卓越著作，加上其他人對 Alt.NET 思維的倡導，如今在 .NET 社群中已經掀起了一股在設計與開發實作上的浪潮；這是 Java 開發人員應該關注的趨勢。

其次，我很清楚 C#.NET 社群的開發人員們可以理解 Java 程式碼。先前 DDD 社群的許多開發人員都是使用 C#.NET 編寫程式，而本書初期的許多審校者也都是 C# 開發人

員，我從未從這些人身上收到關於閱讀 Java 程式碼有困難的意見。因此，我確信採用 Java 作為範例，不會對 C# 開發人員造成排擠效應。

在此必須額外提及一點：在本書寫成當下，我注意到一波從關聯式資料庫轉移到檔案或鍵值式儲存的風潮。這波風潮是其來有自的，就連 Martin Fowler 都稱這類儲存方案為「聚合導向儲存」（aggregate-oriented storage），這個名稱適當地描述了這類 NoSQL 儲存庫方案在 DDD 設計中所顯露出的好處。

但就我從事顧問的經驗來看，還是有許多人選擇關聯式資料庫及物件關聯對映方案。所以，希望社群中的 NoSQL 狂粉能夠理解，為何我要在本書中納入物件關聯對映實作領域模型的指引。這多少還是會招致那些覺得存在物件關聯抗阻不匹配就是爛的人不屑，我得說這在我意料之內。但無所謂，我願意概括承受這些指責與不滿，因為世界上絕大多數的人還是得日復一日地與這些所謂「爛東西」打交道，即使在少數菁英們的眼中，那些人看起來有多麼地食古不化。

不過我也在「第 12 章 _Repository」中提供了基於檔案、鍵值、data fabric/Grid-Based 儲存的範例，並且在書中多處都討論了 NoSQL 對於聚合設計及其組成部分的影響。由於 NoSQL 的風潮應該會就此持續下去，所以關聯式資料庫的使用者也應該要密切注意。我能理解在此議題上兩方陣營各有其論點，我也都同意這些論點背後的道理，這是在科技趨勢的轉變之下必然會出現的擦撞，但這些擦撞能夠為發展帶來正面的影響。

Acknowledgments

致謝

感謝 Addison-Wesley 出版社提供我這個機會，透過他們出版本書；正如我先前在課堂及研討會上曾提到過，Addison-Wesley 是一家了解 DDD 價值的出版商。在本書的編輯過程中 Christopher Guzikowski 與 Chris Zahn（鼎鼎大名的 Dr. Z）給予了大力的支持，我這輩子都不會忘記，那天 Christopher Guzikowski 給我打了一通電話說希望能夠簽約；我也會永遠記得在寫作的過程中他是如何鼓勵我，協助我度過大多數作者都會遇到的關卡，堅持下去直到出版在望。當然也要感謝 Dr. Z 協助審校讓這本書順利出版，感謝製作編輯 Elizabeth Ryan 打點本書在出版過程的枝微末節，感謝負責任的校對編輯 Barbara Wood。

回望這一路上，從 Eric Evans 花費五年的大部分職業生涯寫出了第一本關於 DDD 的權威著作開始，如果沒有他的努力，沒有 Smalltalk 與設計模式討論社群的智慧和貢獻，沒有 Eric 持續不懈精進自我的精神，那麼許多開發人員如今還是只能寫出品質低劣的軟體成品，而這個問題比我們想像的更為普遍。如同 Eric 所說，由於軟體開發業界的品質普遍低劣，加上軟體開發的過程中團隊普遍缺乏熱情，迫使他幾乎要放棄、離開軟體開發產業。我們必須衷心感謝 Eric 沒有放棄與轉換跑道，持續投注心力在教育這個業界。

2011 年，Eric 邀請我參加第一屆的 DDD 高峰會，就在會程結束之時，高峰會的主導團隊決定制定一套指引，好讓更多開發人員能夠遵循並成功落實 DDD。那時我已經籌劃這本書很久一段時間了，也很了解開發人員缺少什麼，因此當下根據自身經驗歸納整理，寫了一篇關於聚合的文章出來。之後我便決定將「有效的聚合設計」系列共三

篇的內容作為本書第 10 章的基礎，當文章在 dddcommunity.org 發表後，我更加確信，這樣的指引正是如今業界急迫需要的。感謝 DDD 高峰會的其他主導成員們協助該系列文章的審校，也替本書提供了寶貴的意見，其中 Eric Evans 與 Paul Rayner 對這篇論文提供了詳盡的意見，此外，Udi Dahan、Greg Young、Jimmy Nilsson、Niclas Hedhman 與 Rickard Öberg 等人也給了我寶貴的建議。

在此還要特別感謝 DDD 社群的資深成員 Randy Stafford。幾年前我在美國科羅拉多州丹佛市參加一場 DDD 研討會，之後 Randy 便鼓勵我積極參與更多與更大型的 DDD 社群。一段時間後，Randy 將我介紹給 Eric Evans，由此我才得以實現把 DDD 社群全部聚集在一起的想法。雖然這個想法有點宏大、或許不太實際，但 Eric 成功地說服了我們，從組織一支具有代表意義價值、由各社群 DDD 主導成員組成的小規模領導團隊開始，從討論之中催生出了 2011 年的 DDD 高峰會。無庸置疑，要是沒有 Randy 在背後推波助瀾，協助我進一步擴大 DDD 的視野，就不會有這本書的存在，可能也不會有那場 DDD 高峰會了。雖然 Randy 當下正埋頭於 Oracle Coherence 的工作，無法為本書親力貢獻，但也許將來還有機會可以共同致力於寫作上。

我要深深感謝 Rinat Abdullin、Stefan Tilkov 以及 Wes Williams，他們對本書特殊主題的內容都做出了貢獻。畢竟，光靠一個人是很難了解 DDD 的全貌，我們不可能在軟體開發各個領域都是專家，因此我轉而向專家請諡，邀請他們執筆幫忙寫了本書第四章的幾個小節和附錄 A。感謝 Stefan Tilkov 在 REST 方面的非凡知識，感謝 Wes Williams 在 GemFire 上的實務經驗，並且感謝 Rinat Abdullin 無私分享他在實作聚合事件溯源上持續累積的實務經驗。

本書最早的審校者之一 Leo Gorodinsk，後來一路參與到底。第一次遇見 Leo 是在 DDD 社群的丹佛研討會上，他分享了自身在科羅拉多州博爾德市的開發團隊親身經歷為例。他給予本書許多寶貴的意見，我希望這本書出版後，能夠如同 Leo 當年給予我的幫助一樣，也給予他同等的幫助。Leo 可說是 DDD 社群的未來之星。

還有很多人也為本書至少其中一個章節的內容提供了寶貴的意見與建議，其中一些重要的回饋來自 Gojko Adzic、Alberto Brandolini、Udi Dahan、Dan Haywood、Dave Muirhead 以及 Stefan Tilkov。具體來說，Dan Haywood 與 Gojko Adzic 提供了早期大部分的意見，而那部分正是撰寫與閱讀起來最為痛苦的部分，很高興他們能夠忍受並協助糾正。Alberto Brandolini 則是在戰略設計（尤其是情境地圖）方面提供了許多幫助，協助我將觀點集中在重要的內容上。Dave Muirhead 在物件導向設計、領域建模以及物件持久化和記憶體資料網格（例如 GemFire 與 Coherence）方面擁有豐富的經驗，提供了我關於物件持久化更深入的細節以及一些歷史觀點。Stefan Tilkov 除了對 REST 方面的貢獻之外，也提供了架構設計（尤其是 SOA 與 pipe and filter）的其他見解。最後是 Udi Dahan 協助驗證並幫助我釐清了 CQRS、長期運行處理程序（又稱為 Saga）的觀念，並且提供使用 NServiceBus 作為訊息傳遞機制的經驗。其他為本書提供寶貴意見的審校者還包括了：Rinat Abdullin、Svein Arne Ackenhausen、Javier Ruiz Aranguren、William Doman、Chuck Durfee、Craig Hoff、Aeden Jameson、Jiwei Wu、Josh Maletz、Tom Marrs、Michael McCarthy、Rob Meidal、Jon Slenk、Aaron Stockton、Tom Stockton、Chris Sutton 及 Wes Williams。

感謝 Scorpio Steele 為本書製作了美妙的插圖，幫 IDDD 這本書的幕後編輯團隊成了超級英雄，而他們也的確是。而在這群人之外，非技術面的編輯審校者是我多年的好友 Kerry Gilbert。當所有人都忙於確保本書技術面的正確性時，Kerry 則是擔任起「文法審判者」，用他的「法槌」協助我。

我的父母則是為我的人生提供了無可比擬的靈感和支持。我的父親，也就是那位貫穿本書「牛仔小劇場」中的幽默「傑哥」，他不僅僅是一位牛仔。別誤會，能夠成為一位牛仔就已經夠偉大了。我父親除了熱愛飛行、會駕駛飛機之外，還是一位多才多藝的土木工程師、土地丈量師，也是一位天賦異稟的談判高手。他喜愛數學與研究天文，在我十歲左右，就教會我如何求解直角三角形的數學問題以及其他知識。感謝您，父親，從小培養我對技術的興趣。也要感謝我的母親，總是在我面臨挑戰時給予我鼓

勵與支持，我能夠有如此毅力堅持下去都是拜她所賜；再多的言語都無法描述母親真正的美好。

　　而雖然本書開頭就已經說了獻給我的愛妻 Nicole 和了不起的兒子 Tristan，但這裡還是要再提一次才算完整，沒有他們的支持與鼓勵，我不可能完成這個艱難的寫作；真的很感謝你們，我最親愛的家人們。

About the Author

關於作者

　　Vaughn Vernon 是一名資深的軟體工程師，在軟體設計、開發與架構方面擁有超過 25 年以上的豐富經驗，擅長將創新方法運用於實作當中並簡化軟體設計，在這方面是個深具影響力的領導人物。自 1980 年代以來，他一直從事物件導向語言的程式設計，並於 1990 年代初期還使用 Smalltalk 程式語言進行領域建模的時代，就開始應用領域驅動設計。他經驗廣泛，涉及的業務領域涵蓋了航空航太、環境、地質、保險、醫療保健、電信等。他的技術貢獻包括建立可重複利用的框架、函式庫以及加速開發的工具。他在國際上提供軟體開發的諮詢與授課服務，並在許多國家開設「實戰領域驅動設計」的訓練課程，讀者可以透過 www.VaughnVernon.com 獲得最新的相關資訊，或是在 Twitter 上追蹤 @VaughnVernon 帳號。

Guide to This Book

本書閱讀指南

Eric Evans 的《領域驅動設計》一書向讀者展示了一個大型「模式語言」，即一組互相依賴而彼此關聯的軟體設計模式工具，任何一個模式都參考它所依賴或依賴它的一或多個模式。這背後代表了什麼意義？

這代表讀者在閱讀本書的章節時，有可能會遇到還沒討論過而且不熟悉的領域驅動設計模式。不需要緊張、也不需要因為不知道那是什麼而感到挫折就停止閱讀了，因為另外一個章節會對這些被提到的設計模式詳加說明。

為了弄清楚本書的模式，我使用表 G.1 的慣用格式：

表 G.1　本書的慣用格式

慣用格式	說明
模式名稱（原文）	1. 第一次在該章節被提及的模式，或是 2. 在該章節中被提過的重要模式，但必須知道會在哪一章加以說明。
Bounded Context（第 2 章）	請參考第 2 章以了解更多關於 Bounded Context 的細節。
Bounded Context	同一章前面已經提過的模式，不會再以粗體或章節參照來重複標示。
[參考文獻]	參考文獻。

慣用格式	說明
[Evans] 或 [Evans, Ref]	1. 我並未介紹特定的 DDD 設計模式，如果讀者想了解更多關於該著作的內容，請閱讀 Eric Evans 的著作（永遠都值得閱讀）！ 2. [Evans]：代表經典著作《領域驅動設計：軟體核心複雜度的解決方法》（*Domain-Driven Design: Domain-driven design : tackling complexity in the heart of software*）。 3. [Evans, Ref]：代表 Evans 的第二本著作（*Domain-Driven Design Reference: Definitions and Pattern Summaries*），精簡引用第一本著作《領域驅動設計》中的部分內容，並將一些模式進行更新及擴展。
[Gamma et al.] 及 [Fowler, P of EAA]	1. [Gamma et al.]：代表 Gamma 等人合著的經典著作《設計模式》（*Design Patterns*）一書。 2. [Fowler, P of EAA]：代表 Martin Fowler 的《Martin Fowler 的企業級軟體架構模式：軟體重構教父傳授 51 個模式，活用設計思考與架構決策》（*Patterns of Enterprise Application Architecture*）一書。 雖然本書中還有其他參考文獻，但我最常引用的就是以上幾本著作。其餘參考文獻請參考本書附錄內容。

在閱讀過程中，若看到對某個模式的引用參照（如 Bounded Context），可以在本書其他章節找到該設計模式的介紹與說明。

如果你已閱讀過 Evans 的《領域驅動設計》，對書中所描述的設計模式有一定程度的了解，或許不用從頭閱讀，而是將本書作為幫助你進一步釐清 DDD 概念的工具，協助改良既有的模型設計。但如果你對 DDD 概念還不熟悉，接下來的小節會教你如何運用這些設計模式與本書，幫助你快速上手。

領域驅動設計概觀

首先，我會跟各位介紹領域驅動設計中的關鍵之一：**通用語言（第 1 章）**。通用語言僅適用於單一 Bounded Context（**第 2 章**）中，首要的學習目標，就是將這些領域建模的重要概念牢記於心，無論是以戰略性還是戰術性來設計你的軟體模型，只要確保一件事：一個明確界定的 Bounded Context 內使用一套簡潔且定義清楚的通用語言來建模。

戰略性建模

所謂 Bounded Context 指的是套用於領域模型上的概念性邊界範圍。在那個範圍內，存在一套由開發團隊實際口語表達使用、並實際設計於軟體模型中的通用語言，如圖 G.1 所示。

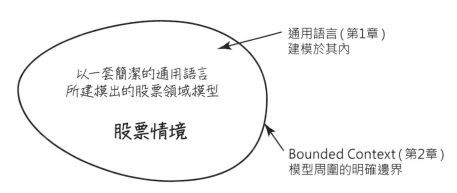

圖 G.1　一個 Bounded Context 及其通用語言的圖例。

在練習使用戰略設計的過程中，很快就會需要**情境地圖（第 3 章）**此一設計模式的協助，如圖 G.2 所示。透過情境地圖，開發團隊能夠更了解自身專案。

以上就是有關 DDD 戰略設計的概要，請務必要理解。

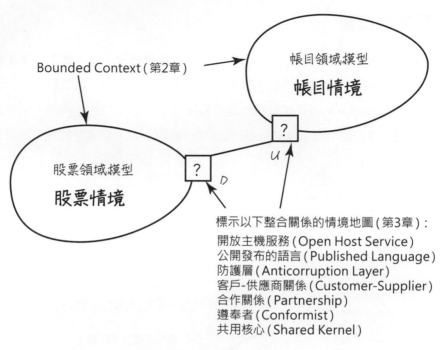

圖 G.2　透過情境地圖釐清 Bounded Context 之間的關係。

架構

有時情境地圖上的某個 Bounded Context 或是新加入的 Bounded Context，需要採用**架構（第 4 章）**設計。但應該要記住：戰略與戰術工具所設計出來的這些領域模型，必須不受架構限制，架構應該存在於模型與模型之間或模型周圍。而其中一種推薦用在 Bounded Context 上的強大架構風格就是**六角架構（Hexagonal）**，它還可以跟諸如**服務導向設計**、REST 或**事件驅動**等其他架構風格結合在一起，圖 G.3 展示的即為六角架構，雖然乍看之下很是複雜，但實際上實作起來卻十分簡單。

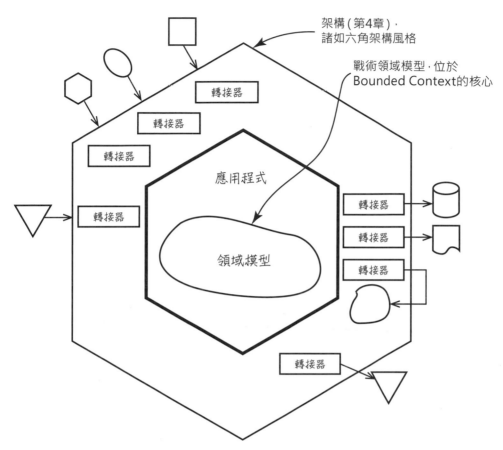

架構 (第4章)，
諸如六角架構風格

戰術領域模型，位於
Bounded Context的核心

轉接器

轉接器

轉接器

應用程式

轉接器

轉接器

轉接器

轉接器

轉接器

領域模型

轉接器

圖 G.3　六角架構，以領域模型為核心的軟體架構。

　　之所以要區分架構與領域模型，是因為我們有時容易過度強調架構，而忽略了以領域驅動設計建模的重要性。架構也很重要沒錯，但架構的影響會隨著時間變遷，領域模型的影響則是深遠的。不要搞錯了兩者的優先順序，應該將重點放在領域模型上，才能帶給公司更大的業務價值，也更長久。

戰術性建模

我們會在某個 Bounded Context 中，以 DDD 的建構區塊模式作為工具**進行戰術性建模**，而其中一個最為重要的戰術設計模式就是**聚合（第 10 章）**，如圖 G.4 所示。

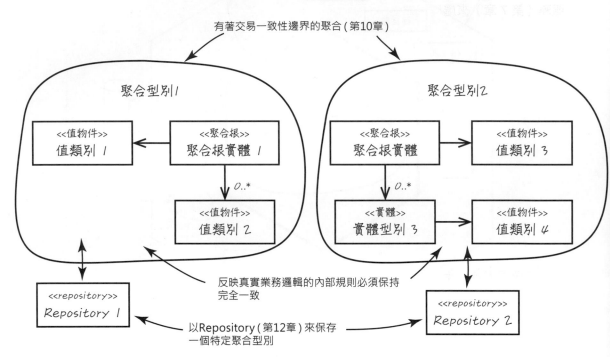

圖 G.4　這是兩種各自有著交易一致性邊界的聚合。

聚合，可以單指一個**實體（第 5 章）**，也可以是一群實體與**值物件（第 6 章）**所組成，但在一個聚合的生命週期中必須從頭到尾確保該聚合具備交易一致性。學習如何有效建模聚合是很重要的，偏偏這又是 DDD 的建構區塊當中最難以掌握的技術之一。可能你會好奇，既然聚合這麼重要，為何本書會將聚合安排在那麼後面的章節才做介紹呢？首先，本書介紹戰術模式的順序，是參考 Evans《領域驅動設計》一書的順序而來；其次，聚合是建立在其他戰術模式的基礎之上，因此必須先介紹這些基礎的建構區塊——如實體、值物件——才能理解更複雜的聚合。

聚合的實例會使用 Repository（第 12 章）來保存，以供其他元件存取查找，如圖 G.4 所示。

而當我們需要執行某些不屬於實體或值物件的業務操作時，可以利用無狀態的領域**服務（第 7 章）**來處理，如圖 G.5 所示。

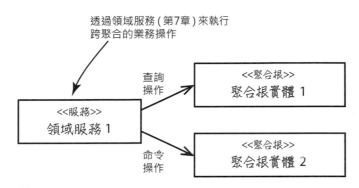

圖 G.5　以領域服務來執行領域相關的操作，可能牽涉多種不同領域物件。

使用**領域事件（第 8 章）**來描述領域中所發生的重大事件變化。領域事件有幾種建模方式，當事件發生的源頭是來自於某個聚合在執行命令操作後的結果，那麼就會由聚合來發布這則事件，如圖 G.6 所示。

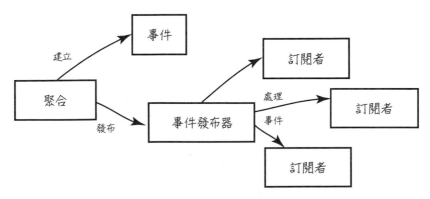

圖 G.6　由聚合發布的領域事件。

雖然這部分通常較少人關注，不過正確設計**模組（第 9 章）**也同樣重要。可以將模組最單純的形式想像成我們在 Java 程式語言中看到的套件（package）與或 C# 中的命名空間（namespace）；記住，如果制式化地去設計模組而沒有依循通用語言，模組造成的危害將勝過它所帶來的優點。模組內的關係如圖 G.7 所示，應包含一組具有內聚性（cohesive）的領域物件。

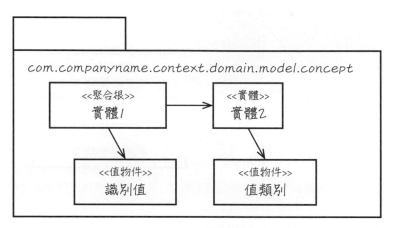

圖 G.7　模組是由具內聚性的領域物件所組成。

在領域驅動設計的實作方法當然不只這些，但我不打算在這本書包山包海，因為市面上已經有這類書可供參考了。這本書的角色，僅僅是作為實作 DDD 的指引，希望所有人都能享受這個旅程。

對了，本書中還會穿插「牛仔小劇場」邊欄，像這樣：

牛仔小劇場

傑哥：　不要老是擔心自己能力不足，吞不下它，你的嘴可能比你想像的還要寬廣呢，呵呵！」

寶弟：　「你要說的是『心胸』吧？心胸要比你想的還要寬廣！」

Chapter 1

DDD 入門

「設計不僅是外觀與感受，而是如何運作。」
—— 賈伯斯（*Steve Jobs*）

所有人都以打造出最優質的軟體為目標，透過測試避免最終交付出去的軟體中有嚴重程式缺陷，以達到一定的品質。但即便軟體中沒有一絲一毫的缺陷，也不代表軟體本身的模型品質達標；這個「軟體模型」——即軟體為了達成業務目標所呈現出來的解決方案——可能還有很大的改進空間。交付較少缺陷的軟體固然很好，不過我們還可以更進一步，追求一個明確反映出預期業務目標、設計完善的軟體模型，成品就有可能達到「出色」的水準。

這個軟體開發方法稱為「領域驅動設計」（Domain-Driven Design, DDD，本書後續將以 DDD 縮寫代稱），能夠幫助我們更輕易地設計出高品質的軟體模型。只要實作得當，DDD 可以達到「設計與軟體運作完全一致」。本書的目標就是協助各位讀者正確實作 DDD。

或許你不曾接觸過 DDD，也可能已經嘗試過但正為此苦惱中，又或者已經成功實作過。無論如何，筆者相信正在閱讀本書的你，一定是抱持著想要加強自己的 DDD 實作能力而來；相信我，你可以的。本章的學習概要將協助讀者釐清個別的需求。

本章學習概要

- 探索 DDD 如何幫助你的團隊解決專案複雜度的議題。
- 了解如何評估手上的專案，確認是否值得投入 DDD。
- 考慮常見的 DDD 替代方法，並了解它們經常引發問題的原因。
- 掌握 DDD 的基礎原理，學習如何帶領專案跨出第一步。
- 學習如何將 DDD 的概念推廣給你的管理階層、領域專家（domain expert）以及開發團隊技術成員。
- 正確運用成功的知識來面對使用 DDD 過程中遇到的挑戰。
- 觀察一個正在學習如何實作 DDD 的團隊。

　　從 DDD 可以期待得到什麼？絕不是一個會阻礙你前進，沉重、複雜、充滿儀式感的過程。相反地，你可以期待的是，使用已經信任的敏捷開發技術。除了敏捷，你不但能獲得深入了解業務領域的方法，並可望設計出可測試、具可塑性、有組織、精心打造的高品質軟體模型。

　　DDD 為你提供了必要的「戰略和戰術建模工具」，以設計出符合核心業務目標的高品質軟體。

我能實作 DDD 嗎？

只要符合以下條件就能實作 DDD：

- 每天都充滿了打造卓越軟體的熱情以及達成此目標的毅力。

- 渴望學習新知與進步，並且願意反躬自省。

- 能夠理解何謂軟體模式，也知道如何正確應用。

- 具備使用成熟的敏捷方法探索其他設計方案的技能與耐心。

- 有勇氣跳出舒適圈挑戰現況。

- 重視細節、實驗和探索的慾望和決心。

- 追求編寫更完善程式碼的動力。

　　我不會告訴各位實作 DDD 的學習曲線不陡峭，說實在話，這個學習曲線十分陡峭。不過別擔心，本書的存在意義是協助讀者盡可能降低這個過程的困難度，讓你以及你所屬的開發團隊發揮最大的潛力，成功實作出 DDD。

　　DDD 成功的要件並非技術門檻，其核心精神乃是窮盡一切討論、聆聽、理解、探索以及對業務價值的堅持，盡可能將這些業務知識集中起來。如果你**深諳公司的業務**，至少可以參與軟體模型探索的過程，建立起一套**通用語言**（Ubiquitous Language）。因此沒錯，你必須學習更多關於業務領域的知識，投入許多心力學習。這一切都不會白費，你正走在通往 DDD 的成功道路上，因為對業務概念的理解、對開發優質軟體的執著，正是實作出 DDD 的基石。

　　說雖如此，難道過去經年累月的軟體開發經驗就不重要了嗎？或許會有幫助。但光有軟體開發經驗，不代表你就具備聆聽「領域專家」說話和向他們學習的能力，這些人都是在各自重要的業務領域中擁有最豐富知識的專家。要是能夠跟這些不太會用技術領域術語表達的人交流，將使你處在更有利的位置。你必須專注聆聽、仔細聽取他們專業的知識，尊重他們的觀點，並且相信他們在專業領域上比我們懂更多。

與領域專家交流帶來巨大的優勢

要是能夠跟這些不太會用技術領域術語表達的人交流，將使你處在更有利的位置。正如同你會向他們學習一樣，過程中他們也會向你學習。

應用 DDD 過程中你最愛的一點或許就是，領域專家也需要「聆聽你的想法」。畢竟，大家是在同一條船上。或許聽起來很奇怪，但領域專家並不是對業務無所不知，他們可能也還在學習的路上；當你向這些人提問時，你的問題極有可能挖掘出他們還不知道的事情來，等同於他們在你身上也學到了東西。因此在這個過程中，你幫助了團隊中每一個人深入理解業務內容，**甚至有機會親手型塑出業務領域**。

看著整個團隊一起學習與成長是一件令人欣喜的事情。如果你願意嘗試，就能看到 DDD 讓這一切成真。

但如果我們沒有領域專家怎麼辦？

「領域專家」並不是一種工作職稱，而是指對於你所從事的工作領域專業知之甚詳的那些人。他們可能在這塊業務領域擁有豐富的背景，或許是產品設計師、也可能是銷售人員。

所以不要在意表面職稱，你要找的是那些最了解你業務領域 know-how 的人，至少要比你懂更多。**找到這些人，聆聽他們的意見，向他們學習，將這些 know-how 設計到程式碼中。**

到目前為止聽起來似乎起頭並不難。但我並沒有說技術條件不重要，畢竟沒了技術怎麼開發程式？雖然你得學習一些進階的軟體**領域建模（domain modeling）**概念，但也不至於會讓你一個頭兩個大。如果你對設計模式的了解，約略是在《*Head First Design Patterns*》[Freeman et al.] 與《設計模式》（*Design Patterns*，[Gamma et al.]）兩本書的程度，甚至懂得還更多，那麼你有極大機會藉由 DDD 邁向成功。請相信：不論你的程度為何，筆者承諾將盡己所能排除萬難協助你達成這個目標。

何謂「領域模型」？

這是一種針對特定業務領域的軟體模型，這種模型通常是實作為物件模型（object model），這些物件包含了資料與行為，不僅符合實際業務需求也精準反映了業務邏輯的含義。

打造一個獨特且精心設計的領域模型，作為策略性應用程式或子系統的核心，是實踐 DDD 的重要關鍵。引入 DDD 之後，既有的領域模型可以進一步精粹、去蕪存菁；包準你不會想要再用一個單一的大型領域模型來描述整間公司的業務領域了。真是普天同慶哪！

底下我們從不同身分的角度來審視從 DDD 獲得的好處。筆者相信當中一定會有你熟悉的情境：

- **新進的程式開發人員：**「我還年輕，充滿新的想法，迫不及待想要開始編寫程式，給所有人留下深刻的印象。但我所參與的一個專案讓我不太開心；沒想到初出茅廬的第一場戰役，竟然是編寫一堆看起來大同小異又多餘的『物件』來反覆處理資料的傳送與接收。如果只是要處理資料，幹嘛把架構搞得這麼複雜？這究竟有什麼意義？而當我試圖修改時，整個程式就出現問題。到底有沒有人真正了解程式碼的作用？面對這一團糟，我不得不增加一些複雜的新功能，經常在舊有的類別外頭，再編寫一層轉換用的類別──即「adapter 模式」；這工作一點都不好玩。一定有方法可以讓我不必成天到晚困在這個編寫程式與除錯的無限輪迴中，我得自己找時間好好爬梳程式碼，將這一切導正過來。最近從別人口中聽到了 DDD，**聽起來就像四人幫的設計模式，只不過調整成適用於領域模型的版本，挺不錯的！**」

沒問題，我罩你。

- **具有一定經驗的程式開發人員：**「我已經投入這個新系統開發作業幾個月，該做點貢獻來改變現狀了。當我跟資深程式開發人員開會時，遇到了困境：他們說的我都聽得懂，可是不明白那樣做意義何在；有時候就是覺得怪怪的，卻又說不出

哪裡怪。我得想辦法改變團隊的這種運作模式，如果針對一個問題拋出一個技術解決它，卻又治標不治本。我真正需要的是**一個完善的軟體開發技術**，幫助我成為有智慧又有經驗的軟體開發從業人員。一個資深架構設計師和新加入的成員都在談論什麼 DDD，我得好好研究一番。」

你的腦袋已經是一個資深工程師了，請繼續看下去，你這種前瞻性思維和主動積極的態度會獲得回報。

- **資深程式開發人員、軟體架構師**：「我先前曾在一些專案中用過 DDD，但在這個新職位還沒有使用。我很喜歡「戰術模式」（tactical pattern）的威力，但其實還有很多東西可以應用，包括「戰略設計」（strategic design）。在閱讀了 Eric Evans 的著作 [Evans] 之後我才豁然開朗，發現「通用語言」的概念是最具有啟發性的，**它很強大**。為了引入 DDD，我已經跟很多團隊成員以及主管談論過 DDD；而其中一名新人和幾個有經驗的、資深的工程師都對 DDD 所能帶來的好處感到興奮不已，不過管理層就沒這麼有興趣了。我是最近才來到這家公司，雖然我的工作是帶領團隊，但公司對顛覆性的創新技術顯然不如我想像的那麼感興趣。反正我不會就此放棄，有其他開發人員的支持，**我相信我們終究能讓公司點頭答應用 DDD**，它所帶來的效益一定會超出預期。我們可以藉此拉近商業人士——各業務領域的專家——與我們開發團隊的距離，**實際投入資源在解決方案上**，而不僅僅是辛苦地進行反覆的軟體更新工作。」

這就是領導者該有的「視野」。本書正好有必要的一切指引，告訴你如何利用「戰略設計」來達成目標。

- **領域專家**：「我參與規劃業務挑戰的 IT 解決方案已經很長一段時間了；我希望開發人員能夠更加理解我們的業務，這要求應該不過份吧？可他們總是把我們當白痴一樣，根本搞不清楚，要是沒有我們推動業務，他們根本沒機會對著電腦搞那些程式好嗎。每次談論我們的軟體時，他們的用語都很奇怪；譬如我們說到 A，

他們會說『不對喔，那其實應該叫做 B』。兩邊的思考模式完全不同，**感覺好像要拿個字典和什麼說明書出來才有辦法溝通需求**。要是我們不在這件事情上讓步，他們就會擺出一副不配合的態度，時間全都浪費在這些無效的溝通上。**為何軟體不能按照真正的專家對業務的理解方式來運作呢？**」

你說的沒錯。最大的問題之一就是業務部門與開發部門之間的無效溝通。這個章節正好是你需要的，你會看到，**DDD 讓你與開發人員站在同一個起跑線上**。而且，好消息是，已經有部分開發人員跟你站在同一陣線了，給他們一些幫助吧。

- **開發部門經理**：「我們不斷開發軟體，但結果未必盡如人意，而且後續的更改似乎要花更多時間。底下的開發人員老是在談什麼領域什麼的，我不確定是否要在這個節骨眼上再挪出資源探索新的技術或方法，我懷疑真的有效果。這種事我見過太多次了：嘗試一時流行的新技術，結果失敗了，還不是回到原本的舊框架。我不停地告訴團隊必須堅持下去，不要抱著那些不切實際的想法，但團隊成員就是不聽，不斷向我提出要求。他們確實很努力，所以至少聆聽是我該做的。**他們都是人才**，值得擁有一次機會去做出改善，否則恐怕會心生怨懟而離職。如果能得到高層的支持，我可以給他們更多時間學習與嘗試調整。假如可以說服老闆，團隊能夠**達成關鍵的軟體開發投資並集中業務知識**，或許就能獲得高層支持。事實上，要是**能夠讓團隊與業務領域專家彼此信任合作**，我的工作也會輕鬆許多。總之，現階段我所知道能做的事，也就只有這樣了。」

很不錯的經理！

不論你身處哪個位子，筆者在這裡要特別提醒：想成功實作 DDD，**你必須學習新東西**，而且是大量的學習。這不是什麼困難的事，畢竟各位很聰明，也都是一路這樣學習過來。我們真正面臨的挑戰反而是：

「雖然我不喜歡被人指點，但我不會放過學習的機會。」

——邱吉爾（*Sir Winston Churchill*）

這也是本書的精神要旨，筆者會盡力將成功實作 DDD 所需要的關鍵知識，以最淺顯易懂的方式，教導給各位讀者。

我想，現在你心中的疑問應該是：「為何我需要 DDD ？」嗯，很正常。

為什麼需要 DDD ？

其實前面筆者已經給出許多好理由，從實務面告訴你 DDD 能夠帶來什麼樣的好處。雖然有違軟體設計的 DRY 原則（Don't repeat yourself，即「避免重複」），不過底下我還是要再重述一次，並且再補充說明。有沒有人覺得很耳熟啊？

- 讓領域專家與開發人員平起平坐，開發出來的軟體才能完美切合業務需求、而不是僅呈現工程師的思維。這意味著不應該單方面接受想法，而是要建立一個有凝聚力、緊密合作的團隊。

- 所謂的「切合業務需求」指的是，努力滿足業務上的需求，盡可能地符合業務主管和專家的期望來打造軟體，如同他們在寫程式一樣。

- 幫助組織中的人更加理解其業務的本質；不論是領域專家還是高階主管，任何人都不可能會對公司業務的每一個細節無所不知。這是一個不斷探索的過程，隨著時間將發掘出更鞭辟入裡的見解。透過 DDD，所有人都能從中學習，因為每個人都必須參與這個探索與討論的過程。

- 集中知識是關鍵要素，這樣一來，企業能夠確保開發軟體不會閉門造車，軟體不是只有少數幾個人——通常是開發人員——才懂的「部落知識」（tribal knowledge）。

- 領域專家、軟體開發人員以及軟體之間,不需要額外的溝通轉換成本。這不是指少量溝通轉換成本、而是完全沒有溝通轉換成本,因為團隊建立了一個共通、共享的語言,所有人都使用這個語言來溝通。

- 設計即程式、程式即設計,設計就是它的運作方式。透過敏捷方法進行探索,快速建立實驗性模型並調整設計,以找出最佳的程式設計。

- DDD 提供了完善的軟體開發技術,同時涵蓋了戰略設計(strategic design)和戰術設計(tactical design)。戰略設計幫助我們理解什麼是軟體開發最重要的投資,如何利用現有的軟體資源以最快、最安全的方式達成目標,以及必須有哪些人參與專案。戰術設計則幫助我們運用經過時間考驗、證實可靠的軟體建構區塊(building block),建立一個具備解決方案的優雅模型。

如同所有高回報的投資一樣,實作 DDD 也需要團隊付出時間與心力作為投資成本。姑且不論付出多少,考量到每次開發軟體都不免會遇到一些常見的阻礙,那麼投資在一個完善可靠的軟體開發方法上,也就更加有其必要性。

傳遞商業價值非易事

開發能夠傳遞真正商業價值的軟體,跟開發一般的商業軟體是兩回事。能夠傳遞真正商業價值的軟體,不但符合業務戰略計畫,解決方案更具有明確的競爭優勢——它不僅是技術層面的產品,更關乎到業務本身。

然而,業務知識從來都不是集中的。開發團隊必須跟多方利害關係人打交道,設法評估這些人所提出的需求,決定它們的優先順序並在當中取得平衡,還得去請教各領域的專家們,這一切都是為了達成軟體的功能性以及非功能性需求。收集到所有資訊之後,開發團隊又該如何確保這些需求代表真正的商業價值?究竟要探索的商業價值是什麼?你該如何去發掘、評估和理解?

而導致軟體開發與商業價值脫勾其中最重要的因素，便是領域專家與軟體開發人員之間的隔閡。一般而言，真正的領域專家專注於推廣商業價值；相對地，軟體開發人員則是專注在科技面與技術解決方案，以此解決業務遇到的問題。軟體開發人員的動機並沒有錯，因為這本來就是他們慣性思考的方向，就算軟體開發人員與領域專家之間有互動，通常合作也僅止於表面而已，導致開發出來的軟體，往往是開發人員將業務思維及運作方式轉化成自己理解的方式去設計，造成產品無法真正反映出領域專家的心智模型（mental model）、或僅代表一部分而已。隨著時間過去，這種脫勾恐怕會產生很高的代價，尤其當原先的開發人員離職或是調到其他專案，就沒有人能夠轉換業務知識了。

另一個相關的問題是，領域專家彼此看法不一致。這種情形會發生，通常是因為這些專家在建模的特定領域擁有不同程度的經驗，又或者他們不是該領域的專家，僅僅只是相關而已。很常看到多個「領域專家」沒有具備某個領域的專業知識，他們的角色比較像是業務分析，卻被要求在討論中提供更專業的指引。如果沒人及時發現這件事，那麼建立出的模型將會籠統不清、無法精準代表業務，導致軟體模型彼此衝突。

更糟的是，用於開發軟體的技術方法，導致業務的運作方式發生了錯誤的變化。儘管情境不同，但大家都知道，ERP 軟體（enterprise resource planning，企業資源規劃）常常是企業為了配合 ERP 功能而改變組織的整體業務運作，因而引入 ERP 的總成本可不能單純以授權或維護費用來計算，干擾業務運作、導致組織重整的成本，遠比上述兩個具體費用更加昂貴。類似的情境也存在於軟體開發團隊為配合新軟體的開發而曲解了業務需求；這同樣可能對業務運作、客戶甚至合作夥伴造成干擾，產生高昂的成本。只要改用證實可行的軟體開發方法，就能避免這類不必要的技術轉譯與解釋。關鍵在於走對方向。

DDD 所能給予的協助

DDD 是著重在下列三個面向的軟體開發方法：

1. 透過 DDD，領域專家與軟體開發人員會緊密合作，開發出準確反映業務領域專家心智模型的軟體。但這不表示要將全部心力都花費在建立「真實」的模型，反之，DDD 所建立的模型是從「對業務最有用」的角度出發。雖然「有用」與「真實」的模型有時候會有交集，但一旦兩者之間產生差異，DDD 會選擇有用的模型。

   在此面向的引導下，領域專家與軟體開發團隊致力於共同建構起特定業務領域的通用語言。這套通用語言必須透過團隊所有人的共識來建立、使用，並且直接落實在軟體模型中。這邊要不厭其煩地再強調一次：「團隊」包括領域專家與軟體開發人員，所謂的「我們」就是所有人、沒有分什麼「我們跟他們」。這一點，正是業務 know-how 比開發團隊和前幾個軟體版本相對短暫的投入都還來得重要的關鍵價值，也證明了軟體開發成本是合理的商業投資，而不僅僅是產生成本的單位。

   所有的努力是為了讓一開始各持己見、或者缺乏領域核心知識的領域專家們達成共識；同時，在所有團隊成員（包括軟體開發人員）之間傳達更深入的領域思維來強化團隊的共識。可以把這個階段當作，每家公司應該投資在知識工作者（knowledge worker）身上的員工訓練。

2. 透過 DDD，可以擘畫出業務的戰略行動。雖然這種戰略設計方法通常也會包含技術面的分析，但 DDD 更加著重在業務的戰略走向。DDD 能夠幫助我們定義出組織內團隊彼此之間的關係，也可以提供早期預警系統、識別出可能造成軟體甚至專案出現問題的關係。至於戰略設計中的技術分析面向，則是為了清楚界定系統面與業務面的需求，以確保每個「業務層級的服務」都能夠得到適當的保護。

如此一來，便能為我們提供明確的動機去實現整體「服務導向架構」或「業務導向架構」。

3. 透過 DDD，可以利用戰術設計的建模工具來分析與開發可執行的軟體成品，以滿足軟體技術面的實際需求。這類戰術設計工具，能夠讓開發人員編寫出符合領域專家心智模型的正確程式碼，具備高度可測試性、錯誤率低（可驗證的）、符合 SLA 服務級別協議（service-level agreement）、可擴展，並且支援分散式運算。最佳實務上的 DDD 實作往往牽涉到十來個甚至更多較高層級的架構、以及較低層級的軟體設計，著重在識別出真正的業務規則、維持資料的不變性，以避免這些邏輯規則中可能出現的錯誤。

在軟體開發的流程中利用這個方法，就能讓你和你的開發團隊交付出符合真正商業價值的成品。

掌控領域的複雜度

我們都希望將 DDD 運用在最棘手的業務環節上，而不是投注心力在會被輕易取代的業務。**投資在那些更複雜的重要事物上，最具價值且最為重要的事物，將能獲得最大的效益。**這也就是為什麼我們把這樣的模型稱為**核心領域**（Core Domain，第 2 章）；而重要性次之的則稱為**支援子領域**（Supporting Subdomain，第 2 章）。這些領域，就是值得你大力投資的重點部分。不過接下來，我們先來定義一下何謂「複雜」。

使用 DDD 是為了簡化，而不是把事情複雜化

DDD 的用途，是為了盡可能以最簡單的方式，將複雜的領域化為模型。千萬不要把解決方案愈搞愈複雜。

　　依照業務領域性質的不同，評估複雜度的方式也不一樣。每家公司都有著不同的業務挑戰、不同程度的業務成熟度、不同的軟體開發能力；因此，判斷「複雜度」不如判斷「棘手度」（nontrivial）。**你的團隊與主管必須根據這些評估，決定是否值得在此系統上投入 DDD 方法。**

　　DDD 評分表：請利用表 1.1 的評分表來評估你的專案是否值得投資 DDD 方法。如果評分表上其中一項描述符合您的專案性質，請在右側欄位中填入相應的分數。最後把所有分數加總就得到了你的專案評分。如果評分等於或高於 7 分，應該認真考慮採用 DDD。

表 1.1　實作 DDD 的價值評分表

你的專案會拿到 7 分以上的評分結果嗎？

如果你的專案是這樣…	評分	輔助說明	你的分數
如果應用程式完全以資料為中心，而且所有操作基本上都是對資料庫增、刪、修、查的 CRUD 類型，那麼團隊需要的只是一個夠好看的資料庫表格編輯器。換句話說，如果你能夠信任使用者直接在表格寫入、更新、刪除資料的話，或許連使用者介面都可以省了。雖然聽起來很不實際，但要表達的意思差不多；如果只用簡單的資料庫開發工具就能達到解決方案的效果，就不用把公司的時間跟金錢浪費在 DDD 上了。	0	雖然聽起來似乎很簡單，但實際上簡單跟複雜也不是那麼容易判斷的。也不代表非 CRUD 類型的應用程式就值得花費時間心力投資在 DDD 上。因此，或許需要參考其他評估項目，才能判斷專案究竟是複雜還是簡單…	

你的專案會拿到 7 分以上的評分結果嗎？

如果你的專案是這樣…	評分	輔助說明	你的分數
如果你的系統中僅有 30 或少於 30 項的業務操作，可能算是簡單的專案。這表示，應用程式中需要處理的使用者故事或使用案例流程少於 30 個，而且每一個流程僅處理少量的業務邏輯。如果用 Ruby on Rails、Groovy 或 Grails 就能快速輕鬆開發應用程式，而且不會對複雜度及變更的管控感到不適，那麼或許用不到 DDD。	1	解釋得更清楚一點，這邊說的是 25 到 30 個業務邏輯方法，而不是指 25 到 30 個服務介面、每個服務介面都拖著一堆方法的專案；後者的複雜度完全不能比。	
那麼，假設你要處理的使用者故事或使用案例數量介於 30 到 40 之間，表示這開始複雜起來了。此時或許應該考慮 DDD。	2	投資前需謹慎思考：複雜度往往難以及早察覺。尤其我們**軟體開發人員又很容易低估複雜度以及投注心力的程度**。想以 Rails 或 Grails 來開發是一回事，適不適用卻又是另一回事。長遠來看，這類決定很有可能弊大於利。	
即使應用程式現在並不複雜，可是將來呢？或許要等使用者實際用過了才知道，不過可以參考一下「輔助說明」欄位其中一點，有助於你評估真實情況。 請注意：要是有任何跡象顯示應用程式是中等複雜度——在這裡可以過份小心——足以證明將來很有可能變得更加複雜；建議採用 DDD。	3	這樣做會有幫助：花點時間與領域專家一起審視較為複雜的使用情境，並分析一下可能的變化和影響。領域專家的反應是… 1. 已經提出更複雜的功能需求？如果是，應用程式可能已經開始或很快會變得複雜，就不適用單純的 CRUD 方法了。 2. …功能讓他們覺得百般無聊、懶得跟你討論？可能系統還不夠複雜。	

你的專案會拿到 7 分以上的評分結果嗎？

如果你的專案是這樣…	評分	輔助說明	你的分數
應用程式的功能在接下來幾年內會更新，而你無法確定這類變更內容簡單與否。	4	利用 DDD 來重構模型，你就能夠掌握隨著時間而變化的複雜度。	
由於是全新未接觸過的，因此你完全不熟悉此**領域（第 2 章）**，就你所知，團隊中也沒人接觸過。通常這就代表它很複雜，或是至少需要謹慎地分析再三，才能判斷其複雜程度。	5	你會需要與領域專家攜手合作，反覆嘗試、驗證、修正模型。你一定也在前一兩項的評分填了分數，所以不用懷疑，採用 DDD 吧。	

這項評分練習很可能讓你的團隊產生了底下的結論：

> 我們發現，原先對複雜度的評估是錯誤的（不論是高估還是低估了複雜度），而且無法輕易且快速地修正方向和做法，這實在太糟糕了。

> 是這樣沒錯，不過這只是告訴我們要在專案規劃的早期階段，對複雜度做出更正確的判斷，就能省下大量時間、預算以及很多麻煩工作。

> 一旦決定好主要架構、甚至投入針對使用情境的開發作業中，常會深陷泥沼而不自知。千金難買早知道，我們必須做出更明智的決定。

如果你的團隊對以上任何觀察產生共鳴，那麼你們正在運用批判性思考。

貧血與失憶

貧血（anemia）會對健康造成危害，是一種嚴重的疾病。因此，當**貧血領域模型**（Anemic Domain Model，[Fowler, Anemia]）一詞被提出來，絕對不是什麼「恭維」的好話，從字面上來看，像是在說領域模型虛弱不堪、內部行為品質低落，怎樣都不會讓人聯想到好事。但奇怪的是，貧血領域模型卻充斥在業界中，原因在於大多數開發人員都不覺得有問題，也沒意識到潛藏在系統中的嚴重情況，但，這問題真的很嚴重。

你擔心模型運作起來效能很差、表現出失去活力、漏東漏西、雜亂無章的樣子，就好像亟待施打強心針的病患奄奄一息？如果你懷疑技術上出現問題，可以自我檢測。執行表 1.2 的自我檢測步驟幫模型做個健檢，搞清楚自己究竟應該安心還是擔心害怕。

表 1.2　領域模型健康檢查表

	是 / 否
你用來開發軟體的「領域模型」是否大部分只有 public 的 setter、getter 方法，幾乎沒有什麼業務邏輯在其中──主要是用於存取屬性值的物件？	
就算系統大部分業務邏輯都存在你稱為「領域模型」的軟體元件當中，那些經常使用「領域模型」的軟體元件，是否大多數時候只是頻繁呼叫「領域模型」的公用 setter、getter 方法呢？你或許會將這類用戶端稱為**服務層**（Service Layer）或**應用程式層**（Application Layer）（第 4 章，第 14 章），但如果其實這就是你的使用者介面，請在此問題回答「是」，然後在黑板上罰寫一千次「我再也不會這樣做」。	

提醒：正確答案是，兩個問題都回答「是」或都回答「否」。

結果如何啊？

如果兩個問題你都回答「否」，那麼你的領域模型尚屬健康。

但如果兩個問題你都回答「是」，那麼這個「領域模型」已經「病入膏肓」了，出現貧血的虛弱症狀。好消息是，只要繼續閱讀下去，就還有救。

如果你一個回答「是」、一個回答「否」，你要不還在逃避現實、要不就是出現了幻覺或是有神經失調問題──同樣也是貧血引起的。如果兩題出現不一致的答案時該怎辦？請回到第一個問題，再重新自我檢測一次。慢慢來、慢慢想，但要記住兩個問題必須肯定地回答「是」！

如同 [Fowler, Anemic] 文中所說，當我們花了大把心力在建立領域模型卻得到一個貧血領域模型，等於是毫無所獲，這是很糟糕的事。以「物件關聯阻抗不匹配」（object-relational impedance mismatch）為例，在這類領域模型中，開發人員要花很多時間與心力將物件與持久性儲存區（persistence store）相互對映；付出的成本相當高，回報卻不成比例。我會說這種東西根本不算領域模型，只是個描述物件與關聯模型（或資料庫）之間關係的資料模型而已；事實上這個偽領域模型更接近 Active Record（**主動式記錄設計模式**，[Fowler, P of EAA]）的定義。不要自以為是，承認自己是在編寫 Transaction Script（**交易腳本**，[Fowler, P of EAA]），就有機會進一步簡化架構。

引發貧血症狀的原因

既然貧血領域模型是設計與執行不佳所帶來的不良後果，為何還這麼多人使用、而且還自以為狀況良好？其中一個原因當然是這種模型忠實反映了過去線性程式設計的思維，但我不認為這是主因。這個產業有很大一部分的人只是亦步亦趨地跟隨前人的範例程式做事，如果範例的品質好當然無傷大雅；但很多時候，範例程式只是用於展示概念、或是以最簡易的方式展示應用程式介面（application programming interface, API）的功能與使用方式罷了，根本沒考慮設計原則。過度簡化的範例程式往往充斥大量 getter 和 setter 方法，然而很多人想都沒想過設計方面的問題，就直接複製過去。

還有一個更久遠以前的影響。Microsoft 旗下 Visual Basic 早期的開發史對於軟體業仍然影響至今；我並不是說 Visual Basic 程式語言跟它的整合開發環境（integrated development environment, IDE）很爛，而是指它一直是高生產力的開發環境，在某些方面對這個產業的發展帶來正面的影響。當然有些人沒受到直接影響，但它或多或少間接影響到每一個軟體開發人員。請參考表 1.3 所示的時間線發展。

表 1.3　從行為豐富的充血（rich）模型到惡名昭彰的貧血模型進程

80 年代	1991 年	1992-1995 年	1996 年	1997 年	1998 迄今
由 Smalltalk 與 C++ 帶起的物件風潮	Visual Basic 屬性與屬性表的概念出現	視覺化開發工具與 IDE 環境漸成主流	Java JDK 1.0 版本推出	JavaBean 規範誕生	基於物件屬性來建立對映關係的反射工具在 Java 與 .NET 平台上迅速增長

我所說的影響，指的正是屬性（property）及屬性表（property sheet）帶來的影響，導致當年開發設計 Visual Basic 表單的工程師這麼流行用屬性 getter 和 setter 方法。你只需要在表單中加入幾個自訂的控制實例、把屬性表設定好，馬上就有一個功能完整的 Windows 應用程式了！與先前使用 C 語言直接對 Windows API 編寫類似的應用程式相比，原本得花好幾天，現在只要幾分鐘就完成了。

這跟我們講的貧血領域模型有什麼關係？**JavaBean 標準最初是協助 Java 程式建立視覺化程式設計的工具**，企圖在 Java 平台上打造出如同 Microsoft ActiveX 那樣的功能。於是人們預期市面上會出現各種第三方開發的自訂控制元件，如同當年 Visual Basic 的盛況。各家框架以及函式庫紛紛加入 JavaBean 的行列，Java 自家的 SDK/JDK 不用說，還有知名的函式庫如 Hibernate。從 DDD 的角度來看，引入 **Hibernate 是為了保存**（persist）**領域模型**，而即使到了 .NET 平台，這股風潮依舊沒有停下腳步。

有趣的是，早年使用 Hibernate 保存的領域模型，每一個領域物件的每一個持久（persistent）簡單屬性與複雜關聯，都必須曝露 public 的 getter 和 setter 方法。這表示，即使你想以豐富行為能力的介面來設計 POJO 物件（Plain Old Java Object，意指單純資料存取物件），還是得將物件內部公開揭露出來，這樣 Hibernate 才能保持或重新建構這些領域物件。當然，也可以選擇把這些公開的 JavaBean 介面都藏起來，但大部分程式開發人員根本懶得這樣做，甚至不懂為何要這樣做。

這表示在 DDD 中不應該使用關聯物件對映（object-relational mapper, ORM）嗎？

上述對於 Hibernate 的批評是以過去的情況而言，但現在 Hibernate 已經支援隱藏的 getter 和 setter 方法、也支援對這些屬性欄位的直接存取。在後續的章節中，筆者會展示如何在使用 Hibernate 與其他持久性框架這類機制時，避免模型產生貧血症狀。所以，別緊張。

就算不是全部，大部分的 Web 框架也都僅基於 JavaBean 標準運作。這表示如果你想以 Java 物件來代表網頁內容，那麼 Java 物件就需要支援 JavaBean 規範；反過來說，如果你希望 HTML 表單內容提交到伺服器端時轉換為 Java 物件，那麼這個代表表單內容的 Java 物件最好也要支援 JavaBean 規範。

今時今日，市面上幾乎所有框架技術都要求（也因此促進了）在簡單物件中加入公開屬性（property）的使用，大多數程式開發人員也只能概括接受，以至於貧血症狀充斥在業界的應用程式中。所以承認吧，你也被感染了不是嗎？看來，我們所面臨的狀況應該叫做「流行性貧血」。

貧血對模型造成的影響

好了，大家對於上述兩個答案為「是」應該都達成共識了，也認同我們都為其所苦。那麼，「流行性貧血」跟「失憶」又有什麼關聯？仔細看那些貧血領域模型的用戶端

程式碼（也就是先前所說「偽裝的」**應用程式服務**（Application Service，**第 4 章、第 14 章**），或者該說是 Transaction Script），通常會看到什麼？來看一下這個例子：

```
@Transactional
public void saveCustomer(
    String customerId,
    String customerFirstName, String customerLastName,
    String streetAddress1, String streetAddress2,
    String city, String stateOrProvince,
    String postalCode, String country,
    String homePhone, String mobilePhone,
    String primaryEmailAddress, String secondaryEmailAddress) {

    Customer customer = customerDao.readCustomer(customerId);

    if (customer == null) {
        customer = new Customer();
        customer.setCustomerId(customerId);
    }

    customer.setCustomerFirstName(customerFirstName);
    customer.setCustomerLastName(customerLastName);
    customer.setStreetAddress1(streetAddress1);
    customer.setStreetAddress2(streetAddress2);
    customer.setCity(city);
    customer.setStateOrProvince(stateOrProvince);
    customer.setPostalCode(postalCode);
    customer.setCountry(country);
    customer.setHomePhone(homePhone);
    customer.setMobilePhone(mobilePhone);
    customer.setPrimaryEmailAddress(primaryEmailAddress);
    customer.setSecondaryEmailAddress(secondaryEmailAddress);

    customerDao.saveCustomer(customer);
}
```

刻意簡化過的範例

我們承認這個範例的業務領域不怎麼有趣，但至少能幫助了解如何檢驗一個不完美的設計並將它重構為一個更好的設計。在此必須澄清，該範例的用意不是教你怎麼用很炫的程式寫法來儲存資料，而是告訴你該如何打磨軟體模型以提升業務價值，雖然範例本身不怎麼有價值。

那麼這段程式碼在做什麼？它做的事情可多了。不管 Customer 的物件是新增還是之前就存在、姓氏是否更改或搬家了、有沒有新增新的家用電話或者根本就已經斷話、是否首度申請行動電話號碼，它都會儲存 Customer 物件；甚至 Customer 電子郵件信箱從 Juno 改成 Gmail、或是換了新工作所以新增公司的 email 信箱，這段程式碼不管三七二十一就是會把 Customer 物件存進去。聽起來好像很讚！

真的嗎？說實在，我們並不清楚 saveCustomer() 方法底層的業務邏輯使用情形。當初為何設計這個方法？有人還記得一開始編寫此方法的理由嗎？為什麼後來要修改成這種可以使用在各種業務情境的萬用形式？通常在方法被寫下來或修改的幾星期或幾個月後，就會忘了原始的初衷和動機，而且情況會持續惡化。不信嗎？看看同一個方法的下一個版本：

```
@Transactional
public void saveCustomer(
    String customerId,
    String customerFirstName, String customerLastName,
    String streetAddress1, String streetAddress2,
    String city, String stateOrProvince,
    String postalCode, String country,
    String homePhone, String mobilePhone,
    String primaryEmailAddress, String secondaryEmailAddress) {

    Customer customer = customerDao.readCustomer(customerId);

    if (customer == null) {
        customer = new Customer();
        customer.setCustomerId(customerId);
    }
```

```java
        if (customerFirstName != null) {
            customer.setCustomerFirstName(customerFirstName);
        }
        if (customerLastName != null) {
            customer.setCustomerLastName(customerLastName);
        }
        if (streetAddress1 != null) {
            customer.setStreetAddress1(streetAddress1);
        }
        if (streetAddress2 != null) {
            customer.setStreetAddress2(streetAddress2);
        }
        if (city != null) {
            customer.setCity(city);
        }
        if (stateOrProvince != null) {
            customer.setStateOrProvince(stateOrProvince);
        }
        if (postalCode != null) {
            customer.setPostalCode(postalCode);
        }
        if (country != null) {
            customer.setCountry(country);
        }
        if (homePhone != null) {
            customer.setHomePhone(homePhone);
        }
        if (mobilePhone != null) {
            customer.setMobilePhone(mobilePhone);
        }
        if (primaryEmailAddress != null) {
            customer.setPrimaryEmailAddress(primaryEmailAddress);
        }
        if (secondaryEmailAddress != null) {
            customer.setSecondaryEmailAddress(secondaryEmailAddress);
        }

        customerDao.saveCustomer(customer);
    }
```

筆者必須強調，這還不是最糟糕的情況。常會看到這類資料對映（data-mapping）的程式碼愈來愈複雜，一大堆業務邏輯藏在裡面。至於最糟糕的情況筆者就不在此分享了，但你應該心裡有數。

這個版本除了 customerId 外，其他參數都是非必要的，這樣能在至少十幾種業務情境下利用此方法儲存 Customer 物件，甚至更多！但這真的好嗎？我們該如何實際測試這個方法，確保它不會在某些情境下錯誤地存入 Customer 物件？

不進一步詳細說明的話，這個方法出錯的可能性遠大於正確運作的可能性。有人會說，或許底層的資料庫有設防呆限制，可以避免不合規則的資料被存入，但你必須查看資料庫才能確認；而這又要花你一段時間，才能摸清楚 Java 屬性（attribute）與資料庫欄位名稱之間的對映關係。等你搞清楚了，卻發現資料庫根本沒有設防呆、或是機制並不完整。

你可以盤點一下可能使用此方法的眾多用戶端（撇除那些管理自動遠程客戶端的使用者介面完成後才新增的用戶端），比較一下程式碼前後版本差異，以便了解目前的實作方式。在尋找答案的過程中會逐漸發現，根本沒人能解釋清楚為什麼這個方法會這樣運作，或是有多少正確的使用方式，光靠你自己，可能要花上好幾個小時甚至幾天才能想通。

牛仔小劇場

傑哥：　「那傢伙根本不知道自己在幹嘛，他的樣子看起來就像在牛群中滑冰或堆馬鈴薯一樣荒謬。」

領域專家在此幫不上忙，因為只有程式設計師自己才看得懂程式碼。就算真的有一兩個領域專家懂程式設計，或是至少看得懂程式碼，恐怕還是會跟開發人員一樣困惑，搞不清楚程式碼的功能是什麼。在充滿疑惑的狀態下，我們怎麼敢修改程式碼？就算真的敢，又該怎麼做？

你至少面臨了三大問題：

1. 現在的 saveCustomer() 介面根本看不出設計的用意。

2. 實作 saveCustomer() 方法把底層的複雜度給隱藏了。

3. 所謂 Customer「領域物件」根本不是真正的物件，只是一個資料預留器（data holder）。

姑且將這個讓人不舒服的況狀稱為「由貧血引起的失憶症」好了；這在完全主觀而隱含程式碼「設計」的專案中經常發生，讓人摸不著頭緒。

等一下！

講到這個地步，你心中可能會冒出這個想法：「我們的設計都還在初步的白板規劃階段，只劃好了架構，一旦達成共識，就要進行實作了；有點害怕。」

如果你這樣想，請試著把設計視為實作的一部分。記住，在實作 DDD 時，「設計即程式、程式即設計」。換句話說，白板上的那些圖表還算不上設計，只是用於討論模型的工具而已。

請繼續閱讀下去，很快你就會知道如何把這些紙上的想法化成實際可用的現實。

現在你應該開始對這類程式碼感到憂心了，不知該如何才能做出更好的設計。好在你有機會成功，在程式碼中達成仔細規劃的明確設計。

如何實踐 DDD

這裡暫且不談開發實作的細節，先看看 DDD 中最強大的兩個功能之一：通用語言，它是 DDD 兩大支柱之一。另一個則是 Bounded Context（**有界情境，第 2 章**），而且兩者缺一不可。

情境限定的術語

你可以把 Bounded Context 想像成圍繞整個應用程式或有限系統的概念邊界。邊界的用意在於，強調在此界線內使用「通用語言」——也就是特定領域的術語、慣用語、句子時，都具有此情境的特定含義。出了這個邊界，這些術語所代表的意義可能就不同了。第 2 章中，我們會再深入解釋何謂 Bounded Context。

通用語言

「通用語言」指的是團隊共享共用的一套語言，包括領域專家和程式開發人員，以及專案的所有團隊成員。不論你在團隊中擔任的角色為何，只要進到團隊，就要使用此專案的通用語言。

所以，你認為的通用語言…

「只要講到有關業務就算數。」

不，不是。

「那是指業界標準的專業術語嗎？」

不完全是。

「所以是領域專家用的那些行話？」

很抱歉，還是不對。

「通用語言是一套由團隊所建立起來的共享用語——包括領域專家與軟體開發人員在內的團隊。」

> 沒錯，這才對！
>
> 正常來說，領域專家由於本身對業務了解最多，也可能受到產業標準影響，所以會對通用語言的型塑造成較多影響。不過，通用語言的**核心精神在於傳達業務思維與業務運作方式**。此外，很多時候不同的領域專家對於一些概念和術語有不同意見，甚至因為還沒遇過所有情境而犯了錯。所以當領域專家與開發人員一起合作打造該領域的模型時，必須要抱著凝聚共識和互相妥協的態度，才能建立**最符合此專案的通用語言**。最佳概念、術語、用詞意義上可以妥協，但通用語言的品質絕對不能打折扣。建立共識只是個開始，不是結束；就像所有的語言，每當出現了大大小小的發展與突破，通用語言也會隨著時間出現變化與增長。

這不是在哄騙開發人員要乖乖照著領域專家的話做，也不是要把一大堆艱澀難懂的業務術語硬加諸在開發人員身上。這是由整個團隊——領域專家、軟體開發工程師、業務分析師，參與這個系統的所有人共同建構的實用語言。雖然剛開始會是領域專家常用的術語，但並非僅限於此，因為通用語言必須隨著時間變化發展。簡單來說，當多名領域專家一起建構通用語言，也常常會在那些他們原以為會有共識的術語與詞彙意義上產生分歧意見。

在表 1.4 管理施打流感疫苗情境的範例中可以看到，通用語言不僅用於流感疫苗管理的模型上，團隊還必須要公開使用這個語言才行。當團隊在討論模型這個部分時，會用「護理師對病患施打了標準劑量的流感疫苗」這樣的說法進行描述。

表 1.4   分析最適合此業務情境的模型

哪種寫法最適合此業務領域？
第二與第三種敘述方式雖然很像，但應該採用哪種程式碼設計？

可能的觀點	寫出的程式碼

「誰管這麼多啊？直接寫程式就好。」
 	
呃，一點都不好。
	`patient.setShotType(ShotTypes.TYPE_FLU);`
	`patient.setDose(dose);`
	`patient.setNurse(nurse);`

「我們對病患施打流感疫苗。」 好多了，但少了一些重點概念。	`patient.giveFluShot();`

「護理師對病患施打了標準劑量的流感疫苗。」
 	
就現階段所學到的，這是可以接受的答案。
	`Vaccine vaccine = vaccines.`
	`standardAdultFluDose();`
	`nurse.administerFluVaccine(patient, vaccine);`

　　雖然最後成型的通用語言，可能會與專家心目中認定的有所落差，過程中也會有所爭執，但這些都是為了打造出最佳通用語言必經的過程，畢竟它將在接下來很長一段時間內扮演著舉足輕重的角色。這一切都要透過開誠布公地討論，審視既有的文件、會浮上檯面的業務部落知識，並參考標準、字典、同義詞等。過程中甚至可能發現，某些詞彙並不如我們原先想像適用於此業務情境，反而有更適合的替代用詞。

　　那麼究竟該如何捕捉這麼重要的通用語言？底下提供一些方法，可以透過實驗不斷改進：

- 將實體或概念上的領域繪製出來，然後為領域中的元素命名，並定義要執行的操作。畫的方式多半很隨性、非正式，但也可能隱含著正式的軟體建模方式。即使團隊以 UML（Unified Modeling Language，統一建模語言）這類較正式的模型描述工具進行，也不要被繁文縟節的規則限制了討論，阻礙你們對型塑最終通用語言的創意。

- 先以簡短的定義建立一份術語詞彙表，將其他替代術語也列出來，包含有可能被選用和不太可能被選用的，並寫下理由。寫詞彙定義時，由於必須以該領域的語言進行描述，因此自然會創造出日後可以重複使用的慣用語。

- 如果不想要使用詞彙表，也可以用非正式的繪圖來將重要的軟體概念記錄下來。再次強調，必須在此過程中加入額外可替代的術語和慣用語。

- 由於可能僅有少數團隊成員負責整理詞彙表或其他書寫文件，記得要跟團隊其他成員共同審核確認最終內容。不太可能一開始就對全部內容達成共識，因此請保持靈活，隨時準備進行大幅修改。

以上提供建立特定領域通用語言的起步方式。這當然不會是最終要建立的軟體模型，只是初步的規模；但很快，這套通用語言會被運用在建構系統的原始碼中，也就是以 Java、C#、Scala 或其他程式語言所編寫的程式碼。這些圖說或文件並沒有說明通用語言日後會隨著時間發展變化，它們只是啟發我們去發展出符合此領域的通用語言，隨著時間過去，這些圖說和文件很快就會過時不適用。**最終，唯一能夠確保通用語言當前意義並且一直存在的，是團隊間的口語表達和實際應用於程式碼中的模型。**

既然只有口語表達和程式碼才能真正代表通用語言，請做好拋棄這些圖說、詞彙表和其他文件的準備，很快它們就跟不上口語表達與程式碼的更迭速度了。雖然這不是使用 DDD 的要求，但從實務面來看，要一路維護這些文件與系統保持同步，根本就不切實際。

有了這些認知以後，接著我們就可以來重新設計先前的 saveCustomer() 範例了。讓 Customer 物件反映它所需要具備的可能業務目標，重新編寫如下：

```java
public interface Customer {
    public void changePersonalName(
        String firstName, String lastName);
    public void postalAddress(PostalAddress postalAddress);
    public void relocateTo(PostalAddress changedPostalAddress);
```

```
public void changeHomeTelephone(Telephone telephone);
public void disconnectHomeTelephone();
public void changeMobileTelephone(Telephone telephone);
public void disconnectMobileTelephone();
public void primaryEmailAddress(EmailAddress emailAddress);
public void secondaryEmailAddress(EmailAddress emailAddress);
}
```

或許這未必是最適合 Customer 的模型，不過在實作 DDD 時，要回過頭來反思設計。作為一個團隊，我們可以在「什麼才是最佳模型」的觀點上爭執討論，但記住，最後一定都要回到通用語言的基礎上達成共識。就算現階段通用語言並不完美、還有改進的空間，至少從前面的介面定義就能明顯看出 Customer 所需具備的業務功能。

此外，這個 Customer 的應用服務也需要重構為可以明確表達出業務目標的形式。每一個應用服務中的方法，都必須修改為僅代表單一使用案例流程（use case flow）或使用者故事（user story）：

```
@Transactional
public void changeCustomerPersonalName(
    String customerId,
    String customerFirstName,
    String customerLastName) {

    Customer customer = customerRepository.customerOfId(customerId);

    if (customer == null) {
        throw new IllegalStateException("Customer does not exist.");
    }

    customer.changePersonalName(customerFirstName, customerLastName);
}
```

這跟一開始的範例截然不同，因為先前的範例中，是以單一方法去處理多種不同的使用案例流程或使用者故事。而在新範例中，則是將單一應用服務方法限定為只負責處理修改 Customer 的個人姓名，沒有其他多餘的職責。在使用 DDD 時，我們必須根

據相應情況優化應用服務；這意味著使用者介面也會更精確地反映使用者的操作目的，之前情況可能是這樣。然而，新版的應用服務方法不再需要用戶端在姓和名的參數之後傳入十個多餘的空值（null）。

新的設計是不是讓你感到安心多了？程式碼可閱讀性提高、容易理解，測試時也更容易確認每個方法應達到的功能目標，而且不會執行任何不應該執行的操作。

因此，通用語言可以說是針對團隊的設計模式，用於捕捉軟體模型中特定核心業務領域的概念與術語。軟體模型中包含的名詞、形容詞、動詞以及更豐富的表達形式，則由緊密合作的團隊正式訂定並且實際使用。而軟體本身以及驗證模型是否符合領域原則的測試，也同樣採用並遵守這個通用語言——團隊口語溝通的語言。

通用，不代表泛用！

接著我們要來對通用語言的適用範圍做一下澄清。請牢記幾個基本概念：

- 「通用」（ubiquitous）指的是「普遍」與「隨處可見」，也就是廣泛應用在團隊成員內部的溝通以及這個領域模型的開發過程。

- 「通用」這個詞並不是指整個企業、整家公司甚至全世界、全宇宙都可以「通用」的領域語言。

- 每一個 Bounded Context 都有其獨立的通用語言。

- Bounded Context 範圍相對很小，比我們一開始想像的還要小。一個 Bounded Context 只夠容納一個業務領域的完整通用語言，僅此而已，不會更大。

- 這種語言的通用性僅適用於開發一個獨立 Bounded Context 的專案團隊內部。

- 即使是開發單一 Bounded Context 的單一專案，也會出現與其他一或多個 Bounded Context 相關聯，透過**情境地圖（Context Map，第 3 章）**來加以整合。

相關聯的每個 Bounded Context 都有各自的通用語言，有些術語可能出現重疊的情形。

- 試圖將一套通用語言用於整個企業甚至泛用於多個企業上的做法，注定會失敗。

當開始一個新專案並正確使用 DDD，先確定要開發的 Bounded Context，才可以明確界定領域模型的範圍。在此明確的 Bounded Context 範圍內，以隸屬此領域模型的通用語言進行討論、研究、構思、開發、溝通。只要不屬於該 Bounded Context 通用語言的概念，一律拒絕。

採用 DDD 帶來的業務價值

如果你跟筆者有一樣的經驗，就會知道軟體開發人員不再只因為新技術或新科技聽起來很酷、很有趣就貿然追逐。我們對自己做的每一件事都必須要有正當的理由。雖然未必一直都是如此，但這樣做確實是好的。筆者認為應用任何科技或技術最正當的理由，就是為業務帶來價值。要是能帶來實際而具體的業務價值，公司有什麼理由拒絕我們推薦的技術呢？

尤其當我們證明了建議方法所產生的業務價值高於其他方法時，便能進一步強化這個業務案例。

業務價值不是最重要的嗎？

當然。或許我應該把「採用 DDD 帶來的業務價值」這個小節放在更前面才對？反正現在也來不及改了。這個小標題其實可以解讀為「如何向長官推銷 DDD」。除非你相信真的有機會在公司實作 DDD，否則這本書也只是假設的理論而已。我當然不希望你只是把這本書當作紙上談兵的理論練習用，請把它看成公司的實際現況，很快地，你就會對它給公司帶來的實質助益雀躍不已。所以，繼續往下看吧。

讓我們以實際的觀點來考慮引入 DDD 後能夠獲得的業務價值；請記得將它們與管理階層、領域專家以及技術開發團隊成員公開分享。筆者將這些價值與好處簡短彙整成下列八點，之後會一一詳細說明；就從牽涉較少技術層面的好處開始。

1. 企業得到能夠描述業務的領域模型。

2. 正確理解並建立該業務的精確定義。

3. 領域專家參與軟體的設計。

4. 獲得更好的使用者體驗。

5. 模型的界線更加明確。

6. 更完善的企業架構。

7. 擁有適用於敏捷開發、迭代開發、持續部署的模型。

8. 引入新的戰略工具與戰術工具。

1. 企業得到能夠描述業務的領域模型

DDD 強調將心力投資在最重要的業務核心上。不要過度建模，把重點放在核心領域；雖然其他用於支持核心領域的次要模型也很重要，但支援模型的優先程度與開發工作量可能不像核心模型那麼高。

　　當我們專注在區別自己的業務與其他公司業務的差異時，便能充分了解自己的使命，以及擁有哪些可控要素以確保不會偏離正確方向，精準地找出具有競爭優勢的產品。

2. 正確理解並建立該業務的精確定義

公司可能比過去更加了解自身業務以及業務目標。筆者曾經聽別人說過,針對業務的核心領域所建立的通用語言,成功地運用在行銷工具中。通用語言顯然應該整合在描述願景與使命的宣言當中。

當模型隨著時間不斷精進,自然也會對業務的價值有更深入的理解,這種理解可以作為分析工具。在與領域專家討論、與技術團隊一同型塑模型的過程中,領域專家會分享他們想法的細節,而這些細節也能夠在戰略與戰術上,幫助公司分析當前以及未來業務方向的價值。

3. 領域專家參與軟體的設計

企業對自身的核心業務了解愈深入,就愈能發掘出業務的價值。但過程中領域專家對於概念與術語的定義未必有共識;他們因為過去任職其他企業的經驗偶爾出現扞格,有時則是因為在同一家企業中負責不同的業務而出現意見分歧。但無論如何,當所有領域專家一起參與 DDD 的工作,勢必會共同努力達成共識,進而穩固整體的向心力與企業實力。

而開發人員不再閉門造車,與領域專家形成一個團隊、使用同一個通用語言交流溝通,就能進一步獲益。即使這些開發人員日後離開目前的工作崗位,不管是調去開發別的核心領域專案還是離職了,工作交接也會較為輕鬆,而過去那種只有寥寥數人才能看懂模型的「部落知識」情形亦將大幅降低,只要領域專家、現任開發人員以及新進人員持續共享這個知識庫,並且讓公司其他有需要的人也都能使用。這項優勢之所以存在,正是因為大家努力遵守領域的通用語言。

4. 獲得更好的使用者體驗

當領域模型改善時，使用者體驗也會進一步提升；設計軟體時將領域驅動的概念正式融入系統中，將影響人們對於軟體的使用方式。

　　當軟體超出使用者的理解範圍，使用者需要接受訓練才能做出眾多決定。基本上，使用者只是將心中的理解轉換為輸入到表單中的資料，隨後被儲存在資料庫中；要是使用者根本搞不清楚需要哪些資料，那麼結果就是錯誤的。除非使用者真正理解軟體如何運作，否則他們只能靠猜測，造成軟體效率不佳。

　　只要照著領域專家心中所想的模型規劃，就能創造出良好的使用者體驗，使用者自然會被導向正確的操作決定。軟體本身會訓練使用者，對於企業而言這能夠降低訓練成本；少了額外的訓練，便能提高生產效率，換句話說，這就是業務價值。

　　接下來看技術層面的貢獻。

5. 模型的界線更加明確

技術團隊應焦聚在業務價值上，而不是追求個人對程式設計及演算法的興趣。當所有人目標和方向一致時，就能專注於發揮解決方案的最大效能，將心力貢獻在最重要的地方以臻至最大成果。要實現這個目標，必須清楚理解並界定專案的 Bounded Context。

6. 更完善的企業架構

當清楚界定出 Bounded Context 範圍且所有人都充分了解其定義，企業內的所有團隊便能清楚理解哪些需要進行整合以及整合的原因。這些界線明確而清晰，它們之間的關係也都一覽無遺。要是模型互相交集、具有使用相依性，就使用情境地圖在團隊之間建立正式的關係及整合方式，這樣便能徹底理解整體企業的架構。

7. 擁有適用於敏捷開發、迭代開發、持續部署的模型

對於業務的主管階層來說,「設計」一詞可能會引發負面的想法。然而,DDD 不是什麼重大工程、繁複的設計和開發流程,DDD 也不是紙上談兵畫畫圖表而已,而是將領域專家的心智模型,轉化為業務可用的模型;它並不是指試圖模仿實物所建立的真實模型。

團隊運作依循敏捷開發方法,可迭代、可增量,任何團隊覺得可用的敏捷開發流程,都可以成功運用在 DDD 的專案當中;最終產生出來的模型就是實際可運作的軟體,它可以不斷反覆修改精進,直到業務上不再需要它為止。

8. 引入新的戰略工具與戰術工具

Bounded Context 讓團隊明確了解模型的範圍,在此範圍內針對特定業務領域的問題提出解決方案。每個 Bounded Context 都有一套由團隊建立的通用語言,用於團隊溝通以及軟體模型的建立。負責不同 Bounded Context 的不同團隊之間,有時透過情境地圖對 Bounded Context 做策略性的區隔,並了解它們之間的整合關聯。在單一模型邊界內,團隊可以隨意運用各種有效的戰術建模工具,例如:**聚合（Aggregate,第 10 章）**、**實體（Entity,第 5 章）**、**值物件（Value Object,第 6 章）**、**服務（Service,第 7 章）**、**領域事件（Domain Event,第 8 章）**等。

應用 DDD 時會遇到的挑戰

如同所有曾經走過這條路的前人，當你實作 DDD 時，勢必也會遇到挑戰。哪些是常見的挑戰？遇到挑戰時，我們又該如何替 DDD 辯護？筆者將會討論最常見的幾種狀況：

- 需要給出足夠的時間與心力來建立通用語言。

- 一開始就邀請領域專家參與專案且持續參與直到完成。

- 改變開發人員對業務領域解決方案的舊思維。

使用 DDD 時遇到的最大挑戰之一，無疑是需要花費時間與心力來思考關於業務領域的細節，研究業務上的概念、術語，並且與領域專家交流討論，以便發掘、捕捉到通用語言並強化它，而不是使用艱澀難懂的技術術語編寫程式。如果真心想要落實 DDD，讓業務價值極大化，就要付出更多心思和努力，當然，也就需要更多的時間；除此之外，別無他法。

此外，請求領域專家貢獻必要的參與也會是一項挑戰。不管這項挑戰有多困難，務必確保要有領域專家參與；如果連一位領域專家都沒有，就無法深入了解領域知識。一旦確定領域專家參與，責任就回到了開發團隊身上。開發人員必須與這些專家開誠布公地對話、細心地聆聽，將他們所說的話塑造成能夠反映出他們對該領域思維的軟體。

要是你工作的領域對你公司來說真的很特殊，而領域專家的腦海中擁有關於這個領域的專業知識，你必須想辦法把這些東西挖出來。筆者曾經參與過一些專案，領域專家很少出現，因為他們經常四處出差，好幾個星期才能跟他們進行一小時的會議。如果是小型企業，那麼擁有這項知識的人可能是執行長或副總裁等級的人物，對他們來說，比起跟你開會，恐怕還有其他更多重要的事情要做。

牛仔小劇場

傑哥：「要是沒能逮到那頭肥牛，就等著餓肚子吧。」

所以要說服領域專家，可能需要一點創意

該如何邀請領域專家加入專案

這時就要端出另一種「通用語言」：咖啡。

「嗨，莎莉，我給妳點了一杯燙手的中杯熱拿鐵，半份低脂牛奶、四倍低咖啡因濃縮咖啡，上面還加了奶泡喔。有空嗎？我想跟妳聊聊…」

記得在討論中善用高階主管會使用到的術語，像是「營收」、「獲利」、「競爭優勢」、「市場主導性」等等。

很快你就能達到目的。

　　要正確應用 DDD，大部分開發人員都必須「改變自己原先的思維」。我們這些開發工程師的思考方式都習慣從技術角度出發，提出技術性的解決方案對我們來說是很稀鬆平常的事。技術角度思維不是不好，不過有時候思考時少一點技術性或許會更好。如果長時間以來開發軟體一直習慣在技術層面上打轉，或許是時候引入一些新的想法了；而最好的開始，就是建立領域的通用語言作為起步。

實戰領域驅動設計：高效軟體開發的正確觀點、應用策略與實作指引

牛仔小劇場

寶弟：「那傢伙的靴子太小了，要是不換一雙，他的腳
　　　　趾頭一定會受傷。」

傑哥：「沒錯，不聽老人言，就等著吃虧在眼前。」

　　除了為各種概念命名，應用 DDD 時還需要具備更深層的思維。當我們透過軟體為一個業務領域建立模型時，必須要仔細思考賦予這些模型物件的職責，也就是「設計物件的行為」。沒錯，這些行為需要正確命名，以傳達出通用語言代表的意義，但我們還需要進一步思考，物件透過特定行為執行了什麼功能。這是更高層次的思維，不僅僅是在類別中建立屬性，或是公開 getter 和 setter 方法給用戶端去使用。

　　接著來看下面這個範例，比起上一個基本範例，這個範例的領域有趣多了，但也更有挑戰性。底下會再重複一次上面提過的準則來加深讀者的印象。

　　請再次思考，如果我們只為模型提供資料存取器方法會發生什麼事？再強調一次，如果只對模型物件公開資料存取器方法，結果只會得到一個資料模型。比較下列兩個範例，思考看看哪一個更需要更完善的設計思維、哪一個會對使用者產生更大的效益？這份需求是描述 Scrum 敏捷開發方法的模型，我們必須把一個待辦清單（backlog）項目送入衝刺（sprint）中；讀者可能每天都在用這個方法，因此應該不需要再贅述。

　　首先來看看第一個範例，用的是現今常見的屬性存取器（attribute accessor）方法：

```
public class BacklogItem extends Entity {
    private SprintId sprintId;
    private BacklogItemStatusType status;
    ...
    public void setSprintId(SprintId sprintId) {
        this.sprintId = sprintId;
    }
}
```

```
    public void setStatus(BacklogItemStatusType status) {
        this.status = status;
    }
    ...
}
```

此模型的用戶端則是像這樣：

```
// 用戶端設定 sprintId 與 status
// 將待辦清單項目提交到 sprint 中

backlogItem.setSprintId(sprintId);
backlogItem.setStatus(BacklogItemStatusType.COMMITTED);
```

第二個範例則是使用了一個領域物件行為，該物件行為充分表達出該領域的通用語言：

```
public class BacklogItem extends Entity {
    private SprintId sprintId;
    private BacklogItemStatusType status;
    ...

    public void commitTo(Sprint aSprint) {
        if (!this.isScheduledForRelease()) {
            throw new IllegalStateException(
                "Must be scheduled for release to commit to sprint.");
        }

        if (this.isCommittedToSprint()) {
            if (!aSprint.sprintId().equals(this.sprintId())) {
                this.uncommitFromSprint();
            }
        }

        this.elevateStatusWith(BacklogItemStatus.COMMITTED);

        this.setSprintId(aSprint.sprintId());
```

```
DomainEventPublisher
    .instance()
    .publish(new BacklogItemCommitted(
        this.tenant(),
        this.backlogItemId(),
        this.sprintId()));
}
...
}
```

此模型的用戶端看起來清爽多了，而且行為描述上也更明確：

```
// 用戶端以領域行為
// 將待辦清單項目提交到 sprint 中

backlogItem.commitTo(sprint);
```

　　第一個範例用的是一種以資料為中心的方法。將待辦清單項目正確送入衝刺中這件事情，責任全都在用戶端；至於模型也不是真正的領域模型，因此完全起不了作用。萬一要是用戶端做錯了，只更改 sprintId 卻忘了改 status，或是反過來只改了 status 而疏忽了 sprintId，該怎麼辦？又或者，如果將來業務邏輯變更、需要設定另一個屬性，又會發生什麼事？這時就必須對用戶端程式進行分析，找出與 BacklogItem 的屬性（attribute）之間正確的資料欄位對映。

　　這個方法還會把 BacklogItem 物件的結構曝露出來，處理時的邏輯也都僅針對資料屬性而非行為。就算你主張 setSprintId() 與 setStatus() 就是行為，但重點在於，這些「行為」並不具備真正的業務領域價值，它們並未在模型上明確展示出領域軟體的目標情境概念，也就是「將待辦清單項目送入衝刺中」。這使得用戶端開發人員在思考該對 BacklogItem 哪些屬性做設定才能正確地將待辦清單項目送入衝刺時，造成了認知上的負擔。可能有很多屬性要考慮，因為這是以資料為中心的模型。

現在來看第二個範例。它並沒有直接將資料屬性攤給用戶端看，而是曝露了一個行為，表明用戶端可以將待辦清單項目送入衝刺中。這個特定領域的專家們在討論模型需求時提到：

> 要有一項把待辦清單項目送入衝刺的功能；必須在待辦事項已經安排好發布時間才能夠送入。如果待辦清單項目先前曾經送入其他衝刺中，必須先取消抽回，等成功送入後，再通知相關人員。

因此可以看到，第二個範例中的方法確實有捕捉到模型在此 Bounded Context 的通用語言，也就是 BacklogItem 型別所處的情境。當我們分析此情境，便發現第一種解決方案是不完整的，並且隱含了程式缺陷。

至於第二種實作方法，不論步驟複雜與否，用戶端都不需要知道送入衝刺的具體細節；這個方法的實作本身就已經具備這樣的資訊。我們唯一要做的就是在送入之前執行防禦性語句（guard），以防止尚未安排好發布的待辦清單項目被送入。當然啦，防禦性檢核要放在 setter 的開頭也不是不行，但這樣一來，setter 的職責就會從單純負責 sprintId 與 status 資料欄位設值、擴大到需要了解物件所處的整個情境了。

這兩個範例還有另一個微妙的差異。請特別注意，要是待辦清單項目已經送入另一個衝刺中，會先從目前的衝刺中抽回，才能再做提交。這個細節很重要，因為待辦清單項目從衝刺中抽回時，要對用戶端發布領域事件：

> 允許從衝刺中取消抽回待辦清單項目。取消之後，也要通知相關人員。

因抽回產生的通知內容，則可以透過 uncommitFrom() 這項領域行為自行取得，commitTo() 方法甚至不需要知道自己會發送這些通知，它只需要知道，在這個待辦清單項目送入新的衝刺之前，必須確保從之前送入的衝刺中抽回。除此之外 commitTo() 領域行為還會在最後以「事件」形式發送通知給相關人員。如果不把上述這些豐富的

行為放在 BacklogItem 中，我們就必須在用戶端編寫程式來處理發布事件，這樣會造成領域邏輯從模型中洩漏出去，到最後模型本身的業務邏輯就所剩無幾了；這可不是好事。

　　當然了，要建構出如第二個範例的 BacklogItem，需要思考的細節比處理第一個範例來得多；但想想可以獲得的好處，這點付出也就不算什麼。隨著愈來愈熟悉這種設計思維，很快就能夠駕輕就熟。到最後，雖然需要更多的思考、更多的付出、更多的團隊協作，但 DDD 並不會因此變得更繁重。新思維的訓練是值得的。

白板動手做

- 挑一個你手頭上正在處理的業務領域，思考一下該領域模型中常用的術語及領域行為有哪些。

- 把這些術語寫在白板上。

- 接著，把團隊討論此專案時會用到的慣用語也寫上去。

- 找一位真正的領域專家，與對方一同討論應該如何修正這些用詞（別忘了請人家喝一杯咖啡喔）。

引入領域建模的正當理由

所謂的「戰術建模」（tactical modeling）通常要比「戰略建模」（strategic modeling）來得更複雜一些，因此，要是你打算透過 DDD 的戰術設計模式（聚合、服務、值物件、事件等）來建立領域模型，會需要更多繁瑣的思考、更多的心力投注。既然如此，又該如何說服公司採用戰術性領域建模？有什麼準則可用於判斷一個專案是否值得我們投資額外的心力、徹底應用 DDD？

想像一下，你帶領一支探險隊前往未知的祕境。你需要事先好好地了解這塊土地及其邊界，你的隊員可能會照著地圖走、也可能自行開拓出一條未竟之路，並決定戰略方案；你會思考著如何善加利用地形變化，為自己帶來好處。但不論做了多少準備，都註定要披荊斬棘。

如果你的戰略計畫要求你垂直攀岩，那麼此時你會需要一組合適的戰術性工具以及一套演練方案。站在山崖底下抬頭往上望，或許會看到一些挑戰與危險地帶，但沒有實際爬上去之前，還有很多潛藏的細節是看不到的。攀爬平滑岩面時，可能需要打岩釘進去；可以根據岩石裂縫的大小放置不同尺寸的岩械；此外，也要帶上攀岩鉤環來固定這些安全設備。雖然你會想要盡量走最短的垂直路線，但最好還是要根據每個點的情況來規劃路線。有時，甚至會根據岩石的狀況，而需要往回走或繞道而行。許多人都以為攀岩是一項可怕的危險極限運動，但真正有在攀岩的人都會告訴你，攀岩比開車或搭飛機要安全得多了。當然，前提是攀岩者必須熟悉工具的用法、必備技巧，以及具備判斷岩石狀態的能力。

如果開發一個特定**子領域（第 2 章）**就如同攀岩那般困難、危險又陡峭難行，那麼，我們也需要妥善準備適合的 DDD 戰術模式，作為攀爬的工具。若一個業務計畫符合核心領域的標準，就不應該斷然拒絕使用戰術模式。畢竟核心領域是一塊充滿未知且複雜的領域，團隊必須做足了準備，採用正確的戰術工具，才能避免災難性的中途墜崖意外發生。

這裡提供一些實務上的指引，先從較高層次開始，然後逐步說明具體細節：

- 如果一個 Bounded Context 被定位為核心領域，那麼它在戰略上的重要性即與業務成敗息息相關。核心模型並不容易理解，而且需要大量的試錯與重構，不過應該值得長期投入並持續不斷地改善。但這個 Bounded Context 不一定永遠是核心領域，即便是這樣，只要 Bounded Context 夠複雜、夠創新，且需要經過很長時

間不斷修改，那麼強烈建議採用戰術模式，作為這項業務未來的投資。這是假定你的核心領域值得投資最頂尖的開發人員。

- 對客戶來說只是**通用子領域**（Generic Subdomain，**第 2 章**）或是「支援子領域」的領域，實際上可能是你的業務核心領域。因此不能永遠從客戶的觀點來審視領域的重要性。不論外部客戶如何看待，只要 Bounded Context 被定位為主要業務計畫，那麼它就是你的核心領域。同樣地，強烈建議採用戰術模式。

- 如果因為種種緣故，使得你在開發支援子領域時無法以第三方的通用子領域作為解決方案，戰術設計模式或許可以幫到你。但須考量團隊本身的技術程度，以及該模型是否具備創新價值。如果該領域能夠提供特定的業務價值、捕捉特殊的知識，並且不僅僅只在技術層面創新，它就具備創新價值。只要團隊有足夠能力正確實作戰術設計，支援子領域又具備創新價值且必須持續使用好幾年，就很值得投資戰術設計在軟體專案上。然而，這並不代表這個模型會成為核心領域，畢竟從業務的觀點上來看，它終究只是次要的支援角色而已。

若你的公司雇用了許多具備大量實作領域建模經驗的開發人員，上面這些指引可能會對他們造成束縛。當工程師的經驗值這麼高，而他們本身又相信戰術模式是最佳選擇，那麼相信他們的意見也很合情合理。姑且不論經驗多寡，開發人員能夠根據特定情況坦率地指出，在特定情況下開發領域建模是不是最佳選擇。

業務領域是哪種類型並非判斷開發方法的要素。團隊成員應思考下列重要問題，協助你做出最終決策。底下是一份涵蓋決策要素的簡短清單，順序和內容上多多少少與先前的高階指引相關：

- 是否有領域專家在場？團隊是否以領域專家為中心打造？

- 某個業務領域現在還算單純，但是否會隨時間變複雜？複雜度高的應用程式採用 Transaction Script[1] 是有風險的。如果現在決定採用 Transaction Script，當其情境愈來愈複雜，是否將來有可能需要重構為具備行為能力的領域模型？

- 採用 DDD 戰術模式，是否能讓整合其他 Bounded Context（不論是第三方提供或客製化開發的）時操作起來更容易也更實用？

- 如果採用 Transaction Script，是否真的能讓開發更簡單、並減少程式碼數量（根據筆者對這兩種開發方式的實務經驗，通常 Transaction Script 需要編寫的程式碼更多。這種現象可能是因為，在專案規劃階段無法徹底了解領域複雜度或是模型的創新價值，因而經常發生低估了領域複雜度以及內含創新度的問題）？

- 專案開發採用的關鍵路徑（critical path）以及時間軸（timeline），是否允許我們投資在戰術模式的應用上？

- 核心領域的戰術性工具投資，是否能夠保護系統不受到架構變動的影響？要注意，Transaction Script 可能會將核心領域曝露在外（碰到架構變動時，領域模型通常較不受影響而相對更加穩定，不像系統其他架構層會產生更重大的影響）。

- 採用一種簡潔、持久的設計與開發方法，是否能夠讓你的用戶與客戶受益？又或者，這個應用程式有可能被現成解決方案取代掉嗎？換句話說，自問一下為何要選擇自行開發這套應用程式或服務？

- 用戰術性 DDD 開發應用程式或服務，真的比用其他方法難嗎，例如 Transaction Script（這個問題的答案取決於團隊的技術程度以及是否有領域專家可供諮詢）？

1　原註：筆者正在將術語應用到更廣泛的範疇或情境中。在此我使用「Transaction Script」來表示幾種非領域模型的方法。

- 如果團隊手上的工具足夠用於 DDD 開發，還需要考慮其他開發方式嗎（有些工具例如關聯物件對映、完整的聚合序列化與持久性、Event Store 或是支援戰術性 DDD 開發的框架等，都可以讓模型在實務上具備持久性）？

這份清單並不是依照你的領域排出優先順序，因此你可以結合其他的評估標準。只要你充分理解必須以組織的利益為考量，選用最好及最強大的開發方法，也清楚掌握了整體的業務與技術。最終，這一切都是為了取悅潛在客戶，而非程式物件的開發人員或技術人員；做出明智的抉擇吧。

DDD 不是沉重的負擔

這標題絕不是在暗示採用 DDD 開發會導致各種負擔，像是繁文縟節的流程或是必須弄一大堆文件出來。DDD 絕非如此，其宗旨是與團隊慣用的敏捷開發方法（例如，Scrum）相結合；它的設計原理就是，以「測試先行」（test-first）的方法對實務軟體模型進行快速迭代修正。舉例而言，假設現在需要新開發一個實體或值物件之類的領域物件，那麼測試先行的開發方法會如下進行：

1. 思考領域模型的用戶端會如何使用新開發的領域物件，並據此來寫測試。

2. 為新開發領域物件建立簡單的骨架，編寫程式碼到可以讓測試通過的程度。

3. 持續重構測試以及領域物件，直到測試能正確地模擬出用戶端對領域物件的使用行為、而領域物件的方法署名（方法的外部定義）能夠正確代表其行為。

4. 實作領域物件的行為，直到所有行為都能通過測試，並持續重構領域物件，直到沒有不必要的重複程式碼。

5. 向團隊成員及領域專家展示程式碼，確保領域物件的測試執行是能夠體現出通用語言現階段的定義。

　　可能會有讀者質疑，這跟我們熟悉的測試先行方法根本沒差啊！確實，可能有些小地方不同，但核心精神是相同的。這裡的測試階段，並不是要確保模型沒有缺失，後續的測試才需要做這件事。首先，測試目的在於模擬用戶端的模型使用行為，並且驅策模型的設計往這個方向進行。好消息，這的確與敏捷開發方法如出一轍，DDD 提倡輕量開發，而不是過於講究、繁重的預先設計方法；此立場與一般熟悉的敏捷開發並無二致。即使上述步驟無法讓你產生「敏捷」的感受，但筆者認為它們澄清了 DDD 的立場，讓你理解 DDD 旨在以敏捷開發的思維執行。

　　在這之後當然還要增加測試項目，從各種角度驗證新領域物件的正確性。這個階段關注的是，領域物件是否正確展現出領域概念。此時，閱讀模擬用戶端行為的測試程式碼，應該要能夠清晰表達出通用語言的意義，即使是非技術性人員的領域專家，在開發人員的協助下也能夠清楚讀懂程式碼，確認模型符合團隊的目標。這也意味著，測試用的資料必須是真實的，並且能夠支持及強化我們想要達到的表達性；否則領域專家難以對實作成果做出完整的判斷。

　　不斷重覆上述的「測試先行」敏捷方法，直到模型達到本次流程迭代所設定的任務目標為止。這些步驟不僅僅符合敏捷的定義，也體現了「極限程式設計」（Extreme Programming，簡稱 XP）的初衷。採用敏捷方法也不需要捨棄任何重要的 DDD 設計模式或實務原則，這兩者是可以並行不悖的。當然，你也可以完全採行 DDD 而不採用測試先行開發方法，在開發模型後再針對既有模型物件進行測試也是可以的。然而，從模型用戶端的觀點來進行設計，只有百利而無一害。

非純屬虛構

當筆者思忖著，該如何將最新的 DDD 實務指引以最好的方式呈現出來，同時也想要證明筆者所說的內容都有其根據。這表示不僅僅要解釋如何實作，還要說明這樣做的理由。所以筆者想到透過一些案例研究，或許更容易說明為何筆者做了這些建議，同時還能示範 DDD 如何為我們解決這些常見的難題。

更何況，適時地借他山之石，透過其他專案團隊遇到的問題和誤用 DDD 的失敗經驗去學習，會比閉門造車來得更加容易。一旦你看過別人的缺點，就可以反躬自省，判斷自己是否也正走在同樣的道路上、甚至已經深陷泥淖。理解自己的處境後，你才能做好調整、解決當下的問題，避免將來發生同樣的狀況。

不過筆者並不打算以自己經手過的實際專案作為範例——這些專案本來也就沒辦法公開討論；而是決定以三分虛構、搭配七分筆者和其他人實際經歷過的真實情況，作為本書的案例研究，這樣就能創造完美的情境，來展示在面臨 DDD 的挑戰時，為什麼某個特定的實作方法是最好（至少是較好）的解決方案。

所以筆者編寫的這些案例研究並非「純屬虛構」。雖然這是一個虛構的公司，但符合真實的業務情境；雖然是一個虛構的團隊，但要負責的軟體開發專案與現實無異；他們也會面臨實務中的 DDD 問題與挑戰，並且要提出實際的解決方案。這也是筆者把標題定為「非純屬虛構」的用意，筆者發現，用這種手法寫起案例研究來順手多了，希望讀者也能獲益。

編寫範例的困難之處在於，我們必須盡量貼近現實，並且縮小討論的範疇，否則要討論的議題將會過於廣泛，難以從中學習；但範例又不能過於簡化，否則也學不到重要的經驗。要在兩者之間掌握平衡，筆者選擇的業務情境主要是「全新開發」（greenfield development）。

隨著深入研究這些專案的各個不同階段，我們也會看到團隊面臨問題以及成功解決問題的時刻。由於範例中的核心領域夠複雜，我們得以從不同角度來檢視 DDD；而 Bounded Context 使用一或多個其他的情境，這有助於我們學習與 DDD 的整合。不過，這三個範例模型還是無法涵蓋戰略設計的各個層面，就像是實務上常見許多舊有系統都存在的「brownfield」褐地開發情況。筆者並非刻意迴避這類不太理想的情境，彷彿它們與 DDD 無關；只要情況允許，我們就會從主要範例再往外進行討論，說明還有哪些地方可以讓 DDD 實務指引發揮作用。

接下來筆者會先介紹這家公司以及開發團隊，還有他們正在著手的專案。

SaaSOvation 公司的產品與對 DDD 的運用

這家公司的名稱叫做「SaaSOvation」。恰如其名，SaaSOvation 的主要業務就是開發一系列的「軟體即服務」（software as a service, SaaS）產品線；這些 SaaS 產品由 SaaSOvation 自行架設，並提供給訂閱的公司客戶連線使用。公司的商業計畫包括兩款先後開發的產品。

旗艦產品取名為「CollabOvation」，這是一款企業協作套裝軟體，同時結合了時下流行的社交軟體功能。這些功能包括論壇、共享行事曆、部落格、即時訊息、wiki、留言板、文件管理、公告與通知、活動記錄以及 RSS 訂閱功能等。這些工具的使用情境都是針對企業的協作需求，幫助企業在小型專案、大型計畫甚至不同單位之間都能提升生產力。在當今瞬息萬變、充滿不確定性的經濟環境下，企業協作對於營造並促進協作氛圍來說十分重要。任何有助於提高生產力、知識傳遞、促進想法分享，以及聯合管理創意過程避免結果遺失的種種要素，都能夠成為企業通往成功的不二法門。CollabOvation 產品不僅為客戶帶來高價值的服務，對開發人員而言也是一場令人欣喜的挑戰。

另外一套產品名為「ProjectOvation」，也是公司主力的核心領域。這套工具著眼於敏捷開發專案的管理，採用 Scrum 作為迭代、增量的專案管理框架。ProjectOvation 基

本上遵循傳統的 Scrum 專案管理模型，也就是涵蓋完整的產品、產品負責人、團隊、待辦清單項目、發布計畫、衝刺等。透過進行成本效益分析（cost-benefit analysis）的商業價值計算機（business value calculator）工具，對待辦清單項目進行評估。如果你也認同 Scrum 方法的價值，ProjectOvation 這套產品正是朝著這個目標邁進；但 SaaSOvation 並不滿足於此。

- CollabOvation 與 ProjectOvation 這兩套產品不是完全不相關，SaaSOvation 公司及其顧問委員會想要將協作工具與敏捷軟體開發結合來創造創新價值。因此，CollabOvation 功能將作為額外選用的加值服務提供給 ProjectOvation 的使用者。毫無疑問，要是能夠在專案規劃、團隊討論及跨團隊討論、功能及故事設計甚至客戶服務等環節上採用協作工具，將會是相當吸引人的方案。SaaSOvation 預期 ProjectOvation 的訂閱用戶中，六成以上會選購 CollabOvation 功能。這種追加銷售（add-on sale）手法，最後會轉變為購買 CollabOvation 整套產品，一旦銷售通路建立起來，軟體開發團隊看到了專案管理套裝產品中協作工具所產生的威力，他們的熱情也會影響到整個企業採用完整的協作套裝產品。基於這種病毒式行銷手法，SaaSOvation 公司進一步預測，將會有至少三成五的 ProjectOvation 用戶購買完整的 CollabOvation 產品，而且這還只是保守估計而已，但要是能做到這點，一定會大獲成功。

CollabOvation 專案的開發團隊率先成軍，團隊由少數資歷豐富的老鳥工程師領頭，其餘大部分都是有點經驗的開發人員。專案初期階段的會議中，很快就決定採用領域驅動設計作為設計與開發方法。兩名資深工程師之中的一人，在前一家公司的專案工作中運用過少量的 DDD 設計模式工具。對更資深的 DDD 開發人員來說，這位工程師對團隊所描述的經驗顯然稱不上是完整運用 DDD，只能算是「DDD-Lite」輕量版。

所謂的「DDD-Lite」模式是挑選 DDD 戰術模式的一部分直接採用，不重視如何探索、捕捉並定義通用語言，同時也忽略了 Bounded Context 和情境地圖的存在。在 DDD-Lite 模式下，技術才是重點，它更關注如何解決各種技術問題。這種做法也不是完全沒好處，但通常不會比結合了戰略模型的 DDD 好處來得多，然而 SaaSOvation 卻採用了。很快，就引發了問題。因為團隊對子領域的認識不足，也無法理解明確界定的 Bounded Context 能帶來什麼樣的效益和防護力。

　　事情本來會更糟糕。SaaSOvation 之所以可以避免掉採用 DDD-Lite 的一些主要陷阱，是因為它的兩套核心產品剛好形成了一組自然的 Bounded Context，讓 SaaSOvation 和 CollabOvation 模型得以切割開來，迴避了這場災難。但這純屬僥倖，團隊實際上對 Bounded Context 的概念渾然不知，這也是他們從一開始就遇到問題的原因。不學習，就等著失敗吧。

　　作為讀者的好處就是，我們可以從 SaaSOvation 對 DDD 不完整運用的挫折經驗中學習。這個開發團隊最終從錯誤中了解到戰略設計的重要性，我們也會從 CollabOvation 團隊的修正過程中學到許多事，最終 ProjectOvation 專案的團隊就可以踏著前人走出來的一條平坦道路前進。這些故事，後續在**子領域（第 2 章）**、**Bounded Context（第 2 章）**及**情境地圖（第 3 章的）**相關討論中，再向各位讀者娓娓道來。

本章小結

不錯，我想本章是通往 DDD 一個好的開始。希望讀到這裡，你和團隊的心中開始浮現一絲曙光，相信進一步學會這些軟體開發技巧之後，成功就能手到擒來。確實如此。

　　不過我們也不能把話說得太滿，把事情過於簡化，畢竟實作 DDD 需要付出一定心力，要是真的這麼簡單，早就人人寫得一手好程式了，可是現實並非如此，所以請各位做好心理準備。筆者保證這趟旅程值回票價，因為最終你所獲得的軟體成果一定會與設計一致。

我們在本章學到了這些東西：

- 了解 DDD 可以幫助你的專案和開發團隊掌握領域的複雜度。

- 知道如何評估一個專案是否值得投資 DDD。

- 思考 DDD 以外常見的其他選擇，以及為何這些選擇往往會導致問題產生。

- 掌握實作 DDD 必備的基礎，並且準備好踏出專案的第一步。

- 如何向高層主管、領域專家、開發技術團隊推銷 DDD 概念。

- 具備了面臨 DDD 的挑戰時解決問題的知識和方法。

我們要進入下一個階段：接下來的兩章會著眼於重中之重的戰略設計環節，跟著的下一章是關於引入 DDD 的軟體架構。在進入後續的戰術建模章節之前，必須確實掌握這些知識。

Chapter 2

領域，子領域，
Bounded Context

你必須徹底了解三件事情：

- 你的「領域」是什麼？

- 你的「子領域」有哪些？

- 你的「Bounded Context」（**有界情境**）範圍為何？

雖然這些概念在 [Evans] 中被放在書的後半部分，但並不表示就比較不重要。為了成功實作 DDD，我們必須先釐清這些概念。

本章學習概要

- 透過釐清領域、子領域及 Bounded Context 來掌握 DDD 的全貌。
- 了解戰略設計（strategic design）的重要，以及缺少這部分帶來的後果。
- 考慮一個實際的領域，它有多個子領域。
- 從概念上與技術上理解 Bounded Context。
- 觀察 SaaSOvation 何時開始接受戰略設計。

DDD 的全貌

所謂的「領域」（Domain），廣義來說，指的就是一家公司從事的活動以及這些活動所涉及的相關背景和範圍。企業會找出目標市場，並在市場中銷售產品與服務。每一家公司都會有自己一套專業 know-how 與做事方法，而運作公司所需的這套專業知識和方法，就是這家公司的「領域」。當你在開發一家公司的軟體時，實際上就是在這個領域中做事。照理說，你應該都很清楚自己所處的領域，畢竟你就在裡頭工作。

要特別注意一點，「領域」一詞有可能有多種不同含義。領域可以指整個公司業務領域，也可以指其中一個核心領域，或是用於支援的領域；筆者會盡力區分這些術語的使用，當只談到業務的一個部分時，筆者通常會用「核心領域」（Core Domain）、「子領域」（Subdomain）這樣的名詞進行說明。

不要因為「領域模型」這個術語中包含了「領域」一詞，就認為要建立一個包山包海、把整個公司業務領域通通包進去的模型，宛如「企業模型」一樣。但 DDD 不是這樣做的，正好相反，DDD 所關注的是更小規模的領域，而整家公司的領域則是由大大小小的子領域所構成。應用 DDD 開發領域模型時，是在 Bounded Context 裡進行的，藉此將注意力集中在一個特定範疇、而非整個公司業務領域。要是有人試圖反其道而行，用包山包海的單一模型來定義一家公司的業務，就算不是很複雜，也將是極其困難並且註定會失敗。本章已開宗明義強調，對整個業務領域分進合擊，劃分出個別的議題範圍，才是通往成功的方法。

既然領域模型不應該包羅萬象去描述整個公司，那麼它究竟應該包含什麼？

無關公司規模大或小、業務是否複雜、員工及軟體產品數量多寡，幾乎每一個軟體領域都有多個子領域存在。要成功推動一項業務，必須有各種不同功能的存在，因此有必要個別考慮這些業務功能。

實際應用的子領域與 Bounded Context

用一個簡單的例子就可以說明子領域的功用。假設有一家做線上購物的零售商，它可以銷售任何商品，因此賣什麼不是我們要研究的重點。為了在這個領域推動業務，公司必須為消費者提供商品型錄、接受客戶下單、處理付款流程、然後把商品送到買家的手上。這個網路零售商的領域基本上是由四個主要的子領域構成：「商品型錄」（Catalog）、「訂單」（Order）、「金流」（Invoicing）以及「物流」（Shipping）；也就是圖 2.1 上半部所展示的「電商系統」（e-Commerce System）。

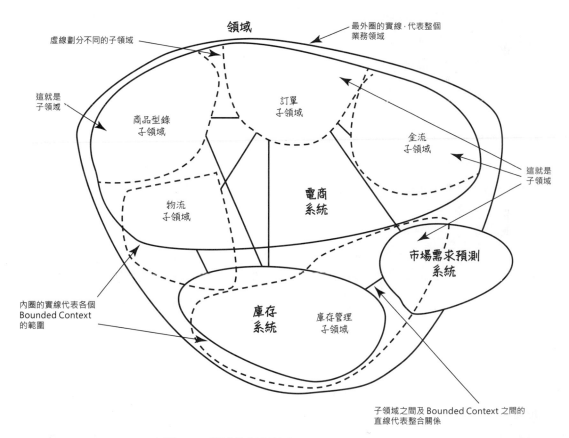

圖 2.1　領域的子領域和 Bounded Context。

就這麼簡單？某方面來說確實如此。不過如果再添加一筆，這個範例就會變複雜了；想像一下：再加上一個額外的「庫存系統」（Inventory System）及其子領域（如圖 2.1 所示）會變得多麼複雜。等等再談複雜度增加的部分，首先看看這張圖中實體（Entity）子系統與邏輯子領域。

　　可以看到，現在這個零售商的領域中只有三組實體系統，而三組當中只有兩組是由公司自行架設管理的，各自形成一個 Bounded Context。可惜，現今多數系統未採行 DDD 方法，因此往往造成過多的業務功能職責集中在幾個少數的子系統上。

　　在「電商系統的 Bounded Context」中，實際上有多個隱含的領域模型，雖然它們並沒有被清楚區分開來。這些本來應該分割開來的領域模型，實際上都被塞進了同一個軟體模型中，這是很糟糕的。要是這套軟體是零售商從第三方購得、而非自行開發架設，或許還沒有那麼糟，但是像這樣把「商品型錄」、「訂單」、「金流」、「物流」等模型全部混在一起，變成一個大型的電商模型，不論是誰來維運這套系統，勢必要承擔複雜度劇增造成的負面後果。隨著各個邏輯模型陸續加入新功能，每一個互相衝突的考量將有如兩人三腳般互相掣肘；當哪天需要再加入一個模型（也就是新增一個主要功能），這問題會特別嚴重。而這就是未能明確劃分軟體的關注點所造成的後果。

　　更慘的是，一大票軟體開發人員都以為把全部功能塞進一個系統中是很聰明的做法。以為打造一個全知、全能的電商系統就能滿足所有人的需求，但這根本就是自欺欺人。不管把多少功能塞在一個子系統中，也絕不可能單靠一個子系統就滿足所有潛在客戶的需求；別妄想了。在此前提之下，如果不按照子領域將應獨立的軟體領域模型劃分開來，將會造成後續修改工作變得更加麻煩，因為所有東西都會彼此關聯而且相互依賴。

　　不過，應用一個 DDD 戰略設計工具，就能夠從外部剖析這些糾纏在一起的模型，並根據實際功能將它們分離為邏輯上獨立的子領域，來降低部分複雜度。這些邏輯子領域在圖 2.1 中以虛線表示。圖中雖然把第三方的模型劃進來，但不代表我們對它進行重構，只是標示出應該存在的獨立模型，起碼適用於這個零售商案例的營運情況。此外，

在邏輯子領域之間甚至是實體 Bounded Context 之間，我們也加上了直線線條，代表著整合上的關聯性。

技術的複雜度問題談完了，接下來談談這家小型企業的業務複雜度問題。公司資金有限、倉儲空間也很有限，時常受這兩部分衍生的問題困擾；也因此，公司不能在銷售不佳的商品上投入過多資金，而且有些商品在特定時期才有明顯的銷售量。顯然商品銷售不如預期時，公司的現金流就會卡在這些不受歡迎（至少現在不受歡迎）的商品上。不僅現金流受到影響，這些商品還佔據了公司極有限的倉儲空間。

還不只如此，這種狀況又衍生了另一個問題，有些商品若出現預料之外的銷售潮，公司沒有足夠的庫存量來因應客戶需求，庫存不足的問題很可能把急需商品的客戶主動推向其他競爭對手。雖然也有一些批發商提供代下游零售商直運（drop-ship）出貨的服務，但這只會增加成本，可能還會引發其他的問題。當然也有節省成本的策略，就是將部分商品就近庫存作為當地的銷售發貨用，而那些遠地熱銷商品則以直運出貨模式因應。這樣一來，直運出貨服務就能變成零售商的一項優勢，而不是當作存貨見底時的救命繩來用；畢竟問題不是出在暢銷商品缺貨，而是因為這家小型零售商未能妥善管理庫存才導致手上沒有現貨。如果消費者不斷遇到發貨延遲的情況，公司之前透過網路銷售累積的競爭優勢將會大打折扣。以上範例是參考來自 Lokad 顧問公司[1] 常見的客戶案例。

說得更明確一點，庫存會遇到的問題還不只如此，而且這些狀況也不是只有小型零售商才會遇到。所有的零售商都希望自己能夠做到進貨量剛好滿足實際出貨量，並根據需求達到成本最小化、銷售最大化的目標。只是小型零售商一旦沒做好，要承擔的後果很顯然比大型零售商嚴重得多了。

1　原註：參考連結 www.lokad.com/。

根據過往的銷售記錄來預測將來的銷售需求與庫存量，才能真正幫到網路零售商。假設零售商使用一種未來市場走向的預測引擎，以進銷存歷史記錄為基礎，提供市場需求預測以及最佳庫存商品數量的建議──也就是該在何時重新下單以及各品項應該進多少貨。

　　對小型網路零售商而言，增加這類預測系統能夠解決原本難以處理的困境，還可以幫公司增加一個新的競爭優勢，很有可能搖身一變成為新的核心領域。在圖 2.1 中，第三個 Bounded Context 其實指的就是這個「外部的市場預測系統」（External Forecasting System）。「訂單」子領域和「庫存」Bounded Context 跟「預測系統」整合在一起，將歷史銷售記錄作為輸入提供給預測系統，而系統則傳回對市場的預測資訊。此外，若能結合「商品型錄」子領域的通用識別商品條碼，還可以將這家小型零售商的產品線與世界各地的相關銷售趨勢做比對，提供更進一步的趨勢觀點，讓這套預測系統精準計算出這家小型零售商需要的進貨量，以確保正確庫存商品。

　　假如這套解決方案確實是業務的核心領域（目前看來是如此），那麼系統的開發團隊在過程中將因為需要熟悉周邊業務的邏輯子領域以及必要的整合而受益最多。也因此，如果能夠像圖 2.1 那樣，事先了解並標示出有哪些既有整合項目，就能在初期掌握住專案的情況了。

　　但子領域也不一定跟範例一樣，都是有著相當規模和功能、清楚定義的模型。有時，所謂的子領域可能只是一組演算法，雖然它對業務解決方案來說佔有重要地位，但是並不屬於這個核心領域。妥善運用 DDD 的技巧，這類簡單的子領域也能以**模組**（Module，**第 9 章**）的形式與核心領域做出區隔，不用包藏在一個架構複雜的厚重子系統元件中。

　　在實作 DDD 時，要盡力界定每一個 Bounded Context，讓領域模型中使用的每一個術語的含義都能被充分理解；如果想成功建立軟體模型，至少就該這樣。明確地區隔不同的情境，是成功實作 DDD 的關鍵。

牛仔小劇場

寶弟：「我們本來跟鄰居好好的，誰知籬笆壞掉後，情況都變了！」

傑哥：「沒錯，要相安無事，最好還是劃清彼此界線、把圍籬架得比天高吧。」

要提醒的是，實際上一個 Bounded Context 不一定只屬於一個子領域，雖然有時候是這樣沒錯，像圖 2.1 的「庫存」Bounded Context 只處於一個子領域 [2]，明顯看出這個「電商系統」在開發時並未應用 DDD 才會這樣。目前我們在這個系統中辨識出了四個子領域，但實際上恐怕還有更多。此外，「庫存系統」似乎是因為領域模型被限制在管理商品庫存，剛好產生一個子領域對應一個 Bounded Context 的情形。「庫存系統」之所以會是如此簡潔明確的模型，可能是應用 DDD 的關係，也可能只是巧合而已，這問題必須好好探個究竟。無論如何，我們仍然可以好好運用這個「庫存系統」來開發新的核心領域。

從語言學的角度來看，圖 2.1 中哪一個 Bounded Context 是比較好的設計呢？換句話說，哪一組通用語言的術語定義夠清楚，明確界定出領域？考慮到這個「電商系統」中至少存在四個子領域，幾乎可以確定這些術語勢必有重疊、但語意不同。例如「顧客」（Customer）一詞就存在多種不同語意：當使用者在瀏覽「商品型錄」時，它代表一個意義；當使用者「下單」時，它又代表另一層含義。原因在於，瀏覽商品型錄時，顧客一詞的意思涵蓋了之前購買的品項、會員忠誠度、可購買商品、折扣、寄送方式等；然而在處理訂單時，顧客的含義較侷限在像是收件人、帳單姓名、應付總額以及付款條件等。透過這樣的推論就可以看出，在這個「電商系統」中，「顧客」一詞沒有一

2　原註：即使「運送」子領域使用了「庫存」，但並不代表「庫存」就是「電商系統」的一部分，因為「庫存」只在特定的情境下跟「運送」子領域產生關聯。

個單一清晰的定義。有鑑於此，一定還能找到具有多種語意的術語。既然不是一個術語明確表達一種領域概念，那麼這就算不上是一個界線清楚的 Bounded Context。

　　同樣地，也無法保證「庫存系統」的領域模型掌握了定義清楚的領域通用語言。即使是看似功能單純（庫存管理）的情境，也有可能碰到庫存物品出現不同的含義而產生混淆，這是因為庫存的「品項」在不同狀況下被提及。若只講「品項」，你能夠清楚區分是訂購的商品、收到的商品、庫存的商品，還是跟移出庫存的商品有關？尚未進貨但允許下單的品項稱為「預購商品」（Back-Ordered Item）；顧客已經收到的品項稱為「已取貨商品」（Goods Received）；庫存中的品項稱為「存貨商品」（Stock Item）；準備寄出的品項通常稱為「出貨商品」（Item Leaving Inventory）；庫存品項出現變質或是毀損就叫做「報廢商品」（Wasted Inventory Item）。

　　單看圖 2.1，我們看不出此模型是否明確定義了與庫存相關的概念及其語意。在實作 DDD 時，不要留下任何模糊空間，必須保證這些概念都被充分理解、明確地說出來並用於建模中。而領域專家的描述方式，則有助我們分清楚不同 Bounded Context 的一些概念。

　　光看這個圖，我們可以知道「庫存系統」比「電商系統」更能落實 DDD；有可能是因為開發這套系統的團隊沒有模糊品項概念、用單一「品項」代指所有庫存情境的緣故。儘管只是猜測，但「庫存系統」的模型在整合上比「電商系統」來得簡單多了。

　　提到整合，圖 2.1 也進一步顯示企業裡的 Bounded Context 很少是真的完全獨立運作；就算第三方電商系統是包山包海的大型模型，也很難涵蓋到零售商需要的所有功能。圖中穿梭並連結起「電商系統」、「庫存系統」、「外部市場預測系統」各種子領域的直線實線，代表必要的整合關係，這些不同的模型需要互相合作才能運作順利。整合時涉及的關聯有很多種形式，這些會在**情境地圖（第 3 章）**內容中進一步說明可能的整合選項。

　　以上就是一個簡單的業務領域概觀介紹。在這次簡介中，我們稍微點到了何謂核心領域以及它對 DDD 的重要性，接下來就要深入探討了。

關注核心領域

對子領域與 Bounded Context 有基本了解後，以抽象的角度來看看圖 2.2 的這個領域。
這張圖可以是任何領域，甚至可以把它當成你手頭上正在處理的領域；筆者拿掉了具
體的名稱，各位可以自行對號入座。業務目標會自然而然地持續精進、擴張，反映在
不斷出現變化的子領域和模型中。所以這張圖只是某個時間點從一個特定角度觀察整
個業務領域的一次快照而已，很快就不是這個樣子了。

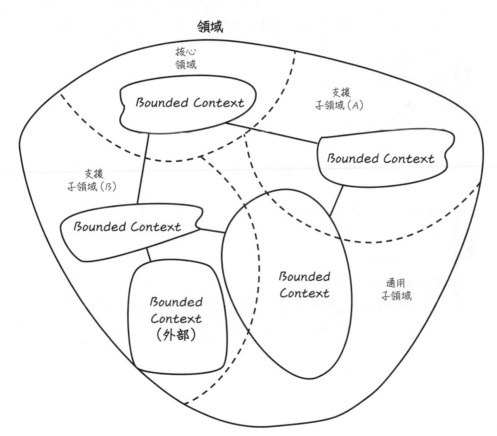

圖 2.2　一個業務領域的抽象描繪，包括子領域與 Bounded Context。

白板動手做

- 把你日常工作中可以想到的所有子領域列出來輸入同一個欄位中。然後在隔壁一欄列出你所想到的 Bounded Context。看一下這兩份列表，子領域與 Bounded Context 有沒有出現一對多或多對一的交集？如果有的話也別緊張，這只是企業軟體的常態而已。

- 接著利用圖 2.2 這個範本，在圖中的「子領域」、「Bounded Context」位置填上你公司使用的一些軟體連同它們所屬子領域和 Bounded Context 的名稱，並畫出它們之間的整合關係。

是不是遇到困難了？可能是因為圖 2.2 的模板不一定適用於你的領域，所以不知道該怎麼填也很正常。

- 如果不知道怎麼填，就從頭來過，這一次不要套模板，試著利用我們從圖 2.2 學到的技巧，照著領域、子領域和 Bounded Context 的實際狀況，畫出符合你業務的圖樣。

當然，或許你並不清楚整個公司的每一個子領域和 Bounded Context，尤其當領域的規模十分龐大又複雜更是如此，不過至少想得出每天你親自經手的業務吧。不管怎樣盡力試試就對了，不要怕犯錯，這只是對情境地圖的一次練習，下一章我們再進一步完善它。要是讀者想要現在就跳到下一章查看指引也沒關係，總之，只是要告訴各位別煩惱不夠完美，先掌握住基本的概念就好。

　　接著我們看圖 2.2 上方靠近領域邊界的地方，有個標示為「核心領域」的子領域，先前提過，這對 DDD 來說是很重要的部分。所謂的**核心領域**，在業務領域當中佔有影響公司成敗的重要地位。就戰略上的意義來說，企業的核心領域必須表現優異，企業能否持續成功就取決於此。因此這塊子領域的專案開發優先順序應該是最高的，團隊需

要一到多個深諳此領域的專家，找來最好的開發人員，給予最大彈性，並盡可能利用所有資源來提升效益，以凝聚團隊力量、走向成功的康莊大道。實作 DDD 專案就是要把心力投注在核心領域上。

在圖 2.2 中存在另外兩種子領域：「支援子領域」（Supporting Subdomain）和「通用子領域」（Generic Subdomain）。有時我們需要建立或取得 Bounded Context 來支援業務的運作：如果它涉及業務某個重要領域，但還不到核心程度，它就是**支援子領域**；反之，如果對業務來說不具特殊性，但對於整體業務解決方案又是必要的，它就是**通用子領域**。歸屬在支援子領域或通用子領域不代表不重要，這些子領域對業務的成功還是有一定的重要性，只是它們不必投注像核心領域那樣的資源、實作上要求也沒那麼高；核心領域才是需要高標準的實作目標，畢竟它對於業務的成敗起到決定性的作用。

白板動手做

- 為確定讀者真的理解核心領域的概念和重要性，接下來請回到乾淨的白板上畫畫，看你能不能找出公司的核心領域。

- 接著，分別找出你的領域中有哪些屬於支援子領域、哪些是通用子領域。

記得多多向領域專家請益！

即便讀者剛開始可能想不出來，但這樣的練習能夠幫助你探索哪個軟體最能代表公司的業務，以及在這個軟體背後有哪些項目支援它的運作、哪些項目是可有可無的。持續這樣的練習，很快你就能掌握這樣的思考方式與技巧。

> 接著，請來幾名不同的領域專家，與他們討論你畫在白板上的這些子領域和 Bounded Context。
>
> 這樣的過程不僅有助於你向領域專家請益學習，更重要的是，「聆聽領域專家說話」能夠讓你獲得寶貴經驗。這也是成功實作 DDD 的一個要素。

以上便是 DDD 在戰略設計上的基本全貌了。

為何戰略設計這麼重要

到目前為止，你學到一些 DDD 的術語以及它們背後代表的意義，但對於「為何」這些事情如此重要卻著墨甚少，筆者一直強調非常重要，也希望各位讀者相信我。但說話還是要有憑有據，筆者得要拿出證明。讓我們回到 SaaSOvation 這個例子裡的專案，此時專案團隊正遭遇困境。

協作軟體 CollabOvation 專案的開發團隊第一次實作 DDD，一開始便偏離了正確的道路，使得模型愈來愈含糊不清。會發生這種情況是因為他們不理解戰略設計，連最基本的概念都沒有。其實大多數的軟體開發人員都是把焦點放在**實體**（Entity，第 5 章）或**值物件**（Value Object，第 6 章），目光無法放遠、看不見全局，**把真正重要的核心領域概念跟一般業務混淆在一起，以至於原本應該分開的兩個模型合在一起了。**很快他們就感受到圖 2.3 反映的設計問題，重點是，他們沒有達到實作 DDD 的目標。

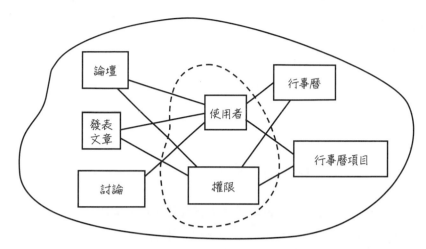

圖 2.3　由於團隊不了解戰略設計的基礎，導致協作模型的概念一團糟，其中虛線圈起來的，
　　　　就是有問題的部分。

　　此時 SaaSOvation 團隊中有些人說道：「是不是因為這套軟體的協作概念，與使用者
（User）和權限（Permission）緊密耦合（tightly-coupled）？我們必須查出誰做了什麼
事。」資深開發人員則表示，團隊需要注意的不僅僅是使用者與權限的耦合問題：「畢
竟論壇（Forum）、發表文章（Post）、討論（Discussion）、行事曆（Calendar）還
有行事曆項目（Calendar Entry），全都需要與某種**協作**物件建立耦合關係。**這才是真正
的問題，根本原因在於用語錯了。**」接著這位開發人員向團隊成員說明，論壇、發表文
章、討論等等全都**用了錯誤的通用語言**。使用者與權限**與協作無關，也與協作使用的通
用語言不符**。使用者和權限是與安全性有關的概念，也就是身分與存取。既然是「協作
情境」（Collaboration Context），那麼，在協作領域模型所處的 Bounded Context 內，
就應該使用與協作相關的用語，但現在並非如此。「真正的重點應該在協作概念上，像
是『發文者』（Author）與『版主』（Moderator），這些才是在『協作情境』中要使
用的正確概念與用語。」

Bounded Context 的命名

注意到前面的「協作情境」一詞嗎？這是我們稱呼 Bounded Context 的方式，也就是以「模型名稱 + Context」來命名其情境。在這個例子中，因為這是含有協作專案領域模型的 Bounded Context，因此我們稱為「協作情境」（Collaboration Context）。此外，身分與存取專案模型所在的 Bounded Context 稱為「身分與存取情境」（Identity and Access Context），而敏捷式專案管理模型的 Bounded Context 就叫「敏捷式專案管理情境」（Agile Project Management Context）。

再重複一次，基本上，SaaSOvation 公司這群開發人員一開始就不知道「使用者」與「權限」跟協作軟體無關。雖然一套軟體一定會有「使用者」而且也需要「權限」管理，才能知道誰可以做什麼事情；但「協作軟體」更應該著重在使用者的「角色」上，而非這個人是誰以及這個人能夠做什麼事情。然而，目前這個協作模型完全是以使用者與權限的概念為中心，要是哪天使用者與權限的管理和運作上改變了，那麼很多模型（甚至可能是全部模型）都會受到波及。這個問題事實上已經迫在眉睫了，團隊正打算從以權限為中心的管理機制改為以角色為中心的存取管理機制；當這個決定做下去之後，他們就會更清楚戰略建模出現問題。

現在團隊知道論壇功能的重點不應該是誰可以發表文章、或是什麼情況下可以這樣做，論壇只需要知道「發文者」在做這件事情就好。團隊現在弄清楚了，判斷誰可以做什麼事情是另外一個模型的工作，作為核心的協作模型只需知道已經決定好某個操作要授權給誰（角色）。對於論壇來說，只需要知道發文到討論串的人是「發文者」角色。對協作模型的 Bounded Context——也就是「協作情境」而言，論壇和發文者顯然是情境中會使用的通用語言。至於使用者、權限、角色等等概念，又是另一個完全不同的情境用語了，不能跟「協作情境」中的詞彙混在一起。

從開發團隊的視角來看，把使用者、權限、角色等分割為另一個模型，然後在同一個 Bounded Context 中，劃分出邏輯上的「安全性子領域」，乍看似乎沒錯，因此很容易就會導出這樣的結論：只需要解決使用者與權限的緊密耦合問題。然而，最佳建模策略之所以如此重要，是因為團隊下一個核心領域專案也一樣有以角色為中心的存取需求，

並且各領域依賴於領域所屬的角色。很顯然,使用者與角色是屬於支援或通用子領域的概念,未來在整個公司甚至面對客戶(customer-facing)都能夠發揮作用。

因此,採取更積極的方法來建立清晰簡潔的模型,可以幫助開發團隊避免許多潛在問題,否則很有可能會把這個專案滾成一坨**大泥球(Big Ball of Mud,第 3 章)**。雖然在 DDD 建模當中,模組化(modularization)確實是一項重要工具,但問題的根本原因不在於沒有把使用者與權限模組化,而是使用了錯誤的情境用語。

幸好資深開發人員對此非常警覺,要是沒人發現,**思考很容易愈來愈偏,導致情況愈來愈混亂、甚至可能變成一場災難。**等到團隊要對另一組非協作的概念進行建模時,核心領域會變得更模糊,最後產出一個含糊不清的模型,也無法在程式碼中看到協作情境的通用語言。因此,團隊首先必須搞清楚他們開發的業務領域、子領域以及 Bounded Context 的範圍,這樣才能避開戰略設計對立面的陷阱,不至於落入「大泥球」的下場。換句話說,**團隊需要先建立起戰略建模的思維模式。**

拜託!別又是「設計」!

如果你認為在敏捷開發中「設計」是多餘的,在 DDD 中可不是這樣。敏捷開發使用 DDD 是很自然的,兩者相輔相成,在敏捷中還是要時常保持設計的精神,設計絕不會是敏捷過程中的手銬腳鐐。

這是一段值得我們借鏡的教訓,至於這個團隊,在他們做了大量學習與研究後,終於找到解決辦法,定義了領域與子領域;後面很快就會說到這個過程。

常與 DDD 社群同在

本書中的範例以三個 Bounded Context 構成，雖然這些 Bounded Context 可能與讀者正在開發的情境不同，但都呈現出現實中常會遇到的建模情境。或許也會有讀者認為，不應該把「使用者」與「權限」從核心領域中切割出去；在某些情況下，或許它們作為核心模型一部分是合理的，而同樣地，這完全取決於團隊的決定。就筆者的經驗，這是初接觸 DDD 的讀者經常會遇到的問題、讓他們的心血付諸東流。另一個常犯的錯誤是，將協作與敏捷式專案管理這兩個本來應該分開的模型做成一個。這些只是常見問題中的冰山一角而已，其他在建模過程中常犯的錯誤會於後續章節中陸續說明。

最起碼，這裡所提到的建模問題以及後續問題，「代表」團隊缺乏對通用語言以及 Bounded Context 重要性的認知所造成。因此，即使你不認同這個範例，但它所提出的問題與解決方案，是實實在在適用於所有 DDD 專案，因為它們都特別重視 Bounded Context 的通用語言。

筆者撰寫本書的目標，是要以最簡單但又不至於過於簡化的範例，來向各位讀者說明實作 DDD 時應注意的原則；重點在於教學，所以不能讓範例本身喧賓奪主了。要是筆者能證明身分與存取管理、協作、敏捷式專案管理有各自的通用語言，那麼讀者就能夠從這些範例強調的重點中受益。先假設 SaaSOvation 開發團隊在 DDD 實作過程中所做的建模選擇，「最終結論」是正確無誤的，那麼，要選擇哪些用語是重要的、並能協助他們呈現領域專家的觀點，那就是由團隊自行決定了。

關於子領域、Bounded Context 的建議，筆者和 DDD 社群中的多數意見一致，至少我個人的經驗是如此。或許有其他 DDD 社群意見領袖有不同看法，但本書所要提供的，是能夠讓任何團隊逐步邁向正確目標的紮實基礎。釐清 DDD 當中任何不確定的模糊之處，是社群最大的存在價值，也是筆者最重要的目標；至於要如何配合現實情況才能最佳運用這些指引，為專案帶來最大的利益，就取決於讀者自己的決定了。

實務中的領域與子領域

筆者想再進一步講講關於領域這個部分。領域基本上會分成「問題空間」（problem space）與「解答空間」（solution space）兩部分。問題空間是有待解決的戰略業務挑戰之議題集合，解答空間則是關於如何透過開發軟體來解決這些挑戰的方案集合。以目前學到的概念來解釋，其含義如下：

- 所謂的「問題空間」指的是領域中有待開發為一個新核心領域的部分。而在評估問題空間時，請檢視那些「已經存在和必須存在的子領域」；換句話說，問題空間是由核心領域及必要的子領域共同構成。由於問題空間是為了解決當下的戰略業務議題而存在，因此問題空間中的子領域通常也是隨專案不同而不同。也因此，可以反過來透過子領域來了解問題空間，快速查看要解決某個議題需要領域中的哪些子領域。

- 所謂的「解答空間」指的是一到多個的 Bounded Context，也就是一組具體的軟體模型。這是因為 Bounded Context 本身為「具體解決方案」，一旦開發就成為「實現視圖」（realization view），也就是將解決方案轉變為實際可用的軟體。

理想的目標就是為每個子領域找到對應的 Bounded Context，這樣就能將各個領域模型明確分配到各個定義好的業務目標上，達成問題空間與解答空間的疊合。實務上不一定會這麼順利，此時就只能從頭開發解決方案。可以考慮舊有系統（legacy system），雖然可能是個「大泥球」，其子領域通常與 Bounded Context 有交集，類似先前討論過的圖 2.1 情況。在業務複雜的大型企業中，我們可以先透過「評估視圖」（assessment view）去理解問題空間，避免犯下代價龐大的錯誤。然後透過兩個或多個子領域，在概念上把大範圍的單一 Bounded Context 進行劃分；或是反過來，在單一子領域中畫出多個 Bounded Context。底下用一個例子來說明問題空間與解答空間的差異。

想像一個 ERP 應用程式這種單一大型的系統。嚴格來說，我們都會將 ERP 企業資源規劃視為單一 Bounded Context。但是，在 ERP 系統中其實也有許多模組化的業務服務，所以也可以將每個模組視為個別不同的子領域；舉例來說，像是庫存模組跟採購模組，就可以視為不同的邏輯子領域。雖然說這些模組不是各自獨立的系統，都是在同一個 ERP 系統底下，但在業務領域中，各自提供了不同的服務；暫且將它們當作獨立的子領域，並稱之為「庫存子領域」以及「採購子領域」以利分析討論，後面就會知道為何要這麼做了。

　　這家公司的領域，也就是核心業務目標，如圖 2.4 所示（使用圖 2.2 的模板）。他們打算依此設計並開發一個專屬領域模型，來降低推動業務的成本。模型中包括一套供採購專員使用的決策輔助工具，演算法將過去多年的人工處理流程轉換成自動化的軟體，提供給所有採購專員，以避免人為失誤。這個新核心領域可以更快找出最佳採購決策、同時確保符合庫存，**強化了公司的競爭力**。要精準處理庫存問題，也可以利用先前圖 2.1 中的「市場預測系統」。

　　在實際執行解決方案之前，要對問題空間與解答空間進行評估。為了將專案導向正確的方向，請先回答以下幾個問題：

- 這個戰略核心領域的名稱與願景是什麼？

- 與這個戰略核心領域有關的概念有哪些？

- 需要哪些支援子領域以及通用子領域的配合？

- 各領域的工作應該由哪些人負責執行？

- 有適當人選組成合適的團隊嗎？

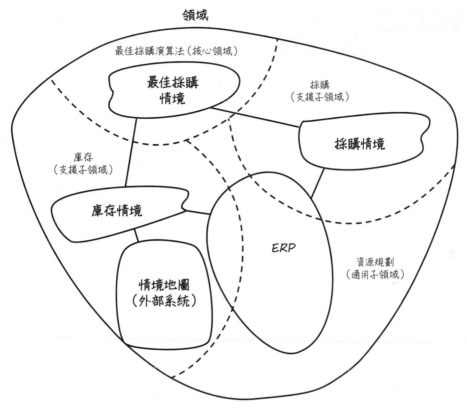

圖 2.4　涉及採購與庫存的核心領域及其他子領域。這張圖不是領域的全貌,而是針對特定問題空間議題的子領域集合。

　　要是不能釐清核心領域的目標與願景、以及推動核心領域所需的準備,就無法在戰略上創造優勢並且避免相關的陷阱。對問題空間進行廣泛評估,無需鑽研細節,但務必要全面性評估,確保所有利害關係人認同評估結果、並承諾會成功達成目標。

白板動手做

- 回顧你先前在白板上所寫的內容然後思考：你的問題空間是什麼？回想一下，問題空間指的是戰略上的核心領域及其所需子領域形成的集合。

　　充分理解何謂問題空間後，接下來要思考解答空間，前面所做的評估將會引導出後面的答案。解答空間和現有系統與技術以及預計開發的系統與技術息息相關，所以必須清清楚楚地分開考量每個 Bounded Context 和各個 Bounded Context 的通用語言，然後評估以下這些問題：

- 手頭上有哪些軟體，是否可以作為資源運用？

- 還有哪些軟體資源是需要額外取得或開發的？

- 這些資源彼此之間如何關聯或如何整合？

- 需要額外整合進來的部分有哪些？

- 以這些既有資源與預計開發的資源為基礎，需要進行哪些工作？

- 作為戰略目標的專案以及推動戰略目標的支援專案，成功的機會多高？當中是否有可能成為拖慢進度甚至導致失敗的絆腳石？

- 通用語言的術語在哪些地方完全不同？

- 哪些 Bounded Context 之間出現概念或資料上的重疊、共用情形？

- 在交集的 Bounded Context 之間，這些共用的術語或重複的概念是如何對映及轉換的？

- 哪一個 Bounded Context 包含了核心領域的概念？建模時又該使用 [Evans] 中的哪一種戰術模式？

請謹記在心：對核心領域投注心力開發解決方案，就是對業務的關鍵投資！

前面圖 2.4 中所描繪的專屬採購模型——作為決策輔助工具的演算法——就是核心領域的解決方案。該領域模型會在一個明確的 Bounded Context——即最佳採購情境（Optimal Acquisitions Context）——中進行實作；這個 Bounded Context 與「最佳採購演算法核心領域」（Acquisitions Core Domain）子領域是屬於一對一的關係。由於僅與單一子領域存在對應關係，而且領域模型又經過細心設計，可以預期它在這個業務領域之中會是最成功的 Bounded Context 之一。

而另一個 Bounded Context——「採購情境」（Purchasing Context），則是作為「最佳採購情境」的輔助，用來強化採購流程的一些技術層面。這些改善措施不具備最佳化採購的特殊業務知識，只是為了讓「最佳採購情境」與 ERP 之間的互動更順暢；它只是方便使用者與 ERP 之間的介面進行互動的模型而已。這個新開發的「採購情境」與既有的 ERP 採購模組，都歸屬於採購子領域（支援子領域）。

整個 ERP 採購模組是一個通用子領域，因為只要能符合你的基本業務需求，任何市面上的現成採購系統都可以作為它的替代方案。不過當它與新開發的「採購情境」一起使用於採購子領域時，就會以支援子領域的方式提供所需要的功能。

接受你無法改變的現實吧

在擁有既有資源的典型「棕地」（brownfield）企業，會不得不面對如圖 2.1 或圖 2.4 那種情形，在設計不良的軟體中，子領域與 Bounded Context 不存在一對一的對應關係。對於現實中這些設計不良的軟體我們無可奈何只能接受，轉而期望自己手頭上的專案能夠正確運用 DDD，因為最終你的專案還是必須與這些設計不良的領域進行整合。所以，當碰到這種既有的單一 Bounded Context 存在多個隱含模型時，請準備好運用本章前半部教過的技巧。

回到圖 2.4，「最佳採購情境」也需要與「庫存情境」交集。「庫存」主要是管理採購後倉儲中的品項，它使用 ERP 的庫存模組，歸屬於「庫存子領域（支援子領域）」。為了供應商方便，「庫存情境」與外部的地圖服務結合，提供了從出發點到各倉儲的路線導航功能。從庫存情境來看，有地圖功能並不奇怪。市面上有許多地圖服務可供選擇，可以根據不同時期的需要更換地圖系統是有好處的。至於地圖服務本身則是一個通用子領域，但會被支援子領域使用到。

　　從這家開發「最佳採購情境」的公司角度來看，有幾個關鍵重點。地圖服務在問題空間中被視為「庫存子領域」的一部分，但在解答空間中，它並不屬於「庫存情境」。在解答空間中，就算地圖服務是透過一個基於元件的簡單 API 進行呼叫，那也是另一個不同的 Bounded Context。「庫存」與「地圖」使用的通用語言壓根不同，意味著它們屬於不同的 Bounded Context。由於「庫存情境」會用到外部的「地圖情境」（Mapping Context），因此資料可能需要先做過一些轉譯才能被正確運用。

　　另一方面，從開發並提供地圖訂閱服務的外部公司角度來看，地圖服務對他們而言就是核心領域了。這家公司有自己的領域、自己的業務運作，他們也要持續保持競爭力，持續精進自己的領域模型，才能留住既有訂閱者並吸引新客源。如果你是那家地圖服務公司的 CEO，肯定會想盡辦法留住現有客戶，包括正在考慮訂閱系統的人，不讓他們有機會投向競爭對手的懷抱。儘管如此，開發自己庫存系統的訂閱客戶他們的觀點也不會因此就變得跟地圖服務公司一樣；對庫存系統客戶而言，地圖服務還是一個通用子領域，只要對自己有利，他們隨時可能換成別家的地圖服務。

白板動手做

你的解答空間中有哪些 Bounded Context？到這個階段，參考你在白板上畫的圖應該可以獲得更清楚的概念；但隨著繼續探討如何正確使用 Bounded Context，你會發現似乎與原先所想的不同。所以，隨時準備好回頭進行修改，畢竟，這就是敏捷開發的精神不是嗎？

　　為了平衡本章節的內容比例，接下來我們要暫時轉換議題，先談談 Bounded Context 在領域驅動設計中作為解答空間建模工具的重要性。探討**情境地圖（第 3 章）**時，則會將重點放在如何透過 Bounded Context 的整合，處理不同但相關聯的通用語言之間的對映。

Bounded Context 的重要性

再複習一次，「Bounded Context」意指一個明確的邊界，領域模型存在這個範圍內，而領域模型則是透過軟體模型來表達通用語言。邊界之所以需要存在，是因為模型各自的概念、屬性（property）、行為都有其特殊意義。如果你是負責建模的團隊成員，你一定要了解情境中每個概念的確切意義。

▌Bounded Context 明確具體並以語言表達

「Bounded Context」意指一個明確的邊界，領域模型存在這個範圍內；在此邊界內，所有通用語言的術語、慣用語都有特定的含義，而模型則確切反映了這套通用語言。

　　我們也常看到，兩個明顯不同的模型有著明明一樣或類似名稱的物件，但卻代表不同含義。當我們分別對這兩個模型畫下明確的邊界，就可以知道這些概念在不同邊界內各自代表什麼意義；因此，「Bounded Context」主要是指「語義上的分界」。讀者應該依據這些論點，檢驗自己對於 Bounded Context 概念的理解和運用是否正確。

　　有些專案會試圖打造一個「全包式」模型，建立只有一個通用意義的名稱，就為了讓公司上下所有人在概念上達成共識；這樣的建模方式會落入陷阱。第一，要讓所有利害關係人建立共識——所有概念都只有一個統一通用定義——是不可能的事情，尤其是那種複雜的大型企業，光是讓所有股東、董事、投資者齊聚一堂就已經不可能了，更別說想要在這些人之間建立起共同認知。就算是投資人相對很少的小型公司，要建立經得起考驗、統一通用的概念定義還是很有難度。因此，最好的辦法還是接受差異

存在的現實，為這些領域模型界定各自的 Bounded Context，確實將它們區分開來，才能準確理解。

Bounded Context 的存在不是要為專案建立單一標準，這不是一種元件、文件或圖表[3]，所以 Bounded Context 不會是某個 JAR 或是 DLL 檔；本章稍後會利用它們來落實 Bounded Context 邊界。

思考一下表 2.1 中兩種「Account」的顯著對比：在「銀行情境」（Banking Context）中作為「帳目」與在「文學情境」（Literary Context）中作為「敘述」含義。

表 2.1　「Account」一詞有著截然不同的意思

情境	語意	例子
銀行情境 （Banking Context）	Account 以每筆存入和支出的交易記錄形式，來表示客戶與銀行往來的財務狀況。	支票帳戶（Checking Account） 存款帳戶 / 儲蓄帳戶（Savings Account）
文學情境 （Literary Context）	Account 指的是對於一段時間內發生一或多則相關事件的文學表達形式。	在 Amazon.com 上的一本書，名為《勇闖巔峰：聖母峰山難的自述》[4]

就像圖 2.5 所示，光看「Account」這個名稱分辨不出兩者之間有何不同；但是把它放在概念性容器（也就是 Bounded Context）中，就能知道兩個 Account 分別代表什麼意思。

3　原註：你可以根據這裡的內容並利用情境地圖畫一個包含了一或多個 Bounded Context 的圖表，不過，這個圖表本身並不是 Bounded Context。

4　譯註：該書原名為《Into Thin Air: A Personal Account of the Mt.Everest Disaster》，中文版譯為《聖母峰之死》。

這兩個 Bounded Context 可能不屬於同一個領域，舉此例子只是要說明情境的關鍵角色。

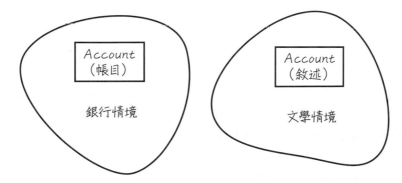

圖 2.5　在兩個不同 Bounded Context 下的「Account」具有完全不同的意思，但必須透過 Bounded Context 的名稱才能得知它們的不同。

情境為王

情境為王，實作 DDD 時更是如此。

金融界常用到「證券」（security）一詞。美國證券交易委員會（Securities and Exchange Commission, SEC）將「證券」一詞限制在與「股票」相關的使用上。思考一下：期貨合約（簡稱期貨）是商品，不在美國證券交易委員會的管轄範圍，不過有些金融機構會把「證券」一詞也拿來指稱期貨商品，只是會額外以**標準類型**（Standard Type，第 6 章）「Futures」來標注「期貨」。

用證券一詞來指稱期貨這樣好嗎？要看用在什麼領域，有人認同，也有人不認同。情境也會隨「文化」而有所不同，在做期貨交易的某個機構中，採用「證券」這個術語可能最符合他們的文化，因為該術語已經融入在他們的通用語言中。

公司中最常碰到的情況是，同樣的用詞有著微妙的不同含義。讓我來解釋一下。每個團隊通常會根據團隊自己的通用語言，來命名指稱情境中的概念。你不會為了刻意跟其他團隊在不同情境使用的術語做出區別，就隨便命名一個概念。思考一下，有兩

個不同銀行情境的術語，一個用於支票帳戶、一個用於存款帳戶[5]。我們不必刻意將「支票情境」下的物件稱為支票帳戶，也不用刻意將「存款情境」下的物件稱為存款帳戶，都以「帳戶」稱呼就可以了；因為 Bounded Context 就足以區分這兩者之間的細微差異。當然，沒有規定不能給這些名稱增加更多含義，取決於團隊的需求而定。

當需要整合時，就要建立 Bounded Context 之間的關聯對映了；這在 DDD 實作中算是較複雜的部分，需要投注一定的心力謹慎為之。雖然 Bounded Context 中的物件實例（instance）很少被其他 Bounded Context 使用，但也會有那種多個情境的物件彼此關聯，此時關聯的物件可能存在一些共同的狀態。

再舉一個例子說明在不同 Bounded Context 中出現相同名稱的情況，不過這次這些 Bounded Context 都屬於同一個領域之下。思考一家出版社處理書籍生命週期的不同階段所面臨的建模挑戰；出版商在一本書進入不同情境時要處理的類似流程大致上是這樣：

- 構思出版企劃與提案

- 與作者簽約

- 管理書籍的撰寫及編輯過程

- 設計書籍版型，包括插圖

- 將書籍翻譯為其他語言版本

- 交付印刷或製作電子書

- 書籍的行銷推廣

5　原註：這是假設在一個領域中，用不同的 Bounded Context 來管理支票帳戶和存款帳戶。

- 批發給經銷商或直接銷售給讀者

- 將實體紙本書籍寄送給經銷商或讀者

　有辦法用單一概念對上述各個階段的「書籍」（Book）建模嗎？顯然不行。每個階段中的「書籍」其實都有不同的定義。簽約之前的「書籍」還沒有書名可以稱呼，到簽約之時才會有個暫定的書名，後續編輯過程中也可能會進行更改。而在撰寫與編輯的過程中，「書籍」則是帶有校對修改註釋的草稿，以及最後的定稿。在這之後，美術設計負責排版設計；印刷廠則根據製作檔產生付印高品質圖片、打樣，最後製版送印。到了行銷階段，只需要封面圖和吸睛的好文案，基本上用不到編審內容或印刷品。在物流寄送階段，「書籍」可能只需要書籍編號、庫存地址、可訂購數量、尺寸以及重量這些資訊。

　若是試圖以單一模型來表示書籍在出版生命週期所有階段的含義，會發生什麼事？想當然耳，會產生一個充滿混淆、矛盾、爭議且功能極差的軟體。就算偶爾做出了一個正確的模型，滿足所有客戶要求也只會是十分偶然的機率，可遇而不可求。

　想避免不斷更換軟體的麻煩，出版商應採用 DDD 建模，為書籍出版流程的每個階段建立獨立的 Bounded Context。每一個 Bounded Context 中都有一種「書籍」存在，不同的「書籍」物件在所有或大部分情境中共享一個身分標識（identity），可能最初是在概念化階段（ conceptualization stage ）建立的。然而，每個情境的「書籍」模型肯定是彼此不同的，但沒關係，本來就該如此。當團隊談到一個特定 Bounded Context 中的「書籍」一詞時，指的就是該情境下的那種「書籍」；企業也能接受這種差異存在。但這不代表 Bounded Context 認知的建立可以手到擒來，即便如此，建立明確的 Bounded Context 能夠讓軟體定期交付並不斷修改，以滿足業務上的特定需求。

　現在，讓我們回到圖 2.3 上，快速檢視一遍 SaaSOvation 的協作軟體開發團隊針對建模挑戰提出解決方案。

如前所述，在「協作情境」中，領域專家不會把使用協作功能的人描述成「有權限的使用者」，而是會根據他在該情境中扮演的角色，如「發文者」、「擁有者」、「參與者」或是「版主」來指稱；雖然當中會有使用者的一些聯絡資訊，但不會是全部，這些是屬於「身分與存取情境」中的「使用者」資訊，在該情境中，使用者物件會帶有使用者名稱以及相關個人資訊，像是各種聯絡方式。

　　但是「發文者」物件也不是憑空產生的，每一個協作者都需要事先經過認證設定；我們會在「身分與存取情境」中進行驗證，確認使用者被指定扮演的角色，在執行安全驗證的過程中，驗證資料的屬性會隨著請求一同發送到「身分與存取情境」。要建立新的協作者物件，像是新增「版主」角色時，需要一部分的「使用者」屬性並指定一個「角色」（Role）名稱。至於怎麼從個別 Bounded Context 取得物件狀態，不是這邊討論的重點（不過後面倒是會再進一步說明）。這裡的重點是：兩個不同的概念，同時存在著異同之處，而它們之間的差異要透過 Bounded Context 來判斷。圖 2.6 展示了一個情境中的「使用者」與「角色」，被使用來建立另一個不同情境的「版主」物件。

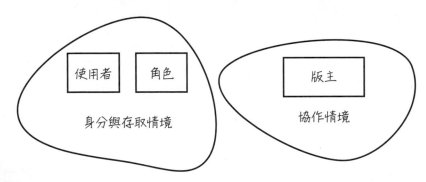

圖 2.6　在一個情境中的「版主」物件，是根據另一個情境中的「使用者」與「角色」來產生。

白板動手做

- 試著從你領域下多個 Bounded Context 中識別出那些具有著微小差異的概念。

- 檢查一下這些概念是否正確分割開來？開發人員是否為了圖方便而複製程式碼，使用了同樣的名稱？

> 一般來說，雖然這些物件看似雷同，但如果有著不同的屬性與行為，就能正確區分出來；這種情形下，其邊界有確實做到概念分離。但如果你在不同情境中看到了完全一模一樣的物件，那麼很有可能是錯誤建模的跡象，除非這兩個 Bounded Context 間有**共用核心**（Shared Kernel，**第 3 章**）存在。

不僅僅只有模型

對於 Bounded Context 這個概念性的「容器」來說，沒錯，模型是最主要的成員，但 Bounded Context 不是僅限於領域模型，也常用於劃分系統、應用程式或業務服務[6]。比方說，如果一個通用子領域只需要領域模型，那麼 Bounded Context 中可能就只有模型。可以這樣想，一個 Bounded Context 中的各部分，就是一個系統中的各部件。

如果有個用於產生持久性資料庫結構的模型，那麼產生出來的資料庫結構，同樣也是在此情境的邊界內，因為這個結構是由建模團隊所設計、開發及維護的；換句話說，資料庫中資料表的名稱和欄位名稱，都會直接以模型中使用的名稱表示，不會轉換成

6　原註：「系統」、「應用程式」和「商業服務」這些術語的含義不一定能取得所有人的共識，不過在一般的情況下，筆者希望它們代表一個由多元件組成的複雜集合，這些元件的功能或服務相互作用，以實現重要的商業目標。

其他名稱。舉個例子，假設今天模型中有個名為 BacklogItem 的類別，而這個類別有 backlogItemId 與 businessPriority 值物件屬性（property）：

```
public class BacklogItem extends Entity {
    ...
    private BacklogItemId backlogItemId;
    private BusinessPriority businessPriority;
    ...
}
```

　　就可以預期會看到這些屬性以類似方式對映到資料庫結構中：

```
CREATE TABLE `tbl_backlog_item` (
    ...
    `backlog_item_id_id` varchar(36) NOT NULL,
    `business_priority_ratings_benefit` int NOT NULL,
    `business_priority_ratings_cost` int NOT NULL,
    `business_priority_ratings_penalty` int NOT NULL,
    `business_priority_ratings_risk` int NOT NULL,
    ...
) ENGINE=InnoDB;
```

　　不過，如果資料庫結構是已經存在的既有結構，又或者，資料庫建模是由另外一個團隊負責，導致資料庫結構與模型出現矛盾的設計，資料庫結構就不會置於模型所在的 Bounded Context 中了。

　　而當模型透過**使用者介面**（User Interface，**第 14 章**）呈現並且驅動自身行為，這個使用者介面也歸屬在同一個 Bounded Context 內。不過千萬不要把領域建模到使用者介面上，那會導致領域模型的貧血問題。根據 [Evans] 中所述，我們要避免「**smart UI 反模式**」（Smart UI Anti-Pattern），不要試圖把屬於模型的領域概念引入到系統其他部分。

此外，系統或應用程式的「使用者」不是僅限於人類，可能還包含其他電腦系統；例如，可能存在網路服務這類「元件」。我們可以使用 RESTful 資源，以**開放主機服務**（Open Host Service，**第 3 章、第 13 章**）的形式與模型進行互動，也可以部署 SOAP（Simple Object Access Protocol）或訊息服務端點（messaging service endpoint）。不論何種方式，這類服務導向元件也屬於同一個 Bounded Context 內。

這些使用者介面元件與服務導向端點都是**應用服務**（Application Service，**第 14 章**），它們屬於不同類型的服務，通常提供了安全性或是交易管理服務，作為模型的 **Facade 模式**（前台模式，又譯外觀模式，[Gamma et al.]）。它們具有任務管理功能，把各種使用案例流程產生的請求轉換為領域邏輯的執行。因此，應用服務自然也歸屬在此 Bounded Context 內。

架構與應用程式的關注點

如果讀者想知道如何在各種不同架構上實作 DDD，可以參考**架構**（Architecture，**第 4 章**）中的說明；此外，這邊所說的「應用服務」也與平常不同，請參考**應用服務**（Application Service，**第 14 章**）的說明。這兩個章節中有相關說明的圖解以及程式碼。

Bounded Context 主要用來封裝（encapsulate）通用語言及其領域模型，但同時也包含與領域模型互動和支援的相關功能。在設計上，務必留意每個架構的相關元件都應該設定在正確的位置。

> **白板動手做**
>
> - 看看你白板圖表中的那些 Bounded Context，思考一下，在這些 Bounded Context 內除了領域模型，是否還有其他元件？
>
> - 如果存在一個使用者介面以及一組應用服務，請務必確保它們歸屬在同一個 Bounded Context 內（至於如何呈現這些元件並沒有限制，可以參考圖 2.8、2.9、2.10）。
>
> - 如果有為模型開發設計的資料庫結構或是持久性儲存區（persistence store），請務必確保它們屬於同一個 Bounded Context 內（呈現資料庫結構元件的方法，請參考圖 2.8、2.9、2.10）。

Bounded Context 該多大

一個 Bounded Context 內究竟該包含多少**模組（第 9 章）**、**聚合（第 10 章）**、**事件（第 8 章）**、**服務（第 7 章）**等應用 DDD 所產生的領域模型主要建構區塊？這種問題就好比在問「一條繩子有多長」一樣，答案當然是「要夠長」。Bounded Context 也應該要大到可以完整表達它的通用語言。

　與核心領域無關的概念應該排除在外。如果一個概念與這個通用語言無關，打從一開始就不該出現在模型中。所以如果你發現了那些無關的概念，就趕快將其排除，它們可能屬於另一個支援子領域或通用子領域，或者甚至根本不該出現在模型中。

　同時也要小心別把與核心領域相關的概念給排除了；模型必須完整呈現出通用語言的豐富性，不能遺漏任何重要的概念。這需要準確判斷的能力，而**情境地圖（第 3 章）**這類工具便可以輔助團隊做出正確決策。

電影《阿瑪迪斯》《Amadeus》[7]當中有一幕場景是，奧地利出身的皇帝約瑟夫二世（Joseph II）在莫札特表演結束後，上前稱讚莫札特的演奏十分精彩，但同時又說「就是音符太多了」。莫札特巧妙地答道：「我只用我需要的音符，不多也不少。」這個回答貼切地表達出應該要具備超越 Bounded Context 的基本心態，以更全面的角度去看待模型。某個 Bounded Context 內的領域概念該有多少就是多少，不要多、也不要少。

對我們來說，當然不可能像莫札特為交響樂編寫樂譜那樣，如同信手拈來般輕鬆。我們在任何時候都有可能錯過進一步修改領域模型的機會，因此在每一次迭代中，要一再地挑戰自己原先對此模型的假設，迫使自己去添加、移除概念，或改變概念的行為與協作方式。重點在於，**我們要接受這樣的挑戰一再上演，並且用 DDD 原則嚴肅地審視，做到去蕪存菁**。運用 Bounded Context 和情境地圖之類的工具，得以剖析哪些是真正屬於核心領域；不要應用非 DDD 原則任意分離它們。

領域模型的美妙樂章

若將模型比擬為音樂，那麼它應該要是完美無暇、鏗鏘有力中帶點優雅的美妙樂章。

反過來，要是過份侷限某個 Bounded Context，恐怕會遺漏重要的情境概念，導致模型出現嚴重漏洞；如果繼續把概念添加到這個未能完整代表核心業務解決方案的模型裡，只會愈攪愈亂，直到看不清究竟孰重孰輕。我們的目標是什麼？這樣說吧，若將模型比喻成音樂，那麼它應該要是完美無暇、鏗鏘有力中帶點優雅的美妙樂章；而音符的數量——即模組、聚合、事件、服務——應該要恰如設計所需，不多也不少。這樣「聆聽」模型的人絕不會聽到一半忽然問「剛剛那個不協調的怪音調是怎麼回事」，也不會因為樂譜缺了一頁或漏了幾個音符出現演奏中斷而分心。

7　原註：Orion Pictures，華納兄弟影業，1984 年出品。

哪些因素會導致劃錯 Bounded Context 的範圍？可能是誤以架構作為開發設計的指導原則，而不是通用語言。或許是在打包與布署元件時，以平台、框架或其他基礎設施等觀點出發的慣性思考方式，導致我們以技術思維而非語境思維來思考 Bounded Context。

另一個常見的陷阱則是，將 Bounded Context 分割成「為了配合可用開發人員的工作分派」。技術團隊負責人和專案經理會認為，對開發人員來說，將工作拆分成較小的任務較容易進行分派與管理。或許是這樣沒錯，但以工作分派為由，對 Bounded Context 進行切割，完全無視情境建模以通用語言為中心的精神；說實在，完全沒有必要為了管理技術面的資源而劃分假邊界。

重要的問題在於，領域專家所使用的通用語言，是否存在真正的情境邊界概念？

如果為了應對架構元件或開發人員資源而建立一個假情境，通用語言會變得支離碎裂，無法完整表達。所以我們應該做的，是從領域專家所使用的語言觀點出發，把與核心領域相關的概念，自然地歸屬在同一個 Bounded Context 中；這樣一來，就能分辨出有哪些元件理應歸屬在單一的內聚（cohesive）模型中，並將這些元件放在此 Bounded Context 內。

有時，謹慎應用模組可以避免建立微型 Bounded Context 帶來的問題。分析那些散在「多個 Bounded Context」中的服務會發現，利用模組就可以把全部的 Bounded Context 縮減成一個。模組也可以妥善分配開發人員的工作職責，用更適當的戰術方法進行任務分派與管理。

白板動手做

- 為你現在的模型畫出一個大大的橢圓形，作為暫定的 Bounded Context 範圍。

▌ 就算目前沒有具體的模型，還是要思考通用語言的問題。

- 在這個橢圓形裡面寫下你確定程式碼會實作的主要概念，然後看看有沒有應該存在卻漏掉的概念，以及是否出現了不該存在於此的概念？你該怎麼處理以上這兩種狀況？

▌ **以用語觀點實作 DDD 需謹慎**

基本原則：如果不是以通用語言的觀點出發，就等同沒在聽領域專家的話，然後用這種態度劃分出 Bounded Context。仔細思考你的 Bounded Context 範圍，不要急著分割。

與技術元件的關係

老實說，從技術元件的觀點來認知 Bounded Context 也不是不行，只要記得一件事：Bounded Context 不是用這些技術元件來定義的。讓筆者來說明一些常見的整合及布署方式。

在使用如 Eclipse 或 IntelliJ IDEA 這類 IDE 工具時，通常是以一個專案作為一個 Bounded Context，而使用 Visual Studio 還有 .NET 時，則習慣在同一個解決方案（solution）下把使用者介面、應用服務和領域模型分為不同的專案。專案中的 source tree（原始碼樹）可以只包含領域模型，或包括周邊的**層（第 4 章）**或**六角架構（第 4 章）**部分；所以彈性其實很大。以 Java 程式語言開發時，最上層的套件（package）通常是代表 Bounded Context 中最上層的模組名稱，用前面的其中一個例子，可以這樣定義它的名稱：

```
com.mycompany.optimalpurchasing
```

此 Bounded Context 的程式碼目錄結構，則會根據架構上的職責做進一步的劃分；以此範例而言，第二層的套件名稱可能會是這樣：

```
com.mycompany.optimalpurchasing.presentation
com.mycompany.optimalpurchasing.application
com.mycompany.optimalpurchasing.domain.model
com.mycompany.optimalpurchasing.infrastructure
```

但不管分出多少模組，它們都在同一個團隊所開發的同一個 Bounded Context 底下。

一個 Bounded Context、一個開發團隊

這邊所提的一個團隊負責一個 Bounded Context 的開發，不是要你限制團隊組織的彈性；團隊還是可以按需求進行重組，個別成員也還是可以同時參與一到多個專案。公司應該靈活運用人力來因應業務需求。這裡所指的是：最好能組織一個明確定義且合作密切的團隊，領域專家與開發人員專注於一組通用語言，在一個明確定義的 Bounded Context 中進行建模。要是把兩個以上團隊指派到同一個 Bounded Context，各團隊勢必會在通用語言的認知和定義上出現分歧看法。

　　雖然兩個團隊有可能共同設計出一個共用核心，但這畢竟不是真正的 Bounded Context。這是一種情境地圖設計模式，用於建立兩個團隊之間的關聯，它需要隨著模型變化持續地溝通與修改。這種建模方式並不常見，應該盡量避免。

　　在以 Java 程式語言開發時，我們通常會技術性地把一個 Bounded Context 放在一到多個 JAR 檔中，包括 WAR 檔或 EAR 檔；模組化可能會在這裡產生影響。領域模型中鬆耦合（loosely coupled）的部分可以放在獨立的 JAR 檔中，隨版本不同進行替換與獨立布署；這種做法在模型規模較大時尤其好用。用多個 JAR 檔來組成一個模型，可以使用 Java 8 Jigsaw 模組或是 OSGi 框架，模組化管理各元件的版本；因而可以用 bundle

或 module 為單位，來管理高層級模組的版本以及相依性關係。以前面基於 DDD 的第二層套件模組為例，至少可以分出四個以上框架 / 模組。

　　若是 .NET 平台這種 Windows 原生開發環境的 Bounded Context，可能會以獨立的 DLL 編譯檔作為組件（assembly）進行布署。以 DLL 為單位進行布署的理由，與前面使用 JAR 檔的理由差不多，模型在布署時也可能以類似的方式進行部署分割。所有這類通用語言執行環境（common language runtime, CLR）的模組化，都是透過組件來管理。該組件的版本以及相依組件的版本，則是記錄在組件的 manifest 資訊檔中。更多相關細節請參考 [MSDN Assemblies]。

情境範例

由於 SaaSOvation 範例屬於全新開發，因此範例中的三個 Bounded Context 最後都呈現與子領域一對一的最佳情形。但團隊並非從一開始就得到這個一對一的結論，這個過程剛好能夠作為我們的借鏡。我們以圖 2.7 表示最後的結果。

　　接下來我們會示範如何以這三組模型，架構出一個不脫離實際並且符合現代企業的解決方案。記得，現實世界中的任何專案都存在多個 Bounded Context，所以對時下的企業來說，整合就是一個重要議題。除了 Bounded Context 及子領域，情境地圖也是**整合（Integration，第 13 章）**的對象之一。

　　首先來看 DDD 實作範例中的三個 Bounded Context[8]，分別是「協作情境」、「身分與存取情境」、「敏捷式專案管理情境」。

8　原註：注意，情境地圖能夠提供這三個 Bounded Context 範例的實際細節，像是它們如何彼此關聯以及如何整合在一起。不過，更深入的細節則是在核心領域。

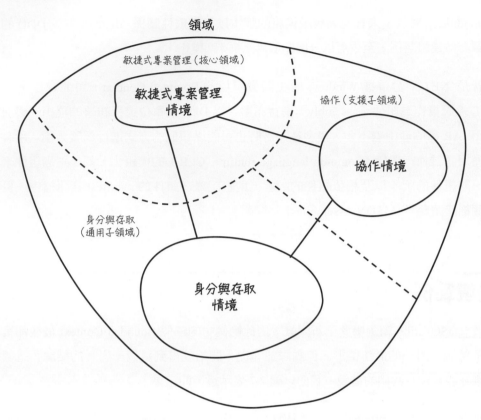

圖 2.7　Bounded Context 與子領域清楚對應的評估視圖。

協作情境

在現今發展快速的經濟型態中，企業協作工具是創造協同工作環境、加速協作的最重要因素之一，任何能夠提升生產效率、分享知識與創意並共同管理這個創意過程以便導出正確結果的方法，都是一家企業通往成功的不二法門。這類線上工具具有較廣泛的功能和用途，既能滿足廣大使用者社群亦能針對日常專案工作者所需要的溝通、協作、分享等功能，因而各大企業莫不趨之若鶩找尋最好的線上工具；SaaSOvation 也是看中這塊市場大餅的其中一員。

負責設計與開發「協作情境」的核心團隊，被要求第一個版本必須包含以下功能：論壇、共享行事曆、部落格、即時交談、wiki、留言板、文件管理、公告與通知、活動管理和 RSS 訂閱等。雖然功能看似眾多，但每一個協作工具都可以分開單獨使用，支援較小型的團隊協作環境。不管使用多少，都是協作的一部分，因此還是屬於同一個 Bounded Context。本書礙於篇幅限制，不會對整套協作軟體做詳盡介紹與說明，主要會以「論壇」與「共享行事曆」這兩項工具為主，說明及探討這兩者的領域模型，如圖 2.8 所示。

接著就來講講這個開發團隊遇到了什麼事。

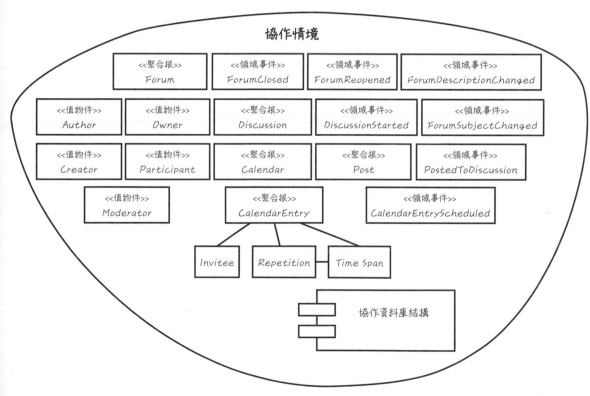

圖 2.8　範例的「協作情境」。該情境的通用語言決定了何者應出現在此邊界內，但為了閱讀方便，這邊並未將所有模型元素列出；使用者介面（UI）與應用服務等也是基於同樣原因。

雖然團隊還在學習 DDD 的路上，但專案開發初期就已經投入戰術性 DDD 工具的使用了。他們對戰術設計模式的運用多半基於技術考量，因此實際上使用的比較接近於 DDD-Lite。團隊雖然試著捕捉協作情境的通用語言，可是他們不了解模型有明確的限制，結果就犯了一個錯，把安全與權限管理元件也塞進協作模型中。後來團隊才意識到，把安全與權限管理元件塞在模型中，並不如當初所想的那麼理想。

　　早先團隊並不在意，對於建構這種應用程式孤島（silo）的危險渾然不覺，然而，若未採取集中式的安全控管元件，最終將導致兩個模型混在一起。把安全控管思維混到核心領域的做法造成各種令人困擾的耦合，很快就讓團隊嚐到了苦頭。在核心業務邏輯當中，也就是以程式碼實作行為方法時，開發人員必須檢核用戶端的權限，以確認是否可接受該請求：

```
public class Forum extends Entity {
    ...
    public Discussion startDiscussion(
            String aUsername, String aSubject) {
        if (this.isClosed()) {
            throw new IllegalStateException("Forum is closed.");
        }

        User user = userRepository.userFor(this.tenantId(), aUsername);

        if (!user.hasPermissionTo(Permission.Forum.StartDiscussion)) {
            throw new IllegalStateException(
                    "User may not start forum discussion.");
        }

        String authorUser = user.username();
        String authorName = user.person().name().asFormattedName();
        String authorEmailAddress = user.person().emailAddress();
```

```
        Discussion discussion = new Discussion(
                this.tenant(), this.forumId(),
                DomainRegistry.discussionRepository().nextIdentity(),
                authorUser, authorName, authorEmailAddress, aSubject);
        return discussion;
    }
    ...
}
```

我剛看到的是「火車事故」嗎？

有些開發人員會把 user.person().name().asFormattedName() 這樣在一行中連續進行多個方法呼叫的程式碼風格，以「火車事故」（train wreck）來稱呼。但也有人認為，這種寫法加強了程式碼本身的表達與敘述性。筆者對這兩種觀點不盡認同，唯一在意的是，這樣做是否把模型給攪在一起。「火車事故」是好是壞，又是另一個話題了。

　　這種設計真夠糟糕的，開發人員根本不該在這邊存取 User 物件，更別說還要先去 Repository（**資源庫，第 12 章**）查詢才能取得這個物件。這裡甚至不應該出現 Permission，都是因為錯誤地把它們設計為協作模型的一部分，才會導致這種情況。更糟糕的是，這個問題進一步使他們忽略了理應建模的一個概念：也就是「發文者」（Author）。開發人員沒有把相關聯的三個屬性放進一個值物件中，而是把這些資料一個一個分開處理。這群人腦中所想的只有安全管理，不是協作。

　　問題遍地開花，不僅發生在單一情境中，所有的協作物件都存在類似的跡象。眼見「大泥球」愈滾愈大，團隊終於下定決心修改程式碼，此外，他們也想從權限驅動的安全機制改為基於角色的存取管理機制。該怎麼做呢？

　　幸好這群人熟稔敏捷開發方法和敏捷專案管理工具的建置，所以並不害怕隨時要進行程式碼重構；因此他們會回頭不斷地進行修改。但問題依舊存在：能夠將他們從一團糟的程式碼中拯救出來、幫助他們脫離泥沼的最佳 DDD 模式是什麼？

團隊中有幾名成員花時間去研讀了 [Evans] 中提到的戰術性工具，也就是「建構區塊模式」（building block pattern），認為這不是他們要的答案。他們試過按照這些模式所建議的，把「實體」與「值物件」組合為「聚合」，並且用上了 Repository 與**領域服務（Domain Service，第 7 章）**，可是他們忘了最重要的事，而這偏偏是需要仔細讀過 [Evans] 後半部才會知道的事。

　　終於，他們讀過之後留意到這些重要技巧。在看完 [Evans]「PART III：透過重構來加深理解」後，才赫然發現原來 DDD 遠比他們想像的強大多了。透過 [Evans] 那部分內容所描述的技巧，現在團隊了解到，只要專注在通用語言上就能改善這個模型的問題。花時間與領域專家好好溝通交流，就能打造出一個模型更接近這些專家心中的想法。不過，這還不能解決協作領域模型觀點遭到扭曲的問題、脫離安全管理的困境。

　　其中一名團隊成員發現，[Evans] 後面的「PART IV：戰略設計」才是他們急需的指引，引導他們進一步了解核心領域。他們部署的其中一個新工具就是情境地圖，能幫助團隊更了解專案現況。雖然只是一次簡單的嘗試，但畫出情境地圖並梳理困境著實是往前邁進了一大步；終於，討論分析逐漸形成解決方案，讓團隊破繭而出。

　　為了拯救這岌岌可危的模型，團隊有以下兩種修正方向：

1. 根據 [Evans]，團隊可以將模型重構為**責任層（Responsibility Layer）**，把模型中的安全與權限管理元件放到更低的邏輯層中以區隔開來。不過這似乎不是最好的做法，畢竟責任層原本的作用是處理大型模型或是未來會變大型模型的問題。不管怎麼分層，這些層都屬於核心領域，也因此必須保留在模型中。此外，團隊真正的問題是未正確定義概念——把不屬於核心領域的概念也放了進去。

2. 另一種選擇則是 [Evans] 中所說的**分離核心（Segregated Core）**，但這種做法需要耗費大量時間搜尋「協作情境」中所有的安全與權限問題，並在同一個模型中將身分與存取元件重構為獨立的套件。雖然這樣做不會產生一個完全獨立的 Bounded Context，但至少效果近似，而這才是團隊現在需要的解方。書中是這樣描述此設計模式的：「當你的系統有一個大的 Bounded Context 而且它對系統非常重要，但模型的關鍵部分被大量支援性功能掩蓋，那麼就需要建立分離核心了。」這邊所講的支援性功能顯然就是安全與權限管理；而開發團隊也終於領悟到，必須把「身分與存取情境」分離出去，作為「協作情境」的通用子領域，才是真正治本的方法。

　　更何況，要建立分離核心並非易事，可能需要花上好幾個星期來進行這個不在計畫中的工作。但如果不盡快採取正確行動進行重構，程式碼中就會出現錯誤、code base 也變得愈來愈脆弱，無法有效應付變化。幸好公司主管對這種做法給予肯定，並且認為分離出來的新業務服務，或許將來會發展為另一個新的專案。

　　重要的是，團隊學到了教訓，現在他們體認到 Bounded Context 以及維繫內聚核心領域的價值所在了。透過引進新的戰略設計模式，他們把可重複利用的模型，切割為一個新的 Bounded Context，然後再重新整合。

　　這個新的「身分與存取」Bounded Context，可能會與原本內嵌的安全與權限管理設計思維不同，可重複利用的設計思維使得團隊必須專注於打造更通用的模型，盡可能讓有需要的應用程式都能使用它。負責此情境的開發團隊──不同於原來的「協作情境」開發團隊，但初期可以由「協作情境」開發團隊的少數成員組成──也可以採用不同的實作策略，包括利用第三方產品和客製化的整合策略，但由於內嵌安全設計很複雜，因此不太可行。

　　由於分離核心只是過渡性的策略，因此不會在此著墨過多。簡單來說，就是把所有與安全權限管理相關的類別，切割成不同的模組，應用服務用戶端必須先透過這些物件檢查安全權限，才能呼叫核心領域。這樣就能讓核心模型專注於實作協作模型的物件組合與行為上，而應用服務則負責安全性檢查及物件轉換：

```
public class ForumApplicationService ... {
    ...
    @Transactional
    public Discussion startDiscussion(
            String aTenantId, String aUsername,
            String aForumId, String aSubject) {
        Tenant tenant = new Tenant(aTenantId);
        ForumId forumId = new ForumId(aForumId);

        Forum forum = this.forum(tenant, forumId);

        if (forum == null) {
            throw new IllegalStateException("Forum does not exist.");
        }
```

```
         Author author =
                this.collaboratorService.authorFrom(
                        tenant,
                        anAuthorId);
         Discussion newDiscussion =
                forum.startDiscussion(
                        this.forumNavigationService(),
                        author,
                        aSubject);

         this.discussionRepository.add(newDiscussion);

         return newDiscussion;
    }
    ...
}
```

Forum 會變成這樣：

```
public class Forum extends Entity {
    ...

    public Discussion startDiscussionFor(
        ForumNavigationService aForumNavigationService,
        Author anAuthor,
        String aSubject) {
        if (this.isClosed()) {
            throw new IllegalStateException("Forum is closed.");
        }

        Discussion discussion = new Discussion(
                this.tenant(),
                this.forumId(),
                aForumNavigationService.nextDiscussionId(),
                anAuthor,
                aSubject);

        DomainEventPublisher
```

```
            .instance()
            .publish(new DiscussionStarted(
                    discussion.tenant(),
                    discussion.forumId(),
                    discussion.discussionId(),
                    discussion.subject()));
        return discussion;
    }
    ...
}
```

如上所示，原本對 User 與 Permission 的相依性已經移除，並且更專注於協作情境上。這不是最完美的解答，但它為團隊日後分割再整合 Bounded Contexts 的重構工作奠定了基礎。「協作情境」開發團隊遲早會把這些安全權限管理模組從這個情境中移除掉，引進新的「身分與存取情境」，最終目標是讓安全管理集中化、具備可重複利用性，而這個目標如今看來不再遙不可及了。

的確，團隊也有可能做出另一種決策，那就是把 Bounded Context 拆分得更小，所有協作功能（例如，論壇、行事曆是不同的模型）都有各自的 Bounded Context，產生十來個小型的 Bounded Context。但為什麼團隊會選擇這種方法？由於多數的協作功能彼此之間並未耦合在一起，每一個功能都可以作為單獨元件使用，團隊便可能順著這種自然布署單位的天性，讓每一個功能都有各自的 Bounded Context。然而，沒有必要為了布署而搞出十個不同的領域模型，這樣做恐怕只會違反以通用語言為依歸的建模原則。

所以，開發團隊最後還是選擇維持一個模型，但選擇為每個協作功能建立獨立的 JAR 檔，利用 Jigsaw 框架進行模組化，為每個功能建立了基於版本的布署單位。在協作情境中，除了為每個協作功能建立的 JAR 檔之外，另外還需要用來部署共享模型物件（像是 Tenant、Moderator、Author、Participant 等）的 JAR 檔。這種方式在維繫通用語言的開發精神同時，也滿足了想要在布署時善用架構與應用程式管理的目標。

接下來，我們就順勢來研究「身分與存取情境」吧。

身分與存取情境

為了確保系統使用者經過身分驗證且進行的是合法授權行為，現今大多數的企業應用程式都需要具備一定程度的安全與權限管理元件。但如前所述，要是為了應用程式安全性，就囫圇吞棗地把使用者與權限管理機制建構在系統的每個角落，只會搞得一團糟，造成穀倉效應（silo effect），使得所有應用程式的安全管理都各自為政。

牛仔小劇場

寶弟：「你的穀倉一個個都沒上鎖，就不怕有人去偷玉
　　　米嗎？」

傑哥：「我有忠犬球球在幫忙看門呢，這是我自己的
　　　『穀倉效應』，哈哈。」

寶弟：「我想書上講的穀倉效應不是這個意思吧。」

　　所謂的「穀倉效應」指的是，一個系統的使用者與其他系統使用者之間的關聯難以建立起來，就算使用這些系統的人是同一個人也一樣。為了避免這種各自為政的情況波及到整個業務範圍，架構設計者必須將安全與權限管理集中化；可以自行開發一套身分與存取管理系統，也可以向外採購，可視乎所需功能複雜度、可用開發時程以及公司總預算等情況來決定。

要解決 CollabOvation 團隊所遇到的身分與存取問題，則需要進行多個步驟。首先，開發團隊利用 [Evans] 中的「分離核心」（詳見「協作情境」小節）模式進行重構。這個暫時性步驟在當時達到了目的，確保 CollabOvation 擺脫了安全與權限管理問題。但同時團隊也認知到，最終還是需要以一個身分與存取管理的情境來取代這種做法，而這將需要付出更多的努力。

　　所以，一個全新 Bounded Context 誕生了——「身分與存取情境」，這個情境透過標準的 DDD 整合技巧，提供給其他 Bounded Context 使用；對於使用方的情境而言，「身分與存取情境」就是一個通用子領域。這個產品就叫做「IdOvation」。

　　如圖 2.9 所示，這個「身分與存取情境」內建多租戶（multitenant）訂閱服務功能；在開發一個 SaaS 產品時，這一點是理所當然的。每個租戶以及租戶所屬物件，會以一個獨一無二的身分識別碼，在邏輯上與其他租戶區分開來。而系統的使用者則必須透過網路自動發出的邀請通知才能自行向系統註冊。系統接著透過身分驗證服務提供存取使用權，而使用者密碼則是經過高度加密。大至整個公司、小至最小的團隊，都可以透過使用者群組和子群組功能進行複雜的身分權限管理。基於角色的權限管理對系統端的資源存取，是簡單、優雅卻十分有效的方法。

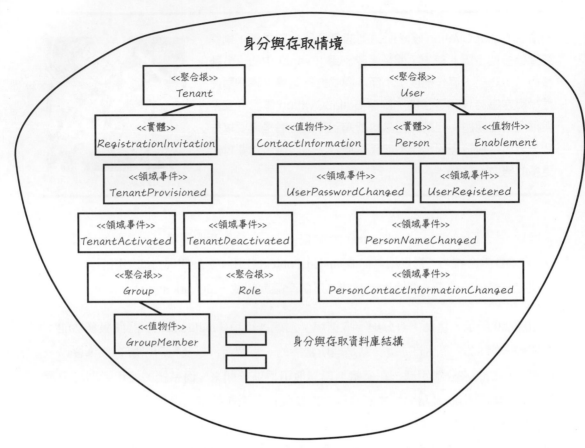

圖 2.9　範例的「身分與存取情境」。情境中的通用語言決定了邊界內的所有元件，為便於閱讀，此 Bounded Context 內的元件並未完全顯示出來，有些是在模型內、有些則屬於其他架構層；使用者介面與應用服務元件也是同樣的情況。

　　更進階的步驟是，當模型某些行為導致觀察者所關心的此種情況狀態發生變化時，就會發布**領域事件（Domain Event，第 8 章）**。這些領域事件通常是以「名詞 + 動詞的過去式」形式來命名與建模，像是「TenantProvisioned」、「UserPasswordChanged」、「PersonNameChanged」。

下一章的「情境地圖」中，我們會再說明如何利用 DDD 的設計模式，將「身分與存取情境」和另外兩個範例情境整合在一起。

敏捷式專案管理情境

2001 年《敏捷軟體開發宣言》（Agile Manifesto）發表之後，敏捷開發所提倡的各種輕量開發方法愈來愈受歡迎。在這樣的市場趨勢下，SaaSOvation 在願景聲明中表示，公司打算再開發敏捷式專案管理應用程式，作為第二個主力產品與業務戰略。於是就有了以下的展開 ...

經過連續三季成長的 CollabOvation 訂閱銷量和超乎預期的營收數字，同時根據用戶回饋不斷改進產品後，公司決定正式啟動 ProjectOvation 專案。這是一個新的核心領域，因此公司打算將 CollabOvation 團隊的頂尖開發人員調派到此專案，好好運用他們在先前專案中開發 SaaS 多租戶服務以及剛學會的 DDD 經驗。

ProjectOvation 專案是一套敏捷式專案管理工具，並以 Scrum 作為迭代與增量（iterative & incremental）專案開發的管理框架。基本上這套軟體依循傳統的 Scrum 專案管理模型，包含了「產品、產品負責人、團隊、待辦清單項目、發布計畫、衝刺」；而待辦清單項目則是透過透過業務價值的成本效益分析來估算的。

整份商業計畫藍圖始於兩個目標──CollabOvation 和 ProjectOvation，因此它們不會是兩條不相交的平行線。SaaSOvation 公司的董事會期待敏捷軟體開發與協作工具相結合提供創新價值，因而 CollabOvation 的功能將會以可額外選購的附加（add-on）形式提供給 ProjectOvation 客戶。正因為是「附加」功能，所以 CollabOvation 就是 ProjectOvation 的支援子領域。產品負責人與團隊成員可以透過協作工具討論產品、發

布與衝刺計畫、待辦清單項目，還可以共享行事曆。未來 ProjectOvation 還打算加入企業資源規劃（corporate resource planning）功能，但初期重點還是要先達成敏捷專案的產品目標。

　　相關技術人員本來打算利用版本控制系統從 CollabOvation 模型的 codebase 中拉一條分支出來，把 ProjectOvation 作為衍生功能。但這種做法完全錯誤，而會有這種想法，就是出於沒有對問題空間中的子領域以及解答空間中的 Bounded Context 給予足夠的重視。

　　幸好，技術部門底下的員工已經從先前一團糟的「協作情境」學到教訓，這讓他們相信，把敏捷式專案管理模型與協作模型結合的想法是嚴重的錯誤。開發團隊現在有更強烈的意願採用 DDD 戰略設計。

　　而 ProjectOvation 開發團隊**採用戰略設計思維**後的結果，如圖 2.10 所示，現在他們才適切地將消費者看作產品負責人及開發團隊成員，畢竟這些角色才是運用 Scrum 方法的人在專案中所扮演的角色。至於角色與實際使用者之間的關係，則是由另外一個「身分與存取情境」管理，訂閱者可以在此情境中自行（self-service）管理自己的身分，而管理者（如產品負責人）則透過管理控制功能來指派並管理產品團隊成員的權限。角色管理的問題解決之後，就可以在「敏捷式專案管理情境」內建立「產品負責人」與「團隊成員」了。隨著團隊持續專注於打造一個能捕捉敏捷式專案管理通用語言的領域模型，其餘的設計也能獲得更好的效果。

02

領域，子領域，Bounded Context

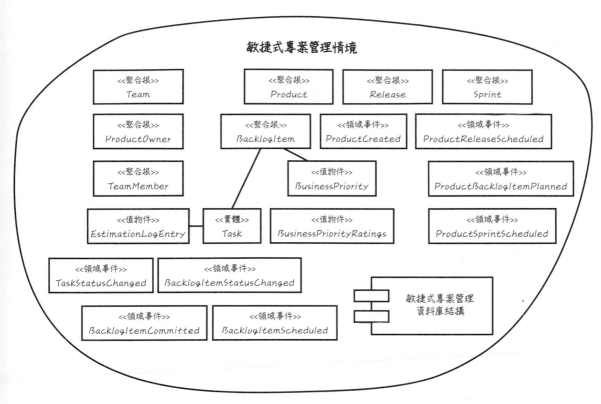

圖 2.10　範例的「敏捷式專案管理情境」。Bounded Context 的通用語言主要圍繞在基於 Scrum 的敏捷產品開發、迭代及發布流程上。為了閱讀方便，部分元件──包括使用者介面與應用服務──不在這裡顯示。

　　ProjectOvation 還有一項需求是，要能夠以一組獨立的應用服務來運作，所以開發團隊打算盡可能地限制 ProjectOvation 對其他 Bounded Context 的相依性，至少要在可行的範圍內。正常來說，當 IdOvation 或 CollabOvation 服務因為各種原因導致無法使用時，ProjectOvation 也可以自行運作無誤；雖然在這段期間一定會出現資料不同步的情形，但時間不會太久，應該不妨礙系統的使用。

情境賦予每一個術語特定的意義

在以 Scrum 方法開發的專案中，常會包含各種 BacklogItem（待辦清單）實例（instance），用於描述軟體的開發情形。然而這跟我們平常上購物網站放在購物車中「等待結帳的商品清單」意思不同。那麼，我們是怎麼區分這兩者的？當然就是情境。我們知道 Product 指的是軟體產品，是因為它在「敏捷式專案管理情境」中；當情境變成了「線上商店情境」（Online Store Context），Product 可就不是這個意思了。因此，不需要特地用 ScrumProduct 來命名也能夠區分這兩者。

　　SaaSOvation 開發團隊所獲得的寶貴經驗，讓他們這次在設計產品、待辦清單項目、任務、衝刺以及發布的核心領域時，有了一個好的開始。而團隊在建模**聚合**（Aggregate，**第 10 章**）的過程中碰到什麼樣的難關而經歷了陡峭的學習曲線，就有待我們去發掘了。

本章小結

在本章中，我們針對 DDD 戰略設計的重要性進行了緊鑼密鼓的討論！

- 了解何謂領域、子領域、Bounded Context。

- 知道如何利用問題空間與解答空間，對公司當前業務做戰略性的評估。

- 充分理解如何以 Bounded Context 在語意上劃分模型。

- 學會如何定義 Bounded Context 的範圍與內容，以及如何建立用於布署的 Bounded Context。

- 吸取 SaaSOvation 開發團隊在設計「協作情境」初期時的寶貴經驗，並跟著團隊思考，一步步走出困境。

- 用範例示範了目前的核心領域「敏捷式專案管理情境」設計與實作過程的重點。

如前所述，在下一章中我們將深入說明何謂情境地圖，這是一項在設計階段至關重要的戰略建模工具。或許有讀者注意到，由於本章內容牽涉到多個不同領域，不免也稍微提到了情境地圖；下一章會進一步探討這個部分。

NOTE

Chapter 3

情境地圖

> 「無論怎麼做,總有人會批評你是錯的;
> 而且前方總有著各種困境,使你開始相信那些人才是對的。
> 因此我們需要勇氣才能做出正確的決定,並且堅持到底。」
>
> ——愛默生(*Ralph Waldo Emerson*)

有兩種方式可以用於呈現一個專案的**情境地圖**(Context Map)。第一種方法,用簡單的圖示呈現出兩個以上 Bounded Context(第 2 章)之間的對映(mapping);不過這只是在畫已經存在的關係,而這個圖只是呈現解答空間中軟體各 Bounded Context 之間的整合關係而已。這也意味著要呈現出情境地圖更多細節的方法,就是在實作整合時直接呈現在程式碼中。這兩種方式我們在本章中都會介紹,但關於實作更細節的說明,請參考**整合 Bounded Contexts**(Integrating Bounded Contexts,**第 13 章**)內容。

　補充說明一下,前一章是關於「問題空間的解析」,本章內容則是關注在「解答空間的分析」上。

本章學習概要

- 了解情境地圖為何和專案開發成功與否息息相關。
- 學習輕鬆畫出有意義的情境地圖。
- 思考系統間關聯和組織間關聯,以及這些關聯如何影響專案。
- 吸取 SaaSOvation 團隊的經驗,看看他們以情境地圖管理專案時遇到什麼問題。

情境地圖的重要性

開始實作 DDD 時，先將「當前專案情況」繪製成一張視覺化的情境地圖，包括畫出專案中現有 Bounded Context 以及它們之間的整合關係。情境地圖的繪製如圖 3.1 所示，隨著內容進展，會陸續完善這張圖表。

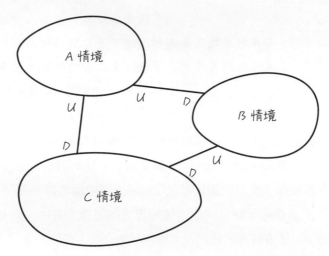

圖 3.1　某個領域的抽象情境地圖，包括三個 Bounded Context 以及這些情境之間的相互關係。其中「U」代表上游，「D」代表下游。

　　這張簡單的手繪圖就是你團隊的情境地圖；其他專案團隊可以參考這個範例，但在實作 DDD 時應該畫出自己的版本。這張圖主要是幫助從我們自己的解答空間觀點看待問題，但其他團隊可能不會採用 DDD 方法，或是這個觀點對他們來說無關緊要。

> **天哪！怎麼又有新術語了！**
>
> 接下來會用到「Big Ball of Mud」、「Customer-Supplier」、「Conformist」等術語。先不用緊張，這些描述 DDD 整合關係的術語，我們會陸續解說分明。

舉例而言，如果你在一家大型企業要整合 Bounded Contexts，可能會被迫要處理「大泥球」（Big Ball of Mud）問題。而「大泥球」的維護團隊只在乎是否遵守他們的 API 規範，至於專案是怎麼規劃、情境地圖怎麼畫、呼叫 API 的用途，他們一點都不關心。但對於你自己的團隊而言，還是得在情境地圖上呈現出與對方的關係，因為**我們需要理解自身的情況，以及跨團隊溝通最至關重要的那些領域**。知己知彼，才能百戰百勝。

有溝就要通

情境地圖不僅僅只是一份系統互動介面的盤點清單而已，它也是一帖催化劑，有助於在團隊之間建立起溝通渠道。

想像一下，如果你的團隊預設負責「大泥球」的開發團隊會根據我們的需求提供新版 API，結果事到臨頭才發現對方不打算配合、或是根本不曉得你們的需求，會發生什麼窘境？此時的情況是，你誤以為與對方是 Customer-Supplier 關係，但「大泥球」團隊只是逕自提供他們手上現有的資源，迫使你的團隊意外陷入一種 Conformist 關係中。至於這種團隊關係的誤解會對專案造成多大影響——是延遲交付或甚至導致整個專案失敗，端看你多晚才認知到實際的情況。因此，愈早開始繪製情境地圖，就會被迫盡早審視與其他專案團隊之間的關係。

> 「識別（identify）在專案中作用的每個模型，並定義其 Bounded Context…為每個 Bounded Context 命名，並把名稱加到 Ubiquitous Language 之中。描述模型之間的聯絡點（points of contact），明確所有通訊所需要的轉換，並突出任何共用的內容。」（摘自 Eric Evans 著作《領域驅動設計》（*Domain-Driven Design*）；繁中版 P352，原文版 P345）

CollabOvation 團隊打從一開始執行這個
全新專案的開發時，就應該要讓情境地
圖派上用場才對。雖然他們幾乎從零開
始，不會有機會面對大泥球，但以情境
地圖的形式來思考專案有助於他們劃分
Bounded Context。本來可以把重要建模

元件列在白板上，接著把相關情境的用語放在一起，這樣就能強迫自己建立起語言邊界
的認知，進而繪製出簡單的情境地圖；可惜的是，團隊當初並不了解戰略建模，他們必
須先在戰略建模中有所突破才行。之後，他們確實發現了這項工具對專案幫助有多大，
幸好最後也從中獲益了。當後續的核心領域專案動工時，這個經驗再次派上了用場。

我們來看看如何快速建立一個有用的情境地圖。

繪製情境地圖

情境地圖是用於捕捉當前狀況的工具，所以不要去預想將來，而是要繪製現況。若是
現況隨著專案進度推進發生了變化，到時再修改即可。請先專注於眼前，掌握了現況
才能知道接下去該往哪個方向走。

　圖像式的情境地圖不用複雜，拿白板筆在白板上手繪永遠是最好的第一選項。本書
中所採用的風格是參考 Brandolini 的著作 [Brandolini]，讀者若打算利用一些工具來繪
製，記得簡單就好，不需要很正式。

　以圖 3.1 為例，圖上那些 Bounded Context 名稱也只是暫定來預留位置（placeholder）
而已，情境間的整合關係名稱也是一樣。具體的情境地圖中才會有實際的名稱，雖然
它們的關係標記了「上游」（U）、「下游」（D）字樣，本章後續內容會詳加解釋其
代表的意義。

白板動手做

畫一張簡單的圖，概略顯示專案當前的情況。圖中要包括情境邊界、情境之間或情境負責團隊之間的關係、整合的形式以及它們之間的必要轉譯。

> 記住「圖如軟體、軟體如圖」的原則，如果你需要更多的相關資訊，那就以你所負責的 Bounded Context 為出發點，思考與其整合的系統有哪些。

有時我們會想要針對情境地圖的某部分加上更詳細的描述，這沒問題，只不過是用不同的觀點來描述同一情境。除了邊界、關係和轉譯，有時還會想加上**模組**（Module，**第 9 章**）和重要的**聚合**（Aggregate，**第 10 章**）或是團隊分配資訊，以及其他與該情境有關的細節等等；本章後面會再說明要怎麼做。

只要是對團隊有價值，所有的圖和文字內容都可以放在一份參考文件中。切記，應避免繁瑣的流程，形式保持簡單、敏捷；你的繁瑣流程愈多，愈沒有人願意使用這個情境地圖。圖中加入太多文字或細節也不會有太大幫助，重點在於開誠布公的溝通交流，溝通對話過程中若能揭露出具戰略價值的觀點，就把它加到情境地圖上吧。

不，這不是要畫出企業架構

情境地圖**並不是**什麼企業架構圖，也不是系統部署拓樸（topology）圖。

情境地圖**不是**企業架構或系統部署拓樸圖，而是用於描述模型間的互動關係以及在 DDD 中使用的組織整合設計模式。情境地圖也可以使用在高層級的架構分析調查上，提供其他方式所看不到的企業觀點，指出像是整合瓶頸這類的架構缺陷問題。正由於情境地圖同時具備這種組織層面的動態觀點，所以也可以幫助我們找出阻礙業務推動的行政遲滯問題，以及透過其他方法都難以察覺的團隊管理議題。

牛仔小劇場

傑哥：「我家那口子說：『我那天跟牛群一起待在牧場，你沒看到我嗎？』我說我只看到牛而已，然後她就一整個星期都不跟我說話了。」

　　把這些圖張貼在團隊工作空間中最顯眼的地方，團隊若習慣使用 wiki 工具，可以把圖上傳到 wiki 進行維護，但要是根本沒人用 wiki，就不必這麼麻煩；沒人用的 wiki 根本就是資訊墳場。總之，不管情境地圖展示在哪裡，除非團隊經常去關注並展開有意義的討論，否則有貼都跟沒貼是一樣的。

專案與組織之間的關係

簡單回顧一下 SaaSOvation 公司正在推動的三個開發專案：

1. 社群協作套裝軟體 CollabOvation。這套軟體讓訂閱的使用者可以透過時下流行的網路工具（例如，論壇、共享行事曆、部落格、wiki 等）來發布具有商業價值的內容。這是 SaaSOvation 公司的旗艦級產品，也是公司的第一個**核心領域（Core Domain，第 2 章）**——雖然團隊在開發時還不熟稔這些 DDD 術語）。CollabOvation 後來把這個情境中的 IdOvation 模型（見第 2 點）分離出去，作為**通用子領域（第 2 章）**來使用。CollabOvation 本身會作為 ProjectOvation（見第 3 點）可選配的附加服務，則屬於**支援子領域（第 2 章）**。

2. 可重複使用的身分與存取管理模型 IdOvation。這個模型提供其訂閱使用者基於「角色」的安全管控機制，這些功能一開始原本是 CollabOvation（見第 1 點）的一部分，但原先的實作方式使得功能受到侷限、無法重複使用，因此 SaaSOvation 公司決定引入全新且更簡潔的 Bounded Context 對 CollabOvation

進行重構。對公司的應用程式來說，支援多租戶是一項至關重要的產品功能。IdOvation 對於使用它的其他模型來說是提供支援的通用子領域。

3. 敏捷式專案管理工具 ProjectOvation。這是一個新的核心領域，產品的使用者可以建立專案並加以管理，透過 Scrum 方法的框架進行分析、設計及進度追蹤。如同 CollabOvation，ProjectOvation 也將 IdOvation 作為通用子領域來使用。其中一項創新功能，則是結合團隊協作工具（第 1 點的軟體）與敏捷式專案管理，讓你在執行 Scrum 的產品設計、發布計畫、衝刺及處理待辦清單項目時，可以進行團隊內與團隊間的協作討論。

▌終於要進入正題──定義！

接下來要講到先前提到的組織與整合模式的術語定義了…

那麼，這些 Bounded Context 之間以及這些專案的開發團隊之間，有著什麼樣的關係呢？DDD 有多種組織與整合模式，Bounded Context 與 Bounded Context 之間的互動關係通常會有一種模式存在。

底下所列之模式，是參考自 Evans 著作 [Evans, Ref] 中的定義：

- **合作關係（Partnership）**：兩個情境的開發團隊屬於必須密切合作的一種關係，要不一起成功、要不一起失敗。團隊之間必然會有共同制定的開發計畫以及整合的協同管理，因此為滿足雙方系統的開發需求，團隊必須合作規劃彼此的介面，而具相依性的功能則必須討論時程安排以便發布。

- **共用核心（Shared Kernel）**：模型中共用或高度相關的部分，形成一種密切的相依性關係，並可能為設計帶來顯著效益或破壞性影響。雙方團隊必須同意，為共用的領域模型之子集部分指定一個明確的界線，並保持核心小而簡潔。這個明確指定共用的部分需被特別看待，未經另一方團隊同意，不應輕易更動。並且要

定義一個持續整合的流程，讓這個共用核心模型能夠持續與雙方團隊的**通用語言（第 1 章）**保持同步。

- **客戶 - 供應商關係（Customer-Supplier Development）**：雙方團隊之間呈現一種上下游的關係，上游團隊將會大幅決定下游團隊的成功與否，而下游團隊的需求會以各種形式出現，並產生各種不同結果；因此，上游團隊在規劃時必須將下游的需求納入優先考量。為下游所需的任務安排進行協商與編列預算，確保所有人都能達成共識、以利專案時程進展。

- **遵奉者（Conformist）**：當兩個團隊互為上下游關係，但上游團隊卻不想配合下游團隊的需求，下游團隊無能為力只能被迫遵循。上游團隊可能會出於利他的觀點對下游做出承諾，但承諾卻不太可能實現；下游團隊只好被迫接受上游團隊所設計的模型，來降低 Bounded Context 之間的轉換複雜度。

- **防護層（Anticorruption Layer）**：當雙方團隊合作暢通，且 Bounded Context 之間有著良好設計，那麼轉換層（translation layer）就會簡潔且優雅。但如果雙方的關係或溝通模式不足以建立共用核心、合作關係或客戶 - 供應商關係，那麼轉換可能就會比較複雜，轉換層會呈現出一種防禦心態。作為下游系統，需要以自身領域模型的觀點，建立一個有如保護膜作用的獨立轉換層，提供上游系統功能來讓自己使用。與另一個系統溝通也是透過這個既存介面，不太需要修改到另一個系統。這個轉換層的作用，就是在兩個模型之間進行單向或雙向的必要轉換。

- **開放主機服務（Open Host Service）**：定義一個協定（protocol），將子系統作為一組服務，透過此協定提供其他系統存取。開放這個協定給任何需要與你的子系統整合的人來使用它。當有新的整合需求時，就擴充或增強此協定來達成，但個別團隊提出特殊需求的情況除外。有特殊需求時，使用一次性的特定轉換器（translator）來擴充協定，以維持共用協定的簡單性和連貫性。

- **公開發布的語言**（Published Language）：兩個 Bounded Context 的模型轉換需要一種共用的語言（common language）。使用有文件記錄、能夠表達出領域必要資訊的共用語言作為溝通媒介，必要時能將領域資訊轉換成共用語言、或從共用語言轉換回領域資訊。公開發布的語言通常與開放主機服務結合一起使用。

- **各行其道**（Separate Ways）：定義需求時必須毫不留情，如果發現兩邊的功能其實沒什麼關聯，可以考慮將它們徹底分離；要知道，整合是一件吃力不討好的事。宣告一個 Bounded Context 與其他情境之間完全沒有關聯，能夠讓開發人員專心地在這個小範圍中建立一套簡潔有力的特定解決方案。

- **大泥球**（Big Ball of Mud）：當我們審視既有系統時，經常會發現大型系統中存在著模型混雜在一起、邊界也亂成一團的情形；在整個混亂區域的周圍畫出一條界線，此即為「大泥球」。千萬不要試圖對這個界線內的泥球建立複雜模型，而且要留意，不要讓這種系統蔓延到其他情境去了。

　　來看看範例情境屬於哪一種關係。藉由與「身分存取情境」整合，「協作情境」和「敏捷式專案管理情境」就不會在安全與權限方面「各行其道」。「各行其道」雖然可以應用在一個特定系統的整個情境，但也可以根據案例的情況個別應用。比方說，可能會有某個團隊選擇不採用集中式的安全系統，但在其他功能上還是可以選擇企業的標準整合方法，與其他團隊保持一致。

　　SaaSOvation 的管理階層不可能放任某一個團隊強迫其他人成為「遵奉者」，可以想見，團隊之間的關係將以「客戶 - 供應商關係」角色進行互動合作。要特別澄清，「遵奉者」關係不一定是壞事，反而「供需關係」的成立需要供應方支持客戶，也就是 SaaSOvation 深信不疑的「內部的團隊之間必須密切合作才能達成公司的目標」。當然，客戶不一定永遠都是對的，因此雙方都需要有所退讓。不過整體來說這是一種正向的組織關係，值得團隊去維繫。

範例中，團隊的整合將會利用「開放主機服務」與「公開發布的語言」，或許出乎意料的也會動用到「防護層」。儘管在它們的 Bounded Context 之間建立了開放協定標準又同時具備「Anticorruption Layer」，看似矛盾但實則不然。在下游情境中採用「Anticorruption Layer」的基本原則是，當使用既存系統的「大泥球」時，可以將下游的領域模型與上游的混亂區域隔離開來，避免下游情境中的領域轉換受到上游「大泥球」的複雜度影響，又可以透過開放標準提供下游情境使用服務，這樣一來，轉換層就可以維持簡潔而優雅。

　　接下來的情境地圖繪製中，我們會使用這些縮寫來表示一個關係兩端所應用的模式。

- ACL，代指 Anticorruption Layer

- OHS，代指 Open Host Service

- PL，代指 Published Language

　　當你閱讀後續的情境地圖範例和相關內容時，回顧一下「第 2 章 _ 領域、子領域、Bounded Context」將會有幫助，這三個範例 Bounded Context 的圖表也有助於了解。由於那些圖表是以高層觀點繪製的，因此可以直接作為情境地圖的一部分，只是這邊就不再複述。

三個情境之間的映射

他山之石可以攻錯，來看看範例中團隊都做了些什麼。

當 CollabOvation 開發團隊意識到他們所製造出來的混亂後，企圖從 Evans 著作 [Evans] 中尋求答案。在戰略設計模式的各種重要技術之中，他們發現了一項名為「情境地圖」的實用工具，並且在網路上找到一篇深入介紹相關技巧的有用文章 [Brandolini]。根據這項工具的指引，首先他們應該以目前的專案來繪製情境地圖，圖3.2即為他們繪製的結果。

　　團隊首次繪製的這張情境地圖，顯示出他們對於 Bounded Context 最初的認知停留在名為「協作情境」的階段。但這個邊界的奇形怪狀也充分表明了第二個 Bounded Context 存在的可能性，只是現階段還沒從核心領域中明確劃分出去。

圖 3.2　　這張情境地圖顯示出「協作情境」與其他概念混雜在一塊的情形，圖中的警告標誌指出了混雜的區域。

　　靠近圖 3.2 上方的一條狹道，也就是警告標誌所在位置，顯示有外部概念在沒有經過檢查的情況下在此進出。特別指出這一點，並不是說 Bounded Context 必須打造得密不透風，跟任何「邊界」一樣，團隊會希望「協作情境」完全掌控住「出入境對象」以及它們的「出入境理由」，否則，該領域將會有不受歡迎的不速之客擅闖入內。以模型來說，這些不速之客往往會引發業務概念上的混淆以及程式缺陷。理論上，建模者

歡迎外來團隊並抱持友好態度，但前提是要維持情境內的規矩與和諧，任何打算「入境」的外來概念都必須證明其存在的正當性，甚至具備與領域內部相容的特性。

這次的分析不僅讓團隊更加了解當前的模型，也提供了專案接下來的方向。專案團隊一旦了解到諸如安全性、使用者、權限等概念不應該歸屬於「協作情境」，就會採取相應的動作。這些概念得從核心領域中分離出去，並且只能在符合情境用語的狀態下才能進入核心領域。

　　這是實作 DDD 專案時的重要原則，必須尊重每個 Bounded Context 中的通用語言，才能維持所有模型的單純秩序。在語言上加以隔離並且嚴格遵守這些規矩，才能讓所有參與此專案的每一個團隊都能專注於自己的 Bounded Context，把目光聚焦在自己所負責的工作上。

應用子領域分析，或者說問題空間評估，幫助團隊進一步繪製出圖 3.3 的圖表──在一個 Bounded Context 中切分出了兩個子領域。由於子領域與 Bounded Context 最好是一對一的對應關係，因此這次的分析也說明了將單個 Bounded Context 一分為二的必要性。

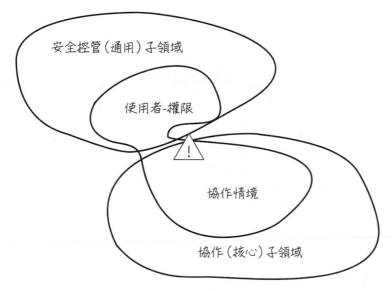

圖 3.3　團隊在分析後畫出兩個子領域，一為「協作核心領域」，一為「安全控管通用子領域」。

對子領域以及情境邊界的分析帶來了結論：在 CollabOvation 中，當人類使用者在使用功能時，是以「參與者」（participant）、「發文者」（author）、「版主」（moderator）等角色進行。還有其他的情境分離，稍後會談到，不過至少這些分析讓團隊學會了必要的分離概念。有了這些知識，團隊在高層次觀點的情境地圖中建立了清晰明確的邊界，如圖 3.4 所示。他們利用 Evans 書 [Evans] 中所提的**分離核心（Segregated Core）**設計模式重構了專案，才能達成這種明確的架構。如今邊界有著簡單的形狀，這些可識別的邊界形狀可以充當每個 Bounded Context 的圖示或視覺線索（visual cue）；在不同圖表中保持它們的形狀，會有助於我們認知它們之間的關聯性。

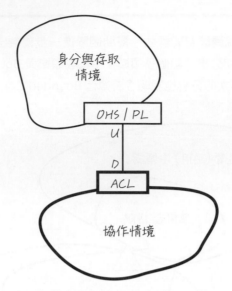

圖 3.4　圖上以粗線條標示出原始核心領域及其整合點（integration point），分離出來的 IdOvation 則作為 CollabOvation 的下游與通用子領域。

　　情境地圖內容通常不會是一蹴可及的，過程中需要經過多次修改草圖，然而最終你會了解繪製出情境地圖並不難。在過程中，不斷透過思考與討論快速地反覆修改，而有些修改可能會涉及到描述情境之間關係的整合點（integration point）。

前兩個情境地圖顯示了應用戰略設計所獲得的好處。原本的 CollabOvation 專案問題排除之後，團隊分離出與身分和存取相關的關注點，並繪製出圖 3.4 所示的情境地圖。根據當下情況的原則，他們只畫出核心領域、協作情境以及「身分與存取情境」這個新的通用子領域。他們沒有描繪任何未動工的未來模型（像是「敏捷式專案管理情境」），就算畫出來了，也不會有太大幫助。團隊需要的是對既有系統的缺失進行修正。今朝有酒今朝醉、明日愁來明日愁，很快就會需要相應的轉換來支援即將推出的系統，而那張情境地圖就由未來團隊去負責了。

- 檢視一下你的 Bounded Context，有發現不屬於此 Bounded Context 的概念嗎？如果有，畫出新的情境地圖，將正確的 Bounded Context 以及 Bounded Context 之間的關係繪出。

- 上述九種 DDD 組織與整合關係，你會用哪一種關係來描述你的專案？理由為何？

03

情境地圖

隨著下一個專案 ProjectOvation 開展，該是時候擴大現有情境地圖的版圖，加入新的核心領域「敏捷式專案管理情境」。修改後的結果如圖 3.5 所示。雖然專案還未進入程式碼編寫階段，但既然已在規劃，便不算過早行動。新加入的  情境內容也尚未完全明朗，但不要緊，隨著討論開展就會逐漸釐清。在早期階段引入高層次的戰略設計，有助於團隊了解自身職責，尤其這次只是將前兩個情境地圖擴大而已，將會更加得心應手。這也是 SaaSOvation 的盤算，公司已指派了頂尖的資深開發人員負責這個新專案，畢竟這是三個 Bounded Context 中最龐大的一個，也是公司目前的業務方向，理應對這個新的核心領域投資最好的開發人員資源。

　開發團隊對於必要的分離已有充分了解。如同「協作情境」，當 ProjectOvation 的使用者在建立產品、計畫發布、管理衝刺、處理待辦清單項目時，會以「產品負責人」或「團隊成員」角色進行。一開始「身分與存取情境」相關概念就已經從核心領域中分離出去了；「協作情境」也是一樣的情形，作為「敏捷式專案管理情境」的支援子領域。新模型的任何使用行為都會受到邊界的保護，使用時也會轉換為核心領域的概念。

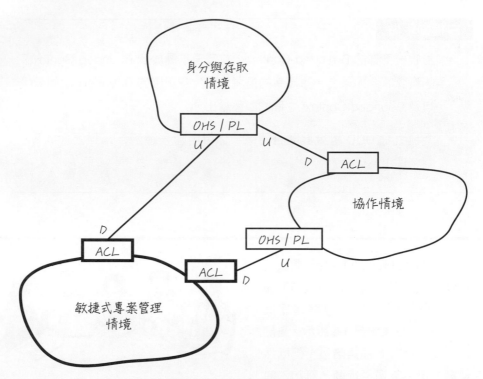

圖 3.5　我們以粗線條標示出當前的核心領域及其整合點。CollabOvation 支援子領域和
　　　　IdOvation 通用子領域則是作為上游存在。

　　仔細看這些圖表，它們並不是一般的系統架構圖。如果是，考慮到「敏捷式專案管理情境」是我們的新核心領域，照理來說它應該處於整張圖表的中心或頂端，但在這裡卻位於圖表底端。這種不尋常的排列方式，在視覺上反映出了該核心領域模型處於其他模型的「下游」位置。

　　這可以作為另一種視覺上的線索──上游模型會對下游模型產生影響。打個比方，河川上游所發生的活動通常會對下游居民產生影響，不論是好是壞。思考這個例子：有一座大城市將廢棄污染物傾倒到河川中，傾倒污染物的上游城市本身不太會受到影響，但位於下游的城市就慘了。而模型在圖中的垂直相對位置即呈現出這種上游影響下游的關係。模型之間的「U」與「D」標籤則更明確指出關聯的模型何者為上游、何

者為下游；使用了標籤後，就沒有必要用垂直定位來呈現情境的關係，不過在視覺上還是可以幫助理解。

牛仔小劇場

寶弟：「就算真的口渴到不行，也要記得到牛群上游，
　　　才不會喝到『加料』的水。」

以範例來說，「身分與存取情境」位於最上游，它對「協作情境」及「敏捷式專案管理情境」有影響力。而「協作情境」本身同時也是「敏捷式專案管理情境」的上游，因為敏捷模型依賴於協作模型及其服務。雖然先前在**第 2 章 _Bounded Context** 曾經提及 ProjectOvation 將能獨立運作、盡量不依賴周邊系統，但不表示這種獨立運作的服務能夠完全擺脫上游模型的影響，我們在設計上必須盡量減少直接的即時依賴。就算可獨立運作，但「敏捷式專案管理情境」依舊處於下游地位。

將應用程式打造為可獨立運作服務，不代表就要把上游情境的資料庫直接複製到下游相依的情境中。複製會使系統承擔過多不必要的職責，最後可能要建立一個共用核心，但那樣就不算真正的可獨立運作了。

在最新版的情境地圖中，注意看，兩條上游關聯接點處都以「OHS/PL」標示，代表「開放主機服務」與「公開發布的語言」的縮寫，而三條下游關聯接點處則「ACL」標示，代表「防護層」的縮寫。這些技術面的實作方法會在**整合 Bounded Contexts（第13 章）**詳細說明。先簡短說明一下這些整合模式在技術上的特點：

- **開放主機服務**（Open Host Service）：這個模式會以 REST 服務的形式供用戶端的 Bounded Context 存取資源。一般講到開放主機服務會想到 RPC（remote procedure call，遠端程序呼叫）的 API，但其實也可以透過訊息交換形式來實作。

- **公開發布的語言（Published Language）**：此模式有幾種實作方法，但大多時候會採用基於 XML 結構的格式。使用 REST 架構的服務時，公開發布的語言用來表示領域概念，表示（representation）形式包括 XML 和 JSON 格式，或以 Google Protocol Buffers 協定呈現也可以。如果打算發布網頁使用者介面，還可以用 HTML 的形式來表示。使用 REST 服務的一項好處在於，每個用戶端都可以指定自己首選的公開發布的語言，並以指定的內容類型（content type）作為回傳結果的格式。除此之外，REST 服務也很適合生成超媒體（hypermedia）[1] 形式的內容，作為驅動 HATEOAS（Hypermedia as the engine of application state，超媒體即應用程式狀態的引擎）的手段。超媒體讓公開發布的語言呈現形式具有高度靈活性與互動性，用戶端可以一口氣取用連結在一起的一組資源，無論是一般標準或自訂的媒體類型，都可以作為公開發布的語言形式。在**事件驅動架構（Event-Driven Architecture，第 4 章）**當中也經常運用公開發布的語言，將**領域事件（Domain Event，第 8 章）**作為訊息發送給感興趣的訂閱者。

- **防護層（Anticorruption Layer）**：在下游情境中，可以為每一種防護層定義一個**領域服務（Domain Service，第 7 章）**。可以把防護層放在 Repository 介面的後面；若使用 REST 服務，就會形成用戶端以領域服務來存取遠端**開放主機服務**。伺服器端以公開發布的語言形式回傳呈現結果，下游的防護層則將結果轉換為本地情境中的領域物件。舉例來說，假設「協作情境」向「身分與存取情境」請求「版主角色的使用者」資源查詢，可能會先收到 XML 或 JSON 格式的資源，然後再轉換為「`Moderator`」值物件（Value Object）。這個新的 `Moderator` 實例（instance）反映的是下游模型的概念，而非上游模型。

　　這裡介紹的都是較常見的模式，將選擇範圍縮小較能控制本書所討論的整合範圍。你會發現，即使只有少數幾種模式，它們的應用方式也夠多樣化了。

1　譯註：意指混合不同格式內容的媒體，如網頁。

03

情境地圖

　　問題依然存在：繪製情境地圖就只是這樣嗎？嗯，差不多。高層次的觀點就提供了專案整體的大量資訊，但或許還有人對這些連結關係的內部細節感到好奇，而好奇心會鞭策我們再深入探索。當我們更進一步放大檢視細節，原本三種整合模式模糊不明的部分，也漸漸明朗化了。

　　把時間倒回去一點：既然「協作情境」是第一個出現的核心領域，我們就從這裡開始探索。首先介紹較簡單的整合，再循序漸進說明更進階的整合技術。

協作情境

讓我們回到協作軟體開發團隊的故事上…

「協作情境」是第一個模型、也是第一個核心領域的系統——關於此情境的運作該團隊已有充足的了解。他們在情境整合上採用的方法，雖然達不到獨立運作和可靠性，但至少實作起來較簡單；換句話說，方便我們深入探討情境地圖。

　　「協作情境」作為「身分與存取情境」提供的 REST 服務的用戶端，採取傳統 RPC 方法來呼叫與存取資源。這表示從「身分與存取情境」取得的資料不會永久存在協作情境供日後重複使用，而是每當有需要時重新對遠端系統發出請求。也因此，協作情境明顯高度依賴遠端的服務，不能獨立運作。雖然要與一個通用子領域整合在一起是當初沒預料到的事，但 SaaSOvation 公司如今也只能接受這個事實。為了趕上專案時程，開發團隊實在沒有多餘時間投入更精緻的獨立運作設計模式，無可奈何只得採取實作

起來較簡單的方案。直到 ProjectOvation 專案啟動，有了獨立運作的實戰經驗後，可能會再回頭把類似的技術運用在 CollabOvation 上。

　　圖 3.6 就是進一步放大情境地圖，呈現邊界物件（boundary object）同步請求資源的機制。當收到遠端模型回傳結果的資料形式時，邊界物件會從資料中擷取需要的部分並轉換為對應的值物件實例（instance）；值物件的轉換映射（translation map）如圖 3.7 所示。「身分與存取情境」中版主角色（Role）的使用者（User），被轉換為「協作情境」中的版主（Moderator）值物件。

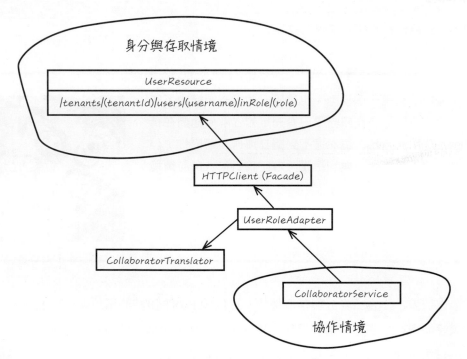

圖 3.6　放大「協作情境」和「身分與存取情境」之間的防護層及開放主機服務整合關聯。

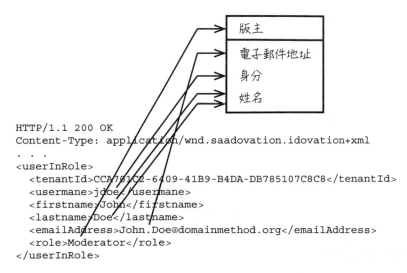

```
HTTP/1.1 200 OK
Content-Type: application/wnd.saadovation.idovation+xml
. . .
<userInRole>
  <tenantId>CCA701C2-6409-41B9-B4DA-DB785107C8C8</tenantId>
  <usermane>jdoe</usermane>
  <firstname>John</firstname>
  <lastname>Doe</lastname>
  <emailAddress>John.Doe@domainmethod.org</emailAddress>
  <role>Moderator</role>
</userInRole>
```

圖 3.7 邏輯上的轉換映射，顯示了如何將遠端回傳的資料表示狀態（範例中為 XML 格式）轉換成本地模型中的值物件。

白板動手做

- 試著從你專案中的 Bounded Context 挑出一個有趣的整合關聯，建立其轉換映射。

  要是過程中發現轉換過於複雜，充斥大量的資料複製與同步，轉換後的物件還比較像來自於另外一個模型，這時該怎麼辦？或許你採納過多來自外部 Bounded Context 及外部模型的概念，才會與自身模型產生衝突的概念。

　　如果遠端系統處於無法使用的狀態而導致同步請求失敗，很不幸的，會連帶使本地協作情境也無法運作。此時使用者將被告知系統發生障礙，請稍後再試。

PRC 是在系統整合上常見的做法，多虧成熟的函式庫與工具，讓高階語言的 RPC 看起來就像一般的程式程序呼叫一樣容易使用，廣受開發人員歡迎。然而，遠端呼叫與呼叫自身程式庫的程序不同，很可能會效能降低、延遲或直接掛掉；此外，網路傳輸與遠端系統負載量也都會影響 RPC 能否順利完成。當 RPC 的目標系統處於無法使用的狀態，連帶造成使用者對你系統的請求也無法達成。

　　雖然 REST 服務的資源存取機制不完全等同於 RPC 呼叫，但兩者有類似的特性。整個系統無法運作的情形雖不常見，但這種潛在問題不可否認地會限制系統，開發團隊也希望盡快改善這種情況。

敏捷式專案管理情境

「敏捷式專案管理情境」是最新的核心領域，值得特別關注，讓我們仔細看一下這個領域的細節以及它與其他模型的關聯情形。

　　為達到比 RPC 做法更高的自主獨立運作，「敏捷式專案管理情境」的開發團隊必須盡量限制 RPC 的使用，因此在戰略上會優先考慮採納「頻外」（out-of-band）模式或稱為「非同步」（asynchronous）的事件處理機制。

　　若資料的相依狀態已經存在本地端系統，將可達到更高的獨立自主運作；有些讀者會誤以為這是把所有相依物件快取起來，但在 DDD 中並不是這個意思。在 DDD 中的做法是，根據外部模型建立轉換後的本地領域物件，僅保存本地模型所需的最少量資料（狀態）。要先獲取資料（狀態），首先要進行適當的 RPC 呼叫或執行類似的 REST 服務來請求資源。不過，與遠端模型變動的同步，通常會透過遠端系統的發送訊息通知機制來進行；這些通知可以透過服務匯流排（service bus）或訊息佇列（message queue）來發送，或透過 REST 發布。

思維斷捨離

從遠端模型同步的資料狀態，應該侷限在本地端模型所需的最少屬性。這不僅僅是減少我們對同步資料的需求，也關係到正確的建模概念。

在思考本地端建模設計時，盡量限制對遠端資料狀態的使用是有好處的。比方說，我們不會希望因為擷取過多遠端 User 物件的特性，結果 ProductOwner 或 TeamMember 變成像是 UserOwner 或 UserMember，無意中混在一塊了。

和「身分與存取情境」的整合

圖 3.8 這張放大的情境地圖細節中，我們看到「身分與存取情境」會以 URI 形式對外發布重要領域事件的通知；這些訊息可以透過 NotificationResource 這個 REST 服務提供方來存取資源。這些 Notification 資源其實就是已發送的領域事件群，這些事件會按照事件發生時間排序，提供給需要的用戶端隨時都能取用。但用戶端需負責防止事件通知被重複取用或處理。

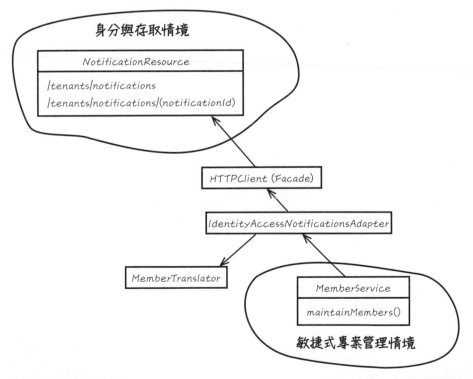

圖 3.8　進一步展示「敏捷式專案管理情境」和「身分與存取情境」之間，防護層及開放主機服務的整合關聯細節。

此自訂的媒體類型描述中指出了兩種可供存取的資源：

```
application/vnd.saasovation.idovation+json
//iam/notifications
//iam/notifications/{notificationId}
```

用戶端透過第一種資源 URI 可以 get 到（對，就是字面上用 HTTP GET 去 get）近期的事件通知記錄（由一條條通知組成的集合），每一條記錄都是如下的自訂媒體類型定義：

```
application/vnd.saasovation.idovation+json
```

URI 不會變動，是固定的資源存取管道。不管當前通知記錄的內容是什麼，透過以上的 URI 就可以取得。當前的記錄，是由身分與存取模型最近發出的事件通知所組成的集合；而第二種資源 URI，則能讓用戶端取得先前「所有」曾經發出過的事件通知。但為什麼我們會同時需要「取得近期」以及「取得所有」這兩種不同的通知記錄呢？關於這部分，在**領域事件（第 8 章）**及**整合 Bounded Contexts（第 13 章）**介紹到訂閱式通知機制（feed-based notification）部分時，再容我說分明。

ProjectOvation 開發團隊現階段並未打算全面採用 REST，他們正在跟 CollabOvation 專案團隊溝通是否要改採訊息交換式的機制，並考慮採用 RabbitMQ 工具。不論未來的規劃如何，至少目前他們和「身分與存取情境」之間的整合仍是基於 REST。

技術細節暫且擱置一邊，先就這張放大的情境地圖討論一下各物件在互動上所扮演的角色。下面是對圖 3.9 中整合步驟時序圖的解說：

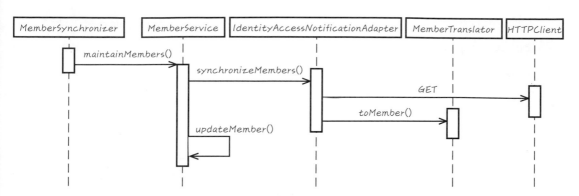

圖 3.9　「敏捷式專案管理情境」和「身分與存取情境」的防護層內部運作機制。

- MemberService 是一項負責對本地端模型供應 ProductOwner 與 TeamMember 物件的領域服務，也是基本的防護層介面。更具體地說，可以定期呼叫服務中的 maintainMembers() 這個方法，檢查是否有「身分與存取情境」所發出的新事件通知。此方法不會被模型的一般用戶端直接呼叫，而是透過一個重複的計時器，時間到時就會通知元件去呼叫 maintainMembers() 方法使用 MemberService 服務。這個計時器所觸發的元件，就是圖 3.9 中的 MemberSynchronizer，然後再委派給 MemberService 去執行。

- 接著 MemberService 會委派給 IdentityAccessNotificationAdapter，它扮演本地端領域服務與遠端系統開放主機服務之間的轉接器（Adapter）角色，充當遠端系統的用戶端。不過這張時序圖中並未顯示與遠端 NotificationResource 的互動。

- 從遠端開放主機服務收到回應後，轉接器會把結果交給 MemberTranslator，以便把公開發布的語言之媒體類型轉換成本地端系統的概念。若本地端已存在 Member 實例（instance），MemberService 會呼叫自身的 updateMember() 方法，直接更新既有的領域物件。在 Member 類別還包含了 ProductOwner 與 TeamMember 兩個子類別，分別用於表示本地端情境中的概念。

不要把重點放在技術或整合使用的工具上，反而應該注意 Bounded Context 是否清楚分離開來，才能夠透過自身概念表述來自其他情境的資料，與其他情境整合互動的同時還能維護各情境的獨立和清晰。

範例中的圖表與描述文字為我們示範了如何建立情境地圖。兵貴精、不貴多，重要的不是涵蓋了多少內容，但必須提供足夠的背景與說明資訊，讓新進的專案成員能夠迅速進入狀況。記住一點，只有在對團隊開發有幫助的情況下才需要建立文件。

與協作情境的整合

接著來看「敏捷式專案管理情境」與「協作情境」如何整合。雖然，我們一樣可將獨立自主運作當成目標，但這次遇到了與先前不同程度的障礙。為了達成系統獨立的目標，必須面對幾項挑戰。

ProjectOvation 是將 CollabOvation 提供的功能以附加元件形式提供，例如各專案的論壇討論、共享行事曆功能。使用者是透過 ProjectOvation 來使用 CollabOvation，因此必須要由 ProjectOvation 來判斷一名多租戶的使用者是否具備使用該功能的權限；若符合條件，後續 CollabOvation 資源的建立與呈現也是由 ProjectOvation 負責。

以「建立產品」使用案例來看（假設協作功能已開通可用，也就是已付費購買）：

1. 使用者輸入產品的描述性資訊。

2. 使用者指定要啟用團隊討論功能。

3. 使用者完成產品定義，請求建立產品。

4. 系統收到請求，建立具備論壇與討論功能的產品。

論壇與討論會以「產品」形式建立在「協作情境」中。這與先前「身分與存取情境」的整合不同，在先前的整合中，多租戶使用者的使用者、群組、角色等資訊都已經定

義好，並且可使用這些事件的通知機制，意即物件都已經存在了。但在此例中，這些物件不會事先準備好，除非「敏捷式專案管理情境」發出請求；這對我們想達成的獨立自主運作可能會產生阻礙，因為我們必須依靠「協作情境」的可用性，才能確保遠端資源正確建立出來。想達成獨立自主運作的目標，就得先面對這難題。

為什麼兩個情境中都用了「討論」功能？

這確實是耐人尋味的一件事情：兩個 Bounded Context 底下都有名為「討論」的概念，但它們是不同類型、不同物件，也有不同的狀態與行為模式。

在「協作情境」中，所謂的「討論」指的是一種由「發文」子元件（這些子元件本身也可能是一種聚合）所組成的「聚合」。到了「敏捷式專案管理情境」，「討論」指的卻是存有對外部情境參照（reference）的一種值物件，指向外部情境真正的「討論」與「發文」。雖然本章呈現這樣的一種情況，但到了第 13 章團隊實作整合時就會發現，應該使用強型別（strongly type）明確地區分「敏捷式專案管理情境」中不同類型的「討論」。

所以我們必須借助**領域事件（第 8 章）**與**事件驅動架構（第 4 章）**來達成最終一致性。沒人說本地端系統所發出的事件通知，只能由遠端系統訂閱取用，因此，當有 ProductInitiated 領域事件發出時，就會由我們的系統來取用處理。這個本地端的處理器（handler），接著會對遠端發出請求，建立「論壇」與「討論」；請求的處理方式，則要看協作情境是支援 RPC 或訊息交換機制而定。若採用的是 RPC 機制，當遠端協作系統處於不可用時，本地端的處理器就只能不斷嘗試直到成功為止；不過如果是訊息交換機制，那麼本地端處理器只會對遠端協作系統發出訊息。後續，當協作機制完成資源建立後，再發出一則訊息通知就好。一旦 ProjectOvation 的事件處理器收到此通知，就可以更新 Product 當中的參照，指向這個新建立的討論元件。

但要是產品負責人或團隊成員，在討論元件建立之前就想使用它該怎麼辦呢？還無法使用的討論，會不會導致模型出錯？它會不會導致系統處在一個不穩定、不可靠的狀態？聽起來確實像是個問題，但想想看，訂閱者一開始可能還未付費選購協作附加元件，本來就不能使用這些功能。這給了我們一個非技術層面的理由，來將資源本身

的不可用狀態納入設計中。最終達成一致的運作方式絕不是東拼西湊而來的折衷辦法，這不過是表示需要在建模時多納入一種狀態罷了。

要怎麼處理這些不可用狀態？最好的做法就是給予明確定義。考慮底下以**標準型態**（Standard Type）來實作**狀態**（State）[Gamma et al.]；這部分會在介紹**值物件（第 6 章）**的章節中加以說明：

```java
public enum DiscussionAvailability {
    ADD_ON_NOT_ENABLED, NOT_REQUESTED, REQUESTED, READY;
}

public final class Discussion implements Serializable {
    private DiscussionAvailability availability;
    private DiscussionDescriptor descriptor;
    ...
}

public class Product extends Entity {
    ...
    private Discussion discussion;
    ...
}
```

利用這種設計，由 DiscussionAvailability 定義的狀態可以防止 Discussion 值物件在不對的狀態下遭到誤用。當有人想參與關於 Product 的討論時，就可以正確處理 discussion 的狀態。但要是狀態還不是 READY 時，參與討論者會收到其中一種回應訊息：

「要使用團隊協作功能，請先付費購買附加元件。」

「產品負責人未請求建立產品的討論。」

「討論設定還在建立中；請稍後再嘗試。」

反之，若 Discussion 的 availability 屬性值為 READY，就可以讓所有團隊成員都參與討論。

除此之外，我們從第一種回應訊息中發現一件有趣的事實：即使客戶尚未購買此項功能的使用權限，但公司仍決定讓這項功能在產品建立時屬於可選擇使用的狀態。這算是一種有效的行銷手法，刻意在使用者介面上保留該功能，以誘導使用者加購。畢竟，沒有比天天看到提醒付費購買訊息的使用者，更加迫切地想說服管理階層掏錢購買附加元件了吧？顯然，並不是只有已經使用這些技術的人才會意識到可用性狀態帶來的好處。

ProjectOvation 開發團隊此時還不清楚要採用哪種方式與協作情境整合，但在雙方團隊進行過需求分析討論後，他們得到了圖 3.10 的情境地圖。從圖中可以看出，「敏捷式專案管理情境」可能需要再添加一個防護層──類似和「身分與存取情境」整合的做法──才能管理與「協作情境」之間的整合關係。同樣地，這張圖也列出了主要的邊界物件，和「身分與存取情境」整合類似。實際上不會只有一個 CollaborationAdapter，這裡僅列出一個作為代表，當然此時還不知道會需要多少。

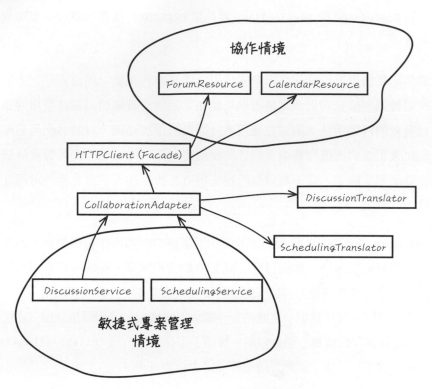

圖 3.10　進一步檢視「敏捷式專案管理情境」和「協作情境」之間，防護層及開放主機服務可能的整合元件。

在本地端 Bounded Context 中顯示的是 `DiscussionService` 與 `SchedulingService` 元件，這兩個都是領域服務，用來管理協作系統中的討論和行事曆項目。至於本地端與遠端系統間的互動機制，則有待團隊之間的「客戶 - 供應商關係」協商會議再行確認，相關實作則會在**整合 Bounded Contexts（第 13 章）**中說分明。

至少團隊目前多少可以掌握模型的一些情況了。舉例來說，他們知道當 CollabOvation 建立討論後並將這個結果傳回 ProjectOvation 時，ProjectOvation 應該怎麼處理：使用非同步元件——不管是 RPC 用戶端還是訊息處理器——呼叫 `Product` 的

attachDiscussion() 方法，將這份新 Discussion 值物件的實例（instance）傳入。而所有在等待遠端資源的本地端聚合，都會收到資源可用的通知。

相信這個範例已經展示出情境地圖的好用之處了，這裡要稍微收斂一下，免得太過發散，反而在學習效果上導致了邊際效應遞減。雖然這裡也可以帶入**模組（第 9 章）**的講解，但模組已安排一整個章節來說明。討論時包含情境地圖中任何高層次的相關元素，能夠促進團隊的溝通與協作，反之，當細節過於繁瑣或形式化時則要提出異議，以免討論失去了重點。

請試著畫出情境地圖並張貼在團隊工作空間的牆上，或是上傳到團隊會經常使用的 wiki 板。務必持續活絡對專案的討論，再把討論回饋到情境地圖上，對情境地圖做出改進。

本章小結

在本章中我們對情境地圖可說是做了一次如字面上「有建設性」的討論。

- 我們介紹了何謂情境地圖、如何輕鬆建立情境地圖，以及情境地圖能夠為團隊帶來什麼好處。

- 深入檢視 SaaSOvation 公司的三個 Bounded Context 以及與它們關聯的情境地圖細節。

- 進一步討論了這些 Bounded Context 之間的整合關係。

- 詳細查看整合中支援防護層運作的邊界物件，以及這些物件之間的互動機制。

- 展示 REST 資源與本地端領域模型對應的物件之間如何進行轉換映射。

　　不是每個專案都需要做到本章所示範的細節程度，反之，也有可能需要更多細節。重點在於如何拿捏理解需求與實際需要的資訊，不要讓資訊量過多導致繁文縟節，要是圖表的資訊量過多，就很難隨著專案進展隨時隨地更新了。最好的做法是貼在牆上，方便團隊成員直接指著它們來進行討論。拒絕形式化，擁抱簡單與敏捷，才能建立出實際好用的情境地圖，成為專案進步的墊腳石，而不是絆腳石。

Chapter 4

架構

「建築應展現其所處的時代與地點，同時嚮往著永垂不朽。」

——法蘭克蓋瑞（*Frank Gehry*）

DDD 的其中一項優點就是不受架構限制，但既然**核心領域（第 2 章）**處於 Bounded Context（第 2 章）的中心，因此在架構上將有可能對整個應用程式甚至整個系統產生影響力[1]。在這些影響中，有些是與領域模型有關，對整體系統有比較廣泛的影響，另一些影響則是針對特定的需求。而我們的目標是**在架構與架構模式的選擇上，做出最正確的決定與組合。**

　　對於軟體品質的要求，是驅使我們採用何種架構風格及架構模式的因素，選擇的風格與模式起碼應該在我們要求的品質標準之上。但也要注意過猶不及，不要過度使用這些架構風格與設計模式。如同 Fairbanks 的著作 [Fairbanks] 中所述，讓真正的品質需求影響我們在架構上的決策，是一種風險基礎方法（risk-driven approach）；採用架構只是為了降低失敗的風險，而不是因為使用了無法證明架構風格與設計模式的合理性增加失敗的風險。因此，必須要能夠解釋使用架構會產生的影響，否則就應該排除使用用。

1　原註：本章內容是關於架構風格、應用程式架構及架構模式。一個風格描述了如何實作一個特定的架構，而一個架構模式則解釋了如何在架構中處理特定的問題，但範圍比設計模式更廣泛。我建議讀者不要太在意這些差異，只需了解在不同的架構影響下，DDD 可以扮演核心的角色。

如何評估對於架構風格與架構模式的選擇，受限於使用案例或使用者故事甚至領域模型的特定情境等現有功能需求；換言之，在沒有功能需求的情況下，無法判斷所需的軟體品質，當然也就無法做出正確的架構選擇，某方面而言，這也意味著採用以使用案例驅動的軟體開發架構方法，時至今日依然適用。

本章學習概要

- 回顧一段與 SaaSOvation 公司資訊長的訪談內容。
- 學習如何透過**依賴反轉原則**（Dependency Inversion Principle, DIP）與**六角**（Hexagonal）**架構**來強化**分層架構**（Layers Architecture）。
- 如何在 SOA（Service-Oriented Architecture，服務導向架構）與 REST 中運用六角架構。
- 理解何謂 Data Fabric **資料架構**、**網格分散式快取**（Grid-Based Distributed Cache）以及**事件驅動**（Event-Driven）架構風格。
- 思考 CQRS（Command Query Responsibility Segregation，**命令與查詢職責分離**）這種新興架構模式在 DDD 中的功用。
- 從 SaaSOvation 團隊運用架構設計的相關經驗中學習。

架構這件事其實一點都不風騷

本章介紹的各種架構風格與架構模式，可不是什麼可以到處應用的酷炫工具。務必確定這些工具可以減低專案或系統出錯的風險，再去使用它們。

由於 Evans 書 [Evans] 中主要是以分層
架構為主，因此 SaaSOvation 公司的開
發團隊先入為主地認定 DDD 必須採用這
種知名模式才會有效。團隊經過一段時
間才知道，那只是因為 Evans 在撰寫的
當下，分層架構是最流行的選擇而已，
實際上 DDD 的彈性比想像中更大。

　　這不是在告訴你不要使用，分層架構依然是一種好選擇，只是我們不必把眼界限縮
於此，可以根據實際需求利用一些新近的架構與模式，這樣才能將 DDD 的靈活性與廣
泛應用的特性給展現出來。

　　SaaSOvation 的團隊當然不會需要用上所有架構，他們必須謹慎地評估這些選擇，並
做出決定。

訪談成功的資訊長

為使讀者稍微了解本章介紹的架構使用目的，我們要穿越時空到十年後，與
SaaSOvation 公司未來的資訊長（Chief of Information Officer, CIO）進行訪談，聊聊起
初只是中小型企業的這家公司，如何靠著架構上的正確決策幫助他們一路發展至今。
現在把麥克風交給《TechMoney》的主持人 Maria Finance Ilmundo：

> Maria：今晚的獨家專訪，邀請到了在業界竄紅的成功企業 SaaSOvation 的資訊長
> Mitchell William。延續《致富架構方程式》系列，今晚訪談的主題是「如何透過正確
> 的架構決策奠定成功的道路」。Mitchell，歡迎你來到節目現場。

Mitchell：Maria 妳好，我也很高興能夠再次來到這個節目，十分榮幸。

Maria：能夠談談貴公司一開始選擇了哪些架構，以及選擇這些架構的理由嗎？

Mitchell：沒問題。現在這樣講大家可能不相信，這個專案剛開始其實是以桌上型應用程式以及一個集中式資料庫為目標來進行，所以就選擇了「分層架構」。

Maria：認真的嗎？

Mitchell：當時我們確信要這樣做，尤其因為當時僅有一個應用程式層跟一個資料庫，因此對開發團隊而言，選擇簡單的「主從式架構」（client-server）再合理不過。

Maria：但情況很快就不一樣了，對吧？

Mitchell：真的是這樣。在與一個新的商業夥伴合作之後，整個方向突然轉為 SaaS 的訂閱服務模式；我們設法籌募資金來支持這個計畫，也獲得了資金。原先的敏捷式專案管理應用程式暫時擱置，我們決定先開發一套協作工具；這樣做有兩種好處：首先，我們可以打進當時正夯的協作工具市場，再者，這也可以為專案管理應用程式提供附加功能服務。妳也知道，在軟體開發專案上進行協作可以提升交付品質。

Maria：真有趣，聽起來都是很基礎面的東西。這樣的決策後來對你們有什麼影響？

Mitchell：隨著軟體複雜度愈來愈高，我們必須引入單元測試、功能測試等工具來管理品質。為此，我們引入了「依賴反轉原則」，或稱為 DIP，出乎意料地改變了原本的分層架構。這很重要，因為團隊可以在測試時專注於應用程式與領域邏輯上，無須顧慮使用者介面層（UI Layer）和基礎設施層（Infrastructure Layer）。事實上，這樣我們不僅可以將使用者介面分開進行開發，還可以暫時擱置持久性技術，反正這與原本的分層架構差異不大，團隊也能適應。

04

架構

Maria：哇，換掉使用者介面與持久性技術！這做法聽起來有點冒險；實際執行上會很困難嗎？

Mitchell：其實沒那麼困難。最後結果顯示，採用領域驅動設計的戰術模式工具並沒帶來太多困擾。由於我們採用了聚合（Aggregate）模式以及 Repository（儲存庫），就可以針對 Repository 介面進行開發，不用考慮背後的記憶體（in-memory）持久性儲存技術，也給了我們充裕的時間評估各種選項，並可隨時替換持久性資料儲存機制。

Maria：太厲害了。

Mitchell：可不是。

Maria：接下來呢？

Mitchell：一路順風！我們成功開發了 CollabOvation 與 ProjectOvation 兩套軟體，接下來的兩個季度都持續獲利。

Maria：財源滾滾而來。

Mitchell：一點都沒錯。後來，隨著行動裝置市場的爆炸性成長，我們當然也無法忽視這股新浪潮，因而決定除了桌上型電腦的瀏覽器介面之外，也要支援行動裝置介面；我們採用了 REST 服務架構。訂閱者接二連三地，開始關注一些個資與安全性的問題，以及更複雜的專案與時程管理工具，而新的投資者則希望看到商業智慧儀表板上的報告。

Maria：太神奇了，看來不只是行動設置迅速發展。可以繼續談談你們是如何面對這一切嗎？

Mitchell：當時團隊評估後決定，最適合的方式是改用「六角架構」來因應這一切。他們發現，這種「埠口與轉接器」（Port and Adapter）架構方法可以臨時增加新的用戶端類型，同樣情形也適用於增加新的輸出「埠口」（Port）類型，引進新的持久性機制如 NoSQL 資料庫和訊息交換機制。當然，這些都透過「雲端」來提供服務。

Maria：所以你當時對這些改變很有信心？

Mitchell：當然。

Maria：真是佩服，在經歷這麼多挑戰卻依然沒有被擊倒，只能說你們確實使出了渾身解數、做了正確的決定，才能走到現在這個地步。

Mitchell：確實如此。我們現在的訂閱用戶，每個月都以數百人的速度增加。事實上，我們還新增了一項服務，幫助客戶把公司舊有的企業協作工具資料轉移到我們的雲端上。開發團隊預計以 SOA 服務導向架構的觀點，利用 Mule 的 Collection Aggregator 在服務的邊界上整合這些資料，這樣一來還可以繼續維持六角架構。

Maria：看來你們沒有打算全面引進這個聽起來很炫的 SOA 架構，只是適時地運用一下而已；聽起來是很不錯的做法。業界好像還沒看過跟你們一樣成功的案例。

Mitchell：是的，Maria，這是我們一直以來的做法，也是成功的不二法門。比方說，之前我們推出可與 ProjectOvation 整合的瑕疵追蹤（defect tracking）軟體 TrackOvation。由於 ProjectOvation 的功能增加，使用者介面也愈趨複雜，產品負責人的儀表板會隨著每個應用程式和相對應的事件更新，布滿了所有 Scrum 產品和系統瑕疵的最新訊息通知，加上各訂閱用戶的產品負責人檢視習慣各有不同，導致儀表板愈來愈複雜，更不用說還得支援行動裝置介面。於是，開發團隊考慮利用 CQRS 架構模式的優點。

Maria：CQRS？不好吧，這決定會不會太過草率？它的效益如何不是尚未有定論嗎？這樣做會不會有風險？

Mitchell：其實不會。一旦團隊有充分理由相信使用 CQRS 的命令與查詢分離，好處人於壞處，讓這兩者之間的衝突降低，我們就全力支持這個決定了，沒有第二句話。

Maria：說的也是。那個時間點，是不是正值你們的訂閱戶開始期望推出具備分散式處理功能的服務？

Mitchell：是的，所以要是我們在這方面沒處理好，很快就會陷入複雜度管理的泥淖中。有些功能需要在給出回應之前，先在背景以分散式架構進行處理，而 ProjectOvation 的開發團隊不想冒著服務逾時的風險，讓使用者等待這些不知道要多久才會回應的功能，所以後來引進了「事件驅動架構」，並且使用典型的管道與過濾器（Pipe and Filter）架構模式來處理這些回應。

Maria：要處理的複雜度議題還不只如此對吧？過程很困難嗎？

Mitchell：哈哈，沒這種事，看上去好像很困難沒錯，但是只要有好的開發團隊當後盾，處理複雜度議題就像在公園中散步一樣輕鬆。而事實上，事件驅動架構大幅簡化了系統擴展的許多複雜度問題。

Maria：這倒是真的。接下來，要進入我最感興趣的環節了，你知道（使眼色）…就是錢的部分啦。

Mitchell：由於我們在架構上採用的策略使我們快速擴展，同時又能妥善管理這些變更，因此當 RoaringCloud 收購 SasSOvation 時…這些都已經有公開報導了。

Maria：確實，這條新聞可大了，以每股 50 美元，也就是總價約 30 億美元的公開收購記錄。

04

架構

Mitchell：您記性真好！我想這對於選擇正確的架構整合來說，的確是一件好事。它給我們帶來大量的新訂閱戶，用戶數甚至開始給 ProjectOvation 服務的基礎設施量能帶來壓力；此時需要把 Pipe 跟 Filter 改為分散式架構及平行化處理，並且加入一個長期運行處理程序（Long-Running Process）來處理——又稱為「Saga」模式。

Maria：聽起來不錯，這些過程對你來說有趣嗎？

Mitchell：確實滿有趣的，但比起有趣，我們是依實際需求而決定採用的。

Maria：看來這個挑戰永遠沒有盡頭。接下來這部分在您的成功職業生涯中，大概也算得上是最意外、最驚濤駭浪的一個篇章。

Mitchell：如您所知道的那樣，由於 RoaringCloud 擁有超多應用程式及數百萬使用者，呈現出壟斷市場的態勢，引來政府的注意，開始對該產業進行監管。新出爐的法律規定 RoaringCloud 必須追蹤專案的每一次變更並留存記錄；要配合這項條文，最好的應對方法就是在領域模型中採用「事件溯源」（Event Sourcing）機制。

Maria：你們還真是臨危不亂，太誇張了，真的，太誇張了。

Mitchell：確實很誇張，但是很不錯的經驗。

Maria：對我來說最誇張的是，你們的應用程式核心這麼多年以來都是基於 DDD 軟體模型設計的原則，顯然 DDD 沒給你們帶來問題。

Mitchell：正好相反，它給我們帶來許多幫助。我相信就是因為很早選擇使用 DDD，並花時間徹底了解這套模式，我們才有辦法應付那些我們逃避不了、也不想逃避的商業挑戰，一路走來，也獲得了成功。

Maria：這就是我說的「財源滾滾來」！再次感謝 Mitchell 來參加我們節目，從這次專訪中，我們看到正確的架構可以奠定通往成功的基礎，這就是《致富架構方程式》。

Mitchell：很榮幸跟大家分享，再次感謝妳的邀請。

雖然安排上面這段內容看起來是有點做作，但筆者認為這對於各位讀者理解接下來要介紹的 DDD 架構、不同架構的影響以及在什麼時機點運用這些架構，有一定的幫助。

分層架構

「分層架構」（Layers Architecture，[Buschmann et al.]）模式，被許多人認為是架構模式的開山祖師。它支援多層次（N-tier）系統的架構——也稱為 N 層架構模式，普遍使用於網頁、企業、桌上型等應用程式上。在本書中，我們會將應用程式或系統中的各種關注點，分離為明確定義的不同層。

> 「把領域模型與業務邏輯分開，然後拿掉對基礎設施、使用者介面、甚至那些應用程式中非業務邏輯的直接依賴。把一個複雜的程式切割為不同層，在每個層中僅根據該階層本身的特性以及該層以下的各層，去考慮該層應該採用的設計模式。」（摘自 Eric Evans 著作 [Evans, Ref]，p.16）

圖 4.1 顯示了 DDD 應用程式在採用傳統分層架構之後的層次結構。核心領域在架構中佔據獨立的一層，在它的上面是使用者介面層與應用程式層；下方則是基礎設施層。

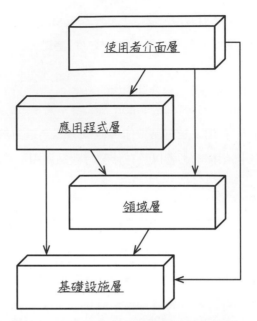

圖 4.1　DDD 與傳統分層架構的結合樣貌。

　　這種架構的關鍵原則是，每一層只能跟自己或位於下方的層耦合。分層架構有不同型態：**嚴格分層架構**（Strict Layers Architecture）只允許對「直接下層」進行耦合，而**鬆散分層架構**（Relaxed Layers Architecture）則允許任何高層與任何低層進行耦合。由於使用者介面和應用服務（Application Service）也需要使用到基礎設施，因此很多系統都會採用鬆散分層架構。

　　下方的層能以鬆耦合形式依賴於上方的層，不過只限於**觀察者**（Observer）或**中介者**（Mediator）模式 [Gamma et al.]，而且絕對沒有由下而上的直接參照。舉例來說，採用中介者模式時，上層可以實作下層所定義的介面，然後將實作的物件以參數形式傳遞給下層使用，而下層對於實作物件來自於哪裡則是一無所知。

　　使用者介面的程式內容，僅處理使用者介面顯示資訊（view）以及請求，不能包含領域邏輯或業務邏輯在其中。有些人則是斷定，既然使用者介面需要驗證，就一定包含了業務邏輯，然而，使用者介面的這種驗證跟領域模型的驗證是不同的。**實體**（第 5

章）的內容中會提到，我們還是希望將這種涉及到複雜業務邏輯的粗粒度驗證（coarse-grained validation）限制在模型中使用。

就算使用者介面的元件會使用來自領域模型的物件，通常也僅用在呈現資料。採用此方法時，可以利用**展示模型**（Presentation Model，**第 14 章**）防止使用者介面察覺到領域物件的存在。

由於使用者可能是人類也可能是其他系統，因此使用者介面層有時會以**開放主機服務**（Open Host Service，**第 13 章**）的形式提供一個可遠端呼叫的 API。

使用者介面中的元件，可說是應用程式層的直接用戶端。

應用服務（**第 14 章**）位於應用程式層中。應用服務與**領域服務**（**第 7 章**）不同，不會有領域邏輯在其中。這層的任務是控管持久性資料交易和資安事務，還可能負責發送事件通知到其他系統、發送電子郵件通知給使用者。這層中的應用服務——雖然不具備業務邏輯——是領域模型的直接用戶端，因此這層的元件較輕量，負責協調針對領域物件的操作，像是**聚合**（**第 10 章**）。應用服務也是模型表達使用案例或使用者故事的主要方法，因此其中一個常見的功能，就是從使用者介面接收參數，透過 Repository（**第 12 章**）獲取聚合實例（instance），然後執行相應的命令操作：

```
@Transactional
public void commitBacklogItemToSprint(
    String aTenantId, String aBacklogItemId, String aSprintId) {
    TenantId tenantId = new TenantId(aTenantId);

    BacklogItem backlogItem =
        backlogItemRepository.backlogItemOfId(
                tenantId, new BacklogItemId(aBacklogItemId));

    Sprint sprint = sprintRepository.sprintOfId(
                tenantId, new SprintId(aSprintId));

    backlogItem.commitTo(sprint);
}
```

若是應用服務比上面這則範例還要複雜的話，領域邏輯很可能會洩漏到應用服務中，領域模型就會變成貧血模型，因此最佳做法是讓這些「模型用戶端」保持輕量，愈簡單愈好。如果需要產生新的聚合，應用服務可以使用**工廠（Factory，第 11 章）**模式或聚合本身的建構子（constructor）方法來實例化物件，然後使用相應的 Repository 來保存。需要進行某些與領域相關的無狀態（stateless）操作時，還可以透過領域服務來執行。

　　當領域模型是設計用來發布**領域事件（Domain Event，第 8 章）**，應用程式層則是訂閱者註冊這些事件的管道；應用服務的其中一項職責就是對這些事件進行儲存和轉發。這樣做可以讓領域模型專注於自身的核心邏輯，讓**領域事件發布者（Domain Event Publisher，第 8 章）**保持輕量，也不會與訊息交換機制的基礎設施產生相依性。

　　關於領域模型負責處理所有業務邏輯的這件事情，其他章節已安排足夠的篇幅討論，在此不再贅述。不過，使用傳統的分層架構可能會面臨到一些與領域相關的挑戰。在分層架構中，領域層可能會對基礎設施產生一定的依賴，在有限制的範圍內使用基礎設施功能。筆者並不是指核心領域物件會這樣做，畢竟這種情況應該完全避免，而是指分層架構的特性是，領域層某些介面的實作可能會依賴於基礎設施的技術。

　　舉例來說，Repository 的介面實作會需要用到存在基礎設施上的元件，像是持久性機制。要是我們把 Repository 介面放到基礎設施層，然後只針對基礎設施層的介面進行實作呢？由於基礎設施層位處於領域層之下，基礎設施由下而上引用（reference）領域物件違反了分層架構的原則。同樣的，要避免這種情況、遵守分層架構的原則，不代表非得讓主要領域物件跟基礎設施耦合在一起。我們可以利用**模組（第 9 章）**把底層的技術類別隱藏起來：

```
com.saasovation.agilepm.domain.model.product.impl
```

在介紹**模組（第 9 章）**時會談到把 MongoProductRepository 放在該套件中的做法，而這還只是其中一種解決方案而已。另外一種做法則是把這類介面的實作放在應用程式層中，這樣便能遵守分層架構的原則，如圖 4.2 所示。只是這種法可能會讓人覺得有點不舒服。

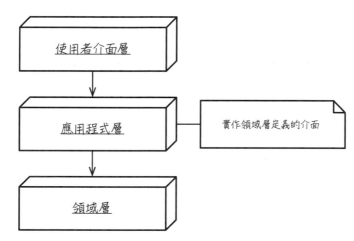

圖 4.2　應用程式層可以包含某些由領域層定義的介面，處理相關實作技術細節。

在「依賴反轉原則」小節中，還會看到更好的做法。

在傳統的分層架構中，基礎設施——如持久性和訊息交換機制——處於最下層。這裡的「訊息」包括企業內部中介軟體系統轉發的訊息、或是更常見的電子郵件（如 SMTP）或簡訊（如 SMS）等；負責應用程式低階功能的實際技術元件與框架，通常歸屬在這一層。上層則是透過與下層的耦合關係來重複利用這些技術。不過我們要再次聲明，即使在這種情況下也應避免任何領域模型物件與基礎設施層的耦合關係。

SaaSOvation 的開發團隊發現把基礎設施層安排在最下層產
生了許多問題。其中一個問題就是領域層需要的實作技術細
節會違反分層架構的原則；違反原則也就算了，還在測試上
造成困擾。究竟該怎麼辦呢？

如果把層的順序做調整，情況會不會好轉？

依賴反轉原則

只要調整一下依賴的方向，就可以改善傳統分層架構的問題。「依賴反轉原則」（DIP）
最早由 Robert C.Martin 在其著作 [Martin, DIP] 中提出的，書中對該原則的正式定義如
下：

> 位於上層的模組不應依賴於下層的模組，兩者都應該依賴抽象。
>
> 抽象不應該依賴於細節，而細節應該依賴於抽象。

這段定義所要表達的重點是說，提供底層服務的元件（在此指的是基礎設施）應該
依賴於高層元件（在此指的是使用者介面、應用程式、領域）所定義的介面。要表達
一個採用 DIP 的架構有很多方法，不過可以歸納為圖 4.3 中的結構。

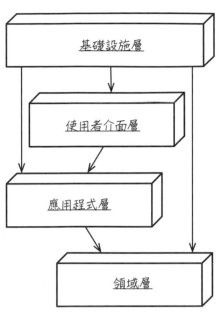

圖 4.3　採用 DIP 後的架構可能會像這樣。我們把基礎設施層拉到最上方，以便實作下方各層所定義的介面。

DIP 真的可以支援所有的層？

有些人會主張，DIP 其實只有兩層：上層和下層，由上層實作下層所定義的抽象介面。如果按照這個原則，圖 4.3 就變成了：上層為基礎設施層，而使用者介面層、應用程式層、領域層則屬於下層。這種 DIP 架構觀點你認同也好、不認同也罷，Cockburn 所提出的「**六角架構**」（**或稱「埠口與轉接器架構」**）可以解決這些問題。

就圖 4.3 的架構來看，我們會在領域層定義 Repository 介面，然後在基礎設施層實作它：

```
package com.saasovation.agilepm.infrastructure.persistence;

imPort com.saasovation.agilepm.domain.model.product.*;

public class HibernateBacklogItemRepository
```

```
implements BacklogItemRepository {
...
@Override
@SuppressWarnings("unchecked")
public Collection<BacklogItem> allBacklogItemsComittedTo(
    Tenant aTenant, SprintId aSprintId) {
    Query query =
        this.session().createQuery(
            "from -BacklogItem as _obj_ "
            + "where _obj_.tenant = ? and _obj_.sprintId = ?");

    query.setParameter(0, aTenant);
    query.setParameter(1, aSprintId);

    return (Collection<BacklogItem>) query.list();
}
...
}
```

注意看領域層，利用 DIP 讓領域層與基礎設施層都依賴於領域模型所定義的抽象（介面）。由於應用程式層是領域層的直接用戶端，自然依賴於領域層的介面，能夠間接存取基礎設施層所提供的 Repository 或任何技術領域服務的實作類別。有很多種方法可以取得實作物件，像是**依賴注入（Dependency Injection）**、**服務工廠（Service Factory）**或是**外掛程式（Plug In）**等設計模式 [Fowler, P of EAA]。本書範例主要採用 Spring Framework 框架所提供的依賴注入模式，偶爾會使用 DomainRegistry 類別的服務工廠模式。事實上，DomainRegistry 類別是用 Spring 框架來查找領域模型所定義的介面（如 Repository 或領域服務），再轉換為 Bean。

有趣的是，引入 DIP 後再回頭來看這個架構，就會發現「層」似乎不存在了。此時不論上層或下層的關注點，都只依賴於抽象，打破原本層的架構。要是我們乾脆就這樣順水推舟下去、甚至再多加一點對稱性會如何呢？接下來就來看看會發生什麼事。

六角架構（埠口與轉接器）

Alistair Cockburn 提出了一種「六角架構」（Hexagonal Architecture）[2]風格，引入了對稱性的概念。這種架構能讓多個不同用戶端平等地與系統進行互動，就算有新的用戶端出現也不成問題，只要替該用戶端加上適合的新轉接器（Adapter），把用戶端的輸入轉換為應用程式內部 API 可理解的形式即可。而圖像、持久性資料、訊息等由系統主導的輸出，也具有多樣化的彈性且可更換，因為轉接器的功能就是因應特定輸出機制來轉換這些應用程式的輸出結果。

在討論過程中，讀者或許已認同這種架構才能長長久久。

如今許多開發團隊表面上說是採用分層架構，但實際上更接近六角架構，而這是因為許多專案或多或少都會使用依賴注入技巧的緣故。不是說使用依賴注入就會變成六角架構，而是採用依賴注入後，架構的開發自然而然地更傾向於這種埠口與轉接器的設計風格；等到各位更深入了解此架構就會明白為何這樣說。

在一般的觀念中，我們會將用戶端與系統互動的地方稱作「前端」（front end），而應用程式接收持久性資料、儲存新的持久性資料或送出回應的部分則稱作「後端」（back end）。但六角架構引進了觀察系統的新視角，如圖 4.4 所示，分為兩個主要區塊：「角外」和「角內」。角外的部分指的是各種不同用戶端提交輸入、決定輸出資料的取得形式、儲存應用程式輸出資料的機制（例如，資料庫）或是把輸出資料送交到其他位置的機制（例如，訊息交換）。

04

架構

2　原註：我們稱這個架構為「六角架構」，儘管它的名稱似乎已經改為「Port and Adapter architecture」。名稱雖然變了，但社群仍然稱它為六角架構，還出現了「洋蔥架構」（Onion Architecture）一詞；不過對許多人來說，洋蔥架構只是六角架構的（不幸）替代名稱。我們可以安全地假設它們都是一樣的，並遵循 Cockburn 書中的定義。

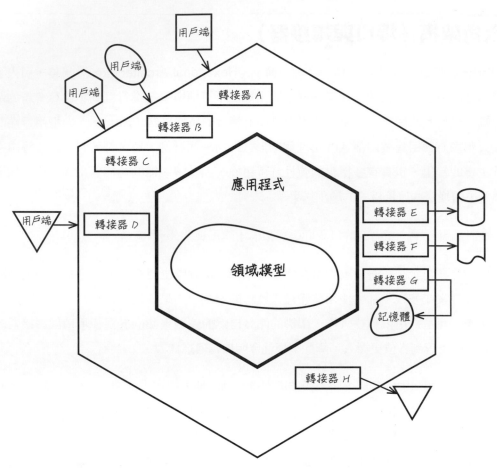

圖 4.4　六角架構又稱為埠口與轉接器架構。「角外」每種類型的用戶端都會有對應的轉接器；「角外」透過應用程式的 API 與「角內」進行互動。

牛仔小劇場

傑哥：「那些馬兒肯定很喜歡新的六角形圍欄，當我上馬鞍騎牠們，牠們有了更多角落可以鑽來跑去了。」

如圖 4.4 所示，每一種類型的用戶端都有自己的「轉接器」（Adapter，[Gamma et al.]），這些轉接器會把用戶端的輸入轉換為與應用程式 API（也就是角內）相容的輸入形式。六角架構的每一個「邊」代表不同類型的「埠口」（Port），可以是輸入或輸出形式。其中三個用戶端的請求透過同一個輸入埠口以各自的轉接器接入（轉接器 A、B、C），另一個請求則使用了不同的埠口（轉接器 D 的位置）[3]；以具體的方式來舉例說明，前三者可能使用 HTTP（不論是瀏覽器、REST 還是 SOAP）接入，而後者則是透過 AMQP（例如 RabbitMQ）這樣的差異。埠口的概念其實沒有嚴格定義，也因此這部分是很彈性的。無論以什麼方式去劃分埠口，用戶端的請求都會透過對應的轉接器，將輸入轉換為該埠口可接受的輸出形式，然後觸發應用程式的某個操作，或對應用程式發送事件通知；剩下的工作就交由內部去處理。

我們不一定要實作埠口

埠口其實不用我們自己來實作。比如，以容器（如 JEE）或框架（如 RESTEasy 或 Jersey）來接受方法呼叫（method invocation）的機制中，把轉接器看成 Java Servlet 或 JAX-RS 類別，而 HTTP 其實就是埠口。或者，採用 NServiceBus 或 RabbitMQ 來產生訊息監聽元件，此時埠口就是訊息交換機制，而轉接器就是訊息監聽元件（message listener）。因為在這機制中，訊息監聽元件會把訊息轉換為參數傳遞給應用程式的 API（即領域模型的用戶端）。

依據功能需求來設計角內的應用程式

採用六角架構時，應用程式的設計要以使用案例為主要考量，而不是根據支援的用戶端數量。不管有多少用戶端、用戶端種類有多少，都可以透過不同埠口向應用程式提出請求，但所有的轉接器都會使用相同的應用程式 API 介面介接。

應用程式透過公開的 API 介面接受請求，而應用程式的邊界（六角架構內部區域的邊界）同時也是使用案例（或使用者故事）的邊界；意思是，使用案例係以應用程式的功能需求觀點出發，而非用戶端數量或輸出機制。應用程式從 API 介面收到請求後，

會使用領域模型來處理所有需要執行業務邏輯的請求。因此從外部來看，API 介面就是一種應用服務，如同先前的應用分層架構那樣，應用服務是領域模型的直接用戶端。

　　底下我們以 JAX-RS 形式的 REST 服務資源為例，HTTP 輸入埠口收到請求後，再由擔任轉接器的處理器（handler）把請求委派給應用服務：

```java
@Path("/tenants/{tenantId}/products")
public class ProductResource extends Resource {

    private ProductService productService;
    ...
    @GET
    @Path("{productId}")
    @Produces({ "application/vnd.saasovation.projectovation+xml" })
    public Product getProduct(
            @PathParam("tenantId") String aTenantId,
            @PathParam("productId") String aProductId,
          @Context Request aRequest) {

        Product product = productService.product(aTenantId, aProductId);

        if (product == null) {
            throw new WebApplicationException(
                    Response.Status.NOT_FOUND);
        }

        return product; // 以 MessageBodyWrite 序列化為 XML
    }
    ...
}
```

　　範例程式中各式各樣的 JAX-RS 註解，是構成轉接器的重要部分，它們解譯資源路徑後，再將這些參數轉換為 String 實例型態的參數值。請求則是透過注入的 ProductService 實例委派給內部的應用程式，接著，Product 物件被序列化為 XML 的形式作為回覆，再透過 HTTP 埠口輸出。

04
架
構

重點不在於 JAX-RS

這裡展示的不過是存取應用程式與領域模型的其中一種方式而已，是否採用 JAX-RS 不是本範例的重點。讀者也可以改用 Restfulie 或是建立一個運行 restify 模組的 Node.js 伺服器端。這裡所要強調的還是轉接器的角色，它從埠口接收到輸入後，處理轉譯並轉發給相同的 API 介面，如範例所示。

那麼，圖 4.4 應用程式的右側又是怎麼一回事？我們可以將 Repository 實作視為一種持久性轉接器，讓應用程式透過它存取先前已儲存的聚合實例，並為新的聚合提供儲存功能。如圖所示（轉接器 E、F、G），Repository 實作可能有各種不同的類型，像是關聯式資料庫、文件存檔、分散式快取、記憶體儲存。當應用程式發送領域事件訊息到外部時，則可透過另一個轉接器（轉接器 H）來處理訊息。處理輸出訊息的轉接器會在支援 AMQP 的輸入轉接器對邊，因此應使用與持久性資料輸出不一樣的埠口。

六角架構有一項優勢，就是透過轉接器可以輕鬆進行開發過程中的測試作業。應用程式和領域模型可以在沒有用戶端與 Repository 儲存機制情況下進行設計與測試。`ProductService` 經過妥善的測試之後，再決定要支援 HTTP、REST、SOAP 或訊息交換機制埠口。真正的使用者介面線框圖（wireframe）完成前，可以用各種測試用戶端來協助開發。先不必去煩惱專案最後採用何種持久性機制，在此之前我們可以採用記憶體中的 Repository 來模擬持久性測試。關於記憶體中的 Repository 機制實作方案細節，請參考 Repository（第 12 章）介紹。如此一來，在支援性質的技術元件尚未到位之前，就可以順暢地推進核心領域上的開發進度。

如果讀者採用的是分層架構，不妨打破這種架構，考慮埠口與轉接器架構開發所能帶來的好處。只要設計得當，那麼六角架構的角內部分——應用程式與領域模型——就不會洩漏到角外的部分，這有助於實作使用案例的角內部分畫出一條明確清晰的應用程式邊界。在角外部分，可以運用任何用戶端轉接器來實作自動化測試項目或介接真實的用戶端、儲存技術、訊息交換及其他輸出機制。

SaaSOvation 開發團隊在評估過六角架構的優點之後，毅然決然將分層架構轉換成六角架構。說真的，這一點都不困難，同樣是用著大家所熟悉的 Spring Framework 框架，要改變的只是一點點自己的思維和看法而已。

由於六角架構本身的彈性高、好處多，因此很適合用於作為基底，支援系統所需要的其他架構，像是可以將服務導向、REST 或事件驅動架構納入考量，引入 CQRS，採用 Data Fabric（資料網格）架構或網格分散式快取，甚至是加上 Map-Reduce 這種分散式的平行處理機制；這些大部分都會在本章中討論到。無論採用何者，六角架構都為我們奠定了一個強健的基礎，方便我們再疊床架屋。當然不只是六角架構，但本章介紹其他架構的篇幅中，會以 Port and Adapter 的架構作為前提來進行其他方面的討論。

服務導向架構

所謂的「服務導向架構」（Service-Oriented Architecture, SOA），對不同的人可能會有不同的定義，這對本書討論 SOA 來說會是一種挑戰，因此，在實際進行討論之前，最好先找出共識作為討論的基礎。我們打算以 Thomas Erl 在其著作 [Erl] 中所定義的 SOA 原則為依歸；在其定義中，服務除了應具備「可交互操作性」（interoperable），還遵循八條設計原則，如表 4.1 所示。

表 4.1　服務的設計原則

服務設計原則	說明
1. 服務合約 （Service Contract）	服務應在一到多個描述性文件檔案中，以合約方式明確定義出服務的功能與目的。
2. 服務鬆耦合 （Service Loose Coupling）	服務應最小化相依性，並且僅在雙方都認知彼此存在的情況下。
3. 服務抽象 （Service Abstraction）	服務僅對用戶端公開合約文件資訊，業務邏輯則持續隱藏在服務內部。
4. 服務可重複使用性 （Service Reusability）	服務可以被其他服務重複使用，並以此組建出具備更多功能的大型服務。
5. 服務自主性 （Service Autonomy）	為保持一致性與可靠性，服務應將自身的環境與資源維持在可獨立運作的條件下。
6. 服務無狀態 （Service Statelessness）	服務將回應的「狀態」交由用戶端負責管理，但不與前述的「自主性」原則的條件相衝突。
7. 服務可見性 （Service Discoverability）	服務以各種描述性資料（metadata）進行描述，使服務可被查找、而其合約易於理解，成為真正可重複使用的資產。
8. 服務可組合性 （Service Composability）	服務可以組合形成更大型的多功能服務，不論它們組合的規模大小與複雜度為何。

　　把這些原則與六角架構結合在一起，就會形成中間是領域模型、而服務的邊界在最左側的邊邊，如圖 4.5 般的基本架構，用戶端可以使用 REST、SOAP、訊息交換機制與服務互動。注意，在六角架構中，系統允許同時支援多種技術服務端點，端看如何在 SOA 中運用 DDD 實作。

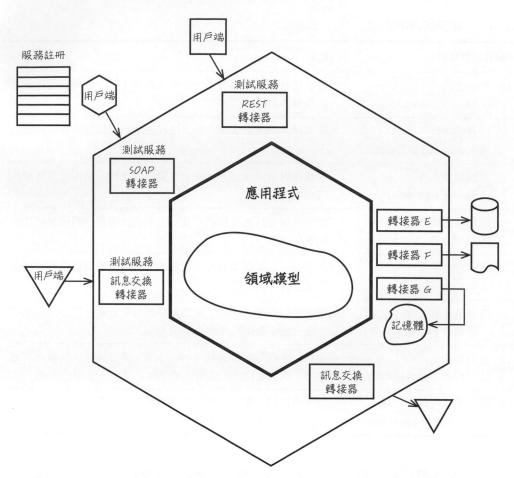

圖 4.5　結合了 SOA 的六角架構，提供 REST、SOAP、訊息交換等多種不同機制。

　　但畢竟大家對於 SOA 有不同看法和不同定義，因此讀者若不認同在此的說法，我也不會太意外。Martin Fowler 就曾在書中描述此一現象為「服務導向分歧」（service-oriented ambiguity，[Fowler, SOA]），所以我在本書中也不會試圖解決此分歧，而是僅提供其中一種觀點，告訴讀者如何將《SOA Manifesto》中的一些重要原則與 DDD 結合起來[3]。

我們先考慮《SOA Manifesto》宣言其中一位作者 Tilkov 的實用觀點 [Tilkov, Manifesto]，他對於宣言的看法起碼能夠讓我們更理解 SOA 服務究竟是什麼：

> 「《SOA Manifesto》提供我另一種觀點，可以將服務視作 SOAP 或
> WSDL 的介面群集或是一組 REST 資源。…這並非試圖給 SOA 下定義，
> 只是嘗試找出彼此有共識的 SOA 價值觀與原則。」

Stefan 的看法值得我們謹記在心，找出共識才是重點，至少大多數人都認同：一項業務服務的背後，可能是由許多技術層面的服務所組成。

而這些技術層面的服務，有可能是 REST 形式的資源、SOAP 介面或訊息。至於業務服務則是著重在「業務策略」（business strategy），結合了業務與服務所提供的技術解決方案。但是，定義一個業務服務，並不等於定義一個**子領域（第 2 章）**或 Bounded Context，也因此，當我們評估問題空間和解答空間時，會發現一個業務服務的背後會結合其他許多業務服務，也就是涉及多個子領域或 Bounded Context。所以圖 4.5 只是單一 Bounded Context 的架構圖而已，並且透過如 REST 資源、SOAP 介面、訊息交換等各種技術提供了一系列的技術服務——而這些不過是整體業務服務的一部分而已。在 SOA 的解答空間中我們會想看到多個 Bounded Context，有的採用六角架構、有的不是。SOA 或 DDD 其實都沒有硬性規定要如何設計或實作技術服務，這部分的彈性是很高的。

還是要留意，使用 DDD 時建立的 Bounded Context，必須包含一個完整且語言上清晰定義的領域模型。先前討論 **Bounded Context（第 2 章）**時說過，架構不應是領域模型大小的決定因素，但如果單一或少數技術服務端點——像是單一的 REST 資源、SOAP 介面或系統訊息交換服務——被用來決定 Bounded Context 的大小，那麼架構影響到 Bounded Context 範圍的情況還是可能會發生。這樣會迫使我們建立許多非常小的 Bounded Context 與領域模型——每一個可能只包含一個實體，並作為一個小聚合根存在，導致一個企業中出現數百個這種微型 Bounded Context。

這種做法在技術層面或許有好處，但卻不一定能夠達到戰略性 DDD 的目標——根據完整定義的一套**通用語言**（Ubiquitous Language，**第 1 章**）來對領域明確地建模，反而是把通用語言弄得支離破碎；根據《SOA Manifesto》原則，這種非自然零碎化 Bounded Context 的做法顯然不是 SOA 精神：

1. **業務價值**的重要性凌駕於技術決策之上。

2. **戰略目標**的重要性凌駕於特定專案的效益。

假設我們都認同以上這些原則，它們與戰略性 DDD 的設計思維是一致的。先前在解釋 Bounded Context（**第 2 章**）時也說明過，技術組件架構在劃分模型時並沒有那麼重要。

SaaSOvation 的開發團隊必須學會這個困難而重要的課題：將通用語言作為驅動因素更符合 DDD 的理念。他們的三個 Bounded Context 都是反映 SOA 的目標——包含業務服務或技術服務。

在 Bounded Context（**第 2 章**）、情境地圖（**第 3 章**）以及**整合 Bounded Contexts**（**第 13 章**）中提到的三個範例模型，呈現出在語言根基上清楚定義的領域模型。每一個領域模型的周邊都有一組 SOA 架構的開放式服務，它們都符合業務目標。

REST 架構風格

本節內容由 Stefan Tilkov 提供

近幾年 REST（representational state transfer，表現層狀態轉換）已經成為最常被使用、也最常遭到濫用的架構流行語之一，每個人說到 REST 都各有各的想法與定義。對某些人而言，REST 指的是在不使用 SOAP 規範的情況下透過 HTTP 連線傳送 XML 格式資料；另外一些人則認為 REST 是用 HTTP 來傳送 JSON 格式資料的；還有些人認定 REST 需要把方法的參數以 URI 查詢參數的形式傳送。以上這些都是不正確的解讀。所幸，跟「組件」、「SOA」這些概念不同的是，REST 的定義是有權威來源的：Roy T. Fielding 在他的論文當中對這個詞彙做出了十分明確的定義。

REST 是一種架構風格

要搞懂何謂 REST 就要先了解「架構風格」（architectural style）的概念。架構風格之於架構，就跟設計模式之於設計一樣，它將不同實作中的共同部分抽象出來，以便討論比較各方法時不會深陷於技術細節。分散式系統架構有許多不同的風格，包括「主從式架構」（client-server）和「分散式物件」（distributed object）；而 Fielding 論文的前幾個章節有對一些架構風格做了說明，包含強加於其上的約束。你可能覺得論文對於架構風格的概念解釋及它們的約束是較理論性的，確實也沒錯，因為 Fielding 藉著這些理論構成了論文中新（在當時是）架構風格的基礎：REST，一種運用於 Web 架構上的架構風格。

雖然 Web 架構最重要的標準「URI、HTTP、HTML」早在 Fielding 的博士論文之前就已問世，但 Fielding 本人曾是制定 HTTP 1.1 標準的主要成員之一，他對 Web 發展過程中的設計決策具有極大的影響[4]；因此我們可以說，REST 是 Web 架構進一步在理論上的擴展。

那麼，為何如今我們把「REST」作為組建系統的方式，甚至更侷限地特指 Web 服務的建構方式？原因在於，就跟使用其他技術一樣，可以有不同的方式使用 Web 協定，有些符合設計者初始的想法，有些則不是。「RDBMS」（relational database management system，關聯式資料庫管理系統）便是一個很好的例子，當你在使用 RDBMS 技術時，可以遵照此架構的原始設計概念──定義資料表欄位，建立外部索引鍵（foreign key）關聯、檢視表（view）和約束等──也可以只建立一個具有兩個欄位的資料表，一欄名為「key」、一欄名為「value」，僅將序列化後的物件存到 value 欄位中。此時你還是在使用 RDBMS，但卻無法使用它大部分的功能（查詢、join 表連結、排序、分組等）。

相同的道理，Web 協定可以按照設計的初衷來運用──也就是遵照 REST 架構風格中所描述的方式──或是不按設計初衷恣意運用。但就像前面 RDBMS 的例子，無視架構風格是一種危險的做法。因此，若沒有獲得使用「REST」的 HTTP 帶來的好處，還不如改用其他類型的分散式系統架構會較適合。這就像保存具有唯一鍵的數值時，用 NoSQL 的鍵值儲存會是更好的選擇。

4　原註：Fielding 也開發了第一個被廣泛應用的 HTTP 函式庫，是 Apache HTTP 伺服器最早的開發人員之一，並且是 Apache 軟體基金會的創辦人。

04

架構

REST 型態 HTTP 伺服器的關鍵要點

打造一個「符合 REST 型態 HTTP」的分散式架構，有哪些關鍵重點？首先從伺服器端看起。請注意，不管討論的伺服器是使用網頁瀏覽器（Web 應用程式）的人類，還是以程式語言寫成的用戶端（Web 服務）都沒差別。

首先，就如其字面意義——「資源」就是一種關鍵概念。為何？如果你是系統設計師，必須決定「哪些東西」是有意義、可提供給外部存取的，然後為每一個資源加上可供辨認的唯一身分識別（identity）。一般而言，每一項資源都有一個 URI，更重要的是，每個 URI 都會指向一個資源——也就是你提供給外部的「那些東西」。舉例來說，你可能會將所有客戶、產品、產品清單、搜尋結果甚至產品目錄的每次變更，各自作為一種資源，而資源具有表示（representation）和狀態（state），可能會有一或多種格式。而用戶端就是透過這些表示——XML 或 JSON 文件、HTML 的表單資料、二進位資料格式——來跟資源互動。

第二個重要概念是「無狀態」的溝通機制，也就是訊息本身具備自描述性（self-descriptive）的訊息，例如一個 HTTP 請求中就包含了所有伺服器端處理該請求需要的資訊。當然伺服器端可以（而且通常也會）使用本身的持久狀態（persistent state）來協助處理，但重點在於用戶端與伺服器端之間不能依賴單一請求來建立隱式溝通情境（session），這樣可以保證存取資源時各請求的獨立性，大幅提升了系統的可擴充性。

如果你用物件的觀點來看待資源——這種觀點是合理的——那麼就要開始思考這些物件的介面應該是什麼樣子，而這個答案又牽涉到 REST 另一個關鍵要點：REST 與其他分散式系統架構風格之間的區別；意思是，可呼叫的方法是固定的，所有物件都支援同一個介面。而在 REST 型態 HTTP 中所謂的方法，其實就是 HTTP 協定中的「動詞」，可以用來存取資源，其中最重要的有 GET、PUT、POST、DELETE。

乍看之下，這些「方法」似乎會轉化成 CRUD（create, read, update, delete，增刪修查）操作，但實際情況並非如此。畢竟這些「資源」通常不表示持久性實體，而是封裝業

務行為，然後以動詞來觸發這些行為。這些 HTTP 方法在 HTTP 協定中都有非常明確的定義，比方說，GET 方法僅應用在「安全」操作上：(1) 可以執行用戶端沒有請求的操作而觸發一些額外效果；(2) 始終讀取資料；(3) 當伺服器端透過回應表頭（header）進行指示，它可能會被快取起來。

HTTP 協定中的 GET 方法，被 SOAP 風格 Web 服務的其中一位主要推動者 Don Box 評價為「分散式系統中最優化的一部分」。這番話顯示出，如今網路能擁有如此效能與可擴充性，正是得益於 HTTP 協定中這個常見的 GET 方法。

有些 HTTP 方法具備「冪等」（idempotent）性質，意思是，當錯誤發生或有不明原因的異常結果出現時，我們可以放心地再次重新呼叫它。GET、PUT、DELETE 都屬於這類方法。

最後，REST 型態的的伺服器，能夠讓用戶端透過超媒體去發現應用程式可能的狀態變化，這在 Fielding 的論文中稱為「以超媒體作為應用程式狀態引擎」（Hypermedia as the Engine of Application State，簡稱 HATEOAS）。簡而言之，「資源」並非單獨存在，而是彼此互相關聯存在，不過我想讀者對此並不意外，畢竟這就是命名為「網路」的由來。這代表伺服器端會在回應中包含對其他資源的連結，這樣一來，用戶端就可以透過這些連結去進行互動。

REST 型態 HTTP 用戶端的關鍵要點

REST 型態 HTTP 用戶端可以透過兩種方式轉移不同的資源：一種是包含在資源表示（representation）中的連結，也就是上面所說的 HATEOAS；另一種則是將資料傳送給伺服器端之後，由伺服器端重新導向到其他資源。因此，用戶端本身的分散式行為受到了伺服器端與用戶端協作的動態影響。由於一條 URI 中包含了解除位址參照（dereference）的必要資訊——包括主機名稱與連接埠，因此，透過超媒體來存取資源的用戶端可能會存取到不同的應用程式、伺服器，甚至連向不同公司的資源。

在理想的 REST 環境中，用戶端會先從一條眾所周知的 URI 開始，再透過收到的超媒體進行後續動作，而這也是現今瀏覽器在顯示 HTML 網頁（包括連結與表單）時的模式，它會根據使用者的輸入來與各種 Web 應用服務互動，不需要知道應用服務的介面或實作細節。

當然了，瀏覽器並不能算是一個自給自足的代理程式，它還是需要人類來進行實際決策。但是以程式編寫行為的用戶端可以遵循同樣的原則來做出決定，即使有些邏輯是寫死的（hard-cord）。它會按照連結進行操作，而不是假設的特定 URI 結構或假設所有資源都在同一個伺服器上，並根據不同的媒體類型對資源做適當的處理。

REST 與 DDD

縱使這個做法看起來不錯，但不建議直接透過 REST 型態 HTTP 直接對外公開領域模型，這樣將導致原本就已經薄薄一層的系統介面更加脆弱，因為領域模型的任何更動都會直接反應到系統介面上。結合 DDD 與 REST 型態 HTTP 有另外兩種方法。

第一種方法，為系統介面層建立一個獨立的 Bounded Context，以適當的策略透過系統介面此一模型來存取真正的核心領域。這算是比較傳統的做法，把系統介面視為一個具有內聚性的整體，透過資源抽象而不是透過服務或遠端介面將其功能曝露出來。

用一個具體的例子來說明這個方法：假設要開發一個可以管理工作群組的系統，包含任務、會議 / 工作排程、子群組以及所有必要的流程。我們設計了一個不受基礎架構影響的領域模型，模型正確捕捉到通用語言並實作了必要的業務邏輯。要為這個悉心打造的領域模型發布一個介面，我們以一組 REST 型態資源的形式向外提供一個遠端介面。這些資源所反映的是用戶端所需的使用案例，可能與領域模型邏輯有所差異。不過這些資源的背後實際上是由核心領域的聚合所構成。

當然，我們也可以直接把領域物件作為 JAX-RS 資源方法中的參數，例如，可以將 `/:user/:task` 對映到 `getTask()` 方法，並回傳一個 Task 物件。這看起來很簡單，但會

造成一個很大的問題：所有對 Task 物件結構的變更，即使與外界無關，都會馬上反映到遠端介面上，並可能導致許多用戶端出現異常；這顯然不是好事。

所以，應該優先考慮採用第一種方法，讓核心領域與系統介面模型解耦合（decouple）。這樣一來，我們就可以對核心領域進行變更，再針對個別情況來考慮是否要將該變更進一步反映在系統介面模型上；以及如果需要，應使用何種最佳對映。採用此方法時要注意，雖然系統介面模型的類別，通常會根據核心領域來設計，但最好根據使用案例來設計。補充一下：還可以定義自訂的媒體類型。

至於另外一種方法，可以用在需要標準媒體類型的情況。如果開發的某些特定媒體類型不只支援單一系統介面，還支援一組類似的主從式架構互動，就可以建立一個領域模型來表示每一個標準媒體類型。雖然有些 REST 或 SOA 的支持者可能將它視為一種反模式，但你也可以將這種領域模型在用戶端與伺服器端兩邊重複使用。注意：這種方法本質上就是 DDD 的**共用核心**（Shared Kernel，第 3 章）或**公開發布的語言**（Published Language，第 3 章）。

這算是一種由外而內、橫切式（crosscutting）的做法。以上述工作群組與任務管理的業務領域來說，有許多常見的媒體類型格式，用於行事曆的「.ical」格式就是一例。許多不同的應用程式都使用 .ical 這種通用格式，再針對此格式建立一個領域模型。任何能夠理解這種格式的系統都可以重複使用這個模型——無論是我們的伺服器應用程式或 Android 系統的用戶端。採用此種方式，單一伺服器端可能需要處理多種媒體類型，而同一種媒體類型也可以被多個伺服器使用。

那麼該如何在這兩種方法間進行選擇呢？主要取決於系統設計者對於可重複使用的要求。具有特定需求的解決方案，第一種方式的效益比較大；相對的，愈是通用的解決方案，採用官方標準制定的標準化，採用第二種以媒體類型為主的方法會比較好。

選擇 REST 的理由？

就筆者個人經驗來說，遵循 REST 原則設計的系統往往具備鬆耦合的性質，換句話說，之後要在既有的資源中加入新資源或連結都不成問題，支援新的格式也很容易，使得系統間的聯繫更加穩定。此外，REST 型態的系統更容易理解，因為被切分成小塊（資源），而每一個資源都可單獨測試、除錯，有可重用的入口點（entry point）。再者，HTTP 的協定和發展成熟的 URI 重寫和快取功能支援，使得 REST 型態 HTTP 就是具備鬆耦合和高擴充性的理想架構選擇。

命令與查詢職責分離──CQRS

從 Repository 中把使用者想看到的所有資料擷取出來是很困難的一件事，尤其是當你在使用者體驗設計了橫跨多種聚合及實例（instance）的資料檢視表。當領域愈是複雜，這種情況就愈有可能發生。

這種問題很難光靠 Repository 就獲得解決。我們會需要使用多個 Repository 來存取必要的聚合實例，再將這些實例組成**資料傳輸物件**（Data Transfer Object, DTO，[Fowler, P of EAA]）；又或者在單一查詢中使用一種跨多個 Repository 的特殊搜尋方法（finder），將這些離散的資料組合起來。如果以上這些解決方案都不適合，可能需要在使用者體驗上有所妥協，讓界面顯示嚴格遵照模型的聚合邊界；但大多數人應該會認為，這種強硬的機械式使用者介面長遠來看是無法滿足需求的。

那麼，有沒有一種完全不同的做法可將領域資料對映到介面顯示中？答案就是名字很怪的架構模式「CQRS」[Dahan, CQRS; Nijof, CQRS]。這是將原先用於物件（或稱元件）上的嚴謹設計原則──命令與查詢職責分離的 CQS 原則──進一步推升到架構模式層次的結果。

CQS 原則的設計者 Bertrand Meyer 對 CQRS 的說明如下：

> 「任何方法要不屬於執行某種行為的『命令』、要不屬於回傳資料給呼叫者的『查詢』，但不會同時兩種性質兼具。換句話說，提問的同時不能去修改答案。更正式的說法是，如果方法具備參照透明性（referentially transparent）[5] 並且不造成副作用，則應回傳資料值。」（參考 Wikipedia 維基百科「CQS」條目）

如果以物件的層面來看就是：

1. 如果一個方法會修改物件的狀態，它就屬於「命令」（command），不應該回傳數值。在 Java 或 C# 程式語言中，此方法的回傳值必須被宣告為「void」型態。

2. 如果一個方法回傳資料值，它就屬於「查詢」（query），不能直接或間接造成物件狀態的改變。在 Java 或 C# 程式語言中，這個方法必須以回傳值的型態宣告。

這個指引是很簡單直覺的，不過背後又有一套實務與理論的基礎。但如果使用 DDD 架構模式，我們為什麼要用 CQRS？又該怎麼實作呢？

當領域模型視覺化之後（如**第二章「Bounded Context」**所討論的範例），通常就會看到聚合中同時存在命令與查詢方法；在 Repository 中也會有若干查詢（finger）方法，這些方法會根據某些特定屬性（property）對資料進行篩選。而在 CQRS 中，我們必須忽視這些「常態」，並以不同方式來查詢要顯示的資料。

現在要考慮的是，如何把原本塞在同一模型內所有純粹「查詢」的職責以及所有純粹「命令」的職責分離開來。聚合中將不再有查詢方法（即 getter 方法），只留下命令方法，Repository 中也只會有 add() 或 save() 方法（支援資料建立與更新），並且只留下一個查詢方法，例如 fromId()。這種單一查詢方法會取得聚合的唯一識別值並

5　譯註：表示函數的呼叫可以直接以該函數的結果資料值取代，而使整體程式邏輯行為不變。

回傳該聚合實例。Repository 不能使用其他方式來查找聚合,例如對額外的屬性值進行篩選。當這些都移除了,就可以稱此模型為「命令模型」(command model)。但我們還是需要將資料展示給使用者,所以需要建立另一個模型,專門針對最佳化查詢,此即為「查詢模型」(query model)。

這難道不是增加複雜度嗎?

讀者可能會認為,這種設計模式需要進行許多工作,感覺只是把一組問題換成另一組問題,甚至還因此增加了許多程式碼。

請別太快否定這種架構風格,因為在某些情況下,複雜度增加是合理的。記住,CQRS 的存在是為了解決某些資料檢視的複雜度問題,而不是把它當成流行的新風格,為你的履歷表錦上添花。

其他稱呼

CQRS 中一些組成或元件還有其他不同的稱呼。比方說,「查詢模型」又稱為「資料讀取模型」(read model),而「命令模型」也稱為「資料寫入模型」(write model)。

因此,傳統的領域模型會被一分為二:命令模型和查詢模型,而且兩者所使用的持久性資料儲存也會分開來,最終的組成部分如圖 4.6 中所示。後面會說明關於此設計模式的細節。

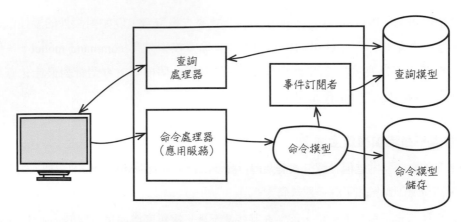

圖 4.6 在 CQRS 中，用戶端的「命令」單向通往命令模型，而「查詢」會採用經過優化的不同資料來源，再把結果提供給使用者介面或生成報表。

CQRS 的各項組成

接下來看看關於 CQRS 模式中的主要組成部分。首先，從用戶端以及查詢模型開始，再進入到命令模型，了解如何同步更新到查詢模型。

用戶端與查詢處理器

不論用戶端（圖 4.6 中最左側的部分）是網頁瀏覽器還是自訂的桌面應用程式介面，都會用到伺服器端所提供的一組查詢處理器。這張圖並未把伺服器端的架構各層細節顯示出來，但不管有多少層，查詢處理器就是一個只會對 SQL 這類資料庫執行基本查詢的簡單組件。

這裡並沒有什麼複雜的分層，充其量只是針對資料庫進行查詢、必要時再把查詢結果以某種格式（DTO 物件或其他）進行序列化的元件。如果用戶端以 Java 或 C# 執行，還可以改為以用戶端直接對資料庫進行查詢。但這樣可能會形成一個用戶端一條連線，造成大量的資料庫授權和連結，所以最好的做法還是，在查詢處理器中使用「連線池」（pooled connection）來管理。

如果用戶端本身可以直接處理資料庫的「結果集」（result set），例如 JDBC 函式庫，搞不好連序列化都免了，但還是建議先轉換一下比較好。對於這個觀點，討論分成兩派意見：一派是極簡主義，主張要以結果集或是非常基本的 wire-compatible 序列化形式（例如 XML 或 JSON 格式）提供用戶端使用；另外一派則是認為，要先轉換為 DTO 物件後再提供給用戶端。這兩種看法各有人支持，但至少大家有共識的是，每次加上 DTO 及 **DTO 組成器**（DTO assembler，[Fowler, P of EAA]）都會導致複雜度增加，如果非必要就應該避免這種「意外複雜度」（accidental complexity）。每個團隊都應該選擇對自己最適合的方法。

查詢模型（資料讀取模型）

查詢模型是一種去正規化（denormalized）之後的資料模型，目的不在於執行領域行為，而是僅專注於處理要顯現（或製作成報表）的資料。如果資料模型是 SQL 資料庫，那麼每一張資料表（table）代表一種用戶端的資料顯示視圖（view，或稱檢視表）。資料表可以有許多欄，甚至包含顯示視圖所需的超集合（superset）資料；這種 table view 模式可以透過多個表格來建立，而每一張表都代表一個邏輯子集。

盡可能多使用視圖來支援查詢

以 CQRS 建立的視圖成本很低，又可以隨用隨棄（對開發或維運而言），尤其當你以最單純的「事件溯源」（見本章「事件溯源」小節及索引 A 的說明）形式把所有事件存入一個持久性資料儲存區（persistence store），隨時都可以重新發布視圖資料。這樣一來，也能從頭設計每一個視圖，或是查詢模型要改用不同的持久性技術也可以。這讓我們能夠輕鬆地設計與維護視圖，並持續滿足使用者介面的需求，進而開發更直覺、更豐富的使用者體驗設計，而不會被資料表結構給綁死。

舉例來說，雖然一張資料表就足以存放一般使用者、經理、管理者使用者介面上所顯示的資料，但如果能根據不同使用者類型來設計相應的資料庫 table view，就能妥善地把不同資安等級角色所能存取的資料分離開來，依照使用者類型顯示不同的安全性

資料。一般使用者的視圖元件，會從一般使用者 table view 中選取所有欄位；同理，經理的視圖元件則會從經理 table view 中選取所有欄位，這樣一般使用者就不會看到只有經理才看得到的內容了。

　　理想狀況下，select 語法只需要一個主鍵值來查詢所使用的視圖。在這裡，查詢處理器從產品的一般使用者 table view 中選取了所有欄位進行查詢：

```
SELECT * FROM vw_usr_product WHERE id = ?
```

　　順帶一提，這裡的 table view 命名規範並不建議使用，這只是為了說明範例中的 select 查詢。主鍵值是對應到某種聚合或多種聚合組合成一個表格的唯一識別值。在本範例中，「id」這個主鍵欄位則是命令模型中 Product 物件的唯一識別值。資料模型的設計原則應盡量遵循「一張資料表代表一種使用者介面視圖」模式，應用程式有多少資安角色，就會有多少 table view，但請依據實務情況考量。

要務實一點

如果在一個高頻率的交易平台有 25 名交易員，每個人都在進行證券交易，根據美國證券交易委員會（SEC）規則，而其他交易員無法查看這些交易，那麼是否要建立 25 個 table view ？這種狀況下，恐怕以一個過濾器來處理會比較合適，否則，過多的 table view 維護成本太不實際了。

　　雖然實務上很難達成，因為查詢行為可能需要將多個資料表或 table view 連結（join）起來。連結查詢可能是必要的，至少更實用，能達到必要的篩選。特別是領域中若存在很多使用者角色，就會是這種情形。

資料庫 table view 是否會給資料庫造成負擔？

如果只是基本的資料庫 table view，並不會在更新後端表格時造成負擔。因為視圖只對應一個查詢，甚至不需要連結（join），除非是「具體化檢視表」（materialized view）才有可能對更新操作造成負擔，因為這種視圖要先將資料另外複製一份供 select 語法查詢使用。因此在設計資料表與視圖時要多注意，以便優化查詢模型的更新。

用戶端驅動命令處理

擁有使用者介面的用戶端，直接（或間接透過應用服務方法）發送「命令」到伺服器端，執行命令模型中的聚合行為。這類「命令」當中通常會含有行為的名稱以及執行該行為的必要參數值，而命令封包（packet）是一種序列化的方法呼叫。由於命令模型擁有設計完善的合約與行為，把命令對映到合約是很簡單的。

而完成這個作業，使用者介面需要收集必要的資料，以便正確設定命令的參數值，這意味著，設計使用者體驗時必須深思熟慮，使用者介面才能引導使用者提交明確的命令。採用一種任務導向的「歸納式使用者介面」（Inductive UI）設計來應對效果最佳，這種使用者介面會把無關的選項都剔除，專注於精準執行命令。不過也有可能設計一個「演繹式使用者介面」（deductive UI），它能夠根據使用者操作產生出明確的命令。

命令處理器

命令的提交由命令處理器（command handler/processor）負責，而命令處理器有幾種不同風格，這裡會介紹這些風格，並且說明它們的優缺點。

第一種是「分類風格」（categorized style），一個應用服務中存在多個命令處理器。這種風格會為命令的類別建立一個應用服務介面與實作；每一項應用服務可以有多個方法，而每個方法負責處理一種命令類型，並帶有相應的參數。這種風格最大的優點就是簡單，處理器很容易理解、實作與維運。

第二種則是「專用風格」（dedicated style），每一個處理器都是一個類別，每個類別只有一個方法，方法會透過參數處理特定的命令。這種風格有一個明顯的優點：那就是每個處理器僅有單一職責，且處理器都是獨立的，可以簡單替換；也可以彈性擴充處理器的種類來處理某些種類的大量命令。

　　專用風格可以衍生為「訊息風格」（messaging style），一樣是「專用風格」，差別在於命令是以非同步訊息發送到處理器上。這樣一來，不僅每個命令處理器組件都能接收特殊類型的訊息，還可以增加某種類型的處理器數量來緩解負載。不過我們並不建議將這種方法作為預設，畢竟它的設計上較為複雜，應當優先考慮其他兩種同步式風格，等到有擴展需求時再轉換為非同步式的機制。因為有些人會認為，這種非同步式機制的時序解耦（temporal decoupling）可以讓系統更有彈性；而這種觀點通常會傾向於採用訊息風格的命令處理器。

　　不論決定採用何種風格，處理器之間都必須保持解耦合狀態，不要讓處理器依賴於任何其他的處理器，需要重新部署某種處理器時才不致於影響到其他的處理器。

　　命令處理器所負擔的職責通常很單純，如果具備創建功能，它會建立一個新的聚合實例（instance），然後把這個新實例寫入到 Repository 中。大多時候則是會從 Repository 中取得一個聚合實例，並對它執行一個命令行為方法，如下：

```
@Transactional
public void commitBacklogItemToSprint(
    String aTenantId, String aBacklogItemId, String aSprintId) {
    TenantId tenantId = new TenantId(aTenantId);

    BacklogItem backlogItem =
        backlogItemRepository.backlogItemOfId(
            tenantId, new BacklogItemId(aBacklogItemId));

    Sprint sprint = sprintRepository.sprintOfId(
        tenantId, new SprintId(aSprintId));
```

```
    backlogItem.commitTo(sprint);
}
```

　　當命令處理器完成操作後，會更新一個聚合實例，命令模型同時發布一則領域事件，才能確保查詢模型也同時更新。還要注意，**領域事件（第 8 章）**與**聚合（第 10 章）**會談到，發布的事件也可能會被用於同步其他與此命令有關的聚合實例，但必須確保額外的聚合實例之變更與交易階段的結果達成最終一致性。

命令模型（資料寫入模型）執行行為

命令模型上每一個命令方法在執行結束後，會根據**領域事件（第 8 章）**的描述發布一則事件作為收尾。範例中 `BacklogItem` 的命令方法結束時，會執行如下作業：

```java
public class BacklogItem extends ConcurrencySafeEntity {
    ...
    public void commitTo(Sprint aSprint) {
        ...
        DomainEventPublisher
            .instance()
            .publish(new BacklogItemCommitted(
                this.tenant(),
                this.backlogItemId(),
                this.sprintId()));
    }
    ...
}
```

這個發布者元件究竟是什麼？

範例中所看到的 `DomainEventPublisher` 是一個基於**觀察者模式**（Observer Pattern，[Gamma et al.]）的輕量元件。有關如何將事件廣泛發布出去的細節，請參閱**領域事件（第 8 章）**內容。

為使查詢模型在命令模型變動後達到同步更新，就需要從命令模型中發布領域事件。使用事件溯源時，也會需要這些領域事件來記錄聚合（以本例而言就是 `BacklogItem`）被修改後的狀態；但要提醒的是，對 CQRS 而言，事件溯源不是必要的機制。除非在業務需求中也包含了事件記錄，否則其實可以透過物件關聯對映（ORM）寫入到關聯式資料庫，或使用其他方式將命令模型的狀態保存下來。但無論哪種方式，重要的是發布領域事件以便更新查詢模型。

不會發布事件的命令

有些情況下，命令不會導致事件發布。舉例來說，假設命令是透過「至少一次」的訊息機制發送，而應用程式也支援冪等操作，那麼重新發送的訊息就會被忽略掉。

此外，也要考慮應用服務會對送達的命令進行驗證。合法授權的用戶端都了解這些驗證規則，因此命令會通過驗證；但不了解規定的用戶端——例如惡意攻擊方——提交不合法的命令會失敗並且直接被系統刪除，以保護其他合法授權的用戶端。

更新查詢模型的事件訂閱者

特殊的事件訂閱者（subscriber），會訂閱命令模型所發出的所有領域事件，利用這些事件來更新查詢模型，以便把命令模型最新的變動反映到查詢模型上。換句話說，這些事件本身也必須包含足夠的資訊，才能正確地更新查詢模型。

但這個更新應該同步還是非同步進行？取決於系統的正常負載量以及查詢模型的資料庫所在位置。此外，對資料一致性的約束、對效能的需求，也都會影響這個問題的答案。

要做到同步更新，一般來說查詢模型與命令模型會共用同一個資料庫（或有同樣的資料庫結構），並且在同一個交易階段中更新這兩個模型，這樣就能保證兩個模型完全一致。當然了，這樣一來就會因為更新多個資料表而花上更多作業時間，並且有可能達不到 SLA 的要求。如果系統常態性地處在高作業負載量，而更新查詢模型又如此

04

架
構

耗時，應該考慮改用非同步更新。但非同步更新可能無法立即將命令模型最新變動反映在使用者介面上，而可能面臨無法達到最終一致性。更新的延遲時間沒法說得準，但為了達到其他 SLA 的要求，或許這是一種必要的妥協對策。

　　新增使用者介面視圖時就需要建立好資料的話，應該怎麼做？跟前面說到的設計資料表及 table view 一樣，利用其中一種方法把當前的狀態寫入新的資料表中。如果命令模型是使用事件溯源來持久化，或是存在一個完整的歷史 Event Store 中，那麼只要重新執行（replay）這些歷史事件就可以完成更新；前提是，儲存區中已經存在你所需要的事件才能使用這方法。如果沒有，必須等到新的命令進來，我們才能在資料表寫入資料；否則，得另尋他法。

　　如果命令模型是透過 ORM 來記錄狀態，可以利用命令模型的資源庫來填入新查詢模型的資料表。對此，我們可以利用常見的資料倉儲（data warehouse，或稱 rePort database 報表資料庫）生成技術，像是擷取、轉換、載入的「ETL」（extract, transform, load）工具，把資料從命令模型的資源庫中擷取出來，轉換為新使用者介面需要的資料形式，再載入到查詢模型的資源庫中。

查詢模型的最終一致性

如果查詢模型必須達到最終一致性——也就是在命令模型更新之後，採取非同步方式更新查詢模型——可能會在使用者介面上產生一些額外的問題。例如，當使用者發出一道命令後，下一個使用者介面視圖是否能夠及時反映查詢模型更新後的資料？這恐怕要取決於系統的負載量等的其他種種因素。無論如何，最好先做最壞的打算，假設永遠無法在使用者介面上達到一致性。

　　有一種方法是，將提交的命令參數資料暫時顯示在使用者介面上。這種做法看似作弊，但能夠讓使用者立即看到查詢模型上的最終變更結果；這或許是唯一能夠避免使用者介面在命令成功執行後卻顯示過時資料的方法了。

但如果這對某些使用者介面來說不可行呢？就算是可行，還是可能會發生「一名使用者執行命令時，其他使用者正在查看資料」的情況而導致使用者介面顯示過時資料。這問題該怎麼解決？

　　Dahan 在其有關 CQRS 的著作 [Dahan, CQRS] 中提出了一個方法，那就是在使用者介面上明確顯示使用者在當前查詢模型中看到的資料時間戳記，這樣一來，必須維護查詢模型中所有記錄最近一次更新的日期時間。這倒不難，透過資料庫一般提供的觸發功能（trigger）就可以做到。有了最後更新的日期時間資訊後，使用者介面便能告知使用者當前資料新舊程度。要是使用者認為資料太舊，可以請求更新資料。有人認為這是一種有效率的設計模式，但也有人認為只是治標不治本的取巧方法。這種兩極的評價說明了一件事：最好先執行使用者接受度測試（user acceptance testing, UAT），再決定是否採用這種做法。

　　顯示資料同步不同步或許不是什麼大問題，我們也可以透過一些方法來解決，例如Comet（也就是 Ajax Push），或是利用其他延遲更新形式，像是**觀察者模式**的變化型 [Gamma et al.] 或**網格分散式快取**（例如 Coherence 或 GemFire）等事件訂閱機制來克服。延遲甚至有更簡單的處理方式：告知使用者請求已經收到，但需要一點時間處理才能顯示結果。小心判斷最終一致性的延遲時間是否會造成問題，如果確實會造成困擾，應檢查系統環境來找出最好的解決方案。

　　如同其他設計模式，CQRS 也引入了一些相互衝突的考量，因此我們必須審慎評估、做出明智的抉擇。如果使用者介面並不複雜，或是僅在單一介面視圖中處理多個不同聚合，那麼採用 CQRS 反而會帶來不必要的額外複雜度。當然了，如果你確定採用 CQRS 可以消除一個有很高機率失敗的風險，CQRS 就會是你的最佳選項。

事件驅動架構

「事件驅動架構」（Event-driven architecture, EDA）指的是一種圍繞在事件的發生、觀測、取用以及對事件做出反應的軟體架構 [Wikipedia, EDA]。

圖 4.4 的六角架構中，展示了一個系統使用 EDA 的概念，透過進入訊息和發送訊息進行互動。EDA 不一定要使用六角架構，但是用六角架構來展示相關的概念是很合適的。若是全新開發的專案，倒是可以認真考慮採用六角架構作為主要的架構風格。

回到圖 4.4，先假設以倒三角型標示的用戶端及其對應的輸出端，代表 Bounded Context 中採用的訊息交換機制。可以看到，輸入事件所使用的埠口與其他三種用戶端所用的埠口不同；同樣地，輸出事件也是經由另一個不同的埠口離開系統。先前提過，不同埠口代表著與其他用戶端採用常見的 HTTP 傳輸機制不同，可能是 RabbitMQ 會用到的 AMQP 訊息傳輸協定。但不管採用什麼訊息機制，我們先假定事件進出系統都是用倒三角形來標示。

進出六角架構的事件會有各式各樣的類型，在這之中我們特別重視領域事件。但除了領域事件，應用程式本身也可能會訂閱系統事件、企業事件等等其他類型的事件；或許跟系統健康度的監控、稽核記錄、動態配置等有關。不過在建模時要關注的主要還是領域事件。

只要把整張六角架構圖複製多次，就可以呈現出整個企業中支援事件驅動的系統，如圖 4.7 所示。再次強調，並不是所有系統都一定要採用六角架構，這只是用來呈現有多個六角架構系統時，事件驅動的運作樣貌。讀者也可以將這個六角架構替換為分層架構等等的其他風格。

04

架構

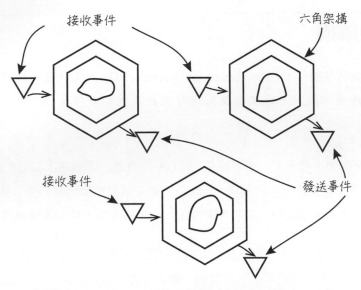

圖 4.7　這三個系統全面採用六角架構風格，並結合了 EDA。EDA 風格解耦了系統之間的相依性，使得這些系統僅依賴訊息機制以及訂閱的事件類型。

領域事件會從一個系統的輸出埠口送到訂閱者的輸入埠口。對於不同的 Bounded Context 而言，接收到的這些領域事件各有不同的意義，當然，也可能不具任何意義[6]。Bounded Context 若對某種事件感興趣，就會從事件中擷取該應用程式 API 需要的屬性（property）來執行相應的操作；隨後，應用程式 API 執行的命令操作結果就會反映到領域模型上。

但也有可能，某一則領域事件在一個多任務處理（multitask）流程中僅扮演一部分角色而已，必須要處理完所有的領域事件，整個流程才能算是完成。但是，這個流程又要怎麼開始？它在整個企業中如何分布？我們又該如何監控整個進度直到完成？這些問題會在後續介紹「長期運行處理程序」的小節進一步探討。但首先要了解一些基礎知識。基於訊息交換機制的系統，通常都呈現一種「管道與過濾器」設計風格。

6　原註：使用訊息過濾器或路由鍵（routing key），訂閱者可以避免收到對他們無意義的事件。

管道與過濾器（Pipe and Filter）

說到管道與過濾器，最簡單的方法就是運用 shell/console 指令：

```
$ cat phone_numbers.txt | grep 303 | wc -l
3
$
```

上面這行 Linux 系統指令是用來查找名為 phone_numbers.txt 中的個人電話簿中，有多少筆聯絡資訊以美國科羅拉多州區域號碼「303」作為開頭。當然，這行指令並不嚴謹，這邊只是用它來說明管道與過濾器的運作原理：

1. 首先，「cat」指令功能會把 phone_numbers.txt 檔案的內容輸出到一個叫做「標準輸出串流」（standard output stream, stdout）的地方。這條串流一般而言是通往指令列環境介面，但是當後面接續著「|」字符時，串流的輸出會被一條管道接往輸入串流，通往下一條指令功能。

2. 接著，「grep」指令功能會從「標準輸入串流」（standard input stream, stdin）讀取輸入資料，也就是先前 cat 指令的執行結果。grep 指令後面的引數（argument），是要找出含有字串「303」的資料行，而找到的每行資料都會再輸出到標準輸出串流中。與先前 cat 指令的情況相同，grep 指令的輸出串流也會被一條管道接往下一條指令功能的輸入。

3. 最後，「wc」指令功能透過由管道轉來的標準輸入串流讀取 grep 指令執行的輸出結果。指定給 wc 指令的引數是「-l」，這代表要統計這個指令總共讀取了多少行資料，然後把統計結果輸出。輸出的結果顯示為「3」，代表前面 grep 指令的輸出結果只有三行。由於後面沒有其他管道與指令的關係，所以這次標準輸出串流就會直接把資料顯示到指令列環境介面上了。

在 Windows 作業系統的主控台（console）也有提供類似的功能，使用以下命令可以少通過一次管道：

```
C:\fancy_pim> type phone_numbers.txt | find /c "303"
3
C:\fancy_pim>
```

上面這些指令功能究竟做了什麼？每項功能都會從輸入串流接收資料並進行處理，然後再輸出處理過後的資料。這些指令功能在此扮演著「過濾器」的角色，將輸入的資料改變再輸出，因此在一連串的過濾後，得到的輸出資料很可能與輸入完全不同。本例中一剛開始的輸入是純文字檔案，包含一行一行聯絡資訊，但最後輸出只有一個數字 3。

要如何將範例中的基本原則套用在事件驅動架構上？事實上，兩者是可以找出一些共同的特性。接下來我們會針對 Hohpe 與 Woolf 著作 [Hohpe, Woolf] 中所描述的管道與過濾器訊息模式來探討。要注意，訊息交換機制中的管道與過濾器不直接等同命令列的例子。比方說，EDA 中的過濾器不需要過濾資料，而是在不更動原本訊息內容的情況下進行某些操作。但 EDA 中的管道與過濾器與上面指令列例子中的管道與過濾器確實有許多類似之處，我們才會先以指令列作為基礎範例。如果讀者已經具備一定知識，可以選擇跳過某些內容。

表 4.2 列出了訊息交換機制中管道與過濾器處理過程的基本特性。

表 4.2　訊息交換機制中管道與過濾器處理過程的基本特性

特性	說明
管道是訊息通道	過濾器從輸入管道接收訊息，再把訊息發送到輸出管道。因此管道是作為訊息管道。
管道與過濾器透過埠口相連	過濾器與輸入／輸出的管道之間，透過埠口（Port）相連。埠口使得六角架構（埠口與轉接器）成為適用於整個系統的架構風格。
過濾器只是處理器	過濾器會「處理」訊息，但不一定會過濾訊息。
各自獨立的處理器	每個過濾處理器都是一個獨立的元件，在設計上呈現出適合的元件粒度（granularity）。
遵循鬆耦合原則	每個過濾處理器都是獨立的，與其他過濾處理器保持鬆耦合。至於這些過濾處理器的組合，則是透過設定的方式（configuration）來進行定義。
可互換性	處理器接收訊息的順序，可以根據使用案例的需求來變換；同樣會透過設定的方式完成。
過濾器可使用多管道	命令列的過濾器只會從單一管道讀取並寫入到單一管道；但訊息交換機制的過濾器可以從多條管道讀取、也能寫入到多條管道，這代表可以進行平行或並行處理。
平行使用多個同類型過濾器	針對作業最繁重或速度最慢的過濾器，可以部署多個過濾器以提高處理效率。

那麼，原本的 cat、grep、wc（或 type、find）指令功能，換到事件驅動架構的情境下會是怎樣的元件？如果要以訊息交換機制的接收發送等元件，對範例電話簿中的電話號碼進行過濾，要怎麼實作（再次聲明，不是真的要取代指令列，只是想示範簡單訊息交換機制也可以達到相同的目的）？

如果改以訊息交換機制的管道與過濾器來實作，整個流程如圖 4.8：

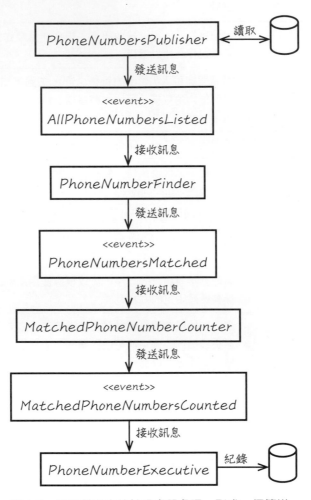

圖 4.8　透過發送事件給過濾器處理，形成一個管道。

1. 首先建立一個名稱為 PhoneNumbersPublisher 的元件，讀取 phone_numbers.
   txt 所有資料行，然後建立為一則事件訊息發送出去。這則事件命名為
   AllPhoneNumbersListed。在事件訊息發送時，就代表整串流程開始了。

2. 接著，設定一個名為 `PhoneNumberFinder` 的訊息處理元件來訂閱這則 `AllPhoneNumbersListed` 事件，並接收該事件的訊息。這個訊息處理器是整串流程中的第一個過濾器，這個過濾器被設定來找出含有字串「`303`」的資料，然後把所有符合搜尋條件的資料行，建立為一則新的事件，名為 `PhoneNumbersMatched`，接著把事件訊息送出去，讓流程往下繼續。

3. 然後，設定一個名稱為 `MatchedPhoneNumberCounter` 的元件來訂閱這則 `PhoneNumbersMatched` 事件，並接收該事件的訊息。這個訊息處理器是整串流程中的第二個過濾器，其唯一的職責是統計事件中的電話號碼有多少筆，把統計結果以一則新的事件發送出去。根據先前的範例，統計結果總共有三筆，過濾器最後會建立一則名為 `MatchedPhoneNumbersCounted` 的事件，其中 `count` 屬性（property）的值設定為 `3`。事件訊息發送後，流程往下繼續。

4. 最後，設定一個名為 `PhoneNumberExecutive` 的訊息處理元件來訂閱 `MatchedPhoneNumbersCounted` 事件，並接收該事件訊息。這個處理器唯一的職責是把結果記錄在一個檔案，包括事件中的 `count` 屬性值以及收到這則事件的日期時間。如下所示：

```
3 phone numbers matched on July 15, 2012 at 11:15 PM
```

整串處理流程到此完成[7]。

這種流程具備充足的彈性，當需要加入新的過濾器時，僅需建立新的事件類型並讓既有的其他過濾器也訂閱這類事件，然後把事件發布出去。但相對的，在變更流程上的順序時則要特別留意，這不比修改指令列上的執行順序那般單純，不過一般這類變

7　原註：為了單純化，我沒有討論六角架構的埠口（Port）、轉接器（Adapter）和應用程式的 API。

更也不會如此頻繁就是了。雖然上述的分散式範例看上去好像沒多大用處，但這邊最主要是展示管道與過濾器元件，與事件驅動架構的訊息機制可以如何結合運用。

那麼，管道與過濾器元件能夠徹底解決我們的問題嗎？答案是否定的。如果讀者在閱讀過程中感到此範例有什麼違和之處，代表你已經察覺到應該有更好的做法才對；但也不用對此表示反對，畢竟解決方案本來就各有優劣。這個範例終究只是用於說明概念而已，不是用來抄的，實務中，管道與過濾器的設計模式會被用在一個複雜的龐大問題上，以這種分散式處理的機制將問題拆解為較小的議題，便於分進合擊。或是，單純作為職責切割，讓各個系統負責管理屬於自身職責的工作。

而在 DDD 中，領域事件的名稱反映其背後代表的業務意義。比方說，步驟 1 是由一個 Bounded Context 中的聚合執行某種行為後產生的結果，以此來發布領域事件。而步驟 2 到 4 中，則可能是由收到了這則事件的一到多個不同 Bounded Context 處理，之後造成的變動與結果，則又可能在各自的情境中造成聚合的新增或變更，並產生出其他的事件。依領域不同，上述的細節雖有差異，但大致上這就是管道與過濾器處理領域事件時會有的樣貌。

就像**領域事件（第 8 章）**所提及的，領域事件的意義不僅僅只是技術層面上的一道通知，而是具體代表著領域模型的活動記錄，當中包含唯一識別值以及各種能夠充分表述出該事件內容的屬性資料值，以供領域中收取該事件訊息的訂閱者所利用。這種同步、循序的處理方式，還可以進一步再擴展為同時處理多任務的架構。

長期運行處理程序（Saga）

我們可以進一步延伸前述的管道與過濾器範例，從而得到另一種具備事件驅動、分散式、平行處理等性質的設計模式，即所謂的長期運行處理程序（Long-Running Process），有時又稱為「Saga」（意指長篇史詩或長敘事之意）。這個詞最早出現在 Garcia-Molina 與 Salem 合著的書 [Garcia-Molina & Salem] 中，不過根據不同的背景，

saga 一詞可能有特定的含義或用途,因此為了避免混淆,本書中我們選擇用「長期運行處理程序」這個名稱,偶爾為了簡便起見會簡稱為「長期程序」。

牛仔小劇場

寶弟: 我認為「《朱門恩怨》(Dallas)和《朝代》(Dynasty)這兩齣影集才真正稱得上是經典長篇史詩大作!」

傑哥: 「要是德國讀者不知道我們在講啥的話,他說的《朝代》就是指你們那邊的《錦繡豪門》啦。」

　　以先前的範例做延伸,我們可以新增一個名為 TotalPhoneNumbersCounter 的過濾器來建立一個平行處理的流程,這個過濾器也訂閱了 AllPhoneNumbersListed 事件,與 PhoneNumberFinder 過濾器平行地接收 AllPhoneNumbersListed 事件。TotalPhoneNumbersCounter 過濾器的作業目標很單純,就是統計電話簿中總共有多少筆記錄,只是這次 PhoneNumbersExecutive 會是一條長期運行處理程序,它會持續追蹤這些流程直到結束為止。至於 PhoneNumbersExecutive 是否要重複利用 PhoneNumbersPublishers 的程式碼內容不是這邊的重點,這裡的重點在於為此新增的部分。這個 PhoneNumbersExecutive 的長期運行處理程序會作為應用服務或命令處理器,持續追蹤這串流程直到作業完成,並在完成時採取對應的作業。整體過程如圖 4.9 所示。

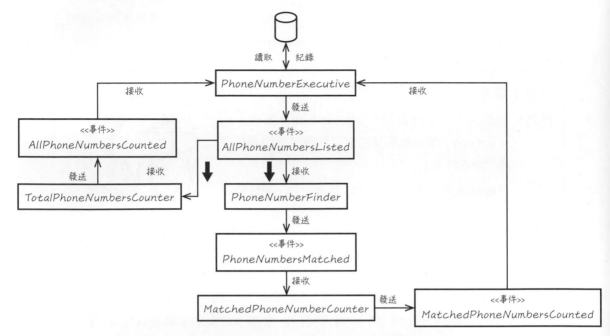

圖 4.9　由一條長期運行處理程序啟動平行作業流程，並且持續追蹤直到完成為止。圖上線條較粗的箭頭用來表示這兩個過濾器是平行接收到同樣的事件。

長期運行處理程序的各種設計

一般來說，要設計一條長期運行處理程序有下列三種方法，當然還可能有更多種，但不在此一一列出：

- 整個流程以各種任務組合而成，再以一個主管元件（executive component）來將這些任務的執行步驟與完成情況記錄到持久性物件中。這裡將對這種設計方法做詳盡的討論。

- 將整個流程設計為在一連串活動中互相協作的一組聚合，之中會有一或多個聚合實例（instance）扮演主管的地位，管理整個流程的狀態。這種設計方法為亞馬遜公司的 Pat Helland 所提倡 [Helland]。

- 將整個流程設計為訊息處理器元件組成的無狀態流程，每個元件收到事件訊息後，會加上任務進度的相關資訊，再往下發送出去。於是整個流程的狀態就隨著訊息在各個協作元件中傳遞時不斷更新下去。

▲ ─── ▲

現在兩個過濾器都訂閱了初始的事件，從流程上來看是同時收到一樣的事件。原本既有的過濾器功能不變，也就是找出含有「303」字串的資料行；新增的過濾器則是單純統計總筆數有多少行，完成作業後會發出 AllPhoneNumbersCounted 事件。這個新事件訊息中含有統計出來的總聯絡資訊數；假設總共有 15 筆，事件的 count 屬性值就會是 15。

於是，現在 PhoneNumberExecutive 的職責就是同時訂閱兩則事件 —— MatchedPhoneNumbersCounted 和 AllPhoneNumbersCounted；除非這兩則領域事件都收到，否則平行流程就不算完成。一旦確認完成了，就會再把這些平行流程的執行結果合併為一條結果，並由主管元件記錄下來：

```
3 of 15 phone numbers matched on July 15, 2012 at 11:27 PM
```

這條輸出記錄包括了電話總筆數以及原本流程中就提供的符合搜尋筆數、日期和時間等資訊。產生結果並不需要執行什麼複雜的任務，重點在於以平行方式處理。要是在這串流程中，某些事件訂閱者的元件部署在不同的運算資源節點上，那麼這條平行流程也會是分散式的。

不過，範例中的長期運行處理程序存在著一個問題：PhoneNumberExecutive 目前無法得知收到的兩則領域事件，是否來自同一個相關聯的平行流程。如果同時啟動了許多這種平行流程，但收到的完成通知事件順序卻不一樣，那麼主管角色的元件要怎麼知道哪一個平行流程已執行完畢？在本範例中，把兩個不相關的事件結果組合在一起記錄下來，還不算什麼嚴重的事；但是到了現實中的業務領域，發生錯誤對應的長期運行處理程序將會招致災難性的後果。

要解決這個問題的第一步，首先是在流程中為相關的領域事件「加上唯一的識別值」。它可以利用一開始觸發原始領域事件（如 AllPhoneNumbersListed）的識別值，例如長期運行處理程序本身的 UUID（universal unique identifier，通用唯一識別碼）作為辨別用的識別值；請參考**實體（第5章）**與**領域事件（第8章）**中的討論。這樣一來，PhoneNumberExecutive 只會在接收到有同樣識別值的事件之後，才會把結果記錄下來。不過主管元件不會一直持續等著所有通知完成的事件都接收完畢，這個元件也是一種事件訂閱方，它會隨著每一次訊息的到來啟動、處理完畢即停止。

既是主管元件、也是追蹤器？

有些人覺得，把「主管元件」（executive）與「追蹤器」（tracker）的概念合而為一形成單一物件（聚合）是最簡單的做法；把這樣的聚合放在領域模型中，讓它作為整體流程的一部分自然地去追蹤長期運行處理程序，能夠簡化整個過程。其中一個優點是，除了聚合必須存在，我們不需要另外再開發一個獨立追蹤元件作為狀態機（state machine），而事實上最基本的長期運行處理程序最佳實作也就是如此。

採用六角架構的話，埠口與轉接器之間的訊息處理器一般都是分派給一個應用服務（或命令處理器）來負責，載入目標聚合後再呼叫對應的命令方法。由於這個聚合會陸續觸發領域事件，因此可以利用這些事件來確認聚合是否已經完成在流程中的職責。

這種設計近似 Pat Helland 在其著作 [Helland] 中所描述的「partner activity」（夥同活動），也就是在前面小專欄「**長期運行處理程序的各種設計**」中所提到的第二種設計方法。為了讓讀者更容易理解整及學習整個技術，將主管元件與追蹤器兩個概念分開討論是比較有效的方法。

如果放到實際的領域下來看，長期運行處理程序的每個主管元件都會以一個新聚合的狀態物件，來追蹤整串流程的完成進度。這個具狀態的物件是在流程啟動時建立的，並且與流程中每個領域事件的唯一識別值關聯在一起；物件中再加上流程啟動時的時間戳記就更好了（後面會說明原因）。這個流程狀態追蹤物件如圖 4.10 所示。

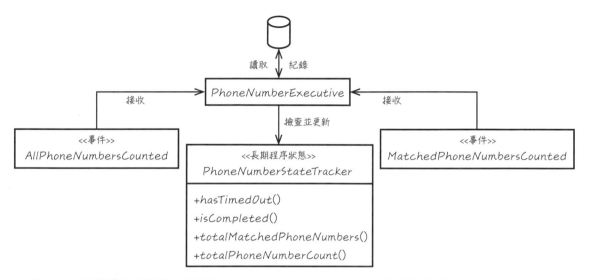

圖 4.10　長期運行處理程序會利用 PhoneNumberStateTracker 這個狀態物件（state object）
　　　　 追蹤流程，而這個追蹤器會實作成一個聚合。

隨著這些平行流程中的每一條流程完成時，主管元件會接收到完成事件通知。接著，主管元件根據這些事件身上用來區分不同流程的唯一識別值，取得對應的狀態追蹤實例（instance），並且設定相關的屬性值來表示步驟已完成。

用於追蹤流程的狀態實例通常有一個像是 isCompleted() 的方法，當每個步驟都完成並記錄在這個狀態追蹤器後，主管元件會呼叫 isCompleted() 方法來進行確認。這個方法則會檢查所有必要的平行流程都已經回報完成。如果方法回傳為 true，那麼主管元件就可以視業務需求再發布最終的領域事件。之所以這樣做，是因為這條已完成的流程只是另一條更大規模平行流程的一部分而已。

此外，有些訊息傳遞機制或許無法提供「在一次傳遞中」送達事件的保證[8]，因此有可能會需要將一則領域事件的訊息重複發送多次，這種時候就可以利用長期程序的狀態物件來避免重複處理事件的問題。要做到這一點，會需要訊息傳遞機制的特殊功能配合嗎？來看看在不使用特殊功能的情況下如何處理。

每當收到一則完成的事件，**主管元件會針對這則事件，檢查在狀態物件中是不是先前已經有記錄過**。若狀態設值已經完成，就可以知道該事件是重複收到的事件並將它忽略即可，但還是要確認已收到[9]。另一種做法則是**把狀態物件本身也設計為具冪等性**，這樣一來即使主管元件收到重複的事件訊息，狀態物件也可以跟先前的事件一樣平等對待這則重複事件，重複記錄而不至於影響結果。兩種做法都可以讓訊息具冪等性，差異僅在於第二種做法連狀態追蹤器本身也具備冪等性。關於事件重刪（de-duplication），**請參考領域事件（第 8 章）**的討論。

此外，有時候追蹤長期運行處理程序會有時限敏感性，我們可以被動或主動追蹤一條流程是否逾時。之前提到過，可以在流程狀態追蹤器加上收到事件的時間戳記，因此只要另外加上一個最大可允許的處理時間常數值（或是透過設定檔），主管元件就可以透過這些資訊來主動管理具時限敏感性的長期程序。

被動檢查是否逾時，則由主管元件在收到這些平行流程完成事件時進行處理。此時，主管元件取得狀態追蹤器，並呼叫一個類似 hasTimedOut() 的方法，詢問追蹤器該流程是否逾時。要是方法的呼叫結果顯示已經超過規定的時限，就可以將這個流程狀態追蹤器標記為「已廢棄」；還能再發布一則執行失敗的領域事件。但這種被動逾時檢查機制有一個缺點，就是即使已經超過時限，但只要有任何原因導致主管元件未收到應送達的事件，那麼長期程序還是會保持活躍狀態繼續等下去；如果這條流程是另一個更大規模平行流程的一部分，這個等待程序持續運作的話可能會形成更大的問題。

8　原註：這不代表保證成功傳遞，而是保證一次傳遞或只傳遞一次。

9　原註：當訊息機制接收到確認已成功收到該訊息，該訊息不會再次被傳送。

　　主動檢查是否逾時，可以透過一個外部計時器來進行管理，像是 JMX 的 `TimerMBean` 實例（instance）就能取得一個 Java 管理的計時器。在流程開始時，這個計時器設定在最大可允許處理時間，當計時器時間一到，被計時器呼叫的元件會檢查該流程的狀態追蹤器，要是狀態還處於尚未完成（記得把計時器觸發，與通知完成事件剛好同時抵達的特殊情況也考慮進去），就會標記為「已廢棄」，並發布相應的執行失敗事件。反過來，如果在時間到之前追蹤結果是已完成狀態，就可以中止計時器。主動逾時檢查機制有一個缺點，它相對來說較耗費系統資源，因而可能對系統的運作造成負擔。再者，這種計時器與事件之間的爭先問題（race condition）可能會導致錯誤發生。

　　長期運行處理程序常用在分散式平行處理的情境中，但不是分散式架構所必要的設計模式，並且要能夠接受最終一致性。在投入心力去設計這種長期運行處理程序時必須謹慎為之，當基礎設施發生障礙或作業失敗時，應備有完善的異常復原機制。而且，所有作為長期運行處理程序一部分的系統，都要預期在主管元件收取到最終的完成通知之前，彼此之間的認知可能都是不一致的。不過確實，某些長期運行處理程序可能僅完成了一部分就能成功，或是可能延遲了好幾天才能完全完成。若流程遇到阻礙，遲遲未能獲得完成的確切訊號，所有流程中的參與系統都會處在不一致的狀態之下，還可能因此要準備一些補救措施。如果補救措施是必要的，就會增加成功流程設計的複雜度，這樣一來，還不如在業務程序上容許失敗的發生，準備替代的解決方案來處理。

SaaSOvation 公司的團隊在各 Bounded Context 中採用了事件驅動架構，ProjectOvation 的開發團隊也採用最簡單形式的長期程序，來管理在為 `Product` 實例建立 `Discussion` 的流程。至於與外部的訊息交換機制以及企業內部的領域事件發布，則採用六角架構來管理。

這裡要注意的是，長期運行處理程序的主管元件在啟動平行處理流程時，可以發送的事件不限於一則，事件的訂閱方也可能不僅只有兩個而是三個以上；換句話說，長期程序可能會同時執行多條不同的業務流程活動。上面的範例只是為了向讀者傳達長期程序的基本概念，因此並未展示全部的複雜度。

當與既有系統整合存在大量的延遲時間，長期程序正好能發揮用處。不過即使不是既有系統整合或長延遲時間問題，分散式或平行處理的架構也能帶來高度可擴展性和可行性的好處，打造出一個優雅的業務系統。

有些訊息交換機制中已經內建了對長期運行處理程序的支援，這加快了引入長期運行處理程序的進程。像是在 [NServiceBus] 當中就直接以 Sagas 稱呼。另一個支援 Saga 的較知名例子則是來自 [MassTransit]。

事件溯源

有時在業務中需要對領域模型的物件進行變更追蹤，這類追蹤的需求分為不同層次，而根據不同層次也有不同的做法。一般而言，通常只會追蹤實體何時建立和最後一次修改，以及變更是由何者發動，這算是一種相對簡單直接的變更追蹤。但這種簡單的追蹤也就看不出來每次變更在領域中究竟做了什麼事情。

隨著變更追蹤的需求愈來愈多，業務會需要更多的描述性資料，並且開始關注每一次個別執行的作業，以及每次作業花了多少時間。為了滿足這些需求，會需要維護稽核記錄或根據不同使用案例提供更詳盡內容的日誌。但稽核記錄或是日誌存在一定的侷限，雖然可以提供系統內部的資訊，也能提供一定程度的除錯資訊，但無法讓我們檢查領域物件在某次變更前後的狀態。那麼，應該怎麼做才能獲得更多訊息呢？

身為開發人員的讀者，應該已經接觸過各種變更追蹤技術了，這當中最為常見的，莫過於原始碼的變更追蹤，如 CVS、Subversion、Git 或 Mercurial 等工具。這些不同的

原始碼版本管理系統的共同之處在於，它們都有辦法追蹤原始碼檔案的變更，而且透過這些工具，我們能夠一路追溯變更，從最原始版本開始直到最新版本為止，查看每個原始碼檔案在每個版本做了哪些變動。將所有原始碼檔案都放上版本控制系統，就能協助我們追蹤整個開發生命週期中的所有變更。

　　現在，要是我們把這種概念應用到模型中的單一實體、再應用到聚合及模型中的所有聚合呢？讀者看到這邊應該能夠理解，對物件的變更進行追蹤是多麼強大的一項工具，以及這對系統來說有多大的價值。因此我們希望建立起一套機制，把諸如是什麼建立了聚合實例、聚合實例在模型中的種種操作都記錄下來。有了這些操作的歷程記錄後，甚至可以建立時序模型（temporal model），而這個層次變更追蹤正是事件溯源設計模式之精神所在 [10]。圖 4.11 顯示了從較高層次的觀點來看此設計模式。

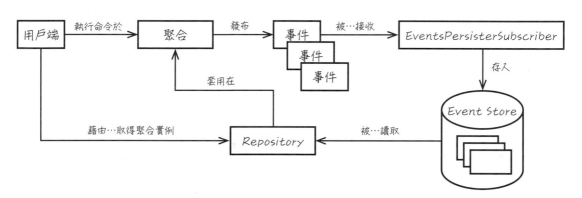

圖 4.11　以較高層次的觀點來審視事件溯源，當聚合發布事件時，會有一個 Event Store（存放事件的資料庫）用於記錄與追蹤模型的狀態變化；接著 Repository 從 Event Store 中讀取事件用於重組聚合狀態。

　　事件溯源有各種不同的定義，因此有必要先在此釐清。本書所討論的，泛指在領域模型中任何聚合實例在執行命令操作後，會發布至少一則描述了執行結果的領域事件。這些事件都會依照時間發生順序存入 Event Store（**第 8 章**）。當從 Repository 中把聚

---

10 原註：討論事件溯源通常需要對 CQRS 有所了解，相關內容在前面該主題的部分中已介紹過。

合取出來後，將按照這些事件的發生順序，依序重新執行一次，來重建該聚合實例的狀態[11]。換句話說，最早發生的事件會先重新執行，聚合會把該事件套用在自己身上來修改狀態，接著輪到時間序上的第二則事件，依此類推，直到所有事件都重新執行一次並套用在聚合上。最後，聚合的狀態應該跟最後一次執行命令的狀態一樣。

一個不斷演進的模式？

對於「事件溯源」的看法與定義仍有許多分歧，並且持續在討論與改進中，直到撰寫本書的當下也還沒有一個定見。就如同多數新技術一樣，這種持續精進的過程是必要的。本書所描述的，是該設計模式應用於 DDD 的一些重點，希望盡可能展示未來應用的方向。

只是，如果經過一段很長的時間，聚合實例產生了成千上百則甚至數百萬則的事件與變化，重新執行這些事件難道不會對模型的處理造成嚴重的延遲與負擔嗎？至少對某些高作業量的模型來說，這一點確實是值得擔憂的問題。

為了避免這種瓶頸產生，可以利用聚合狀態的「快照」（snapshot）來達到最佳化。這是一個在背景運作的流程，當 Event Store 的歷史記錄到達一個門檻點的時候，就會將聚合在記憶體中的狀態快照下來。為此，需要先根據該門檻點之前的所有事件，把聚合載入記憶體中，將其狀態序列化，再把序列化的快照存入 Event Store。此時就可以透過最近的快照實例化聚合，然後重新操作比該快照還新的所有事件，藉此修改聚合的狀態。

建立快照的時機點並非隨意而為，而是根據一個事先定義好的新事件發生數量。團隊可以依據領域本身的特性或其他因素來決定該訂在多少。比方說，根據還原聚合狀態的最佳速度，將門檻訂在「不超過 50 或 100 則事件時就要建立一份快照」。

---

11 原註：聚合的狀態是由先前的事件組合而成，但只有在按照發生順序套用這些事件時才能得到該狀態。

事件溯源更偏向於一種技術性的解決方案，就算沒有事件溯源機制，領域模型還是照樣可以發布各種領域事件。而身為持久性機制，事件溯源可以作為一種與 ORM 工具完全不同的替代方案。所謂的不同是指，Event Store 是以二進位形式存放這些事件，因此無法用一般方式進行查詢。實際上，用於事件溯源模型的 Repository，通常只提供一個 get 或 find 這類操作方法，且只能以聚合的唯一識別值作為呼叫方法的參數；此外，聚合也不會提供 getter 這種查詢方法。結論就是需要其他查詢的手段，一般就是將先前介紹過的 CQRS 與事件溯源結合起來 [12]。

事件溯源提供了在領域模型設計上的新思維，我們也要先釐清這種做法有什麼好處。從最基本的好處開始，首先，事件歷程可以幫助我們除錯，只要能夠明確知道模型中曾經發生過哪些大小事，就能對除錯工作產生莫大的助益。而事件溯源也能幫助提高領域模型的作業處理量，每秒鐘可處理的事件能擴展到非常高的數量；例如，往一個資料表中添加記錄的操作可以變得非常快。除此之外，事件溯源有助於提高 CQRS 查詢模型的可擴展性，因為現在只要發布事件到 Event Store 就好，資料庫的更新則是在事件存入 Event Store 後於背景處理即可。這樣一來，便能複製更多查詢模型的資料來源實例（instance），提供給持續增加的用戶端使用。

只是，這些技術性上的好處不一定能夠幫到業務面。但仍值得考慮下列幾項事件溯源機制技術帶來的業務優勢：

- 在 Event Store 中加入新事件或修改過的事件，就能以這種「打補釘」的方式來修補問題。這樣的做法可能會對業務產生影響，但假設是以合法角度來運用這種手段，就能夠挽救因模型中的程式缺陷而導致的嚴重系統異常。況且，這些修正都「有跡可循」，使其明確且可追溯，因而能降低法律上的疑慮。

04
架構

---

12 原註：雖然我們可以使用 CQRS 而不使用事件溯源，但通常不使用事件溯源而僅使用 CQRS 是不實際的。

- 除了上述的修補方式之外，也可以透過重新執行其中一組事件，來還原（undo）或重做（redo）模型中的修改。這可能會同時影響到技術與業務部分，並且可能不適用於所有情況。

- 既然手頭上有了一份領域模型中的歷史事件記錄，就能夠在業務面上思考各種「如果性」的問題。像是，在一個加入了實驗性新功能的聚合上重新執行先前的事件，來找出這個假設性問題的答案，看看是否符合業務的預期。從業務面的觀點來看，若能以實際發生過的資料來模擬概念性的情境，是否能夠獲得好處？當然可以。這也是一種實現商業智慧（business intelligence, BI）的形式。

那麼，究竟是否能夠從這些技術性或非技術性的優點，獲得業務上的好處呢？

附錄 A 提供了關於實作聚合與事件溯源機制的細節，並說明了如何在 CQRS 中實作視圖的映射。更進一步的資訊，請參考 Dahan 與 Nijof 關於 CQRS 的著作 [Dahan, CQRS; Nijof, CQRS]。

Fata Fabric 與網格分散式運算

本節內容由 Wes Williams 提供

隨著軟體系統日漸複雜且功能愈來愈多樣化，加上用戶數量不斷擴增，對於「大數據」的需求也逐漸增加，原本作為解決方案的傳統資料庫此時反而成了效能瓶頸。當企業無法應對龐大的資訊系統需求時，只能夠依據現有的運算資源來尋求合適的解方。而「Data Fabric」——又稱「網格運算」（Grid Computing）[13]——提供了運算效能以及可擴展能力，來因應這類業務需求。

---

13 原註：這並不是說 Data Fabric 和 Grid Computing 是相同的概念，但對於那些以一般角度看待這個架構的人來說，這兩個名稱代表同樣的事情。當然，行銷和銷售通常會將它們限定為相同含義，但在這裡使用「Data Fabric」這個術語，是因為它的功能性通常比「Grid Computing」來得豐富。

牛仔小劇場

傑哥：「給你條小道消息，用這跟你換杯酒吧？」

寶弟：「沒門，老傑，先給我把消息快取起來，我再看看值個幾塊錢。」

Data Fabric 的其中一個好處就是可以與領域模型結合無礙，兩者之間合作起來天衣無縫。通常，Data Fabric 中提供的分散式快取可以輕易作為領域物件的持久性機制，並作為特定的聚合存放區（Aggregate Store）[14] 來使用。簡單來說，在 Data Fabric 的鍵值對（key-value pair）快取 [15] 機制中，聚合以「值」的角色存入，而「鍵」則是由該聚合的全域唯一識別碼（globally unique identity, GUID）組成，聚合本身會被序列化為二進位或純文字的形式，並作為「值」：

```
String key = product.productId().id();

byte[] value = Serializer.serialize(product);

// region (GemFire) 或 cache (Coherence)
region.put(key, value);
```

因此，採用 Data Fabric 的好處便是，技術層面可以與領域模型良好合作，有機會縮短你的開發週期 [16]。

---

14 原註：最近 Martin Fowler 正推廣「Aggregate Store」這個術語，不過這個概念已經存在一段時間了。

15 原註：在 GemFire 中，稱它為「region」，不過這跟 Coherence 稱之為「cache」的概念相同。在此我使用「cache」來保持一致性。

16 原註：有一些 NoSQL 儲存系統本身就具備了作為聚合存放區的特性，在實作 DDD 時可以直接利用這些系統來簡化開發過程。

04

架構

這個小節所展示的範例，告訴我們如何將領域模型存放於 Data Fabric 的快取中，藉此讓系統功能具備分散式擴展的特性。在此前提下，我們來看看如何利用長期運行處理程序實現 CQRS 架構與事件驅動架構。

資料複寫

當我們想到記憶體中的資料快取時，第一個閃過的念頭很可能是，當快取發生異常時，將會損失部分或全部的系統狀態。這種顧慮是確實存在的，但在 Data Fabric 提供了冗餘備援後，這問題的嚴重性便能大幅降低。

使用「一個聚合對應一個快取」的策略時，可以考慮 Data Fabric 所提供的記憶體快取。在這種情況下，特定聚合型別的 Repository 由一個專用快取支援。只有一個節點保存該快取，很容易會發生單點故障的異常問題，而提供了多節點快取並且具有複寫功能的 Data Fabric 能夠提升整體的可靠性。你可以根據節點在任何給定時間可能發生故障的機率來選擇冗餘備援要做到什麼程度；隨著節點數量愈多，發生異常的機率就會愈少。此外，也要考慮到冗餘備援與效能之間的取捨，因為需執行複寫的節點數量愈多，對聚合效能產生的影響就愈大。

我們用一個例子來說明快取（或稱 region，取決於 Data Fabric 的具體實作方式）冗餘是怎麼運作的。首先，一個節點擔任「主快取」的角色，其餘節點作為「次要快取」；當主節點發生異常，就會啟動故障切換機制，從次要節點中選出一個新的主快取節點。若前述發生異常的主節點修復了，會將新的主節點中所有資料複寫到原來的主節點，而原本的主節點就變成了次要節點。

這種節點的故障切換機制還有一個好處：確保了 Data Fabric 中發布事件的傳遞。也就是說，對聚合的更新或後續任何 Data Fabric 所發出的事件，都不會因主節點異常而丟失。對於保存企業的關鍵領域模型物件來說，這類快取冗餘與複寫機制顯然是至關緊要的功能。

事件驅動 Data Fabric 與領域事件

Data Fabric 的其中一項主要功能,就是保證事件的傳遞,起到對事件驅動架構支援的用途。而且大多數 Data Fabric 的實作,本身就已經內建事件機制在其中,以事件來發送通知,傳達快取本身或快取中的資料所發生的事情。但要注意,這跟領域事件是兩回事。例如,當快取節點重新上線時,可以發出快取事件通知;當快取中的資料被新增或更新時,也可以發出事件通知。

既然 Data Fabric 支援開放式的設計架構,那麼就應該具備直接從聚合發布領域事件的功能。因而領域事件可能會被迫繼承此框架的事件類型,像是 GemFire 中的 EntryEvent 類別。不過,比起能夠獲得的好處,這只不過是一點小小的代價罷了。

那麼在 Data Fabric 中該如何運用領域事件呢?如同我們在**領域事件(第 8 章)**討論到的,聚合可以透過一個簡單的 DomainEventPublisher 元件,將發布的事件存入 Data Fabric 中的某個特定快取中。這些事件被快取之後,再以同步或非同步方式交付給事件的訂閱方(或稱監聽方)。但為了不浪費快取上的寶貴記憶體資源,每當所有訂閱方已經完全確認該事件,這條資料就會從快取的鍵值記錄中移除。而所謂的完全確認,要看該事件是否被一或多個訂閱方發布到一個訊息佇列或訊息匯流排,或是被用於更新 CQRS 查詢模型。

領域事件的訂閱方,可以同步利用這些事件來更新其他相關聚合,也因此確保了這類架構的最終一致性。

連續查詢

某些 Data Fabric 的實作提供一種名為「連續查詢」(continuous query)的事件通知機制。在這種機制中,用戶端可以向 Data Fabric 註冊一條查詢,確保當與該查詢相關的快取發生變動時,用戶端會收到變更通知。連續查詢的用途之一是提供使用者介面元件,監聽是否有任何會影響到當前視圖的變更。

你可能已經想到了，假設我們利用 Data Fabric 來維護查詢模型，CQRS 非常適合跟連續查詢功能一起結合使用。透過連續查詢註冊並訂閱通知，就不需要主動去確認視圖相關的資料表是否發生變更，視圖也能夠隨時保持更新。底下的範例就是在 GemFire 中以用戶端去註冊連續查詢事件：

```
CqAttributesFactory Factory = new CqAttributesFactory();

CqListener listener = new BacklogItemWatchListener();

Factory.addCqListener(listener);

String continuousQueryName = "BacklogItemWatcher";

String query = "select * from /queryModelBacklogItem qmbli "
    + "where qmbli.status = 'Committed'";

CqQuery backlogItemWatcher = queryService.newCq(
    continuousQueryName, query, Factory.create());
```

這樣一來，Data Fabric 會根據聚合的修改，透過 `CqListener` 中的回呼（callback）物件，將 CQRS 查詢模型的更新傳遞給用戶端，並根據註冊的查詢條件把本次新增、更新或刪除的描述性資料一併附上。

分散式運算

Data Fabric 的一個強大功能是，利用 Data Fabric 中的複寫快取節點進行分散式運算，再把聚合後的運算結果回傳到用戶端，這樣一來就可以在 Data Fabric 中實現事件驅動、分散式平行運算，甚至是長期運行處理程序了。

為了說明以上功能，底下會提及 GemFire 與 Coherence 當中的一些具體細節。我們可以利用 GemFire 中的 Function 或 Coherence 中的 Entry Processor 作為實作流程的主管元件。這兩者都可以扮演命令處理器 [Gamma et al.]，在分散式複寫快取中平行地執

行命令（要特別提醒，有些人可能會誤以為這等同於領域服務的概念，但兩者並不同，主要差別在是否以領域的概念為核心）。為方便說明，我們統一以 Function 稱呼此種功能。這類 Function 還可以額外傳入一個過濾器，將命令執行限定在符合條件的聚合實例上。

　　用前面的電話號碼統計流程例子，來看看如何以 Function 實作長期程序。這個程序會利用 GemFire 的 Function 並根據複寫快取平行地執行下去：

```java
public class PhoneNumberCountSaga extends FunctionAdapter {
    @Override
    public void execute(FunctionContext context) {
        Cache cache = CacheFactory.getAnyInstance();
        QueryService queryService = cache.getQueryService();

        String phoneNumberFilterQuery = (String) context.getArguments();
        ...
        // Pseudo code
        // - 執行 Function 取得 MatchedPhoneNumbersCounted
        //   - 呼叫 aggregator.sendResult(MatchedPhoneNumbersCounted) 把取得的結果傳給
        //     aggregator
        // - 執行 Function 取得 AllPhoneNumbersCounted
        //   - 呼叫 aggregator.sendResult(AllPhoneNumbersCounted) 把取得的結果傳給
        //     aggregator
        // - 根據以上 Function 呼叫的結果，透過 aggregator 累計起來
        //   將取得的結果回傳給用戶端
    }
}
```

底下則是用戶端的範例程式碼內容，同樣也是利用複寫的分散式快取，平行執行長期運行處理程序：

```
PhoneNumberCountProcess phoneNumberCountProcess =
        new PhoneNumberCountProcess();

String phoneNumberFilterQuery =
      "select phoneNumber from /phoneNumberRegion pnr "
      + "where pnr.areaCode =  '303'";

Execution execution =
      FunctionService.onRegion(phoneNumberRegion)
              .withFilter(0)
              .withArgs(phoneNumberFilterQuery)
              .withCollector(new PhoneNumberCountResultCollector());

PhoneNumberCountResultCollector resultCollector =
        execution.execute(phoneNumberCountProcess);

List allPhoneNumberCountResults = (List) resultsCollector.getResult();
```

當然，正式的流程可能遠比範例來得簡單或是複雜，這也提醒了我們，長期運行處理程序不一定要以事件驅動的概念來實作，也可以配合其他平行、分散式的運算機制。想要了解更多關於如何以 Data Fabric 實現分散式平行運算，可以參考 [GemFire Functions]。

本章小結

在本章中，我們介紹了數種可以運用於 DDD 的架構風格與架構設計模式，但這還不是全部，因為有太多可以運用的不同種類了，這也大幅度地擴展了 DDD 的多樣性。舉例來說，我們還沒有介紹如何在 Map-Reduce 架構上應用 DDD 呢，將來有機會再繼續探討。

- 我們討論了傳統的分層架構，以及如何運用依賴反轉原則（DIP）來改善這個架構。

- 我們學到了何謂六角架構，並且體驗到這個萬用架構的強大之處，提供應用程式一個極富彈性的架構。

- 我們深入探討 DDD 如何結合 REST 運用於 SOA 環境，並利用 Data Fabric 或網格分散式快取機制。

- 我們概略介紹了 CQRS，並說明它如何簡化應用程式。

- 我們描述了事件驅動中各種組成如何運作，包括管道與過濾器、長期運行處理程序，並簡單帶過關於事件溯源的說明。

接下來我們把議題轉向 DDD 的戰術性建模，後續的章節將告訴讀者有哪些更好的建模方法，以及如何善加利用它們。

NOTE

Chapter 5

實體

「各位好，我才是 Chevy Chase…而你不是。」

—— *Chevy Chase（喜劇演員）*

開發人員會習慣性地聚焦在資料的處理上，而非領域上。對於剛接觸 DDD 的新手來說尤為如此，因為過往盛行的軟體開發方法大多著重在資料庫方面，與其讓設計具有豐富行為的領域概念，我們更傾向於考慮資料的屬性（資料欄位）與關聯（外部索引鍵）。這樣一來就是將資料模型反映在對應的物件上，導致表示「領域模型」的**實體**（Entity）中，充斥了各種 getter 與 setter 存取器方法。如果只是要做到這樣，有很多工具可以幫我們生成這種實體。雖然實體中加入屬性存取器（property accessor）並沒有錯，但 DDD 的實體不應該僅止於此。

範例中的 SaaSOvation 開發人員，也陷入了這樣的陷阱中。讓我們從他們的經驗中學習實體設計吧。

本章學習概要

- 思考需要對具備獨特性的事物建模時，為何要使用實體。
- 如何替實體生成唯一識別值。
- 觀察範例團隊如何在實體設計中運用**通用語言**（Ubiquitous Language，第 1 章）。
- 學習表達實體的角色與職責。
- 參考範例如何對實體進行驗證與持久性儲存。

為什麼要使用實體

當一項領域概念具有其獨特性質時，我們會以實體來彰顯出其與系統中其他物件的不同之處。實體是一個唯一的東西，並且能夠在長時間內不斷改變，我們可以對實體進行多次修改，改變幅度甚至會導致它與原本的狀態大不相同。但根據其識別值，它還是同一個物件。

隨著物件發生變化，我們會想要去追蹤變化何時發生、如何發生、由何者發動變化的。又或者，物件當前的狀態包含了先前狀態的變更資訊，那麼也不一定要建立明確的變更追蹤機制。再退一步，即使我們不去追蹤這個變化歷程中的細節，還是可以透過物件的足跡找出在其生命週期內的各種變化跡象。實體所具備的唯一識別值和可變更性（mutability）的特性，正是實體與**值物件（Value Object，第 6 章）**最大的差異。

不過也不是所有情況都適合採用實體作為建模工具，實際上，誤用的情形遠比想像中多很多。大多時候，概念應該建模為值物件就好，如果不認同這種想法，搞不好是 DDD 不符合你的業務所需，基於 CRUD 的系統設計反而會更合適，還可以為專案開發節省時間與成本。問題在於，找尋 CRUD 設計的替代方案，不一定能夠為你節省這些珍貴資源。

此外，企業投注了大量心力，往往只不過開發出一套精美的資料表編輯器。若沒有正確選擇工具，那麼 CRUD 的解決方案也有可能帶來昂貴的代價。在採用 CRUD 方案有意義的情形下，選擇 Groovy、Grails、Ruby on Rails 之類的程式語言與框架才會最適合。做對的選擇，自然就能省下時間與金錢。

牛仔小劇場

傑哥：「我剛剛是踩到了什麼鬼東西（CURD）？」

寶弟：「老傑，你一腳踩在一坨牛糞派上。」

傑哥：「我知道什麼是派，我只想要蘋果派、櫻桃派，
這種我敬謝不敏。」

寶弟：「人家常說，『炎熱的天氣千萬別踢到一坨牛
糞』，你應該慶幸是用踩的不是踢。」

換句話說，要是我們把 CRUD 應用在錯誤的系統上──也就是更適合採用 DDD 的複雜系統──肯定會後悔莫及；因為當複雜度逐步增加，就會開始發現這項工具的侷限性了。畢竟，CRUD 無法單從資料擷取出精確而具體的業務模型。

反之，若企業評估過後發現 DDD 確實是一個合理的投資，那麼就應該按照預期使用實體。

> 「當一個物件由其標識（而不是屬性）區分時，那麼在模型中應該主要透過標識來確定該物件的定義。使類別定義變得簡單，並集中關注生命週期的連續性和標識。定義一種區分每個物件的方式，這種方式應該與其形式和歷史無關。…模型必須定義出「符合什麼條件才算是相同的事物。」（Evans 著作《領域驅動設計》；繁中版 P90-91，原文版 P92）

在本章中，我們將說明如何正確運用實體，並向各位讀者展示實體的各種設計技巧。

05

實體

唯一識別值

設計實體的早期階段，我們需要特別關注與唯一識別值相關的主要屬性與行為，包括查詢識別值的方法；至於其他的屬性與行為則等主要部分結束後再說。

> 「不要將注意力集中在屬性或行為上，應該擺脫這些細枝末節，抓住 ENTITY 物件定義的最基本特徵，尤其是那些用於識別、尋找或匹配物件的特徵。只增加那些對概念極其重要的行為，以及這些行為所必須的屬性。」（ Evans 著作《領域驅動設計》；繁中版 P91-92，原文版 P93 ）

我們就從這裡著手。首先，在實作識別值上，先確認有哪些可用的技術選項這一點非常重要，此外，也必須確保這個識別值隨著時間演進仍能夠確實提供其唯一性。

實體本身雖然具備唯一識別，但我們不一定能將這項識別實際用於尋找或比對；是否能被用於比對，通常取決於該識別值本身的可讀性。假設應用程式提供使用者一項搜尋人名的功能，那麼我們就不太可能將姓名作為 Person 這個實體的唯一識別值，畢竟世界上同名同姓的例子很常見。反過來，若應用程式提供的是公司行號稅務識別碼（即統一編號）的搜尋功能，那麼統一編號就可以作為 Company 這個實體的識別值，因為政府單位發給每家公司的統一編號都是不重複的唯一值。

值物件可以用來存放唯一識別值。值物件的性質是不可變，也因此強化了識別值的穩定性，並將與識別值相關的行為集中起來。聚焦在與識別值相關的行為上雖然看似簡單，但可以幫助我們避免將業務邏輯洩漏到模型的其他部分或用戶端。

底下介紹用於建立識別值的常見方法，從最簡單到最複雜依序排列：

- 由使用者提供一到多個原始唯一值作為應用程式輸入；應用程式必須自行驗證這些值確實是唯一不重複的。

- 應用程式內部透過可確保唯一性的演算法來生成識別值。有些函式庫或框架可以協助我們處理這項事務,但應用程式本身也可以處理。

- 應用程式透過持久性儲存(例如資料庫)來產生唯一識別值。

- 另一個系統或應用程式的 Bounded Context(**有界情境,第 2 章**)已確定了唯一識別值作為輸入;也可以進一步提供一份備選清單,讓使用者自行挑選。

我們將針對以上這些策略個別進行討論,並說明各種方法會遇到的問題。不論採用何種技術方案,無可避免地都存在副作用,其中一種可能的副作用是在使用關聯式資料庫作為物件持久儲存機制時,有可能會洩漏到領域模型中。因此在接下來的討論中,我們會將重點放在識別值建立的時機點、關聯式資料庫對領域物件識別值的引用,以及如何運用 ORM;此外,也會提供一些實務上的指引,告訴讀者如何確保唯一識別值的穩定性。

由使用者提供的識別值

讓使用者手動輸入唯一識別值是一種很直接的做法。使用者透過輸入框鍵入可供辨識的數值或字元,或是從一串可選的清單中選擇,給定識別後,實體隨之建立。這種做法看起來似乎非常簡單,但背後可能會牽扯到複雜的議題。

其中一項複雜議題就是系統必須依靠使用者來產生高品質的識別值。使用者所輸入的識別值或許具唯一性,但不一定能保證其「正確性」。大多數時候,識別值是不允許變更的,因此使用者也不應該去修改它,但也有例外情況,而且有時也需要允許使用者更正識別值。比方說,如圖 5.1 所示,如果把 Forum 和 Discussion 的標題用於唯一識別,使用者輸入時萬一打錯字或是之後決定變更標題的話,該怎麼辦?這樣的變更會引發什麼代價?由使用者提供識別值看似很省事,但其實未必,我們真的能夠信賴使用者生成兼具唯一性、正確性且持續不變的識別值嗎?

新建論壇	x
論壇標題：	
Uneck Identity & User Inpt	
	OK　取消

新建討論	x
討論標題：	
ids and stuff	
	OK　取消

圖 5.1　論壇的標題拼錯字，討論標題的長度也沒達到要求。

　　要避免上述問題，得從設計上去著手。在允許由使用者定義唯一識別值的同時，開發團隊也要考慮一些防錯的機制。比方說，使用者輸入識別後提交並以一個流程確認審核，雖然這樣的工作流程對高流量的領域而言並不適合，但如果識別值必須具備高可讀性，這就是最好的做法。只要這樣的流程在技術上是可行的，多花一點時間心力建立與審核識別值，加入幾個簡單的環節、確保識別值的品質，讓識別值在業務上可以長時間經用得起，其實是一項值得的投資。

　　此外，我們也可以退一步將使用者輸入的資料值，僅作為實體中用於比對的屬性（property）、而非作為唯一識別值。簡單的屬性可以作為實體狀態的一部分，這樣更容易進行修改；只是這樣一來，會需要利用其他方法來獲得唯一識別值了。

由應用程式產生的識別值

雖然市面上有很多高度可靠的方法自動生成唯一識別值，但應用程式本身若是處於叢集環境，或是以多個運算節點組成的分散式架構，就要留意一些問題。其中有些產生識別的方法可以產生唯一識別值，當中一種就是所謂的「通用唯一識別碼」（universally unique identifier, UUID）或稱「全域唯一識別碼」（globally unique identifier, GUID）。還有一類常見的做法是，每個步驟產生的結果，都會以純文字形式接續於最終結果內：

1. 取得運算節點上的當前時間戳記，以毫秒為單位呈現

2. 取得運算節點上的 IP 位址

3. 取得虛擬機器上（如 Java）負責產生識別值的工廠物件實例（instance）的物件識別碼

4. 在同樣的工廠物件中，從虛擬機器（例如，Java）取得隨機數值

最終會得到一個 128 位元的唯一資料值。通常我們會以 16 進位的編碼，將資料值顯示為一個 32 或 36 位元組的字串。32 或 36 個字元的差別主要在於識別值格式是否帶有連號字元（-），例如，帶有連字號的為「f36ab21c-67dc-5274-c642-1de2f4d5e72a」，如果沒有連號字元，長度就是 32 字元。但不管用哪種表示方式，識別值既長、可讀性也低。

Java 從 1.5 版開始，可以透過內建的標準類別 java.util.UUID 作為 UUID 識別碼產生器，不需要自己實作。這個類別支援四種基於 Leach-Salz 衍生的識別碼生成演算法，因此只要利用 Java 提供的標準 API 介面，我們就能輕易地產生出一個偽隨機（pseudo-random）的唯一識別值：

```
String rawId = java.util.UUID.randomUUID().toString();
```

上面用的是第四類演算法，也就是利用 java.security.SecureRandom 類別來提供符合密碼學強安全性的偽隨機數產生器（cryptographically strong pseudo-random-number generator, CSPRNG）產生 UUID 識別碼。第三類演算法則是利用 java.security. MessageDigest 類別提供命名加密的 UUID 識別碼，如下所示：

```
String rawId = java.util.UUID.nameUUIDFromBytes(
    "Some text".getBytes()).toString();
```

我們還可以把命名加密方法和偽隨機數結合起來使用：

```
SecureRandom randomGenerator = new SecureRandom();

int randomNumber = randomGenerator.nextInt();

String randomDigits = new Integer(randomNumber).toString();

MessageDigest encryptor = MessageDigest.getInstance("SHA-1");

byte[] rawIdBytes = encryptor.digest(randomDigits.getBytes());
```

之後，只要將 `rawIdBytes` 陣列轉為以 16 進位編碼的字元表示即可，轉換並不困難。取得隨機數並轉換為 `String` 後，再把它傳遞給 UUID 類別中的 `nameUUIDFromBytes()` **工廠**（Factory，[Gamma et al.]）方法。

可用的手段當然不只這些，還有 `java.rmi.server.UID` 或是 `java.rmi.dgc.VMID`，但這些都比不上 `java.util.UUID`，因此不在此贅述。

UUID 算是相對較快速產生識別碼的方法，不需要與外部系統例如持久性機制互動。就算要在一秒內快速多次建立實體，UUID 產生器也能應付過來。對於那些需要更高效能的領域，我們可以提前快取一定數量的 UUID 實例，並在背後補充需要的 UUID 值。萬一因為伺服器重啟導致快取的 UUID 實例丟失了，也不會對識別值造成損害，因為它們本來就是隨機產生的值。只要在伺服器重啟時重新向快取補充需要的 UUID 值即可，丟失的識別值並不會對系統產生負面影響。

然而，對於這種大小的識別值，在少數情況下可能會因為記憶體空間不足變得難以運用。如果是這種情形，則可能要改採以持久性機制生成 8 位元組長度的識別值，或是改以更小的 4 位元組長度的正整數值代替來因應；4 位元組可以提供約 20 億個唯一識別值，或許已經夠用。後面會討論到這些情況。

考慮如下的識別值。一般不會想把這類 UUID 顯示在使用者介面上：

---

f36ab21c-67dc-5274-c642-1de2f4d5e72a

像這種完整的 UUID 最好是隱藏起來，並使用一些參照技巧添加可讀性。比方說，我們可以利用 URI 的形式，設計成一種超媒體資源，然後透過電子郵件或訊息機制發送給使用者。藉由鏈結中的文字顯示部分將這串神祕的 UUID 隱藏起來，就像 HTML 中的「<a> 這是一個鏈結 </a>」做法。

UUID 識別中的各個 16 進位組成部分，則要視讀者對這些個別部分唯一性的信任程度，決定是否只擷取一部分來使用。但這種被截短的識別值比完整的識別值更適合僅限用於**聚合（Aggregate，第 10 章）**的 Bounded Context 中，作為實體的本地識別（local identity）；這種本地識別是用來表示，一個實體僅需與同一聚合中的其他實體做出唯一性區別。但要注意的是，擔任聚合根（Aggregate Root）角色的實體還是需要全域唯一識別值。

以範例中自訂的識別值產生器來說，我們可以擷取其中一到多段的 UUID 組成部分加以運用。例如：「`APM-P-08-14-2012-F36AB21C`」這串 25 字元長度的識別值，代表於 2012 年 8 月 14 日（`08-14-2012`）在敏捷式專案管理情境下（`APM`）建立的一項產品（`P` 代表 Product）。至於後綴的「`F36AB21C`」則來自於上面生成的那串 UUID 識別值第一段組成部分，其唯一性讓我們得以與同一日所建立的其他 `Product` 實體區別開來。這種做法同時滿足了可讀性，也極度符合全域唯一性。從中獲得好處的並非只有使用者；當這樣的識別值在不同 Bounded Context 之間傳遞時，開發人員可以立刻識別出它的來源。對範例中的 SaaSOvation 團隊來說，還可以進一步加上租戶資訊來增加實用性。

純粹以 `String` 資料型態維護這種識別值說不上是好方法，最好還是以自訂的值物件來存放識別值會更好：

```
String rawId = "APM-P-08-14-2012-F36AB21C"; // 事先透過其他方式產生
ProductId productId = new ProductId(rawId);
...
Date productCreationDate = productId.creationDate();
```

　　將識別值包裝為值物件後，用戶端便能輕易查詢識別值的詳細資訊，像是這項產品的建立日期。用戶端不需要了解識別值的原始格式組成，而 Product 這個聚合根可向用戶端提供建立日期資訊，但不用透露背後的細節，只要單純地將相關資訊傳給用戶端：

```
public class Product extends Entity {
    private ProductId productId;
    ...
    public Date creationDate() {
        return this.productId().creationDate();
    }
    ...
}
```

　　此外，你也可以從某些第三方函式庫或框架中找到這類識別值產生器功能。Apache 的 Commons 專案中就有 Commons.Id（本書寫成當下還在試行階段）元件，提供了五種不同的識別值產生器。

　　某些如 NoSQL Riak 或 MongoDB 之類的持久性儲存技術，可以直接自動生成識別值。通常在使用 HTTP PUT 方法將資料值保存到 Riak 時，需要自行向 Riak 提供一個鍵值：

```
PUT /riak/bucket/key

[object serialization]
```

　　但也可以改用 POST 方法，這樣就不用主動提供鍵值，Riak 會產生唯一識別值。但我們仍然要思考採取早期生成或晚期生成識別值，本章後面會再做討論。

　　那麼，對於以應用程式生成的識別值來說，要以何種工廠模式來提供呢？對於聚合根的識別值，筆者偏好以 Repository（**第 12 章**）來提供：

```
public class HibernateProductRepository
        implements ProductRepository {
    ...
    public ProductId nextIdentity() {
        return new ProductId(
                java.util.UUID.randomUUID().toString().toUpperCase());
    }
    ...
}
```

對於識別值的產生來說，這似乎是很合適的安排。

由持久性機制產生的識別值

由持久性機制代為產生唯一識別值是有好處的，這表示，只要向資料庫索取一個序列值或是會隨操作遞增的數值，作為識別值的一部分，便能保證其唯一性。

　　根據需要的範圍，資料庫可以生成 2 位元組、4 位元組或 8 位元組數值等不同長度的唯一值。例如，Java 中一個 2 位元組的短整數（short integer）可以提供 32,767 個唯一識別值；4 位元組的整數（integer）是 2,147,483,647 個識別值；8 位元組的長整數（long integer）則能提供 9,223,372,036,854,775,807 個識別值。這些識別值轉換為字元表示後，就算需要在左側補上 0（zero-filled），也僅佔據 5 位、10 位、19 位的字元長度而已。這些不同長度的識別值還可以互相組合搭配使用。

　　但這種做法的潛在缺點就是效能。依靠資料庫來產生識別值可能比應用程式生成要慢得多，不過這也要看資料庫本身的作業量以及應用程式對效能的需求為何。針對此問題的其中一種解決方案是，事先將序列值或遞增值快取於應用程式中，作為一種 Repository。這種做法雖有用，但當資料庫伺服器節點需要重啟時，很可能會丟失大量尚未被使用到的識別值，造成一些間隙或缺少識別值。若評估過後發現丟失的識別值

是無法接受的，或是本身的需求根本用不到那麼多（2 位元組短整數就夠用），那麼這種事先快取的做法有可能是多餘而不切實際。雖然丟失的識別值是有機會尋回，但不一定值得這樣做，因為有可能又引發了新的問題。

只要模型可以接受晚期生成識別值（late identity generation），就用不到這種事先生成並快取的方案。以在 Hibernate 中產生 Oracle 資料庫的序列值為例：

```
<id name="id" type="long" column="product_id">
    <generator class="sequence">
        <param name="sequence">product_seq</param>
    </generator>
</id>
```

以 MySQL 資料庫的自動遞增資料欄產生為例：

```
<id name="id" type="long" column="product_id">
    <generator class="native"/>
</id>
```

這種做法的效能並不差，而且在 Hibernate 中設定也不難，問題可能出在識別值產生的時機點，這點後面會談到。接下來我們都會先以早期生成識別值（early identity generation）的需求進行討論。

先後順序有關係

對實體來說，識別值的「產生與指定時間」這件事，有時對實體「存入」資料庫的先後順序可能十分重要。

「早期生成識別值」是指，識別值的產生和指定發生在實體被持久儲存之前。

「晚期生成識別值」是指，識別值的產生和指定發生在實體被持久儲存之後。

底下是一個提供早期生成識別值功能的 Repository 範例，透過查詢語法向 Oracle 資料庫取得下一筆可用於指定的序列值：

```
public ProductId nextIdentity() {
    Long rawProductId = (Long)
        this.session()
            .createSQLQuery(
                "select product_seq.nextval as product_id from dual")
            .addScalar("product_id", Hibernate.LONG)
            .uniqueResult();

    return new ProductId(rawProductId);
}
```

但 Oracle 資料庫的序列值會被 Hibernate 對映為 `BigDecimal` 實例，因此我們需要特地向 Hibernate 指定，將 `product_id` 這個查詢結果轉換為 Long 型態。

那麼對於 MySQL 這種不支援序列值的資料庫該怎麼辦？雖然不支援序列值，但 MySQL 有提供自動遞增的欄位功能。通常除非是新增一筆記錄列到資料表中，否則並不會觸發自動遞增，不過還是有辦法做到類似 Oracle 資料庫的自動增加功能，方法如下：

```
mysql> CREATE TABLE product_seq (nextval INT NOT NULL);
Query OK, 0 rows affected (0.14 sec)

mysql> INSERT INTO product_seq VALUES (0);
Query OK, 1 row affected (0.03 sec)

mysql> UPDATE product_seq SET nextval=LAST_INSERT_ID(nextval + 1);
Query OK, 1 row affected (0.03 sec)
Rows matched: 1 Changed: 1 Warnings: 0

mysql> SELECT LAST_INSERT_ID();
+------------------+
| LAST_INSERT_ID() |
+------------------+
|                1 |
```

05
實
體

```
+------------------+
1 row in set (0.06 sec)

mysql> SELECT * FROM product_seq;
+---------+
| nextval |
+---------+
|       1 |
+---------+
1 row in set (0.00 sec)
```

　　我們在 MySQL 資料庫中建立了名為 product_seq 的資料表，然後在資料表中新增加一列，並在表中唯一的資料欄 nextval 寫入「0」的數值。這兩個語法的執行，初始化了 Product 實體的序列值模擬器，而接下去的兩條語法則是示範如何利用這個模擬器產生序列值。我們根據當前資料表中唯一資料列內的 nextval 欄位值，將這個值加上 1 後再更新進去。這裡利用了 MySQL 內建的 LAST_INSERT_ID() 函數，把該欄位的 INT 型態資料值往上加 1。執行順序上，函數內的參數值會首先被取用，執行完函數後，回傳的結果會被更新到同一記錄的 nextval 資料欄下。因此當執行了「SELECT LAST_INSERT_ID()」子語句之後，便可預期 LAST_INSERT_ID() 函數內的「nextval + 1」回傳結果，應當與參數內的 nextval 相同。最後，作為驗證，執行「SELECT * FROM product_seq」就能看到 nextval 欄位當前的值是否與先前函數回傳的值相同。

　　Hibernate 的 3.2.3 版本提供了 org.hibernate.id.enhanced.SequenceStyleGenerator 序列值產生器功能，但這項功能僅支援識別值的晚期生成，也就是要先將實體存入。如果要在資源庫中提供早期生成功能的話，需要自己建立 Hibernate 或 JDBC 查詢語法。底下以 MySQL 資料庫為例，實作了 ProductRepository 類別中的 nextIdentity() 方法：

```java
public ProductId nextIdentity() {
    long rawId = -1L;
    try {
        PreparedStatement ps =
            this.connection().prepareStatement(
```

```
            "update product_seq "
        + "set next_val=LAST_INSERT_ID(next_val + 1)");

    ResultSet rs = ps.executeQuery();

    try {
        rs.next();
        rawId = rs.getLong(1);
    } finally {
        try {
            rs.close();
        } catch(Throwable t) {
            // 無視
        }
    }

} catch (Throwable t) {
    throw new IllegalStateException(
            "Cannot generate next identity", t);
}

return new ProductId(rawId);
}
```

　　如果是透過 JDBC，不用像先前範例還要多執行一條語法才能取得 LAST_INSERT_ID()
函數的執行結果；靠上面那條 update 查詢就可以從 ResultSet 中取得 long 資料值並且
用於建立 ProductId。

　　最後一塊拼圖是從 Hibernate 取得一條 JDBC 連線。是有點麻煩，但做得到：

```
private Connection connection() {
    SessionFactoryImplementor sfi =
            (SessionFactoryImplementor)sessionFactory;
    ConnectionProvider cp = sfi.getConnectionProvider();
    return cp.getConnection();
}
```

畢竟如果沒有 Connection 物件，就無法執行 PreparedStatement 取得 ResultSet 結果和序列值了。

因此，不論你使用 Oracle、MySQL 還是其他資料庫，都有方法在存入實體之前預先產生較小且保證唯一性的識別值。

由另一個 Bounded Context 提供的識別值

若透過另一個 Bounded Context 來提供識別值，需要處理與 Bounded Context 間的整合，以便搜尋、比對與指定識別值。DDD 的整合方法在**情境地圖**（Context Mapping，**第 3章**）及**整合 Bounded Contexts**（Integrating Bounded Contexts，**第 13 章**）中有相關說明。

當中最為重要的是比對的精確度。使用者會指定一到多種不同屬性（attribute），像是帳號、使用者名稱、電子郵件位址或其他具唯一性的屬性，希望依此搜尋出想要的結果。

比對作業通常採取模糊比對來得到多筆搜尋結果，最後交由人類使用者選擇決定，如圖 5.2 所示。使用者在搜尋條件中利用「相似搜尋」（like search）條件，使用萬用字元（wildcard，又稱通配符）來模糊匹配搜尋的實體；接著系統會呼叫外部 Bounded Context 的 API 介面，取得零筆、一筆到多筆符合搜尋條件的相似物件。使用者從這些選項中選出某筆識別值，將此識別值用於本地端實體的識別值。來自這個外部實體的某些狀態（即 property）也可能會被順帶複製用於本地端實體上。

圖 5.2　透過外部系統搜尋比對來找出識別值。使用者介面上不一定要將識別值顯示出來，這只是本範例的做法而已。

　　這種做法隱含了同步操作在其中。若是影響本地端實體的外部參照物件發生改變該怎麼辦？我們要如何得知有關物件發生變化了？這個問題可以透過與**領域事件（Domain Event，第 8 章）**搭配的**事件驅動架構（Event-Driven Architecture，第 4 章）**來解決。本地端 Bounded Context 要訂閱外部系統所發布的領域事件，當收到相關的通知時，本地端的聚合實體也要做出改變以反映外部系統的狀態。有時則需要反過來，由本地端 Bounded Context 來發動同步，把變更的訊息推送給原始外部系統來源。

　　要做到這點並不容易，但若實現就能增加系統的自主運作，不需要再對外部系統進行搜尋，只需搜尋本地端的物件即可。這並不是將外部物件快取在本地端，而是將外部的概念轉換為本地端 Bounded Context 的概念，如同**情境地圖（第 3 章）**內容中的說明。

　　這算是幾種識別值產生策略中最為複雜的一種，而且本地端實體的維護，不僅僅依賴於本地端領域行為所主導的轉換，也可能會依賴一到多個外部系統。因此在採行這種策略時，應當盡可能謹慎保守。

識別值生成的時機點

如前所述，識別值的生成時間可分為兩種：作為物件建構流程一環的「早期生成」或物件存入後才指定的「晚期生成」。有時需要採取早期生成、有時則不需要。若時間點茲事體大，我們便有必要了解影響背後的考慮因素。

先以最簡單的情形為例，假設可以接受實體被持久保存時晚期生成識別值；換句話說，資料庫中新增一筆資料列記錄當下才產生識別值的情況。如圖 5.3 所示，用戶端只是新建了一個 Product 實例並將它存入 ProductRepository 當中。Product 實例被建立時，用戶端並不需要煩惱識別值的問題，因為這時候識別值還不存在；要等到該實例被保存後才會產生識別值。

那麼，為什麼還要考慮產生識別值的時機點？假設在 Product 物件建立時會發出一則領域事件，而這個用戶端訂閱了領域事件。用戶所收到的領域事件會存在 Event Store（第 8 章），而這些存入的事件會被發布出去通知 Bounded Context 外的訂閱者。回過頭看圖 5.3 就會發現，Product 物件才剛建立、都還沒存入 ProductRepository 中，很可能領域事件就已經發出去並且被接收了。這種狀況會導致領域事件無法提供新 Product 物件的識別值，也就表示，如果要在領域事件中正確提供識別值，必須改採早期生成機制。圖 5.4 展示了用戶端先對 ProductRepository 索取識別值，再傳遞給 Product 的建構子。

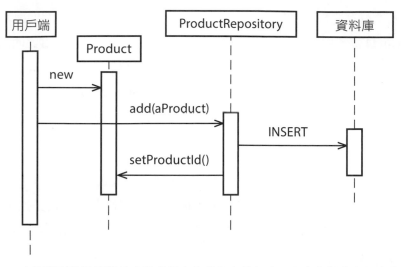

圖 5.3　產生識別值最簡單的方法就是在物件初次儲存時，交由資料庫來負責產生。

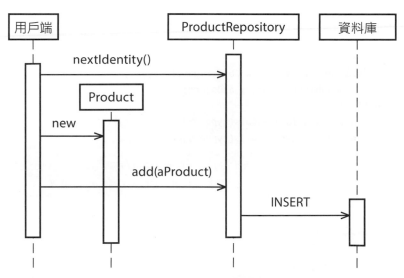

圖 5.4　從「Repository」查詢出唯一識別值後，在新建物件時指定進去。識別值生成的複雜度問題視 Repository 的實作機制而定，在此不討論。

在實體持久儲存之後才產生識別值的晚期生成機制，還存在另一個問題。假設今天要在 java.util.Set 中存入兩個以上的實體，由於這時尚未指定這些實體的識別值（可能是 null 值或是 0、-1 的初始值），若以實體的 equals() 方法來比對識別，將無法分辨哪個是新加入 Set 的物件，因為看起來都一樣。最後 Set 中只會有第一個加入的物件，其他後來的物件被視同一物件而被排除；這導致難以追查的程式缺陷，原因難以察覺，問題也難以修復。

要避免這種程式缺陷就必須採取底下的做法。第一種做法是改採早期生成識別值，第二種做法則是改寫 equals() 方法，不再根據識別值比對，而是去比對其他屬性（attribute）。如果選擇後者，會讓實體有如值物件一般，這樣的話也必須相應地修改 hashCode() 方法：

```java
public class User extends Entity {
    ...
    @Override
    public boolean equals(Object anObject) {
        boolean equalObjects = false;
        if (anObject != null &&
                this.getClass() == anObject.getClass()) {
            User typedObject = (User) anObject;
            equalObjects =
                this.tenantId().equals(typedObject.tenantId()) &&
                this.username().equals(typedObject.username()));
        }
        return equalObjects;
    }

    @Override
    public int hashCode() {
        int hashCode =
            + (151513 * 229)
            + this.tenantId().hashCode()
            + this.username().hashCode();

        return hashCode;
```

```
    }
    ...
}
```

在一個多租戶環境中，可以將 `TenantId` 實例作為唯一識別值的一部分，畢竟不同服務訂閱者（`Tenant`）的兩個 `User` 物件，不會被認定為相同物件的。

但考慮到先前把物件加入 `Set` 集合中的情況，筆者還是傾向於採用早期生成，並將識別值用於比對方法中。對於實體而言，`equals()` 或 `hashCode()` 方法的比對標準最好還是能夠基於物件本身的唯一識別值而非其他屬性。

代理識別

有些如 Hibernate 之類的 ORM 工具會以自己的方式來處理物件的識別值。Hibernate 偏好使用資料庫上的原生資料型別（例如數值序列）作為實體的主要識別值；但領域若需要改採其他類型的資料型別作為識別值，可能會導致與 Hibernate 之間產生衝突。要解決此問題，需要同時用到兩種識別值，一種是符合領域需求用於領域模型上，另一種則作為 Hibernate 的代理識別（surrogate identity）。

建立代理識別並非難事，只要在實體中設計一個屬性（attribute）——通常是 `long` 或 `int` 資料型別——來存放它，同時在資料庫中留存該實體的資料表加入一個作為主鍵值的資料欄，用於存放代理識別，並設定該實體在 Hibernate 中對映的 `<id>` 元素。要提醒的是，此識別與領域專屬的識別值是兩回事，這僅用於 ORM 工具（本書以 Hibernate 為例）。

代理識別並不屬於領域模型的一部分，如果外部認知到代理識別存在，將導致儲存機制洩漏出去，因此代理識別屬性最好對外隱藏起來。即使某些情況下洩漏無法避免，至少還是可以採取某些措施，不讓洩漏影響到模型的開發人員及用戶端。

其中一種避免影響擴大的方法就是採用**分層超級型別**（Layer Supertype，[Fowler, P of EAA]）設計模式：

```java
public abstract class IdentifiedDomainObject
        implements Serializable {

    private long id = -1;

    public IdentifiedDomainObject() {
        super();
    }

    protected long id() {
        return this.id;
    }

    protected void setId(long anId) {
        this.id = anId;
    }
}
```

　　我們定義了一個名為 IdentifiedDomainObject 的分層超級型別，這是一個抽象類別，透過以 protected 存取修飾子來限制方法的繼承使用，以此保護資料表主鍵不被用戶端察覺。只要用戶端持續處於繼承了此類別的實體所在的**模組（Module，第 9 章）**之外，就絕對不可能察覺到這方法存在。如果有必要，將 protected 改為 private 也可以，不用擔心 Hibernate 會因此無法對該方法或屬性進行對映，畢竟，無論存取可見度是 public 或 private 都還是可以透過反射機制（reflection）獲取資訊。此外，在**聚合（第 10 章）**中會提到，這種分層超級型別還有別的好處，可以支援平行處理中的「樂觀鎖」（optimistic concurrency）機制。

最後，我們在 Hibernate 的設定中將代理識別的 id 屬性對映到資料庫欄位。下面的例子中，User 類別的 id 屬性被對映到資料庫表格中名為 id 的欄位：

```
<hibernate-mapping default-cascade="all">
    <class name="com.saasovation.identityaccess.domain.model.identity.User"
     table="tbl_user" lazy="true">
        <id name="id" type="long" column="id" unsaved-value="-1">
            <generator class="native"/>
        </id>
        ...
    </class>
</hibernate-mapping>
```

存放 User 物件的 MySQL 資料表結構定義如下：

```
CREATE TABLE `tbl_user` (
    `id` int(11) NOT NULL auto_increment,
    `enablement_enabled` tinyint(1) NOT NULL,
    `enablement_end_date` datetime,
    `enablement_start_date` datetime,
    `password` varchar(32) NOT NULL,
    `tenant_id_id` varchar(36) NOT NULL,
    `username` varchar(25) NOT NULL,
    KEY `k_tenant_id_id` (`tenant_id_id`),
    UNIQUE KEY `k_tenant_id_username` (`tenant_id_id`,`username`),
    PRIMARY KEY (`id`)
) ENGINE=InnoDB;
```

第一個名為 id 的資料欄就是存放代理識別的欄位。整個結構定義的最後一行語法，則宣告該欄位 id 為資料表的主鍵。另外我們也可以看到領域的識別值與代理識別，分別是不同的資料欄與組成；領域的唯一識別是由 tenant_id_id 與 username 共同組成一個名為 k_tenant_id_username 的唯一鍵值。

領域的識別值不需要扮演資料庫的主鍵值，可以使用代理 id 充當資料庫的主鍵值，這樣一來 Hibernate 運作會更加順暢。

05

實
體

代理的資料庫主鍵還可以在資料模型中作為與其他資料表的外部索引鍵，以提供參照完整性。這對於企業的資料管理來說可能是必需的，像是用於稽核或是工具支援。但就 Hibernate 來說，參照完整性也很重要，要實作各種對映關係（例如 1 對多）時，就需要將多個資料表連結在一起寫入。反之，當從資料庫讀取聚合的查詢時，還能夠支援資料表連結（join）來優化查詢效率。

識別值的穩定性

大多數情況下，唯一識別值不應被修改，才能在指定給實體後的整段生命周期內保持穩定性。

　　我們可以採取一些簡單措施來防止識別值遭到修改，像是對用戶端隱藏識別值的 setter 方法，也可以在 setter 方法中添加防禦性語句（guard），防止在已經給實體指定過識別值的情況下又改變識別值的狀態；也就是在實體的 setter 方法中使用斷言（assertion）來判斷，如下所示：

```
public class User extends Entity {
    ...
    protected void setUsername(String aUsername) {
        if (this.username != null) {
            throw new IllegalStateException(
                    "The username may not be changed.");
        }
        if (aUsername == null) {
            throw new IllegalArgumentException(
                    "The username may not be set to null.");
        }
        this.username = aUsername;
    }
    ...
}
```

上方範例中的 username 屬性（attribute）是 User 實體用於領域模型的識別值，只能在其所屬的 User 類別內部指定一次，一旦被指定就不可再次更改。setUsername() 此 setter 方法自我封裝（self-encapsulation）在內部，避免被用戶端察覺與呼叫。當透過實體公開的行為操作在內部呼叫該 setter 方法時，方法內會先檢查 username 屬性是否已經被指定過資料值、而非預設的初始 null 值。若已是非 null 值，表示不可變更，此時拋出一個 IllegalStateException 例外，說明 username 只能被指定一次，該次操作不合規定。

白板動手做

- 考慮你當前領域中的一些實體，將這些實體的名字寫下來。

  這些實體用於領域及代理的唯一識別值為何？採用不同的識別值產生方法或指定時機點會更適合嗎？

- 討論每一個實體是否應該採用不同的產生與指定識別值方式——例如，由使用者提供、應用程式生成、儲存庫產生或從其他 Bounded Context 取得——並解釋每一種方式的理由（就算分析後得到的答案與現況不同也沒關係）。

- 論論每一個實體是否需要採用早期生成機制或是可以接受晚期生成，並說明理由。

  思考每一個識別值的穩定性，有沒有需要改進的地方。

這種 setter 方法並不會妨礙 Hibernate 從持久性儲存中把物件還原出來，因為物件初始時是使用預設的無參數建構子建立的，username 屬性起初也是 null 值。因此重新還原可以順利進行，並且 setter 方法會給予 Hibernate 唯一一次機會來將屬性資料值指

定給物件。如果將 Hibernate 設定為進行持久性與還原時直接存取欄位（field，即「屬性」），而不是使用 setter 方法，則上述 setter 方法將被完全忽略，不會對 Hibernate 的操作產生影響。

用一個簡單的測試來驗證防禦性語句可以保護 User 實體的識別值狀態：

```java
public class UserTest extends IdentityTest {
    ...
    public void testUsernameImmutable() throws Exception {
        try {
            User user = this.userFixture();
            user.setUsername("testusername");
            fail("The username must be immutable after initialization.");
        } catch (IllegalStateException e) {
            // 處理例外
        }
    }
    ...
}
```

此範例測試展示了模型的運作方式，成功通過測試意味著，當識別值屬性已經存在資料值且非 null 值時，即使呼叫 setUserName() 也不會造成變動（後續討論到驗證部分時，會再詳細說明防禦性語句以及對實體的測試）。

探索實體與實體固有的特性

來看看 SaaSOvation 開發團隊學到了什麼⋯

CollabOvation 的開發團隊從一開始便掉進陷阱，以 Java 程式碼寫了一大堆的「實體 - 關係模型」（entity-relationship model, ER model），把過多的心力花在資料庫、資料表、資料欄位上，研究如何把它們反映在物件中，結果產生了一個充斥 getter 與 setter 存取器的巨大**貧血領域模型** [Fowler, Anemic]。他們應

該放更多心思在 DDD 上的。正如探討 Bounded Context（**第 2 章**）時所描述，當時團隊正忙於將安全控管從領域中分離出來，過程中他們學到了應該要專注在通用語言的建模上，事情總算有了轉圜，產生好的結果。本節我們要來看看新的「身分與存取情境」團隊能夠從中學到什麼。

在清楚分離的 Bounded Context，通用語言提供了設計領域模型所需的概念與術語。通用語言並非橫空出世，必須經過探索需求並與領域專家仔細討論才能逐步發展出來。有些術語是指稱事物的名詞，有的是描述事物的形容詞，還有的是指示動作的動詞。然而，將物件簡化為一組命名類別的名詞和構成重要要操作的動詞是大錯特錯，光憑表面的概念不足以捕捉到這些詞彙背入的深刻見解；因此這樣做，形同扼殺了模型應有的流暢度和豐富性。因此，我們必須投注大量心力於各種需求文件的討論與審閱，以建立一套能夠正確反映大家思考、努力、協議與妥協的通用語言。到頭來團隊要以完整的語句來使用這些用語，而模型則要能清楚反映所使用的語句。

如果這些特殊的領域情境其重要使用，可以用一個簡單的文件將它們記錄下來。一開始可以用詞彙表搭配一組簡單的使用情境來呈現通用語言。不過，千萬不要誤以為通用語言只是這些詞彙表或情境說明而已，最終，通用語言是要落實在程式碼中，而文件是很難隨時與程式碼保持同步的。

探索實體與屬性

用一個非常簡單的例子來說明：SaaSOvation 的開發團隊要對「身分與存取情境」中的 User 建模。這個例子雖然不是來自**核心領域（Core Domain，第 2 章）**，但之後還會再舉一個與核心領域有關的範例。筆者不打算現階段就牽扯到複雜度較高的核心領域，而是先說明較單純的實體。即便如此，也夠我們學到許多東西了。

開發團隊根據軟體開發需求（不是使用情境或使用者故事）對 User 的簡要理解，大致反映了通用語言組成的語句，但還有改善的空間：

- 使用者（User）是隸屬於租戶下的單位，並且由租戶控管。

- 使用者必須獲得授權才能使用系統。

- 使用者包含使用者的個人資訊，如姓名與聯絡資訊等。

- 使用者的個人資訊只能由使用者本人或管理員變更。

- 使用者的安全憑證（即密碼）是可以變更的。

　團隊必須仔細研讀以上內容，一旦看到「變更」這個詞出現，就知道存在至少一個實體。「變更」不一定指「變更實體」，可能只是單純指「變更資料值」而已。除此之外，還有其他需要注意的地方嗎？當然有，「授權」這個關鍵詞強烈暗示團隊必須提供某種

搜尋比對相關的解決方案。如果要在一群事物中找出特定事物，你需要唯一識別來進行區分；也就是在一個租戶底下的一群使用者當中搜尋出某個使用者這種功能。

上面提到，使用者「由租戶控管」又是什麼意思？難道是指真正的實體是 Tenant（租戶）而非 User（使用者）？這個問題涉及**聚合（第 10 章）**的相關討論，本章暫不贅述；如要簡單說明，答案會是「對和不對」。說「對」是因為的確有一個 Tenant 實體；說「不對」是因為 Tenant 實體存在不代表不能有 User 實體存在，這兩個當然都是實體。要理解為何 Tenant 與 User 是兩個不同聚合的**聚合根（第 10 章）**，請參考該章節內容。所以答案是：User 與 Tenant 是不同類型聚合，只不過開發團隊起初並未意識到這點。

在此要特別強調，每個 User 都需要有唯一識別值，才能與其他 User 區分。此外，User 也必須支援其生命週期中的所有變更，因此它顯然也是一種實體無誤。至於如何對 User 的內部個人資訊建模，不是這裡關心的重點。

開發團隊從第一條需求開始做進一步的釐清：

- 使用者（User）是隸屬於租戶下的單位，並且由租戶控管。

起初，團隊可以加上註解或調整說法，以顯示租戶擁有使用者的關係，**但租戶並沒有直接管理或包含使用者**。不過團隊需要謹慎為之，以免混入了技術層面或戰術建模的相關細節。而且陳述內容必須讓整個團隊都能理解，因此最終確定的修改結果如下：

- 租戶可以透過邀請讓多個使用者註冊。

- 租戶可能是啟用或停用的狀態。

- 使用者必須獲得授權才能使用系統；但只有啟用中的租戶才能授權。

- …

05

實體

真令人驚喜不是嗎！進一步討論後，團隊解決了文字陳述的問題，同時也讓需求更清晰地呈現出來。他們認為原本的「使用者由租戶控管」說法不夠清楚與完整，應該要表達使用者是向一個租戶進行註冊，且只能透過租戶發出的邀請進行。此外，也需要補充租戶有啟用與停用的狀態，而只有在租戶為啟用中的情況下，才能進行使用者的授權。將第一個需求修改後重新陳述，新增了一個需求，並且釐清了另一個需求，使得需求內容的定義更加精確完整地反映實際的情況。

　　雖然以上並沒有說明使用者的生命週期如何管理，但至少知道不是每個使用者都能隨意註冊；這些都是團隊開發時需納入考量的重要情境。

　　團隊現在似乎開始建立通用語言術語的詞彙表了，不過他們對於這些術語的定義還沒有充分的了解；顯然還需要一點時間才能將這些詞彙完整補充。

　　目前已知有兩種實體，如圖 5.5 所示，接下來要弄清楚如何賦予這些實體唯一識別，以及有哪些額外屬性（property）需用於在同型別物件中進行搜尋比對。

<<實體>>
Tenant

<<實體>>
User

圖 5.5　前面討論的 Tenant 與 User 兩種實體。

　　開發團隊決定使用應用程式生成完整長度 UUID 作為 Tenant 實體的唯一識別值。這串長長的純文字識別值可以滿足他們的需求，不僅提供了唯一性，也能夠為訂閱戶提供一定程度的安全性；畢竟任何人都很難隨機複製這樣的 UUID，特別是它扮演著第一層身分驗證的角色。同時，他們也意識到有必要明確區分每一個 Tenant 實體，這樣的要求可以強化租戶訂閱者──即潛在商業競爭對手──的安全性，保護他們的應用程式與服務。換句話說，所有系統中的實體都能追溯到某個 Tenant 的唯一識別，每次查找實體時也都需要這個識別值。

　　這個唯一的租戶識別不是一個實體，只是某種值物件。問題是，這個識別值要用特殊的資料型別，還是用簡單的 String 字串值就好呢？

這個識別值只是一串以 16 進位制編碼的長字串，似乎沒有必要建模**無副作用函數**（Side-Effect-Free Function，**第 6 章**）。不過這個識別值可以用在很多地方，可以設置在各個 Bounded Context 中的所有其他實體上，這種情況下使用「強型別」（strong typing）可以帶來好處。只要定義一個 `TenantId` 值物件，開發團隊就能確保所有訂閱戶擁有的實體都帶有正確的識別值，如圖 5.6 顯示了這樣的建模過程，其中包含 Tenant 和 User 實體。

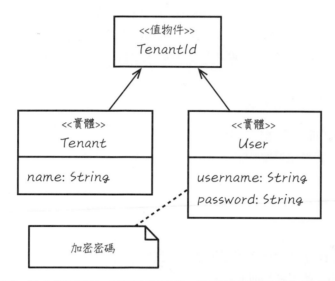

圖 5.6　確認「實體」並命名實體後，要確立能夠唯一識別該實體的屬性，使其可以被搜尋得到。

Tenant 實體必須要有訂閱租戶的名稱，因為它沒有特殊的行為，所以 name 用單純的 `String` 型態屬性（attribute）即可。這個 name 屬性主要用於查詢，像是客服人員與訂閱租戶的互動情境，客服要先透過名稱找出 Tenant 實體才能回答相關問題。因此，這個 name 對 Tenant 實體來說是一項必要的屬性也是必要的「內在特性」；雖然可以進一步約束 name 屬性具備唯一性，但這不是重點。

其他與每個訂閱租戶有關的屬性如：售後服務編號、啟用 PIN 碼、帳單與付款資訊、或是與客戶聯絡資訊相關的公司行號地址等等。不過這些都是業務層面的，與安全控管無關了，把「身分與存取情境」的管轄範圍無限上綱只會給自己帶來一堆麻煩。

「售後服務」將由不同的 Bounded Context 進行管理。先透過名稱找出訂閱租戶的 Tenant 實體，系統就能利用唯一的 TenantId 識別值存取「售後服務情境」、「支付情境」或「客戶關係管理情境」。售後服務合約編號、公司地址、客戶聯絡資訊與安全控管沒有什麼關係，但賦予訂閱租戶的 Tenant 實體一個 name 屬性，有助於客服人員快速提供服務，因此名稱是相當重要的。

探討過 Tenant 後，開發團隊將注意力轉向了 User 實體，並思考其唯一識別值。大多數的身分管控系統都會要求使用者名稱具備唯一性，名稱內容並不重要，只要在該訂閱租戶下是唯一的即可（不同的訂閱租戶可以擁有同樣的使用者名稱）。使用者可以自行決定他們的使用者名稱，除非訂閱租戶的公司內部政策有使用者名稱規定、或是需要與其他安全控管系統整合，否則都是交由申請註冊的使用者自行決定。因此開發團隊隨即在 User 類別下定義一個 username 屬性。

另一個與 User 相關的需求是安全憑證議題，像是密碼。團隊也採用 password 這個術語，並在 User 類別中定義這項屬性。不過密碼的屬性值不能以明文方式儲存，也就是必須對 password 加密。由於在將密碼指定給 User 之前必須多一道加密的流程，意謂著可能需要呼叫某種**領域服務（第 7 章）**，而團隊之前尚未決定此領域服務的名稱，但已經在通用語言中預留了一個位置，正好現在可以著手建立詞彙表。目前的詞彙表包括了：

- Tenant（租戶）：身分與存取服務以及其他線上服務的具名企業訂閱租戶。透過發送邀請來進行使用者註冊。

- User（使用者）：隸屬於訂閱租戶下的安全控管註冊單位，內含使用者個人資料與聯絡資訊。User 的 username 必須具備唯一性，而 password 需要加密。

- Encryption Service（加密服務）：替無法以明文形式儲存使用的密碼及其他資料提供加密的功能。

到目前為止還剩下一個問題：密碼能夠作為 User 唯一識別的一部分嗎？畢竟密碼也可以用於搜尋 User 實體。但如果是這樣，我們應該把兩個屬性合併到一個值物件中，然後以「SecurityPrincipal」之類的名稱命名，讓概念更加具體明確。這想法乍看還不錯，不過卻忽略了一項重要需求：密碼要是可以變更的。而且，有時候服務必須在未提供密碼的情況下將 User 實體找出來，這是與授權無關的需求（例如，要確認某個 User 被賦

予的安全管控角色時，總不能要求用戶每一次查詢這些資訊時都要提供密碼）。密碼顯然不是為了驗證身分的識別值，但為了確保查詢的授權合法性，還是可以在查詢時要求同時提供 username 與 password 兩個屬性。

建立一個 SecurityPrincipal 值類別（Value Type），確實是一個不錯的建模方向，容我們後續再討論。此外還有一些未討論到的概念，像是如何發送註冊邀請、使用者的個人資訊和聯絡資訊等，待開發團隊下一輪的迭代開發流程再行處理。

找出重要的實體行為

識別出實體的重要屬性之後，接下來團隊要開始思考有哪些不可或缺的行為⋯

回顧先前列出的基本需求之後，開發團隊發現一個與 Tenant 及 User 有關的行為：

- 租戶可能是啟用或停用的狀態。

聽到 Tenant 有「啟用」（active）與「停用」（deactive）的狀態時，第一時間的直覺反應可能會是一個 boolean 值；或許是這樣沒錯，但如何實作並不是重點。假設我們將 active 屬性放置在「Tenant」類別圖（class diagram）中──在 Tenant 的類別宣告只寫入一個 active 屬性，是否能夠告訴讀者任何有用的資訊？在 Tenant.java 中做了以下的屬性宣告，能夠有效表達出「啟用」意圖嗎？

```
public class Tenant extends Entity {
    ...
    private boolean active;
    ...
```

恐怕不盡然。起初我們只關注屬性，是基於搜尋時的比對需求，需要提供識別值。後續會再加入其他補充資訊。

團隊本來可以定義一個 setActive(boolean) 方法，但這也無法真正表達需求描述中的術語意涵。並不是說這種公開的 setter 方法不好，而是只有在通用語言允許的語境之下去使用，而且通常不需要用到多個 setter 方法來完成一個請求時才去使用。

因為多個 setter 方法會使意圖變得模糊，也會讓發布單一領域事件複雜化；因為一個邏輯命令，應該對應產出一個有意義的領域事件。

　　當團隊回過頭檢視通用語言，發現領域專家使用「啟用」與「停用」這樣的詞彙，為了融入這些術語，團隊決定宣告為 activate() 以及 deactivate() 方法。

　　下列程式碼是符合開發團隊通用語言的 Intention Revealing Interface（釋意介面，[Evans]）：

```java
public class Tenant extends Entity {
    ...
    public void activate() {
        // TODO: 待實作
    }

    public void deactivate() {
        // TODO: 待實作
    }
    ...
```

　　為了具體呈現他們的想法，團隊先編寫一個測試，將這兩個新的行為運用進去看看是否符合需求：

```
public class TenantTest ... {
    public void testActivateDeactivate() throws Exception {
        Tenant tenant = this.tenantFixture();
        assertTrue(tenant.isActive());

        tenant.deactivate();
        assertFalse(tenant.isActive());

        tenant.activate();
        assertTrue(tenant.isActive());
    }
}
```

　　編寫測試後，開發團隊對這個介面感到很有信心。在這個過程中，他們也察覺到還需要另一個 isActive() 方法，便將這三個方法加到定義中，如圖 5.7 所示，通用語言的詞彙也逐漸豐富起來：

- **Activate tenant（啟用租戶）**：使用此項操作來啟用一名租戶，啟用時需要對目前狀態進行確認。

- **Deactivate tenant（停用租戶）**：使用此項操作來停用一名租戶。當租戶被停用時，也無法對使用者進行授權。

- **Authentication Service（授權服務）**：負責對使用者的授權，首先要確定使用者所屬的租戶處於啟用狀態。

05

實體

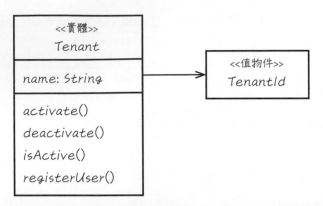

圖 5.7　在第一個快速迭代中為 Tenant 指派了必要的行為。而有些行為由於複雜度的因素被省略了，但之後很快可以加入。

這裡出現一個最新的詞彙，代表著又出現了一個領域服務。比對 User 實例（instance）時，必須先呼叫 Tenant 中的 isActive() 方法來檢查租戶的狀態；也可以透過下列需求來確認：

- 使用者必須獲得授權才能使用系統，但僅在租戶處於啟用狀態才能授權。

可以看出，身分授權不僅僅是找出 username 與 password 配對的一個 User，還需要一個更高層級的協調者（coordinator），而領域服務便應運而生；相關細節容後再細述。目前重要的是，開發團隊將其命名為 AuthenticationService 並添加到通用語言中。測試驅動開發方法確實有用。

開發團隊還需要考慮下列需求：

- 租戶透過邀請讓多個使用者註冊。

當團隊開始分析這項需求時，才發現情況比他們在第一次快速迭代處理的更複雜，不是三兩下就能搞定，似乎還會牽涉到某種 Invitation（邀請）物件；但需求並未提供進一步的資訊、也不清楚管理此物件的行為。所以開發團隊決定暫緩建模作業，先從領域專家及早期客戶那裡獲取有用的資訊。不過他們還是先建立了一個 registerUser() 方法，因為這與 User 物件的建立密切相關；詳細說明參見本章「建構」一節。

團隊對 User 類別的理解是：

- 使用者具有個人資訊，包括姓名以及聯絡資訊。

- 使用者的個人資訊可被使用者本人或管理員修改。

- 使用者的安全憑證（也就是密碼）是可修改的。

這裡用到兩種經常同時運用的資安管控模式：User 和 Fundamental Identity[1]。上述「個人」一詞的使用可以清楚看出，「個人」與「使用者」兩個概念密不可分。團隊於是根據以上理解對類別與行為進行了設計。

為了避免將過多職責賦予在 User 類別，另外建立一個獨立的 Person 類別，也就是上文中「個人」的概念，而「個人」一詞則促使團隊將 Person 加到通用語言中：

- **Person（個人）**：持有並管理使用者的個人資料，包括姓名及聯絡資訊。

這個 Person 是實體嗎？還是只是個值物件？同樣地，關鍵點在於「修改」這個詞。我們沒必要因為需要修改電話號碼，就把整個 Person 物件替換掉；因此團隊將 Person 建立為持有兩個值物件（ContactInformation 與 Name）的實體，如圖 5.8 所示。當然，目前還是比較模糊的概念，將來可能會隨進展需要再度重構。

我們需要進一步思考使用者個人姓名與聯絡資訊的變更管理。用戶端可以存取 User 中的 Person 物件嗎？團隊中一名開發人員提出質疑 User 是否一定是自然人？有沒有可能是某個外部系統，是的話該怎麼辦？雖然現階段這些都還不是問題，但提前考慮這些需求也是合理的。如果允許用戶端存取 User 類別、執行 Person 的行為，那麼當 Person 重構時，用戶端也可能需要重構。

反之，如果將對個人資訊的操作行為，從資安管控的觀點出發建模在 User 上，可以避免日後可能的重構問題。開發團隊也為此編寫了驗證用的測試，並發現這個方向沒錯；修改後的 User 建模如圖 5.8 所示。

1　原註：參考連結 http://vaughnvernon.co/。

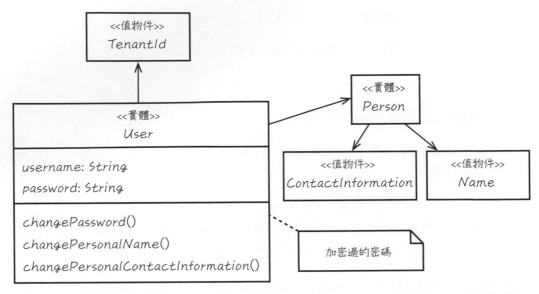

圖 5.8　User 的基本行為導出更多關聯，在避免過多細節的情況下，團隊還建模了幾個與操作
相關的物件。

　　還有其他議題需要討論，比如，團隊應該對用戶端透露 Person 的存在嗎？還是應該隱藏起來？現階段為了查詢資訊需求，團隊選擇將 Person 公開，之後會將 Person 的存取方法重新設計為 Principal 介面，也就是會出現 Person 與 System 各自實作 Principal 介面的情況。待團隊有更深入的了解之後，可以再回頭進行重構。

　　保持這個節奏下去，團隊很快就將注意力放到了最後一條需求所提到的通用語言：

- 使用者的安全憑證（也就是密碼）是可修改的。

　　User 中有一個 changePassword() 的行為，它反映了需求中的術語，領域專家也對此感到滿意。但要注意，用戶端不能存取加密過後的密碼，一旦密碼設定到 User 當中，就不能曝露到該聚合的邊界之外。只要與授權相關，都必須透過 AuthenticationService 進行。

　　開發團隊也同意每當有牽涉到修改的行為發生，變更成功後就要發布一則領域事件；這也是團隊始料未及的，但至少他們意識到事件的重要性。事件至少有兩項功能：其一，

可以追蹤所有物件在生命週期內發生的變更（後面會詳加討論）；其二，允許外部的事件訂閱者對變更進行同步操作、保有自主性。

以上議題留待**事件（第 8 章）**與**整合 Bounded Contexts（第 13 章）**的相關章節再深入探討。

角色與職責

建模時的一個環節就是要找出物件扮演的角色（role）和職責（responsibility）。角色與職責的分析也可以運用在領域物件上，這裡主要是針對實體的角色與職責來探討。

首先需要澄清「角色」一詞的使用情境。先前討論「身分與存取情境」時，Role 是負責處理整個系統資安管控的實體與聚合根，提供用戶端來查詢某個使用者是否具備某種角色。不過它跟這裡所要談論的「角色」是兩回事，這裡指的是物件在模型中如何扮演這些角色。

多角色的領域物件

在物件導向的程式設計中，通常是由介面來決定實作類別所扮演的角色，如果設計正確無誤，每一個介面都會賦予其實作的類別一個角色。如果類別沒有實作任何介面（也就是沒有被賦予任何角色），那麼這個類別的角色就是由自身定義；換句話說，這個類別是實作了由其本身的公開方法所構成的一種隱性介面。先前範例中 User 這個類別沒有實作任何介面，但也有被賦予一個角色：User 角色。

因此我們可以同時賦予一個物件 User 及 Person 角色。雖然這種做法並不建議，這裡姑且先假設這是個好方法，這樣就不用把個別的 Person 物件和 User 物件聚合起來，而是僅需建立一個物件、同時扮演這兩種角色。

05

實體

什麼情況下會需要這樣做？一般是在發現有兩個以上的物件彼此存在著共通點與差異點時，這些重疊的特徵可以透過將多個介面結合在單一物件上來表示，例如，我們可以命名一個 HumanUser 的實作類別，其物件同時具備了 User 與 Person 的角色：

```java
public interface User {
    ...
}

public interface Person {
    ...
}

public class HumanUser implements User, Person {
    ...
}
```

這似乎看起來很合理，但也有可能讓事情更複雜。當兩個介面都已經很複雜時，要在一個物件中同時實作兩個介面會變得難上加難；加上 User 如果是一個系統，會需要再多一個介面來表述此性質。而要賦予單一物件 User、Person 及 System 三個角色，實作難度又再度攀升。那麼，能否以一個通用的 Principal 介面來簡化這件事呢？

```java
public interface User {
    ...
}

public interface Principal {
    ...
}

public class UserPrincipal implements User, Principal {
    ...
}
```

透過上述的設計，我們可以到執行階段（runtime）再決定 `Principal` 的實作型別（也就是晚期繫結，late binding）。自然人的資安管控原則和系統的資安管控原則，是不同的類別實作，因為系統使用者不需要有人類的聯絡資訊。但我們還是可以嘗試在這兩者前面加上一個轉派（forwarding delegation）用的實作型別，在執行階段去判斷存在的類型，然後把作業委派給現有物件：

```java
public interface User {
    ...
}

public interface Principal {
    public Name principalName();
    ...
}

public class PersonPrincipal implements Principal {
    ...
}

public class SystemPrincipal implements Principal {
    ...
}

public class UserPrincipal implements User, Principal {
    private Principal personPrincipal;
    private Principal systemPrincipal;
    ...
    public Name principalName() {
        if (personPrincipal != null) {
            return personPrincipal.principalName();
        } else if (systemPrincipal != null) {
            return systemPrincipal.principalName();
        } else {
            throw new IllegalStateException(
                    "The principal is unknown.");
        }
    }
    ...
}
```

只是這種設計會產生許多問題，其中一個便是所謂的「物件思覺失調」（object schizophrenia）[2]。行為透過轉發（forwarding）或分派（dispatching）的技巧，委派給實際的物件執行，但是 personPrincipal 和 systemPrincipal 都不擁有原本執行這些行為的 UserPrincipal 實體的識別值。這種情況就像物件罹患了思覺失調症，即同一個物件有多重身分，被委派的物件不清楚自己原先的身分為何，在物件內部對自己的真實身分感到困惑。雖然不是兩個實作類別中的每個委派方法都要加上原本物件的識別值作為參數，但某些情況確實是必要的。我們可以把對 UserPrincipal 物件的參照傳遞進去，只是這樣會使設計變得更複雜，甚至需要修改 Principal 介面，顯然不是個好主意。如同 Gamma 等人 [Gamma et al.] 所言：「只有當委派能夠簡化而非複雜化問題時，它才是好的設計選項。」

我們不打算現在就解決這個建模難題，這只是要向讀者展示，在處理物件角色時可能遇到什麼樣的困境，以及建模需要注意的事項。Qi4j[Oberg] 之類的工具可以協助我們改善這類問題。

如 Udi Dahan 在 [Dahan, Roles] 中所述，把角色介面設計得更精確，也可以改善這類情形。要把介面定義得更精確，可以思考下面兩個需求：

- 向客戶新增訂單。

- 將客戶設為優先（preferred）對象（如何成為優先客戶不是這裡的重點）。

Customer 類別實作了兩種經過精確化的細粒度（fine-grained）角色介面：IaddOrdersToCustomer 和 ImakeCustomerPreferred。它們各自只定義了一個行為，如圖 5.9 所示。我們甚至可以讓 Customer 實作其他如 Ivalidator 之類的介面。

2　原註：它描述了一個物件具有多重人格，並不是醫學上精神分裂症的定義。該術語的名稱可能會讓人有所誤解，實際上這是指物件身分的混淆。

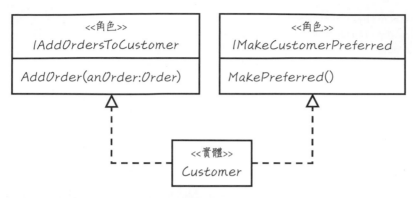

圖 5.9　採用 C#.NET 式的命名規範，Customer 實體實作了兩種物件角色：
IAddOrdersToCustomer 及 ImakeCustomerPreferred。

如**聚合（第 10 章）**內容中提到的，我們並不希望給 Customer 塞進一大堆物件（像是所有訂單），這個範例僅僅用來展示物件角色的用途，看看就好。

介面名稱前綴的「I」字樣，是 .NET 程式開發時一種常見的命名風格。除了遵循 .NET 原則，有些人還認為這樣可以提高閱讀性：「我把訂單加到客戶中」和「我把客戶設為優先」。它不僅代表介面、也可以作為主詞。少了這個「I」，以動詞開頭的名稱如 AddOrdersToCustomer 或 MakeCustomerPreferred 讀起來就沒那麼完整了。我們可能更習慣用名詞或形容詞來命名介面，這種做法也很合適。

來思考一下這種設計風格的優點。首先，一個實體所具備的角色可以隨不同使用情境變換；當用戶端需要對 Customer 加入新的 Order 實例，其角色跟把 Customer 設為優先是不同的。技術面上也有好處，例如，不同的使用案例可以採用不同的策略來獲取 Customer 物件：

```
IMakeCustomerPreferred customer =
    session.Get<IMakeCustomerPreferred>(customerId);
customer.MakePreferred();

...
```

```
IAddOrdersToCustomer customer =
    session.Get<IAddOrdersToCustomer>(customerId);
customer.AddOrder(order);
```

持久性機制在取用物件時，需要先釐清 Get<T> 方法宣告中這個參數化型別「T」的實際型別名稱為何。然後以這個型別，來找出註冊在基礎設施中的實際取用策略；若該介面沒有自己特別定義的取用策略，就會使用預設的方法。執行取用之後，與識別值相應的 Customer 物件就會根據特定的使用情境被載入為所需的物件形式。

這種賦予角色的介面有一項技術上的優點，可以在使用情境的行為與角色之間建立一種隱性關聯。其他特定使用案例的行為可以與特定的角色相關聯，例如驗證，當實體修改後被持久保存時，以特定的驗證器來進行驗證。

這種精確的細粒度介面也讓實作類別更輕鬆，例如 Customer 將行為實作在自己身上，因為不用把實作介面分派到其他的類別，進而避免了前述的物件思覺失調情況。

但讀者應該想問，透過角色把 Customer 的行為分離開來，**對領域建模真的有好處嗎？**關於這一點，可以把前面的 Customer 拿來與圖 5.10 的 Customer 比較，哪一種會比較好？這樣會不會讓用戶端在需要呼叫 MakePreferred() 方法時，錯誤地呼叫 AddOrder() 方法呢？不見得。不過這不是評斷這種方法的唯一準則。

```
        <<實體>>
        Customer

AddOrder(anOrder:Order)
MakePreferred()
```

圖 5.10　原先分散在不同介面中的行為，現在都集中並建模為一個介面，並由 Customer 實體類別實作。

角色賦予介面最實用的方式,也是最簡單的方式,透過介面把不願意透露給用戶端的模型實作細節隱藏起來。設計介面的用意就在於,決定哪些可以給用戶端知悉使用、哪些不行,就這麼簡單。實作類別會比介面複雜得多,勢必充斥著支援性屬性(supporting property)以及各種 getter 與 setter 方法,還有用戶端絕對看不到的實作行為,像是,因為使用某種工具或框架導致強制建立一些不想讓用戶端使用的公開方法。但即便如此,領域模型的介面也不會受到技術實作細節影響。這確實是領域建模的好處。

總而言之,不論採用何種設計,都要確保以通用語言凌駕於技術之上,在 DDD 當中,業務領域的模型才是重中之重。

建立實體

當我們新建一個實體時,一般會使用建構子來補捉足夠的實體狀態資訊,以辨識出此實體,並讓用戶端找到它。若採用早期生成識別值機制,那麼建構子的參數中至少要包含唯一識別值。此外,如果有可能透過其他方式(例如,名稱或關鍵字)查詢實體,也要把這些額外查詢納入建構子的參數中。

實體有時會存在一或多個「不變量」(invariant)。不變量指的是,在實體生命週期必須保證「交易一致性」(transactionally consistent)的一種狀態。不變量是聚合設計需要特別關注的一個部分,但因為聚合根的本身就是一個實體,所以這邊也會提及。如果實體中具有一個不變量,要求物件不能處於 null 狀態,或是透過其他狀態組合計算得來的話,那麼就需要透過建構子參數來提供狀態。

舉例來說，每個 User 物件中必須包含 tenantId、username、password 及 person 等屬性，換言之，要正確建構 User 物件，這些被宣告的實例變數（instance variable）絕對不能是 null 值。確保方式則是透過 User 的建構子和實例變數的 setter 方法：

```java
public class User extends Entity {
    ...
    protected User(TenantId aTenantId, String aUsername,
            String aPassword, Person aPerson) {
        this();
        this.setPassword(aPassword);
        this.setPerson(aPerson);
        this.setTenantId(aTenantId);
        this.setUsername(aUsername);
        this.initialize();
    }
    ...
    protected void setPassword(String aPassword) {
        if (aPassword == null) {
            throw new IllegalArgumentException(
                    "The password may not be set to null.");
        }
        this.password = aPassword;
    }

    protected void setPerson(Person aPerson) {
        if (aPerson == null) {
            throw new IllegalArgumentException(
                    "The person may not be set to null.");
        }
        this.person = aPerson;
    }

    protected void setTenantId(TenantId aTenantId) {
        if (aTenantId == null) {
            throw new IllegalArgumentException(
                    "The tenantId may not be set to null.");
        }
        this.tenantId = aTenantId;
    }

    protected void setUsername(String aUsername) {
```

```
        if (this.username != null) {
            throw new IllegalStateException(
                    "The username may not be changed.");
        }
        if (aUsername == null) {
            throw new IllegalArgumentException(
                    "The username may not be set to null.");
        }
        this.username = aUsername;
    }
    ...
}
```

　　上面的 User 類別設計展示了自我封裝的做法。建構子把實例變數的賦值工作,委派給內部屬性對應的 setter 方法,這樣便能確保該變數的自我封裝性。而自我封裝也方便我們針對不同的變數,在每個 setter 方法中設定適當的檢核條件,替實體檢查這些傳入的參數值非 null 值,強制遵守這個條件。這種檢核的斷言(assertion)程式邏輯稱為「防禦性語句」(guard,參照「驗證」一節)。先前在「識別值的穩定性」一節也提過,這類 setter 方法的自我封裝技術有可能會隨著需求而變得更複雜。

　　對於有複雜建構需求的實體,可以採用工廠模式;**工廠(第 11 章)**內容中將進一步說明細節。在前面的範例中,讀者是否注意到,User 的建構子可見度是設定為受保護的(protected)?因為 Tenant 實體就是 User 實例的工廠,也是同模組下唯一能看到 User 建構子的類別,如此一來,就只有 Tenant 才能建立 User 實例:

```
public class Tenant extends Entity {
    ...
    public User registerUser(
            String aUsername,
            String aPassword,
            Person aPerson) {

        aPerson.setTenantId(this.tenantId());

        User user =
                new User(
```

```
                    this.tenantId(),
                    aUsername,
                    aPassword,
                    aPerson);

        return user;
    }
    ...
}
```

這個 registerUser() 方法就是 User 實例的工廠，這個工廠會確保提供給 User 以及 Person 實體的 TenantId 識別值正確無誤，並簡化對 User 狀態的建構。全部過程都由這個工廠方法掌控，並且也反映了通用語言。

驗證

模型需要驗證的主要理由是為了檢查屬性、整個物件或多物件組合的正確性。我們會探討三種不同層級的模型驗證，雖然有多種方法可以進行驗證，像是透過框架或第三方函式庫，但那不是本書的討論範疇，我們會採取通用且具發展性的實作方法。

驗證可以達到各種不同目的。要注意的是，即便領域物件的個別屬性都是有效的（valid），不代表整個物件是有效的；把兩個有效的屬性組合在一起有可能使整個物件為無效。同理，單一物件為有效，也不代表多個物件組合起來是有效的；有可能當你把兩個分別通過驗證的有效實體組合在一起，這個組合卻是無效的。所以針對不同的議題，我們會需要採用一到多個不同層級的驗證來因應。

對屬性的驗證

那麼，要如何才能確保屬性（關於 attribute 與 property 兩種屬性的差異，參見**第 6 章 _ 值物件**）被設為有效的值呢？本章和本書其他章節中都會多次提到，我強烈建議先使用自我封裝來處理與因應第一種層級的驗證需求。

引用 Martin Fowler 於 [Fowler, Self Encap] 一文中的說法:「自我封裝指的是將類別設計成,所有對此欄位的存取,即使是從類別內部,都要透過取器方法來完成。」使用這種做法有幾個優點。首先,它允許在物件實例變數(及類別變數、靜態變數)上增加一層抽象層;其次,可以輕鬆存取物件中持有的任意數量屬性,特別是在這個討論中,提供一種簡單的驗證。

老實說,筆者不喜歡把「以自我封裝保護物件的正確狀態」這件事情稱為「驗證」。從某些開發人員的觀點來看,驗證是一個獨立的議題,應該由驗證類別去負責,而不是領域物件。我同意這種觀點,不過我在這裡討論的東西有點不一樣,我講的是「契約式設計」(designed-by-contract)方法的「斷言」機制。

根據契約式設計的定義,它允許我們指定前置條件(precondition)、後置條件(postcondition)以及元件的不變量;這是由 Bertrand Meyer 所提出,並落實在其設計的 Eiffel 程式語言中。Java 以及 C# 程式語言對此提供了一定程度的支援,Jezequel 等人也合著了一本關於這個主題的書——《*Design Patterns and Contracts*》[Jezequel et al.]。我們在此只探討前置條件,使用防禦性語句來作為驗證:

05

實體

```java
public final class EmailAddress {

    private String address;

    public EmailAddress(String anAddress) {
        super();
        this.setAddress(anAddress);
    }
    ...
    private void setAddress(String anAddress) {
        if (anAddress == null) {
            throw new IllegalArgumentException(
                    "The address may not be set to null.");
        }
        if (anAddress.length() == 0) {
            throw new IllegalArgumentException(
                    "The email address is required.");
```

```
        }
        if (anAddress.length() > 100) {
            throw new IllegalArgumentException(
                    "Email address must be 100 characters or less.");
        }
        if (!java.util.regex.Pattern.matches(
            "\\w+([-+.']\\w+)*@\\w+([-.]\\w+)*\\.\\w+([-.]\\w+)*",
            anAddress)) {
                throw new IllegalArgumentException(
                        "Email address and/or its format is invalid.");
        }

        this.address = anAddress;
    }
    ...
}
```

setAddress() 方法有四個前置條件，所有作為前置條件的防禦性語句，都針對 anAddress 參數 assert 了一個條件以進行檢查：

- anAddress 不能是 null 值。

- anAddress 不能是空字串。

- anAddress 的字串長度必須小於或等於 100 個字元（但同時不能是空字元）。

- anAddress 的資料格式必須符合電子郵件信箱位址的基本格式。

當這些前置條件都滿足時，address 屬性（property）才會被設為 anAddress 的值；只要其中一個前置條件未滿足，就會拋出 IllegalArgumentException 例外。

EmailAddress 類別不是實體，而是一個值物件。我們在這裡使用值物件有幾個原因：首先，方便我們示範各種前置條件的防禦性語句，從檢查 null 值到資料值格式（後續還會介紹更多）；其次，這個值物件是間接透過另一個值物件 ContactInformation 在 Person 實體中以屬性（property）的角色存在，因此，這個值物件其實是實體的一部分，也是實體類別中的一個簡單屬性（attribute）。對於簡單屬性來說，我們可以在 setter

方法中採用相同的防禦性語句作為前置條件；但對於將整體值（Whole Value）指定為實體 property 的情況而言，唯有當值物件中各個較小 attribute 一一得到驗證、確保處於有效狀態，才能保證整體值為有效。

牛仔小劇場

寶弟：「正當我以為和老婆進行一場合理的爭論，沒想到她突如其來地拋出一個『理由無效』，賞我吃閉門羹。」

有些開發人員會將這種前置條件的檢查稱為「防禦性程式設計」（defensive programming），確實沒錯，這是一種避免無效的資料值進到模型中的防禦性程式設計。有些人可能不喜歡這種多層的防禦性語句；有些開發人員雖然認同對 null 空值甚至空字串進行檢查，但會極力避免對字串長度、數值大小範圍、資料值格式的檢查。比如，有些人認為這種數值大小、最大字串長度的檢查最好還是交給資料庫去處理，因為它們並不是模型物件的關注點。不過，倒是可以將這類前置條件視為合理的資料健康度檢查。

某些情況下沒必要對字串長度進行檢查，特別是當資料庫採用 NVARCHAR 的資料型態並定義為最大長度時，基本上很難超出這個範圍。例如，Microsoft SQL Server 中的文字欄位可以使用「max」這個關鍵字進行宣告：

```
CREATE TABLE PERSON (
    ...
    CONTACT_INFORMATION_EMAIL_ADDRESS_ADDRESS
        NVARCHAR(max) NOT NULL,
    ...
) ON PRIMARY
GO
```

這不是指電子郵件位址可以有 1,073,741,822 個字元這麼長，只是要定義一個永遠不可能超出的欄位大小，我們就不用煩惱這件事了。

但對某些類型的資料庫來說，這卻未必可行，例如 MySQL，單筆資料最大「列寬」是 65,535 字元組；再次強調，是「列寬」不是欄寬。即使只宣告某個欄位採用 VARCHAR 型態最大寬度 65,535，資料表也不可能再額外增加一個欄位。因此根據資料表中 VARCHAR 欄位的數量，需要將每個欄寬限制在合理範圍內，才能夠容納所有需要的欄位。這種情況可以將字元欄位宣告為 TEXT 型態，因為 TEXT 和 BLOB 欄位的資料會存在不同的區段，與資料表分開存放。因此，針對不同的資料庫，要採取不同的欄寬限制，才能降低在模型中檢查字串長度的需求。

如果資料值可能超出欄位限制，最好還是在模型中執行簡單的字串長度檢查。把下面的內容翻譯成有意義的領域錯誤訊息是很不實際的：

```
ORA-01401: inserted value too large for column
```

這裡甚至看不出哪一欄資料超出範圍，因此最好的做法是把字串長度檢查放在 setter 方法的前置條件中，從根本上一勞永逸。此外，長度檢查不僅是為了符合資料庫的欄位限制；到最後，領域本身可能會用合理的理由來對字串長度進行約束，像是我們與既有系統整合時的限制。

除此之外，有時還必須將數值上下限檢查納入考量，就算只是單純的電子郵件格式檢查也很合理，以保護實體免於一些奇奇怪怪的資料值干擾。只要確保單一實體內的資料值都是有效的，對整體物件和物件組合進行粗粒度（coarse-grained）驗證就會簡單許多。

對物件整體的驗證

即使一個實體內的所有屬性（attribute/property）都是有效的，也不代表整個實體是有效的。要驗證整個實體，必須存取整個物件的狀態——也就是存取所有屬性。此外，還需要利用**規格**（Specification，[Evans & Fowler, Spec]）或**策略**（Strategy，[Gamma et al.]）來進行驗證。

　　Ward Cunningham 在其設計的 Checks 模式語言（pattern language，[Cunningham, Checks]）中提出了數種驗證方法，而其中對物件整體驗證很有幫助的就是**延遲驗證**（Deferred Validation）。Ward 表示：「這是一種拖到最後一刻才進行驗證的方法。」之所以需要延遲，是因為這類驗證的過程非常繁瑣，並且要在至少一或多個複雜物件上進行驗證。因此，之後提到更大規模的多物件組合驗證時會探討延遲驗證。本節的討論範圍會放在 Ward 所提的「簡單活動的驗證」上。

　　由於驗證整個實體需要對實體的整體狀態進行存取，所以有些人覺得應該把驗證流程邏輯直接嵌入實體中。但請留意，根據經驗，領域物件的驗證會比領域物件本身發生更多變動；更何況實體本身已經有領域行為的職責，把驗證直接內建在實體中會使其承擔過多的職責。

　　此時，可以建立一個元件負責判斷實體的狀態是否有效。例如，以 Java 程式語言設計一個獨立的驗證類別，將其安置在跟實體相同的模組（也就是 package）中。假設我們使用 Java，在宣告用於讀取屬性的存取器方法時，就不能將作用域（scope，或稱有效範圍）設定為 private 的私有域，因為那樣會使得驗證類別無法讀取到與狀態相關的必要資訊，所以至少得是 protected 或是 package 域才行，甚至是 public 的公開域也可以。如果不把驗證類別安置在實體所在的模組中，就會迫使所有屬性存取器方法必須設定為 public 的公開域，這個做法在許多情況下並不是好事。

驗證類別可以實作「規格模式」（Specification pattern）或「策略模式」（Strategy pattern）。當偵測到實體的狀態為無效，它會通知用戶端或將此發現記錄下來供日後使用（例如批次處理過後）。此外，驗證過程應該把所有驗證結果都收集起來，而不是一發現無效的情況就馬上拋出異常例外。參考以下可重複使用、抽象化的驗證類別及實作子類別：

```
public abstract class Validator {
    private ValidationNotificationHandler notificationHandler;
    ...
    public Validator(ValidationNotificationHandler aHandler) {
        super();
        this.setNotificationHandler(aHandler);
    }

    public abstract void validate();

    protected ValidationNotificationHandler notificationHandler() {
        return this.notificationHandler;
    }

    private void setNotificationHandler(
        ValidationNotificationHandler aHandler) {
        this.notificationHandler = aHandler;
    }
}
```

```
public class WarbleValidator extends Validator {

    private Warble warble;

    public Validator(
            Warble aWarble,
            ValidationNotificationHandler aHandler) {
        super(aHandler);
        this.setWarble(aWarble);
    }
    ...
    public void validate() {
```

```
        if (this.hasWarpedWarbleCondition(this.warble())) {
            this.notificationHandler().handleError(
                    "The warble is warped.");
        }
        if (this.hasWackyWarbleState(this.warble())) {
            this.notificationHandler().handleError(
                    "The warble has a wacky state.");
        }
        ...
    }
}
```

在初始化 WarbleValidator 時，傳入一個 ValidationNotificationHandler 物件；驗證過程中每當遇到無效狀態時，就交由 ValidationNotificationHandler 來處理。這個 ValidationNotificationHandler 是一個通用的實作類別，類別中的 handleError() 方法會接受一個 String 型別的參數作為通知訊息。如果有需要，也可以設計特殊的實作方法來應對無效的狀態：

```
class WarbleValidator extends Validator {
    ...
    public void validate() {
        if (this.hasWarpedWarbleCondition(this.warble())) {
            this.notificationHandler().handleWarpedWarble();
        }
        if (this.hasWackyWarbleState(this.warble())) {
            this.notificationHandler().handleWackyWarbleState();
        }
    }
    ...
}
```

這樣做的優點是，可以將錯誤訊息、訊息鍵值或與通知相關的內容跟驗證流程解耦合。
更好的做法是，把驗證通知放在檢查方法中：

```
class WarbleValidator extends Validator {
    ...
    public Validator(
            Warble aWarble,
            ValidationNotificationHandler aHandler) {
        super(aHandler);
        this.setWarble(aWarble);
    }
    ...
    public void validate() {
        this.checkForWarpedWarbleCondition();
        this.checkForWackyWarbleState();
        ...
    }
    ...
    protected checkForWarpedWarbleCondition() {
        if (this.warble()...) {
            this.warbleNotificationHandler().handleWarpedWarble();
        }
    }
    ...
    protected WarbleValidationNotificationHandler
            warbleNotificationHandler() {
        return (WarbleValidationNotificationHandler)
                this.notificationHandler();
    }
}
```

在這個例子中，我們採用了一個特定型別的驗證通知處理器：WarbleValidationNotif
icationHandler。雖然在傳入時顯示是標準的 ValidationNotificationHandler 型別，
但內部要使用時卻宣告為另一個特定型別。這給了模型一個彈性，讓模型自行決定和
規劃如何在與用戶端的互動中提供適當的型別。

　那麼，用戶端要如何確保實體經過驗證呢？驗證流程從何開始？

一種方法是將 validate() 方法放在所有需要驗證的實體上，並使用一個分層超級型別：

```
public abstract class Entity
        extends IdentifiedDomainObject {

    public Entity() {
        super();
    }

    public void validate(
            ValidationNotificationHandler aHandler) {
    }
}
```

任何實作了 Entity 的子類別都能保證可使用 validate() 方法，要是實作的實體類別中覆載了 validate 方法，該類別就會執行自己的驗證邏輯；反之，如果沒有覆載也不影響，呼叫這個方法什麼都不會做。如果只有少數幾個實體要驗證，在那幾個特定的類別中宣告 validate() 方法就可以了。

話說回來，讓實體來驗證自己的做法好嗎？把 validate() 方法寫在自身類別當中，並不代表是由實體自己來執行驗證，只是讓實體決定採用「何種」驗證器，而不是讓用戶端決定：

```
public class Warble extends Entity {
    ...
    @Override
    public void validate(ValidationNotificationHandler aHandler) {
        (new WarbleValidator(this, aHandler)).validate();
    }
    ...
}
```

每一個 Validator 的實作子類別中，都依需求實作了特定的驗證流程；實體不必知道如何進行驗證，它只知道這個類別可以驗證。這種把驗證流程分到不同 Validator 子類別的做法，能夠讓我們配合不同實體的需求來安排驗證，並對複雜的驗證進行完善的測試。

對物件組合的驗證

對於 Ward Cunningham 所說的「需要完成所有較簡單活動的檢查，才能進行更複雜的驗證行動」，可以利用延遲驗證方法。我們不只要判斷單一實體是否能通過驗證，還要判斷一群或一組實體（甚至包括一或多個聚合）是否通過驗證。為此，我們需要配合驗證需求用到多種實作了 Validator 的驗證器子類別物件，但最好的做法還是用一個領域服務來負責驗證。領域服務可以透過 Repository 存取需要驗證的聚合實例（instance），然後對聚合中的每一個實例單獨進行驗證，或是與其他實例結合在一起進行驗證。

　　此外，也需要判斷出適合驗證的時機點。有時，一個聚合或是一組聚合處於一種暫存、過渡性的狀態，此時可以在聚合上建立一種狀態來指出這一點，避免在不適當的時機驗證。等到驗證條件成熟時，模型再發布領域事件通知用戶端：

```
public class SomeApplicationService ... {
    ...
    public void doWarbleUseCaseTask(...) {
        Warble warble =
            this.warbleRepository.warbleOfId(aWarbleId);

        DomainEventPublisher
            .instance()
            .subscribe(new DomainEventSubscriber<WarbleTransitioned>(){
                public void handleEvent(DomainEvent aDomainEvent) {
                    ValidationNotificationHandler handler = ...;
                    warble.validate(handler);
                    ...
                }
                public Class<WarbleTransitioned>
                        subscribedToEventType() {
                    return WarbleTransitioned.class;
```

```
            }
        });

        warble.performSomeMajorTransitioningBehavior();
    }
}
```

等用戶端收到 WarbleTransitioned 的通知後，就會知道現在可以開始驗證，而在此之前，用戶端不會進行驗證。

追蹤變更

根據實體的定義，沒有必要追蹤生命週期中的狀態變化，只需要允許實體的狀態持續產生變化。但有時領域專家會想知道模型中所發生的重要事情，在這種情況下，就可以對實體的特定變化進行追蹤。

要達到精確而有效的追蹤變更，最實際的做法是利用領域事件與 Event Store，針對領域專家關注的每一個造成重大狀態變更的聚合命令，設計出獨一無二的事件型別。將變更記錄中的事件名稱與屬性（property）結合起來，就能表明事件內容。這些事件會在命令方法執行完成時發布，而事件的訂閱者則從模型收到這些事件；待收到事件通知後，再將事件存入 Event Store。

領域專家未必關心每一則事件，但即使領域專家不關心，技術團隊也會關注，通常是出於技術上的理由，尤其是採用**事件溯源（Event Sourcing，第 4 章）**設計模式時。

本章小結

在本章中我們介紹了各種與實體相關的議題。複習一下：

- 介紹用於產生實體唯一識別值的四種主要方法。

- 理解產生識別值的時機很重要，以及如何利用代理識別值。

- 知道如何確保識別值的穩定性。

- 討論如何透過 Bounded Context 的通用語言探索實體的內在特性，並找出實體的屬性與行為。

- 除了找出實體的核心行為，還探討多角色在實體建模時的優點與缺點。

- 最後，研究建構實體的細節和驗證方法，以及必要時如何追蹤實體的變更。

接下來我們將介紹戰術性建模當中非常重要的建模區塊：值物件。

Chapter 6
值物件

> 「價格是你付出的成本，價值才是你真正獲得的東西」
>
> ──巴菲特（*Warren Buffett*）

雖然我們較常討論實體這個概念，但**值物件（Value Object）**也是 DDD 當中至關重要的組成部分。最常被建模為值物件的物件類型，如數值（3、10、293.51）、純文字字串（"hello, world!"、"Domain-Driven Design"）、日期、時間，複雜一點的物件像是一個人的全名（由姓氏、中間名、名字及職稱等不同屬性組合而成），還有其他像是貨幣、顏色、電話號碼、郵寄地址等。當然還有更加複雜的類型，在本章中，筆者將根據**通用語言（Ubiquitous Language，第 1 章）**來探討如何利用值物件把領域概念建模出來，達成領域驅動設計的目標。

▌值物件的優點

用於測量、量化、描述事物的值物件，在建立、測試、使用、優化與維護上都很輕鬆方便。

我猜，「應盡量使用值物件來建模而不是實體（Entity）」這件事可能會讓讀者感到很訝異。即使某一個領域概念必須以實體建模，該實體在設計上也應偏向「值物件的容器（container）」，而不是「其他子實體的容器」。這並不是隨便說說，而是用於測量、量化、描述事物的值物件，在建立、測試、使用、優化與維護上都很輕鬆方便。

本章學習概要

- 了解哪些領域概念適合建模為值物件。
- 如何利用值物件簡化整合複雜度。
- 如何將領域中的標準類型（Standard Type）表示為值物件。
- 透過範例的 SaaSOvation 團隊經驗，學習值物件的重要性。
- 跟隨 SaaSOvation 團隊，學習如何測試、實作及保存值類別（Value type）。

一開始 SaaSOvation 的開發團隊過度濫用實體，其實遠在將 User 與 Permission 概念加入協作領域之前就已經發生這種情況了。從專案初期開始，團隊就跟隨著時下流行的思考模式，認為領域模型中的每一個元素都應該對映到資料庫的資料表，而且這些元素的屬性（attribute）也應該要能透過公開的存取器方法來進行設值與取值。在這種思維下，每一個物件在資料庫中都有一個主鍵值，以至於模型被綁進了一個大型而複雜的結構中。這種資料建模觀點的想法，主要是因為大多開發人員都受到關聯式資料庫的不當影響，認定了所有事物都應該正規化，並以外部索引鍵進行引用。隨著本章進展他們隨後就會知道，被這種實體思維綁架非但沒有必要，還可能造成巨大的開發時間與人力成本浪費。

當正確設計時，值物件是可以輕易建立、傳遞及捨棄的，不必擔心使用方會將它錯誤修改或者改到面目全非。值物件的生命週期可長可短，它們不會被損壞，對系統也無害，來來去去隨我們取用。

這個概念讓我們減輕了一大負擔，有如從一個沒有記憶體管理的程式語言年代，瞬間切換到具備垃圾回收（garbage collection）機制的年代一樣。

那麼，要如何判斷一個領域概念是否適合建模為值物件？這就需要深入了解值物件的特性了。

> 「當我們只關心一個模型元素的屬性時，應把它歸類為 Value Object。我們應該使用這個模型元素能夠表示出其屬性的「意義」，並為它提供相關功能。Value Object 應該是不可變的。不要為它分配任何標識，而且不要把它設計成像 Entity 那麼複雜。」（Eric Evans 著作《領域驅動設計》，繁中版 P97-98，原文版 P99）

雖然建立一個值類別並不困難，但對於剛接觸 DDD 的新手來說，有時還是會在該選擇實體或值物件來建模這件事情上舉棋不定；不要說新手，就算是經歷豐富的軟體設計師偶爾也會面臨選擇困難症。因此本章除了告訴各位讀者如何實作值物件之外，也希望能釐清在這個決策過程中會遇到的一些疑難雜症。

值物件的特性

將領域概念建模為值物件時，首要之務是使用通用語言。把這件事情視為使命必達的第一優先原則。筆者會將此原則貫穿在本章內容中。

在決定一個概念是否是值物件時，應該考慮它是否具備下述的多數特性：

- 可測量、量化或描述領域中的某樣事物。

- 可保持不可變性。

- 將相關屬性組合成一個整體，建模一個概念整體（conceptual whole）。

06

值
物
件

- 當測量或描述改變時可以被替換。

- 可以使用值相等性（Value equality）與其他值物件進行比較。

- 向協作方提供「無副作用行為」[Evans]，不會對互動方造成影響。

深入了解以上這些特性將有助於判斷。當你運用這個方式來分析模型中的設計元素時會發現，應該要更常使用值物件才對。

測量、量化或描述

無論讀者是否能理解這一點，模型中存在一個值物件的意義，並不等同於領域中的一樣事物，因為值物件代表的是「用於測量、量化或描述」領域中某樣事物的一個概念。打個比方，人都有年齡，但年齡並不是一個具體的事物，而是用來測量或量化一個人（也就是「某樣事物」）活了多少年的概念。此外，人也有姓名，同樣地，姓名也不是具體事物，而是用來描述這個人（某樣事物）如何被稱呼。

這跟接下來會談到的「概念整體」特性密切相關。

不可變

一旦建立了值物件，其狀態就不允許再改變了[1]。如果以 Java 或 C# 程式語言開發，可以使用值類別的建構子建立一個實例（instance），並且將構成其初始狀態的所有物件作為參數傳遞進去。這些參數可以直接作為值物件的屬性值保存起來，或是在建構過程中，根據這個物件再衍生一到多個新屬性。這裡展示了一個值物件類別持有另一個值物件的參照：

1　原註：有時候值物件可以設計成可變的，但這種需求十分罕見，在這裡筆者不會討論可變的值物件。想了解何時使用可變的值類別，請參閱 Evans 著作 [Evans] 中第 101 頁的邊欄。

```
package com.saasovation.agilepm.domain.model.product;

public final class BusinessPriority implements Serializable {
    private BusinessPriorityRatings ratings;

    public BusinessPriority(BusinessPriorityRatings aRatings) {
        super();
        this.setRatings(aRatings);
        this.initialize();
    }
    ...
}
```

　　光是進行實例化可無法保證物件的不可變性。當物件透過建構子被實例化及初始化之後，無論公開或私有的方法都不能再對狀態進行變更。在這個範例中，只有建構過程中會呼叫的 setRatings() 與 initialize() 方法允許變更狀態。setRatings() 方法必須被設為私有（private/hidden），且不能在實例以外的地方呼叫[2]。此外，BusinessPriority 類別必須被實作為「除了建構子方法之外、其他公開或私有的方法都不能呼叫這個 setter 方法」。後面筆者會再探討如何驗證值物件的不可變性（immutability）。

　　視個人喜好，有時可以設計由值物件持有對實體的參照，但需要萬分謹慎，當參照的實體狀態受到本身行為影響而改變，那麼持有參照的值物件狀態也視同改變，這麼一來就違反了不可變性的特性。因此，最好保持這樣的思維——值類別持有對實體的參照，是為了在組合式設計中實現不可變性、表達性（expressiveness）以及便利性。否則，如果值物件持有實體，是為了透過值物件的介面來改變實體狀態，這樣做可能就是錯的。在考慮無副作用行為特性時（後續會談到），需要權衡這些相互拉扯的因素。

06

值
物
件

2　原註：在某些情況下，物件關聯對映（ORM）或序列化程式庫（用於 XML、JSON 等）等框架可能需要使用 setter 從序列化的形式中重新構建值物件的狀態。

打破你的既定觀念

如果你認為物件應該要設計成允許透過行為來改變狀態，最好再問一次自己為什麼會這樣想。思考當需要改變值物件的狀態時，是否可以像使用其他資料值那樣以替換的方式來處理、建立全新的物件？使用這樣的方法還有機會簡化模型設計。

有時候將物件設為不可變狀態並不合適。這表示這種情況應該建模為一個實體。如果你的分析是這樣，請參考**實體（第 5 章）**的說明。

概念整體

值物件可能擁有一個、數個或多個個別屬性（attribute），這些屬性彼此之間互有關聯。每個屬性對整個物件都有重要貢獻，這些屬性共同描述了它們所代表的整體。如果將它們拆開來看，每一個屬性無法提供完整而連貫的意義，唯有將所有屬性組合在一起，才能完整地表達測量或描述的內容。這跟只是把一組屬性包裝在一個物件中是不同的，如果這組包裝在一起的屬性無法充分地描述模型中的某樣事物，那麼這樣的包裝就沒有任何意義。

如同 Ward Cunningham 在其「**整體值**模式」（Whole Value pattern[3]，[Cunningham, Whole Value aka Value Object]）中所述，「50,000,000 美元」存在兩個屬性：「50,000,000」這個屬性和「美元」這個屬性。把這兩個屬性拆開來看的話，就會與原先表達的意思不同、甚至毫無意義。尤其「50,000,000」這個數字根本不知道它代表什麼，「美元」也是一樣的道理，將兩者結合才是一個描述貨幣計量的概念整體。因此我們並不會把一個價值 50,000,000 美元的事物拆成兩種屬性，描述「amount 是 50,000,000」、「currency 是美元」，因為該事物的價值不只是 50,000,000，也不只是美元。來看看以下的範例：

3　原註：也稱為「Meaningful Whole」。

```
// 對事物價值的錯誤建模方式
public class ThingOfWorth {
    private String name;        // 屬性
    private BigDecimal amount;  // 屬性
    private String currency;    // 屬性

    // ...
}
```

在這個範例中，模型和用戶端都需要理解如何同時使用 amount（金額）與 currency（貨幣）這兩個屬性，因為它們現在並不是一個概念整體。我們需要更好的方法。

如果要正確地描述事物的價值，不能將其視為兩個單獨的屬性，而是要視為一個整體值──以「50,000,000 美元」來表達。整體值的建模方式如下：

```
public final class MonetaryValue implements Serializable {
    private BigDecimal amount;
    private String currency;

    public MonetaryValue(BigDecimal anAmount, String aCurrency) {
        this.setAmount(anAmount);
        this.setCurrency(aCurrency);
    }
    ...
}
```

範例中的 MonetaryValue 當然還不夠好，還有可改善的空間。我們可以另外用一個更能表達貨幣意涵的 Currency 值類別，來取代 currency 屬性的 String 型別，可以考慮使用**工廠（Factory）**和**建造者（Builder）**模式 [Gamma et al.] 來處理物件的建立過程；不過為了不模糊焦點、讓大家專注於整體值的概念上，就不在此多加說明。

對領域來說，一個概念的整體性是很重要的，因此，對值物件的父參照（parent refernece）所代表的意義不再僅僅只是一個「attribute」，而是代表模型中父物件的一個「property」。當然，值物件的類型本身可能有一或多個 attribute（MonetaryValue 範

例是兩個），但對於持有值物件實例參照的父物件來說，它就是一個 property。假設
價值「50,000,000 美元」的物件——我們稱為 ThingOfWorth——可能有一個叫 worth
的 property，持有對值物件實例的參照，而該值物件有兩個 attribute 共同描述這個計量
（50,000,000 美元）。不過還是要提醒一下，property 的名稱（worth）和值類別的名稱
（MonetaryValue）都應該在 Bounded Context（**有界情境，第 2 章**）與通用語言設定
好之後再決定。改善後的實作如下：

```
// 對事物價值的正確建模方式
public class ThingOfWorth {
    private ThingName name;      // 屬性
    private MonetaryValue worth; // 屬性
    // ...
}
```

如我所料，我將 ThingOfWorth 改為擁有 MonetaryValue 型別的一個 property（名為
worth）。這確實比原先那些 attribute 來得清楚多了。但更重要的是，我們有了一個表
達完整概念的值物件。

我還多做了一個更動，或許讀者並未察覺出來。ThingOfWorth 中的 name 屬性，重要
性不比 worth 來得低，所以我也將原本的 String 型別替換成 ThingName 型別。雖然乍
看之下使用 String 這個 attribute 來代表 name 並無不妥，但後面就會發現，單純使用
String 有可能引發一些問題；這會導致與 ThingOfWorth 中 name 相關的領域邏輯洩漏
到模型外部，而且已經洩漏到模型中其他部分和用戶端的程式碼中：

```
// 用戶端被迫處理與 name 相關的邏輯

String name = thingOfWorth.name();
String capitalizedName =
        name.substring(0, 1).toUpperCase()
        + name.substring(1).toLowerCase();
```

在上面的範例中，用戶端試圖自行解決名稱的首字母大寫問題。改用一個 `ThingName` 型別取代 `String`，可以把與其相關的邏輯和操作集中在 `ThingOfWorth` 的 `name` 當中；而根據此範例，`ThingName` 可以於初始化中將純文字名稱格式化，讓用戶端不用承擔這項職責。這強調了需要在模型中廣泛應用值物件，而不是最小化它們的重要性和使用程度。現在 `ThingOfWorth` 也從原先具有三個不具意義的 attribute，修改為包含兩個型別與名稱妥善設計的值物件 property。

值物件類別的建構子方法對於保障概念整體有著不小的幫助。與不可變性類似，類別的建構子方法必須確保在一個操作中建構出值物件的整體概念。建構過程不可分割，不應該在建構子方法以外的地方逐一設定值物件實例的 attribute，像拼圖一樣拼湊出整體值，而是應該一次完成所有屬性的初始化，確保值物件的最終狀態在一個不可分割的操作中完成；如同先前範例中 `BusinessPriority` 以及 `MonetaryValue` 的建構子那樣。

這裡還看到了濫用基本值類別（如 `String`、`Integer` 或 `Double`）有什麼壞處。有些程式語言（如 Ruby）允許我們對既有類別進行擴展，加入特定的行為，在這種條件下，有人會想到利用雙精度浮點數（double floating-point）來表示貨幣金額；比如，可以在 `Double` 類別加上一個 `convertToCurrency(Currency aCurrency)` 行為來計算不同貨幣單位的匯率換算。聽起來很酷對吧？但使用這樣的語言功能真的好嗎？首先，貨幣相關的特定行為可能會在通用的浮點數計算中丟失了，這是第一個缺點。再來，`Double` 類別本身並未內建對貨幣概念的理解力，因此你需要在這個預設類別中加入更多資訊，讓它更理解貨幣的概念。你還需要傳入一個 `Currency` 參數，才能知道要轉換為什麼貨幣單位，這是第二個缺點。最後也是最重要的，`Double` 類別沒有提供你的領域概念，在沒有應用通用語言的情況下，你找不到領域的關切點，這是第三個大缺陷。三好球，三振出局。

06

值物件

> **打破你的既定觀念**
>
> 如果你在一個實體中放了多個屬性（attribute），造成與其他屬性之間的關係變得薄弱，那麼就應該將這類相關屬性集中到一個或多個值類別中。每一個值類別都應該是一個反映出內聚性的概念整體，並以通用語言精準地命名以表達其概念。此外，如果一個屬性與某個描述性概念相關，將與這個概念相關的關注點集中到此，將能夠改善模型的設計與效能。如果有一或多個屬性預期會隨時間進展而需要修改，應該考慮改用整體值來取代需要長期維護的實體。

可替換性

只要值物件具備不可變性，且其狀態正確地描述了當前概念的整體值，那麼實體就可以繼續持有這個值物件的參照。但如果情況有所改變，那麼實體就需要以一個新的值物件來取代原先的值物件，確保能表達出新的概念整體值。

我們以數值為例，來說明值物件的可替換性（replaceability）。假設有一個代表領域中「總計」概念的整數資料值 total 變數，如果這個 total 目前設為「3」但要改為「4」，我們不會透過修改或計算方式將其更改為「4」，而是會理所當然地以數值「4」直接替換「3」，將 total 設為整數「4」：

```
int total = 3;

// 之後…

total = 4;
```

雖然看起來好像是在說廢話，但其實釐清了一件事。在範例中，我們直接以數值「4」**取代** total 原先的數值「3」；這並沒有過度簡化過程，即使是比整數資料複雜許多的值類別，這個替換性原則也是如此。參考底下這個更複雜的值類別：

```
FullName name = new FullName("Vaughn", "Vernon");

// 之後…

name = new FullName("Vaughn", "L", "Vernon");
```

首先將 name 設為描述名字與姓氏的值物件，之後，這個整體值**被替換**為一個描述名字、中間名首字母、姓氏的整體值。從範例中可以看到，筆者並未透過 FullName 中的方法去修改 name 所持有的值物件狀態來加上中間名首字母，因為這樣做違反了 FullName 值類別應有的不可變性。反之，是遵循整體值可替換性原則，直接以一個全新的 FullName 實例替換掉 name 所持有的物件參照（不過這個範例處理替換的方法還不夠好，後面會再說明更好的方法）。

打破你的既定觀念

如果你打算以實體作為建模選項，只因為物件的屬性會改變，請再思考一下這個模型是否是正確的。可以直接替換掉整個物件來解決問題嗎？考慮先前的替換範例，可能有讀者認為這種做法不符合實務、也缺乏表述性。但就算是一個複雜、且變動頻繁的物件，這種替換也不一定是不切實際或手法粗糙。後面的「無副作用行為」小節會用範例說明整體值的替換方法可以既簡單且具表述性。

值相等性

當我們需要比較值物件實例時，會使用物件的相等性（equality）測試進行比較。放眼整個系統可能會有許多值物件實例是相等的，但它們並不是同一個物件。「相等性」是透過比較兩個物件的型別和屬性來確定的，如果兩個物件的型別和屬性值都相等，就可以說這兩個值物件是相等的。再者，要是任兩個或多個值物件實例符合這個相等性，就可以用其中一個實例替換另一個實體（的 property），完全不會改變該 property 的資料值。

底下以 FullName 類別為例，實作了值相等性測試：

```java
public boolean equals(Object anObject) {
    boolean equalObjects = false;
    if (anObject != null &&
            this.getClass() == anObject.getClass()) {
        FullName typedObject = (FullName) anObject;
        equalObjects =
            this.firstName().equals(typedObject.firstName()) &&
            this.lastName().equals(typedObject.lastName());
    }
    return equalObjects;
}
```

假設這個版本的 FullName 只有「姓氏」與「名字」兩項 attribute，沒有中間名，那麼可以看到，在相等比較中，兩個 FullName 實例的所有 attribute 都會被一一拿出來比較。若兩個物件中的所有屬性皆相等，就可以說這兩個 FullName 實例是相等的。由於在建構的時候已避免了 firstName 與 lastName 被設為 null 空值，因此，在 equals() 比較中不需要再對這些相應的 property 進行空值的防禦性檢查。況且，筆者喜歡採用自我封裝的機制，這樣一來，這些 attribute 一律只能透過查詢方法存取。這樣做允許了由屬性進一步衍生而來的屬性存在，不需要讓 attribute 個別以顯式狀態存在，同時也暗示除了 equals() 方法也還需要實作 hashCode() 方法（後面會說明）。

考慮支援**聚合（第 10 章）**唯一識別值所需的值物件特性。比方，要以識別值查詢特定聚合實例，會需要用到值相等性。當然，不可變性也同樣重要，畢竟唯一識別值永遠不能變更，而這一點在值物件的不可變性中已經獲得了保證。再來，概念整體此特性也有幫助，因為所有具備唯一識別值的屬性都集中在同一個實例中，且唯一識別值以通用語言命名。在這個情況中，值物件的可替換性就不是必要的特性了，因為聚合根的唯一識別值是不能夠被替換的。然而，欠缺可替換性並不代表不適合以值物件作為建模選項。此外，如果識別值需要相關的無副作用行為，也可以實作在值類別內部。

打破你的既定觀念

再思考一次，你正在設計的這個概念，必須是能夠與其他物件區別出不同之處的實體，還是使用值相等性來分辨就可以了？如果此概念並不需要唯一識別值，那麼以值物件來建模即可。

無副作用行為

物件的方法可以設計為**無副作用函數** [Evans]，所謂「函數」就是指物件中的操作，它在不改變自身狀態的前提下產生輸出。既然操作執行過程中不會產生修改，因此稱此操作為「無副作用」。符合不可變性的值物件，物件方法都必須是無副作用函數，因為不能違反不可變性原則——不能改變值物件的狀態；你可以將它視為不可變性的一部分，兩者緊密相繫。然而，筆者比較想把它當作一個獨立的特性來看，這樣才能夠強調值物件的優點，否則我們恐怕只會將值物件當成屬性的容器，而忽略了這個設計模式最強大之處。

函式程式設計

這個特性通常體現在函式程式語言（functional programming language）中，尤其純粹的函式程式語言僅允許無副作用行為存在，要求所有的閉包（closure）僅能輸入與輸出具備不可變性的值物件。

Martin Fowler 在其關於 CQS 的專文 [Fowler, CQS] 當中曾談到，Bertrand Meyer 在他所提出的命令查詢分離（Command-Query Separation, CQS）原則當中，將這類無副作用函數稱作查詢方法。而所謂的查詢方法就是向物件詢問問題的方法，根據定義，提問不應該導致答案被修改。

下面的範例中，`FullName` 類別使用了無副作用行為，可根據自身的狀態產生出一個新的可替換值物件：

```
FullName name = new FullName("Vaughn", "Vernon");

// 之後…

name = name.withMiddleInitial("L");
```

看上去與「可替換性」小節的例子沒有兩樣，但表述性已經大幅提升。該無副作用函數的實作如下：

```
public FullName withMiddleInitial(String aMiddleNameOrInitial) {
    if (aMiddleNameOrInitial == null) {
        throw new IllegalArgumentException(
                "Must provide a middle name or initial.");
    }

    String middle = aMiddleNameOrInitial.trim();

    if (middle.isEmpty()) {
        throw new IllegalArgumentException(
                "Must provide a middle name or initial.");
    }

    return new FullName(
            this.firstName(),
            middle.substring(0, 1).toUpperCase(),
            this.lastName());
}
```

　　上面的範例中，`withMiddleInitial()` 方法並未修改值物件自身狀態，因此這個函數是無副作用的。它根據值物件本身的部分屬性，加上函數外部給入的一個中間名首字母，共同組成一個新的值物件並回傳。利用此方法得以捕捉到這些重要的領域業務邏輯，保管於模型內，不會發生先前範例中將業務邏輯洩漏到用戶端程式碼中的狀況。

當實體以參數傳入值物件

如果傳進值物件方法的參數是一個實體，是否允許這個方法對傳遞進來的實體進行修改？姑且不談原則，若此方法真的修改了實體，那麼還可以說這是無副作用嗎？這種方法容易測試驗證嗎？其實不太容易。因此，當值物件的方法以實體作為傳入的參數，最好還是先在不變更狀態的情況下回傳一個結果，讓實體根據結果自行決定是否變更狀態。

只不過，這種設計也有一些問題。參考底下的範例：一個名為 BusinessPriority 的值物件會使用 Product 這個實體計算優先度（priority）：

```
float priority = businessPriority.priorityOf(product);
```

看出問題在哪裡了嗎？或許你已經想到以下這些問題了：

- 我第一眼所看到的是，我們不僅迫使值物件對 Product 產生相依性，而且還要它理解這個實體。可以的話，值物件應該僅關注自身型別以及屬性型別；當然不是一定要這樣做，能把它當成目標盡力而為是最好。

- 看這段程式碼的人恐怕不容易了解到底用到了 Product 中哪些東西，因此，表述性不夠明確，模型也就不夠明確。如果傳遞進去的是 Product 中特定或衍生出的 property，就會更清楚具體。

- 更重要的是，將任何實體作為值物件方法參數，就很難確定值物件是否造成實體變更，也會使得無副作用行為更難以測試。即使值物件保證不會造成任何變動，但老實說，沒有人能夠證明這一點。

從上述分析看來，似乎還沒有進展。要改善值物件的設計，首先只能以值物件作為傳入值物件方法的參數，這樣一來就能達到無副作用行為的最高層次。做到這一點並不難：

```
float priority =
        businessPriority.priority(
                product.businessPriorityTotals());
```

我們只需要求 Product 傳入一個 BusinessPriorityTotals 值物件實例。或許有讀者認為，呼叫 priority() 方法之後應該回傳一個值物件類別、而不是 float 浮點數資料；當然，你的想法是正確的，前提是如果優先度使用了更正式的通用語言形式來表達。在那種情況下，應該要以一個自訂的值類別來表達。類似像這樣的決策，會隨著陸陸續續修改模型的過程浮現出來。實際上，SaaSOvation 的團隊也的確在分析過後發現了不應該由 Product 實體計算業務優先度，而是應該交由一個**領域服務（Domain Service，第 7 章）**去處理；屆時會再介紹更好的解決方案。

　如果讀者不打算設計一個特定的值物件，而是利用程式語言內建的基本值類別（原始類別或包裝類別），等於是限制住你的模型，因為你無法為基本值類別加外與領域相關的無副作用函數；任何這類特定行為只能從該值物件中分離出來。就算程式語言允許你對基本類別添加新的行為，但這樣做真的能夠捕捉到更深層的領域概念嗎？

打破你的既定觀念

如果你認為某個方法一定會改變自身實例的狀態、不能是無副作用的，請再想一想。是否能應用「替換」方法？先前的範例簡單示範了如何透過重複利用現有值物件本身既有的資料值以及僅替換改變的部分，來新建一個值物件。系統中很少出現每個物件都是值物件的情況，某些物件一定還是會以實體存在，但在抉擇時，請仔細根據值物件與實體的特性進行比較。只要團隊做了充分的思考與討論，一定能做出正確的決定。

當 SaaSOvation 團隊從 Evans 的書 [Evans] 中讀到了無副作用函數以及其他整體值相關的說明後，他們了解到應該採用值物件的情況比想像中多更多。自那時起，團隊也體會到，了解這些值物件的特性確實幫助他們從領域中找出了更多的值類別來。

看什麼都像值物件？

經過這一輪的觀念重整，你可能會開始覺得看什麼都像值物件；至少比看什麼都像實體來得好。不過，要小心處理非常單純的屬性，這些屬性不需要特地制定一個資料型態，像是布林值或本身就足以表意的數值，不需要什麼額外的功能，也與同一實體中的其他屬性沒關聯。這類簡單屬性本身就足以代表一個概念整體了，不過我們偶爾還是可能將它們「誤認」，把一個毫無行為的屬性包裝在值類別中，不過，總比完全不採用值物件的人好得多。讀者若發現自己做過頭了，還是可以適度往回修正、進行重構。

最低限整合

DDD 開發的專案中總是會存在多個 Bounded Context，而這也意味著我們需要以適合的方式來整合這些 Bounded Context。當上游 Bounded Context 的物件流入下游的 Bounded Context 為其所用，可以使用值物件將下游 Bounded Context 中的這個概念進行建模。這樣做的好處在於把「最低限」（minimalism，即極簡）原則放在第一位，利用不可變的值物件，可以將下游模型需要負責處理的屬性（property）數量及承擔的職責量減至最低。

減輕職責

妥善利用不可變的值物件來減輕職責。

我們重新檢視一次 Bounded Context（第 2 章）中使用的範例。上游的「身分與存取情境」中有兩個聚合會對下游的「協作情境」造成影響，如圖 6.1 所示。這兩個聚合分別是 User 與 Role。在「協作情境」中，我們想知道某個 User 是否被賦予名為 Moderator 的 Role，於是「協作情境」會透過**防護層**（Anticorruption Layer，第 3 章）向「身分與存取情境」提供的**開放主機服務**（Open Host Service，第 3 章）進行查詢。如果這項整合查詢的結果指出該使用者被賦予 Moderator 角色，那麼「協作情境」就會建立一個對應的 Moderator 物件。

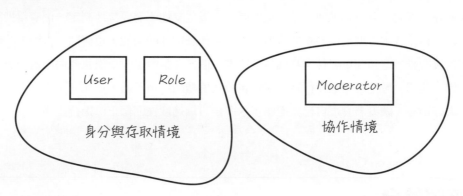

圖 6.1　協作情境中的 Moderator 物件是基於另一情境中 User 與 Role 狀態建立而來的。其中 User 與 Role 都是聚合，Moderator 則是值物件。

圖 6.2 所顯示的 Collaborator 子類別中，Moderator 被建模為值物件。這些實例皆與 Forum 聚合相關，並以靜態方式建立出來；但重點在於將上游「身分與存取情境」中擁有許多屬性的多個聚合對下游「協作情境」所造成的影響減至最低。因此，Moderator 僅需要少量屬性就可以將協作情境中通用語言的重要概念表述出來。而且 Moderator 並沒有包含 Role 聚合中的屬性，相反地，該類別名稱就能表明賦予使用者的 Moderator 角色。選擇將 Moderator 物件以靜態建立為值物件實例，也沒有與遠端另一個情境中的原始狀態參考來源同步。這是仔細考慮過「服務品質」（quality-of-service，簡稱 QoS）後的抉擇，能夠大幅度減輕使用方情境的負擔。

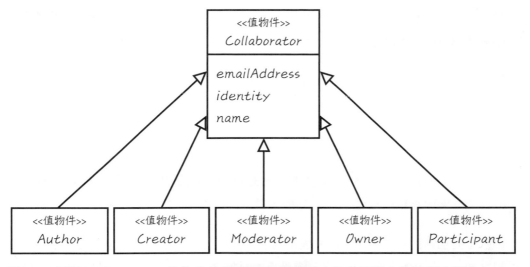

圖 6.2　這是 Collaborator 值物件的類別層次結構圖,只會用到少數來自上游 Bounded Context 中 User 的屬性,並以類別名稱明確表達了角色。

　　當然,根據考量不同,有時候下游情境的物件也需要與遠端情境中一或多個聚合之間保持部分狀態的最終一致性。在那種情況下,下游情境也需要設計一個聚合來應對,因為所謂的實體就是這種用於維護有不斷變化情況的設計模式。如果可以,應選用值物件作為整合時的建模選項來避免這種情形;這個建議在大多數情況都適用,尤其在使用到遠端情境所提供的「標準類型」資料時。

以值物件表示標準類型

很多系統與應用程式會運用到所謂的**標準類型（Standard Type）**,用於表述事物類型的描述性物件。系統中存在「事物」（實體）或者「描述」（值物件）,還有區分同事物之不同類型的「標準類型」。筆者不確定這個概念在業界的標準稱呼為何,但我也聽過有人稱之為「型別碼」（type code）和「查找」（lookup）。但是「型別碼」這個稱呼並不完全準確,而「查找」是要查找什麼也沒表達清楚,所以我個人偏好用「標

準類型」這個名稱，比較能表述出此概念。為了更清楚說明，來思考底下幾個例子，其中幾個建模與「**強類型**」（Power Type）有關。

假設我們使用通用語言定義了一個名為 PhoneNumber 的值物件，需要進一步定義每一個電話號碼的型別，於是領域專家問了：「這個電話號碼是家用電話、行動電話、公司電話還是其他型別的電話號碼？」那麼，應該以階層結構（hierarchy）類別來建模不同型別的電話號碼嗎？如果為每種型別設計一個類別，恐怕會讓用戶端使用上增加了困難。這時候，適合用一個標準類型來描述不同型別的電話號碼，不論是 Home、Mobile、Work 或 Other。這些描述，構成了電話號碼的標準類型。

再來是先前探討過的例子，在金融領域中，有可能用一個 Currency（值物件）型別來限制 MonetaryValue 金額必須是現實世界中的貨幣單位金額。此時便可利用標準類型來定義這些世界貨幣的幣值：AUD（澳元）、CAD（加幣）、CNY（人民幣）、EUR（歐元）、GBP（英鎊）、JPY（日圓）、USD（美元）…。利用標準類型定義可以避免出現不存在的貨幣；雖然可能出現將錯誤的貨幣指定給 MonetaryValue，但不存在的貨幣是不能被指定的。如果是以字串資料作為屬性，就有可能讓模型處於無效的狀態。你想想，萬一不小心把「dollars」拼成「doolars」會發生什麼問題。

有些讀者或許在醫藥領域工作，設計各種不同給藥途徑的藥物。假設某一款藥物（實體）有較長的開發生命週期，且隨著時間不斷改變——從概念化、研究、開發、測試、產製、改進到最終停產。可以考慮用標準類型來管理這些生命週期，而生命週期的變化或許能用不同的 Bounded Context 進行管理。此外，病患的給藥途徑亦可在處方指引上以標準類型加以描述，像是靜脈注射、口服或外用。

依據標準化程度不同，這些標準類型的重要程度也可能不同，有些僅需於應用程式層維護、有些重要到必須提升到共享的企業資料庫、甚至透過國家或國際標準機構提供。而這個標準化的程度，有時會影響到標準類型在模型中存取與使用的方式。

由於這些標準在它們原本所屬的 Bounded Context 中有自己的生命週期,所以我們可能會將其視為實體。但不管這些標準是由何種標準機構建立與維護,應該盡可能在我們使用的情境中將它們視為值物件;這種做法是最適當的,因為它們本來就是用於測量或描述事物的類別,而測量與描述最適合以值物件來建模。況且,「靜脈注射」的一個實例本來就與其他「靜脈注射」的實例完全相同,明顯可以互換,意味著它們是可替換的,並且可以應用值物件的相等性。因此,如果在你的 Bounded Context 中,沒有必要維護這些描述性類型在生命週期中的變化,就將它們建模成值物件。

如果有維護的需要,一般做法是與使用方模型所屬的情境分開來,然後在該情境中採用具持久性生命週期的實體建模,並加上識別值、名稱及描述等屬性。當然實體中可能不只這些屬性,這裡只是列舉使用的情境中最常用到的,而且通常只會使用其中一個;這也符合了最低限整合的目標。

底下用一個非常簡單的範例來說明,模型中以一個標準類型來區分群組中兩種不同成員。這兩種成員分別為「一般使用者」和「群組」(即「子群組」)。以 Java 程式語言中的 enum(列舉)來示範如何建立標準類型:

```java
package com.saasovation.identityaccess.domain.model.identity;

public enum GroupMemberType {

    GROUP {
        public boolean isGroup() {
            return true;
        }
    },
    USER {
        public boolean isUser() {
            return true;
        }
    };

    public boolean isGroup() {
        return false;
    }
```

```
    public boolean isUser() {
        return false;
    }
}
```

新建 GroupMember 值物件實例時，會指定一種 GroupMemberType。比如當一個 User 或 Group 被指派加入到一個 Group 時，負責該職責的聚合會建立一個 GroupMember 並指定類別。參考下方範例 User 類別實作的 toGroupMember() 方法：

```
protected GroupMember toGroupMember() {
    GroupMember groupMember =
        new GroupMember(
                this.tenantId(),
                this.username(),
                GroupMemberType.USER); // 列舉標準類型

    return groupMember;
}
```

Java 的 enum 是實作標準類型的簡單方法。enum 可以定義有限數量（此範例為兩個）的值物件，輕量而且符合無副作用行為。但該值物件的描述資料在哪？有兩種答案，一種是，通常不用額外提供型別的描述性資料，直接利用該類型的名稱即可，因為文字描述性資料通常只在**使用者介面層（User Interface Layer，第 14 章）**是有效的，並且可以將型別名稱對應轉換為可顯示的屬性（property）。很多時候這些顯示用的屬性是為了在地化的翻譯用途（如多語系的開發環境），因此並不適合由模型本身處理；在模型當中，通常最好的選擇就是僅以標準類型的名稱作為屬性（attribute）使用。另一種做法則是將有限的描述性資料直接設計為 enum 的狀態名稱，如 GROUP 和 USER，然後再呼叫 toString() 行為方法將這些名稱轉換為描述性資料。但如果真的有必要，也可以考慮將這些型別的描述性資料建於模型中。

在這個範例中，以 Java enum 實作的標準類型，可以說是一種優雅、簡潔的**狀態**（State，[Gamma et al.]）物件。範例中在 enum 宣告最後，實作了兩個通用於所有狀

態物件的預設行為方法：isGroup() 及 isUser()。這兩個方法預設會回傳 false 的布林值，這種基本的行為沒錯。不過在各狀態的定義內，會再根據各自的狀態覆寫這些方法並回傳 true 值。當標準類型中的狀態為 GROUP，就會覆寫 isGroup() 這個方法，使之回傳 true 的結果；反之，若狀態是 USER，就覆寫 isUser() 方法，使之回傳 true 值的結果。至於要如何變更狀態？用另一個 enum 換掉當前的 enum 值即可。

上面的 enum 展示了非常基本的行為，狀態模式的實作可根據領域的需求而更複雜，添加更多標準行為，而這些行為可以被每個狀態覆寫或進行個別處理。以上的例子，就是以一組事先定義的常數限制狀態，作為值類別的區分。本書的範例專案中，還有一個重要的例子是 BacklogItemStatusType 的標準類型，其中提供了 PLANNED、SCHEDULED、COMMITTED、DONE 及 REMOVED 等不同狀態。筆者在範例的三個 Bounded Context 中都運用這種標準類型的設計模式，盡可能地做到簡化。

狀態模式是有害的嗎？

有些人覺得狀態設計模式沒有那麼好，最常聽到的抱怨是，要為所有型別加上抽象的實作行為方法（範例中 GroupMemberType 的最後兩種方法），迫使對應狀態必須在定義中覆寫這些方法、提供對應的實作內容？在 Java 程式語言設計中，一般會為此在另一個類別（通常是檔案）另外寫一個抽象類別，每個實際實作的狀態也是各自一個類別檔案。不管你喜不喜歡，這就是狀態模式的做法。

筆者也同意，真的把每一個狀態及抽象型別各自寫成一個類別的話，可能會搞得亂七八糟。而且，這些散落在各個類別的不同行為，加上繼承自抽象類別中的預設行為，除了導致子類別與抽象類別之間的緊密耦合，類型之間也缺乏可讀性，尤其當狀態的數量很多時，更會造成可觀的負擔。不過我認為，要用狀態模式來實作一組標準類型的話，利用 Java 的 enum 會是十分簡單而且可能是更有效率的方法。這種做法結合了兩種方法的優點，既擁有簡潔的標準類型，還可查詢其目前的狀態，讓行為與型別保持一致，在限制狀態的行為同時，也依舊保持務實性。

當然，這種簡易的狀態模式實作方法可能還是會有讀者不買單，沒關係，畢竟人各有所好。

06

值物件

讀者最後若決定不採用 Java 的 enum 來實作標準類型也沒關係，你可以為每一個型別設計個別的值物件實例。但如果你純粹只是出於不想用狀態模式，大可以在採用 enum 的同時也享有支援標準類型的好處，但不實作狀態模式就好。畢竟，我可能是第一個提出將 enum 與狀態結合在一起的人。不過，話雖如此，但這不是實作標準類型的唯一方法，除了 enum 與值物件，也還有其他方法。

其中一種方法就是用一個聚合表示一個標準類型，每個型別對應一個聚合實例（instance）。執行前請三思而後行，因為標準類型的維護職責通常不會由使用的 Bounded Context 來承擔。廣泛採用的標準類型通常應由有別於使用方的另一個情境來維護，進行更新時需小心謹慎；而提供給使用者的標準類型聚合，應該符合不可變性。但請捫心自問，不可變的實體還算得上是真的實體嗎？如果你不認同，那麼就應該考慮建模為真正具備不可變性、共享的值物件。

我們可以從一個隱藏的持久性儲存區，存取共享的不可變值物件，透過一個**標準類型服務（Standard Type Service，第 7 章）**或是**工廠（第 11 章）**模式來取得，每一「組」標準類型對應一個服務或一個工廠供應方（例如，各類電話號碼為一組、各類聯絡地址為一組、各類貨幣單位為一組），如圖 6.3 所示。服務或工廠的具體實作根據需要，再連向一個持久性儲存區來存取這些共享值物件；當然，用戶端永遠不會知道這些值物件是來自於一個標準類型資料庫。不論是採用服務或工廠模式提供這些類別，你都可以簡單並放心地對值物件運用各種快取策略，因為這些值物件在系統中是唯讀且不可變的。

不論你將標準類型視為狀態與否，筆者個人還是覺得以 enum 實作標準類型是最好的做法；尤其是當你面對一個類別中有很多標準類型實例（instance）時，可以考慮自動化的程式碼生成工具來產生 enum。舉例，程式碼生成工具透過讀取各持久性儲存區的現存標準類型（也就是負責維護這些資料記錄的系統），並且根據每一筆記錄自動生成對應的型別或狀態。

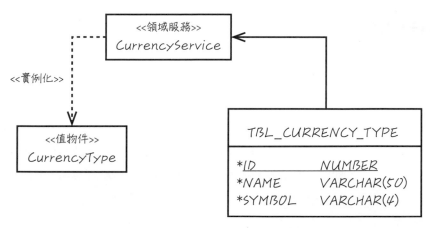

圖 6.3 可以利用領域服務提供標準類型。在本範例中,這個服務從一個資料庫中讀取所需的 **CurrencyType** 相關狀態資訊。

　　讀者若是決定以一般值物件作為標準類型,可以利用服務或工廠模式依照需求靜態建立實例。這與先前談到產生共享值物件的實作動機類似,但在實作方法上不同。在這種情況中,服務或工廠會提供每一個標準類型靜態建立的不可變值物件實例,這樣一來,維護這些標準類型的系統就算資料庫的實體發生變更,也不會自動反映在先前靜態建立的實例上。但如果還是想讓這些靜態值物件實例與系統記錄中的標準類型保持同步,你需要在模型中制定一個可以搜尋與更新狀態的解決方案,只是這樣可能會減損這種方法的潛在效益[4]。所以,最好一開始設計就確定這些靜態建立的標準類型在使用的 Bounded Context 中永遠不會更新。請仔細衡量所有相互影響的因素。

4　原註:這會是個很好的時機點,將上游情境中的一個聚合建模為下游情境中的一個聚合。它們可能不是相同的類別,也未必包含完全相同的屬性,但是將下游概念建模為一個聚合可以做到單點更新,確保資料的最終一致性。

值物件的驗證測試

為符合測試先行的開發方式，在我們進入值物件的實作環節之前，筆者先提供幾個測試範例。這些測試藉由模擬用戶端對這些物件的使用情境，來驅動領域模型的設計。

我們在這裡要關注的不是實作單元測試的各種細節、證明模型是無懈可擊，重點在於如何呈現用戶端對領域模型中各種物件的使用情境，以及用戶端在使用時是如何看待這些物件。設計模型時，從用戶端的角度來進行假設是捕捉必要概念的重要手段，否則很有可能到最後還是淪為從開發者觀點來建模，而不是從業務觀點。

> **最佳範例程式碼**
>
> 關於這種測試風格的一種思考模式是：我們把自己想成正在為模型編寫一本使用手冊，試著以建立最佳程式碼範例的思維，來呈現用戶端如何運用特定的領域物件。

這可不是說不用開發單元測試了，所有符合團隊開發準則的額外測試都是必要的，只是每一種測試都有不同的動機，不論是單元測試還是行為測試都各自有其意義；接下來要介紹的建模測試，當然也一樣。

接下來會以本書範例最新進展的**核心領域（第 2 章）**——「敏捷式專案管理情境」中的值物件來說明。

在敏捷式專案管理情境中，領域專家曾經談及「待辦清單項目的業務優先度」一詞。為了落實此通用語言，團隊將此概念建模為 BusinessPriority，支援每個產品待辦清單項目的業務觀點分析並計算開發優先順序的輸出結果 [Wiegers]。輸出結果包括了：一，開發成本的百分比例（cost percentage），即一個待辦清單項目的開發成本與所有其他待辦清單項目開發總成本的比例；二，業務總值

（total value），即開發一個待辦清單項目獲得的業務價值；三，業務價值百分比（value percentage），即開發一個待辦清單項目的業務價值與所有其他待辦清單項目業務總值的比例；四，優先度（priority），以業務觀點考量，計算這個待辦清單項目與其他待辦清單項目相比的優先程度。

這些測試是在開發過程多個迭代中逐步重構與修改而產生的，不過在這裡是以最終的測試結果呈現：

```java
package com.saasovation.agilepm.domain.model.product;

import com.saasovation.agilepm.domain.model.DomainTest;

import java.text.NumberFormat;

public class BusinessPriorityTest extends DomainTest {

    public BusinessPriorityTest() {
        super();
    }
    ...
    private NumberFormat oneDecimal() {
        return this.decimal(1);
    }

    private NumberFormat twoDecimals() {
        return this.decimal(2);
    }

    private NumberFormat decimal(int aNumberOfDecimals) {
        NumberFormat fmt = NumberFormat.getInstance();
        fmt.setMinimumFractionDigits(aNumberOfDecimals);
        fmt.setMaximumFractionDigits(aNumberOfDecimals);
        return fmt;
    }
}
```

上面的類別中提供了一些輔助方法（fixture helper），因為開發團隊需要測試各種計算結果的精確性，因此編寫了方法利用 NumberFormat 實例來確保結果會保留一到兩位小數點。這些輔助方法的運用如下：

```
public void testCostPercentageCalculation() throws Exception {

    BusinessPriority businessPriority =
        new BusinessPriority(
                new BusinessPriorityRatings(2, 4, 1, 1));

    BusinessPriority businessPriorityCopy =
        new BusinessPriority(businessPriority);

    assertEquals(businessPriority, businessPriorityCopy);

    BusinessPriorityTotals totals =
        new BusinessPriorityTotals(53, 49, 53 + 49, 37, 33);

    float cost = businessPriority.costPercentage(totals);

    assertEquals(this.oneDecimal().format(cost), "2.7");

    assertEquals(businessPriority, businessPriorityCopy);
}
```

　　團隊想出了一個好方法來測試不可變性。在測試中，首先建立一個 BusinessPriority 實例，接著呼叫複製用的建構子方法（copy constructor）建立一個與之相等的複製實例；第一道測試中的斷言，是針對原始物件與複製物件之間的相等比較。

　　接著，團隊設計了測試來建立 BusinessPriorityTotals 並指定給方法中的 totals 區域變數，然後呼叫 costPercentage() 查詢方法查詢出優先度，並將結果指派給 cost 變數，assert 檢查返回值 2.7 是否與手動計算的結果一致，最後再用 assert 方法再次驗證 businessPriority 與 businessPriorityCopy 是否具備值相等性，以此來測試 costPercentage() 方法是否符合無副作用行為。透過以上測試，團隊便能充分掌握成本百分比的計算以及預期的結果。

這套測試方法，接下來也運用在優先度、業務總值、業務價值百分比的計算驗證上：

```java
public void testPriorityCalculation() throws Exception {

    BusinessPriority businessPriority =
        new BusinessPriority(
                new BusinessPriorityRatings(2, 4, 1, 1));

    BusinessPriority businessPriorityCopy =
        new BusinessPriority(businessPriority);

    assertEquals(businessPriorityCopy, businessPriority);

    BusinessPriorityTotals totals =
        new BusinessPriorityTotals(53, 49, 53 + 49, 37, 33);

    float calculatedPriority = businessPriority.priority(totals);

    assertEquals("1.03",
                this.twoDecimals().format(calculatedPriority));

    assertEquals(businessPriority, businessPriorityCopy);
}

public void testTotalValueCalculation() throws Exception {

    BusinessPriority businessPriority =
        new BusinessPriority(
                new BusinessPriorityRatings(2, 4, 1, 1));

    BusinessPriority businessPriorityCopy =
        new BusinessPriority(businessPriority);

    assertEquals(businessPriority, businessPriorityCopy);

    float totalValue = businessPriority.totalValue();

    assertEquals("6.0", this.oneDecimal().format(totalValue));

    assertEquals(businessPriority, businessPriorityCopy);
}
```

06

值
物
件

```
public void testValuePercentageCalculation() throws Exception {

    BusinessPriority businessPriority =
        new BusinessPriority(
                new BusinessPriorityRatings(2, 4, 1, 1));

    BusinessPriority businessPriorityCopy =
        new BusinessPriority(businessPriority);

    assertEquals(businessPriority, businessPriorityCopy);

    BusinessPriorityTotals totals =
        new BusinessPriorityTotals(53, 49, 53 + 49, 37, 33);

    float valuePercentage =
            businessPriority.valuePercentage(totals);

    assertEquals("5.9", this.oneDecimal().format(valuePercentage));

    assertEquals(businessPriorityCopy, businessPriority);
}
```

即使是測試也要傳達領域意涵

對模型的驗證測試，應該具有領域專家能夠理解的意義。

在些許協助下，非技術背景的領域專家也應該要能讀懂這些範例測試中 BusinessPriority 的運用方式、產出的各種結果、行為是否符合無副作用，以及是否正確表述出通用語言的概念和意圖。

更重要的是，在每一次使用中都確保了值物件的狀態是不可變的，用戶端便能放心地利用 BusinessPriorityRatings 所計算出的待辦清單項目優先度結果，依照需求將它們進行排序、比較和調整。

動手實作

BusinessPriority 這個範例不但展示出值物件的所有特性，還具備了其他的優點，因此深得我心。而且，除了展示如何設計不可變性、概念整體性、可替換性、值相等性及無副作用行為，也告訴我們如何在**策略模式**（Strategy pattern，又稱 Policy pattern，[Gamma et al.]）當中運用值類別。

實作了以上每一個測試方法之後，團隊進一步了解用戶端會如何使用 BusinessPriority，並依據這些測試當中的 assert 來實作 BusinessPriority 的行為。以下就是團隊初步寫出的類別定義及建構子的程式碼內容：

```
public final class BusinessPriority implements Serializable {

    private static final long serialVersionUID = 1L;

    private BusinessPriorityRatings ratings;

    public BusinessPriority(BusinessPriorityRatings aRatings) {
        super();
        this.setRatings(aRatings);
    }

    public BusinessPriority(BusinessPriority aBusinessPriority) {
        this(aBusinessPriority.ratings());
    }
```

在上面的實作中，開發團隊考量到，有時為了要與遠端系統溝通或是配合保存值物件的持久性機制，必須將值物件實例（instance）序列化，因此決定將這個值類別宣告為 Serializable 可序列化類別。

BusinessPriority 本身維護一個型別為 BusinessPriorityRatings 的值物件屬性（property），名為 ratings，該屬性用於描述實作或不實作一個給定產品待辦清單項目所帶來的業務價值以及成本之間的權衡考量。BusinessPriorityRatings 為 BusinessPriority 提供了效益、成本、懲罰和風險等評分資訊，可以透過這些資料再進行各種不同的計算。

筆者習慣在每個值物件中至少設計兩種不同的建構子方法。一種是在參數清單中完整列出設定或衍生值物件狀態所需要的屬性（attribute）；這是主要的建構子，首先會初始化其預設狀態。這些基本屬性的初始化都透過在這個建構子中呼叫私有 setter 方法完成；這是一種筆者建議採用的「自我委派」（self-delegation）做法。

維護值物件的不可變性

注意，只有主要建構子方法群才能透過自我委派方式對屬性（property/attribute）設值，除此之外的其他方法都不應該呼叫這些 setter 方法。加上值物件中的 setter 方法是私有的，因此屬性不可能被使用方更改。必須兩個條件相加，才能保證值物件的不可變性。

至於另外一種建構子，用於將現有的值物件複製出一個新的值物件，又稱為「複製建構子」（copy constructor）。這種建構子做的工作是執行自我委派給主要建構子，將被複製物件的每個相對應屬性作為參數傳遞給主要建構子，這種方法稱為「淺層複製」（shallow copy）。當然也可以改用「深層複製」（deep copy）或物件複製（clone）方法，其中所有的屬性都會被複製以產生一個完全不同的物件，但仍與原本被複製的物件具有值相等性，所有屬性和特性都一致。不過對於值物件來說，沒必要用到複雜的深層複製，若是有需要，隨時都可以加上。但是當處理的值物件具備不可變的特性，要在不同實例之間共用屬性（property/attribute）也絕對不成問題。

第二種建構子「複製建構子」，對單元測試來說尤為重要。當要測試值物件時，不可變性的驗證當然也是其中一項。而驗證的方式就像先前範例所示，單元測試一開始，我們會分別建立「一個測試用的值物件實例」以及「用這個值物件的複製建構子所複製的另一個值物件實例」，並確保兩個實例是相等的，接著對其中一個實例測試無副作用行為。若通過所有測試的斷言，最後的斷言就是將測試用與複製的實例進行相等性比較，確認兩者仍然是相等的。

接下來實作值類別中的策略模式部分：

```java
public float costPercentage(BusinessPriorityTotals aTotals) {
    return (float) 100 * this.ratings().cost() /
        aTotals.totalCost();
}

public float priority(BusinessPriorityTotals aTotals) {
    return
        this.valuePercentage(aTotals) /
            (this.costPercentage(aTotals) +
                this.riskPercentage(aTotals));
}

public float riskPercentage(BusinessPriorityTotals aTotals) {
    return (float) 100 * this.ratings().risk() /
        aTotals.totalRisk();
}

public float totalValue() {
    return this.ratings().benefit() + this.ratings().penalty();
}

public float valuePercentage(BusinessPriorityTotals aTotals) {
    return (float) 100 * this.totalValue() / aTotals.totalValue();
}

public BusinessPriorityRatings ratings() {
    return this.ratings;
}
```

06

值
物
件

在這些計算行為當中，有些需要用到 BusinessPriorityTotals 型別的物件作為參數傳入。這個值物件提供所有產品待辦清單項目的成本與風險總計值，在計算一個待辦清單項目與其他待辦清單項目間的業務優先度百分佔比時會用到這項總計值。以上這些行為都不會修改實例本身的狀態，我們會在各個行為執行過後，於測試中 assert 這個值來驗證狀態是否相同。

由於目前還只有一種實作，因此並未在策略模式中加上**分離介面**（Separated Interface，[Fowler, P of EAA]）。這個情況無疑將會隨著時間變化而有更多的實作，SaaSOvation 的敏捷式專案管理軟體之後將會允許用戶選擇另一套業務優先度計算方法，而每一種方法都有各自的策略實作。

這類無副作用方法的命名規則也很重要，雖然這些方法都會回傳資料值（因為是 CQS 查詢方法），但應刻意避免在命名規則上同採「get」開頭的 JavaBean 命名規則，才能讓值物件的物件設計簡單而有效，並與通用語言保持一致。getValuePercentage() 這種用法完全是出於技術面觀點，而 valuePercentage() 的命名才是人類容易閱讀且又流暢的語言表達方式。

流暢的 Java 命名方式在哪裡？

筆者認為 JavaBean 規範對於物件設計來說有著負面影響，它並沒有提倡領域驅動設計或優良的物件設計原則。思考一下比 JavaBean 規範更早存在的 Java API，像是 java.lang.String，大部分 String 類中的查詢方法名稱都沒有加上「get」前綴詞，而是採用更流暢的命名方式如：charAt()、compareTo()、concat()、contains()、endsWith()、indexOf()、length()、replace()、startsWith()、substring()，完全沒有 JavaBean 的程式碼異味（smell）！雖然單憑這個例子不足以支持我的論點，不過 JavaBean 規範橫空出世之後，Java API 確實受到很大影響，導致程式碼缺乏流暢的表達性。流暢且容易閱讀的程式語言，是我們應該採用的設計風格。

而如果讀者考慮採用的工具是依循 JavaBean 命名原則，還是有解決辦法。舉例來說，Hibernate 可以直接存取欄位（物件的屬性），所以如果考慮 Hibernate 就不用擔心會對持久性造成負面影響，大可按照自己的需求去命名方法。

但其他工具就有可能在設計具表述性的介面上遭遇困難。比方說，如果使用 Java EL 或 OGNL，就不能直接呈現（render）這些類別，必須用其他方法，像是利用具備 getter 方法的 DTO（**資料傳輸物件**，[Fowler, P of EAA]）將值物件的屬性（property）傳遞到使用者介面。DTO 是一種常見但其實沒什麼必要性的設計模式，雖然沒必要，但有些人也覺得無傷大雅。如果不想採用 DTO，還有別的選擇，像是**應用程式（第 14 章）**中提到的**展示模型（Presentation Model）**，由於展示模型可以實作**轉接器**（**Adapter**，[Gamma et al.]）模式，因此可以對採用 EL 的視圖層提供 getter 方法。若是以上方法都行不通，就只好在領域物件中加上 getter 方法了。

若最後結論如此，也千萬不要在值物件設計中加上 JavaBean 常見的那些公開 setter 方法，那樣會允許外部直接對值物件的狀態上下其手，違反了值物件的不可變性。

▲━━━━━━━━━━━━━━━━━━━━━━━━━━━▲

接下來的是對標準物件方法 equals()、hashCode() 及 toString() 進行覆寫：

```java
@Override
public boolean equals(Object anObject) {
    boolean equalObjects = false;
    if (anObject != null &&
            this.getClass() == anObject.getClass()) {
        BusinessPriority typedObject = (BusinessPriority) anObject;
        equalObjects =
            this.ratings().equals(typedObject.ratings());
    }
    return equalObjects;
}
```

06

值
物
件

```
@Override
public int hashCode() {
    int hashCodeValue =
        + (169065 * 179)
        + this.ratings().hashCode();

    return hashCodeValue;
}

@Override
public String toString() {
    return
        "BusinessPriority"
        + " ratings = " + this.ratings();
}
```

equals() 方法滿足值相等性比較的條件，這是值物件的五種特性之一。比較時會排除 null 空值的相等性檢查，並且確保參數的類別必須與值物件屬於相同類別；如果相同，就比較兩個值物件中的所有屬性（property/attribute）。如果所有屬性都相等，我們就會說這兩者的整體值是相等的。

而根據 Java 標準，只要值物件符合值相等性，那麼產生出來的雜湊值也會是相等的，所以利用 hashCode() 方法比較其實與 equals() 方法具有同等的效力。

toString() 沒什麼好說明的，它根據值物件實例的狀態轉換為人類可閱讀的表示方式，而表示的格式則視讀者的需求而定。

還有一些其他方法：

```
protected BusinessPriority() {
    super();
}

private void setRatings(BusinessPriorityRatings aRatings) {
    if (aRatings == null) {
        throw new IllegalArgumentException(
```

```
                    "The ratings are required.");
        }
        this.ratings = aRatings;
    }
}
```

無參數的建構子主要是配合 Hibernate 這類框架工具的需求，由於無參數建構子方法是隱藏的，所以不會導致用戶端意外建立了無效的實例。隱藏的建構子和存取器方法並不會對 Hibernate 運作造成問題，例如，Hibernate 或類似的工具可以使用這類建構子，從持久性儲存區中將該型別物件的實例重建出來。工具會先利用無參數建構子建立一個初始為空的實例，然後分別呼叫各屬性（property/attribute）的 setter 方法來填滿物件；也可以指示 Hibernate 跳過 setter 方法直接對屬性設值，就像這個範例，沒有實作 JavaBean 介面。再次提醒，模型用戶端要使用的是公開的建構子，而不是這個隱藏的建構子。

在類別定義的最後，則是 ratings 屬性（property）的 setter 方法。這邊可以看到自我封裝（自我委派）的其中一項優點：getter 或 setter 存取器方法不僅限於對物件欄位設值而已，還可以扮演重要的**斷言**（Assertion，[Evans]）角色，這對於軟體開發尤其是 DDD 模型來說，是成功的關鍵要素。

對於方法參數的有效性檢核（Assertion），又稱為「防禦性語句」（guard），因為它扮演了守衛的角色，保護方法不受到明顯無效的資料影響。當錯誤參數可能導致嚴重問題發生，而我們又理所當然地視之為正確不去驗證，那麼就應該採用防禦性語句。範例中的 setter 方法 assert 了「參數 aRatings 非空值」；如果為空值就會拋出一個 **IllegalArgumentException** 異常例外。雖然在整個值物件的生命週期只會呼叫一次這個 setter 方法，但斷言還是一個很有用的防衛機制。在其他地方還會再看到這種自我委派的好處，特別是談到**實體（第 5 章）**時，詳盡說明了用於驗證的各種技巧。

值物件的保存

將值物件保存到持久性儲存區有很多種方法，一般會想到將物件序列化為純文字或二進位檔案格式存在磁碟中。不過持久儲存個別值物件實例並不是我們所關注的重點，將值物件連同包含它們的聚合實例狀態一起持久化才是，因此底下不會把焦點放在通用的持久性方法上。接下來的這些方法，都是假設父實體持有被持久化值物件實例的參照，而所有範例都是基於從 Repository（**資源庫，第 12 章**）讀取或寫入聚合的假設，並且將實體（例如聚合根）所持有的植物件持久化儲存並重構出來。

雖然物件關聯對映（ORM，如 Hibernate）的持久性機制現今很流行且受到廣泛使用，但是透過 ORM 將所有類別與屬性對映到資料表與欄位的做法，勢必增加複雜度，而且也沒有必要。而 NoSQL 資料庫或鍵值儲存庫之所以會興起，正是因為能夠提供高效率、可擴展性、容錯度以及高可用度的企業級儲存方案。此外，鍵值儲存庫可以大幅簡化聚合的持久性處理問題。在本章中，筆者會以 ORM 的持久性機制為主，而對於保存聚合具有特效的 NoSQL 與鍵值儲存庫，則留到探討 Repository（**第 12 章**）內容中再詳述。

但在進入 ORM 持久性範例之前，必須清楚了解建模的原則並嚴格遵守。讓我們先來看看，當進行資料建模（非領域建模）對領域模型造成不良影響時會發生什麼事，以及該如何做才能避免這種錯誤又有害的影響。

避免資料模型外洩的不良影響

大多數時候我們會以非正規化方式將值物件保存在資料庫（例如透過 ORM 工具存入關聯式資料庫）中，也就是將值物件的屬性與持有值物件的父實體保存在資料表的同一列中，這樣能夠以簡潔的方式優化值物件的存取，也不會讓持久性儲存區的作業邏輯洩漏到模型中。值物件的保存若能採取這種形式，就能讓開發工作更加輕鬆愉快。

然而有時會碰到需要將值物件比照實體方式保存的情況，換句話說就是在關聯式資料庫中，值物件有另外一個專屬該值物件的資料表，該資料表有著主鍵值欄位，且值物件實例的型別用單獨一列保存於其中。例如，要透過 ORM 來保存一整個集合的值物件實例時就會需要使用這種做法，此時，值類別就會比照資料庫實體被持久化。

這是否代表，我們應該在領域模型物件中反映出資料模型的設計，而且不應採用值物件而是實體來建模？當然不是。遇到這種抗阻不匹配的狀況，還是要以領域模型的觀點為主，而非從資料的觀點出發。為維持領域模型的觀點，可以再一次問自己這些問題：

1. 我正在建模的概念是代表領域中的某樣事物，還是用於測量、量化、描述某樣事物的屬性（property）？

2. 如果將這個「描述領域中一個元素」的概念正確建模，那麼建模出來的概念是否涵蓋了全部或多數先前所提到的值物件特性？

3. 當我考慮使用實體建模，純粹只是因為底層資料模型需要比照實體來保存這個領域模型物件？

4. 我使用實體的理由，是因為這個領域模型要求唯一識別值、我關注個別實例，且必須追蹤管理物件在生命週期中的變化嗎？

如果上述幾個問題你的答案是「用於描述；是；是；否」，那麼你應該採用值物件。持久性儲存區的建模是為了物件的保存需求而設計，但不應該反過來讓它影響到團隊在領域模型中對值物件屬性（property）的建模。

資料模型應為輔助

為領域模型設計資料模型，而不是為資料模型去設計領域模型。

06

值物件

盡可能在設計上以領域模型為主、資料模型為輔，而不是反過來讓領域模型為資料模型服務。堅守前項原則，就能維持以領域模型為主的觀點；但若是後者，會變成以持久性資料觀點為主，而領域模型到最後只是資料模型的投影而已。只要持續練習領域模型（也就是 DDD）思維，將能避免資料模型洩漏帶來的不良影響。更多關於 DDD 思維的討論，可以參考**實體（第 5 章）**中的說明。

確實，有時候資料庫的參照完整性是很重要的（像是外部索引鍵），你也會希望正確建立主鍵欄位的索引；此外，也需要一些商業智慧（business intelligence, BI）報表工具，來支援相關業務資料操作。這些功能，都可以在適當和必要的情況下使用。大部分的人認定，這類報表與商業智慧工具不適合直接存取生產資料，而是應該有一個特別設計的資料模型。遵循這種更具戰略性的思維方式，就可以設計出適合領域模型的資料模型，以更符合 DDD 的設計原則。

無論你的資料模型採用什麼技術，資料模型中的實體、主鍵、參照完整性以及索引，都不能影響到你對領域物件的建模方式。DDD 可不是為了將資料正規化而存在，它是為了在 Bounded Context 內以通用語言建模的一種方法。筆者強烈建議讀者遵循 DDD 而非資料結構，當你這麼做，應採取一切方法避免所有資料模型從領域模型洩漏到用戶端的可能性（在採用 ORM 工具時至少會出現某種程度的這種可能性）。這正是下一個小節要探討的主題。

ORM 與單一值物件

將一個值物件實例保存到資料庫是很簡單的，筆者在這邊會以 Hibernate 搭配 MySQL 關聯式資料庫的情境為主，基本想法是將值物件的屬性個別存入其父實體所在列的不同欄位中。換言之，就是以非正規化形式將一個值物件存入其父實體所在的列。存入時，採用標準一致的欄位命名規則，可以讓序列化物件的命名方式更加清楚且標準化。底下示範一個保存值物件時的命名規則。

例如，在設定 Hibernate 來保存值物件實例時，可以應用 component 這個對應元素。之所以採用 component 元素，是因為它可以將值物件直接以非正規化形式對映到父實體（持有值物件的實體）的資料表記錄列中。這是一種優化的序列化技巧，我們仍然可以在 SQL 查詢中對值物件進行查詢。底下展示了如何將 BusinessPriority 值物件對應到父實體類別 BacklogItem 記錄列的 Hinerbate 對映設定文件段落：

```
<component name="businessPriority"
    class="com.saasovation.agilepm.domain.model.product.BusinessPriority">
    <component name="ratings"
            class="com.saasovation.agilepm.domain.model.product.BusinessPriorityRatings">
        <property
            name="benefit"
            column="business_priority_ratings_benefit"
            type="int"
            update="true"
            insert="true"
            lazy="false"
            />
        <property
            name="cost"
            column="business_priority_ratings_cost"
            type="int"
            update="true"
            insert="true"
            lazy="false"
            />
        <property
            name="penalty"
            column="business_priority_ratings_penalty"
            type="int"
            update="true"
            insert="true"
            lazy="false"
            />
        <property
            name="risk"
            column="business_priority_ratings_risk"
            type="int"
            update="true"
```

```
        insert="true"
        lazy="false"
        />
    </component>
</component>
```

　　這個範例適切地展示了一個簡單的值物件對映設定方法，該值物件包含了一個子值物件實例。回想一下，BusinessPriority 當中只有一個名為 ratings 的值物件屬性（property），而且沒有額外的屬性（attribute），因此可以看到，對映設定中呈現出外層的 component 元素包含一個巢狀 component 元素，內層是針對 BusinessPriorityRatings 型別唯一的 ratings 值物件屬性（property）進行非正規化對映。由於 BusinessPriority 沒有自己的屬性（attribute），所以外層的 component 元素沒有任何對映，我們直接跳入內層 ratings 值物件屬性（property）設定對映。最後，實際上我們只將 BusinessPriorityRatings 實例中的四個整數型屬性（attribute）存入 tbl_backlog_item 資料表的四個不同欄位中。在設定上，我們以兩個 component 元素建立了值物件的對映關係，一個是沒有屬性（attribute）的值物件，另一個則是擁有四個屬性（attribute）的巢狀內層值物件。

　　這邊要注意的是，Hibernate 每一個 property 元素的標準 column 命名規則。這個命名規則是從最外層的父值物件開始、依序往內層直到個別屬性的路徑。例如，從 BusinessPriority 到 BusinessPriorityRatings 實例的 benefit 屬性（attribute），邏輯上的路徑會是這樣：

```
businessPriority.ratings.benefit
```

把這條路徑轉換為關聯式資料庫中的欄位名稱時會是這樣：

```
business_priority_ratings_benefit
```

當然，你也可以用其他的名稱表示，像是混合大小寫的駝峰式命名規則加上下底線符號：

---

businessPriority_ratings_benefit

　　這個範例更能清楚表示出路徑。筆者統一採用全小寫加上下底線分隔，因為這樣比較接近傳統的 SQL 資料欄位名稱而非物件名稱。範例中 MySQL 資料庫中的資料表定義包括底下這些欄位：

```
CREATE TABLE `tbl_backlog_item` (
    ...
    `business_priority_ratings_benefit` int NOT NULL,
    `business_priority_ratings_cost` int NOT NULL,
    `business_priority_ratings_penalty` int NOT NULL,
    `business_priority_ratings_risk` int NOT NULL,
    ...
) ENGINE=InnoDB;
```

　　透過 Hibernate 對映以及關聯式資料庫對資料表的定義，提供了一個優化查詢持久性物件方案。由於值物件的屬性以非正規化形式存入父實體的資料列中，因此即使值物件實例的巢狀層數再多，也不需要使用大量的 join 語法來擷取資料。在執行 HQL 查詢時，Hibernate 也能輕易地將物件屬性表達式（expression）對映為 SQL 查詢語法表達式，使用資料庫中的欄位將

---

businessPriority.ratings.benefit

變為

---

business_priority_ratings_benefit

因此，即使物件與關聯式資料庫之間明顯存在阻抗不匹配，但我們還是找到了一個功能與效率更佳的對映方式。

使用 ORM 將多個值物件序列化為單一欄位

透過 ORM 工具將含有多個值物件的集合對映到關聯式資料庫中，確實有難度。進一步說明，所謂的「集合」指的是實體內的 List 或 Set 資料結構，這些集合可能包含 0 個、1 到多個值物件實例。這些困難雖然不到無法解決的地步，但物件關聯阻抗不匹配問題將會更為明顯。

其中一種可行的 Hibernate 物件關聯對映方式是，將整個物件集合序列化為純文字表示法（representation）再存入一個欄位中。不過，這種做法也存在一些缺點，但在某些情況下與可獲得的好處比較起來，這些缺點倒是可以忽略。這種情況可以考慮採用值物件集合的持久性方案。底下列出一些可能的缺點：

- **資料欄寬問題。** 有時無法確定集合中最多會有多少值物件元素，也沒辦法肯定每個值物件序列化之後形成的最大資料量。舉例來說，有些物件集合允許無上限元素存在，再加上集合內的值物件元素經過序列化後，會形成多少字元長度的表示法也說不準，當值類別中有一到多個屬性（attribute）宣告為 String 型別，且沒有對字串長度設定上限，就會發生這種情形。不管是以上的哪種情形，都有可能造成序列化後的資料超出欄位設定的字元數上限（即欄寬），這對於那些欄寬上限相對較小或以整個資料列大小作為最大位元限制的資料庫來說，都可能會造成嚴重的問題。以 MySQL 的 InnoDB 引擎為例，VARCHAR 的最大欄寬上限為 65,535 字元數，而單一資料列也有 65,535 位元的限制；此外，Oracle 資料庫的 VARCHAR2/NVARCHAR2 欄寬限制是 4,000，因此必須確保有足夠的欄位以便儲存整個實體。如果你無法預先判斷儲存序列化值物件集合的最大欄寬需求，而導致可能超出欄寬上限的話，應避免採用此方法。

- **必須查詢**。由於值物件集合被整個序列化為一條扁平的純文字表示法,因此無法在 SQL 查詢語法表達式中針對集合內個別值物件元素的屬性進行查詢。如果必須要查詢值物件的屬性,就不能採用此方法。不過針對集合中物件的屬性進行查詢本來就很少見,因此這不太可能是不採用此方法的理由。

- **需要使用者自訂類型**。要使這個方法可行,你必須在 Hibernate 中設定一個使用者自訂類別,才能夠管理集合的序列化與反序列化。筆者個人覺得與其他缺點相較這不算什麼大問題,只要實作一次,就可以套用在所有值物件類別的集合上(一體適用)。

在此不另外提供在 Hibernate 中自訂類別來管理將集合序列化到單一欄位中的方法,讀者若有興趣了解,Hibernate 的開發社群有很多指引資源會告訴你如何實作。

利用資料庫實體與 ORM 保存多個值物件

透過 Hibernate(或其他 ORM 工具)和關聯式資料庫保存值物件實例集合,一種最簡單直覺的做法就是在資料模型中將值類別視為實體來處理。再次強調「避免資料模型外洩的不良影響」一節所說的,我們不能因為保存時採用資料庫實體是最好的資料建模選項,就錯誤地將一個概念建模為領域模型中的實體。這只是解決物件關聯阻抗不匹配問題偶爾必須採行的做法,但絕非 DDD 原則。如果找到更適合的持久性方案,就應該優先將領域概念建模為值類別,永遠不要考慮資料庫實體,這樣才能讓我們的領域建模思維保持在正確的方向上。

要實作此方案可以利用**分層超級型別**(Layer Supertype,[Fowler, P of EAA])。雖然就我個人而言,沒有代理識別(也就是主鍵)比較好,但在 Java 及其他物件導向程式語言中,物件本身已經具備供虛擬機器辨識用的唯一識別值,所以你可能會覺得給值物件加上識別值好像也很合理。無論想採取哪一個方法,筆者認為在處理物件關聯阻抗不匹配問題時,需要為技術層面的決定找到足夠說服自己的理由。接下來我會說明我偏好的做法。

06

值物件

下方的例子使用了兩個分層超級型別類別來實作代理主鍵：

```java
public abstract class IdentifiedDomainObject
        implements Serializable {

    private long id = -1;

    public IdentifiedDomainObject() {
        super();
    }

    protected long id() {
        return this.id;
    }

    protected void setId(long anId) {
        this.id = anId;
    }
}
```

第一個分層超級型別是 IdentifiedDomainObject 這個抽象類別，它提供了私有的代理主鍵，用戶端不會看到；因為存取器方法宣告為 protected，用戶端不會知道這些方法存在的用處。當然你也可以進一步地將方法宣告為 private，徹底將方法隱藏起來；這對 Hibernate 來說不是問題，即使將方法或欄位宣告為非公開，它依舊可以透過反射機制進行存取。

底下是提供給值物件的另一個分層超級型別：

```java
public abstract class IdentifiedValueObject
        extends IdentifiedDomainObject {

    public IdentifiedValueObject() {
        super();
    }
}
```

讀者可能認為 IdentifiedDomainObject 的無行為子類別 IdentifiedValueObject 只是用來標示，好像沒什麼作用，但筆者著眼在它原始碼說明文件上的價值，因為它的存在將建模問題給突顯出來。IdentifiedDomainObject 類別底下還有另一個抽象子類別 Entity（**實體，第 5 章**）。我個人比較喜歡這個解決方案，當然讀者也可以將這些多餘的抽象類別刪除。

　　現在，所有值類別都可以輕鬆獲得一個隱藏的代理識別，程式碼範例如下：

```
public final class GroupMember extends IdentifiedValueObject {
    private String name;
    private TenantId tenantId;
    private GroupMemberType type;

    public GroupMember(
            TenantId aTenantId,
            String aName,
            GroupMemberType aType) {

        this();
        this.setName(aName);
        this.setTenantId(aTenantId);
        this.setType(aType);
        this.initialize();
    }
    ...
}
```

GroupMember 是一個由聚合 Group 的根實體以集合形式所持有的值類別。在這個聚合根實體中，可能包含任意數量的 GroupMember 實例。現在 GroupMember 的每一個實例都使用代理主鍵進行唯一識別，資料模型便可將其作為代理主鍵，將其對映為一個資料庫實體儲存在資料庫中，同時在領域模型中將它作為值物件。底下列出 Group 類別的部分程式碼：

```
public class Group extends Entity {
    private String description;
    private Set<GroupMember> groupMembers;
    private String name;
    private TenantId tenantId;

    public Group(
        TenantId aTenantId,
        String aName,
        String aDescription) {

        this();
        this.setDescription(aDescription);
        this.setName(aName);
        this.setTenantId(aTenantId);
        this.initialize();
    }
    ...
    protected Group() {
        super();
        this.setGroupMembers(new HashSet<GroupMember>(0));
    }
    ...
}
```

Group 類別會向 groupMembers 集合（Set）逐漸添加 GroupMember 實例。但要提醒的是，若想要替換掉整個集合，務必在替換之前先呼叫 Collection 類別提供的 clear() 方法，才能確保後端 Hibernate 的 Collection 實作從資料庫中將這些過期資料都刪除掉。下面的範例並不是 Group 類別中的方法，只是示範說明如何在替換整個集合時，避免出現落單的孤兒值物件元素：

```
public void replaceMembers(Set<GroupMember> aReplacementMembers) {
    this.groupMembers().clear();
    this.setGroupMembers(aReplacementMembers);
}
```

以上範例幾乎看不出 ORM 洩漏對模型的影響，因為它使用了 Collection 常見的功能，而且用戶端也無法看到。不用過於煩惱如何讓集合與資料庫內容保持同步，只要呼叫 Collection 中的 remove() 方法，就能自動地將一個值物件從資料庫中刪除，因此可以說並未產生 ORM 洩漏的問題。

接著來看看如何在 Group 類別的設定中，設定該集合的對映：

```xml
<hibernate-mapping>
    <class name="com.saasovation.identityaccess.domain.model.identity.Group"
     table="tbl_group" lazy="true">
        ...
        <set name="groupMembers" cascade="all,delete-orphan" inverse="false" lazy="true">
            <key column="group_id" not-null="true" />
            <one-to-many class="com.saasovation.
               identityaccess.domain.model.identity.GroupMember" />
        </set>
        ...
    </class>
</hibernate-mapping>
```

在這裡，groupMembers 這個集合精確對映到一個資料庫實體。來看看 GroupMember 的完整對映設定：

```xml
<hibernate-mapping>
    <class name="com.saasovation.identityaccess.domain.model.identity.GroupMember"
         table="tbl_group_member" lazy="true">
        <id
            name="id"
            type="long"
            column="id"
            unsaved-value="-1">

            <generator class="native"/>
        </id>
        <property
            name="name"
            column="name"
```

06

値
物
件

```
        type="java.lang.String"
        update="true"
        insert="true"
        lazy="false"
        />
    <component name="tenantId" class="com.saasovation.identityaccess.domain.model.
        identity.TenantId">
        <property
            name="id"
            column="tenant_id_id"
            type="java.lang.String"
            update="true"
            insert="true"
            lazy="false"
            />
    </component>
    <property
        name="type"
        column="type"
        type="com.saasovation.identityaccess.infrastructure.persistence.
        GroupMemberTypeUserType"
        update="true"
        insert="true"
        not-null="true"
        />
    </class>
</hibernate-mapping>
```

注意，其中 `<id>` 元素指的就是持久性代理主鍵。最後，來看 MySQL 中對 tbl_group_
member 資料表的定義：

```
CREATE TABLE `tbl_group_member` (
    `id` int(11) NOT NULL auto_increment,
    `name` varchar(100) NOT NULL,
    `tenant_id_id` varchar(36) NOT NULL,
    `type` varchar(5) NOT NULL,
    `group_id` int(11) NOT NULL,
    KEY `k_group_id` (`group_id`),
    KEY `k_tenant_id_id` (`tenant_id_id`),
    CONSTRAINT `fk_1_tbl_group_member_tbl_group`
```

```
        FOREIGN KEY (`group_id`) REFERENCES `tbl_group` (`id`),
    PRIMARY KEY (`id`)
) ENGINE=InnoDB;
```

如果光看 GroupMember 的對映設定及資料庫的資料表定義，可能會以為是在處理實體。畢竟，有個名為 id 的主鍵資料欄位，而且有一個單獨的資料表保存，查詢時需要與 tbl_group 連結，並且有個與 tbl_group 關聯的外部索引鍵。無論怎麼看，都覺得是在處理實體，**但這只是出於資料模型的觀點**。回到領域模型中就可以確定 GroupMember 是值物件無誤，只要採取正確的做法就能小心將持久性相關訊息隱藏起來。用戶端看不出領域模型中任何資料洩漏，甚至連開發者都不一定能找出洩漏的跡象。

利用資料表連結與 ORM 保存多個值物件

Hibernate 還提供了一種以資料表連結（join table）保存含有多值物件集合的方法，這種方式不需要值類別具備任何資料模型的實體特性。這種對映是單純地將集合中的值物件元素，保存到一個單獨的資料表中，再以父實體領域物件的資料庫識別值當作外部索引鍵來使用。如此一來，透過父實體的外部索引鍵識別值，就能查詢出這些集合中的值物件元素，之後重建為領域模型中的值物件集合。這種對映方法的好處在於，無須為了連結而在值類別內硬加上一個隱藏的代理鍵值。要採用此方法，可以使用 Hibernate 的 <composite-element> 標籤。

這方法看似完美又能滿足需求，但它其實也存在著必須留意的缺點。其中一個缺點是，因為用到兩個資料表的正規化表示，即使不需要代理鍵值，我們依舊需要透過 join 連結查詢。雖然前面的「利用資料庫實體與 ORM 保存多個值物件」小節中採用的方法同樣需要 join，但與其相較，這個方法多了第二項缺點，那就是⋯

當集合使用的是 Set，值類別中的任何屬性值都不可為 null 空值。這是因為在刪除（資料模型中的垃圾回收機制）一個 Set 中的元素時，需要用到該值物件元素中的所有屬性作為組合鍵（composite key）來進行查詢和刪除，但 null 空值沒辦法作為必要

組合鍵的一部分。只要能確保值類別中永遠不會出現 null 的屬性，並且不會與其他需求產生衝突的話，那麼它就算可行的方法。

此對映方法的第三項缺點是，對映的值類別本身不能內含任何集合。使用 <composite-element> 的對映功能並不支援元素本身又內含集合的情形。因此如果值類別不包含任何集合、且符合這種對映功能的條件，那麼便可考慮此方法。

最後，筆者認為這個對映方法的條件太過侷限，因此建議避免採用，反倒是在值類別中置入隱藏的代理識別、集合成以一對多的關係簡單多了，而且還不用受到 <composite-element> 功能的約束。或許你並不認同這種看法，當然如果所有建模條件都到位了，這個方法自然就會對你有益處。

ORM 與 enum 狀態物件

若是你認為 enum 是建模標準類型和狀態物件的好選擇，那麼你需要一個保存的方法。在 Hibernate 中，Java 的 enum 需要特殊的持久性技術，可惜 Hibernate 的開發社群至今仍舊不支援將 enum 作為屬性（property）型別。因此，要將 enum 保存在資料模型中，需要在 Hibernate 中自訂型別。

回顧一下先前的 GroupMember 中有一個 GroupMemberType：

```
public final class GroupMember extends IdentifiedValueObject {
    private String name;
    private TenantId tenantId;
    private GroupMemberType type;

    public GroupMember(
            TenantId aTenantId,
            String aName,
            GroupMemberType aType) {

        this();
        this.setName(aName);
```

```
        this.setTenantId(aTenantId);
        this.setType(aType);
        this.initialize();
    }
    ...
}
```

這個 GroupMemberType 的 enum 標準類型包含了 GROUP 與 USER。來回顧一下其定義：

```
package com.saasovation.identityaccess.domain.model.identity;

public enum GroupMemberType {

    GROUP {
        public boolean isGroup() {
            return true;
        }
    },
    USER {
        public boolean isUser() {
            return true;
        }
    };

    public boolean isGroup() {
        return false;
    }

    public boolean isUser() {
        return false;
    }
}
```

保存 Java enum 值物件的簡單解法就是以純文字表示法儲存。然而，這麼簡單的方法卻會衍生出稍微複雜一點的做法──建立一個 Hibernate 使用者自訂型別。在此不再贅述 Hibernate 社群所提供的實作 EnumUserType 各種做法。

在撰寫本書之時，社群也提供了許多有用的參考資料，包括針對每一種 enum 型別實作使用者自訂型別的範例；利用 Hibernate 3 的參數化型別來避免為每一種 enum 型別實作使用者自訂型別的方法（非常吸引人的方案）；還有不只以純文字字串形式、也可以支援數值型列舉型別的解決方案；甚至 Gavin King 本人也提供一套改良版的實作方案。在 Gavin King 的實作方案中，允許 enum 作為型別識別（discriminator）或資料表的識別值（也就是 id）。

總之，我們採用了其中一種方案，下面這個範例展示了如何對 GroupMemberType 做如下的對映設定：

```
<hibernate-mapping>
    <class name="com.saasovation.identityaccess.domain.model.dentity.GroupMember"
            table="tbl_group_member" lazy="true">
        ...
        <property
            name="type"
            column="type"
            type="com.saasovation.identityaccess.infrastructure.persistence.
                GroupMemberType"
            update="true"
            insert="true"
            not-null="true"
            />
    </class>
</hibernate-mapping>
```

要注意的是，<property> 元素的 type 屬性設定為 GroupMemberType 的完整類別路徑（classpath）。這只是其中一種做法，讀者可自行根據需求選擇適合的方法。複習一下 MySQL 中的資料表結構定義，其中包括保存該 enum 的資料欄位：

```
CREATE TABLE `tbl_group_member` (
    ...
    `type` varchar(5) NOT NULL,
    ...
) ENGINE=InnoDB;
```

在這裡，type 是一個宣告為 VARCHAR 資料型態且最大欄寬為 5 個字元的資料欄位，這個欄寬足以存入 GROUP 或 USER 的純文字表示法了。

本章小結

在本章中，你已經了解盡可能採用值物件的重要性，因為值物件更易於開發、測試及維護。

- 我們學到了值物件的各種特性以及運用這些特性的方法。

- 我們看到了如何利用值物件來將整合複雜度最小化。

- 我們深入探討利用值物件表示領域中標準類型的方法以及幾種實作方案。

- 我們透過 SaaSOvation 團隊的經驗了解到團隊為何現在也贊同應該盡可能採用值物件來建模。

- 最後我們透過 SaaSOvation 的範例專案，知道如何測試、實作及保存值類別。

下一章我們將研究領域服務，領域模型中的一種無狀態操作。

NOTE

Chapter 7

領域服務

> 「有時，物件不是一個事物。」
>
> ——艾瑞克埃文斯（*Eric Evans*），領域驅動設計之父

領域中的**服務**（Service）是為了完成特定領域任務而存在的一種無狀態操作（stateless operation）。當某項操作感覺不適合用**聚合**（Aggregate，**第 10 章**）或**值物件**（Value Object，**第 6 章**）的方法時，通常就是使用領域模型服務的最好指標。我們碰到這種情況時自然而然地會在聚合根類別中建立一個靜態方法來應對，但在使用 DDD 時，這種戰術選擇是一種程式異味（code smell），代表著你需要的其實是領域服務（Domain Service）。

本章學習概要

- 透過領域模型的改進過程了解為何需要領域服務。
- 學習辨識何者為領域中的服務、何者不是。
- 決定是否建立領域服務時需注意的事情。
- 透過 SaaSOvation 的兩個例子學習如何在領域中建模服務。

程式出現異味？這正是 SaaSOvation 團隊開發人員在重構一個聚合時遇到的問題。讓我們一起看看整個過程以及他們如何進行修正…

專案開發初期，團隊將一個含有 BacklogItem 實例（instance）的集合建模為 Product 聚合的一部分，好處是，可以在 Product 類別中，以一個簡單的實例方法呼叫，去計算出所有產品待辦清單項目的業務優先度總值：

```
public class Product extends ConcurrencySafeEntity {
    ...
    private Set<BacklogItem> backlogItems;
    ...
    public BusinessPriorityTotals businessPriorityTotals() {
        ...
    }
    ...
}
```

當時，businessPriorityTotals() 這個方法只需遍歷 BacklogItem 的所有實例，並計算要查詢的業務優先度總值，以一個 BusinessPriorityTotals 值物件作為回傳；這個設計當下看似沒什麼問題。

但好景不常。對**聚合（第 10 章）**的分析顯示，必須將這個過大的 Product 拆分，而 BacklogItem 自己就應該成為一個聚合，導致先前實例方法的設計不再適用。

由於 Product 不再持有 BacklogItem 的集合，因此團隊第一時間的反應是重構這個實例方法，改以一個新的 BacklogItemRepository 來存取計算優先值所需的所有 BacklogItem 實例。但，這樣做真的好嗎？

實際上，團隊中的資深工程師出聲反對並勸退這種做法。因為根據經驗，我們應該盡可能避免在聚合當中使用 Repository（**資源庫，第 12 章**）。那麼，如果在 Product 類別中保留同樣的靜態方法，只是將所需的 BacklogItem 實例集合傳入靜態方法進行計算呢？這樣一來這個方法幾乎不用變動，只是多了一個參數：

```
public class Product extends ConcurrencySafeEntity {
    ...
    public static BusinessPriorityTotals businessPriorityTotals(
            Set<BacklogItem> aBacklogItems) {
        ...
    }
    ...
}
```

但這個靜態方法放在 Product 中真的好嗎？這點似乎很難決定。從使用方的角度來看，既然這個靜態方法只用於計算 BacklogItem 的業務優先值，也許放在 BacklogItem 上比較適合。可是，所計算的業務優先值是 Product 的，不是待辦清單項目；真是兩難啊。

幸好此時資深開發人員說話了，他表示，只要運用一個簡單的建模工具——領域服務（Domain Service）——就能解決團隊遇到的難題。那麼，該怎麼做？

我們先介紹一些基本知識，然後再回到這個專案上來看看開發團隊的決策。

辨認何者是領域服務（要先知道什麼不是領域服務）

在軟體開發的情境中聽到「服務」一詞時，會直覺想到一個能夠提供遠端用戶與複雜業務系統互動的大型（coarse-grained）元件，基本上這就是在描述**服務導向架構**（Service-Oriented Architecture, SOA，**第 4 章**）中的「服務」。有各種技術和方法可以實作 SOA 服務，但這類服務強調的是以系統層面的「遠端程序呼叫」（remote procedure call, RPC）或是「訊息導向的中介軟體」（message-oriented middleware, MoM）為介面，對其他透過資料中心或全球網際網路的系統提供業務交易的互動服務。

以上這些都不是領域服務。

除此之外，也不要把領域服務與**應用服務**（Application Service）搞混了，我們不會把業務邏輯放在應用服務中，而是把業務邏輯放在領域服務中。如果不清楚這之間的差異，可以參考**應用程式**（Application，**第 14 章**）的內容。簡單的區分方式就是，應用服務通常是領域模型的自然用戶端，所以也是領域服務的直接用戶端；本章後續會說明這一點。

　　所以千萬不要因為領域服務中「服務」這兩個字，就覺得一定是個龐大（coarse-grained）、可遠端存取且涉及重大業務交易的操作[1]。

牛仔小劇場

寶弟：「凡是要吃進嘴裡的東西都得好好端詳。它叫什麼不重要，它原本是什麼來著才重要。」

　　當你的需求正好符合領域服務的「甜蜜點」（sweet spot）[2]，這些專屬於業務領域的服務就是最好的建模工具。既然已經知道什麼不是領域服務了，現在就來看看什麼才是領域服務。

1　原註：有時候，領域服務涉及到對外部 Bounded Context（第 2 章）的遠程調用，然而，這裡的重點不一樣，領域服務本身不提供 RPC 介面，而是作為 RPC 的用戶端。

2　編註：「甜蜜點」（sweet spot）原指棒球、高爾夫球運動中的最佳擊球點位置，打擊者得以用最小的力氣擊出最具殺傷力的球。在此是指領域服務能夠充分發揮專長與功能的最佳狀態。

> 有時候，它不只是一個事物…當領域中某個重要的過程或轉換操作不是
> Entity 或 Value Object 的自然職責時，應該在模型中增加一個作為獨立
> 介面的操作，並將其宣告為 Service。定義介面時要使用模型語言，並
> 確保操作名稱是 Ubiquitous Language 中的術語。此外，應該使 Service
> 成為無狀態的。（Evans 著作《領域驅動設計》，繁中版 P104，原文版
> P104、P106）

通常領域模型處理業務特定面向的細緻（finer-grained，或稱細粒度）行為，因而
領域服務也會遵循相似的原則。但由於領域服務可能會在單一不可分割的原子操作
（atomic operation）中同時處理多個領域物件，因此會增加一定的複雜度。

在什麼情況下，一項操作會不屬於**實體（Entity，第 5 章）**或值物件呢？在此無法詳
細列出所有的理由，我僅列舉幾點。你可以將領域服務運用在：

- 執行某個重要的業務流程

- 將領域物件從一種組成形式轉換成另一種組成形式

- 以多個領域物件作為輸入進行計算，產生出一個值物件

其中，最後一點的「計算」或許應該歸在「重要業務流程」之下，但我在這邊特別提
出來是因為這種業務流程十分常見，而且操作上常會需要兩個以上不同聚合或聚合
中的一部分作為流程上的輸入。把這類方法放在實體或值物件會導致其變得笨重而臃
腫時，最好就是以一個領域服務來應對。但記得，確保領域服務是「無狀態」且以
Bounded Context 中的**通用語言（Ubiquitous Language，第 1 章）**清楚地定義介面。

07

領域服務

確認對領域服務的需求

不要過度將各種領域概念建模為領域服務，在條件適合時採用即可。因為一不小心就會把領域服務當作建模時的萬靈丹，而過度採用的下場，很有可能造成**貧血領域模型**（Anemic Domain Model，[Fowler, Anemic]）的負面影響，使得領域邏輯都集中在領域服務而不是散布在實體與值物件中。底下以範例分析來說明，面對各種建模情境時，謹慎思考應運用何種戰術之重要性。這項決策指引應能協助讀者正確判斷是否要採用領域服務來建模。

來看看一個需要建模為領域服務的範例，思考一下如何在「身分與存取情境」中對一名 User 進行授權。先前在探討**實體（第 5 章）**時曾遇過這個情境，團隊當時決定將這個問題擱置處理，現在時機成熟了：

- 使用者必須獲得授權才能使用系統，但僅在租戶處於啟用狀態才能授權。

想想看為何領域服務是必要的。不能將此行為放在實體上嗎？從用戶端的觀點來看，或許可以將使用者授權的業務概念建模如下：

```
// 用戶端找出 User 後，要求其自行處理授權

boolean authentic = false;

User user =
    DomainRegistry
        .userRepository()
        .userWithUsername(aTenantId, aUsername);

if (user != null) {
    authentic = user.isAuthentic(aPassword);
}

return authentic;
```

　　我個人認為，上面這種設計至少存在幾點問題。首先，用戶端必須理解「授權」的概念，將 User 找出來並詢問 User 某個密碼是否與其持有的密碼相符。再者，建模中並未明確地表達出通用語言；我們是詢問 User「是否通過授權」，而不是要求模型「進行授權」。可以的話，最好使用團隊的自然口語表達方式來建模，而不是強迫團隊調整觀點、背離原本的自然口語表達方式，這樣子是無法呈現出更完善的業務概念的。但這些，還不是最糟的情況。

　　這個範例中，團隊並未正確地將「對使用者授權」建模出來，過程中明顯欠缺了租戶是否處於啟用狀態的檢查環節。根據需求描述，如果使用者所屬的租戶並非處於啟用狀態，使用者就是未授權的。或許可以透過這方法來解決問題：

```
// 這樣或許會比較好…

boolean authentic = false;

Tenant tenant =
    DomainRegistry
        .tenantRepository()
        .tenantOfId(aTenantId);

if (tenant != null && tenant.isActive()) {
    User user =
        DomainRegistry
            .userRepository()
            .userWithUsername(aTenantId, aUsername);

    if (user != null) {
        authentic = tenant.authenticate(user, aPassword)
    }
}

return authentic;
```

　　這種方式確實能夠在授權之前判斷 Tenant 是否處於啟用狀態，還能以 Tenant 中的 authenticate() 方法取代原有 User 中的 isAuthentic() 方法。

但這個做法還是有問題。它會對用戶端帶來額外的負擔，因為用戶端現在需要具備更多對授權概念的理解，而本不應如此。雖然我們可以在 Tenant 的 authenticate() 方法中檢查 isActive() 來減輕影響，但筆者認為這樣做將使模型不夠明確具體，甚至造成另一個問題：Tenant 需要理解如何處理密碼。來看看另一個需求，雖然在授權情境中它未被提及：

- 不能以明文形式保存密碼，而是必須加密。

結果這些解決方案似乎只是讓問題雪上加霜，對於最後一種方案的做法，我們似乎得在下面四種不優的解決辦法當中進行抉擇：

1. 在 Tenant 中處理加密，把加密後的密碼傳遞給 User。但這樣做 Tenant 在模型中就不只承擔與租戶有關的職責，因而違反了**單一職責原則**（single responsibility principle, SRP; [Martin, SRP]）。

2. User 多少可能會接觸到加密概念，因為他必須確保密碼是以加密形式保存。若是這樣，在 User 中建立一個方法，使其透過明文形式密碼進行授權不就好了？可是這樣一來 Tenant 就變成只是一個 Facade 模式、實際上都交給 User 來實作。除此之外，還要確保 User 的授權介面被妥善保護，避免模型外部的用戶端直接存取。

3. 讓 Tenant 透過 User 來加密原本為明文形式的密碼，然後再與 User 所保存的密碼進行比對。這個解決方案在物件協作上多了一些不那麼簡潔的步驟，而 Tenant 到最後就算沒有負責執行授權，卻還是需要理解授權概念。

4. 由用戶端來負責密碼加密，再把加密後的密碼傳遞給 Tenant。這方法會加重用戶端的職責，但用戶端根本就不應該知道密碼是如何加密的。

一路看下來，這些方法非但無法真正解決問題，還增加了用戶端的複雜度，原本理應由模型輕鬆處理的職責卻跑到了用戶端身上，尤其是僅與領域相關的知識，根本就不該洩漏到用戶端。就算用戶端是一個應用服務，也不該由這個元件來承擔身分與存取管理領域的職責。

牛仔小劇場

傑哥：「當你發現自己深陷大坑，第一件事就是別再繼續挖坑了。」

用戶端唯一真正需要承擔的業務職責，是將那些處理其他業務問題細節的個別領域操作統合起來：

```
// 在一個應用服務用戶端中，
// 唯一的職責是任務的整合與協調

UserDescriptor userDescriptor =
    DomainRegistry
        .authenticationService()
        .authenticate(aTenantId, aUsername, aPassword);
```

這個解決方案既簡單又優雅，用戶端唯一要做的事情是取得 AuthenticationService 這個無狀態實例的參照，然後呼叫 authenticate() 方法。將那些授權的處理細節從應用服務的用戶端轉移給領域服務承擔。領域服務依照需求可能會使用多個領域物件，像是確保密碼的加密操作過程，用戶端則無須理解這些細節。再加上，在建模身分存取管理領域時也已經確認了所採用的適當術語，而不是部分由模型表達、部分由客戶端表達，確保了領域模型通用語言的一致性。

這個領域服務方法會回傳一個 UserDecriptor 值物件。這個物件不大，它僅含有與某個 User 相關的少量必要屬性，而不是將整個 User 的資訊傳回，因此也很安全：

```
public class UserDescriptor implements Serializable {
    private String emailAddress;
    private TenantId tenantId;
    private String username;

    public UserDescriptor(
            TenantId aTenantId,
            String aUsername,
            String anEmailAddress) {
        ...
    }
    ...
}
```

這類物件適合保存在個別使用者的網路 session 中，而用戶端的應用服務則可以再把這個物件包裝為其他更合適的形式，或直接傳回給呼叫者。

領域服務建模

根據領域服務的不同目的，建模也可以很簡單。首先要決定領域服務是否需要一個**分離介面**（Separated Interface，[Fowler, P of EAA]），如果需要，就建立一個介面，定義如下：

```
package com.saasovation.identityaccess.domain.model.identity;

public interface AuthenticationService {

    public UserDescriptor authenticate(
        TenantId aTenantId,
        String aUsername,
```

```
        String aPassword);
}
```

這個介面被放置在與身分相關的聚合（如 Tenant、User、Group）所在的**模組**（**Module，第 9 章**）中；這是因為 AuthenticationService 是一種身分概念，而我們目前把所有與身分相關的概念都放在 identity 這個模組內。介面本身的定義十分單純，它只定義了一個必要的 authenticate() 操作。

實作此介面類別的位置則要視情況而定。比如，當你採用**依賴反轉原則（第 4 章）**或**六角架構（第 4 章）**，可能會將這種偏向技術解決方案的實作類別放在領域模型之外，像是基礎設施層的模組中。

對該介面類別的實作如下：

```
package com.saasovation.identityaccess.infrastructure.services;

import com.saasovation.identityaccess.domain.model.DomainRegistry;
import com.saasovation.identityaccess.domain.model.identity.↵
AuthenticationService;
import com.saasovation.identityaccess.domain.model.identity.Tenant;
import com.saasovation.identityaccess.domain.model.identity.TenantId;
import com.saasovation.identityaccess.domain.model.↵
identity.User;
import com.saasovation.identityaccess.domain.model.↵
identity.UserDescriptor;

public class DefaultEncryptionAuthenticationService
        implements AuthenticationService {

    public DefaultEncryptionAuthenticationService() {
        super();
    }

    @Override
    public UserDescriptor authenticate(
            TenantId aTenantId,
            String aUsername,
```

```
        String aPassword) {
        if (aTenantId == null) {
            throw new IllegalArgumentException(
                "TenantId must not be null.");
    }
    if (aUsername == null) {
        throw new IllegalArgumentException(
                "Username must not be null.");
    }
    if (aPassword == null) {
        throw new IllegalArgumentException(
                "Password must not be null.");
    }

    UserDescriptor userDescriptor = null;

    Tenant tenant =
        DomainRegistry
            .tenantRepository()
            .tenantOfId(aTenantId);

    if (tenant != null && tenant.isActive()) {
        String encryptedPassword =
            DomainRegistry
                .encryptionService()
                .encryptedValue(aPassword);

        User user =
            DomainRegistry
                .userRepository()
                .userFromAuthenticCredentials(
                        aTenantId,
                        aUsername,
                        encryptedPassword);

        if (user != null && user.isEnabled()) {
            userDescriptor = user.userDescriptor();
        }
    }

    return userDescriptor;
    }
}
```

方法本身對參數 null 空值設置了防禦性語句，否則即使授權過程在正常情況下還是出錯或失敗了，回傳的 UserDescriptor 會出現 null 空值。

在身分認證授權過程，首先會使用識別值從 Repository 中將 Tenant 取出，如果 Tenant 存在並且處於啟用狀態，下一步就是對明文形式的密碼進行加密，因為需要加密後的密碼才能取得 User 物件。取得 User 時不僅需要 TenantId 以及匹配的使用者名稱來請求使用者的資訊，還要確認加密的密碼是一致的（只要明文形式的密碼內容一致，加密過後的內容也會一致）。Repository 會對這三個條件進行過濾，確認這三點必須同時符合。

末端使用者提供的租戶識別值、使用者名稱、明文密碼如果都正確，就能取得對應的 User 實例。不過，這不能代表使用者認證授權流程完成了，還有最後一項需求要處理：

- 只有處於啟用狀態下的使用者才能通過認證授權。

這代表著，即使從 Repository 找到了符合條件的 User 實例，但有可能是停用（disabled）狀態。從另一種層面來說，租戶可以透過停用 User 的功能達到更彈性的認證授權控管。所以最後一步就是確認 User 實例為非 null 空值且處於啟用狀態，然後回傳 UserDescriptor 內容。

分離介面是必須的嗎？

範例的 AuthenticationService 中並沒有技術上的實作，既然如此，真的有必要在不同的架構層與模組中建立分離介面與實作類別嗎？並非如此，這個做法不是絕對的。如果今天只有一種實作類別，或許大可直接將這個名稱作為服務的名稱：

```
package com.saasovation.identityaccess.domain.model.identity;

public class AuthenticationService {
```

```
public AuthenticationService() {
    super();
}

public UserDescriptor authenticate(
    TenantId aTenantId,
    String aUsername,
    String aPassword) {
    ...
}
}
```

這種做法沒有任何問題，有的人甚至認為這做法更好，因為這個服務絕不會有多個實作。然而需要考慮到不同的租戶可能有不同的安全控管標準與需求，所以保留多種實作的彈性空間是有必要的。不過團隊成員在當下決定放棄使用分離介面，並且直接以上述類別取代了原本實作類別。

實作類別的命名原則

在 Java 的開發文化圈中，常會以介面的名稱後綴「Impl」字樣作為實作類別的名稱。以本範例來說，會變成「AuthenticationServiceImpl」。此外，往往也習慣將介面及實作類別歸在同一個套件中。但這樣好嗎？

要是你真的這樣命名，就代表沒有使用分離介面的必要，或是根本沒有仔細思考實作類別的命名這件事。所以「AuthenticationServiceImpl」這種命名並不是好的做法。但同樣地，「DefaultEncryptionAuthenticationService」也好不到哪裡去，這也是為何 SaaSOvation 團隊會決定在現階段拿掉分離介面，用一個簡單的 AuthenticationService 類別來因應。

反過來，如果因為有多種不同實作而有著解耦合的需求時，就應該根據類別的特性去命名。從命名中呈現每一個實作的特殊性，來代表領域中存在特定的功能。

有些人認為，以近似的名稱來命名介面與實作類別，更方便在套件的茫茫大海中進行瀏覽與搜尋，但也有人認為這種大型套件設計其實沒有妥善規劃模組。而注重模組化目標的人，自然而然會將介面與實作類別歸在不同的套件中，如同我們在**依賴反轉原則（第 4 章）**中的做法。例如，把 EncryptionService 介面歸在領域模型中，而將 MD5EncryptionService 歸在基礎設施層。

至於那些非技術性質的領域服務，就算不採用分離介面也不會減損可測試性，因為該服務依賴的任何介面，都可以在測試時透過事先安排好的服務工廠（Service Factory）模式來對服務進行注入，或是根據需要直接以參數形式來處理這些相依性問題。同樣要記得，這些非技術性但與領域相關的服務（像是執行某類計算）必須經過正確性測試才行。

筆者知道這個話題有爭議性，確實也有很多人習慣用「Impl」後綴作為介面實作的命名原則；只是想提醒大家，我們仍然有充分理由相信不應採取這種做法。老話一句，最終決定權還是在你手上。

如果服務始終與領域相關，而且不會有技術性實作或多種不同實作，那麼採用分離介面與否就只是一種風格上的選擇而已。如同 Fowler 所言 [Fowler, P of EAA]，如果有解耦合需求，那麼分離介面很有用：「讓用戶端依賴於介面，就不會察覺到背後實作的細節了。」然而，在領域服務上使用**依賴注入（Dependency Injection）**或**工廠模式（Factory，[Gamma et al.]）**的話，就算拿掉分離介面將服務的介面和類別結合在一起，同樣可避免用戶端察覺背後的實作細節。換句話說，利用下列的 DomainRegistry 服務工廠模式，就可以將用戶端與實作解耦合：

```
// 利用 DomainRegistry 將用戶端與實作解耦合

UserDescriptor userDescriptor =
    DomainRegistry
        .authenticationService()
        .authenticate(aTenantId, aUsername, aPassword);
```

07

領域服務

又或者採用依賴注入的方式，也有同樣的效果：

```
public class SomeApplicationService ... {
    @Autowired
    private AuthenticationService authenticationService;
    ...
}
```

服務的實例會由具備控制反轉機制的框架（如 Spring）來注入提供。既然服務並非由用戶端來初始化，那麼自然也就無法認知到介面與實作之間，究竟是耦合在一起或是分離的。

顯然有些人可能會不屑於服務工廠或依賴注入這類設計模式，而是喜歡透過建構子或其他類別方法，將內部依賴作為參數的形式傳入，因為這是最能夠將依賴關係具體呈現出來的方式，使程式碼具備可測試性，甚至某些情況下比依賴注入實作起來更容易。也有人根據情況同時採用這三種方式，並且優先採用透過建構子的方式。本章中的幾個範例給出了 DomainRegistry 這種做法，**但並不代表一定要優先使用這種方案**。不過網路上很多 source code 也都像本書一樣傾向於透過建構子或是透過方法參數，將依賴對象直接傳入。

一個業務計算流程

再舉一個例子，這次以**核心領域（Core Domain，第 2 章）**中的「敏捷式專案管理情境」為例。該領域服務會根據某個聚合型別中任意數量的值物件計算出結果。筆者認為這種情況實在沒必要採用分離介面，至少在現階段沒必要，畢竟計算方式都是一樣的。除非哪天需求改變了，否則不必另外花功夫將介面與實作分離開來。

牛仔小劇場

寶弟：「我家那匹種馬每『服務』一次就能賺 $5,000，
　　　而現在預約名單已經大排長龍了。」

傑哥：「這匹馬正在牠擅長的領域中進行服務呢。」

　　原本 SaaSOvation 團隊的開發人員在 Product 類別中建立了一種細緻的靜態方法來執行這項計算，不過後來…

開發團隊顧問指出，採用領域服務會比靜態方法好。這項服務要做的事情與原本設計大同小異，同樣是計算並回傳一個 BusinessPriorityTotals 值物件實例，只是設計成領域服務後會多出一些職責，包含找出某個 Scrum 產品中所有未處理的待辦清單項目，然後計算個別 BusinessPriority 資料值的總和。實作細節如下所示：

```java
package com.saasovation.agilepm.domain.model.product;

import com.saasovation.agilepm.domain.model.DomainRegistry;
import com.saasovation.agilepm.domain.model.tenant.Tenant;

public class BusinessPriorityCalculator {

    public BusinessPriorityCalculator() {
        super();
    }

    public BusinessPriorityTotals businessPriorityTotals(
            Tenant aTenant,
            ProductId aProductId) {
        int totalBenefit = 0;
```

07

領域服務

```
        int totalPenalty = 0;
        int totalCost = 0;
        int totalRisk = 0;

        java.util.Collection<BacklogItem> outstandingBacklogItems =
            DomainRegistry
                .backlogItemRepository()
                .allOutstandingProductBacklogItems(
                        aTenant,
                        aProductId);

        for (BacklogItem backlogItem : outstandingBacklogItems) {
            if (backlogItem.hasBusinessPriority()) {
                BusinessPriorityRatings ratings =
                    backlogItem.businessPriority().ratings();

                totalBenefit += ratings.benefit();
                totalPenalty += ratings.penalty();
                totalCost += ratings.cost();
                totalRisk += ratings.risk();
            }
        }

        BusinessPriorityTotals businessPriorityTotals =
            new BusinessPriorityTotals(
                totalBenefit,
                totalPenalty,
                totalBenefit + totalPenalty,
                totalCost,
                totalRisk);

        return businessPriorityTotals;
    }
}
```

BacklogItemRepository 用於取得所有未處理的 BacklogItem 實例，而所謂「未處理」的 BacklogItem 是指狀態為「Planned、Scheduled 或 Commited」的待辦清單項目，而不是「Done 或 Removed」。領域中的服務可以根據實際需要盡可能使用 Repository，但從聚合實例中存取 Repository 並不是一個建議的做法。

　　找出一項產品的所有未處理待辦清單項目後，需要對它們進行遍歷，並計算每一個 BusinessPriority 的 Ratings 再加總起來。這個加總結果會用於初始化一個新的 BusinessPriorityTotals 值物件然後回傳給用戶端。領域服務所承擔的職責往往很重要，但計算過程不一定要很複雜，本範例正好就是相當簡單的計算。

　　範例呈現的另一個重點是，千萬不要把此類業務邏輯放到應用服務中，即使你認為用 for 迴圈來進行加總計算沒什麼大不了的，但這依舊算是業務邏輯的一部分。當然，還有另一個理由：

```
BusinessPriorityTotals businessPriorityTotals =
    new BusinessPriorityTotals(
        totalBenefit,
        totalPenalty,
        totalBenefit + totalPenalty,
        totalCost,
        totalRisk);
```

　　這邊可以看到，在初始化 BusinessPriorityTotals 時，它的 totalValue 屬性值是由 totalBenefit 與 totalPenalty 加總而來；這明顯是和領域相關的業務邏輯，不該洩漏到應用程式層中。當然我們可以反駁，應該將兩個資料值作為參數傳入 BusinessPriorityTotals 的建構子，讓 BusinessPriorityTotals 建構子自行加總算出 totalValue 不就好了？這當然是一種改進模型的做法，但同樣不能構成把計算邏輯放到應用服務中的正當理由。

　　應用服務雖然不含有業務邏輯，但它可以作為領域服務的用戶端：

```
public class ProductService ... {
    ...
    private BusinessPriorityTotals productBusinessPriority(
            String aTenantId,
            String aProductId) {
        BusinessPriorityTotals productBusinessPriority =
            DomainRegistry
```

```
                .businessPriorityCalculator()
                .businessPriorityTotals(
                        new TenantId(aTenantId),
                        new ProductId(aProductId));

        return productBusinessPriority;
    }
}
```

　　如上所示，在應用服務中有一個私有方法負責取得產品的業務優先度總值，而這個方法可能只需要向 ProductService 用戶端（如使用者介面）回傳一部分資料。

轉換服務

基礎設施層中含有較多技術實作的領域服務，往往是與整合相關的服務。因此這部分會留到討論**整合 Bounded Contexts（第 13 章）**時再說明，屆時你會看到服務介面、實作類別以及實作類別所使用的**轉接器**（Adapter，[Gamma et al.]）與轉換器（translator）。

領域服務的迷你架構層

有時我們會希望在領域模型的實體及值物件之上再建立一層領域服務專用的「迷你架構層」（mini-layer）。但是就像筆者先前所描述的，往往這會導致貧血領域模型這種反模式出現。

　　不過對於某些系統而言，的確應該採用領域服務的迷你架構層設計，也不會造成貧血症領域模型，條件視乎領域模型的特性而定；本書的「身分與存取情境」其實就是相當合適的例子。

　　如果讀者處理類似的領域，並且也決定建立領域服務迷你架構層，還是要記得這與應用服務之於應用層是兩回事，畢竟交易與安全等應用程式的關注點是應用服務的職責、不是領域服務的職責。

測試領域服務

為了確保我們從使用者的觀點建模，需要對領域服務進行測試。這項測試應該要反映出領域模型的使用方式，而關於軟體開發正確性的精細測試可以暫且先擱置。

現在才測試太慢了吧？

一般而言，測試都是先於實作，我先前在分析對領域服務的需求時，也展示過一些測試先行的程式碼，只是筆者覺得在本章中早一點討論實作比較恰當。不過，某方面這也代表所謂的測試先行並不是絕對必要的，但這樣做可能會限制了正確的建模關注點。

這些測試項目示範了如何正確地使用 AuthenticationService，而第一項測試是針對成功通過認證授權的情境：

```
public class AuthenticationServiceTest
        extends IdentityTest {

    public void testAuthenticationSuccess() throws Exception {

        User user = this.getUserFixture();

        DomainRegistry
            .userRepository()
            .add(user);

        UserDescriptor userDescriptor =
            DomainRegistry
                .authenticationService()
                .authenticate(
                        user.tenantId(),
                        user.username(),
                        FIXTURE_PASSWORD);

        assertNotNull(userDescriptor);
        assertEquals(user.tenantId(), userDescriptor.tenantId());
        assertEquals(user.username(), userDescriptor.username());
        assertEquals(user.person().emailAddress(),
```

```
                        userDescriptor.emailAddress());
    }
    ...
```

上述範例展示了應用服務的用戶端如何呼叫使用 AuthenticationService。用戶端透過傳遞正確的參數，順利完成了對一名使用者的認證授權。

請注意，測試中所使用的 Repository，可以是實際的 Repository、暫存於記憶體內的 Repository 或模擬用的 Repository。如果實際 Repository 速度夠快，在測試中直接採用實際 Repository 也可以，只要測試結束時回復（rollback）交易，避免在測試後累積了多餘的實例。究竟要使用哪一種 Repository，就看個人決定了。

接下來，對認證授權失敗的情境進行測試：

```java
public void testAuthenticationTenantFailure() throws Exception {

    User user = this.getUserFixture();

    DomainRegistry
        .userRepository()
        .add(user);

    TenantId bogusTenantId =
        DomainRegistry.tenantRepository().nextIdentity();

    UserDescriptor userDescriptor =
        DomainRegistry
            .authenticationService()
            .authenticate(
                    bogusTenantId, // bogus
                    user.username(),
                    FIXTURE_PASSWORD);

    assertNull(userDescriptor);
}
```

這個測試中，認證授權結果之所以失敗，是因為我們故意傳入一個跟 User 所建立的
TenantId 不同的值。下面這個測試是針對無效的使用者名稱：

```
public void testAuthenticationUsernameFailure() throws Exception {

    User user = this.getUserFixture();

    DomainRegistry
        .userRepository()
        .add(user);

    UserDescriptor userDescriptor =
        DomainRegistry
            .authenticationService()
            .authenticate(
                    user.tenantId(),
                    "bogususername",
                    user.password());

    assertNull(userDescriptor);
}
```

因為我們傳入錯誤的使用者名稱，此認證授權也失敗。最後一個測試是密碼錯誤的情
境：

```
public void testAuthenticationPasswordFailure() throws Exception {

    User user = this.getUserFixture();

    DomainRegistry
        .userRepository()
        .add(user);

    UserDescriptor userDescriptor =
        DomainRegistry
            .authenticationService()
            .authenticate(
                    user.tenantId(),
                    user.username(),
```

```
                    "passw0rd");

        assertNull(userDescriptor);
    }
}
```

測試中我們故意傳入錯誤的密碼，因此認證授權失敗。以上這些案例在認證授權失敗時，UserDescriptor 都會回傳 null 空值。這是用戶需要特別注意的細節部分，這代表用戶端應該要能夠根據這樣的回傳來判斷使用者未通過認證授權。同時這也指出了，認證授權失敗並不是一種例外異常，而是領域中的一種正常的可能情況。否則，如果被視為異常情況，領域服務就會拋出一個 AuthenticationFailedException 例外。

需要的測試當然不只如此，還有像是租戶未啟用、使用者被停用等領域情境，這些就留給讀者自行摸索了。之後，你就可以為 BusinessPriorityCalculator 範例繼續編寫測試了。

本章小結

在本章中我們介紹了何謂領域服務以及哪些不是領域服務，並且分析了何時該採用領域服務，而不是以實體或值物件中的一項操作來建模。還包含：

- 了解何時真正需要使用領域服務，避免濫用領域服務。

- 強調濫用領域服務會導致貧血領域模型的反模式。

- 學到一般實作領域服務所採取的具體步驟。

- 探討採用分離介面的優缺點。

- 回顧「敏捷式管理情境」的一個計算流程,以展示領域服務的建模。

- 最後,透過測試範例展示如何使用模型中的領域服務。

下一章,我們將介紹近年崛起的 DDD 戰術建模工具,也就是強大的領域事件建構區塊模式。

NOTE

Chapter 8

領域事件

「歷史這種東西，不過就是人們對於過去發生的事件，共同認可的一種版本。」

——拿破崙（*Napoleon Bonaparte*）

領域事件（Domain Event）可用來捕獲領域中發生的某個事件。這是一個超級強大的建模工具；一旦掌握了使用領域事件的竅門之後你就會不可自拔，還懷疑起以前沒有它們的時候究竟是怎麼活下來。要開始使用它們，你所要做的就是對事件進行定義以達成共識。

本章學習概要

- 何謂領域事件，應在何時使用，以及使用的理由為何。
- 如何將事件建模為物件，並了解何時該為這些物件加上唯一識別。
- 學習簡單的**發布 / 訂閱**（Publish-Subscribe，[Gamma et al.]）模式並了解如何結合用戶端通知機制。
- 釐清元件的事件發布者角色與事件訂閱者角色。
- 思考一下為何你想開發 Event Store，以及如何實作與使用。
- 透過 SaaSOvation 範例，學習將事件發布給自主系統（autonomous service）的各種方式。

領域事件的時機與原因

Evans 的書 [Evans] 中並沒有對「領域事件」下定義，因為這個設計模式是在該著作出版一段時間後才提出來的。因而在我們開始討論如何在**領域（Domain，第 2 章）**中實作事件機制之前，請先牢記以下的定義：

> 「領域專家在意的事情發生了。
>
> 領域中各種活動的模型資訊，會以一連串個別事件的形式呈現出來。每則事件都以一個領域物件呈現…領域事件本身就是一種完整的領域模型，用於代表在這領域中所發生的某件事。」[Evans, Ref, p.20]

但我們要如何判斷這件事是領域專家所關心的？這就需要在與他們討論時仔細聆聽、從中尋找線索。請留意領域專家說話中的幾個關鍵字：

- 「當…」

- 「要是…」

- 「如果…時通知我」或「如果…就告訴我」

- 「發生…」

當然，「如果…時通知我」或「如果…就告訴我」表達式，也不代表構成事件通知。這只是對一個事實的陳述，即發生重要事件時，領域中的某人**希望收到通知，代表可能**需要將這個事件明確地進行建模。此外，領域專家可能會說出「如果發生**那種情況**時**不重要**；但如果發生**這種情況**時**很**重要」類似的話（將**那種**和**這種**替換為你的領域中有意義的詞語）。每個組織文化都可能還會有其他用於觸發行動或事件的短語，需自行判斷與尋找可能的關鍵字詞。

> ### 牛仔小劇場
>
> 傑哥：「當我需要我家那匹馬時，只消叫聲『Trigger！過來！』，牠就會跑過來了。當然，如果手上拿塊糖也有同樣的效果。」

可能會常常發生業務上有需要、可是專家的口語表達卻無法清楚描述出對事件的建模需求。領域專家自己都不一定能認知到這類需求，而是需要透過跨團隊的討論才能了解狀況，在遇到那種需要發送給外部服務的事件時，特別容易出現這種情況；尤其當企業中某個已經與開發中領域解耦合的系統、而事件會需要在不同的 Bounded Context（有界情境，第 2 章）之間進行傳送溝通。這類事件發布之後，由於是由訂閱者收到通知並進行處理，因此對於內部或外部 Bounded Context 都可能產生重大的影響。

領域專家與領域事件

雖然領域專家可能一開始沒有注意到所有事件類型，但只要在討論中提及了特定事件，他們就會清楚了解為何需要這些事件。一旦達成共識，這些新事件也會正式納入**通用語言**（Ubiquitous Language，第 1 章）中，成為領域模型的一部分。

當事件傳送給內部或外部系統對事件感興趣的對象時，主要目的是為了實現最終一致性（eventual consistency），而這種做法是經過有意設計的。這樣做可免去兩階段提交（two-phase commit，又稱 global transaction 全域交易）的需要，並且支援**聚合**（Aggregate，第 10 章）的原則。聚合其中一項原則表明，在單一交易階段中只能修改單一個聚合實例（instance），所有其他相關的更改，都必須在其他交易階段中個別處理；因此，內部 Bounded Context 中的其他聚合實例就能夠透過這種方法進行同步，確保狀態一致。而雖然會有延遲，但外部的遠端依賴關係也能夠使用此方法與本地系統達成狀態一致性；畢竟解耦合有助於提供高度可擴展性，並建立起效能一流的協作服務，也能達成系統之間的鬆耦合關係，讓它們更能獨立運作。

　　圖 8.1　簡單展示了事件是如何產生、如何被儲存轉發、被誰使用。事件有可能會同時被內部或外部的 Bounded Context 使用。

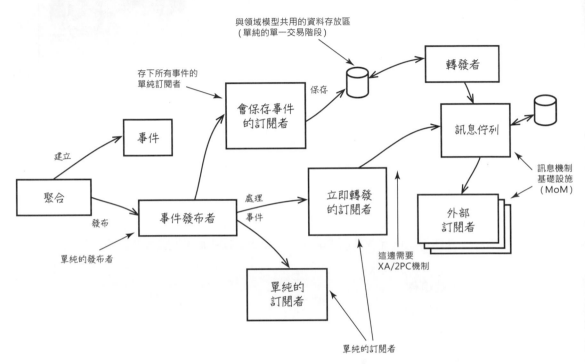

圖 8.1　聚合產生事件並發布出去，接著訂閱者可以將這些事件儲存下來並轉發給外部訂閱者，或者不儲存僅僅轉發而已。如果要立即將事件轉發給其他系統，通常需要實作 XA（兩階段提交）機制，除非訊息中介軟體能夠共享模型的資料存放區。

　　此外，思考那些需要系統批次處理的情況。像是在離峰時段（例如夜間）的每日維護作業：把不再需要用到的物件刪除，配合新業務而建立新的物件，處理物件之間的同步，以及通知某些使用者發生重大的變更等等。這類批次處理往往伴隨著複雜的查詢，才能判斷是否為需要注意的情況。而這類計算與處理需要大量的成本，同步所有的變更則需要大量的交易作業；要是這些繁雜的批次處理全都煙消雲散的話該有多好？

現在，想像一下在這系統中，是否曾經發生過有那種前一天發生的事情、需要在隔天執行同步或跟上的狀況？如果說，這些個別發生的事情都能以一則則的事件擷取起來、發布給系統中的一個監聽器就好，事情不就單純多了？實際上，這樣做可以省去前面那些複雜的查詢，因為你很明確地知道發生什麼事以及何時發生，也就是提供事件發生的脈絡背景，就可以很清楚後續應該採取的相關行動。如此一來，你只需要在收到每則事件的通知時進行處理。原本在短時間內由 I/O 與處理器大量運算的批次作業，如今分散為全天內不定期發生的短作業，業務處理將會更加協調、迅速，使用者也不用再經過漫長的等待就能繼續下一步操作。

那麼，每一個聚合執行命令都會產生事件嗎？答案是不一定。除了要知道何時**需要**一個事件，知道**何時可忽略**領域中那些專家或整體業務不關心的不相關事件也一樣重要。儘管如此，根據用於實作模型的**技術**、或是協作系統的用途，事件本身所承載的內容有可能比領域專家需要的更多；在採用了**事件溯源（Event Sourcing，第 4 章、附錄 A）**的系統中尤為如此。

這部分我們留到**整合 Bounded Contexts（Integrating Bounded Contexts，第 13 章）**再來探討，總而言之，領域事件可說是一項重要的建模工具。

事件建模

以「敏捷式專案管理情境」為例，領域專家以下面這種方式（斜體格式是特別強調的部分）描述了對事件的需求：

「當決定好待辦清單項目的上線日期後，就可以提交到衝刺（sprint）中；但待辦清單項目若是曾經提交到另一個衝刺，就必須先將它抽回，然後再重新提交。**當待辦清單項目被提交時，需要告知與該衝刺有關、或關注該衝刺的團隊成員。**」

在建模事件時，應該根據 Bounded Context 的通用語言來命名事件與屬性（property）。事件若是經由聚合的命令而產生，則通常是用該命令的名稱來命名事件，因為事件的發生來自於命令，將命令加到事件名稱中正好用以陳述發生時的情況。以上述例子來說，將一個待辦清單項目加到一個衝刺時，我們會發布一則事件，具體呈現出領域內發生的事情：

命令操作：`BacklogItem#commitTo(Sprint aSprint)`

事件結果：`BacklogItemCommitted`

從事件的名稱就能看出，這是聚合在執行完命令操作「後」（「The backlog item was committed.」句子時態是過去式）、也就是「提交了待辦清單項目」所發生的。要把事件名稱命名得更詳盡也行，例如，`BacklogItemCommittedToSprint`；但在 Scrum 的通用語言中，待辦清單項目也只能提交到衝刺，而且已經有了發布上線計畫，而不是提交

到發布中的。因此，這樣就足以判斷該事件是上述 `commitTo()` 的操作結果，事件名稱夠清楚、簡潔，也更容易閱讀；但若是讀者的團隊在特定情況下傾向用詳細一點的事件命名方式，那就用吧。

當發布聚合產生的事件時，事件的名稱應該反映過去發生的事件，不是「現在」正在發生、而是已經發生了。而最能指出此一事實的名稱，就是最好的命名方式。

決定事件名稱後，那麼它應該具備什麼屬性？首先我們需要一個時間戳記（timestamp）來表示事件發生的時間點。在 Java 程式語言中，可以用 `java.uil.Date` 取得：

```
package com.saasovation.agilepm.domain.model.product;

public class BacklogItemCommitted implements DomainEvent {
    private Date occurredOn;
    ...
}
```

`DomainEvent` 是一個簡單的介面，所有事件類別皆可實作，以確保所有事件都支援 `occurredOn()` 這個方法，因此不論是何種事件都會有一個基本的契約型態：

```
package com.saasovation.agilepm.domain.model;

import java.util.Date;

public interface DomainEvent {
    public Date occurredOn();
}
```

除了時間戳記外，接著團隊還要思考加入其他具代表意義的屬性，用以呈現事件的內容，這樣才能「再現」事件。一般來說，會包括造成事件的聚合實例或足以辨識出該聚合實例之識別值，經討論後證明有用即可加入；再來就是把與該事件有關的參數作為屬性；最後，對訂閱方有幫助、造成聚合狀態改變的某些資料值也可以加入其中。

底下是經過討論分析後的 `BacklogItemCommitted`：

```
package com.saasovation.agilepm.domain.model.product;

public class BacklogItemCommitted implements DomainEvent {
    private Date occurredOn;
    private BacklogItemId backlogItemId;
    private SprintId committedToSprintId;
    private TenantId tenantId;
    ...
}
```

團隊成員認為對此事件來說，`BaklogItem` 與 `Sprint` 的識別值是最重要的，因為 `BacklogItem` 是事件的發起方、而 `Sprint` 是與該事件有關的參與方。在討論中還發現，這個事件的需求明確指出，必須通知 `Sprint` 已經將某個 `BacklogItem` 提交給它。因此，在同一個 Bounded Context 中的事件訂閱者，最終還要進一步通知 `Sprint`，而這會需要 `BacklogItemCommitted` 中包含 `SprintId` 這項資訊。

除此之外，在多租戶環境下，不管是本地還是外部系統，處理此事件時始終都會需要知道 `TenantId` 這個資訊，即使它並沒有作為命令參數傳遞。就本地端來說，團隊需要 `TenantId` 來分別從 `BacklogItem` 與 `Sprint` 的 Repository（**資源庫，第 12 章**）中查詢相關資料；而接收到事件廣播的外部遠端系統，則需要 `TenantId` 才能知道是否需要監聽該事件。

事件的行為該如何建模呢？其實很簡單，因為事件一般都具備不可變性。首先最重要的一點就是事件的介面，就目的性而言，要能夠反映出發生事件的原因，所以大多數事件都只會有一個僅允許提供完整狀態初始化的建構子，以及對所有屬性只設有 getter 的讀取方法。

基於以上理由，ProjectOvation 團隊進行了以下實作：

```java
package com.saasovation.agilepm.domain.model.product;

public class BacklogItemCommitted implements DomainEvent {
    ...
    public BacklogItemCommitted(
            TenantId aTenantId,
            BacklogItemId aBacklogItemId,
            SprintId aCommittedToSprintId) {
        super();
        this.setOccurredOn(new Date());
        this.setBacklogItemId(aBacklogItemId);
        this.setCommittedToSprintId(aCommittedToSprintId);
        this.setTenantId(aTenantId);
    }

    @Override
    public Date occurredOn() {
        return this.occurredOn;
    }

    public BacklogItemId backlogItemId() {
        return this.backlogItemId;
    }

    public SprintId committedToSprintId() {
        return this.committedToSprintId;
    }

    public TenantId tenantId() {
        return this.tenant;
    }
    ...
}
```

這樣，在事件發布後，本地端的訂閱方就可以據此來通知 Sprint 這個 BacklogItem 剛提交給它了：

```
MessageConsumer.instance(messageSource, false)
    .receiveOnly(
            new String[] { "BacklogItemCommitted" },
            new MessageListener(Type.TEXT) {
        @Override
        public void handleMessage(
            String aType,
            String aMessageId,
            Date aTimestamp,
            String aTextMessage,
            long aDeliveryTag,
            boolean isRedelivery)
        throws Exception {
            // 透過 aMessageId 剔除重複的 message
            …
            // 從 JSON 取得 tenantId、sprintId 與 backlogItemId
            …

            Sprint sprint =
                    sprintRepository.sprintOfId(tenantId, sprintId);

            BacklogItem backlogItem =
                    backlogItemRepository.backlogItemOfId(
                        tenantId,
                        backlogItemId);

            sprint.commit(backlogItem);
        }
    });
```

　　根據系統需求，在處理 BacklogItemCommitted 這則事件後，如今 Sprint 與提交的 BacklogItem 之間達成了一致性。至於訂閱方是如何接收事件，於本章後面再進行討論。

但開發團隊成員還注意到了一個小問題：
Sprint 是如何更新交易的？雖說可以讓
事件訊息處理器負責就好，但這樣一來勢
必要對處理器中的程式碼做出一定程度
的重構。最好的方法是將這件事情委派
給**六角架構**（Hexagonal Architecture，
第 4 章）中的一項**應用服務**（Application Service，第 14 章）來負責，這樣才自然。於
是，處理器看起來會像這樣：

```
MessageConsumer.instance(messageSource, false)
    .receiveOnly(
            new String[] { "BacklogItemCommitted" },
            new MessageListener(Type.TEXT) {
        @Override
        public void handleMessage(
            String aType,
            String aMessageId,
            Date aTimestamp,
            String aTextMessage,
            long aDeliveryTag,
            boolean isRedelivery)
        throws Exception {
            // 從 JSON 取得 tenantId、sprintId 與 backlogItemId
            String tenantId = …
            String sprintId = …
            String backlogItemId = …

            ApplicationServiceRegistry
                    .sprintService()
                    .commitBacklogItem(
                            tenantId, sprintId, backlogItemId);
        }
    });
```

在本例中，我們沒有必要進行事件重刪（de-duplication），因為提交到 Sprint 的 `BacklogItem` 操作屬於冪等操作。如果當前處理的 `BacklogItem` 在之前已經提交過了，那麼再次提交會被忽略掉。

除了事件的發生原因外，有時訂閱方還會需要額外的狀態資訊或行為，當有此需求時，就可以在事件中進一步加上更多的狀態（即屬性）或導出更多狀態的行為，這樣一來訂閱方就不需要麻煩地以額外成本回頭查詢造成此事件的聚合。資訊豐富的事件在採用了事件溯源機制的情況下更為常見，因為無論將事件持久保存還是發布到 Bounded Context 外部，都會需要額外的狀態資訊。關於這類資訊豐富的充血式（enrichment）事件，請參照附錄 A 的範例。

> **白板動手做**
>
> - 列出你的業務領域中已經發生但還未被捕捉到的事件。
>
> - 請寫下，將這些事件具體建模出來會如何改進設計。
>
> 或許最容易識別出的，是對其他聚合狀態有依賴性的聚合，因為這表示兩者之間有著最終一致性的關係與需求。

在對事件加上行為能力的操作之前，如同先前在**值物件（第 6 章）**內容中所提及的，必須確保這些額外的事件行為**無副作用（Side-Effect Free）**，不會意外改變物件的狀態，以保護物件的不可變性。

結合聚合的特性

有時事件的產生,並不是模型中某個聚合實例執行行為產生的直接結果,而是來自於用戶端的直接請求;像是某個系統使用者所執行的動作,直接被視為一則事件。此時我們可以將事件建模為一種聚合,保存於該事件的 Repository 中。由於事件本身是不可逆的既成事實,因此這個 Repository 不允許該事件被刪除。

由這種方式建模的事件跟聚合一樣,將會成為模型結構的一部分,而不再只是單純的過去事件記錄——雖然內容上是記錄過往的事情沒錯。

這類領域事件依然具備不可變性,只是可能會被加上唯一識別值;或者,以事件本身所具備的屬性資料值組合起來作為唯一識別。只是就算可以用屬性的集合達到唯一識別的效用,建議最好還是如先前**實體(Entity,第 5 章)**說的以唯一識別值作為辨識,這樣即使將來事件在設計上有變動,也不會損及這些事件的辨識度。

以這種方式建模的事件可以透過訊息機制的基礎設施,在加入 Repository 同時進行發布。用戶端可以透過呼叫一個**領域服務(第 7 章)**來產生事件,將它加到 Repository 中,然後透過訊息機制基礎設施發布出去。只是在這種做法下,必須要能夠讓 Repository 與訊息機制共享相同的持久性實例(資料來源),否則將會需要全域交易(也就是 XA 協定或二階段提交)處理,才能確保兩種提交都有成功執行。

在訊息基礎設施將新到達的事件訊息存入持久性儲存區後,就會以非同步方式將事件發送給所有佇列中的監聽器、topic/exchange 的訂閱方、或是演員模型(Actor Model)[1] 的演繹者(actor)。要是訊息基礎設施使用的持久性儲存區與模型使用的不同,而且不支援全域交易,那麼領域服務就必須先確定事件確實存於 Event Store 才行,Event Store 在此所扮演的角色類似於一個非同步發布事件用的佇列。所有存入 Event Store 的

---

1 原註:參考 Erlang 與 Scala 程式語言中並行(concurrency)運算的演員模型(Actor Model),特別是當使用 Scala 或 Java 時,Akka 是很值得考慮的一種框架。

事件，都會透過一個轉發元件進行處理、經由訊息基礎設施送出。有關技術部分會在本章後面深入探討。

識別值

我們在此釐清一下為何需要唯一識別值。這是因為有時需要區別不同事件，不過這種需求其實並不常見；在產生、建立、發布了事件的 Bounded Context 中，幾乎不需要去區分或辨識這些事件有何不同。然而，萬一真的有這種需求呢？要是事件被建模為聚合呢？

對區分事件來說，似乎以其屬性來辨識已經足夠，就像值物件。透過事件的名稱 / 型別，加上產生事件的聚合本身識別值，然後再加上事件發生當下的時間戳記，就足以區分出不同的事件了。

而當領域事件被建模為聚合時，或是，當我們真的需要比較區分不同事件時，而屬性的組合不足以進行區分，才需要對事件指定一個唯一識別值。不過指定識別值的理由恐怕不只這樣。

當要發布領域事件到 Bounded Context 之外，訊息基礎設施在轉發事件時就可能需要唯一辨識值，因為某些時候可能出現單一訊息發布多次的狀況；訊息基礎設施確認訊息成功送出之前，訊息發送器遇到障礙，就會發生這種情況。

總之，不論是什麼原因造成了訊息重複傳送，對遠端接收訊息的訂閱方來說，處理方式就是檢查這些訊息是否曾經接收過、並忽略重複接收的訊息。為了處理這個問題，某些訊息基礎設施會在訊息中加入唯一識別值，這樣模型就不用自己產生了；就算訊息機制不支援這種功能，發布方也能在事件或訊息中自行添加這樣的識別值。不管怎樣，對遠端的外部訂閱方而言，可以利用這個唯一識別值，在訊息被重複送達時進行重刪管理。

但是，有必要在事件中加上 `equals()` 與 `hashCode()` 方法嗎？通常本地端 Bounded Context 用得到才有此需要。有時那些透過訊息基礎設施發布的事件，訂閱者所接收的事件不是本身的物件類型，而是以其他形式例如 XML、JSON 或鍵值組對映來接收處理的。反之，當事件被建模為聚合並保存於 Repository 中，這時候就與其型別有關，應該提供這些標準方法的實作。

由領域模型發布事件

任何作為中介軟體（middleware）的訊息基礎設施，都不應該知道領域模型的存在。這些中介元件僅存在於基礎設施層，雖然領域模型有時會間接利用這些基礎設施的功能，但不應該直接與這些元件產生耦合關係。我們將採取一個方法來完全避免使用到這些設施。

其中最簡單也最有效的做法就是採用輕量的**觀察者（Observer）**模式 [Gamma et al.]，可以在不與領域模型外部元件產生耦合的情況下發布領域事件。不過，筆者在名稱上較偏好同書中對計模式的另一個稱呼：發布 / 訂閱（Publish-Subscribe）模式。那本書中的範例和筆者在此的應用，都僅止於簡單運用層面而已，因為在發布與訂閱事件的過程中，並不牽涉到任何網路層面。而且，同一個處理程序中的所有訂閱方都與發布方在同一條執行緒上；因此當事件發布時，每一個訂閱者會同步收到通知，代表著所有訂閱方都在同一個交易作業中，甚至被同一個應用服務（也就是領域模型的直接用戶端）所控制著。

我們會以 DDD 觀點分別說明發布與訂閱這兩方。

發布者

領域事件最常見的使用方式就是由聚合產生事件並發布出去。此時，發布者是位於模型中的某個**模組（Module，第 9 章）**內、但並非業務領域的某個概念，而是為聚合提供了一個可以對事件訂閱方發出通知的簡單功能。下面的 DomainEventPublisher 名符其實地反映出其功用。而它的使用方式可以參考圖 8.2 中的抽象視圖。

```java
package com.saasovation.agilepm.domain.model;

import java.util.ArrayList;
import java.util.List;

public class DomainEventPublisher {
    @SuppressWarnings("unchecked")
    private static final ThreadLocal<List> subscribers =
            new ThreadLocal<List>();

    private static final ThreadLocal<Boolean> publishing =
            new ThreadLocal<Boolean>() {
        protected Boolean initialValue() {
            return Boolean.FALSE;
        }
    };

    public static DomainEventPublisher instance() {
        return new DomainEventPublisher();
    }

    public DomainEventPublisher() {
        super();
    }

    @SuppressWarnings("unchecked")
    public <T> void publish(final T aDomainEvent) {
        if (publishing.get()) {
            return;
        }
        try {
            publishing.set(Boolean.TRUE);
            List<DomainEventSubscriber<T>> registeredSubscribers =
```

```
                    subscribers.get();
            if (registeredSubscribers != null) {
                Class<?> eventType = aDomainEvent.getClass();
                for (DomainEventSubscriber<T> subscriber :
                        registeredSubscribers) {
                    Class<?> subscribedTo =
                            subscriber.subscribedToEventType();
                    if (subscribedTo == eventType ||
                        subscribedTo == DomainEvent.class) {
                        subscriber.handleEvent(aDomainEvent);
                    }
                }
            }
        } finally {
            publishing.set(Boolean.FALSE);
        }
    }

    public DomainEventPublisher reset() {
        if (!publishing.get()) {
            subscribers.set(null);
        }
        return this;
    }

    @SuppressWarnings("unchecked")
    public <T> void subscribe(DomainEventSubscriber<T> aSubscriber) {
        if (publishing.get()) {
            return;
        }
        List<DomainEventSubscriber<T>> registeredSubscribers =
            subscribers.get();
        if (registeredSubscribers == null) {
            registeredSubscribers =
                    new ArrayList<DomainEventSubscriber<T>>();
            subscribers.set(registeredSubscribers);
        }
        registeredSubscribers.add(aSubscriber);
    }
}
```

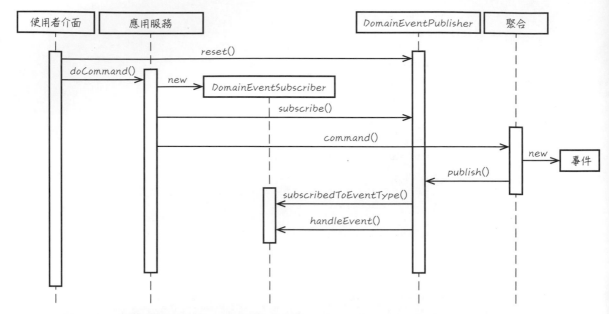

圖 8.2　此抽象視圖呈現出輕量觀察者、使用者介面（User Interface，第 14 章）、應用服務和領域模型（Domain Model，第 1 章）之間的循序互動模式。

　　由於系統使用者的每則請求都是由個別的執行緒處理，因此訂閱者是根據執行緒來進行劃分；換句話說，上例中的兩個 ThreadLocal 變數、subscribers 還有 publishing，每條執行緒都有自己的一份副本。對事件感興趣的接收方以 subscribe() 方法註冊為訂閱者後，該訂閱者就會被加到其所屬執行緒上的 List 中。每條執行緒可註冊的訂閱者數量沒有設定上限。

　　視應用程式伺服器的不同，這些執行緒可能會放到一個執行緒池集中管理（pooled），以便被不同的請求重複使用。可是我們並不希望前一個請求中註冊的訂閱者，在同執行緒的下一個請求到來時仍然保持註冊狀態，因此每當系統收到一個新的使用者請求時，需要先用 reset() 方法清除所有先前已註冊的訂閱者，這樣可以確保，只有在呼叫了 reset() 之後才註冊的訂閱者才能處理事件。而具體的實作方式，可以在呈現層（presentation tier，即圖 8.2 中的「使用者介面層」）加上一個過濾器用來攔截所有使用者請求，每攔截到一個使用者請求，就會觸發 reset() 方法：

```
// 收到使用者請求時的 Web 篩選元件
DomainEventPublisher.instance().reset();

…

// 而後將同一請求轉交給應用服務
DomainEventPublisher.instance().subscribe(subscriber);
```

在執行這兩段程式碼——如圖 8.2 中由兩個不同元件處理——之後,該執行緒應該只有一個註冊的訂閱者。從 subscribe() 方法的實作中我們也可以看到,只有在發布者沒在進行發布時,才允許新的訂閱者註冊,進而避免了同時對一個 List 進行修改操作會造成的異常例外。舉例來說,要是訂閱者在收到事件後的處理反應是呼叫發布者添加新的訂閱者,就會遇到上述這種問題。

接下來看看聚合是如何發布事件的。接續前例,當 BacklogItem 成功執行 commitTo() 後就會發布 BacklogItemCommitted 事件:

```
public class BacklogItem extends ConcurrencySafeEntity {
    …
    public void commitTo(Sprint aSprint) {
        …
        DomainEventPublisher
            .instance()
            .publish(new BacklogItemCommitted(
                    this.tenantId(),
                    this.backlogItemId(),
                    this.sprintId()));
    }
    …
}
```

當 DomainEventPublisher 執行 publish() 時,會遍歷所有已註冊的訂閱者,然後呼叫 subscribedToEventType() 來確認,排除那些沒有訂閱該事件型別的訂閱者,而回應 DomainEvent.class 的訂閱者將會收到所有事件。符合該領域事件型別的訂閱者,則會

透過 handleEvent() 方法收到事件通知。一旦所有訂閱者都過濾或通知完畢，發布者的工作就完成了。

與 subscribe() 方法類似，publish() 方法也不允許發布事件時出現巢狀的發布請求。每條執行緒上都會有一個 boolean 資料型態的 publishing 變數，用於辨認與檢查，該資料值必須為 false，publish() 方法才能開始遍歷與發布事件。

那麼，要如何把事件發布到遠端的外部 Bounded Context，以支援自主服務（autonomous service）呢？這部分容後討論，我們先來看本地端的內部訂閱者。

訂閱者

要向領域事件註冊訂閱者時，是由什麼元件來處理呢？一般會是**應用服務（第 14 章）**或是領域服務。訂閱者本身有可能是與發布事件的聚合位於同一條執行緒上的任何元件，只要在事件發布之前完成註冊即可。這也表示，用於註冊訂閱者的方法會使用到領域模型。

牛仔小劇場

寶弟：「我也想要來訂閱《牛欄郵報》一下，這樣才有更多老梗可以塞爆這本書。」

採用六角架構的情況下，應用服務是領域模型的直接用戶端，因此在聚合上執行產生事件的行為之前，它們是最適合向發布者註冊訂閱者的角色。底下是透過應用服務註冊訂閱者的範例：

```
public class BacklogItemApplicationService ... {
    public void commitBacklogItem(
            Tenant aTenant,
            BacklogItemId aBacklogItemId,
            SprintId aSprintId) {
        DomainEventSubscriber subscriber =
                new DomainEventSubscriber<BacklogItemCommitted>() {
            @Override
            public void handleEvent(BacklogItemCommitted aDomainEvent) {
                // 處理事件…
            }

            @Override
            public Class<BacklogItemCommitted> subscribedToEventType() {
                return BacklogItemCommitted.class;
            }
        }

        DomainEventPublisher.instance().subscribe(subscriber);

        BacklogItem backlogItem =
                backlogItemRepository
                        .backlogItemOfId(aTenant, aBacklogItemId);

        Sprint sprint = sprintRepository.sprintOfId(aTenant, aSprintId);

        backlogItem.commitTo(sprint);
    }
}
```

從這個範例中我們可以看到，BacklogItemApplicationService 這個應用服務中有一個 commitBacklogItem() 服務方法，而這個方法會初始化一個匿名的 DomainEventSubscriber 實例。然後應用服務的作業控制器（task coordinator）會向 DomainEventPublisher 註冊該訂閱者，並從 Repository 中取出 BacklogItem 與 Sprint 的實例，讓待辦清單項目去執行 commitTo() 行為。執行完成時，commitTo() 方法會發布一則 BacklogItemCommitted 型別的事件。

上例中並未包含訂閱者如何處理事件的程式碼，關於這部分，訂閱者可能是送出一封信件、描述 `BacklogItemCommitted` 事件的內容；也可能會是將事件保存於 Event Store；又或者是，將事件透過訊息機制轉發出去。不過一般來說，後兩者（存入 Event Store 與透過訊息機制轉發）不需要特地以一個應用服務的使用案例來處理，而是會改以單一訂閱者元件來處理。這種負責處理存入 Event Store 的單一職責元件，可以參考「Event Store」一節的說明。

當心事件處理器（event handler）的影響

謹記一件事：交易階段作業是由應用服務控制的。千萬不要在收到事件通知的處理中修改另一個聚合實例，這會破壞單一交易階段僅能修改單一聚合實例的原則。

此外，訂閱者**不應該**取得另一個聚合實例並執行具有修改性質的命令行為，因為這違反了「單一交易階段中僅修改單一聚合實例」原則，請參考**聚合（第 10 章）**章節內容所述。如同 Evans 在其著作 [Evans] 中所提及，除了在交易階段中用到的這個聚合之外，其他所有聚合實例之間必須以非同步方式維持最終一致性。

如果真有此必要，將事件透過訊息基礎設施轉發，可以非同步傳送給其他訂閱方，而這些非同步收到事件訊息的訂閱方，可以於一或多個獨立的交易階段中修改其他聚合實例。這些所謂的其他聚合實例，有可能是在同一個 Bounded Context 下、也有可能位於其他 Bounded Context 中。而這種將事件發布到其他**子領域（Subdomain，第 2 章）**中任何 Bounded Context 的做法，也是「領域事件」的「領域」一詞之精神所在。換言之，事件是「領域層級」的概念，不僅限於某一個 Bounded Context 內，因此事件發布的規範合約至少應該是企業層級甚至更高層級的範圍。然而，即使事件會在這麼廣大的範圍進行播送，不代表禁止在同一個 Bounded Context 中傳遞事件，請參考圖 8.1 就會知道了。

有時候，有必要使用領域服務來建立訂閱方的註冊管道，這種做法的動機可能與採用應用服務的想法類似，但在這種情況下，通常是有領域特定的理由而訂閱事件監聽。

發布事件給遠端 Bounded Context

要讓遠端 Bounded Context 得知本地端 Bounded Context 中發生的事件，有幾種方法，當然最主要還是透過某種訊息機制，而且需要企業層級的訊息機制；講更白一點就是，需要一個比先前討論中提到的發布 / 訂閱輕量元件還要複雜的機制。底下我們會討論輕量級機制無法處理的那些情況。

市面上有許多這類訊息元件，一般稱之為「中介軟體」。以有開源的來說，就有 ActiveMQ、RabbitMQ、Akka、NServiceBus、MassTransit 等，當然還有其他許多需要授權的商業產品。甚至，我們也可以用 REST 的形式自己打造一套訊息機制，其中自主系統是感興趣的訂閱方，它們會聯繫發布系統，透過元件索取先前尚未收取過的所有事件通知。不過，以上講的這些都還是落在**發布 / 訂閱** [Gamma et al.] 的設計模式範疇下，只是各有優劣而已。選擇的標準不外乎本身的預算、喜好、功能需求以及非功能性的品質需求等。

在不同 Bounded Context 之間採用這類訊息機制時，必須確保最終一致性才行，這點不容置喙。換句話說，當一個模型發生變動，可能要經過一段時間後這些影響才會反映到其他模型上，在最後達到完全一致。此外，根據個別系統的作業量以及系統和系統之間的效能差異，從整體系統的觀點來看，很可能根本沒有一個時間點的當下是完全達到一致的。

訊息機制基礎設施的一致性

雖然關於最終一致性的討論很多，但讀者可能意想不到，在訊息機制中有兩件事情是必須隨時保持一致的：那就是領域模型所使用的持久性儲存區，以及訊息基礎設施用於轉發事件的持久性儲存區。這是為了確保當模型將變動保存下來時，就是可以發布事件的時候；而當有事件透過訊息機制發送出去，也就代表著這則事件足以反映出模

型當下的情況。兩者若不保持同步，就有可能導致一或多個相互依賴的模型處於不正確的狀態。

那要如何確保模型與事件的持久性儲存區一致呢？基本上有三種方式：

1. 領域模型與訊息基礎設施共用同樣的持久性儲存區（例如，資料源）。這樣能確保模型的變更與提交新訊息到儲存區的操作，二者處於同一個交易階段。這種方式的優點在於效能相對較高，但缺點是訊息機制的儲存區（例如，資料庫的資料表）與模型所使用的必須是同一個資料庫（或機制）；有些團隊並不喜歡看到這種事情。也因此，如果你最終決定將模型儲存區與訊息機制儲存區切割開來，那麼這種方法就不在考慮範圍內。

2. 領域模型的持久性儲存區以及訊息機制所使用的持久性儲存區，都受到一個全域的 XA 交易階段（兩階段提交）管理。這種方式的優點在於模型與訊息儲存可以切割開來，缺點則是需要另外實作全域的交易階段管理，而這可能不是所有持久性儲存區或訊息機制都支援的功能。全域交易階段管理的成本很高、效能很差，而且有可能模型的儲存或訊息機制的儲存（或兩者皆是）並不支援。

3. 在領域模型所使用的相同持久性儲存區中，建立一個特殊的儲存區域（例如，資料庫的資料表）來保存事件，也就是後面會談到的所謂「Event Store」。這與第一種方式類似，只不過 Event Store 不是由訊息機制掌控、而是由 Bounded Context 管理。然後再由另一個元件來將 Event Store 中那些已存入但尚未發布的事件，透過訊息機制發布出去。這種方式的優點在於，模型的變動與事件的存入是處於同一個交易階段；其他的好處還包括，Event Store 讓我們能以 REST 方式發送事件通知，這種做法允許訊息基礎設施使用的儲存區是完全私有的。有鑑於中介元件需要在事件存入後才能發揮作用，因此缺點就是我們必須自行開發事件轉發器（event forwarder）作為轉發事件的訊息機制，而收取事件訊息的用戶端，則必須要能夠處理（即重刪）重複接收的訊息（詳見「Event Store」一節）。

筆者在本書的範例中採用了第三種方法，這種做法確實存在一些缺點，但後面也會看到它的很多項優點。當然，筆者的看法並非唯一正解，讀者與開發團隊需要根據實際情形做出最好的選擇。

自主服務與系統

領域事件使我們得以將企業組織中的任何系統設計成**具備自主性的服務與系統**。我使用「自主服務」一詞來代表任何設計良好的大型（coarse-grained）業務服務，可以將它們視為系統或應用程式，幾乎可以獨立運作，不太需要依賴於企業中其他的類似「服務」。這種自主服務可能有多個服務介面端點，可以對遠端的用戶端提供多種技術服務介面。我們應該避免在內部使用遠端程序呼叫（RPC）──也就是說，使用者請求不再需要透過成功對遠程系統發送 API 請求來滿足，才能展現不相互依賴、高度獨立的系統設計。

由於遠端系統有可能會出現無法使用或負載過大的情形，因此 RPC 可能會對這些相依系統的成功運作造成影響。當這類 RPC 的 API 呼叫愈多、風險就會愈大，也因此，避免在內部使用 RPC 能大幅減少依賴性，也避免了因遠端系統的障礙或效能低下造成服務本身無法運作或效能異常。

要做到這一點，比起直接呼叫其他系統，還不如透過非同步的訊息機制在系統之間建立更高的獨立性──也就是自主性。當接收到企業各 Bounded Context 傳遞帶有領域事件的訊息時，則執行本地端 Bounded Context 中與事件對應的模型行為。但這並不表示僅僅是將資料或物件從其他業務服務複製抄寫到你的業務服務而已，雖然系統之間確實有資料或物件的複製抄寫情形。抄寫的資料中，至少會包含一些外部聚合的唯一識別值，但不太可能將整個物件完整複製過來。如果發現這種情形，那就表示出現了建模上的錯誤，請參考 Bounded Context（**第 2 章**）與**情境地圖**（**第 3 章**）的內容，了解為什麼這樣是有問題的以及如何避免。只要領域事件的設計是正確的，幾乎不會發生這種將整個物件作為事件狀態傳送的情況。

事件當中會內含有限的命令參數，可能還含有聚合的狀態，足以提供充分的資訊讓訂閱方的 Bounded Context 做出正確的反應。若事件的資訊不夠充足，就表示需要修改事件「整體領域範圍」的合約，可能需要設計新的版本，甚至是全然不同的事件。

　　在某些情況下，還是無法完全避免使用 RPC 呼叫的，畢竟有些既有系統只提供 RPC 介面。此外，當遇到那種難以將外部 Bounded Context 某個概念或某些概念轉譯為本地 Bounded Context 的內部概念時，要從多個事件擷取出足夠的資訊會增加複雜度，也可能採取這種做法。若需要在你的模型中抄寫幾近整個外部模型的概念、物件及其關聯時，可能就得使用 RPC 了。筆者不建議太過輕易考慮 RPC，而是應該依照個案考量，到萬不得已必須採用 RPC 呼叫時，也該試著與外部模型的開發團隊溝通看看，是否能請他們進行一定程度的簡化。後者當然也是一條困難的道路，但至少可能性並非為零。

延遲容忍

既然所謂的「最終一致性」會在訊息的發送與接收之間產生延遲時間，萬一哪天當這段延遲時間從原本短短幾毫秒變成較長時間的延遲，會造成問題嗎？這確實是需要考慮的問題，因為當資料處於未同步的情況，可能會造成負面影響、甚至對系統造成危害。此時我們要思考多長的延遲是可接受的、而多長的延遲會導致問題。對於這個問題的答案，領域專家通常是最清楚不過的了，然而答案恐怕會讓開發人員大感意外：在大多數情況下，從幾秒、幾分鐘、幾小時到幾天的延遲都是可以被接受的。雖然並非所有業務領域的容忍程度都是如此，不應該假設所有領域對於延遲時間的要求是一樣的，有些領域或許可以容忍更長的延遲時間。

　　如果還是不清楚的話，下列問題可以幫助你理解並引導出答案：在進入電腦程序之前，這項業務是如何進行的？或是，想像一下如果拿掉電腦設備，這項業務該如何進行？你或許會發現，即使是最簡單的紙上作業，也未必立即達到一致性。那麼，我們或許也不應該要求自動化的電腦系統能夠立即達到一致性，而是應該以最終一致性來要求它才算合理，這樣也更符合商業的實際需求。

設想一個用於規劃團隊未來活動的子領域。當有個別活動被核准時,就會發布一個能夠反映此核准的 `TeamActivityApproved` 事件;而在此之前,可能已經有許多已經被核准的活動、也都已經發布事件出去。接著會有另外一個 Bounded Context 對這些收到的事件做出反應,根據先前已核准的那些活動情況,將最新核准的活動開始時間排程進去。

這裡的前提是,任何活動至少都會在開始進行的幾星期前被指派與核准。如果是這樣,事件接收的時間延遲幾分鐘、幾小時甚至幾天,對於將批准的活動排程是否有重大影響?好吧,幾天或許是有點太誇張了。總而言之,假設因為系統無法正常運作導致事件延遲長達數小時之久(雖然這不太可能發生);換句話說,晚了幾小時未能進入排程是完全無法容受的嗎?不會,畢竟系統障礙不是經常發生,而距離活動開始也還有幾星期的時間。既然如此,正常情況下相同的事件送達延遲了區區幾秒鐘──通常不會──也應該可以容忍甚至可以接受,況且,老實說我們根本感覺不出有什麼差別。

牛仔小劇場

傑哥: 「『很快』是指肯塔基佬的『很快』嗎?」

寶弟: 「應該是指紐約客的『一下子』吧。」

只是話又說回來,在這個例子中是可行的沒錯,但不代表其他的業務服務都能夠承受這麼長的延遲,有些可能會要求更高的作業量。此時就應該妥善評估最大可容忍的延遲上限,系統架構上也應該達到甚至超越這個標準。對自主服務來說,服務本身及服務所使用的訊息基礎設施,都需要具備高可用度與高擴展性,這樣才能滿足企業的非功能性需求。

Event Store

為每個 Bounded Context 安排一個存放區來保存所有的領域事件，好處多多。把這些模型在執行命令行為後所產生的每一則事件都保存起來的話，可以辦到以下這些事情：

1. 將 Event Store 配合訊息基礎設施，當作發布領域事件的訊息佇列來使用。這也是 Event Store 在本書中最主要的用法，遠端的訂閱者可依需求對事件做出反應，透過這種方式把多個 Bounded Context 整合起來（參閱前面「發布訊息給遠端 Bounded Context」一節）。

2. 使用相同的 Event Store 提供用戶端一個 REST 介面進行查詢，以此實作事件通知機制（聽起來似乎與前一點相同，但實際用途並不同）。

3. 查看模型在執行每條命令後的執行結果歷史記錄。這一點在查找程式缺失原因時非常有幫助，不僅可以對模型本身除錯、還能用來查找用戶端的問題原因。但要知道，Event Store 的價值不僅僅只是一個審核記錄（audit log）；一般的審核記錄或許也能除錯，可是幾乎不會持有聚合執行命令的完整結果內容。

4. 利用 Event Store 的這些資料進行業務上的趨勢、預測及分析作業。過去我們往往等到實際面臨這樣的需求時，才會意識到歷史資料庫的重要性；因此，若打從一開始就有一個 Event Store 的話，需要用到時才不會捉襟見肘。

5. 使用事件重建從 Repository 中取得的聚合實例狀態。這也是事件溯源設計模式的主要概念，依照先前所有事件的發生時間順序，重新套用在聚合實例上、重新執行（replay）一次事件。當事件則數愈來愈多時，可以在累積到一定數量後（比方說，每 100 則事件）產生一次快照，以此減少每次需要重新執行的事件數，以提高重建實例的效率。

6. 根據前一點，還原聚合已發生的變更或撤銷某些執行的結果。只要在重建聚合狀態時避開某些事件即可（比方說，從 Event Store 移除某些事件或標記為過時不

要重新執行），甚至也可以主動在事件串中加入額外的事件或修改事件內容來修正錯誤。

因此，根據不同的使用需求，我們會用到的 Event Store 性質也不同。本書範例主要是與第 1 點和第 2 點有關，所以 Event Store 的討論基本上會圍繞在如何以發生時序來存取序列化後的事件。但這不代表我們會喪失另外兩項好處，因為在我們已經保存領域中所有重要事件的前提之下，另外兩項好處隨時都有機會實現；換句話說，第 3 點與第 4 點其實是建立在前兩點的基礎之上。不過本章不會談及第 5 點和第 6 點的 Event Store 使用方式。

在達到第 1 點和第 2 點的效果之前，還有幾件事要做，如圖 8.3 所示。接下來我們會隨著 SaaSOvation 的團隊腳步探討這張時序圖中的步驟以及與其相關的元件。

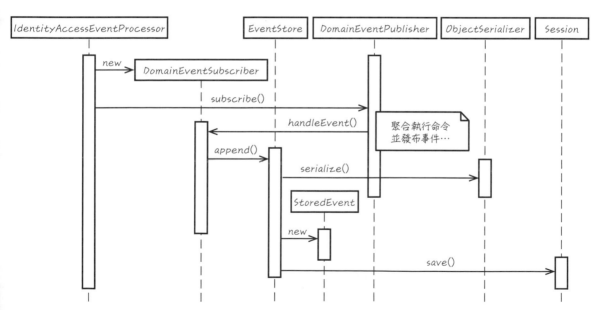

圖 8.3　IdentityAccessEventProcessor 以匿名的形式訂閱了模型中的所有事件，接著在收到時交給 EventStore 將事件序列化為 StoredEvent 保存起來。

不過，無論是出於何種動機使用 Event Store，首先要做的便是需要有一個會將模型發布出來的所有事件都接收下來的訂閱者。在這個部分，團隊決定以「剖面導向」（aspect-oriented，又稱切面導向）程式設計的概念，建立一個可在系統中所有應用服務執行路徑自動插入的註冊功能（也就是 hook 功能）。

於是乎 SaaSOvation 團隊在「身分存取情境」中建立了以下元件，該元件的唯一職責就是訂閱所有領域事件並將它們保存起來：

```java
@Aspect
public class IdentityAccessEventProcessor {
    ...
    @Before("execution(* com.saasovation.identityaccess.application.*.*(..))")
    public void listen() {
        DomainEventPublisher
            .instance()
            .subscribe(new DomainEventSubscriber<DomainEvent>() {

                public void handleEvent(DomainEvent aDomainEvent) {
                    store(aDomainEvent);
                }

                public Class<DomainEvent> subscribedToEventType() {
                    return DomainEvent.class; // 所有領域事件
                }
            });
    }

    private void store(DomainEvent aDomainEvent) {
        EventStore.instance().append(aDomainEvent);
```

```
        }
}
```

　　這是一個十分簡單的事件處理器，其他 Bounded Context 也可以直接參考同樣的做法運用。做法是以 Spring 框架的 AOP 機制建立一個「剖面」，攔截並介入所有應用服務方法的呼叫。每當有應用服務方法被呼叫時，事件處理器元件會監聽所有應用服務與模型互動所發布的領域事件，並接收下來。處理器會對當前執行緒的 DomainEventPublisher 實例註冊一個訂閱者，訂閱者這一邊的過濾器則不設限制；換句話說，只要 subscribedToEventType() 給出的事件型別是 DomainEvent.class 就照單全收。接著，在觸發 handleEvent() 後呼叫 store()，store() 再將事件交給 EventStore，把事件訊息加到真正的 Event Store 底部。

　　EventStore 元件的 append() 方法，如下所示：

```
package com.saasovation.identityaccess.application.eventStore;
…
public class EventStore … {
    …
    public void append(DomainEvent aDomainEvent) {
        String eventSerialization =
            EventStore.objectSerializer().serialize(aDomainEvent);

        StoredEvent storedEvent =
            new StoredEvent(
                    aDomainEvent.getClass().getName(),
                    aDomainEvent.occurredOn(),
                    eventSerialization);

        this.session().save(storedEvent);

        this.setStoredEvent(storedEvent);
    }
}
```

在 store() 方法中，則會將 DomainEvent 實例序列化，轉換為一個新的 StoredEvent 實例，然後寫入 Event Store。序列化後的 DomainEvent 轉換而成的 StoredEvent 如下所示：

```
package com.saasovation.identityaccess.application.eventStore;
...
public class StoredEvent {
    private String eventBody;
    private long eventId;
    private Date occurredOn;
    private String typeName;

    public StoredEvent(
            String aTypeName,
            Date anOccurredOn,
            String anEventBody) {
        this();
        this.setEventBody(anEventBody);
        this.setOccurredOn(anOccurredOn);
        this.setTypeName(aTypeName);
    }
    ...
}
```

每個 StoredEvent 實例都會有一個由資料庫自動產生的唯一序號值，作為 eventId；eventBody 則包含了序列化後的 DomainEvent 物件。這裡所用的是以 Gson 函式庫序列化為 JSON 格式字串，如果讀者想用其他格式也可以。typeName 保存了 DomainEvent 實際的類別名稱，occuredOn 則等同於 DomainEvent 的 occurredOn 內容。

所有 StoredEvent 物件都會保存在一個 MySQL 資料表中，雖然 65,000 字元應該遠遠超出了一般實例需要的儲存範圍，但範例這邊還是給序列化後的事件保留了充裕的儲存空間：

```
CREATE TABLE `tbl_stored_event` (
    `event_id` int(11) NOT NULL auto_increment,
    `event_body` varchar(65000) NOT NULL,
```

```
   `occurred_on` datetime NOT NULL,
   `type_name` varchar(100) NOT NULL,
   PRIMARY KEY (`event_id`)
) ENGINE=InnoDB;
```

　　以上是以高階觀點來說明，如何用幾個必要元件便能將領域模型中聚合發布的所有事件保存於 Event Store，後續段落會再深入探討。不過接下來，先看看其他系統可以如何運用我們模型中所保存的事件。

轉發庫存事件的架構風格

一旦事件存入 Event Store 之後，就可以進一步再將事件以通知的形式轉發出去、提供給對事件有興趣的其他系統。底下我們將討論兩種轉發事件的方式，一種是由用戶端透過 REST 的形式主動對 Event Store 查詢；另一種是藉由中介訊息交換機制，以訂閱 topic 的訊息形式發送出去。

　　雖然基於 REST 的方式不太算得上是「轉發」技術，不過還是能夠達到與發布／訂閱模式同等的效果。就好像我們一般所使用的電子郵件信箱，郵件用戶端軟體是「訂閱者」而郵件伺服器是「發布者」的角色。

以 RESTful 資源形式發送通知

在遵循發布／訂閱模式基本原則的系統環境中，也就是一個發布方與多個對相同事件感興趣的訂閱方，那麼採用 REST 形式的事件通知是最好方案。反之，如果你想要具備佇列性質的訊息機制，那麼 REST 形式就不是個好主意了。以下簡單分析 REST 方法的優缺點：

- 如果可以讓多個用戶端透過一個公開的 URI 存取同樣的事件通知，採用 REST 方法效果最好。任何來詢問的用戶端都會收到這些事件通知，雖然是使用「拉取模式」（pull model）而非「推送模式」（push model）[2]，但基本上還是符合了發布／訂閱模式。

- 但要是有一到多個用戶端為了以特定順序完成一連串作業，而必須從多個發布方「拉取」事件的話，很快就會發現到 REST 方法不敷使用。因為這類需求背後暗示了需要「佇列」的性質，以便讓多個發布方將事件通知依照時序發送給一到多個訂閱方。而輪詢類（polling）的機制，基本上並不適合用於實作佇列。

而透過訊息基礎設施的發送機制跟基於 REST 方法的機制，在發布事件通知上正好是兩種相反做法。在 REST 方法中，「發布方」不會知道哪些「訂閱者」，因為事件通知並非直接推送給訂閱方，而是要等訂閱方自己主動透過公開的 URI 來拉取通知。

我們換另一種方式說明，讀者若熟悉網路上消息提要的 Atom 供稿格式，應該對這類 REST 方法不陌生才對，因為它正是基於 Atom 概念發展而來的。

用戶端透過 HTTP GET 方法請求所謂的「當前記錄」（current log），也就是目前已發布的最新通知內容，然後接收此當前記錄，最多不超過可收取數量上限；而範例中是將每一個記錄限制為 20 則通知。當用戶端遍歷完當前記錄中的所有通知，就能找出那些尚未被 Bounded Context 處理過的事件。

那麼，用戶端如何處理這些事件通知呢？首先會將序列化的事件還原為型別物件，接著把資料轉譯為符合本地端 Bounded Context，根據轉譯後的事件內容查找出模型中相關的聚合實例並執行命令。在套用事件時需要依照時序執行，意即，時序上最早發生的事件要最先執行操作；若不照事件的先後順序處理的話，那麼產生的變更有可能會對本地端模型造成不良影響。

2　原註：參見 http://c2.com/cgi/wiki?ObserverPattern 了解有關如何在觀察者模式中使用「推送」與「拉取」模式。

在本書的範例實作中，當前記錄最多會有 19 則通知；當然有可能比 19 少，最少為 0、最多為 19，一旦累積到 20 則，就會作一次打包封存。如果在封存後不再有新的事件產生，那麼此時的當前記錄就不會有事件通知。

封存記錄（archived log）是做什麼用的？

封存記錄說穿了也不是什麼神祕東西，意思是指記錄內容不能再變更；不管用戶端請求多少次這份封存記錄，都會收到同樣的內容。

從另一個角度看，在當前記錄的通知數量達到上限之前是可以變更的，達到上限後就會封存。不過，唯一能做的「變更」就是加入新的事件通知而已。

先前已經加到記錄裡的事件是不能再變更的，這是為了向收到事件的用戶端確保這些事件不會再發生任何變動。

也因此，當前記錄中的事件通知未必是整個領域中最新或最舊的事件，也不代表用戶端 Bounded Context 已經處理這些事件。那些最舊的事件有可能已經被打包封存在前一個記錄中、甚至是更早的記錄裡面，這要看事件填滿一個記錄的頻率（本範例上限是 20 則），以及用戶端拉取記錄內容的頻繁程度。圖 8.4 顯示了個別通知如何連接在一起，組成一個虛擬的陣列。

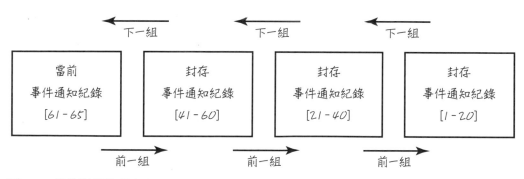

圖 8.4　當前記錄與所有先前的封存記錄連接起來，以某種方式組成了從最新事件到最舊事件的虛擬陣列。圖上顯示了 1 到 65 號的事件通知，每組封存記錄都包含最高可容納上限的 20 則通知，而當前記錄僅有 5 則通知，因此尚未到達上限。

假設本地端 Bounded Context 已經處理過圖 8.4 上的第 1 到第 58 號事件通知了，換句話說，還有第 59 號到第 65 號事件通知尚待處理。如果此時用戶端透過下列 URI 拉取資料，只會收到當前記錄的內容：

```
//iam/notifications
```

拉取後，用戶端會根據資料庫內的處理記錄，查看最後一次已處理的事件通知識別值（在此範例中為 58）。這是用戶端要承擔的職責，不是伺服端。收到當前記錄後，用戶端會從頭到尾遍歷找出第 58 號的事件通知；要是沒找到，就會再透過當前記錄的那條 URI 以超媒體鏈結形式查找前一份（封存）記錄，其中一種方式是使用標頭（header），例如這樣：

```
HTTP/1.1 200 OK
Content-Type: application/vnd.saasovation.idovation+json
...
Link: <http://iam/notifications/61,80>; rel=self
Link: <http://iam/notifications/41,60>; rel=previous
...
```

為什麼 URI 呈現的不是當前記錄識別區塊？

如果仔細看上面範例顯示的當前記錄 URI 就會發現，雖然當前記錄是從第 61 號到第 65 號，但 URI 在 HTTP 標頭中顯示的是完整範圍——61 到 80 號：

```
Link: <http://iam/notifications/61,80>; rel=self
```

之所以會如此，是為了維持 URI 資源在其生命週期間的穩定性，以便透過固定的管道存取、維持快取機制正常運作。

在上面的範例中，我們以 HTTP GET 方法對一條 rel=previous 的 Link 進行存取，也就是獲取當前記錄的前一份封存記錄：

```
//iam/notifications/41,60
```

在這份封存記錄中，用戶端經過對個別事件通知的 3 次查詢後（依序為 60、59、58）終於找到了要找的第 58 號通知。由於用戶端已經處理過第 58 號通知，因此不會再重複處理這則事件；用戶端會開始往後找較新的通知，也就是第 59 號，然後開始處理，接著再處理 60 號。現在已經到了這份封存記錄頂端了，它循著 URI 資源索取 rel=next 的後一份記錄，也就是再次回到了當前記錄上：

```
HTTP/1.1 200 OK
Content-Type: application/vnd.saasovation.idovation+json
…
Link: <http://iam/notifications/61,80>; rel=next
Link: <http://iam/notifications/41,60>; rel=self
Link: <http://iam/notifications/21,40>; rel=previous
…
```

用戶端在當前記錄中找到了第 61、62、63、64 與第 65 號事件通知並依時序處理。當前記錄也處理完畢後，由於已經到達資源尾端，沒有「rel=next」的資源鏈結標頭了，用戶端便結束處理作業。

這項作業的流程會在一段時間之後再重複進行，同樣會透過 URI 來查詢當前記錄。或許在這段期間，作為發布來源的 Bounded Context 發生了一些新的事件，已經產生了不同的記錄，那麼用戶端若是現在再收取當前記錄，就會發現有新的通知。如果這段期間產生的事件數量過多，用戶端可能需要往前查找更多份封存記錄，才能找到最後一次處理的事件通知（也就是第 65 號通知），然後從該處再往後循序處理所有更新的通知。

索取事件通知記錄的，很可能不只一個 Bounded Context 用戶端。事實上，任何需要了解事件的 Bounded Context，都可以透過這類資源 URI 向產生事件的 Bounded Context 提出查詢，並一路追溯至最初的事件。當然，只有具備存取權（安全權限）的用戶端 Bounded Context 才能索取記錄。

　　這種輪詢式的查找，不會對網頁伺服器造成不必要的流量負擔嗎？只要有效使用快取機制，REST 資源就不會造成這類問題。例如，可以指示用戶端保存當前記錄快取一分鐘：

```
HTTP/1.1 200 OK
Content-Type: application/vnd.saasovation.idovation+json
...
Cache-Control: max-age=60
...
```

　　這樣一來，每當用戶端透過輪詢取得記錄後，就會將資料進行快取一分鐘（即之前取得的當前記錄）以備重複利用；等到快取過期，才會再次向伺服端請求最新的當前記錄。如果索取的是封存記錄的話，可以將快取時間設長一些以減少伺服器的壓力，因為這類資源的內容是固定不變的，如下列的範例將快取 max-age 設為一小時：

```
HTTP/1.1 200 OK
Content-Type: application/vnd.saasovation.idovation+json
...
Cache-Control: max-age=3600
...
```

　　基於此，用戶端也可以將當前記錄的這個 max-age 視為快取時限，直接作為下一次執行 HTTP GET 輪詢的計時器或休眠閾值來使用。這樣一來，只要快取還有效，伺服端就不會收到新的請求，有助於減少輪詢的頻率、降低用戶端 Bounded Context 對事件來源伺服端造成的負載量。只要用戶端快取機制應用得宜，就不用擔心因為用戶端行為異

常而導致事件通知的伺服端效能低落或無法使用了；這也突顯了網路機制及其內建的功能可以大幅提升效能與可擴展性。

當然伺服端也可以自己提供快取，因為記錄一旦封存後就不會再變動，因此很適合用於快取通知。用戶端不但可以存取某份封存記錄，當其他用戶端對這份資源有興趣時，可以選擇快取直接回傳。這份快取也不必再次更新，因為封存記錄本質上是不可變更的。

我們在這部分花了不少時間進行解釋，剩下的就留到**整合 Bounded Contexts（第13 章）** 的章節中再做說明吧。我推薦你參考 Parastatidis 等人的著作 [Parastatidis et al., RiP]，了解建構高效 REST 事件通知系統的各種設計策略，以及基於 Atom 的標準媒體資料型態通知記錄的優缺點分析討論，還有實作方法的參考。此外，Jim Webber 也在他的演講 [Webber, REST & DDD] 當中對這種方法提出了一些看法；而最早關於這種方法的討論，可追溯到 Stefan Tilkov 在 InfoQ 上的「RESTful Doubts」一文 [Tilkov, RESTful Doubts]。有興趣的讀者也可以進一步參考筆者的演講「RESTful DDD」內容 [Vernon, RESTful DDD]。

以訊息中介軟體發布通知

不得不說，比起自己實作 REST 管理大小事，還是採用 RabbitMQ 這類訊息中介軟體產品要來得輕鬆多了。這種訊息服務系統可以同時支援發布 / 訂閱模式和訊息佇列模式，端看你的需求而定。在這兩種模式中，訊息系統都是以推送形式將事件通知發送給註冊的訂閱者或監聽者。

如果我們要透過訊息中介軟體將事件從 Event Store 發布出去，可以利用 RabbitMQ 中的「扇出交換機制」（fanout exchange）達到發布 / 訂閱模式的效果。我們需要一系列元件依序執行以下操作：

1. 從 Event Store 中查詢出尚未被發布到某個訊息交換站的所有領域事件，並根據唯一識別值將這些事件物件按遞增順序排列。

2. 依序遍歷這些物件，發送給扇出交換站。

3. 訊息系統通知已成功發布訊息之後，再次確認領域事件是否已經由交換站發布出去。

關於最後一個步驟，我們並不會等待訂閱方回覆確認，因為發布方發送訊息當下，有可能訂閱方系統尚未處於運行狀態。訊息的處理則有賴訂閱方在運行期間自行負責，確保模型收到訊息後執行相應的領域行為。訊息機制只保證將訊息發送出去。

白板動手做

- 根據你所開發的 Bounded Context 及與其相關的整合 Bounded Contexts，繪製一張情境地圖，必須呈現 Bounded Context 之間的互動關聯。

- 標示 Bounded Context 之間的互動關係，例如**防護層（Anticorruption Layer，第 3 章）**。

- 思考這些情境之間應該採用何種整合方式。你會用 RPC、REST 通知或是訊息基礎設施？請寫出來。

▌ 記住，如果需要與既有系統整合，可用的整合方式並不多。

動手實作

決定好發布事件所要採用的架構風格後，SaaSOvation 團隊接著要討論如何實作相關的
元件…

團隊將事件通知的發布行為，安排在一個名為
NotificationService 的應用服務上，以便於管理資料變更
上的交易階段範圍，並且明確地將「事件通知」劃分為應用
程式層的職責、而非領域層，儘管發布的通知內容（也就是
事件的來源）是從模型而來的。

　由於目前對該應用服務僅有一種實作，為保持單純，團隊
決定不在 NotificationService 上套用**分離介面**（Separated
Interface，[Fowler, P of EAA]）。雖然沒有介面分離，但每個類別本身都具備一個對外
公開的介面，也就是類別方法：

```
package com.saasovation.identityaccess.application;
…
public class NotificationService {
    …
    @Transactional(readOnly=true)
    public NotificationLog currentNotificationLog() {
        …
    }

    @Transactional(readOnly=true)
    public NotificationLog notificationLog(String aNotificationLogId) {
        …
    }

    @Transactional
    public void publishNotifications() {
        …
    }
    …
}
```

前兩個方法，是當用戶端索要 REST 資源時，用來查詢出 NotificationLog 實例並回覆給用戶端；而第三個方法則是將單個 Notification 實例透過訊息機制發布出去。團隊接下來會先實作前兩個查詢方法，取得 Notification 實例之後，再來思考如何與訊息基礎設施互動。

　　接下來讓我們看看這些實作吧。

發布 NotificationLog

先前有說過，事件通知記錄分為兩種：最新的當前記錄及先前的封存記錄。也因此，NotificationService 介面上也提供了兩種不同記錄型態的查詢方法：

```java
public class NotificationService {
    @Transactional(readOnly=true)
    public NotificationLog currentNotificationLog() {
        EventStore eventStore = EventStore.instance();

        return this.findNotificationLog(
                this.calculateCurrentNotificationLogId(eventStore),
                eventStore);
    }

    @Transactional(readOnly=true)
    public NotificationLog notificationLog(String aNotificationLogId) {
        EventStore eventStore = EventStore.instance();

        return this.findNotificationLog(
                new NotificationLogId(aNotificationLogId),
                eventStore);
    }
    ...
}
```

其實不管是哪一種方法，最終返回的都是 NotificationLog。意思是，先從 Event Store 中找出一組序列化過的 DomainEvent 實例，然後將它們一個個封裝（encapsulate）為 Notification，最後集合在 NotificationLog 中。NotificationLog 實例一旦建立好，就能以 REST 資源的形式提供給提出請求的用戶端了。

不過，由於當前記錄有可能隨時變動，因此每一次請求當前記錄，都必須重新計算一次其識別值才行，如下所示：

```
public class NotificationService {
    ...
    protected NotificationLogId calculateCurrentNotificationLogId(
            EventStore anEventStore) {

        long count = anEventStore.countStoredEvents();

        long remainder = count % LOG_NOTIFICATION_COUNT;

        if (remainder == 0) {
            remainder = LOG_NOTIFICATION_COUNT;
        }

        long low = count - remainder + 1;

        // 即使不是完整的通知記錄
        // 也要重新計算一次識別值
        long high = low + LOG_NOTIFICATION_COUNT - 1;

        return new NotificationLogId(low, high);
    }
    ...
}
```

反之，對於封存記錄而言，只要以 NotificationLogId 將事件通知識別值的起始與結束範圍封裝起來，就可以每次都拿到同樣的資源。要記得，這個識別值的起始與結束範圍，會是一組以範圍上限和下限共同組成的文字表述值（例如，21-40）。該範圍識別值的建立方式如下：

```
public class NotificationLogId {
    ...
    public NotificationLogId(String aNotificationLogId) {
        super();
        String[] textIds = aNotificationLogId.split(",");
        this.setLow(Long.parseLong(textIds[0]));
        this.setHigh(Long.parseLong(textIds[1]));
    }
    ...
}
```

　　總而言之，不論查詢的是當記錄前還是封存記錄，都可以透過 NotificationLogId 來對 findNotificationLog() 方法說明我們想要查詢的事件範圍：

```
public class NotificationService {
    ...
    protected NotificationLog findNotificationLog(
            NotificationLogId aNotificationLogId,
            EventStore anEventStore) {

        List<StoredEvent> storedEvents =
            anEventStore.allStoredEventsBetween(
                    aNotificationLogId.low(),
                    aNotificationLogId.high());

        long count = anEventStore.countStoredEvents();

        boolean archivedIndicator = aNotificationLogId.high() < count;

        NotificationLog notificationLog =
            new NotificationLog(
                    aNotificationLogId.encoded(),
```

```
                        NotificationLogId.encoded(
                                aNotificationLogId.next(
                                        LOG_NOTIFICATION_COUNT)),
                        NotificationLogId.encoded(
                                aNotificationLogId.previous(
                                        LOG_NOTIFICATION_COUNT)),
                        this.notificationsFrom(storedEvents),
                        archivedIndicator);

        return notificationLog;
    }
    ...
    protected List<Notification> notificationsFrom(
            List<StoredEvent> aStoredEvents) {
        List<Notification> notifications =
            new ArrayList<Notification>(aStoredEvents.size());

        for (StoredEvent storedEvent : aStoredEvents) {
            DomainEvent domainEvent =
                    EventStore.toDomainEvent(storedEvent);

            Notification notification =
                new Notification(
                        domainEvent.getClass().getSimpleName(),
                        storedEvent.eventId(),
                        domainEvent.occurredOn(),
                        domainEvent);

            notifications.add(notification);
        }

        return notifications;
    }
    ...
}
```

　　有趣的是，我們沒有必要再另外保存 Notification 實例或查詢出來的記錄集合，只要在用戶端索取時再生成即可。但也因為如此，最好是能夠將每次被索取的 NotificationLog 資源快取起來，以增進服務的效率與可擴展性。

上面的 findNotificationLog() 方法會透過 Event Store 元件，將與記錄相關的 StoredEvent 實例查詢出來，如下所示：

```
package com.saasovation.identityaccess.application.eventStore;
...
public class EventStore ... {
    ...
    public List<StoredEvent> allStoredEventsBetween(
            long aLowStoredEventId,
            long aHighStoredEventId) {
        Query query =
            this.session().createQuery(
                    "from StoredEvent as _obj_ "
                    + "where _obj_.eventId between ? and ? "
                    + "order by _obj_.eventId");

        query.setParameter(0, aLowStoredEventId);
        query.setParameter(1, aHighStoredEventId);

        List<StoredEvent> storedEvents = query.list();

        return storedEvents;
    }
    ...
}
```

最後，透過網頁層將查詢的當前記錄或封存記錄發布出去：

```
@Path("/notifications")
public class NotificationResource {
    ...
    @GET
    @Produces({ OvationsMediaType.NAME })
    public Response getCurrentNotificationLog(
            @Context UriInfo aUriInfo) {
        NotificationLog currentNotificationLog =
            this.notificationService()
                .currentNotificationLog();
```

```
            if (currentNotificationLog == null) {
                throw new WebApplicationException(
                        Response.Status.NOT_FOUND);
            }

            Response response =
                this.currentNotificationLogResponse(
                        currentNotificationLog,
                        aUriInfo);

            return response;
        }

    @GET
    @Path("{notificationId}")
    @Produces({ OvationsMediaType.ID_OVATION_NAME })
    public Response getNotificationLog(
            @PathParam("notificationId") String aNotificationId,
            @Context UriInfo aUriInfo) {

        NotificationLog notificationLog =
            this.notificationService()
                .notificationLog(aNotificationId);

        if (notificationLog == null) {
            throw new WebApplicationException(
                    Response.Status.NOT_FOUND);
        }

        Response response =
            this.notificationLogResponse(
                    notificationLog,
                    aUriInfo);

        return response;
    }
    ...
}
```

團隊也可以透過 MessageBodyWriter 來產生 HTTP 回應，不過由於這種方法是在建立回應時使用 builder 方法，因此會讓程式碼看起來稍微複雜一點點。

以上就是對用戶端查詢 REST 資源形式的當前記錄或封存記錄時，如何取得事件通知記錄的實作說明。

透過訊息基礎設施發布通知

除上之外 NotificationService 還提供了一個方法，可以讓我們透過訊息基礎設施發布 DomainEvent 物件，如下所示：

```java
public class NotificationService {
    ...
    @Transactional
    public void publishNotifications() {
        PublishedMessageTracker publishedMessageTracker =
            this.publishedMessageTracker();

        List<Notification> notifications =
            this.listUnpublishedNotifications(
                    publishedMessageTracker
                        .mostRecentPublishedMessageId());

        MessageProducer messageProducer = this.messageProducer();

        try {
            for (Notification notification : notifications) {
                this.publish(notification, messageProducer);
            }

            this.trackMostRecentPublishedMessage(
                    publishedMessageTracker,
                    notifications);
        } finally {
            messageProducer.close();
        }
    }
    ...
}
```

在 publishNotifications() 方法中，首先會取得一個 PublishedMessageTracker 物件，代表已經被發布出去的事件記錄：

```
package com.saasovation.identityaccess.application.notifications;
...
public class PublishedMessageTracker {
    private long mostRecentPublishedMessageId;
    private long trackerId;
    private String type;
    ...
}
```

請注意，這個類別屬於應用程式層，而非領域模型的一部分。當中的 trackerId 是這個物件（基本上算是個實體）的唯一識別值，而 type 屬性則持有事件要發布時的主題（topic）或頻道（channel）的 String 型別描述。最後的 mostRecentPublishedMessageId 屬性則對應到 StoreEvent 中以序列化形式保存的 DomainEvent 唯一識別值；換句話說，就是最近一次被發布出去的 StoredEvent 實例之 eventId 資料值。這個值會在所有的 Notification 訊息被送出後，由服務中的方法以 PublisedMessageTracker 將最後一筆發布出去的事件識別值記錄下來。

有了事件的識別值加上 type 屬性的內容，**我們就能夠以此追蹤記錄機制，在之後的任意時點，將同樣的事件通知再次發送到任意主題或頻道中**。只要以該主題或頻道名稱作為 type 資料值，加上最早的第一筆 StoredEvent 識別值，就可以辦到了。publishedMessageTracker() 方法的內容如下：

```
public class NotificationService {
    private static final String EXCHANGE_NAME =
            "saasovation.identity_access";
    ...
    private PublishedMessageTracker publishedMessageTracker() {
        Query query =
            this.session().createQuery(
                    "from PublishedMessageTracker as _obj_ "
                    + "where _obj_.type = ?");
```

```
        query.setParameter(0, EXCHANGE_NAME);

        PublishedMessageTracker publishedMessageTracker =
            (PublishedMessageTracker) query.uniqueResult();

        if (publishedMessageTracker == null) {
            publishedMessageTracker =
                new PublishedMessageTracker(EXCHANGE_NAME);
        }

        return publishedMessageTracker;
    }
    ...
}
```

此實作還未支援多頻道的發布機制，不過只要稍微修改一下即可，相信這點對各位讀者不是什麼大問題。

接著是 listUnpublishedNotifications() 方法，以排序取得所有尚未發布的 Notification 實例：

```
public class NotificationService {
    ...
    protected List<Notification> listUnpublishedNotifications(
            long aMostRecentPublishedMessageId) {
        EventStore eventStore = EventStore.instance();

        List<StoredEvent> storedEvents =
                eventStore.allStoredEventsSince(
                        aMostRecentPublishedMessageId);

        List<Notification> notifications =
            this.notificationsFrom(storedEvents);

        return notifications;
    }
    ...
}
```

在現實情況下，方法內的實作會根據 aMostRecentPublishedMessageId 參數值，從 EventStore 中查詢出 eventId 大於該參數值的 StoredEvent 實例；隨後，再將 EventStore 查詢到的這些實例包裝為 Notification 的實例集合。

返回 publishNotifications() 的主要服務方法之後，再遍歷這串將 DomainEvent 包裝為 Notification 實例的集合，並呼叫 publish() 方法：

```
...
for (Notification notification : notifications) {
    this.publish(notification, messageProducer);
}
```

這個方法會透過 RabbitMQ 將個別 Notification 實例發布出去，透過一個非常簡單的物件函式庫，以物件導向形式的介面呼叫：

```
public class NotificationService {
    ...
    protected void publish(
            Notification aNotification,
            MessageProducer aMessageProducer) {

        MessageParameters messageParameters =
            MessageParameters.durableTextParameters(
                    aNotification.type(),
                    Long.toString(aNotification.notificationId()),
                    aNotification.occurredOn());

        String notification =
            NotificationService
                .objectSerializer()
                .serialize(aNotification);

        aMessageProducer.send(notification, messageParameters);
    }
    ...
}
```

publish() 方法會建立一個 MessageParametrers，然後將經過序列化為 JSON 格式的 DomainEvent 透過 MessageProducer[3] 發送出去。在 MessageParameters 中包含了需要與訊息內容一起發送的屬性（property），像是事件的 type 字串值、通知的識別值（作為訊息的 ID 使用）以及事件的時間戳記 occurredOn。透過這些參數，訂閱者就可以在不解譯整份 JSON 訊息內容的情況下，從中獲取一些重要訊息。而這裡的訊息唯一識別值（也就是通知的識別值）則支援訊息重刪，這部分後面會再詳述。

　　底下這個方法讓我們朝完整實作發布機制再邁進一步：

```
public class NotificationService {
    ...
    private MessageProducer messageProducer() {

        // 如果 exchange 不存在就先建立
        Exchange exchange =
            Exchange.fanOutInstance(
                    ConnectionSettings.instance(),
                    EXCHANGE_NAME,
                    true);

        // 建立 message 的生產者以轉發事件
        MessageProducer messageProducer =
            MessageProducer.instance(exchange);

        return messageProducer;
    }
    ...
}
```

3　原註：Classes Exchange、ConnectionSettings、MessageProducer、Message-Parameters 等等，都是圍繞著 RabbitMQ 抽象層的函式庫一部分。我提供這個函式庫，讓使用 RabbitMQ 更符合物件導向的程式設計，並且提供了本書的其他範例程式碼。

publishNotifications() 方法會透過 messageProducer() 來確保訊息交換站的存在,並且返回用於發布的 MessageProducer 實例。而在 RabbitMQ 中訊息交換站是具有冪等性的,換句話說,除了第一次索取時才剛建立出來之外,後續拿到的都會是前面已經建立好的。不過我們不會保留一個一直開啟的 MessageProducer 實例,而是在每次要發布訊息時重新建立連線,以免背後用於發布的頻道出現異常時影響到發布者的連接。但需留意,這種頻繁的重新連接也可能造成效能瓶頸問題,不過目前我們暫時先以兩次發布之間的停等時間(pause)來降低重新連線的頻率就好。

說到發布之間的停等機制,其實上述的範例程式碼中都沒有說明事件是如何定期或定時地發布到交換站。不過這件事並不複雜,實作方法有很多,但要視執行環境而定;其中一種就是透過 JMX 函式庫的 TimerMBean 類別,控制再次觸發機制的時間間隔。

但在展示計時器的範例之前,有必要先釐清一些用詞上的問題:Java 的 MBean 標準中也有用到 notification 一詞(通知),但這與我們發布用的「通知」是不一樣的。在此例中,計時器機制中的「通知」指的是在每次計時器響起時,監聽器會收到的「通知」;讀者需事先理解這一點。

設定好計時器的觸發時間間隔後,我們就可以向 MBeanServer 註冊一個 NotificationListener 監聽器,這樣 MBeanServer 就會在每次間隔到了時通知:

```
mbeanServer.addNotificationListener(
        timer.getObjectName(),
        new NotificationListener() {
            public void handleNotification(
                    Notification aTimerNotification,
                    Object aHandback) {
                ApplicationServiceRegistry
                        .notificationService()
                        .publishNotifications();
            }
        },
        null,
        null);
```

如範例所示，每當 handleNotification() 方法因為計時器響起而被觸發，它就會呼叫 NotificationService 並執行 publishNotifications() 作業，就這麼簡單。只要 TimerMBean 每隔一定的時間間隔不斷地觸發，領域事件就會不斷地透過訊息交換站發布出去，然後由各資訊系統的訂閱方接收處理。

　採用這類應用程式伺服端內建的計時器還有一個好處，就是我們無須以額外的監控元件來控管發布流程的生命週期。即使 publishNotifications() 方法因某種緣故遇到障礙導致失敗、拋出異常例外，TimerMBean 還是會在一定時間間隔之後再次觸發、以嘗試重新執行。系統管理員或許還是得處理 RabbitMQ 之類基礎設施的異常問題，但障礙一旦排除，訊息就會自動依定時機制繼續發送出去。除了上述使用的 TimerMBean 之外，也可以參考例如 Quartz 之類的其他計時機制。

　但我們還是沒有解釋如何處理訊息重刪。何謂訊息重刪？訊息訂閱方又何以需要支援訊息重刪？

事件重刪（De-duplication）

當訂閱方有可能會從訊息發送系統重複收取到某則訊息，這時候就會需要進行重刪來處理這問題。重複訊息的原因很多，其中一種情境如下：

1. RabbitMQ 將新到的訊息發送給一到多個訂閱方。

2. 訂閱方接收並處理訊息。

3. 但在訂閱方確認接收及標記為處理完畢之前，發生異常了。

4. RabbitMQ 沒有收到確認，因此再次發送訊息。

會發生障礙的可能性當然不只是在訂閱方而已。要是訊息發送系統並未共用 Event Store 的持久性機制、也沒有採用全域或 XA 的交易階段來控管 Event Store 或訊息持久性變更的原子提交（atomic commit），確保操作的不可拆分性，那麼就可能遇到前面「透過訊息中介軟體發布通知」小節所講的狀況。參考底下這個情境，說明了訊息如何重複發送：

1. 首先 NotificationService 查詢並發布了三則先前未發布過的 Nitification 實例，然後透過 PublishedMessageTracker 更新發布記錄。

2. RabbitMQ 的廣播器收到這三則訊息，準備發送給所有的訂閱方。

3. 此時，應用程式伺服器遇到異常例外，導致 NotificationService 出現錯誤，這個錯誤致使對 PublishedMessageTracker 的更新未能成功提交。

4. 但 RabbitMQ 已經將新到的訊息發送給訂閱方了。

5. 應用程式伺服器的異常例外修正好之後，發布流程再次執行，於是 NotificationService 將所有未發布的事件成功發送出去；當中也包括了（再次！）傳送那些「以為未發布的」事件通知，因為 PublishedMessageTracker 的更新失敗了。

6. RabbitMQ 收到新訊息、發送訊息給訂閱方，其中至少有三則訊息是重複發送的。

上述的情境我隨便說了三則事件訊息，但實際上可能是一則、兩則、四則或是更多。數字並非重點，重點在於可能造成重複發送的這些問題。因此當遇到這類會導致訊息重複發送的情況時，重刪是必要的。請參閱**冪等性接收器（Idempotent Receiver）** [Hohpe & Woolf] 來進一步了解。

冪等性操作

所謂具備「冪等性」的操作，指的是不管是執行兩次或是更多次同樣操作，都不會對最終的結果造成影響，與僅僅執行一次操作的結果是相同的。

其中一種處理重複訊息的方法是，讓訂閱方那端的模型操作具備「冪等性」，也就是，訂閱方對所有訊息的處理，對於自己的領域模型來說都是冪等性操作。然而，要將領域物件或者任何物件設計成具備冪等性，有一定的難度、不實際甚至可以說是不可能的。如果試圖將事件本身設計為具冪等性，也可能造成很多問題，因為這樣一來，發送方必須完全了解所有接收方的業務情況，而一旦事件因為延遲、重試等狀況導致接收順序錯誤，將會造成更嚴重的後果。

當領域物件的冪等性不適用時，應該考慮將訂閱方 / 接收方本身設計成具備冪等性。當接收端檢查發現，收到的訊息是重複接收過的，可以選擇拒絕處理與執行操作。但首先要確認一下你所採用的訊息服務是否支援這種功能，要是訊息服務本身不支援這功能，接收端就得自行記錄追蹤已經接收並處理過的訊息。其中一種做法，就是在訂閱方的持久性機制中加上一塊存放所有已處理過訊息的唯一識別值與該訊息的主題或交換站等資訊；沒錯，類似於發送端的 `PublishedMessageTracker`。這樣一來，就能在處理訊息之前，先檢查一下是否重複，如果發現該則訊息已經處理過了，那麼訂閱方直接忽略即可。這個已處理訊息的追蹤機制，不屬於領域模型的一部分，應被視為一種在技術層面上的通用訊息機制解決方案。

不過，當我們採用那些市面上常見的訊息中介軟體，僅僅將最新一筆已處理訊息記錄下來是不夠的，因為訊息不一定會是依照時序收到。因此，當進行重刪檢查訊息是否重複接收時，必須檢查訊息的識別值是否小於最近一次已處理訊息的識別值，否則很有可能把一些應處理但晚到的訊息忽略掉了。另外還要考慮到，由於是透過資料庫保存這些追蹤記錄，因此隨著時間累積，勢必會需要一個資源回收的機制，因為你會希望刪除那些已處理訊息記錄中的過時項目。

如果是使用基於 REST 的通知機制，重刪不是什麼大問題，作為接收方的用戶端僅需要將最後一次接收並處理的通知識別值保存下來，因為用戶端是循序收取通知，只會處理該識別值之後的訊息。而每一則通知記錄則會以逆時序（從最新到最舊）的順序提供通知識別值。

總之，不論是透過訊息中介軟體還是基於 REST 的通知機制，對於訂閱方來說，重要的是追蹤記錄處理了哪些訊息的識別值、以及本地端領域模型狀態的變更。否則，很快你就會發現，對收到的事件修改與模型的變動之間無法達成一致性。

本章小結

在本章中我們介紹了何謂領域事件，並且分析在什麼情況下採用領域事件此一模型才能帶來好處。

- 你已了解何謂領域事件以及使用的理由和時機。

- 你已知道如何將事件建模為物件，以及何時需要具備唯一識別值。

- 你對什麼時候採用聚合類型的事件、什麼時候採用值物件類型的事件有了認識。

- 你知道了如何將輕量型的發布 / 訂閱元件運用在模型中。

- 你了解發布 / 訂閱模式中的發布與訂閱事件元件是如何互動的。

- 你掌握了建立 Event Store 的理由、建立方式以及使用的方法。

- 你已學會兩種可將事件發布到 Bounded Context 以外的方法：透過 REST 介面的通知或是透過訊息中介軟體。

- 你學到了在訂閱端系統重刪訊息的幾種方式。

接下來的章節中，我們將稍微轉換路線，看看如何利用模組來整頓領域模型物件。

Chapter 9

模組

「勝利的祕訣在於有效組織那些不顯眼的要素。」

——馬可奧理略

如果讀者有在使用 Java 或 C# 程式語言，那麼想必對**模組（Module）**這個概念並不陌生；它在 Java 當中叫做「套件」（package），在 C# 被稱為「命名空間」（namespace），而在另一個程式語言 Ruby 中，則是採用了與 DDD 設計模式同樣的名稱，以 module 關鍵字來達到建立類別（class）命名空間的效果。由於我們這本書是在談論 DDD 設計模式，因此大多時候我還是會使用「模組」（Module）一詞，這樣一來，你就可以輕鬆地將其對應到你常用的程式語言術語。同樣地，由於各位讀者對此可能早已熟悉，因此筆者並不打算在本章花太多篇幅來解釋模組技術層面上的原理。

本章學習概要

- 學習傳統模組與較新的部署模組化方法之間有什麼區別。
- 考慮以**通用語言（Ubiquitous Language，第 1 章）**來命名模組的重要性。
- 了解為何制式化設計模組反而會抑制建模創造力。
- 學習 SaaSOvation 團隊在設計上所做的選擇和取捨。
- 了解模組在領域模型之外所扮演的角色，以及學習何時該採用新模組而非新的 Bounded Context（有界情境）。

運用模組設計

DDD 設計中，模組在模型中的作用在於，將彼此之間具有高度內聚力的領域物件類別，以具名的容器打包在一起；換句話說，不同模組的類別之間應該是低耦合的關係。DDD 設計下的模組並非只是一個單純的通用儲存空間，因此如何適當命名也是很重要的事情，這一點也應該遵循通用語言的用詞。

> 「選擇能夠描述系統的 Module，並使之包含一個內聚的概念集合。這通常會實作 Module 之間的低耦合，但如果效果不理想，則應尋找一種更改模型的方式來消除概念之間的耦合。⋯Module 的名稱應該是 Ubiquitous Language 中的術語。Module 及其名稱應反映出領域的深層知識。」（Evans 著作《領域驅動設計》，繁中版 P109，原文版 P110-111）

設計模組時的一些原則，簡單陳列於表 9.1 中。

表 9.1　運用模組設計時的原則簡述

注意事項	說明
模組的設計應與建模概念一致。	基本上，要為一個或數個具有內聚性、相互關聯的**聚合**（Aggregate，**第 10 章**）建立一個模組。
以通用語言來命名模組。	這是 DDD 的基本精神，但應該要更自然地將這些觀念建模進去。
不要以模型中的設計模式或元件等分類來制式化建立模組。	如果僅僅是將所有聚合劃分到一個模組、所有**服務**（Service，**第 7 章**）放到另一個模組、所有**工廠**（Factory，**第 11 章**）再放到另一個模組的話，這樣做一點幫助都沒有。不但完全誤解了 DDD 中的模組概念，還會限制我們建立具有豐富行為的領域模型。這種情況表示我們並未以領域觀點來思考，而只考慮到解決當前問題的元件或設計模式。

注意事項	說明
設計鬆耦合的模組。	確保模組之間的鬆耦合關係,就跟確保類別之間的鬆耦合一樣重要。這有利於將來維護與重構這些建模概念,或是運用如 OSGi 與 Jigsaw 等較大型的模組化工具。
當無法避免耦合時,務必確保相伴模組(Peer Module)之間的依賴關係是非循環(「相伴模組」指的是位於同模組階層上、或是在設計層面具有類似權重或影響的模組)。	模組之間很難完全沒有依賴關係,畢竟領域模型本身就存在一定程度的耦合關係。但只要能夠讓相伴模組兩兩之間的依賴維持在單向關係上(例如,product 依賴於 team,但是 team 不依賴於 product),那麼就能在某種程度上降低元件的耦合。
父模組與子模組之間相關的原則可以比較放寬一點(指的是位於較高階層的父模組與位於較低階層的子模組,例如「parent.child」這樣的關係)。	父模組與子模組之間很難避免依賴關係存在。即使如此,仍應努力實現父模組與子模組之間的非循環依賴;除非無法避免(像是,父模組會建立出子模組,而子模組透過識別值參考引用父模組),才容許循環依賴存在。
不要將模組設計成模型的靜態概念,而是應該讓模組與其構成物件一起建模。	模型所代表的概念隨時間過去可能會發生變化,也因此模型的形式、行為甚至名稱也可能產生改變,此時模組也應該隨之新增、重新命名甚至刪除才對。這並非強制性的,但要是發現名稱上有不符之處,就應該要考慮重構。當然了,重構是伴隨著痛苦的,但比起不當的模組名稱所導致的痛苦來說,重構好多了。

我們應當重視模組在模型中的地位,將其視為頭等大事,並賦予它們與**實體**(Entity,第 5 章)、**值物件**(Value Object,第 6 章)、服務以及**事件**(Event,第 8 章)在意義和命名上的同等考量。換言之,建立新模組時,若有必要,就應該果斷地重新命名既有的模組,始終堅定地將新的領域概念和經過更新的領域概念納入模組中,以符合當下的需求和見解。

打個比方，沒有人樂意看到自家廚房抽屜裡面亂成一團，雜亂無章地散落著刀叉、杓匙，甚至跟扳手、螺絲起子、插座、榔頭這些東西都放在一起。即使能夠從中找出餐具，看到這副景象恐怕也不會想用來吃飯，更不會想在裡面找出螺絲起子，就怕在翻找過程中被刀子給割傷了。

反之，如果廚房抽屜裡面整整齊齊地擺放著叉子、刀子、湯匙，而工具則按照類別另外收納在車庫的工具箱當中，那麼無論需要找出什麼特定工具，都能毫不猶豫地取出；因為所有東西都是分門別類、整理妥善的。在這樣的模組化管理之下，不可能會在餐具抽屜裡找到杯子和茶托，即便兩者都是廚房用具。良好的組織架構可以讓我們一眼就知道杯子和茶托是收納在適當的位置，只要簡單瞄一下附近的櫥櫃就能發現。相同道理，那些有著尖銳鋒刃的刀具，也會放置在一個可以安全取放、不傷到人的地方。

另一方面，我們在整理這些廚房用具時，也不會以制式化的方式去分類——將所有堅硬物品放在一個抽屜、易碎物品放在另一個櫥櫃；畢竟，把花瓶跟茶杯放在一起實在是很奇怪的事情對吧？而僅僅因為都是堅硬物品就把不鏽鋼的肉錘與精製的餐刀放在一起，也是很危險的做法。

如果要建模一間廚房，很自然地會想建立一個模組叫「餐具抽屜」（placesettings），裡面會包含叉子（Fork）、湯匙（Spoon）、刀子（Knife）等物件，甚至也可以考慮把餐巾（Serviette）放入，才不會看起來像是「金屬類」的「餐具抽屜」；實際上，分別建立「尖銳的」（pronged）、「舀東西的」（scooping）、「鈍器」（blunt）等模組並沒有太大幫助。

最近的軟體模組化方面的進展，則帶來了更高層次的軟體模組化，這種方法是把一些相互獨立但邏輯上有關聯的軟體部分打包，形成一個具有版本號的可部署單位。講到打包方式，在 Java 生態圈我們還是習慣用 JAR 檔案，但這邊所說的是以 OSGi 的 bundle 或是 Java 8 中 Jigsaw 的 module，加上發布版本去劃分。這樣一來，就能透過這些 bundle 和 module 來管理高層次的模組、發布版本以及依賴關係了。這類 bundle

和 module，與 DDD 的模組又有一點不同，但彼此之間並不衝突，我們可以根據 DDD 的模組劃分，將領域模型中那些鬆耦合關係的部分組成一個較大單位的模組。正因為 DDD 模組的鬆耦合特性，使得我們後續在運用 OSGi 或 Jigsaw 的模組化功能時便能輕鬆許多。

牛仔小劇場

寶弟：　「我很好奇那間加油站的洗手間，是怎麼維持得
　　　　那麼乾淨整潔？」

杰哥：　「很簡單，寶弟，只要每次來個龍捲風都花上
　　　　$10,000 整修強化就行了。」

我們將著重於 DDD 模組的使用。思考一下你的模型中**特定**實體、值物件、服務和事件的**用途**，會有助於模組的設計。讓我們看一些深思熟慮的模組設計例子。

模組命名的基本原則

在 Java 或 C# 程式語言中，模組的名稱所反映的是階層架構[1]，每一層的名稱之間都以一個「.」點符號分隔。一般會以企業行號或組織的名稱作為開頭，包含網路上的網域名稱。如果採用網域名稱，則順序上通常會以最上層的域名為先、然後才是該組織單位本身的域名，例如：

```
com.saasovation // Java
SaaSOvation // C#
```

1　原註：Java 的套件（package）和 C# 的命名空間（namespace）之間還是有一些差異。如果你
　　正在使用 C# 進行開發，還是可以將它當作參考，但必須根據 C# 的特性和規範去做適當的調整。

使用獨特的頂層名稱，主要是為了避免與專案中所引用的第三方模組發生命名空間衝突；或是避免別人引用我們的模組時發生衝突。如果讀者對於此類命名的基本規範有疑慮，可以參考相關標準規範[2]。

　　在我們說這話的當下，你所處的組織單位很可能已經有一套頂層模組命名規範了；如果是這樣，那就遵循便可。

模型模組的命名規範

模組名稱的下一個結構，可以識別出其所屬的 Bounded Context，在這一層加入 Bounded Context 的名稱是有好處的。

來看看 SaaSOvation 開發團隊是如何命名模組的：

```
com.saasovation.identityaccess
com.saasovation.collaboration
com.saasovation.agilepm
```

　　起初，團隊有考慮過採用下面這種命名方式，但跟上面的模組名稱比起來也沒有比較好。雖然團隊使用了 Bounded Context 的全名，但反而帶來不必要的冗長資訊：

```
com.saasovation.identityandaccess
com.saasovation.agileprojectmanagement
```

2　參考連結：http://java.sun.com/docs/books/jls/second_edition/html/packages.doc.html#26639。

有趣的是，團隊並未採用他們產品名稱（品牌）作為模組名稱的一部分；這是因為品牌名稱是有可能變動的，而產品名稱與底層的 Bounded Context 名稱關聯並不大。能夠明確地在名稱中辨識出 Bounded Context、反映出團隊的通用語言才更重要。假如團隊改用下列產品名稱，就難以一眼看出用途了：

```
com.saasovation.idovation
com.saasovation.collabovation
com.saasovation.projectovation
```

第一個模組的名稱「com.saasovation.idovation」很難讓人聯想到其所屬的 Bounded Context；第二個，勉強算是還能聯想到；至於第三個，跟第一個有著同樣的問題，但稍微好一些，至少名字裡面有「project」關鍵字。團隊最後的結論是：這些名字都無法令人直覺聯想到對應的 Bounded Context，更何況，萬一有天行銷單位決定變更產品名稱──像是商標爭議問題、或是配合市場的文化差異──那麼這些模組的名稱就會完全失準。因此團隊決定回到一開頭的那種命名法。

接著，他們決定在名稱後面加上「domain」此一關鍵字，用以標示模組是處於領域內：

```
com.saasovation.identityaccess.domain
com.saasovation.collaboration.domain
com.saasovation.agilepm.domain
```

這種命名規範同時適用於傳統的**分層架構**（Layers Architecture，第 4 章）與**六角架構**（Hexagonal Architecture，第 4 章）。而現今即使是採用分層架構的系統，通常也會在階層的劃分上引入六角架構與依賴注入的概念。在六角架構中，會有應用程式的「內」「外」之別，也就是團隊先前採用的名稱中「domain」的部分；乍看之下跟其他傳統階層相似。

但在「domain」的這一層可能並不會有任何的介面或類別存在，僅僅只是作為一個容器，用於打包更往下層的模組，例如：

```
com.saasovation.identityaccess.domain.model
com.saasovation.collaboration.domain.model
com.saasovation.agilepm.domain.model
```

　　從這一層開始，才會加入實際的模型類別定義，就以這一層來說，可能會是用於安置可供重複利用的介面與抽象類別。

SaaSOvation 團隊預計在這層的模組中放入一些通用的介面（像是先前用於發布事件的介面）以及實體、值物件等的抽象類別：

```
ConcurrencySafeEntity
DomainEvent
DomainEventPublisher
DomainEventSubscriber
DomainRegistry
Entity
IdentifiedDomainObject
IdentifiedValueObject
```

　　如果你想將領域服務與 domain.model 劃分在不同模組中，可以這麼做：

```
com.saasovation.identityaccess.domain.service
com.saasovation.collaboration.domain.service
com.saasovation.agilepm.domain.service
```

這並不是說必須將與領域服務相關的東西都放在這一層，這只是一種選擇，如果將領域服務看作位於模型之上的一個中等級別的服務迷你層，或者是環繞著模型的一圈「分

界線」的話 [Evans, p.108, "Granularity"]，可以這樣做。不過要留意，此方法有可能導致**貧血領域模型**出現，也就是先前我們在講**服務（第 7 章）**談到過的問題。

如果不將模型與服務切割為不同套件的話，也可以捨棄上面的做法，直接將所有 model 模組的內容安置在 domain 底下：

```
com.saasovation.identityaccess.domain.conceptname
```

這種做法的確少了多餘的一層，雖然看上去似乎不錯，但要是日後有一天我們想要將領域服務安置在一個 domain.service 的子模組呢？到了那時候可能才會後悔為什麼沒事先建立一個 domain.model 的子模組。

不過，還有一個更重要的命名原則需要考慮到。記住，我們不是在開發領域。所謂**領域（Domain，第 2 章）**是指我們所處業務領域的某種專業知識範疇，實際上我們是在設計與開發**領域的模型**。因此，命名模型的最終模組時，domain.model 似乎是最適合的，只不過採用與否還是取決於你和團隊之間的共識。

敏捷式專案管理情境中的模組

就 SaaSOvation 團隊來說，當前的**核心領域（Core Domain，第 2 章）**是「敏捷式專案管理情境」，因此接下來，我們要看看他們如何設計核心領域的模型模組。

首先，ProjectOvation 產品的開發團隊選擇了三個頂層模組：tenant、team 以及 product。以下是第一個模組：

```
com.saasovation.agilepm.domain.model.tenant
    <<value object>> TenantId
```

這個模組中目前只有一個單純的值物件，TenantId 類別，用於存放某個租戶的唯一識別值，指向「身分與存取情境」。以這個模組的觀點來看，幾乎所有模型中其他的模組或物件都依賴於它；換言之，這個模組的關鍵就在於將租戶物件彼此之間的依賴給清楚切割開來。但是，所有對此模組的依賴都是單向的，亦即，這個模組對其他模組沒有依賴關係。

而 team 模組中則包含聚合以及一個用於管理產品開發團隊的領域服務：

```
com.saasovation.agilepm.domain.model.team
    <<service>> MemberService
    <<aggregate root>> ProductOwner
    <<aggregate root>> Team
    <<aggregate root>> TeamMember
```

這邊涉及了三個聚合以及一個領域服務介面。在 Team 這個類別中，擁有一個 ProductOwner 實例（instance），以及一個持有任意數量 TeamMember 實例的集合，這兩個實例則是透過 MemberService 所產生。這三個聚合的聚合根實體，都參照了 tenant 模組中的 TenantId：

```
package com.saasovation.agilepm.domain.model.team;
import com.saasovation.agilepm.domain.model.tenant.TenantId;
public class Team extends ConcurrencySafeEntity {
    private TenantId tenantId;
    ...
}
```

MemberService 算是位於**防護層（Anticorruption Layer，第 3 章）**的最前線，用於同步更新開發團隊成員在「身分與存取情境」中的識別、角色等設定，這個同步的動作是在背景處理的，與一般使用者請求無關。每當有使用者註冊時，這項服務會主動進行同步，將 member 建立出來。同步最終會與遠端系統保持一致，只會在實際發生遠端變更後的短時間內稍微延遲而已。除了同步識別與角色之外，該團隊成員的資訊（例如名稱、郵件信箱等）也包括在更新的範圍內。

在「敏捷式專案管理情境」中有一個 product 的父模組,其下包含三個子模組:

```
com.saasovation.agilepm.domain.model.product
    <<aggregate root>> Product
    ...
    com.saasovation.agilepm.domain.model.product.backlogitem
        <<aggregate root>> BacklogItem
        ...
    com.saasovation.agilepm.domain.model.product.release
        <<aggregate root>> Release
        ...
    com.saasovation.agilepm.domain.model.product.sprint
        <<aggregate root>> Sprint
        ...
```

09

模
組

這也是 Scrum 情境的核心模型之所在,其中有 Product、BacklogItem、Release 及 Sprint 等聚合。在論及**聚合(第 10 章)**的章節中會再進一步解釋為何將這些概念建模成不同的聚合。

團隊成員很喜歡「product」、「product backlog item」、「product release」、「product sprint」這種自然的模組命名形式,它們符合通用語言的表達。

　既然只有少少四個聚合,何不通通歸在 product 模組底下就好?其實在這邊我們沒看到的是,聚合裡面還有著其他元件:例如 Product 底下會有 ProductBacklogItem 實體、BacklogItem 中會有 Task 實體、Release 內有 ScheduledBacklogItem、Sprint 中有著 CommittedBacklogItem 等。每一個聚合型別中,各自有著屬於他們的實體與值物件存在,更不用說,聚合還會發布各式的領域事件,要把零零總總加起來約 60 個類別與介面都歸在同一個模組下,有點太雜亂無章了。因此團隊在考量時,優先選擇模組的組織結構而非模組間的耦合關係。

如 同 ProductOwner、Team、TeamMember 那 樣，Product、BacklogItem、Release、Sprint 這些聚合也都需要參照 TenantId。除此之外，還有其他必要的依賴關係，以 Product 為例：

```
package com.saasovation.agilepm.domain.model.product;

import com.saasovation.agilepm.domain.model.tenant.TenantId;

public class Product extends ConcurrencySafeEntity {
    private ProductId productId;
    private TeamId teamId;
    private TenantId tenantId;
    ...
}
```

然後是 BacklogItem：

```
package com.saasovation.agilepm.domain.model.product.backlogitem;

import com.saasovation.agilepm.domain.model.tenant.TenantId;

public class BacklogItem extends ConcurrencySafeEntity {
    private BacklogItemId backlogItemId;
    private ProductId productId;
    private TeamId teamId;
    private TenantId tenantId;
    ...
}
```

同樣地，對 TenantId 與 TeamId 的依賴屬於非循環依賴關係，是單向的，然而從 BacklogItem 對 ProductId 有依賴關係這一點來看，backlogitem 與 product 模組之間，似乎是非循環依賴，但實際上是雙向的。每一個 Product 都充當建立 BacklogItem、Release 與 Sprint 實例的工廠，照理說是雙向依賴才對。幸好，這三個子模組是作為 product 的子模組存在，因此我們的依賴管理原則可以在這一點上稍微放鬆，同樣是以組織結構為重、耦合問題次之為考量。再次聲明，BacklogItem、Release、Sprint 等概念作為 Product 的子模組是很正常的，因此沒有必要在聚合之外分割這些概念。

難道不能用一個通用的身分型別架在 BacklogItem、Release、Sprint 與 Product 之間，以此來達到鬆耦合，解除與 Product 之間的直接依賴關係嗎？

```
public class BacklogItem extends ConcurrencySafeEntity {
    private Identity backlogItemId;
    private Identity productId;
    private Identity teamId;
    private Identity tenantId;
    ...
}
```

這種做法確實是能達到鬆耦合關係，但同時也可能帶來潛在的程式缺失危機，因為這樣一來我們便分不清 Identity 型別的物件，指的究竟是對何者的參照了。

「敏捷式專案管理情境」在可預期的將來還會繼續發展下去。SaaSOvation 團隊計畫增加對其他種類敏捷開發方法的工具與支援，而這樣的擴充，將會影響到現有的模組；起碼會建立新的模組，也多少會需要對既有的程式修改。但無論如何，開發團隊秉持著敏捷開發精神接受挑戰，該重構時就會好好面對、絕不逃避。

接下來讓我們看看系統其他部分是如何運用模組這個概念的。

其他架構層中的模組

不論你所選用的**架構**（Architecture，**第 4 章**）為何，都需要為架構中的非模型元件建立模組並為其命名。因此我們會先討論傳統的**分層架構**（Layered Architecture，**第 4 章**）有什麼選擇，這些選擇不僅限於分層架構，也可運用於其他架構風格上。

在一個支援領域模型的典型應用程式分層架構中，一般會分為以下不同的層：使用者介面層、應用程式層、領域層、基礎設施層。端視應用程式的需求、每一層中會有哪些元件，每一層的模組劃分方式也會有所不同。

先考慮**使用者介面層**（User Interface Layer，第 14 章）以及支援 RESTful 資源的影響。可能情況是，你的資源會透過 XML、JSON、HTML 等形式向一個 GUI 介面或系統用戶端提供服務，然而，RESTful 資源不會也不應該向 GUI 展示畫面排版，只會生成各種標記語言（例如 XML、HTML 等）或是序列化的格式檔（XML、JSON、Protocol Buffers 等）。而系統用戶端的畫面排版或圖形布局不是由 RESTful 資源本身提供的，而是透過其他的來源管道提供。因此在支援 REST 的使用者介面層中，至少會有以下兩個模組：

```
com.saasovation.agilepm.resources
com.saasovation.agilepm.resources.view
```

其中 RESTful 資源存放在 resources 套件中，而另外那些僅與畫面排版呈現相關的功能則是由 view 子套件（你也可以把它稱為 presentation）提供。不過，根據系統所需的 REST 資源數量，你可以在這些主模組下再劃分出多個子模組。記住，我們可以用一個類別扮演資源提供者的角色，來服務多個 URI，這樣在主模組下只需要維護少少幾個資源提供類別就好。一旦你確定了實際的資源求，是否需要進一步模組化相對上就會是較輕鬆的決定了。

至於應用程式層則會有另外的模組，以一種服務對應一個模組的方式來劃分：

```
com.saasovation.agilepm.application.team
com.saasovation.agilepm.application.product
...
com.saasovation.agilepm.application.tenant
```

與先前對 RESTful 服務資源的設計原則類似，只有在有必要時，才對應用程式中的服務模組劃分出子模組。就如同本書範例中的「身分與存取情境」，由於當下應用服務數量還不多，因此開發團隊決定僅以一個主要的模組容納所有服務：

```
com.saasovation.identityaccess.application
```

　　讀者若偏好更加模組化的設計也沒關係，這取決於個人決定，當服務數量增加，不僅只有一兩個時，可能就要好好考慮進行模組化了。

模組優先，Bounded Context 在後

什麼時候該將領域模型物件劃分在不同的模型、什麼時候該將它們通通建模在一起，是需要謹慎考量的議題。有時，真實領域的通用語言清晰可辨，能夠讓人迅速理解，但有時術語的使用也會模糊不清；當術語不夠清晰，不清楚該不該建立 Bounded Context 時，可以先試試將所有東西放在一起。此時，便可以運用模組作為輕量化的邊界、而非直接建立生硬不可逾越的情境界線。

　　但這不代表我們就不去劃出多個 Bounded Context。模型之間的邊界是根據語境的需求進行清楚地劃分，有其充分存在的理由。你必須理解，Bounded Context 並不是用來取代模組的，而模組的存在，是為了將高內聚性的領域物件給模組化，並且將那些內聚程度不高的物件彼此分隔開來。

本章小結

在本章中，我們介紹了如何替領域模型規劃模組化以及模組化的重要性。

- 你知道了傳統意義的模組與部署時的「模組」兩者之間有何差別。

- 你明白了運用通用語言來命名模組的重要性。

- 你看到了錯誤設計模組的下場，或者該說，機械式地設計模組將會帶來什麼負面影響。

- 你從範例的「敏捷式專案管理情境」學會如何規劃模組，並了解到抉擇過程中的取捨考量。

- 你已學會如何為模型以外的系統正確規劃模組。

- 最後，你了解到應該先考慮使用模組來劃分邊界、而非建立新的 Bounded Context，除非通用語言展示出明確的邊界。

接下來的章節中，我們將隆重介紹 DDD 中最難以理解的建模工具之一：聚合。

Chapter 10

聚合

「宇宙是由永久的物體所構成，
它們存在於客觀的時空中，彼此之間相互獨立。」
—— *Jean Piaget*

乍看之下，**聚合**（Aggregate）只是將**實體**（Entity，**第 5 章**）與**值物件**（Value Object，**第 6 章**）以仔細規劃過的一致性邊界給組合在一起，似乎並不怎麼困難是吧？但在所有 DDD 的戰術性工具當中，聚合這個設計模式卻是最難理解的一環。

本章學習概要

- 跟隨 SaaSOvation 團隊一同體驗，不當運用聚合建模會造成什麼負面影響。
- 學習按照**聚合的經驗法則**去設計一套最佳實務指引。
- 根據實際的業務規則去掌握如何在一致性邊界中對真正的不變量（invariant）進行建模。
- 考慮設計小型聚合的優點。
- 了解為何應該在聚合中透過識別值去存取（reference）另一個聚合。
- 討論在聚合邊界外採用**最終一致性**的重要性。
- 學習實作聚合時的技巧，像是「直說別多問原則」（Tell, Don't Ask）及「迪米特法則」（Law of Demeter）。

我們先從幾個常見的問題進行討論作為開場，像是：聚合就只是把高度相關的物件全部組合在一個共同的父物件底下嗎？如果是這樣，那麼在這父物件底下的子物件數量是否有實務上的限制？既然可以在一個聚合實例（instance）中去參照其他的聚合實例，那麼是否可以如此反覆遍歷下去，並且在過程中修改物件呢？而聚合的「不變量」與「一致性邊界」又是什麼？而最後一道問題的答案，大幅影響了我們對前面其他問題的解答。

　　有很多種可能性都會導致建模聚合出錯。例如，我們可能會為了組合上的方便，就掉入一個設計過於龐大的陷阱；或是反過來，剝離所有的聚合、讓聚合裡面空空如也，而無法保護真正的不變量。在接下來的章節內容中我們將會看到，避免陷入這兩種極端狀況、把注意力放在業務規則之上為何如此重要。

將聚合運用於 Scrum 核心領域

我們會仔細研究 SaaSOvation 團隊是如何將聚合運用在 ProjectOvation 應用程式中的「敏捷式專案管理情境」。在這個應用程式中，是以傳統 Scrum 專案管理為模型，當中包括了產品（product）、產品負責人（product owner）、開發團隊（team）、待辦清單項目（backlog item）、發布計畫（planned release）以及衝刺（sprint）等項目。Scrum 方法最完備的形式就是 ProjectOvation 的發展方向，這對我們大部分人來說都是一個熟悉的領域，而 Scrum 的術語就組成了一開始的**通用語言（Ubiquitous Language，第 1 章）**。在這個以訂閱為主的 SaaS（軟體即服務）應用程式中，每個訂閱的組織都會註冊成一個「租戶」（tenant），而這也是我們的通用語言其中一個詞彙。

公司召集了一批熟稔 Scrum 方法的專家
及開發人員，然而，這群成員缺乏 DDD
的實作經驗，因此在邊做邊學的學習過
程中，難免將出現一些錯誤。但好處是
他們得以從錯誤中學習，我們也能跟著
團隊獲得經驗而成長。他們在實作聚合

的過程中所遇到的挫折與困難，有助於我們在開發軟體時識別出相似的情況。

10

聚
合

　此領域中的概念比先前討論**核心領域（Core Domain，第 2 章）**時的「協作情境」要
來得複雜許多，對於效能以及可擴展性的需求也高出不少。而為了解決這樣的問題，團
隊選擇運用 DDD 的戰術工具──聚合。

　但說是這樣說，究竟一個聚合中該納入哪些物件才對呢？聚合此一設計模式包含了物
件的組合以及隱藏於內部的實作細節，這部分團隊知道要怎麼實作；此外，該模式也涵
蓋了一致性原則的邊界、交易階段作業等，但團隊並沒有放太多心思於此。團隊採用的
持久化儲存機制可以做到資料提交的不可分割性，然而這是對於聚合的嚴重錯誤認知，
導致團隊遭逢了挫敗。事情是這樣的：首先，開發團隊構思出了與通用語言相關的敘述：

- 產品中會有待辦清單項目、發布計畫、衝刺。

- 規劃新的產品待辦清單項目。

- 安排新的產品發布計畫。

- 安排新的產品衝刺。

- 規劃中的待辦清單項目可以安排於發布中。

- 安排發布的待辦清單項目可以提交到衝刺中。

團隊成員基於以上陳述建立了一個模型，並開始著手嘗試設計，接下來讓我們看看結果如何。

第一種做法：大群聚合

初次嘗試設計時，開發團隊太過執著於「產品」之上，這個想法大大影響了聚合的實作。

對某些人來說，聚合這個概念聽起來就跟物件關聯圖一樣，物件需要相互關聯組合在一起，他們認為如何共同維護這些物件的生命週期是很重要的。而這使得開發人員設計出了如下的一致性原則：

- 如果一個待辦清單項目被提交到衝刺中，就不能從系統中將該待辦清單項目單獨移除。

- 如果一個衝刺中存在待辦清單項目，就不能從系統中單獨將該衝刺移除。

- 如果一個發布中已安排待辦清單項目，就不能從系統中單獨將該發布移除。

- 如果一個待辦清單項目被安排發布，就不能從系統中單獨將該待辦清單項目移除。

　　這樣做的結果是，Product 被建模成一個無比龐大的聚合，而作為聚合根物件的 Product 要負責把所有相關的 BacklogItem、Release、Sprint 實例都包進來。而在介面設計上，則需要想辦法避免用戶端不小心刪除。

團隊的初次設計嘗試如下所示，對應的 UML 圖可參考圖 10.1：

```
public class Product extends ConcurrencySafeEntity {
    private Set<BacklogItem> backlogItems;
    private String description;
    private String name;
    private ProductId productId;
    private Set<Release> releases;
    private Set<Sprint> sprints;
    private TenantId tenantId;
    ...
}
```

　　這種綁成一個龐大聚合的想法確實很吸引人，但卻不符合實務，因為一旦投入到多租戶環境之中運行，就會不時地出現交易階段出錯導致的異常。底下就來看看投入運作後，用戶端的使用情境是如何與這個技術模型互動的。首先，為了避免多個用戶端同時對同一個物件進行修改而導致資料庫鎖定的問題，我們的聚合實例需要在物件的持久儲存機制上採用「樂觀鎖」（optimistic concurrency）機制。而如同先前探討**實體（第5 章）**時有提到過，物件帶有一個會遞增的版本編號，每次修改都會增加，並在存回資料庫之前進行記錄與檢查。如果資料庫中已存在的版本號已經大於用戶端手上持有的版本號，那就表示用戶端的版本已經過期，對資料庫的更新（寫入）操作就會被拒絕。

　　底下是多用戶端常見的同時作業使用情境：

- 有兩個使用者—— Bill 與 Joe ——正在查看同版本編號為 1 的 Product 物件，然後對其執行操作。

- Bill 安排了一個新的待辦清單（BacklogItem）並提交上去，於是 Product 的版本編號增加為 2。

- 接著，Joe 安排了一個新的發布（Release），但由於他手上的 Product 物件版本編號（1）已經過期，因此打算保存變更提交的動作失敗了。

　　在處理並行（concurrency）操作 [1] 時，一般都是採用這類持久化機制。或許讀者會急於反駁，覺得這點小事只要修改預設的並行設定就好；先不要急，讓我們繼續看下去。此方法對於保護聚合不變量避免受到並行影響方面，確實是重要的。

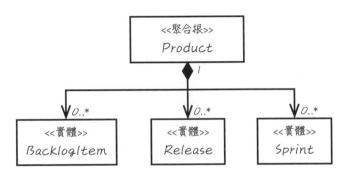

圖 10.1　將 Product 建模成一個大群聚合。

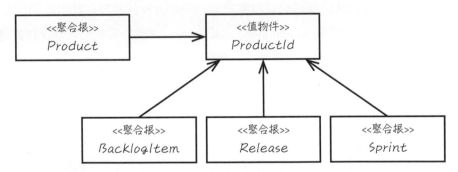

圖 10.2　將 Product 以及相關的概念分別建模成不同的聚合。

1　原註：舉例來說，Hibernate 就是以這個方式提供樂觀鎖機制的。鍵值保存機制也同樣適用，因為整個聚合通常會被序列化為一個值，除非它設計成可以將組成部分分開儲存。

現在看到的問題還只是兩個使用者而已，隨著使用者數量增加，問題會愈來愈嚴重；而在 Scrum 方法的實踐中，尤其是在執行衝刺計畫時的會議安排階段，經常出現多名使用者同時對一個目標或物件操作的情境。如果只能一個一個請求處理，而每處理一個請求、其他使用者的請求都會被拒絕，實在是完全無法接受。

怎麼可能安排一項新的待辦清單項目會導致不能同時規劃新發布！？Joe 的提交為何會失敗？這個問題的核心癥結在於一開始設計時，我們就被錯誤的不變量給誤導了，以至於沒有專注在真正的業務規則上，實際上，這些錯誤不變量是開發人員強加諸於其上的限制。要避免相關物件被意外移除，其實還有別的方法可以做到。除了上述的交易階段議題，這種設計在效能與可擴展性上同樣也存在著缺陷。

另一種做法：多個聚合

現在來看看另外一種做法，如圖 10.2 所示，也就是分為四個聚合，這四個聚合透過 ProductId（即 Product 的識別值）互相關聯依賴，而 Product 即為其他三個聚合的父物件。

在把一個龐大的聚合一分為四之後，原先 Product 裡面的方法樣貌也會隨之做出相應的更動。原本在龐大聚合設計的情況下，方法看起來是這樣的：

```
public class Product ... {
    ...
    public void planBacklogItem(
        String aSummary, String aCategory,
        BacklogItemType aType, StoryPoints aStoryPoints) {
        ...
    }
    ...
    public void scheduleRelease(
        String aName, String aDescription,
        Date aBegins, Date anEnds) {
        ...
    }
```

```
    public void scheduleSprint(
        String aName, String aGoals,
        Date aBegins, Date anEnds) {
        ...
    }
    ...
}
```

這些方法都屬於 CQS 理論中的命令類方法 [Fowler, CQS]，也就是將新的元素加到集合中、變更 Product 狀態，因此方法的回傳值為 void。但在劃分為多個聚合之後：

```
public class Product ... {
    ...
    public BacklogItem planBacklogItem(
        String aSummary, String aCategory,
        BacklogItemType aType, StoryPoints aStoryPoints) {
        ...
    }

    public Release scheduleRelease(
        String aName, String aDescription,
        Date aBegins, Date anEnds) {
        ...
    }

    public Sprint scheduleSprint(
        String aName, String aGoals,
        Date aBegins, Date anEnds) {
        ...
    }
    ...
}
```

這些重構過後的方法在 CQS 理論中被重新歸類為查詢類方法，並且扮演**工廠**（Factory，第 11 章）的角色；換句話說，每個方法都會建立出一個新的聚合實例，並回傳對該實例的參照。於是乎，現在當有用戶端要安排待辦清單項目時，**應用服務**（Application Service，第 14 章）的交易階段會如下處理：

```
public class ProductBacklogItemService ... {
    ...
    @Transactional
    public void planProductBacklogItem(
        String aTenantId, String aProductId,
        String aSummary, String aCategory,
        String aBacklogItemType, String aStoryPoints) {

        Product product =
            productRepository.productOfId(
                    new TenantId(aTenantId),
                    new ProductId(aProductId));

        BacklogItem plannedBacklogItem =
            product.planBacklogItem(
                    aSummary,
                    aCategory,
                    BacklogItemType.valueOf(aBacklogItemType),
                   StoryPoints.valueOf(aStoryPoints));
        backlogItemRepository.add(plannedBacklogItem);
    }
    ...
}
```

　　如此一來，便能解決先前所述交易階段可能遇到的異常問題。無論多位使用者同時請求多少個 BacklogItem、Release、Sprint 實例，都能安然處理妥當，就是如此簡單。

　　然而，即使劃分為四個較小型聚合的做法具備交易階段上的優點，但對用戶端的使用上卻會造成不便。那麼，或許可改為大型聚合的方案，然後想辦法優化來解決並行操作的問題；只要停用 Hibernate 映射的樂觀鎖機制（optimistic-lock），就能解決隨時有可能遇到的交易階段問題。而既然在建立 BacklogItem、Release 或 Sprint 實例的總數上不再維持不變量，何不放手讓集合無限制增長、忽視對 Product 的特定變更動作呢？採用龐大聚合還會有什麼額外問題產生嗎？問題在於，隨著時間過去，這種聚合會愈來愈難以控制而變得不可收拾。在繼續深入探討之前，首先讓我們看看 SaaSOvation 團隊在建模時最關鍵的原則。

原則：在一致性邊界內建模真正的不變量

要從 Bounded Context（有界情境，第 2 章）中找出聚合來，首先要了解模型中哪些是真正的不變量，才能以此作為判斷要把哪些物件納入這個聚合的集合之中。

　　所謂的「不變量」（invariant，又稱定則或稱不變條件）指的是必須維持一致性的業務規則。一致性有很多種，其中一種就是我們常見的「交易階段一致性」（transactional consistency），即變更的立即性、以及作業的不可分割性。另外還有「最終一致性」，不過**在討論不變量時，我們講的都是交易一致性**，舉例來說，假設有如下不變量：

```
c = a + b
```

　　這條定則的意思是，當 a 為 2 而 b 為 3 時，那麼 c 必定為 5；要是 c 出現了 5 以外的可能性，就不符合這條件，也就意味著系統中的不變量被打破了。於是為了維護 c 的一致性，我們需要設計一道邊界來保護模型中的這些屬性：

```
AggregateType1 {

    int a;

    int b;

    int c;

    operations ...
}
```

這條一致性的邊界，將內部所有內容共同組合成了一套固定不變的業務規則，任何操作都不能違背這條規則；至於邊界以外的一切事物，則都與此聚合無關。換句話說，可以將「聚合」和「交易一致性邊界」視為相同的概念（雖然在這個舉例中 `AggregateType1` 聚合內部僅有三個型別為 `int` 的屬性，但實際上一個聚合可以納入不同類型的屬性）。

在典型的持久性儲存機制中，我們通常以單一交易階段[2]來管理一致性。當交易階段提交出去時，邊界內的一切都必須保持一致。所謂妥善設計的聚合就是，**不管出於何種業務理由對聚合做了任何變更，在同一個交易階段中，聚合的不變量都是一致的。**況且，一個設計妥善的 Bounded Context，在任何情況下都能確保一個交易階段中只修改一個聚合實例。除此之外，**在設計聚合時也必須將對交易階段的分析一併考慮進去。**

雖然一個交易階段只能修改一個聚合實例聽起來過於嚴苛，然而這是經驗歸納而來的重要原則，因此大多數時候都應該以這個目標為主，而這也正是為何我們需要聚合的原因。

白板動手做

- 列出你系統中的所有大型聚合。

- 在旁邊寫下你認為這些聚合過大的理由，以及可能會招致什麼樣的問題。

- 在旁邊列出會在同一個交易階段中被修改的聚合。

- 在每個聚合旁邊做筆記，觀察是否有錯誤的不變量影響到聚合邊界的設計。

在設計聚合時必須重視一致性的原則，也正意味著在設計使用者介面時，使用者的每次請求應該只針對一個聚合實例執行一道命令。如果使用者請求的內容執行太多命令，那麼應用程式就會被迫要一口氣修改多個不同的實例了。

因此，聚合這個設計模式的核心概念，不在於物件之間的關聯，而是在於一致性邊界。實務上的不變量可能遠比書中的範例複雜得多，即便如此，不變量大多數時候建模起來並不困難，因此可以安心地**設計小規模的聚合**。

2　原註：這種交易階段可以由 Unit of Work（工作單元）來處理 [Fowler, P of EAA]。

原則：設計小聚合

到這裡，我們就能夠仔細回答先前的一個問題了：採用大群聚合還會造成哪些問題？答案是，即使我們能保證大群聚合在交易階段中的運作一切正常，但還是會影響效能與可擴展性。以 SaaSOvation 團隊為例，產品上架後勢必產生許多租戶，而每個租戶對 ProjectOvation 的深入使用，將使 SaaSOvation 需要去管理愈來愈多的相關專案和管理元件；這代表著會有大量的產品、待辦清單項目、發布、衝刺⋯等。在這種情況下，對系統效能與可擴展性這類非功能性需求的影響，將會令人無法忽視。

試想一下：當有某個租戶下的某個使用者，要將一項待辦清單項目加到一個存在多年、已有幾千個待辦清單項目的產品中時，效能與可擴展性會發生什麼事情？假使我們在永久性儲存機制上採用延遲載入（lazy loading）機制（例如 Hibernate）好了。通常是不會把所有待辦清單、發布、衝刺等物件一次載入，但僅僅為了添加一個新元素到這個大群集合中，就得載入幾千個待辦清單項目到記憶體空間中，萬一儲存機制不支援延遲載入不就更慘？就算有考慮到記憶體使用情況，還是會碰到需要同時載入多個集合的場合：例如，將一個待辦清單項目安排發布或提交到衝刺中；此時就需要載入所有待辦清單項目以及所有的發布 / 衝刺。

為了讓大家更清楚明白，來看一下圖 10.3 的圖表。**圖中「0..*」中的「0」不太可能實現，因為物件關聯不太可能為 0，而且集合的規模只會隨著時間而不斷增加。** 到最後，很可能會為了一項簡單的操作、便需要一口氣往記憶體空間載入幾千個物件，而這還只不過是一個租戶的一個團隊成員操作一個產品的結果而已。等到日後有上百、上千租戶時，每個租戶下都有多個團隊、多名成員、多個專案產品，同樣的事情會同時一起發生。隨著時間推進，情況只會愈來愈糟糕。

所以這種大群聚合永遠不可能在效能與可擴展性上有什麼好表現，它只會變成一場惡夢、最終宣告失敗。一開始就注定會失敗，根本原因就出在辨識錯誤的不變量、以及為了貪圖方便的群聚組合設計，結果導致交易階段、效能與可擴展性都出了問題。

若是我們以小群聚合為主，「小」又該多小呢？當然，最小的情況就是一個聚合中只擁有聚合本身的全域唯一識別值以及一個額外屬性，但這不是筆者建議的（除非該聚合真的只需要一個屬性），而是應該以一個聚合根實體（Root Entity）加上最低限度的屬性與（或）值類別的屬性就好[3]，而「最低限度」指的就是「必要的」，不少也不多。

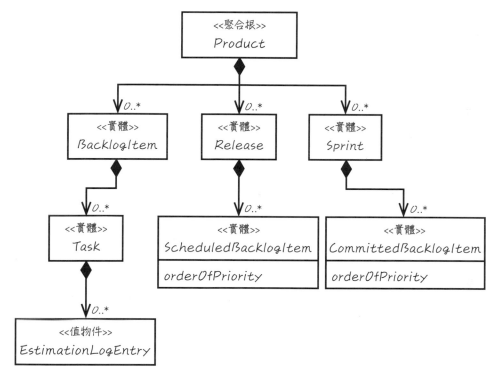

圖 10.3   如果將 Product 建模成這樣，那麼許多的基本操作都會載入大量的集合。

---

3   原註：值類別屬性就是引用了值物件的屬性。將其與簡單的屬性（如字符或數值）區分開來，如同 Ward Cunningham 在描述整體值時也是採用這樣的做法 [Cunningham, Whole Value]。

那什麼叫「必要的」呢？簡單回答是：即使領域專家沒有說，也必須與其他屬性保持一致的那些屬性。比方說，在 Product 中有 name 與 description 這兩個屬性，name 與 description 對不起來的話很怪吧？所以把這兩個屬性劃分在不同的聚合裡面也很怪。當變更 name 的屬性值時，通常也會修改 description；除非只是修正其中一個的拼寫錯誤、或是讓 description 的內容更貼合 name 而已，否則幾乎不太可能只改其中一個。就算領域專家沒有想到把這點寫成業務規則，這也是不用明講的潛規則。

　　如果你覺得聚合中有一部分應該建模為實體的話，該怎麼辦呢？首先自問：這部分是屬於那種會持續變化發展的、還是可以整個替換掉的？如果是後者，就表示應該採用值物件的建模方式而非實體。有時採用實體是必要的，但是當我們試著用這個思維逐項地檢視，就會發現其實很多原本以為是實體的、都可以重構為值物件就好。而且，即使我們在聚合中納入值類別，也不代表聚合就是不可變更的，因為每當有值類別的屬性被替換掉時，就等於聚合根實體發生了變化。

　　盡量將聚合內部建模為值物件是有很大好處的，例如，根據你選用的持久性機制，值物件可以跟隨聚合根實體一同被序列化並儲存起來；但如果是實體就必須分別儲存與追蹤。採用實體的成本明顯較高，像是在使用 Hibernate 類的技術框架時，需要以 SQL 語法不斷進行 join 查詢。從單一資料表讀取一筆記錄自然快得多，且值物件本身體積較小、用起來也比較安全（較少引發程式缺失的可能性）。由於值物件具備不可變性，在執行單元測試時也更容易驗證正確性。這部分可以參考**值物件（第 6 章）**中的說明。

　　而在一個採用了 Qi4j 的金融專案 [Öberg] 中，Niclas Hedhman[4] 所領導的團隊最後發現，在他們系統中有將近 70% 的聚合，都是僅由一個包含少數值物件屬性的聚合根實體組成，而剩餘的 30% 頂多只有兩到三個實體而已。雖然這無法證明所有領域模型都會符合七比三的比例，但至少可以說明，有很高比例的聚合其實都能建模成單一實體（也就是聚合根）。

4　參考連結：www.jroller.com/niclas/。

Evans 的書 [Evans] 中曾經討論過一個聚合案例，關於聚合中包含多個實體是合理的。那是在一張採購單中加入了最高總金額上限，而採購單中所有品項的總和加起來不能超過這個最高總金額；然而，當有多名使用者同時在採購單中添加商品品項，情況就會變得很複雜。因為單一使用者的新增動作不得超過最高總金額上限，規則是可以檢查得出來的；但多名使用者同時放入商品合計起來就有可能出現個別通過規則檢查、最終加總卻超過上限。關於此情境的解法，筆者在此不會贅述，只是想要強調，大多數時候商業模型的不變量都比這個案例單純許多，只要認知到這一點，我們便能了解應盡量以少數屬性去設計小的聚合。

小群聚合不僅效能好、可擴展性佳，也符合交易階段的管理需要，不容易在提交時出現衝突，提高了系統的可用性。實際的業務領域中，不會一天到晚出現那種需要大群聚合設計的不變量，因此在設計時限制聚合的大小才是明智之舉。萬一哪天真的碰到那種不變量，就依照需求再添加少量的實體或集合。但無論如何，切記聚合應設計得愈小愈好。

不要無條件採納使用案例

在制定使用情境時，業務分析人員扮演了很重要的角色，他們投入了大量的心力替我們分析出這些使用情境的細節，並對我們後續的設計決策起到關鍵性的影響。但要知道，這些使用情境時所使用的觀點，和領域專家還有團隊開發人員的觀點還是有一段差距的。因此我們必須實際以模型和設計（包括對聚合設計的決策）再次驗證這些使用情境。一種常見的情況是，某個使用情境會變更多個不同的聚合實例，在這種情況下，我們就要判斷這整個龐大的使用情境是橫跨多個交易階段作業、還是只發生在一個交易階段？若是後者，就要謹慎處理了。不論內容寫得多清楚，這種使用案例都無法準確反映出模型中真正的聚合。

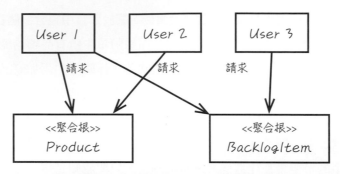

圖 10.4　這三個 User 同時使用同樣的兩個聚合實例，並行爭用（concurrency contention）的情況下，導致了大量交易階段失敗。

假設聚合的一致性邊界與實際業務規則相符，但業務分析人員卻給出了如圖 10.4 所示的描述，那麼問題就大了。思考提交順序的各種排列組合，就會發現總有幾次會遇到三個請求中有另兩個請求失敗的狀況[5]，而這代表什麼呢？這個答案可能會讓你更進一步了解你的領域。這種試圖在多個聚合之間達成一致性的做法，意味著團隊肯定是遺漏了某一個不變量。於是乎，你可能將多個聚合組合為一個新的聚合，用以表述這個新的業務規則（當然，也有可能舊聚合僅有一部分被整合到新聚合中）。

因此，每當面臨一個新的使用案例，都代表有可能會重構聚合。但千萬要小心，雖然以多個聚合重新組合來表述一個全新概念的做法不是不行，但要是最終形成一個大群聚合，就有可能出現各種問題。有其他的辦法嗎？

很簡單，即使使用情境中需要在單一交易階段中符合一致性原則，也不代表這是絕對必要的措施。通常在這樣的案例中，同樣的業務目標其實可以靠符合「最終一致性」（eventual consistency）的多個聚合來達成。因此團隊需要抱持著懷疑的態度來看待使用情境的描述，並隨時提出質疑，尤其是當遵循著這些描述卻導致了不合適的設計結

5　原註：這並沒有解決那些描述在多個交易階段中修改多個聚合的情形，這是可以接受的，但使用者的目標不應該視為是一個交易階段。我們真正關注的是那些在一個交易階段中修改多個聚合實例的使用案例。

果。此時團隊可能需要重新編寫使用案例（或者，業務分析人員不願意提供協助時，可能要重新構思是否得改變方法），而新的使用案例會具體說明**最終一致性以及可接受的更新延遲**來應對。關於這點，本章後面會再詳加探討。

原則：以識別值存取其他聚合

在設計聚合時，我們會希望用物件組合的結構來進行「遍歷物件關聯」，但這並非此設計模式的用意。Evans 在他的書 [Evans] 中提到過，一個聚合可以持有對其他聚合根的參照。但千萬不要以為這就代表被參照到的聚合物件也被納入同樣的一致性原則邊界內，因為這裡講的「參照」並非把一個聚合完整地放入另一個聚合之中，它們始終是兩個（或更多）聚合，如圖 10.5 所示。

當我們在 Java 程式語言中講到物件參照關聯時，會是如下情況：

```java
public class BacklogItem extends ConcurrencySafeEntity {
    ...
    private Product product;
    ...
}
```

就上面這個範例來看，Product 物件與持有這份物件的 BacklogItem 之間，有著直接的物件關聯。

結合我們先前已討論過的部分，可以得出以下結論：

1. 在同一個交易階段中，不能同時變更參照方（BacklogItem）聚合與被參照方（Product）聚合，僅能有其中一者發生變動。

2. 要在單一交易階段作業中變動多個聚合實例，表示我們對一致性原則邊界的設計可能存在錯誤。若是這樣，我們在建模的過程中必然遺漏了什麼，或是有什麼概

念尚未被列入通用語言中，殊不知它正在對我們搖旗吶喊著要回頭檢視（詳見本章前面的小節）。

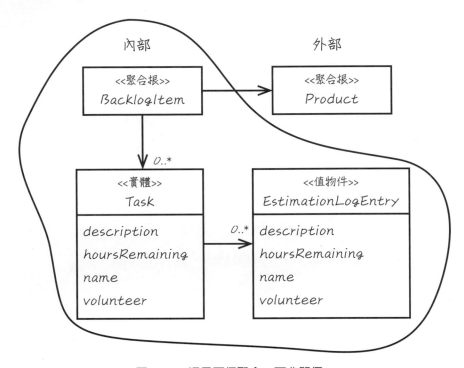

圖 10.5　這是兩個聚合，而非單個。

3. 要是我們就照著第 2 點的做法，同時變更多個聚合，最終就有可能出現大群聚合的設計結果。而根據先前的討論，這代表了需要採用最終一致性原則（請參考本章後續討論），而非單一不可分割的一致性原則。

若是不持有任何對其他聚合的參照，就無法修改別的聚合。看上去這樣似乎可以徹底避免在單一交易階段作業中變更多個聚合，但也同時過於侷限，畢竟領域模型之間需要彼此關聯，才能互相協作來達成業務目標。有什麼方法是既能保有必要的物件關聯、又能避免交易階段的錯誤或不適當的設計、還可以讓模型具備好的效能與可擴展性？

透過識別值整合聚合

　　這種時候我們就應該優先使用外部聚合的全域唯一識別值作為參照，而不是直接持有對物件的參照（或稱「指標」pointer）；參見圖 10.6。

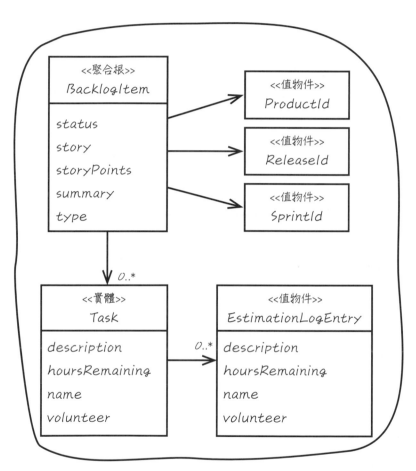

圖 10.6　BaklogItem 聚合以識別值與邊界外的元素建立關聯。

如此一來，可將範例重構為：

```
public class BacklogItem extends ConcurrencySafeEntity {
    ...
    private ProductId productId;
    ...
}
```

透過這種非預先載入物件的參照方式所建立的聚合，自然體積較小，因為不需要載入物件，省去了載入的時間和記憶體空間佔用，效能表現好得多。較少的記憶體空間不但可以減少記憶體分配的開銷，對於系統的資源回收效率也有幫助。

遍歷模型的方式

以識別值作為參照的方式，並不代表從此就失去了遍歷模型的能力。有些人可能會在聚合內利用 Repository（**資源庫，第 12 章**）來查找其他聚合，這種技巧稱為**「離線模式領域模型」**（Disconnected Domain Model，**又稱失聯領域模式**），相當於是延遲載入的一種形式。另一種建議做法為：在實際觸發聚合行為之前，先透過 Repository 或**領域服務（Domain Service，第 7 章**）來查找這些有依賴關係的物件。可以讓用戶端的應用程式負責這件工作，然後再把這些物件分配給聚合：

```
public class ProductBacklogItemService ... {
    ...
    @Transactional
    public void assignTeamMemberToTask(
        String aTenantId,
        String aBacklogItemId,
        String aTaskId,
        String aTeamMemberId) {

        BacklogItem backlogItem =
            backlogItemRepository.backlogItemOfId(
                new TenantId(aTenantId),
                new BacklogItemId(aBacklogItemId));
```

```
Team ofTeam =
    teamRepository.teamOfId(
        backlogItem.tenantId(),
        backlogItem.teamId());

backlogItem.assignTeamMemberToTask(
        new TeamMemberId(aTeamMemberId),
        ofTeam,
        new TaskId(aTaskId));
    }
    ...
}
```

由應用服務負責處理依賴關係的好處是，可以避免聚合內部依賴於 Repository 或領域服務。然而，對於非常複雜或依賴關係與特定領域高度相關的情況，或許直接將領域服務傳入聚合的命令方法中是最好的辦法，讓聚合再次分派給領域服務處理參照的依賴關係。再次強調，無論採用何種方式在聚合內部參照其他聚合，都不允許在單一使用者請求中修改多個聚合。

牛仔小劇場

寶弟：　「晚上需要導航時，我都是靠著兩個參考點來辨別方向：要是空氣聞起來像臭牛蹄上的味道，那就是牛群的方向；要是聞起來像烤肉架上的牛排味，肯定是回家的路。」

在模型中採用唯一識別值作為參照的缺點在於，會使得組裝並呈現出**使用者介面**（User Interface，**第 14 章**）視圖變得更困難，光是要在單一使用情境中呈現出視圖畫面，就會使用多個 Repository 才能在介面上顯示必要資訊。要是查詢的工作量造成了效能問題，就得考慮在互有關聯性的聚合物件查詢上採用多表連結（theta join）或 CQRS 查詢。例如，Hibernate 支援 theta join 在單一連結查詢中組裝多個與視圖相關的

聚合實例，來提供所需的可視部分。如果 CQRS 或 theta join 查詢都無法無法解決問題，你可能需要在直接物件參照與間接物件參照之間取得平衡。

　　以上這些多多少少會增加模型的複雜度，但可獲得的好處絕對值得。小聚合能夠提高模型的效能，也可以提升可擴展性與分散性。

可擴展性與分散性

由於聚合現在是以唯一識別值作為參照、而非直接參照其他聚合，因此它們的持久性狀態就有了很大的彈性空間，能夠有效應對龐大系統的需求。正如 Amazon.com 的 Pet Helland 在他的立場文件〈Life beyond Distributed Transactions: An Apostate's Opinion〉[Helland] 中所解釋的一樣：透過允許對聚合資料儲存持續重新分割，就能實現「近乎無限的可擴展性」（almost-infinite scalability）。雖然文中以「實體」（Entity）來稱呼，但其實就是我們說的「聚合」；他所描述的「具有交易階段一致性的資料組合單位」就是「聚合」概念沒錯。某些 NoSQL 持久性儲存機制的資料庫，也支援 Amazon 所提出的分散式儲存，提供了實作 Helland 所述具備可擴展性的低層架構功能。採用這類分散式儲存機制或其他類似的 SQL 資料庫時，以識別值作為參照手段就是一件很重要的事情了。

　　不過，分散性不僅限於資料儲存。核心領域的運作常涉及到多個不同的 Bounded Context，透過識別值參照的手段，就可以將分散的領域模型相互關聯起來。採用事件驅動架構時，以訊息為主、包含了聚合識別值的**領域事件（Domain Event，第 8 章）**會在企業內部傳遞，而外部 Bounded Context 的訊息訂閱方收到這些識別值後，於各自的領域模型內進行操作，透過識別值達成遠距形式的關聯或協作夥伴關係（partners）。這種分散式操作，[Helland] 稱之為「two-party activities」（兩方活動）；而在**發布/訂閱模式（Publish-Subscribe，[Buschmann et al.]）**或**觀察者模式（Observer，[Gamma et al.]）**中則以「multiparty」（多方活動）稱呼。簡單說就是，分散式系統中的交易階段並非不可分割，不同的系統會將多個聚合狀態調整以達到最終一致性。

原則：在邊界外部使用最終一致性

在 Evans 的書 [Evans] 中，有一條聚合設計模式的描述經常被忽略，然而當單一用戶請求涉及到多個聚合時，這條描述便是維繫模型一致性的重要關鍵角色：

> 「任何跨越 Aggregate 的規則將「不要求」每時每刻都保持最新狀態。透過事件（event）處理、批次（batch）處理或其他更新機制，這些依賴會在一定的時間內被解決。」（Evans 著作《領域驅動設計》，繁中版 P126，原文版 P128）

也因此，如果一個聚合實例的命令內容需要對其他聚合執行額外的業務規則，就採用最終一致性原則。倘若你能夠理解在一個大規模、高流量的企業應用程式中，所有聚合實例難以達到最終一致性，那麼你應該就能接受在規模較小、只有少數聚合實例的系統中使用最終一致性是有意義、也有必要的。

可以試著請教領域專家，該業務規則是否能容忍在修改不同實例之間會有一定的延遲時間？你會意外地發現，領域專家反而比開發人員更能夠接受延遲一致性這件事情，畢竟在他們的日常業務中本就充斥著這種延遲；反倒是開發人員們擺脫不掉不可分割性的思維，期待操作能夠一次完全變更。在資訊自動化的時代之前，領域專家的工作經常要面臨各種延遲，不可能立即達成一致性，因此在合理的時間範圍內，為達成一致性的必要延遲——無論是幾秒、幾分、幾小時甚至幾天，領域專家往往都能理解。

在 DDD 模型中，正好有一種實用的做法能提供最終一致性：由執行命令的聚合對一或多個非同步訂閱方發布領域事件：

```
public class BacklogItem extends ConcurrencySafeEntity {
    ...
    public void commitTo(Sprint aSprint) {
        ...
        DomainEventPublisher
```

```
        .instance()
        .publish(new BacklogItemCommitted(
                this.tenantId(),
                this.backlogItemId(),
                this.sprintId()));
    }
    ...
}
```

接著這些訂閱方會各自依識別值取得聚合實例，並根據它執行業務行為，在各自的交易階段遵照著前面所述的聚合原則，每一個交易階段修改一個聚合實例的狀態。

但要是訂閱方跟其他用戶端發生並行爭用，導致修改失敗怎麼辦？此時只要訂閱方不向訊息交換機制發送確認執行成功，此修改就可以再重試一次。訊息會在一段時間後重新傳送、開啟一個新的交易階段、重新嘗試執行命令、進行相應的提交。這個重試過程會一直持續進行到達到一致性或重試次數上限[6]為止。萬一到最後還是失敗，可能需要安排補救措施，或是至少回報失敗，等待進一步處理。

那麼，在上面的範例中，當發出 BacklogItemCommitted 領域事件後，會發生什麼事情呢？記得，由於 BacklogItem 本身已經持有對 Sprint 的識別值參照，因此沒有必要維持雙向參照（也就是 Sprint 持有對 BacklogItem 的識別值參照）。這個事件的目的是最終建立一個 CommittedBacklogItem 物件，以便 Sprint 有效追蹤記錄某個待辦清單的工作進度或承諾。因為每一個 CommittedBacklogItem 中都有一個 ordering 屬性，使得 Sprint 可以為每個 BacklogItem 分配一個不同於 Product 和 Release 的排序，共且與 BacklogItem 實例本身 BusinessPriority 業務優先程度的估計無關。因此，Product 與 Release 也分別有類似的關聯，也就是 ProductBacklogItem 與 ScheduledBacklogItem。

6　原註：可以考慮用指數停等機制（Capped Exponential Back-off）來嘗試重新操作。這種方法不同於每隔固定幾秒重試一次，而是使用指數遞增的方式進行重試，同時限制最大等待時間。例如，從一秒開始進行指數遞增，每次加倍，直到成功或達到 32 秒的等待上限後再重試。

白板動手做

- 回到你先前列的大群聚合清單，找出在單一交易階段中修改兩個或兩個以上的聚合物件。

- 描述並繪製你將如何拆分這些大群聚合，在每個新的小群聚合中圈出真正的不變量。

- 描述並繪製你會如何在這些聚合之間達成最終一致性。

以上這個例子展示了如何在單一 Bounded Context 中達成最終一致性，而這種方法也可以套用到先前所說的分散式架構上。

這是誰的責任？

確實有些領域的情境，讓我們很難決定是要採用交易階段的一致性還是最終一致性。傳統的 DDD 實踐者往往傾向採用不可分割的交易階段一致性；而 CQRS 的實作者則會傾向採用最終一致性。究竟該聽誰的好？老實說，這兩種方法只不過是技術層面的偏好而已，兩者都無法提供以領域為出發點的明確決策。那麼，有沒有更好的方法幫助我們做出決定？

牛仔小劇場

寶弟：　「我兒子說在網路上看到可以增加母牛產奶量的
　　　　方法，但我跟他說，那是公牛要煩惱的事。」

在與 Eric Evans 討論之後，筆者得出了一個非常簡單且實用的原則：查看使用案例（或稱使用者故事）然後自問：在這個情境中，是否應該由執行了業務行為的使用者來維持資料一致性。如果答案是肯定的，就採用不可分割的交易一致性，但仍然要遵守其他的聚合原則；反之，如果這是其他使用者或系統該做的，採用最終一致性就好。有了這樣的認知不僅讓我們更容易做出決策，還能進一步加深對領域的理解，挖掘出系統中真正的不變量：必須在交易上保持一致性的不變量。而這樣的理解遠比依賴特定技術來得更重要。

這一點是非常重要的聚合原則。但因為還有其他因素要考量，不見得總是有辦法確定應該選擇不可分割的交易一致性還是最終一致性，但它至少提供了一種對模型的深入觀點。本章後續談到範例中團隊重新審視他們的聚合邊界時，也會再次運用這項原則。

原則總有例外

即使是經驗豐富的 DDD 實踐者，有時也會決定在單一交易階段作業中合理變更多個聚合實例狀態。但，什麼情況才叫做「合理」呢？筆者在底下給出四種理由，讀者們可以確認一下是否有這些情形。

理由一：為了使用者介面方便

有時是出於使用者介面上的方便，為讓使用者能夠一口氣以批次形式定義多件事物之間的共用屬性。舉例來說，團隊成員想要一口氣建立多個待辦清單項目，在這種情況下，使用者介面上會允許在單一區塊上填寫所有共通的屬性，免去重複的操作，然後再個別輸入每個待辦清單的個別（非共通）屬性。接著，再一次性地將所有新建的待辦清單項目安排（建立）上去：

```
public class ProductBacklogItemService ... {
    ...
    @Transactional
    public void planBatchOfProductBacklogItems(
        String aTenantId, String productId,
        BacklogItemDescription[] aDescriptions) {

        Product product =
            productRepository.productOfId(
                    new TenantId(aTenantId),
                    new ProductId(productId));
        for (BacklogItemDescription desc : aDescriptions) {
            BacklogItem plannedBacklogItem =
                product.planBacklogItem(
                    desc.summary(),
                    desc.category(),
                    BacklogItemType.valueOf(
                            desc.backlogItemType()),
                    StoryPoints.valueOf(
                            desc.storyPoints()));
            backlogItemRepository.add(plannedBacklogItem);
        }
    }
    ...
}
```

　　這樣不會在管理不變量上造成問題嗎？以這個範例來看並不會，因為這些物件無論怎樣都會被建立，不管是一次建一個還是批次建立的。這些實例化的物件都是完整的聚合，它們會自行維護自己的不變量。既然一次建立一個聚合跟一次大量建立多個聚合並無差異，那麼在這種情形下是可以允許有例外的。

理由二：技術面的障礙

為了落實最終一致性，我們勢必得借助某種程度的輔助或處理功能，像是訊息交換機制、計時器或背景執行緒等。萬一專案並未採用這些機制呢？或許聽起來很奇怪，但

筆者確實遇過這種限制。在沒有訊息交換機制、沒有背景執行的計時器、也沒有其他原生的執行緒功能之下，到底還有什麼辦法？

　　在種種限制下，一不小心就可能陷入大群聚合設計中，被迫遵循不可分割的單一交易階段原則；如同前述，這將會減損效能並限制了可擴展性。為了避免這種情況，可能需要大幅度更動系統中的聚合設計，強制從模型層面來解決問題。有時專案的規格並不是隨便想改就能改的，因此沒什麼空間去討論協商原先未曾考慮到的領域概念。雖然這不符合 DDD 的做法，但確實有可能發生，在這種情況下無法用合理的辦法去調整建模以符合我們的需求，專案在進行中的變動可能會迫使我們在單一交易階段中修改兩個或更多的聚合實例。即使會如此，但也別急著草率下決定。

牛仔小劇場

傑哥：　「要是你認為規則都會被打破，最好知道如何善
　　　　　加修復。」

　　另一個應該納入考慮的因素是：「使用者與聚合的黏著度」（user-aggregate affinity）。是否有可能在業務流程中，一名使用者永遠只會用到一組特定的聚合實例而已？如果能夠確保使用者與聚合之間的黏著度如此之高，那麼在單一交易階段中修改多個聚合實例似乎也是合理的，因為這樣才能避免違反不變量以及交易階段的矛盾衝突。但即使如此，還是有低機率會遇到「提交變更時，聚合卻還處在樂觀鎖的保護下」這樣的並行衝突（concurrency conflict）問題。但往好處想，這樣的並行衝突問題其實在任何系統都有機會遇到，當使用者與聚合的黏著度不高時，狀況會更嚴重；就算偶爾發生並行衝突，處理起來也並不困難。因此，在某些情況下設計因為一些限制而被迫調整時，那麼在單一交易階段中變更多個聚合實例或許會有好的結果。

理由三：全域交易

另一種可能的例外情形，是來自於既有技術或企業政策的影響，導致我們必須採用全域交易、兩階段提交方式。這又是一種我們無法拒絕（至少是短期內）的限制。

不過，即使被迫採用全域交易，也不代表一定要在 Bounded Context 內一次性修改多個聚合實例。如果能夠避免一次修改多個聚合實例，那麼至少在遵守聚合原則的情況下避開核心領域遭遇交易爭用的問題。然而全域交易的缺點就是系統可能會兩階段提交，進而影響到系統難以良好擴展。

理由四：為了查詢效能

有時，在聚合中持有對其他聚合的直接參照物件是最好的方式，這有可能只是為了提升對 Repository 的查詢效能，考量查詢結果的多少以及對效能的影響時必須仔細權衡。在本章後續的一個範例中便是以此為由，打破了以識別值參照的原則。

堅守原則

雖然看上去有很多因素都會迫使我們做出妥協，像是使用者介面的設計、技術上的限制、僵化的政策或是其他企業層面因素，但是我們不應該主動以其當作藉口去打破聚合設計原則。長遠來看，堅守聚合設計原則對專案是有益的，應該盡可能保證聚合內部的一致性原則，達成高效與高度可擴展的系統。

從過程中深入理解

使用聚合的設計原則後，接下來我們將看到聚合原則對 SaaSOvation 團隊的 Scrum 敏捷開發模型設計有什麼樣的影響。專案團隊將反思他們的設計、運用這些新學到的技巧，在反覆嘗試與修正的過程中進一步深入理解模型。

不斷反思設計

經過重構迭代，把大群聚合的 Product 拆分之後，現在 BacklogItem 自成一個聚合，模型的狀況如圖 10.7 所示。團隊在 BacklogItem 聚合中組成一個 Task 實例的集合，而每個 BacklogItem 都有一個全域不唯一識別值 BacklogItemId，並且所有對其他聚合的參照也都是透過識別值；包括父聚合的 Product、計畫上線的 Release、安排衝刺開發的 Sprint 等，都是以識別值參照。如此一來，聚合的規模就小很多了。

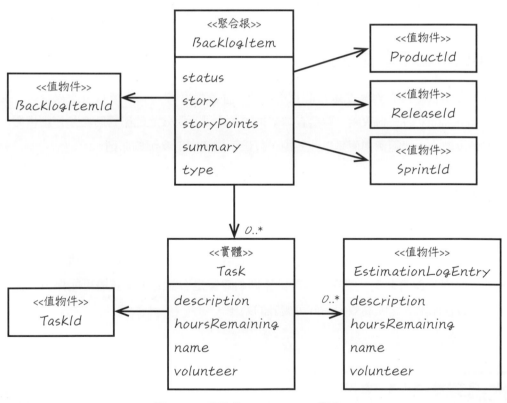

圖 10.7　完整的 BacklogItem 聚合。

但團隊在學到小群聚合的設計後，會不會矯枉過正了呢？

雖然在前一次的迭代開發中，團隊獲得了不錯的成果，但還是有一些議題待解決，像是需要增加一個允許使用者寫入文本的 story 屬性。雖然採用敏捷開發的團隊不需要寫下長敘事，但在編輯介面上，保留一個元件可以輸入較長文字描述使用案例總是好的。而這類文字敘述的內容可能多達數千byte，因此有必要提前考慮。

　　基於先前在圖 10.1 與圖 10.3 中錯誤的大群 Product 聚合設計，以及考慮到這個潛在的需求，因此開發團隊正試著縮減 Bounded Context 內所有聚合的大小，這引出了一個關鍵的問題：BacklogItem 與 Task 之間是否存在必須遵守的真正不變量？又或者，我們可以像之前那樣拆解這層關係、把它們安全地分成兩個獨立的聚合？如果不拆分，那麼代價又會是什麼？

　　要做出正確的決策，需要回歸到通用語言上。有一條定則是這樣描述的：

- 每當待辦清單項目的任務有進展時，團隊成員要對該任務的剩餘所需工時進行評估。

- 每當團隊成員評估一項特定任務的剩餘工時為 0 時，檢查待辦清單項目中是否還有任務有剩餘工時。如果沒有任何剩餘工時，那麼就自動將待辦清單項目的狀態變更為已完成。

- 每當團隊成員評估一項特定任務的剩餘工時不為 0、但待辦清單項目為已完成狀態時，該待辦清單項目的狀態必須撤回。

　　看起來確實是一個不變量條件，因為待辦清單項目的狀態，會因為當中所有任務剩餘工時的總和而自動調整。如果剩餘總工時與待辦清單項目的狀態存在一致性關係，那麼圖 10.7 上的聚合一致性邊界就是正確無誤。團隊接下來還是應該去判斷，比起另一種在待辦清單項目狀態與剩餘總工時之間採取最終一致性原則的做法，這種做法在效能與可擴展性上是否會影響重大。

有些讀者可能會認為，這種情境不就是採用最終一致性原則的典型情境嗎？還有什麼好討論的？不要輕易下結論。我們先分析採用交易階段一致性做法的優缺點，再與採用最終一致性原則進行比較。兩種做法都了解過後再來下結論也不遲。

評估聚合設計造成的影響

就如圖 10.7 所示，每個 Task 中都會持有一份 EstimationLogEntry 實例的集合。這個記錄是針對團隊成員輸入預計剩餘工時的建模；那麼在實際使用上，每一個 BacklogItem 當中會持有多少 Task 元素？而每個 Task 元素又會持有多少個 EstimationLogEntry 元素呢？很難講，這取決於一項任務有多複雜以及一次衝刺持續多久，但我們還是可以透過大略粗估 [7]（back-of-the-envelope, BOTE，[Bentley]）來計算。

團隊成員每天進行一項任務後，通常會重新預估剩餘工時。假設大多數的衝刺開發週期為兩到三週；雖然也可能有更長的衝刺開發週期，但兩到三週左右是比較常見的，所以我們就在 10 到 15 天之間抓個數字，不用太精確，先抓個 12 天，因為實際上兩週的情況可能會比較多。

接著估計一下分配給每個任務的所需時數。記住，必須把任務分成可以管理的單位，因此分配時數基本上會介於 4 小時到 16 小時之間。要是一項任務的預計工時超過 12 小時，Scrum 專家會建議再將這項任務拆分為更小的單位。一開始選擇 12 小時，有助於在模擬工作分配上更加平均；像是在一個為期 12 天的衝刺開發週期中，每天執行一個小時的任務。這個方法也有利於更複雜的任務。以此假設來看，如果每個任務開始時預計工時為 12 小時，就代表每項任務都會經歷 12 次的工時重新估計作業。

7　譯註：意指以隨手可得的紙張隨意計算。

但還有問題要解決：每一個待辦清單項目中會有多少任務呢？這問題也很難回答。這樣好了，如果一項功能開發在系統的每一**層（第4章）**或**六角架構／埠口與轉接器（Hexagonal Port-Adapter，第4章）**都需要兩到三個任務才能完成呢？例如，在**使用者介面層（User Interface Layer，第14章）**需要執行三項任務、**應用程式層（Application Layer，第14章）**需要執行兩項任務、領域層三項、**基礎設施層（Infrastructure Layer，第14章）**三項，總計11項任務。這個數字可能剛好或少了點，不過反正前面已經做了很多估算，就直接用每個待辦清單項目有12項任務。由於每一個任務會有12次工時重新估計記錄，換算下來就是**每一個待辦清單項目會持有144個集合物件**。這可能比一般來說稍微多了些，但至少我們現在有個粗估值作為起點了。

還需要考慮到另一個不變量。要是 Scrum 專家在任務劃分上建議採用較小的單位，那麼上面的預估值就會跟著改變。任務總數可能會翻倍（變為24），而重新估計工時的次數會減半（變為6），一來一往之下雖然還是144個物件，但每次在重估工時需要查詢的任務數量就會變多（從12增加為24），記憶體用量也隨之增加。範例團隊將會多嘗試幾套粗估劇本，觀察它們對效能有何影響。不過一開始他們會先以12項任務、每任務分配12小時作為初始設定。

常見使用情境

粗估完假設後，接下來要考慮常見的使用情境。像是：需要載入全部144個物件到記憶體空間中的使用者請求，頻率有多高？有可能嗎？全部載入的情況基本上不太可能發生，但團隊還是需要確認。如果不會發生，那麼最多會一次載入多少物件？此外，在多用戶的使用環境下，有可能發生並行爭用問題嗎？

底下的情境採用了 Hibernate 作為持久性儲存機制，並且每種實體都會有一個採用了樂觀鎖機制的版本屬性。這樣的假設之所以可行，是因為變更狀態的這條不變量條件，是由 BacklogItem 這個聚合根實體負責的，每當狀態自動變更時（不論變更為已完成或撤回為進行中），聚合根實體的版本號就會隨之更新。因此，只有在修改任務之後的

最終結果會造成待辦清單狀態改變，才會影響到其他 task 物件、並影響到聚合根實體的版本更新（但如果是採用文件式儲存方案，那麼就需要重新審視這個情況，因為每當修改集合中的元素，聚合根實體也會被修改到）。

新建立的待辦清單項目不會包含任何任務，通常要到安排衝刺開發才會規劃任務。隨著會議開展，陸陸續續由開發團隊將任務逐步加到相關的待辦清單項目中。這個階段還不會看到兩個團隊成員爭著比誰更快添加任務到同一個聚合中；那樣做會發生衝突，導致其中一人發出的使用者請求失敗（這與先前我們說過同時往 Product 加入內容是同樣的道理）。當然，這兩位團隊成員很快就會意識到，這樣做在效率上產生了反效果。

不過反過來想，的確存在這種多名使用者經常同時添加任務的情況，若是開發人員能夠理解，分析就會大幅更動了，並且應考慮將 BacklogItem 與 Task 拆分為兩個聚合。除此之外，這可能是調整 Hibernate 的最佳時機，將 optimistic-lock 機制設為 false，這樣才能允許同時添加任務，特別是這麼做並不會對效能與可擴展性造成影響。

那麼，要是一開始的任務預估剩餘工時為 0，之後更新為準確的估計，雖然會增加額外的預估記錄（從 12 變成 13 次），但依舊不會發生並行爭用問題。在這裡同時添加任務並不會改變待辦清單項目的狀態。再次說明，僅僅在從大於 0 的工時縮減到 0、或者已經完成且工時從 0 更改為 1 或更多，才會發生狀態改變（轉變為「完成」）——不過上述兩種情形都不常發生。

每天進行一次工時預估會引發問題嗎？在衝刺開發週期的第一天，一開始的任務工時預估記錄通常為零，到了這天結束時，團隊成員會將預估剩餘工時更新減 1。此時會增加一筆新的工時預估記錄，但待辦清單項目的狀態維持不變。這個階段不會發生爭用議題，因為每一個成員只修改其手頭任務的工時。直到第 12 天才會來到狀態變動的時間點，不過，當其他 11 個任務的預估工時都減少為 0，待辦清單項目的狀態還是沒有變動，要等到最後一次的剩餘工時預估，也就是第 12 項任務的第 144 次記錄，才會觸發不變量條件，自動將狀態變更為已完成。

以上分析讓團隊意識到一件重要的事：無論使用情境怎麼變換，即使加快完成任務的速度、完成天數縮短為原來的一半（六天），甚至完全改變執行方式，這都不會改變結果。只有在最後一次的工時重新預估時才會導致狀態變動而修改聚合根實體。不過爭用議題是一回事，記憶體的用量又是另外一回事了。

記憶體耗用

現在來討論記憶體的耗用問題。這裡有一個重點：估計是以值物件的形式按日期記錄的。換句話說，如果一名團隊成員同一天反覆對一項任務進行了多次重新預估，新的會覆蓋掉舊的值，只有最後一次預估值會保留；就算過程重估錯誤，此刻也沒有必要去追蹤。這邊的假設是，任務的工時重估記錄永遠不會超過衝刺的天數。但要是任務在衝刺規劃會議之前就先定義好了，那麼這個假設就會被推翻，因為我們還需要估算先前那幾天的時數，而每多一天，就會增加一筆預估記錄。

每當重新估計工時的時候，任務總數與記憶體用量的關係如何呢？如果我們在任務與估算記錄上採用延遲載入機制，那麼每次請求最多會把 12 個任務物件和 12 個記錄集合中的物件載入到記憶體中；這是因為當訪問該集合時，12 個任務都會被載入。當我們將最新一筆估計記錄加到其中一個任務時，必須載入估計記錄項目的集合，最多需要另外載入 12 筆記錄物件；最後聚合設計需要一個待辦清單項目，加上 12 個任務跟 12 筆記錄項目，最多總共 25 個物件。這不算多，算是小型聚合。而這個載入 25 個物件的情況只會出現在衝刺開發週期的最後一天，在那之前，聚合相對小得多。

那麼，這種設計會因為延遲載入而導致效能問題嗎？是有可能，因為要完成載入，總共需要歷經兩次延遲載入：一次是載入任務集合、一次則是載入某項任務的工時預估記錄項目。因此，團隊需要評估多次查詢的行為是否會帶來潛在的負擔。

還有一點：在 Scrum 開發方法中，開發團隊可以先在實踐衝刺開發的規劃之前先進行試驗。根據 Sutherland 的著作 [Sutherland] 表示，在試行方法中，有經驗的團隊可以用「故事點數」（story point）的單位進行預估不是工時；而在定義這些任務時，工時大可以只設定為一小時。在衝刺開發的時候，只會發生一次工時重新預估，也就是在每項任務完成時將工時從 1 改為 0。如果將這種做法套用到聚合設計上，在任務上改用故事點數的機制，就可以將任務的工時重新預估記錄筆數直接縮減到只剩一筆，幾乎消弭了這種設計模式對記憶體空間的負擔。

ProjectOvation 的開發人員隨後將以實際的產品資料，來評估每一個待辦清單項目會有多少任務和多少預估記錄項目。

　　經過上述分析，讓團隊決定以粗估計算來進行測試。結果發現有太多的變數和不確定因素，他們難以確信這個設計能夠有效解決他們對於系統設計的疑慮，使得團隊開始思考其他的設計替代方案。

探索其他選擇

是否有其他設計模式，可以讓聚合的一致性邊界更符合這類使用情境呢？

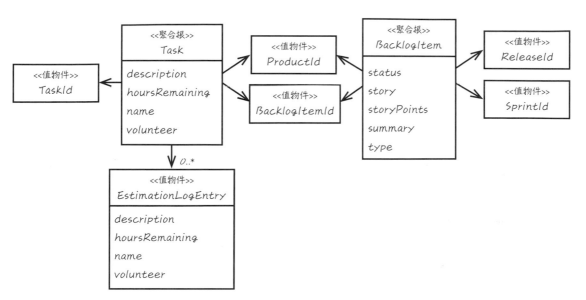

圖 10.8   將 BacklogItem 與 Task 分別建模成不同聚合。

保險起見,團隊還是希望找到一種方案,將 Task 設計成獨立的聚合,並且評估這種替代方案是否會比較好;設計方案如圖 10.8 所示。這樣做的話,可以從載入 12 個物件再進一步減少數量,降低延遲載入查詢造成的負擔。事實上,要是效率夠高,甚至大可以放棄延遲載入、改為預先載入方式,一口氣將所需物件查詢出來,以達到最佳效能。

開發人員達成了共識,最好不要在單一交易階段同時修改 Task 與 BacklogItem 兩種聚合。但這樣一來,就必須評估是否能在可接受的時限內完成必要的狀態自動變更。既然無法在單一交易階段中達成狀態的一致性,勢必會增加不變量的不確定性,這是可以接受的嗎?團隊與領域專家討論過後,得出了結論:「最終的工時預估歸零」到「狀態變更為已完成」之間,是可以存在某種程度的延遲(反之亦然)。

落實最終一致性

到目前為止，看起來已經有充分的理由，採行拆分的聚合、以及落實最終一致性原則了。底下就來看看是如何實作的。

當 Task 在執行 estimateHoursRemaining() 命令時，會發布一則領域事件，而開發團隊現在要做的，就是在收到這則事件後落實最終一致性。該事件具有以下屬性：

```java
public class TaskHoursRemainingEstimated implements DomainEvent {
    private Date occurredOn;
    private TenantId tenantId;
    private BacklogItemId backlogItemId;
    private TaskId taskId;
    private int hoursRemaining;
    ...
}
```

訂閱方會監聽該事件，然後再委派給領域服務來協調一致性事項的處理，領域服務會：

- 透過 BacklogItemRepository 取得特定的 BacklogItem。

- 透過 TaskRepository 取得與該 BacklogItem 相關的所有 Task 實例。

- 執行 BacklogItem 中的 estimateTaskHoursRemaining() 命令，傳入領域事件中的 hoursRemaining 屬性值以及方才取回的 Task 實例。BacklogItem 就會根據這些參數變動自身狀態。

　範例團隊要找到一個方法來改善這個流程。目前這三個步驟，在每次進行工時重新估計都需要把所有 Task 實例載入，而根據 BOTE 粗估結果，在 144 次的重新估計中，有 143 次是沒必要的。優化這個流程也不難，直接請資料庫幫我們把所有 Task 中的工時加總返回即可，不必使用 Repository 把所有 Task 實例取回：

```java
public class HibernateTaskRepository implements TaskRepository {
    ...
```

```
public int totalBacklogItemTaskHoursRemaining(
        TenantId aTenantId,
        BacklogItemId aBacklogItemId) {

    Query query = session.createQuery(
        "select sum(task.hoursRemaining) from Task task "
        + "where task.tenantId = ? and "
        + "task.backlogItemId = ?");
    ...
    }
}
```

　　採用最終一致性可能會增加使用者介面的複雜度。除非狀態改變可以在極短的幾百毫秒內完成，否則的話，使用者介面該如何顯示新的狀態呢？難不成要直接在視圖中寫入業務邏輯規則來決定狀態變更？那樣就會陷入智慧介面（smart UI）的反模式了。或許就讓使用者介面顯示過期的舊狀態，由使用者自行處理顯示不一致的問題。但那樣可能會被視為系統出現一個 bug，反正就是很討厭。

　　我們可以在視圖的背景運用 Ajax 的輪詢（polling）請求機制，但這樣做效率不好。基於視圖組件無法輕易判斷何時該檢查狀態變更，大多數的 Ajax 請求都是非必要的。尤其是，根據粗估分析，144 次重新估計有 143 次都不會導致狀態變更，因此這些請求將導致網頁層產生大量無意義的請求。如果伺服器端有支援的話，更好的方式是客戶端改採 Comet 技術（也就是 Ajax 推送機制）。雖然這是一項不錯的挑戰，但會引入一種開發團隊從未使用過的全新技術。

　　所以，換個方式思考，有時最簡單的辦法就是最好的辦法。那就是直接在畫面上顯示一條提示訊息，告知使用者當前畫面上顯示的狀態可能不是最新的，並且建議使用者每隔一段時間嘗試更新頁面，或是更新狀態可能會顯示在下一個視圖中。這個方法是安全的。當然，開發團隊還是得測試客戶是否能接受這種方案，但現在看來是有希望的。

這是團隊的工作嗎？

到目前為止，我們一直沒碰觸一個重要的問題：待辦清單項目狀態與任務剩餘工時之間的一致性，該由誰來負責？實踐 Scrum 方法的團隊成員在將任務的剩餘總工時歸零時，會很在意待辦清單的狀態是否自動變更嗎？他們又真的知道自己正在修改的剩餘工時，就是整個待辦清單中最後一項任務的最後一筆工時記錄嗎？或許這些使用者真的會很在意這點，那麼還是應該由他們自己來把待辦清單的狀態劃上句點嗎？

再說了，如果同時有其他專案的利害關係人介入的話，又該怎麼辦？舉例來說，產品主管或另一個人可能會想要知道某個待辦清單項目是否已完成；又或者，某人可能想要率先使用持續整合伺服器（continuous integration server）上的功能。如果其他利害關係人對開發人員宣稱完成的結果感到滿意，可以手動把待辦清單項目的狀態改為已完成。而這顯然改變了遊戲規則，認為單一交易階段一致性或最終一致性的原則不再必要了，因為在新的使用案例情境中，任務大可以視乎需要，從父聚合的待辦清單項目中分離出去。然而，如果真的該由團隊成員確保待辦清單項目狀態自動變更為完成，那麼任務還是得歸屬在待辦清單下，才可以實現交易一致性。關於此點我們無法給出定論，最後結果可能變成，這應該是應用程式中一項可以選擇的設定。不過可以確定的是，將任務留在待辦清單聚合中不僅能夠解決一致性問題，也能同時支援自動操作和手動更新。

這次寶貴的練習經驗，揭露出領域嶄新的一面。從結論看，似乎團隊應該提供「工作流程偏好」的設定功能。雖然這不是現在會實作的功能項目，但也會在未來討論中提出。透過反思「這是誰的工作」，進一步啟發了他們對領域的深層理解。

其中一名開發人員隨後根據這份分析，提出了十分務實的替代方案建議：如果最主要的問題根源是來自於 story 屬性所佔用的大量空間，為什麼不直接針對這點下手呢？比方說，限制 story 的儲存上限，然後增加一個新的 useCaseDefinition 屬性。由於大部分時候都不需要用到 story 的內容，因此可以設計為延遲載入，或是將它建為一個單獨的聚合，僅在需要時載入就好。這的確是打破聚合設計原則的好時機，在系統建模中直接從一個聚合中參照另一個外部聚合，但在物件關聯映射中使用延遲載入的設計。這樣的選擇看來很合理。

該下決定了

不能總是耗在分析上，該下決定了。即使現在做出某個決定，不代表日後情況不同時就不能再改弦易轍。討論太過發散也是阻礙我們實作的其中一項因素。

基於以上所有分析，現階段團隊還是決定暫且不將 Task 與 BacklogItem 分離，畢竟他們也不確定現在就分離的話，額外的開發成本是否值得，遺留了真正的不變量未處理的風險，以及使用者能否接受畫面上顯示的是舊狀態。就他們來看，而現在的聚合設計已經算小了，即使在最糟情況下要載入 50 個物件而非 25 個物件，也還算是一個聚合群集的合理規模。**目前先以特殊的使用情境設定變數作為因應**，既省事也有很多好處；況且風險不高，確定可以正常運作，就算之後決定分離 Task 與 BacklogItem 也一樣可以繼續運作。

而分離聚合的方案，則作為日後有需要時的備案。等到進一步地審視目前的設計方案、執行效能與物件載入測試、了解使用者對最終一致性的接受程度後，再來決定也不遲。如果實際上線後才發現聚合比想像中更大，證明粗估分析結果是錯的，那麼毫無疑問就必須拆分。

如果你是 ProjectOvation 團隊成員，會選擇哪種建模方案呢？不要迴避案例研究中的那種會議討論過程，整個過程其實大概只需要 30 分鐘左右，頂多至 60 分鐘左右，但從中可以對核心領域獲得進一步認知，絕對值得。

實作細節

雖然本章的討論範疇主要聚焦在如何讓實作結果更穩健，但我們還是應該就聚合設計這個主題，全面性地對**實體（第 5 章）**、**值物件（第 6 章）**、**領域事件（第 8 章）**、**模組（第 9 章）**、**工廠（第 11 章）**還有 Repository（第 12 章）進行探討。

以唯一識別值建立作為聚合根的實體

我們要將實體建模為聚合根（Aggregate Root）。先前的建模範例中，Product、BacklogItem、Release 和 Sprint 都可以當作聚合根實體。若決定將 Task 與 BacklogItem 分離，Task 也是一個聚合根實體。

　　經過改善後的 Product 模型，最終呈現如下的聚合根實體樣貌：

```
public class Product extends ConcurrencySafeEntity {
    private Set<ProductBacklogItem> backlogItems;
    private String description;
    private String name;
    private ProductDiscussion productDiscussion;
    private ProductId productId;
    private TenantId tenantId;
    ...
}
```

ConcurrencySafeEntity 類別是一種用於管理代理識別以及加上樂觀鎖機制版本號的分層超級型別 [Fowler, P of EAA]，詳見**實體（第 5 章）**的說明。

不過先前並未談到 ProductBacklogItem 這組神祕的實例，當然這是有特殊目的的。不同於先前提到過的 BacklogItem 物件集合，這是用於維護待辦清單項目排序的。

每個聚合根都必須擁有一個全域唯一識別值，以 Product 來說就是 ProductId 這個值物件，而且這個值物件是與領域相關的識別值，它跟 ConcurrencySafeEntity 的代理識別不一樣。關於領域模型識別值的設計、指派、管理等，參見**實體（第 5 章）**的內容。ProductRepository 的實作中，nextIdentity() 會產生 ProductId 的 UUID 值：

```
public class HibernateProductRepository implements ProductRepository {
    ...
    public ProductId nextIdentity() {
        return new ProductId(java.util.UUID.randomUUID()
            .toString().toUpperCase());
    }
    ...
}
```

只要呼叫 nextIdentity() 方法，用戶端的應用服務就能建立一個具有全域唯一識別值的 Product 聚合：

```
public class ProductService ... {
    ...
    @Transactional
    public String newProduct(
        String aTenantId, aProductName, aProductDescription) {
        Product product =
            new Product(
                new TenantId(aTenantId),
                this.productRepository.nextIdentity(),
                "My Product",
                "This is the description of my product.",
                new ProductDiscussion(
                        new DiscussionDescriptor(
```

```
                            DiscussionDescriptor.UNDEFINED_ID),
                            DiscussionAvailability.NOT_REQUESTED));

        this.productRepository.add(product);

        return product.productId().id();
    }
    ...
}
```

ProductRepository 不僅被應用服務用來生成 Product 的識別值，同時建立並持久儲存 Product 實例；而新 Product 會傳回一個以 String 純字串表示的新 ProductId。

多採用值物件

至於聚合中的其他內容物，則應盡量建模為值物件而非實體。只要是對模型與基礎設施不會造成過多負擔，這種替換完全是可行的，而且會是最好的選擇。

目前的 Product 模型包含了兩個簡單的屬性以及三種值物件屬性。其中 description 與 name 都是 String 型態的屬性，可以全部被替換，而 productId 與 tenantId 值物件則是從生成後就不會再變動的穩定識別值，它們支援間接以識別值參照而不是直接參照物件。而且被參照的 Tenant 聚合物件還不是在同一個 Bounded Context 底下，因此除了以識別值參照，也沒有其他選項了。productDiscussion 則是具有最終一致性的值物件屬性，Product 最初被建立出來時，就會出現建立討論的請求，但討論要過一段時間才會建立，而且是由「協作情境」負責建立。等到另一個 Bounded Context 的建立作業完成以後，才會更新 Product 的識別值與狀態。

ProductBacklogItem 建模為實體而非值物件則是有原因的。如同先前在**值物件（第6章）**中所討論，後端資料庫是透過 Hibernate 介接，因此值物件的集合必須以資料庫實體的方式呈現。以值物件建模的話，即使只是將其中的元素重新排序，都將會造成大量 ProductBacklogItem 實例被刪除與替換掉，將對基礎設施層造成嚴重負擔。但作

為實體的話，只要產品主管覺得有必要，ProductBacklogItem 允許對 ordering 屬性進行任何修改。然而，如果今天是改用 MySQL 這種鍵值儲存方案的話，就可以輕易地將 `ProductBacklogItem` 建為值類別了。因為在鍵值式資料庫或文件式資料庫中，聚合實例通常會經過序列化，轉換為單一的資料值呈現型態後進行保存。

使用迪米特法則與「直說別多問」原則

在實作聚合時，無論是「**迪米特法則**」[Appleton, LoD] 還是「**直說別多問**」[PragProg, TDA] 都能幫助我們，兩者背後都在強調資訊的隱藏。底下從高階觀點來看它們能帶給我們什麼好處：

- **迪米特法則**：這個定律的精神強調「最少知識原則」（principle of least knowledge）。假設今天有一個作為「用戶端」的物件，以及另一個用戶端用以執行系統行為的物件，我們可以將後者視為一個「伺服端」。這個用戶端物件在使用伺服端物件時，對於伺服端的內部結構知道得愈少愈好，像是 attribute、property ——也就是伺服端物件的樣貌；用戶端物件完全不應該知道這些事。只有那些伺服端物件對外宣告在表層的介面，才能提供給用戶端物件去呼叫執行。但無論如何，用戶端物件都不應該接觸到伺服端物件的內部、要求伺服端物件透露內部的情形，甚至對伺服端物件的內部執行命令。即使今天用戶端物件需要以伺服端物件內部的某些資訊來構成一項服務，也不能由用戶端物件直接對這些內部資訊上下其手以達成需求，而是要由伺服端物件提供公開的介面，當被呼叫後，也是透過該介面提供必須的內部資訊。

  簡單總結一下何謂迪米特法則：物件的方法只能呼叫執行以下這幾種途經所得到的方法：(1) 該物件自身的方法、(2) 作為參數傳入的物件的方法、(3) 在該物件內初始化而來的物件的方法、(4) 留存於該物件內可直接存取的其他物件的方法。

- **直說別多問**：此原則意指物件應該被告知要進行什麼操作。所謂的「別多問」在用戶端指的是：用戶端物件不應先詢問伺服端物件內部的資訊，然後根據這些取得的資訊狀態決定要伺服端物件做什麼，而是應該透過伺服端對外公開的介面「告知」伺服端物件做什麼。這條原則的精神其實與迪米特法則類似，但「直說別多問」可能更容易應用在不同的情境中。

現在我們來看看要如何將以上兩條原則運用在 Product 的設計中：

```java
public class Product extends ConcurrencySafeEntity {
    ...
    public void reorderFrom(BacklogItemId anId, int anOrdering) {
        for (ProductBacklogItem pbi : this.backlogItems()) {
            pbi.reorderFrom(anId, anOrdering);
        }
    }

    public Set<ProductBacklogItem> backlogItems() {
        return this.backlogItems;
    }
    ...
}
```

當有需要對 Product 內部留存的 backlogItems 修改狀態時，用戶端物件需要透過 reorderFrom() 方法執行命令；這正是一次良好示範。不過問題來了：backlogItems() 方法也是公開的，是否違反前面我們試圖遵循的原則，將 ProductBacklogItem 實例曝露給用戶端物件了嗎？這個方法的確對外透露了這個集合，但用戶端物件透過這個方法，也只是用於查詢這些實例的資訊而已。由於 ProductBacklogItem 對外公開的介面有限，因此用戶端物件是無法透過這個公開方法，對 Product 內部樣貌有全面性了解。換句話說，用戶端物件僅獲得必要的「最少資訊」而已。就用戶端而言，這個集合實例，可能僅能用於本次操作的情境中，還不一定能代表 Product 物件狀態的資訊。因此用戶端是沒辦法使用這些 ProductBacklogItem 的實例進行可能修改其狀態的操作。ProductBacklogItem 實作如下所示：

```
public class ProductBacklogItem extends ConcurrencySafeEntity {
    ...
    protected void reorderFrom(BacklogItemId anId, int anOrdering) {
        if (this.backlogItemId().equals(anId)) {
            this.setOrdering(anOrdering);
        } else if (this.ordering() >= anOrdering) {
            this.setOrdering(this.ordering() + 1);
        }
    }
    ...
}
```

ProductBacklogItem 變更狀態的行為宣告為 protected 的隱藏方法。因此,用戶端物件根本看不到,更不用說呼叫了;只有 Product 自身才能看到並呼叫這個方法。用戶端物件只能使用透過 Product 公開的 reorderFrom() 命令方法,呼叫該方法後,Product 透過委派的方式,讓內部的 ProductBacklogItem 實例來執行內部的修改。

由於應用這些設計原則,Product 的實作方式限制了外部所能察知的資訊量,不僅使自身易於測試、也易於維護。

迪米特法則和「直說別多問」兩個原則的差別,僅在迪米特法則比「別多問」更加嚴格一些,除了透過聚合根對外公開的方法之外,禁止一切直接接觸到聚合內部的手段。而「直說別多問」允許可以越過聚合根進行存取,但變更聚合狀態的行為僅能由聚合本身執行,不可以由用戶端物件越俎代庖。因此就聚合設計模式的實作而言,「直說別多問」更能廣泛應用。

樂觀鎖

接下來的問題則是,採用了樂觀鎖機制(optimistic concurrency,亦寫作 optimistic lock)的版本號 version 屬性,應該要放在哪裡?當我們在定義聚合時,通常會認為版本編號最安全的歸屬應該就是聚合根實體,每當聚合的一致性邊界「內」有變更狀態的命令被執行(無論是在聚合內多深的階層),就要變動聚合根的這個

版本編號。以此範例而言，Product 擁有一個 version 屬性，每當 describeAs()、initiateDiscussion()、rename() 或 reorderFrom() 等命令被執行時，version 便往上遞增。這樣可以防止其他用戶端物件同時對同一個 Product 的內部屬性進行修改。但，隨著採用的聚合設計不同，這可能會難以管理，甚至沒必要這樣做。

　　假設今天採用 Hibernate，然後修改了 Product 的 name 或 description，又或者加上了 productDiscussion，那麼 version 自然會自動往上遞增。這是理所當然的，因為這些元素由聚合根實體直接持有。但如果 backlogItems 的排序被修改了，我們要怎麼確定 Product 的 version 會增加呢？沒辦法，至少它沒辦法自動遞增。就 Hibernate 的觀點來看，修改 ProductBacklogItem 實例與修改 Product 本身是不同的事情。要解決這個問題，可能的辦法是直接在 Product 的 reorderFrom() 方法中設定某類旗標，或乾脆手動遞增 version：

```
public class Product extends ConcurrencySafeEntity {
    ...
    public void reorderFrom(BacklogItemId anId, int anOrdering) {
        for (ProductBacklogItem pbi : this.backlogItems()) {
            pbi.reorderFrom(anId, anOrdering);
        }
        this.version(this.version() + 1);
    }
    ...
}
```

　　但這樣做也會產生一個問題：即使變更排序的命令並沒有產生影響，但只要呼叫這個方法，Product 勢必會被修改。除此之外，這段程式碼也等同是將基礎設施層的資訊洩漏給了模型，而這是我們在對領域建模時想要極力避免的事情。那麼，該如何是好？

牛仔小劇場

傑哥：「我在想啊，婚姻也是某種樂觀鎖。男人總是樂
　　　觀地以為另一半結婚後永遠不會改變；可是，另
　　　一半也樂觀地認為男人在結婚後就會改變。」

事 實 上， 就 前 面 的 `Product` 及 其 `ProductBacklogItem` 實 例 而 言， 或 許 在
修 改 `backlogItems` 時 根 本 就 沒 必 要 更 動 聚 合 根 的 `version` 編 號。 由 於 這 些
`ProductBacklogItem` 實例本身也是實體，它們可以擁有自身的樂觀鎖 `version` 編號。
如果有兩個用戶端都在修改同一個 `ProductBacklogItem` 實例的排序，後提交變更的用
戶端就會失敗；不過這種情況很少發生，因為通常只有產品主管才有排序產品待辦清
單項目的權限。

不是所有情況都能採用給實體加上版本編號的方法，有時候只能從不變量上要求變
更聚合根的版本編號。要是我們能直接修改聚合根的某個屬性，事情就簡單多了，這
樣凡是聚合內部有變更時，聚合根的屬性就會跟著變動，而 Hibernate 會幫我們把聚
合根的 `version` 增加。這種方法與先前所有 `Task` 實例的剩餘總工時歸零時、`BacklogItem`
狀態必須被變更的情境，正巧不謀而合。

不過，這種方法也無法適用於所有情況。如果是這樣，很可能必須求助於持久性儲
存機制是否有類似綁定觸發的功能，每當 Hibernate 發現某些元件被改變時，就手動
變動聚合根。這種手段本身也存在問題，因為這表示必須在父物件的聚合根實體以及
子元件的物件之間，維護雙向的關係，而且必須能夠讓子元件追溯回聚合根，這樣
Hibernate 發出的事件才能被特定的監聽器接收到。別忘了，在 Evans 著作 [Evans] 中絕
大多數時候都不鼓勵這種雙向關係存在，尤其是這種雙向關係僅僅是為了應對基礎設
施層的樂觀鎖機制。

雖然我們並不願意讓基礎設施層的事務影響建模的決策，但有時就是得在一堆爛蘋果中挑一顆比較沒那麼爛的。當修改聚合根這件事情過於困難或是成本過高，那麼就得認真考慮拆分聚合，讓聚合僅僅只是個聚合根、僅包含簡單的屬性與值物件屬性。當聚合僅由一個根實體組成，不論修改哪個部分，根實體都會被修改到。

　　最後，我們必須知道，當一整個聚合是以單一資料值的方式進行保存，且該資料值可以避免並行衝突的話，那麼前面討論的情境就不是問題了。在 MongoDB、Riak、Oracle 的 Coherence 分散式網格或 VMware 的 GemFire 上可以採用這種方法。舉例來說，當聚合根實作了 Coherence 的 `Versionable` 介面，而它的 Repository 採用了 `VersionedPut` 處理功能，那麼該聚合根始終都會是用於並行衝突檢測的物件。在鍵值式資料庫上可能也提供了類似的功能。

避免依賴注入

在聚合中注入 Repository 或領域服務，通常被視為有害的做法。其動機可能是想直接在聚合內部查找一個相依的物件實例；相依的物件可能是另一個聚合，或多個聚合。在先前提到「以識別值參照其他聚合」的規則時就有說過，這類依賴關係應該是在呼叫聚合執行命令之前，就先將相依的物件都查詢出來，再傳遞進去。離線模式領域模型並不是一種好方法。

　　而對於高作業量、高容量或是有高效能需求的領域來說，往往記憶體用量吃緊、資源回收頻繁，試想如果還要把 Repository 或領域服務實例注入到聚合裡面，會造成多大的負擔？會增加多少額外的物件參照？有些人可能會認為這不足以對執行環境造成負擔，但如果是這樣，那麼或許他們的環境並非這裡所描述的環境。如果可以運用其他設計原則減少這類非必要的負擔就應該要這麼做；像是在執行聚合命令方法前先把相依物件查詢出來、傳遞進去給它。

以上只是在警告避免將 Repository 或領域服務直接注入到聚合實例當中。當然,依賴注入在許多其他設計模式中還是能用的,像是應用服務,將 Repository 或領域服務注入進去就是合理的做法。

本章小結

在本章中,我們看到了遵循聚合設計經驗法則的重要性。

- 你知道了大群聚合建模設計會帶來什麼負面的影響。

- 你學會了如何在一致性邊界內建模真正的不變量。

- 你已清楚小群聚合設計有何好處。

- 你已明白為何應該優先以識別值作為參照其他聚合的方式。

- 你了解到在聚合邊界外部利用最終一致性的重要性。

- 你在實作上學到了各種技巧,像是如何運用「直說別多問」原則與「迪米特法則」。

只要遵循這些聚合設計原則,那麼一致性就不是問題,還能建立具備高效能與高度可擴展的系統,而這一切,都是奠基於業務領域通用語言的精神、謹慎地打造模型。

NOTE

Chapter 11

工廠

> 「我的工廠定是要美侖美奐的！進去吧！
> 不過親愛的孩子們，請千萬留心！
> 別興奮過頭了！保持冷靜！」
>
> ——威利旺卡，《巧克力冒險工廠》（*Charlie and the Chocolate Factory*）

在 DDD 的所有設計模式當中，**工廠**（Factory）大概是其中最為人所知的了；**抽象工廠**（Abstract Factory）、**工廠方法**（Factory Method）、**建造者**（Builder）等設計模式在《*Design Patterns*》[Gamma et al.] 一書中特別被強調。我並沒有要掩蓋這些設計模式或 Evans 在其書 [Evans] 中的建議，本章所關注的是提供讀者適當的範例，作為在領域模型中運用工廠設計模式的指引。

本章學習概要

- 學習工廠設計模式何以能打造出符合**通用語言**（Ubiquitous Language，第 1 章）、具備表述能力的模型。
- 看看 SaaSOvation 團隊如何以工廠方法建立**聚合**（Aggregate，第 10 章）的行為。
- 考慮如何採用工廠方法建立其他類型的聚合實例（instance）。
- 學習如何將域服務設計為工廠，以便與其他 Bounded Context（有界情境，第 2 章）互動，同時將外部物件轉譯為內部能夠使用的類型。

領域模型中的工廠

採用工廠設計模式的主要動機，不外乎以下：

> 「應該將建立複雜物件的實例和 Aggregate 的職責轉移給單獨的物件，這個物件本身可能沒有承擔領域模型中的職責，但它仍是領域設計的一部分。提供一個封裝所有複雜組合操作的介面，而且這個介面不需要客戶引用要被產生實體的物件的具體類別。在建立 Aggregate 時要把它作為一個整體，並確保它滿足固定規則。」（Evans 著作《領域驅動設計》；中譯本 P136，原文書 P138）

這個工廠在領域模型中，很可能就只是負責建立物件、沒有承擔其他的職責；這種只是為了建立特定型別聚合物件而存在的物件，我們一般也不會想要再賦予給它其他職責，更不用說將其視為模型中的重要組成。因此，它就只是個「工廠」。而在一個聚合根中，提供了一種「工廠方法」，用以產生另一個型別聚合或內部元件的實例，其主要責任在於執行主要的聚合行為，而工廠方法僅為其中之一。

後者是本書範例比較常討論運用的。雖然本書範例所展示的聚合大多都並不複雜，但在聚合建立過程中，依舊有一些重要的細節必須受到保護，否則可能會出現錯誤的狀態。以多租戶環境的需求為例，租戶間的隱私資料是必須被隔離開來且保密的；如果聚合建立在錯誤的租戶名下（指定了錯誤的 TenantId），後果將不堪設想。在特定的聚合根中妥善運作工廠方法設計模式，便可確保租戶識別值與其他關聯資料都有正確建立。同時，這也能簡化用戶端的操作，僅需傳入基本參數——通常是**值物件（Value Object，第 6 章）**——便可完成物件的建立，於此同時我們也可對用戶端隱藏建立的細節。

除此之外，原本僅透過建構子方法不足以表述的，也可以藉由採用工廠方法在聚合中以通用語言表述出來。將通用語言與行為方法結合來強化其表述能力，是運用工廠方法的額外好處。

牛仔小劇場

寶弟：「我待過一家做消防栓的工廠，你在工廠附近根本找不到停車位。」

本書的某些 Bounded Context 範例中，也的確存在物件建立過程較為複雜的情況，像是**整合 Bounded Contexts**（Integrating Bounded Contexts，**第 13 章**），而**服務**（Service，**第 7 章**）就扮演了工廠的角色，以產生各種類型的聚合與值物件。

而當需要在一個類別階層建立不同類型的物件時，你會發現「抽象工廠」特別好用；這是典型的應用場景。用戶端僅僅需要傳入一些基本參數，工廠會決定必須建立的物件實際型別。我並未在本書的範例中安排特定領域的類別階層，因此也不會在本章講解到這類運用，如果讀者將來在領域建模遭遇到這類情境，可以參考 Repository（**資源庫，第 12 章**）的相關內容，以便具備充分的認知去應對任務。如果你決定在設計中使用類別階層，那麼請先對可能遇到的困境和挑戰做好心理準備。

聚合根中的工廠方法

在本書所舉的三種 Bounded Context 範例中，全都在聚合根實體運用了工廠設計模式，盤點如表 11.1 所示。

表 11.1　聚合中的工廠方法總覽

Bounded Context	聚合	工廠方法
身分與存取情境	Tenant	offerRegistrationInvitation()
		provisionGroup()
		provisionRole()
		registerUser()
協作情境	Calendar	scheduleCalendarEntry()
	Forum	startDiscussion()
	Discussion	post()
敏捷式專案管理情境	Product	planBacklogItem()
		scheduleRelease()
		scheduleSprint()

　　筆者曾於**聚合（第 10 章）**內容中簡短討論過 Product 中的工廠方法運用，例如，聚合的 planBacklogItem() 方法用於建立新的 BacklogItem，並將它傳回用戶端。

　　接下來就來看看運用在「協作情境」的三種工廠方法。

建立 CalendarEntry 實例

首先來看設計面。這個是在 Calendar 類別中，用於建立 CalendarEntry 實例的工廠，讓我們跟著 CollabOvation 團隊去看看他們是怎麼實作的。

底下是開發時所使用的測試案例，從中可以看出在 Calendar
中該如何使用工廠方法：

```java
public class CalendarTest extends DomainTest {
    private CalendarEntry calendarEntry;
    private CalendarEntryId calendarEntryId;
    ...
    public void testCreateCalendarEntry() throws Exception {

        Calendar calendar = this.calendarFixture();

        DomainRegistry.calendarRepository().add(calendar);

        DomainEventPublisher
            .instance()
            .subscribe(
                new DomainEventSubscriber < CalendarEntryScheduled > () {
                    public void handleEvent(
                            CalendarEntryScheduled aDomainEvent) {
                        calendarEntryId = aDomainEvent.calendarEntryId();
                    }
                    public Class < CalendarEntryScheduled > subscribedToEventType() {
                        return CalendarEntryScheduled.class;
                    }
                });

        calendarEntry =
            calendar.scheduleCalendarEntry(
                DomainRegistry
                    .calendarEntryRepository()
                    .nextIdentity() new Owner(
                    "jdoe",
                    "John Doe",
                    "jdoe@lastnamedoe.org"),
```

```
                "Sprint Planning",
                "Plan sprint for first half of April 2012.",
                this.tomorrowOneHourTimeSpanFixture(),
                this.oneHourBeforeAlarmFixture(),
                this.weeklyRepetitionFixture(),
                "Team Room",
                new TreeSet < Invitee > (0));

        DomainRegistry.calendarEntryRepository().add(calendarEntry);

        assertNotNull(calendarEntryId);
        assertNotNull(calendarEntry);
        ...
    }
}
```

使用時，會向 scheduleCalendarEntry() 方法傳入 9 個參數，但實際上，
CalendarEntry 的建構子方法中需要 11 個參數（這也是運用工廠設計模式的好處之一，
我們後面會提到）。建立出新的 CalendarEntry 後，用戶端必須將它存到 Repository，
否則新建的實例會被廢棄並資源回收。

其中第一條斷言（assertion）所講的，是事件發布內容中的 CalendarEntryId 不可為
null 空值，才能代表事件成功發布。測試中所要表達的不是 Calendar 的直接用戶端會訂
閱這則事件，而是呼叫工廠方法會導致 CalendarEntryScheduled 事件確實發布出去了。

當然，新建的 CalendarEntry 實例也不能是 null 空值。我們是可以為此再增加斷言作
為驗證，不過這裡只是要說明工廠方法設計模式的運用方式以及用戶端如何使用，因此
只要這兩條就夠了。

以下就是工廠方法的實作：

```
package com.saasovation.collaboration.domain.model.calendar;

public class Calendar extends Entity {
    ...
    public CalendarEntry scheduleCalendarEntry(
            CalendarEntryId aCalendarEntryId,
            Owner anOwner,
```

```
                String aSubject,
                String aDescription,
                TimeSpan aTimeSpan,
                Alarm anAlarm,
                Repetition aRepetition,
                String aLocation,
                Set < Invitee > anInvitees) {
        CalendarEntry calendarEntry =
            new CalendarEntry(
                    this.tenant(),
                    this.calendarId(),
                    aCalendarEntryId,
                    anOwner,
                    aSubject,
                    aDescription,
                    aTimeSpan,
                    anAlarm,
                    aRepetition,
                    aLocation,
                    anInvitees);

        DomainEventPublisher
            .instance()
            .publish(new CalendarEntryScheduled(...));

        return calendarEntry;
    }
    ...
}
```

Calendar 新建了一個名為 CalendarEntry 的聚合，CalendarEntryScheduled 事件發布後，這個新的實例會被回傳給用戶端（不過事件的細節不是此處的重點，因而略過）。你可能注意到了，工廠方法的開頭少了本應有的防禦性語句（guard）。這是因為每個值物件參數的建構子、CalendarEntry 的建構子方法以及建構子所委派的 setter 方法都已經提供需要的保護措施，因此保護工廠方法是沒必要的；請參考**實體**（Entity，**第 5**

章）一章。關於建構子方法內部委派與防禦性語句的小節，以獲得進一步了解。當然你還是可以重工、再多加一道保險的防禦性語句。

開發團隊根據通用語言來為這個工廠方法命名，領域專家則與團隊成員一同參與如下的情境討論：

在行事曆上安排行事曆項目

如果工廠方法的設計只採用 CalendarEntry 的一個公開建構子，那麼將大大地減弱模型的表述能力，也就無法將領域中那部分的用語具體建模出來。因此，在採用這種設計模式時，聚合的建構子方法是必須對用戶端隱藏起來的。就以本範例而言，我們把建構子方法宣告為 protected，強制用戶端必須透過 Calendar 的 scheduleCalendarEntry() 工廠方法才能取得這個物件：

```
public class CalendarEntry extends Entity {
    ...
    protected CalendarEntry(
        Tenant aTenant, CalendarId aCalendarId,
        CalendarEntryId aCalendarEntryId, Owner anOwner,
        String aSubject, String aDescription, TimeSpan aTimeSpan,
        Alarm anAlarm, Repetition aRepetition, String aLocation,
        Set < Invitee > anInvitees) {
        ...
    }
    ...
}
```

雖然工廠方法運用得當可以帶來好處，像是減輕用戶端的負擔、充實模型的表述能力等，但 Calendar 的工廠方法卻也同時造成了些微的效能影響。比方說，在建立 CalendarEntry 之前，就得先從持久性儲存中取得 Calendar 聚合。不過，這一點影響可能還在可接受範圍內，但隨著 Bounded Context 的業務工作量增加，開發團隊得重新衡量它所帶來的後果了。

　　採用工廠的另一個好處是，我們發現 CalendarEntry 建構子方法需要的其中兩個參數不必從用戶端傳入。原先必須傳入 11 個參數，而此設計減輕了用戶端的負擔，只要傳入 9 個就夠了，而且對用戶端來說大部分都不難建立。雖然 Invitee 實例的集合看起來還是有點麻煩，但這並非工廠方法的問題，團隊應該要思考如何更有效產出這個集合，而這很可能意味著建立一個專用的工廠。

　　只有工廠方法能夠設置 Tenant 與相關的 CalendarId 這兩個參數值。藉由這種委派的方式，我們可以確保，CalendarEntry 實例是在正確 Tenant 和相關聯的 Calendar 下所建立的。

　　再來看看「協作情境」中的另一個案例。

建立 Discussion 實例

我們這次來看看 Forum 當中的工廠方法運用。這裡的動機與實作方法與 Calendar 相去無幾，因此就不再重複對細節的描述。但在這個實作過程中，卻發現了一項額外的好處：

底下是 Forum 當中以通用語言命名的 startDiscussion() 工廠方法：

```
package com.saasovation.collaboration.domain.model.forum;

public class Forum extends Entity {
    ...
    public Discussion startDiscussion(
            DiscussionId aDiscussionId,
            Author anAuthor,
            String aSubject) {
        if (this.isClosed()) {
            throw new IllegalStateException("Forum is closed.");
        }

        Discussion discussion = new Discussion(
```

```
                this.tenant(),
                this.forumId(),
                aDiscussionId,
                anAuthor,
                aSubject);

        DomainEventPublisher
            .instance()
            .publish(new DiscussionStarted(...));
        return discussion;
    }
    ...
}
```

這個工廠方法不只是用於建立 Discussion 而已，同時也會協助檢查，防止在 Forum 已關閉的情況下建立 Discussion。由於 Forum 提供 Tenant 和相關的 ForumId，因此用戶端建立 Discussion 時只需傳入 5 個參數中的 3 個即可。

這個工廠方法同時也能表達「協作情境」中的通用語言。團隊透過 Forum 中的 startDiscussion() 設計，具體地表達出領域專家的想法：

> 發文者在論壇中開啟了討論串。

於是便能簡化用戶端的使用為：

```
Discussion discussion = agilePmForum.startDiscussion(
    this.discussionRepository.nextIdentity(),
    new Author("jdoe", "John Doe", "jdoe@saasovation.com"),
    "Dealing with Aggregate Concurrency Issues");
assertNotNull(discussion);
...
this.discussionRepository.add(discussion);
```

就是如此簡單，而這就是我們在領域建模時努力追求的目標。

　　這類工廠方法可以根據需要重複地使用。我認為這些範例已然充分證明了，在聚合中採用工廠方法，能夠有效表達出領域中的通用語言、減輕用戶端在建立聚合實例時的負擔，並確保它們以正確的狀態建立。

服務中的工廠

把服務作為工廠角色運用，大多是與**整合 Bounded Contexts（第 13 章）**的需求相關，因此筆者會將大部分討論留待該章再細說分明。在該章節中，我們會聚焦於將**防護層**（Anti-Corruption Layer，第 3 章）、**公開發布的語言**（Published Language，第 3 章）以及**開放主機服務**（Open Host Service，第 3 章）整合在一起。至於本章，筆者會著重在探討工廠模式本身以及如何將服務作為工廠來運用。

我們來看看團隊在「協作情境」中的另一個例子。這是一個以 CollaboratorService 形式呈現的工廠，會根據租戶與使用者的識別值建立 Collaborator 實例：

```
package com.saasovation.collaboration.domain.model.collaborator;

import com.saasovation.collaboration.domain.model.tenant.Tenant;

public interface CollaboratorService {

    public Author authorFrom(Tenant aTenant, String anIdentity);

    public Creator creatorFrom(Tenant aTenant, String anIdentity);
```

```
    public Moderator moderatorFrom(Tenant aTenant, String anIdentity);

    public Owner ownerFrom(Tenant aTenant, String anIdentity);

    public Participant participantFrom(
            Tenant aTenant,
            String anIdentity);
}
```

　　這個領域服務的作用是將「身分與存取情境」的物件轉譯到「協作情境」中。就如先前在 Bounded Context（第 2 章）內容中所描述，CollabOvation 團隊討論牽涉到協作時，並不會提及「使用者」（user），因為在協作領域中會以「發文者」、「版主」、「參與者」等身分來討論。為此，開發團隊需要透過領域服務和「身分與存取情境」互動，將該領域模型內的使用者和角色的物件，轉譯為自己模型情境中相應的協作身分物件。

　　由於實作 Collaborator 抽象類別的物件都是透過領域服務來產生的，可以說這個領域服務等同於工廠的角色。我們從其中一個方法介面實作來觀看當中的細節：

```
package com.saasovation.collaboration.infrastructure.services;

public class UserRoleToCollaboratorService
        implements CollaboratorService {

    public UserRoleToCollaboratorService() {
        super();
    }

    @Override
    public Author authorFrom(Tenant aTenant, String anIdentity) {
        return (Author)
            UserInRoleAdapter
                .newInstance()
                .toCollaborator(
                        aTenant,
                        anIdentity,
                        "Author",
                        Author.class);
```

```
        }
        ...
}
```

由於這算是技術面上的實作，因此該類別被放置於基礎設施層的一個**模組**（Module，第 9 章）中。

此實作會藉由 UserInRoleAdapter 把一個 Tenant 以及識別值（即使用者名稱）轉換為一個 Author 類別的實例。這個**轉接器**（Adapter，[Gamma et al.]）會和「身分與存取情境」中的開放主機服務互動，確認該名使用者具有名為「Author」的角色。如果檢查無誤，那麼轉接器就會將作業委派給 CollaboratorTranslator 類別，將原本整合情境下公開發布的語言所生成的回應，轉譯為本地模型中 Author 類別的實例。這裡的 Author 以及其他 Collaborator 的子類別，都是簡單的值物件：

```
package com.saasovation.collaboration.domain.model.collaborator;

public class Author extends Collaborator {
    ...
}
```

撇開建構子、equals()、hashCode() 與 toString() 等方法不談，每個子類別都具備 Collaborator 中所有的狀態與行為：

```
package com.saasovation.collaboration.domain.model.collaborator;

public abstract class Collaborator implements Serializable {
    private String emailAddress;
    private String identity;
    private String name;

    public Collaborator(
            String anIdentity,
            String aName,
            String anEmailAddress) {
        super();
        this.setEmailAddress(anEmailAddress);
```

```
        this.setIdentity(anIdentity);
        this.setName(aName);
    }
    ...
}
```

在「協作情境」中，會以 username 作為 Collaborator 的 identity 屬性，而 emailAddress 與 name 是單純的 String 實例。開發團隊決定盡可能地保持領域概念的單純，例如：使用者名稱會以全名的統文字形式呈現。透過以服務形式呈現的工廠，我們得以將兩個不同 Bounded Context 之間的生命週期還有用語劃分開來。

UserInRoleAdapter 與 CollaboratorTranslator 內部的複雜度也得到了一定程度的控制。簡而言之，UserInRoleAdapter 僅負責與外部 Bounded Context 之間的溝通，而 CollaboratorTranslator 則僅負責轉譯並建立產出而已。更多細節請參閱**整合 Bounded Contexts（第 13 章）**的說明。

本章小結

在本章中，我們檢視了 DDD 中採用工廠設計模式的理由，以及如何運用在模型中。

- 你學到了工廠設計模式是如何幫助我們更貼近領域中通用語言的概念，打造出具備表述能力的模型。

- 你看到了兩種工廠方法被實作為聚合的行為。

- 你也了解到如何透過工廠方法來建立其他種類的聚合實例，同時確保產出的結果正確、不使重要的敏感資訊外洩。

- 你還學會如何將領域服務設計成工廠，甚至於與其他 Bounded Context 互動並將外部物件轉譯為內部概念。

接下來的的章節中我們將看到，如何透過 Repository 設計兩種主流的持久性儲存機制，並考量各種不同的實作方案。

NOTE

Chapter 12

Repository

所謂的 repository（資源庫）通常指的是一個存放資源的地點，而且能夠安全保護存放的物件。當你把一樣東西放進這樣的儲藏庫裡之後要再拿出來使用時，你會希望它跟之前放進去時的狀態一模一樣，然後你很可能在某個時間點決定把這個東西從儲藏裡移除掉。

這其實就是 DDD 對於 Repository 的基本原則。當我們把一個**聚合（Aggregate，第 10 章）**實例（instance）放入 Repository、之後再從 Repository 中將同一個實例取出時，也會預期取出的是相同物件。如果我們修改了先前存於 Repository 的聚合實例，那麼這個變更也會被保存下來。若你從 Repository 中將某個實例移除，從那個時間點之後就不能再從 Repository 取得該實例了。

> 「為每種需要全域存取的物件類型建立一個物件，這個物件相當於『該類型的所有物件』在記憶體中的一個集合的『替身』。透過一個眾所皆知的全域介面來提供存取。提供增加和刪除物件的方法⋯提供根據具體條件來挑選物件的方法，並回傳『屬性值滿足查詢準則』的物件或物件集合⋯只為那些確實需要直接存取的 Aggregate 根提供 Repository。」
> （Evans 著作《領域驅動設計》；繁中版 P150，原文版 P151）

這些類似集合的物件都涉及到持久性。每一個要持久保存的聚合型別，都會有一個對應的 Repository。一般而言，聚合的型別與 Repository 之間存在著一對一的關係；然而，有時也是會有兩種或多種不同聚合共享相同的物件階層結構，因此可以共用同一個 Repository。本章中將會對這兩種情況進行說明。

本章學習概要

- 學習兩種不同的 Repository 有何差異，以及選用的理由。
- 看看如何在 Hibernate、TopLink、Coherence、MongoDB 上實作 Repository。
- 了理為何會需要在 Repository 介面上添加額外的行為。考慮在使用 Repository 時交易所扮演的角色是什麼。
- 清楚認知當有型別階層關係時，設計 Repository 可能遇到的挑戰。
- 分辨 Repository 與**資料存取物件**（Data Access Object，[Crupi et al.]）之間的基本差異。
- 考慮一些測試 Repository 的方法，以及如何運用 Repository 進行測試。

嚴格來講，只有聚合才會需要 Repository。如果讀者在一個 **Bounded Context（有界情境，第 2 章）**中並未採用聚合設計模式，其實就不需要用到 Repository 模式了。對於**實體（Entity，第 5 章）**而言，如果你直接根據需要而不是按照特定的設計模式（如聚合交易階段邊界）來擷取和使用實體，那麼你可以考慮不使用 Repository。然而，對那些不重視 DDD 原則精神的開發人員來說，這些設計模式只是一種技術選項而已，因此可能會選擇 Repository 來實作而不是資料存取物件。此外，還有些人覺得，比起 Repository，直接利用持久性機制（通常指資料庫）的 Session（工作階段）或是採用 Unit of Work（工作單元，[P of EAA]）設計模式會更好。這不是在建議讀者要避免採用聚合，實際上，反而是要鼓勵大家多多採用。不過，這還是取決於你所面對的情況而定。

就筆者個人而言，Repository 的設計大致可分為兩類：一類是屬於「集合導向」（collection-oriented）的設計，另一類則屬於「持久性導向」（persistence-oriented）的設計。有些情況適合採取集合導向的設計、有些時候則適合採用持久性導向的設計。我首先要討論，何時使用以及如何運用集合導向的 Repository，之後再討論持久性導向的應用。

集合導向 Repository

集合導向的 Repository 設計，可以說是較傳統的設計概念，因為它體現了初始 DDD 設計模式中的基本精神；也就是模擬了集合的操作行為，或至少模擬了部分在集合介面上看到的操作。此類 Repository 介面，根本無法察覺到持久性技術的底層存在，從而避免出現任何將資料存入或寫入儲存區的表述。

但這樣的設計方法需要底層持久性機制提供某種特殊的支援，因此有可能並不適用於你的情境。如果預定採用的持久性機制無法滿足實作集合導向 Repository 的條件，那麼請參考後面的小節。我在底下列出我個人認為在什麼情況下使用集合導向 Repository 是最好的，但在此之前，請容我先提供一些基礎的背景知識。

讓我們設想一下標準的集合介面是如何運作的。在 Java、C# 或大多數其他物件導向程式語言中，物件會被加入到集合中，並且在從集合中被移除之前都會留存在這個集合裡面。當有需要變更集合內物件的狀態時，我們只需要從集合取得該特定物件的參照、透過參照對該物件進行修改、改變物件的狀態即可；不需要特地採取任何特殊操作才能讓集合識別到對其內含物件的修改。該物件始終由集合持有，只是物件的狀態在修改前後不同而已。

讓我們進一步以範例來說明。以 java.util.Collection 的標準介面為例：

```
package java.util;

public interface Collection...{
    public boolean add(Object o);
    public boolean addAll(Collection c);
    public boolean remove(Object o);
    public boolean removeAll(Collection c);
    ...
}
```

當我們想往集合中加入物件時，會呼叫 add() 方法；如果要移除同一個物件，就會將該物件的參照傳給 remove() 方法。底下的測試是一個可以存取 Calendar 實例的新建空集合：

```
assertTrue(calendarCollection.add(calendar));

assertEquals(1, calendarCollection.size());

assertTrue(calendarCollection.remove(calendar));

assertEquals(0, calendarCollection.size());
```

夠簡單對吧？而在集合家族中，與我們接下來要討論的 Repository 模擬行為較為接近的，則是 java.util.Set 以及實作了此介面的 java.util.HashSet 類別。每個加入到這個 Set 集合的物件，都必須是唯一、不重複的；如果試圖將已經存在於集合中的物件再次添加進去，是不會被加入的，因為該物件已經存在其中了。換句話說，你不需要重複添加相同的物件，重複添加並不會保存你對它先前所做的修改而導致該物件的狀態改變。底下的測試斷言驗證了這一點，多次添加相同物件對集合沒有任何影響：

```
Set<Calendar> calendarSet = new HashSet<Calendar>();

assertTrue(calendarSet.add(calendar));

assertEquals(1, calendarSet.size());

assertFalse(calendarSet.add(calendar));

assertEquals(1, calendarSet.size());
```

以上的斷言語句全部都能通過測試，原因是，雖然同一個 Calendar 實例被加入兩次，但第二次加入並不會使 Set 的狀態改變；此特性同樣也體現在集合導向設計的 Repository 上。如果我們將一個 calendar 的聚合實例加入集合導向設計的 CalendarRepositoryRepository 中，第二次加入不會造成任何影響。每個聚合的**根實體**（Root Entity，**第 5 章**、**第 10 章**）都擁有唯一一個全域識別值，使得集合導向的 Repository 得以避免重複添加同一個聚合實例。

因此，在實作集合導向設計的 Repository 之前，了解它所模擬的集合（Set）運作原理是很重要的。無論背後採用的實際持久性技術為何，都不可以將同一個物件的實例重複加入。

另一個要點是，對於 Repository 已經持有的物件，即使修改過後也不需要「重新存入」Repository 中。再回想一次，平常是如何修改集合中的物件？不就只是從集合中取得要修改的物件之參照，然後呼叫某個命令方法、命令該物件執行某種會變動自身狀態的行為。很簡單，對吧？

集合導向 Repository 的重點摘要

Repository 要模擬的對象是 Set 集合的行為模式。無論後端實際的持久性機制實作技術為何，都不應該允許同一個物件的實例「重複加入」到 Repository 中。此外，從 Repository 取得物件並修改後，也不需要「再次存回」Repository 中。

為了舉例說明，假設我們先擴展（extend）一個標準的 java.util.HashSet 類別，然後在其中加入一個特定型別物件的方法，讓我們可以根據唯一識別值來查找特定的物件實例。為了辨別，將這個擴展後的子類別命名為 CalendarRepository，但實際上只是一個存在記憶體空間的 HashSet 而已：

```
public class CalendarRepository extends HashSet {
    private Set < CalendarId, Calendar > calendars;
    public CalendarRepository() {
        this.calendars = new HashSet < CalendarId, Calendar > ();
    }

    public void add(Calendar aCalendar) {
        this.calendars.add(aCalendar.calendarId(), aCalendar);
    }

    public Calendar findCalendar(CalendarId aCalendarId) {
        return this.calendars.get(aCalendarId);
    }
}
```

我們一般不會為了建立 Repository 而真的去擴展 HashSet，這裡只是為了要舉例說明。好的，回到範例上，現在我們可以往這個集合中加入 Calendar 實例，然後再進行查找，命令它執行變更狀態的行為：

```
CalendarId calendarId = new CalendarId(...);
Calendar calendar =
    new Calendar(calendarId, "Project Calendar", ...);
CalendarRepository calendarRepository = new CalendarRepository();
calendarRepository.add(calendar);

// 之後…

Calendar calendarToRename =
    calendarRepository.findCalendar(calendarId);

calendarToRename.rename("CollabOvation Project Calendar");
```

```
// 再之後…

Calendar calendarThatWasRenamed =
    calendarRepository.findCalendar(calendarId);

assertEquals("CollabOvation Project Calendar",
    calendarThatWasRenamed.name());
```

請注意，這裡的 `calendarToRename` 參照了一個 Calendar 實例，我們命令它對自身重新命名來進行修改；隨後，在命名的行為執行完成後，該實例的名稱確實已變更為修改之後的名稱了。這個過程中，我們完全沒有呼叫 `HashSet` 的子類別 `CalendarRepository` 去執行將 Calendar 實例存回 Repository 的行為。為什麼 `CalendarRepository` 沒有 `save()` 方法？因為根本沒有必要。在我們透過 `calendarToRename` 參照對 Calendar 實例進行修改後，沒必要再多一個動作將狀態存檔，因為集合始終都持有對該物件的參照，修改是直接透過參照反應在物件身上。

最重要的是，集合導向 Repository 在模擬集合行為模式上，無論如何，都不可以讓底層技術細節透過公開介面洩漏給用戶端知悉。因此我們的目標是，在設計與實作具備了 `HashSet` 性質的集合導向 Repository 時，表面上還是要看起來如同一個存放資料的倉儲。

讀者可能想像得到，要做到這種行為模式，需要底層持久性機制提供一定的支援；換句話說，要能夠在某種程度上，背地裡追蹤每一個持久性物件的變更狀態。這類技術有很多種實現方式，包含以下這兩種：

1. **暗中於讀取時複製**（Implicit Copy-on-Read，[Keith & Stafford]）：持久性機制會在從資料儲存區內取得持久性物件時，暗中建立一個複本，而後當用戶端提交時，再將用戶端手上的物件與先前暗中建立的複本進行比對。詳細的過程如下：首先對持久性機制發出請求，查詢取得物件，該持久性機制會回傳物件到用戶端，同時對整個物件建立複本（延遲載入的部分則是到後面要載入時才會建立複

本）。接著交易階段開始，直到提交時，持久性機制會把載入物件的複本跟用戶端的進行比對；偵測到有變更的物件就會進一步被寫入資料儲存區。

2. **暗中於寫入時複製**（Implicit Copy-on-Write，[Keith & Stafford]）：持久性機制會透過一個代理機制來管理這些被載入的持久性物件。當從資料儲存區加載物件時，會先建立一個輕量的代理物件並把它交給用戶端。而用戶端則是在毫不知情的情況下對代理物件觸發行為，代理物件進而將這些操作傳遞到實際的物件，執行相應的行為。而當代理被觸發時，首先會對這個持久性機制管理的真實物件複製一個複本，以此追蹤該物件的變更狀態；如有變更，就將其標記為「dirty」（代表被修改過）。當交易被提交時，持久性機制會檢查所有被標記「dirty」的物件，並將這些物件的修改狀態更新進去。

以上這兩種做法的差異與優缺點各有不同，如果在你評估後採用了其中一種方法，之後卻發現效果不佳，那麼你就應該要更仔細去考量。當然，也可以依據你的偏好做選擇，但背後的風險就需要你去承擔了。

　不過這類機制最大的好處就是，能夠暗中協助我們追蹤持久性物件的變更狀態，不需要用戶端去處理。而重點在於，凡是這類持久性機制技術（例如 Hibernate）**都可以協助我們建立傳統的集合導向 Repository**。

　話雖如此，即使有了支援「暗中以複本做變更追蹤的持久性機制」技術（如 Hibernate），但也會有不適合或不想要採用集合導向 Repository 設計的情況。假使是對系統效能有著高要求的業務領域、且隨時有大量物件存在於記憶體空間中，這類機制反而會在記憶體與執行效能上造成嚴重的負擔。在這種情況下，就要慎重考慮是否還要採用集合導向 Repository 的設計。不過 Hibernate 的適用範圍很廣，所以也不要因為筆者在這邊的警告而就此卻步了。不論要使用什麼工具，本來就應該要全盤了解、充分權衡背後的優缺點。

牛仔小劇場

寶弟：「之前我的狗身上長蟲時，獸醫開了一些
　　　　Repository（suppository- 栓劑的諧音）給牠。」

考慮到這一點，或許會讓你想到，利用效能較佳的物件關聯映射工具來輔助這類集
合導向式 Repository，像是 Oracle 的 TopLink 以及 EclipseLink。TopLink 與 Hibernate
的「Session」不同，它提供的是一種稱為「Unit of Work」的機制。不過 TopLink 並
未在讀取時實作「暗中於讀取時複製」，而是「**寫入前明確地建立複本**」（Explicit
Copy-before-Write，[Keith & Stafford]）；所謂的「明確」指的是用戶端必須明確地告
知 Unit of Work 即將有變更發生，而 Unit of Work 才能在收到通知後先複製領域物件，
以便為變更做好準備（在該機制中又被稱為「edit 編輯模式」；本章後面會再提到）。
這邊的重點在於，TopLink 僅會在有實際變更物件狀態需求時額外佔用記憶體空間。

Hibernate 的實作

集合導向或持久性導向的 Repository，在實作時主要都是兩個步驟：定義對外公開的介
面，以及至少一個實作類別。

就實作集合導向式 Repository 來說，首先要定義一個介面，用於模擬集合的行為模式；
接著再透過背後的持久性儲存技術（例如 Hibernate）實作這些行為。而介面上最常見
到的方法，如下面範例所示：

```
package com.saasovation.collaboration.domain.model.calendar;

public interface CalendarEntryRepository {
    public void add(CalendarEntry aCalendarEntry);
    public void addAll(
```

```
            Collection < CalendarEntry > aCalendarEntryCollection);
    public void remove(CalendarEntry aCalendarEntry);
    public void removeAll(
            Collection < CalendarEntry > aCalendarEntryCollection);
    ...
}
```

將這個介面定義和相關的聚合型別放在同一個**模組（Module，第 9 章）**下；以這個範例而言，就是將 CalendarEntryRepository 跟 CalendarEntry 放在同一個模組（以 Java 程式語言來說就是指同一個 package）底下。至於實作類別我們則另有安排，這部分稍後會說明。

CalendarEntryRepository 介面中的方法，與一般在集合（例如標準的 java.util. Collection）中看到的類似。要往 Repository 中新加入一個 CalendarEntry 實例，可以呼叫 add() 方法；若要加入多個實例就使用 addAll() 方法。實例添加以後會存入背後的資料庫，加入後僅能藉由唯一識別值來取出。與加入方法相對的則是 remove() 與 removeAll() 方法，分別是從集合中移除一個或多個實例。

就個人意見而言，筆者並不是很喜歡市面上這些技術成熟的集合，在呼叫方法後的 Boolean 布林值回傳設計；因為在某些情況下，即使從回傳值那邊收到了 true 值的回應，也不代表真的成功加入物件了，實際的變更可能還是要等到後續操作成功提交到資料儲存區才算正式生效。因而就 Repository 的設計而言，void 的無回傳值反而更能代表真實情況。

此外，在單一交易階段作業中，一口氣加入或移除多個聚合實例，有時候並不是合適的做法。遇到這種情形時，不要在 Repository 中加入 addAll() 或 removeAll() 的方法宣告；說到底，這類方法只是提供一個方便之門而已。就用戶端的觀點來看，大可以用一個迴圈去遍歷手上需要執行加入或移除的實例集合，然後逐個觸發 addAll() 或 removeAll() 方法。因此，刪除 addAll() 與 removeAll() 方法並不影響 Repository 的能力，僅僅代表設計層面上的一項原則而已，除非我們有辦法去檢查交易階段中是否存

在加入或移除多個物件的動作。但這樣做會變成需要對每一次交易建立一個 Repository 來應對，而這可是很耗費資源與效能的；因此，我不會做進一步的討論。

　　應用程式的使用情境也有可能出埌那種聚合實例一旦寫入就不被允許移除的情形。像是作為參考資料、歷史記錄之類的需求，導致物件存入後就必須一直持有、直到應用服務的業務情境確認不再需要為止；使得物件移除變得十分困難甚至無法移除。雖然從業務觀點來看，試圖移除物件是不應該、不好的，甚至於違反規定，但還是可以將這些聚合實例標記為「disabled」（停用）、「unusable」（不可使用），或是從領域的角度進行「邏輯移除」（logically removed」）。換句話說，可以從 Repository 的公開介面定義中刪掉移除物件的方法，或者在實作移除方法時，改為將該聚合實例的狀態標記為不可用，也可以從程式上把關來避免物件遭到移除，防止任何試圖移除物件的行為發生。要採取何種做法，端看你的抉擇，但最簡單的方法還是乾脆禁止移除。畢竟只要在對外公開介面上宣告了一個方法，通常表示這個方法是「可用的」；若公開介面規則允許移除但邏輯上卻不允許移除的話，那麼你應該考慮從邏輯層面上進行移除（標記法），而不是從系統中實際移除它。

　　除了加入、移除之外，Repository 介面另一個重要的部分就是查找方法：

```
public interface CalendarEntryRepository {
    ...
    public CalendarEntry calendarEntryOfId(
            Tenant aTenant,
            CalendarEntryId aCalendarEntryId);
    public Collection < CalendarEntry > calendarEntriesOfCalendar(
            Tenant aTenant,
            CalendarId aCalendarId);
    public Collection < CalendarEntry > overlappingCalendarEntries(
            Tenant aTenant,
            CalendarId aCalendarId,
            TimeSpan aTimeSpan);
}
```

第一個 `calendarEntryOfId()` 方法宣告是讓我們可以根據 `CalendarEntryId` 這個作為唯一識別值的型別物件，取得特定的 `CalendarEntry` 聚合實例。第二個 `calendarEntriesOfCalendar()` 方法，則是讓我們根據某個 `Calendar` 物件的唯一識別值，取回整個集合的 `CalendarEntry` 實例。最後一個 `overlappingCalendarEntries()` 方法，是根據某個 `Calendar` 物件的唯一識別值以及 `TimeSpan` 參數作為條件，取回所有 `CalendarEntry` 實例的集合；也就是說，這個方法可以用來查詢且取得某個時間範圍內的所有行事曆項目。

最後，或許你想問：要如何給 `CalendarEntry` 安排全域唯一識別值？這項機制其實可以藉由 Repository 達成：

```
public interface CalendarEntryRepository {
    public CalendarEntryId nextIdentity();
    ...
}
```

凡是要新建 `CalendarEntry` 實例，就透過 `nextIdentity()` 方法取得一個新的 `CalendarEntryId` 實例：

```
CalendarEntry calendarEntry =
    new CalendarEntry(tenant, calendarId,
            calendarEntryRepository.nextIdentity(),
            owner, subject, description, timeSpan, alarm,
            repetition, location, invitees);
```

關於如何建立唯一識別值的細節，還有關於領域內唯一識別值、代理識別，以及指定識別值的時機，以上相關討論請參考**實體（第 5 章）**的內容。

底下讓我們繼續來看 Repository 的實作類別。關於 Repository 的實作類別應該放在哪個模組當中，有幾種選項可以參考。有些人習慣將在聚合和 Repository 的模組底下建立一個模組（Java 程式語言來說，就是指 package），如下：

```
package com.saasovation.collaboration.domain.model.calendar.impl;

public class HibernateCalendarEntryRepository
        implements CalendarEntryRepository {
    ...
}
```

將類別安置在這邊的好處是，讓我們在領域層（Domain Layer）中管理實作，但需要把實作放置在一個特殊套件，這樣就可以將領域的核心概念跟與實作直接相關的概念區隔開來。這種在介面所處的套件之下、加上一個名為「impl」的子套件，然後將實作類別放入其中的做法，廣為如今的 Java 程式語言專案所採用。不過，本書範例的「協作情境」開發團隊則是選擇了把所有與技術層面相關的實作類別，全部放在基礎設施層中：

```
package com.saasovation.collaboration.domain.model.calendar.impl;

public class HibernateCalendarEntryRepository
        implements CalendarEntryRepository {
    ...
}
```

在這邊，基礎設施層上所運用的是**依賴反轉原則（第 4 章）**，使得原本最底層的基礎設施層，在邏輯上的依賴關係中處於最上層，代表引用是單向而且向下、只朝向領域層。

我們將 HibernateCalendarEntryRepository 類別註冊為 Spring 框架中的一個 bean 元件。建構子本身無參數，但會額外再注入一個另一個來自基礎設施層的 bean 元件物件：

```
import com.saasovation.collaboration.infrastructure
        .persistence.SpringHibernateSessionProvider;

public class HibernateCalendarEntryRepository
        implements CalendarEntryRepository {
```

```
    public HibernateCalendarEntryRepository() {
        super();
    }
    ...
    private SpringHibernateSessionProvider sessionProvider;

    public void setSessionProvider(
            SpringHibernateSessionProvider aSessionProvider) {
        this.sessionProvider = aSessionProvider;
    }

    private org.hibernate.Session session() {
        return this.sessionProvider.session();
    }
}
```

SpringHibernateSessionProvider 類別也同樣處於基礎設施層的 com.saasovation. collaboration.infrastructure.persistence 模組底下，並且被注入到所有以 Hibernate 技術為主的 Repository 中。每個使用 Hibernate 的 Session 物件的方法都會透過依賴注入的 sessionProvider 實例、呼叫 session() 方法，以此取得執行緒綁定的 Session 實例（本章節後續會再說明）。

add()、addAll()、remove() 及 removeAll() 方法的實作如下所示：

```
package com.saasovation.collaboration.infrastructure.persistence;

public class HibernateCalendarEntryRepository
        implements CalendarEntryRepository {
    ...
    @Override
    public void add(CalendarEntry aCalendarEntry) {
        try {
            this.session().saveOrUpdate(aCalendarEntry);
        } catch (ConstraintViolationException e) {
            throw new IllegalStateException(
                    "CalendarEntry is not unique.", e);
        }
    }
```

```
    @Override
    public void addAll(
            Collection < CalendarEntry > aCalendarEntryCollection) {
        try {
            for (CalendarEntry instance: aCalendarEntryCollection) {
                this.session().saveOrUpdate(instance);
            }
        } catch (ConstraintViolationException e) {
            throw new IllegalStateException(
                    "CalendarEntry is not unique.", e);
        }
    }

    @Override
    public void remove(CalendarEntry aCalendarEntry) {
        this.session().delete(aCalendarEntry);
    }

    @Override
    public void removeAll(
            Collection < CalendarEntry > aCalendarEntryCollection) {
        for (CalendarEntry instance: aCalendarEntryCollection) {
            this.session().delete(instance);
        }
    }
    ...
}
```

這些方法的實作都非常單純，全都是先呼叫 session() 方法、取得 Hibernate 的 Session 實例後（跟前面所說的一樣）再進行委派呼叫。

你可能會覺得奇怪，為什麼 add() 與 addAll() 這邊的實作，不是呼叫 Session 中相對應的 add() 與 addAll() 方法、而是 saveOrUpdate() 方法呢？這進一步支援我們要模擬集合的加入行為。如果用戶端對同一個 CalendarEntry 物件執行多次的加入行為，那麼此時使用 saveOrUpdate() 方法的行為模式會讓重複加入的操作看似 no-op（無效操作）。事實上，從第 3 版的 Hibernate 開始，任何形式的更新操作都是 no-op 了，原因

正來自於先前提到的，Hibernate 會暗中追蹤物件狀態的變更進而自動處理更新。因此，除非透過這兩個方法加入的物件是全新物件，否則此行為不會產生任何影響。

由於加入物件時，有可能會拋出 ConstraintViolationException 的異常例外，但我們並不想讓 Hibernate 技術層面的例外去打擾到用戶端，因此會將該例外攔截下來、另外包裝為對用戶端較為友善的 IllegalStateException 例外。當然，也可以自己另外建立一個與領域相關的例外類別，然後改為拋出這個例外，這就看各位如何抉擇了。重點還是：底層持久性技術框架的實作細節應該被抽象化隱藏起來；我們希望將客戶端與這些細節隔離開來，包括例外狀況。

相較之下，remove() 與 removeAll() 方法就單純多了，只要使用 Session 物件去呼叫底層資料庫的 delete() 方法即可。還有一個細節要格外留意，這出現在本書範例的「身分與存取境情」中，一個涉及一對一對映的移除聚合例子。由於在這樣的關係中無法自動執行 casade（級聯）刪除操作（刪除其中一個物件就會自動刪除另一個對應的物件），因此您需要明確刪除關聯關係上兩端的物件：

```java
package com.saasovation.identityaccess.infrastructure.persistence;

public class HibernateUserRepository implements UserRepository {
    ...
    @Override
    public void remove(User aUser) {
        this.session().delete(aUser.person());
        this.session().delete(aUser);
    }

    @Override
    public void removeAll(Collection < User > aUserCollection) {
        for (User instance: aUserCollection) {
            this.session().delete(instance.person());
            this.session().delete(instance);
        }
    }
    ...
}
```

先刪除內部所包含的 Person 物件、然後是 User 聚合根物件;如果你忘記刪除
Person 物件的話,它就會在資料表當中變成「孤兒」。這也是在告訴各位讀者,為什
麼要避免一對一的關聯、改用單向的多對一關聯。然而,我刻意用一個一對一雙向關
聯的案例,是為了向讀者展示如果有這類關聯存在,實作上會遭遇哪些麻煩。

要注意的是,有不同的方法可以處理這類議題:有些人會選擇依靠 ORM 的生命週期
事件通知機制,來形成物件的級聯刪除(cascading delete)。但筆者個人是會盡力避免
選擇這種做法,因為我強力反對從聚合層面上來管理持久性機制,堅決主張凡是與持
久性相關的都應該留給 Repository 來處理。不過這兩種主張依然爭辯不休,目前尚未有
定論。至少你在做決策時應對此有清楚認知,但請記得,DDD 的專家們基本上不會考
慮由聚合來管理持久性機制。

我們繼續回到 HibernateCalendarEntryRepository 上,看看如何實作查找方法:

```java
public class HibernateCalendarEntryRepository
        implements CalendarEntryRepository {
    ...
    @Override
    @SuppressWarnings("unchecked")
    public Collection < CalendarEntry > overlappingCalendarEntries(
        Tenant aTenant, CalendarId aCalendarId, TimeSpan aTimeSpan) {
        Query query =
            this.session().createQuery(
                "from CalendarEntry as _obj_ " +
                "where _obj_.tenant = :tenant and " +
                    "_obj_.calendarId = :calendarId and " +
                    "((_obj_.repetition.timeSpan.begins between " +
                    ":tsb and :tse) or " +
                    " (_obj_.repetition.timeSpan.ends between " +
                    ":tsb and :tse))");
        query.setParameter("tenant", aTenant);
        query.setParameter("calendarId", aCalendarId);
        query.setParameter("tsb", aTimeSpan.begins(), Hibernate.DATE);
        query.setParameter("tse", aTimeSpan.ends(), Hibernate.DATE);

        return (Collection < CalendarEntry > ) query.list();
```

```
    }

    @Override
    public CalendarEntry calendarEntryOfId(
            Tenant aTenant,
            CalendarEntryId aCalendarEntryId) {
        Query query =
            this.session().createQuery(
                "from CalendarEntry as _obj_ " +
                "where _obj_.tenant = ? and _obj_.calendarEntryId = ?");
        query.setParameter(0, aTenant);
        query.setParameter(1, aCalendarEntryId);

        return (CalendarEntry) query.uniqueResult();
    }

    @Override
    @SuppressWarnings("unchecked")
    public Collection < CalendarEntry > calendarEntriesOfCalendar(
        Tenant aTenant, CalendarId aCalendarId) {
        Query query =
            this.session().createQuery(
                "from CalendarEntry as _obj_ " +
                "where _obj_.tenant = ? and _obj_.calendarId = ?");

        query.setParameter(0, aTenant);
        query.setParameter(1, aCalendarId);

        return (Collection < CalendarEntry > ) query.list();
    }
    ...
}
```

這三個查找的方法，都是透過 Session 物件來建立 Query 查詢。如同一般使用 Hibernate 查詢那樣，書中的開發團隊也是使用 HQL 語法來描述查詢條件，然後填入參數物件；接著執行查詢，要求取得符合條件的一個結果，或是物件集合。其中 overlappingCalendarEntries() 方法的查詢過程比較複雜，因為我們需要去找出一段特定日期時間範圍或 TimeSpan 內的所有 CalendarEntry 實例。

最後，我們來看看 nextIdentity() 方法的實作：

```
public class HibernateCalendarEntryRepository implements CalendarEntryRepository {
    ...
    public CalendarEntryId nextIdentity() {
        return new CalendarEntryId(
                UUID.randomUUID().toString().toUpperCase());
    }
    ...
}
```

這邊的實作並非透過持久性機制或任何資料儲存來產生唯一識別值，而是直接以相對快速且可靠的 UUID 產生器來幫我們產出這個識別值。

TopLink 的實作

TopLink 中同時支援了 Session 和 Unit of Work 的機制，但這與 Hibernate 中的 Session 有些不同，因為在 Hibernate 中 Session 也同時擔任了 Unit of Work[1] 的角色。底下我們首先會從介紹 Unit of Work 的使用方式開始，接著再來看看如何將這兩者運用於 Repository 的實作中。

---

1 原註：我並不是用 Hibernate 的標準來評估 TopLink 的價值。事實上，TopLink 早在被 Oracle 收購之前就已經非常成功了，由於 WebGain 破產緊急出售資產才被 Oracle 收購。「Top」是「The Object People」的縮寫，是開發 TopLink 的初始公司，而這個工具已經累積了近二十年的成功經驗。我只是在比較這兩個工具的運作方式。

沒有 Repository 的話，一般是這樣使用 TopLink 的：

```
Calendar calendar = session.readObject(...);

UnitOfWork unitOfWork = session.acquireUnitOfWork();

Calendar calendarToRename = unitOfWork.registerObject(calendar);

calendarToRename.rename("CollabOvation Project Calendar");

unitOfWork.commit();
```

由於我們必須主動告知 UnitOfWork 要開始修改物件了，在收到告知之前，聚合不會產生一個複本（或稱編輯用複本），所以 UnitOfWork 在記憶體空間與運算資源的管理上，效率都較高。而這個通知用的管道，就是上面我們看到的 registerObject() 方法，呼叫後就會回傳一個有別於原始 Calendar 實例的複本用於修改，之後必須對這個取得的 calendarToRename 複本物件進行編輯 / 修改操作。凡是對這個物件的修改，TopLink 都能夠追蹤得到；等到 UnitOfWork 的 commit() 方法被觸發時，所有修改過的物件都會被提交給資料庫 [2]。

向 TopLink 的 Repository 添加新的物件也很簡單：

```
...
public void add(Calendar aCalendar) {
    this.unitOfWork().registerNewObject(aCalendar);
}
...
```

---

2 原註：這假設 Unit of Work 並未嵌套在父 Unit of Work 中。如果它嵌套在父 Unit of Work 中，已提交 Unit of Work 的變更將與其父 Unit of Work 合併。最終，最外層的 Unit of Work 將提交到資料庫中。

使用 registerNewObject() 方法是在聲明 aCalendar 是一個新加入的實例；但要是資料庫中已經存在一個相同的 aCalendar 物件了，那麼這個 add() 方法的操作就會失敗。我們也可以改用 registerObject() 方法，這個方法的行為模式類似 Hibernate 當中的 saveOrUpdate() 方法（前面有討論過）。但不管是用哪個方法，都可以滿足我們對集合導向介面的實作需求。

不過，當必須修改一個已經存在的聚合實例，我們還是需要對這個實例建立複本。其實不難，訣竅在於先找到某種簡便的方法，將這樣的聚合實例註冊到 UnitOfWork 中。到目前為止，我們的討論始終沒給出一個 Repository 的介面，這是因為我們希望能夠先確立模擬集合行為模式的做法，不希望過早在介面中滲入持久性技術的細節。但也可以不要受到持久性框架的約束，考慮以下兩種介面宣告之一：

```
public Calendar editingCopy(Calendar aCalendar);

// 或

public void useEditingMode();
```

第一種做法的 editingCopy() 是先取得一個 UnitOfWork、對其註冊 Calendar 實例，以此取得並回傳複本：

```
...
public Calendar editingCopy(Calendar aCalendar) {
    return (Calendar) this.unitOfWork().registerObject(aCalendar);
}
...
```

我們還是可以看到呼叫了 registerObject() 來完成這件事情。或許這並不是最好的做法，但至少不會讓我們在介面上被底層持久性技術的思維給限制住了。

第二種做法則是呼叫一個 useEditingMode() 方法，直接將整個 Repository 切換到編輯模式中。該方法執行後，接下來任何查詢方法所取得的物件，都會自動註冊到

UnitOfWork 中、並以複本的形式回傳；或多或少像是把 Repository 跟聚合的修改給綁定在一起了。但這不就是 Repository 設計模式原本的用意嗎？查詢所得的物件要嘛只是唯讀、不然讀取就是為了變更。同時這種設計方式也反映出聚合具有清晰的邊界、反映出具有交易一致性。

　　當然可能還有其他更多 TopLink 實作集合導向資源庫的方式，這邊只是提供讀者一些實用的建議。

持久性導向的 Repository

若是碰到集合導向 Repository 不適用的情況——像是採用的持久性技術（不管明不明確）表示不支援物件變更追蹤機制或不滿足支援此機制的條件，就要改採持久性導向、也就是以「save」操作為主的 Repository 設計模式了。例如，記憶體內建的 **Data Fabric（資料網格，第 4 章）**或其他任一種鍵值型 NoSQL 資料儲存庫。每當建立一個新的聚合實例或修改一個既有的聚合實例時，就得在 Repository 中，透過 save() 之類的方法重新存到資料儲存庫去。

　　即使原本採用的 ORM 工具支援集合導向 Repository 的實作，也還是有某些因素可能讓我們轉向持久性導向 Repository。想想看，如果原本使用集合導向的 Repository，後來打算從關聯式資料庫換成鍵值資料庫，該怎麼辦呢？我們會不得不大費周章在應用程式層中爬梳，找出所有聚合變更的地方、改為呼叫 save() 方法；而 Repository 原本的 add() 與 addAll() 方法也得刪除，因為它們也沒用了。所以，如果你的持久性機制將來極有可能會抽換，那麼一開始最好採用彈性較高的介面設計。這樣做的缺點在於，由於當下的 ORM 工具會導致我們忘記要呼叫 save()、直到 Unit of Work 被抽換掉時才

會察覺[3]。但好處是，採取這類 Repository 設計模式，日後在替換持久性機制時的阻礙會比較小。

持久性導向 Repository 的重點摘要

無論是新建立還是變更物件，都必須明確地以 put() 之類的方法，將先前資料庫中同樣鍵值相關聯的資料物件替換掉。這類資料庫大幅地簡化了聚合的基本讀寫操作，也因此，此類資料庫有時也被稱作「聚合存放區」（Aggregate Store）或「聚合導向資料庫」（Aggregate-Oriented Database）。

使用 GemFire 或 Oracle Coherence 這類記憶體空間的 Data Fabric 技術時，使用一種模擬了 java.util.HashMap 行為模式的 Map 實作；換言之，每個存入的元素，相當於 Map 中的一個「項目」（entry）。而在使用 MongoDB 或 Riak 這類 NoSQL 資料儲存技術時，物件持久性的行為模式則比較像是一個資料「集」，而不是資料「表」、「列」或「欄位」的概念。這類資料庫類似 Map 式的鍵值對儲存方式，只不過它以磁碟空間作為主要的持久性媒介、而非記憶體空間。

雖然這兩種持久性機制都大致模擬了 Map 集合的行為模式，但我們必須呼叫某種 put() 方法，才能將新建立或變更過後的物件存入資料庫，以新的值替換掉先前鍵值相關聯的值。就算所謂「變更過後」的物件與先前已存在的物件相同，也是一樣，因為在這類技術中，沒有 Unit of Work 可以協助我們追蹤變更或是在這些變更周遭建立交易階段的一致性邊界。相反地，put() 或 putAll() 類方法的每一次呼叫都代表一個獨立的邏輯交易階段。

3　原註：必要時可以使用應用服務（第 14 章）編寫測試，可以設計一個記憶體內建的 Repository 實作（詳見本章後面的討論內容），來測試所有的保存和更新操作。

使用這類儲存技術大幅簡化了聚合的基礎讀寫操作。以「敏捷式專案管理情境」為例，考慮將一個 Product 物件存入 Coherence 的資料網格、再讀取出來：

```
cache.put(product.productId(), product);

// 之後…

product = cache.get(productId);
```

過程中 Product 實例會藉由 Java 程式語言的標準序列化技術，自動被序列化並存入 Map 資料集合中；介面簡化的程度可能有點誤導。不過如果要追求高效能的話，還需要多下一點功夫。在沒有註冊自訂的序列化機制時，Coherence 預設會採用 Java 的標準序列化機制，但 Java 提供的標準序列化並非最佳選擇，因為 Java 用過多的位元組來表示一個物件，導致效能十分地差[4]。好不容易採用了具備高效能的 Data Fabric 資料庫，卻因為這一點降低了能夠快取的物件數量，也因為序列化的速度太慢而拖累了處理效率。因此要牢記，在使用 Data Fabric 時，也要在系統中引入分散式的概念。我們在領域建模設計時，可能要重新考慮會對領域模型設計產生影響的因素，像是註冊自訂或是專用的序列化技術，這可能會讓您在實作層面上做出不同的決策。

因此，當採用 GemFire 或 Coherence 快取資料庫、MongoDB 或 Riak 鍵值資料庫、或是某種 NoSQL 持久性技術時，會需要某種高效率、低空間佔比的序列化技術（或是文件格式）將聚合物件存入與取出。幸好這件事並不麻煩。比方說，我們可以透過 ORM 工具，為每個聚合編寫自訂的對映宣告，以在 GemFire 與 Coherence 中使用。雖然說不困難、但也不像在一個 Map 集合上呼叫 put() 與 get() 方法那麼輕鬆就是了。

接下來，筆者會說明如何透過 Coherence 建立持久性導向 Repository；隨後會再談到 MongoDB、同樣再操作一次。

4　原註：這同時也限制了採用這個方式的 Coherence 用戶端僅能使用 Java，但如果採用 POF（Portable Object Format）來進行序列化的話，就可以使用 C++ 跟 .NET 了。

Coherence 的實作

如同先前集合導向 Repository 的實作，我們先定義介面、然後再談實作。底下是使用 Oracle Coherence 資料網格技術時，以 save 類方法為主的持久性導向 Repository 介面：

```java
package com.saasovation.agilepm.domain.model.product;

import java.util.Collection;

import com.saasovation.agilepm.domain.model.tenant.Tenant;

public interface ProductRepository {
    public ProductId nextIdentity();
    public Collection < Product > allProductsOfTenant(Tenant aTenant);
    public Product productOfId(Tenant aTenant, ProductId aProductId);
    public void remove(Product aProduct);
    public void removeAll(Collection < Product > aProductCollection);
    public void save(Product aProduct);
    public void saveAll(Collection < Product > aProductCollection);
}
```

　　這個 ProductRepository 與先前 CalendarEntryRepository 的介面相比，其實並非無相似之處；差別僅在於，這邊將聚合實例放入一個集合當中。在這裡，方法從呼叫 add() 與 addAll() 改為呼叫 save() 與 saveAll()，兩種方法從結果上來說都在做同樣的事，所以最大的差異還是在於用戶端使用這些方法的方式。回想一下，在採用集合導向設計時，聚合實例只有在新建立時才會使用「add」的方法；而採用持久性導向設計時，不管是新建立還是修改，這些聚合實例都必須使用「save」的方法：

```java
Product product = new Product(...);

productRepository.save(product);

// 之後…

Product product =
    productRepository.productOfId(tenantId, productId);
```

```
product.reprioritizeFrom(backlogItemId, orderOfPriority);

productRepository.save(product);
```

　　除此之外，具體的細節都在實作中，因此，接下來就來看看實作吧。首先讓我們看看在使用 Coherence 時要處理的資料網格快取：

```
package com.saasovation.agilepm.infrastructure.persistence;

import com.tangosol.net.CacheFactory;
import com.tangosol.net.NamedCache;

public class CoherenceProductRepository
        implements ProductRepository {
    private Map < Tenant, NamedCache > caches;

    public CoherenceProductRepository() {
        super();
        this.caches = new HashMap < Tenant, NamedCache > ();
    }
    ...
    private synchronized NamedCache cache(TenantId aTenantId) {
        NamedCache cache = this.caches.get(aTenantId);

        if (cache == null) {
            cache = CacheFactory.getCache(
                    "agilepm.Product." + aTenantId.id(),
                    Product.class.getClassLoader());
            this.caches.put(aTenantId, cache);
        }

        return cache;
    }
    ...
}
```

在「敏捷式專案管理情境」中，開發團隊決定將 Repository 的技術實作放在基礎設施層。

在這個類別的無參數建構子中，出現 Coherence 的一個關鍵型別：NamedCache。注意：在函式庫 import 中的 CacheFactory 和 NamedCache，它們是專門用於建立或使用快取相關的類別；兩個都是來自於 com.tangosol.net 套件。

接著，呼叫 cache() 方法以取得一個 NamedCache。這個方法在 Repository 第一次要使用快取時才會真正初始化快取，也就是採用延遲機制。主要是因為快取都是以特定 Tenant 來命名，換句話說，每個租戶都有自己的資料快取空間，Repository 必須等到外部調用某個公開方法、向此方法提供一個 TenantId 物件，才能實際組合出一個快取的具名並建立出來。關於 Coherence 快取有很多種不同的命名方式，以本例而言，團隊採用的命名空間如下：

1. 第一段採用 Bounded Context 名稱的縮寫：agilepm

2. 第二段採用聚合的名稱：Product

3. 第三段採用每個租戶的唯一識別值：TenantId

這樣做有幾個好處。首先，Coherence 管理的每一個 Bounded Context、聚合、租戶的快取空間都可以個別進行調整。再者，每名租戶都是各自獨立的，因此不會發生某個租戶不小心存取到其他租戶物件的情況；這與 MySQL 持久性方案的資料表結構設計的動機是相近的概念（實體資料表以租戶識別值進行「切分」），只不過這裡切分得更為徹底。此外，每當需要回答某租戶下所有聚合實例的查詢需求，根本就不需要執行查詢。查詢方法只要將該 Coherence 快取中的所有 entry 取回即可；如後面會看到的 allProductsOfTenant() 實作範例一樣。

而每一個 NamedCache 快取建立之後，它都會被存放到一個名為 caches 的 Map 中，與 TenantId 作鍵值對映，方便後續透過 TenantId 快速查找。

其實還有很多關於 Coherence 的設定與最佳化可以討論，但講起來會是很長的篇幅，而且市面上已經有相關的著作了。這部分請另外參閱 Aleks Seovic 的專書 [Seovic]。底下我們進入實作細節：

```java
public class CoherenceProductRepository
        implements ProductRepository {
    ...
    @Override
    public ProductId nextIdentity() {
        return new ProductId(
                java.util.UUID.randomUUID()
                    .toString()
                    .toUpperCase());
    }
    ...
}
```

　　ProductRepository 的 nextIdentity() 則是與先前 CalendarEntryRepository 大同小異，先取得一個 UUID 用作 ProductId 中的識別值，然後再回傳回去：

```java
public class CoherenceProductRepository
        implements ProductRepository {
    ...
    @Override
    public void save(Product aProduct) {
        this.cache(aProduct.tenantId())
            .put(this.idOf(aProduct), aProduct);
    }

    @Override
    public void saveAll(Collection < Product > aProductCollection) {
        if (!aProductCollection.isEmpty()) {
            TenantId tenantId = null;

            Map < String, Product > productsMap =
                new HashMap < String, Product > (aProductCollection.size());

            for (Product product: aProductCollection) {
                if (tenantId == null) {
```

```
            tenantId = product.tenantId();
        }
        productsMap.put(this.idOf(product), product);
    }

    this.cache(tenantId).putAll(productsMap);
    }
}
...
private String idOf(Product aProduct) {
    return this.idOf(aProduct.productId());
}

private String idOf(ProductId aProductId) {
    return aProductId.id();
}
}
```

在資料網格技術中，要將一個新建或修改過的 Product 實例保存，就要呼叫 save() 方法。這個 save() 方法則會透過 cache() 取得與 Product 的 TenantId 相對應的 NamedCache 實例，然後把 Product 實例存入 NamedCache 當中。請注意，idOf() 這個方法有兩個版本，一個用在 Product、一個用在 ProductId 上；這兩個方法其實都是用於取得 Product（或說 ProductId）唯一識別值的 String 形式。當呼叫 put() 方法時，NamedCache 實作了 java.util.Map 的 NamedCache，使用 String 作為鍵（key）、 將相對應的 Product 實例作為值（value）。

至於 saveAll() 方法，可能比你預期的再複雜一些。複雜？不就是遍歷 aProductCollection 集合、然後對每個元素都呼叫一下 save() 方法而已嗎？確實要這樣做也不是不行，然而，每當我們呼叫一次 Coherence 快取的 put() 方法、就等於是產生一次網路請求，所以最好的做法還是把所有需要存回的 Product 實例都放入一個 HashMap 中，再用 putAll() 方法一口氣提交。這樣便能以一次網路請求的成本處理多個物件的儲存，把可能會遭遇的網路延遲數量降到最低，達到最佳效率。

```
public class CoherenceProductRepository
        implements ProductRepository {
    ...
    @Override
    public void remove(Product aProduct) {
        this.cache(aProduct.tenant()).remove(this.idOf(aProduct));
    }

    @Override
    public void removeAll(Collection < Product > aProductCollection) {
        for (Product product: aProductCollection) {
            this.remove(product);
        }
    }
    ...
}
```

　　remove() 方法沒什麼特別之處，但 removeAll() 方法卻讓我們大感意外：saveAll() 方法可以一次存入整批物件，為什麼 removeAll() 卻不能一次刪除整批物件？真的不行，因為 java.util.Map 的標準介面本身不提供這種行為模式，因此 Coherence 當然也不會有；所以，我們只能乖乖遍歷 aProductCollection 集合、然後對每個元素一一呼叫 remove() 方法了。要是過程中 Coherence 出現異常、只刪除部分物件，不就有風險？確實沒錯。你必須仔細評估是否要使用 removeAll()，但正巧，GemFire 與 Coherence 這類 Data Fabrics 技術最大的特色就是具備高可用性與冗餘備援機制。

　　最後來看查詢 Product 實例時的幾種查詢介面實作：

```
public class CoherenceProductRepository
        implements ProductRepository {
    ...
    @SuppressWarnings("unchecked")
    @Override
    public Collection < Product > allProductsOfTenant(Tenant aTenant) {
        Set < Map.Entry < String, Product >> entries =
            this.cache(aTenant).entrySet();
```

```
        Collection < Product > products =
            new HashSet < Product > (entries.size());

        for (Map.Entry < String, Product > entry: entries) {
            products.add(entry.getValue());
        }

        return products;
    }

    @Override
    public Product productOfId(Tenant aTenant, ProductId aProductId) {
        return (Product) this.cache(aTenant).get(this.idOf(aProductId));
    }
    ...
}
```

productOfId() 方法在查詢時唯一要做的，就是以 Product 實例的識別值呼叫 NamedCache 的 get() 方法。

allProductsOfTenant() 方法先前已經提到過。在這個方法中，我們不需要費心下什麼條件篩選，因為快取已經事先依照租戶、聚合去做切分，正好符合查詢所需，只要將某個 NamedCache 中的 Product 實例全部取出傳回就好。

以上就是關於 CoherenceProductRepository 的全部細節。這個實作範例說明了如何設計一個介面，透過 Coherence 將資料存入資料網格快取後再取出。關於 Coherence 的調校不只這些，還有像是如何為每一個快取建立索引，或是針對每個領域物件建立高效能、低空間佔比的序列化機制；不過這就不屬於 Repository 的職責範疇。相關議題請參考 Seović 的專書內容 [Seović]。

MongoDB 的實作

與其他 Repository 實作類似，在採用 MongoDB 時也有需要考慮的因素。MongoDB 的實作會與 Coherence 版本比較相近。實作上的需求如下：

1. 需要一個能將聚合實例序列化為 MongoDB 的資料格式、再將 MongoDB 的資料格式反序列化為聚合實例的機制。MongoDB 的資料格式是一種被稱為 BSON（Binary JSON，二進位 JSON）的特殊 JSON 資料格式。

2. 需要一個由 MongoDB 生成的唯一識別值，將其指派給聚合。

3. 對 MongoDB 節點（node）或群集（cluster）的參照。

4. 針對每種型別的聚合形成一個單獨集合。意味著某一種型別聚合的所有實例會以一個序列化資料格式的集合形式（鍵值組），存在僅屬於該聚合的集合當中。

接下來，看看如何一步步實作 Repository。由於再次使用 `ProductRepository` 為例，你可以跟前一個小節中的 Coherence 相互對照：

```
public class MongoProductRepository
        extends MongoRepository < Product >
        implements ProductRepository {

    public MongoProductRepository() {
        super();

        this.serializer(new BSONSerializer < Product > (Product.class));
    }
    ...
}
```

在這個實作中，我們多了一個 `BSONSerializer` 的物件，用來對 `Product` 實例（實際由父類別的 `MongoRepository` 持有）序列化與反序列化。關於筆者所自行編寫的

BSONSerializer 細節在此就不贅述，讀者只需要知道這是一個可以將 Product 實例（其實是任意聚合類型物件）序列化為 MongoDB 的 DBObject 實例、並從 DBObject 反序列化回去的工具。該類別的詳細內容請參閱本書隨附的範例程式檔案。

BSONSerializer 的功能為：能夠直接存取領域物件中的欄位以進行基本的序列化與反序列化。所以我們不用為此在領域物件中寫一堆 JavaBean 的 getter 與 setter 方法，從而避免**貧血領域模型**的反模式 [Fowler, Anemic]。但如果沒了這些存取方法，那在之後聚合型別版本換代時，就必須要以覆載（migrate）的方式在新、舊版本的聚合資料之間做對映，才能順利進行反序列化：

```
public class MongoProductRepository
        extends MongoRepository < Product >
        implements ProductRepository {
    public MongoProductRepository() {
        super();

        this.serializer(new BSONSerializer < Product > (Product.class));

        Map < String, String > overrides = new HashMap < String, String > ();
        overrides.put("description", "summary");
        this.serializer().registerOverrideMappings(overrides);
    }
    ...
}
```

在這個範例中，我們假設了前一個版本的 Product 類別中，原本有一個名為「description」的欄位；但在後續的新版本中，該欄位被更名成「summary」了。為了處理這個問題，我們可以在所有 MongoDB 資料集執行一個指令檔（migration script），對所有租戶的 Product 實例儲存修改。但這種處理既困難又很耗費時間，實在不是務實的做法。另一種方法是，在 BSONSerializer 中，將 Product 中所有名為「description」的欄位改為對映到名為「summary」的欄位。這樣一來，等之後重新將這個 Product 序列化為 DBObject 並存回 MongoDB 資料集時，就會是以新版本的

summary 為主、而非舊版本的 description 了。同時這也表示，永遠不會被讀取並存回的 Product 實例，就會維持在 description 的舊版本上；因此，是否要選擇這種延遲升級（lazy migration）的機制應審慎評估。

接下來看看在 MongoDB 中如何產生聚合實例所需的唯一識別值：

```
public class MongoProductRepository
        extends MongoRepository < Product >
        implements ProductRepository {
    ...
    public ProductId nextIdentity() {
        return new ProductId(new ObjectId().toString());
    }
    ...
}
```

我們在介面設計上還是採用 nextIdentity() 這個方法，但在取得識別值時，改為用新的 ObjectId 轉為 String 值，作為 ProductId 的識別值。之所以要這樣做，是因為我們希望用在聚合實例上的識別值，與存入 MongoDB 時的識別值是相同的；這樣一來，當把 Product（或其他 Repository 的物件）序列化時，就可以簡單地讓 BSONSerializer 把識別值對映到 MongoDB 的 _id 鍵值上就好：

```
public class BSONSerializer < T > {
    ...
    public DBObject serialize(T anObject) {
        DBObject serialization = this.toDBObject(anObject);

        return serialization;
    }

    public DBObject serialize(String aKey, T anObject) {
        DBObject serialization = this.serialize(anObject);

        serialization.put("_id", new ObjectId(aKey));

        return serialization;
```

```
    }
    ...
}
```

這邊有兩種版本的 `serialize()` 方法，第一種不支援 `_id` 對映，留給用戶端自行決定是否保留識別值對映欄位的做法。接著來看 `save()` 方法的實作：

```
public class MongoProductRepository
        extends MongoRepository < Product >
        implements ProductRepository {
    ...
    @Override
    public void save(Product aProduct) {
        this.databaseCollection(
                this.collectionName(aProduct.tenantId())))
            .save(this.serialize(aProduct));
    }
    ...
}
```

與 Coherence 實作相同的 Repository 介面一樣，我們取得一個租戶專屬的 `DBCollection`，並透過 `tenantId` 把 `Product` 實例存入。`DBCollection` 物件的取得，則是實作在 `MongoRepository` 的抽象類別中：

```
public abstract class MongoRepository < T > {
    ...
    protected DBCollection databaseCollection(
            String aDatabaseName,
            String aCollectionName) {
        return MongoDatabaseProvider
                .database(aDatabaseName)
                .getCollection(aCollectionName);
    }
    ...
}
```

先透過 MongoDatabaseProvider 取得與資料庫實例的連結，取得一個 DB 物件；然後根據取得的 DB 物件，從中取得一個 DBCollection。這個資料集的命名則是如上面的 Repository 實作類別所示，由文字「product」與租戶的完整識別值組合而成。而在「敏捷式專案管理情境」中，使用了「agilepm」命名的資料庫，和我們先前在 Coherence 實作中切分快取的設計思維相似：

```
public class MongoProductRepository
        extends MongoRepository < Product >
        implements ProductRepository {
    ...
    protected String collectionName(TenantId aTenantId) {
        return "product" + aTenantId.id();
    }

    protected String databaseName() {
        return "agilepm";
    }
    ...
}
```

　　MongoDatabaseProvider 與先前的 SpringHibernateSessionProvider 一樣，取得的 DB 實例作用域是以整個應用程式範圍計。

　　而這個 DBCollection 除了用於 save() 之外，也用於查詢 Product 實例：

```
public class MongoProductRepository
        extends MongoRepository < Product >
        implements ProductRepository {
    ...
    @Override
    public Collection < Product > allProductsOfTenant(
            TenantId aTenantId) {
        Collection < Product > products = new ArrayList < Product > ();

        DBCursor cursor =
            this.databaseCollection(
```

```
                this.databaseName(),
                this.collectionName(aTenantId)).find();
        while (cursor.hasNext()) {
            DBObject dbObject = cursor.next();
            Product product = this.deserialize(dbObject);
            products.add(product);
        }
        return products;
    }
    @Override
    public Product productOfId(
            TenantId aTenantId, ProductId aProductId) {
        Product product = null;

        BasicDBObject query = new BasicDBObject();

        query.put("productId",
            new BasicDBObject("id", aProductId.id()));

        DBCursor cursor =
            this.databaseCollection(
                    this.databaseName(),
                    this.collectionName(aTenantId)).find(query);

        if (cursor.hasNext()) {
            product = this.deserialize(cursor.next());
        }

        return product;
    }
    ...
}
```

allProductsOfTenant() 方法的實作也跟先前 Coherence 很像，直接對已經依情境、租戶、聚合類型切分好的 DBCollection 呼叫 find() 取得所有實例。至於 productOfId() 方法，這裡需要對 DBCollection 的 find() 方法傳入一個 DBObject 物件，描述想要查找的 Product 實例特徵。這兩種查詢方法最終都會得到一個 DBCursor 的參照，只是差別在於 allProductsOfTenant() 是取出所有物件，而 productOfId() 僅取出第一個實例。

額外行為

除了前面幾個小節談到的幾種常見 Repository 操作，有時在 Repository 介面上增加方便的操作與行為模式對我們是有好處的。其中一種便利的操作，就是查詢聚合資料集中存在多少筆實例。你可能想把這個方法命名為「count」，但是 Repository 的設計是要盡可能去模擬一個集合，因此用底下這個方法命名可能會更好：

```java
public interface CalendarEntryRepository {
    ...
    public int size();
}
```

size() 也是標準 java.util.Collection 介面中提供的方法，使用 Hibernate 時，size() 方法的實作如下：

```java
public class HibernateCalendarEntryRepository
        implements CalendarEntryRepository {
    ...
    public int size() {
        Query query =
            this.session().createQuery(
                "select count(*) from CalendarEntry");

        int size = ((Integer) query.uniqueResult()).intValue();

        return size;
    }
}
```

此外，為滿足某些嚴格的非功能性需求，可能需要在資料儲存區（資料庫或還是資料網格）中執行一些計算功能。像是當取出資料再執行業務邏輯的效率太慢時，可能就要反其道而行，直接在資料儲存位置執行這些相關計算；例如，使用關聯式資料庫

的預存程序（stored procedure），或是 Coherence 這類資料網格的資料處理器（entry processor）。不過，要運用這類機制，最好還是放在**領域服務（Domain Service，第 7 章）**中，因為領域服務通常用來執行無涉狀態、僅與領域相關的操作。

有時我們可能會想，要是能繞過存取聚合根、就可以從 Repository 查詢到聚合內部的話，會方便多了；像是當聚合內部持有一個大量實體的集合，而我們只要根據某個篩選條件拿到這個實體集合中的一部分而已。當然，前提是聚合根中存在對此集合的參照。反之，要是聚合根本身沒有提供這類參照存取，而我們卻在 Repository 中安排了這樣的功能，就等於違反了聚合模式的設計原則。事實上，筆者建議最好不要僅僅為了用戶端方便、就在 Repository 中提供這類抄捷徑的存取方式。除非是出於效能考量，若透過聚合根存取聚合內部會在某些狀況下造成令人無法接受的效能瓶頸，再考慮這種做法。而這類方法的實作其實與其他查詢類方法大同小異，差別只在於傳回的並非聚合根實體、而是聚合內部實體物件的實例。再次提醒，請三思。

還有另一種情況可能導致我們想安排特殊的查詢方法，就是系統在呈現某些領域資料時，會需要用到不只一種聚合的使用情境；而且還不一定是用到整個聚合，而是結合一到多個聚合內部各自的一部分內容。這種情況下，我們有可能會想，與其在單一交易階段中完整地取出這些聚合實例、組合起來，然後把組合後的結果傳給用戶端，還不如實作一個「針對專屬使用案例的最佳查詢方法」。這時我們就會只為了這個使用情境的需求，而編寫一個自訂的複雜查詢、捨棄持久性機制提供的查詢方式，把查詢結果存入一個**值物件（Value Object，第 6 章）**傳回。

Repository 不是傳回聚合實例而是一個值物件，這件事情其實並不奇怪；畢竟先前已經有過 size() 方法，以純數值返回聚合實例的數目（即整數），因此回傳值物件並不是不行。而為了用戶端設計一個專屬的查詢方法，也只是以比較複雜的方式傳回比較複雜的值物件，以滿足比較複雜的用戶端需求罷了。

但要是發現有愈來愈多查詢方法都是這種要跨多個 Repository 的客製化查詢，那麼就要留心是否為程式異味（code smell）。這種情況很有可能是在暗示我們對聚合的一致性邊界設定有誤，或許這些聚合根本不應該被切分開來。這種程式異味，筆者會稱之為「隱藏在 Repository 下的聚合設計錯誤」（Repository masks Aggregate mis-design）。

然而，萬一對聚合邊界的分析結果是正確的，但又真的遭遇這種情況呢？或許這表示需要引入 CQRS（第 4 章）的概念了。

管理交易階段

管理交易階段[5] 的職責不應該歸屬在領域模型或領域層中，領域模型中的職責劃分粒度往往都過於瑣碎，不適合用於管理交易階段；更何況，根本不應該讓領域模型意識到交易階段的存在。要避免這種情況，又該把交易階段的管理放在哪裡呢？

通常，領域模型的持久性儲存管理都會交由**應用程式層**（Application Layer，**第 14 章**）負責[6]。說得更清楚一點，通常會在應用程式 / 系統中，為每一種主要使用情境建立一個 **Façade 設計模式** [Gamma et al.]。Facade 的業務操作方法就會屬於比較大範圍的粒度（coarse-grained），通常每一個使用情境的一條流程對應一個 Facade（甚至可以限制在一種使用情境只對應一個 Facade），負責為這個使用情境協調需要執行的各種作業。無論是出自使用者操作或系統，當一個 Facade 的業務方法被**使用者介面層**（User Interface Layer，**第 14 章**）觸發，就會開始進到一個交易階段中，然後作為領域模型的用戶端操作領域模型。在一連串對領域模型的操作都結束後，該業務方法就

5　原註：請注意，對於某些持久性機制，交易階段管理要不是不存在，就是與在關聯式資料庫中常見的 ACID 交易不同。Coherence 和許多 NoSQL 儲存在這方面有所差異，因此這些內容通常不適用於這類資料儲存機制。

6　原註：應用程式層還有其他諸如安全性的考量，但我在此不會討論。

會將交易階段提交出去；如果發生錯誤或異常例外，此時業務方法可以將交易階段退回（roll back）。

可以透過一些第三方機制聲明、也可以由開發人員透過程式碼來管理交易階段，但無論哪種方式，大致上會類似這樣：

```
public class SomeApplicationServiceFacade {
    ...
    public void doSomeUseCaseTask() {
        Transaction transaction = null;

        try {
            transaction = this.session().beginTransaction();

            // 使用領域模型…

            transaction.commit();

        } catch (Exception e) {
            if (transaction != null) {
                transaction.rollback();
            }
        }
    }
}
```

當要在交易階段中對領域模型做出變動時，重點就是確保 Repository 與應用程式層是在同一個交易階段的 Session 或 Unit of Work 底下，這樣領域層中的修改才能正確提交到底層資料庫或是退回。

交易階段的管理有很多種方式，筆者就不在此一一贅述了。本書採取的做法主要是以 Spring 這類結合了 Java 程式語言以及控制反轉的企業等級框架，藉由這類框架去實作出先前所述的功能，相信對大部分的讀者來說都比較好理解。但最重要的，還是要依照你的實際情況而定。底下以 Spring 為例：

```xml
<tx:annotation-driven transaction-manager="transactionManager"/>

<bean
    id="sessionFactory"
    class="org.springframework.orm.hibernate3.LocalSessionFactoryBean">
    <property name="configLocation">
        <value>classpath:hibernate.cfg.xml</value>
    </property>
</bean>

<bean
    id="sessionProvider"
    class="com.saasovation.identityaccess.infrastructure
            .persistence.SpringHibernateSessionProvider"
    autowire="byName">
</bean>

<bean
    id="transactionManager"
    class="org.springframework.orm.hibernate3
            .HibernateTransactionManager">
    <property name="sessionFactory">
        <ref bean="sessionFactory"/>
    </property>
</bean>

<bean
    id="abstractTransactionalServiceProxy"
    abstract="true"
    class="org.springframework.transaction.interceptor
            .TransactionProxyFactoryBean">
    <property name="transactionManager">
        <ref bean="transactionManager"/>
    </property>
    <property name="transactionAttributes">
        <props>
            <prop key="*">PROPAGATION_REQUIRED</prop>
        </props>
    </property>
</bean>
```

　　我們在這邊設定了一個 sessionFactory 用於提供 Hibernate Session，然後再以 sessionProvider 來將 sessionFactory 提供的 Session 與當前的執行緒綁定在一起。每當運行在這條執行緒上基於 Hibernate 技術的 Repository 需要一個 Session 實例時，就會透過這個 sessionProvider 取得。而 transactionManager 也會透過 sessionFactory 來取得與管理 Hibernate 的交易階段。最後一個看到的 bean 則是 abstractTransaction alServiceProxy，這其實只是一個額外的代理，用來將這些交易階段相關的 bean 註冊到 Spring 當中。這整個設定中最一開始的註冊，指的是啟用 Java 程式語言中相關的註釋宣告功能，這會比使用設定檔更方便：

```
<tx:annotation-driven transaction-manager="transactionManager"/>
```

　　建立好綁定後，就可以在前述的 Façade 業務方法中，用一個簡單的註釋宣告管理交易階段了：

```
public class SomeApplicationServiceFacade {
    ...
    @Transactional
    public void doSomeUseCaseTask() {

        // 使用領域模型…

    }
}
```

　　與先前的實作相較，這種做法讓業務方法簡潔乾淨許多，能夠讓我們不受交易階段管理相關的程式碼干擾、專心在業務操作上。藉由這條註釋，當這個業務方法受到外部呼叫，Spring 框架就會自動開啟一次交易階段；當方法執行完畢要離開時，就會依照設定執行交易階段的提交或退回。

來看看在「身分與存取情境」中實作的 sessionProvider 原始碼內容：

```
package com.saasovation.identityaccess.infrastructure.persistence;

import org.hibernate.Session;
import org.hibernate.SessionFactory;

public class SpringHibernateSessionProvider {

    private static final ThreadLocal < Session > sessionHolder =
            new ThreadLocal < Session > ();

    private SessionFactory sessionFactory;

    public SpringHibernateSessionProvider() {
        super();
    }

    public Session session() {
        Session threadBoundsession = sessionHolder.get();
        if (threadBoundsession == null) {
            threadBoundsession = sessionFactory.openSession();
            sessionHolder.set(threadBoundsession);
        }
        return threadBoundsession;
    }

    public void setSessionFactory(SessionFactory aSessionFactory) {
        this.sessionFactory = aSessionFactory;
    }
}
```

　　由於我們在對 Spring 註冊 sessionProvider 時已經事先以「autowire="byName"」
宣告過，因此 sessionProvider 會以單例（singleton）的形式被建立出來，並且透過
setSessionFactory() 注入 sessionFactory 的 bean 實例。如果讀者已經忘了的話，我
們再看一次先前以 Hibernate 實作的 Repository：

```
package com.saasovation.identityaccess.infrastructure.persistence;

public class HibernateUserRepository
        implements UserRepository {

    @Override
    public void add(User aUser) {
        try {
            this.session().saveOrUpdate(aUser);
        } catch (ConstraintViolationException e) {
            throw new IllegalStateException("User is not unique.", e);
        }
    }
    ...
    private SpringHibernateSessionProvider sessionProvider;

    public void setSessionProvider(
            SpringHibernateSessionProvider aSessionProvider) {
        this.sessionProvider = aSessionProvider;
    }
    private org.hibernate.Session session() {
        return this.sessionProvider.session();
    }
}
```

　　上面的程式碼來自於「身分與存取情境」的 HibernateUserRepositoryRepository，
這個類別也是與先前 sessionProvider 相同，透過 Spring 的 autowired 機制，在建立時會
自動呼叫 setSessionProvider() 方法、幫我們注入一個 SpringHibernateSessionProvider
（也就是 sessionProvider）。而後當 add() 方法或其他相關資料庫操作方法被呼
叫時，就會透過 session() 方法取得 Session；而 session() 方法則是透過注入的
sessionProvider 取得這個已經與該執行緒綁定的 Session 實例。

　　雖然筆者在書中主要是以 Hibernate 的交易階段管理為討論內容，但管理上的原則對
於 TopLink、JPA 還是對其他持久性機制都是通用的，差別只在如何取得當下由應用程
式層交易階段所管理的 Session 或 Unit of Work 等物件而已。在這個時候，框架中有依

賴注入的機制是最好；但要是沒有這類機制存在，也還有其他很多方法可以運用，大不了手動把執行緒跟這類物件綁定在一起。

特別注意

筆者認為有必要提醒各位讀者：不要在領域模型中過度使用交易階段管理。我們應該審慎設計聚合，以確保聚合的一致性邊界。不要濫用交易階段管理，把多個聚合的變更塞在單一交易階段提交，這種做法在開發測試階段或許可行，但到了正式產品環境可能會面臨並行的議題而導致嚴重異常。必要時，請記得回顧**聚合（第 10 章）**內容了解當中的重要原則，從設計的一致性邊界確保交易階段的運作無誤。

型別階層

當我們在使用物件導向程式語言開發領域模型時，往往會利用到繼承（inheritance）機制、在型別之間建立起型別階層（type hierarchy）。此時常會冒出一種想法：把那些預設或通用的狀態與行為，安置在一個基礎類別中，再由子類別繼承不是方便多了？看起來似乎是個可以省去重複程式碼的好辦法。

「建立在繼承關係上共有同一個父型別、但在 Repository 上保持獨立的聚合」跟「建立在繼承關係上共有父型別且共用同一個 Repository 的聚合」，兩種情況是不同的。因此本小節不討論單一領域模型中所有聚合型別繼承同一個**分層超級型別** [Fowler, P of EAA] 來提供領域通用狀態或行為的情況 [7]。

7　我討論了在實體（第 5 章）與值物件（第 6 章）設計中使用分層超級型別的好處；請參考各章的相關內容說明。

我在這邊要討論的是，建立相對較少的聚合型別，它們都繼承了同一領域內同一個父類別（superclass），且這幾個聚合在設計上的型別關係是屬於可替換、多型的性質。這類階層關係中的型別，往往會共用一個 Repository 來存取不同子類別的實例；由於用戶端應該以可互替換形式去使用這些實例，使用時也通常不會去理會底下的子型別究竟為何，也就是所謂的「**里氏替換原則**」（Liskov Substitution Principle, LSP，[Liskov]）。

打個比方，假設你的業務需要使用外部企業提供的各種服務，而你需要為此建模，你決定先建一個通用的抽象基礎類別 ServiceProvider，但又基於很好的理由需要將這些具體類型區分開來，因為這些服務之間存在共同點、但也有不同之處；於是你可能就設計了 WarbleServiceProvider 以及 WonkleServiceProvider 的實作型別，因為你希望以通用的形式來安排對服務的請求：

```
// 領域模型的用戶端
serviceProviderRepository.providerOf(id)
        .scheduleService(date, description);
```

就此情境來看，很顯然這種針對特定領域設計的聚合型別階層關係，大部分時候恐怕都無用武之地。這是因為，這種共用的 Repository 在設計上，通常都會有應對各種不同子型別實例的查詢方法；換言之，查詢方法回傳的將不會是 WarbleServiceProvider 或 WonkleServiceProvider 這種子型別的實例、而是共有父型別 ServiceProvider 的實例。如果查詢方法回傳的是某個特定子型別呢？用戶端就必須要知道哪些識別值（或聚合其他的描述性屬性）對應到哪些特定型別的實例，否則，就有可能發生查詢方法找不到物件、或是查詢方法回傳的實例型別與預期不同而導致 ClassCastException 異常。就算能夠找出正確型別的實例，用戶端至少也需要知道哪些子型別可以執行什麼特定的操作，因為聚合無法完全按照 LSP 原則設計。

要解決識別值對應型別的問題，可能會有人想到要把聚合型別的資訊、加入唯一識別值中，成為識別值的一部分，就能正確判斷實例型別了。要這樣做當然也可以，只

不過會衍生出另外兩個問題：其一、用戶端必須負責識別值與型別間的對映；其二、這會讓用戶端與特定操作的子型別產生耦合，導致出現類似如下的情形：

```
// 領域模型的用戶端

if (id.identifiesWarble()) {
    serviceProviderRepository.warbleOf(id)
            .scheduleWarbleService(date, warbleDescription);
} else if (id.identifiesWonkle()) {
    serviceProviderRepository.wonkleOf(id)
            .scheduleWonkleService(date, wonkleDescription);
}
...
```

要是這種情形成為了一種常態而不只是偶一為之，代表程式出現了異味。但不可否認的是，這樣的繼承關係確實有時可以帶來很多的好處，因此如果可以從中獲得好處，那麼像這樣只會發生一次的使用情況或許是值得的。但在這個刻意安排的範例中，對 ServiceDescription 的抽象型別進行更仔細的設計並各自實作 scheduleService() 方法就已經足夠了，不然就必須思考，為每一種型別分配一個獨立的 Repository 究竟能讓我們獲得什麼好處。僅有兩個或少量實際子類別的情況，設計獨立分開的 Repository 可能是最好的做法；但是當子類別數量愈來愈多、且可替換利用時（符合 LSP 原則），那麼共用一個 Repository 就是一個好做法。

多數時候，其實直接在聚合中安插一個屬性、用於存放這類描述資訊，就能解決前面所煩惱的問題，而不是將資訊塞入識別值中。請參照**值物件（第 6 章）**中關於標準類型（Standard Type）的討論內容。如此一來，僅需要一個聚合型別，便能在其內部依據標準類型來決定要採取何種行為模式。以範例為例，那就是僅會有一個 ServiceProvider 聚合型別，但在其內部的 scheduleService() 方法、則根據標準類型來決定要採取何種行為。為了不讓判斷標準類型的職責落到用戶端身上，這類判斷邏輯，就必須封裝在 scheduleService() 或其他的 ServiceProvider 方法內不讓用戶端知悉，做法如下：

```
public class ServiceProvider {
    private ServiceType type;
    ...
    public void scheduleService(
            Date aDate,
            ServiceDescription aDescription) {
        if (type.isWarble()) {
            this.scheduleWarbleService(aDate, aDescription);
        } else if (type.isWonkle()) {
            this.scheduleWonkleService(aDate, aDescription);
        } else {
            this.scheduleCommonService(aDate, aDescription);
        }
    }
    ...
}
```

如果內部的判斷邏輯愈來愈混亂、數量愈來愈多的話，永遠都可以再設計一個小型的型別階層關係，將這項職責分派出去。事實上，如果你喜歡，前面所說的標準類型也可以用**狀態**（State，[Gamma et al.]）替代。在這個情況下，各個不同的類型將實作其特定行為。這也代表，始終只會有一個 ServiceProviderRepository，由此，不同類型的聚合都能留存於同一個 Repository 中、共享不同類型之間通用的行為模式。

還可以利用一種「角色介面」（role-based interface）來解決這個問題。比方說，設計一個 SchedulableService 介面，並讓各種聚合類型實作這個介面。相關細節討論請參考**實體（第 5 章）**中對角色與職責的討論內容。雖然我們在這裡也使用了繼承，但這類聚合的多型行為也可以妥善設計、以確保不會洩漏給用戶端。

Repository 與資料存取物件（DAO）

有時，Repository 的概念會與資料存取物件（DAO）劃上等號。兩者同樣都是為底層的持久性機制提供了一個抽象介面。雖然這樣說沒錯，然而，ORM 工具同樣也提供了抽

象介面，但它不是 Repository 也不是 DAO。因此，我們不會把所有持久性機制的抽象介面都稱為 DAO，而是要確認是否具備 DAO 設計模式的特徵。

對筆者而言，Repository 與 DAO 是不同的。所謂的 DAO 是基於資料表概念、提供 CRUD 操作方法的介面。Martin Fowler 在其著作 [Fowler, P of EAA] 當中，也將 DAO 類的功能與領域模型分別看待。他指出，Table Module（**表格模組**）、Table Data Gateway（**表格資料閘道**）和 Active Record（**主動式記錄**）等設計模式，應該用於 Transaction Script（交易腳本）的應用程式中。換句話說，DAO 與此類設計模式就是在資料表上打轉，而 Repository 與 Data Mapper（**資料對應器**）則著重在物件上，是一般會在領域模型上運用的設計模式。

這些 DAO 和相關的設計模式，通常用來對聚合中的部分資料進行細部 CRUD 操作，因此應該避免在領域模型中使用。在正常的情況，我們會希望聚合內部的業務邏輯與資料由聚合本身去管理，不容他人置喙。

筆者在前幾章中也曾說過，可以運用預存程序或資料網格的資料處理器（data grid entry processor）來滿足非一些功能性需求，而且根據你的領域，這種做法有可能是一種常態需求。但如果不需要這種非功能性需求，筆者會建議盡量不要使用；直接在資料儲存中放置與執行業務邏輯與 DDD 精神是背道而馳的。我得說，使用資料網格的資料處理器並不會對領域建模的目標產生嚴重影響，我們還是可以用 Java 程式語言實作、注入領域**通用語言（第 1 章）**的精神，符合領域目標。與核心領域模型的差異就只在於執行的地方不同而已，反而大量使用預存程序可能會對領域驅動設計產生破壞性的影響，因為編寫預存程序的程式語言與建模團隊實作時的程式語言不同，在團隊缺乏對另一種程式語言良好理解的情況下，可能該段邏輯就會被忽視掉，而這就是 DDD 所要盡力避免的事情。

雖然不能把 DAO 視作 Repository，但可以把 Repository 視作 DAO，唯一要謹記的是，應盡可能地以集合導向的精神設計 Repository、而非資料存取導向，這樣才能確保你把領域視為模型、而不是去關注資料和背後的 CRUD 操作細節。

Repository 的測試

要測試實作好的 Repository，可以從兩種面向切入：一種是測試 Repository 本身是否正確運作，另一種是測試使用 Repository 來存取聚合的程式碼是否能正確地建立、儲存並找出已存入的聚合。就第一種測試來說，我們必須要以實際的資料庫環境來進行實作，否則永遠不知道你開發的程式碼到了線上的正式環境能否運作。而第二種測試可以用真實產品環境、也可以用記憶體空間中的模擬環境實作。底下我會先說明真實產品環境的測試，而後再說明如何以記憶體空間中的模擬環境進行測試。

我們先來看看以 Coherence 實作 `ProductRepositoryRepository` 的測試：

```java
public class CoherenceProductRepositoryTest extends DomainTest {

    private ProductRepository productRepository;
    private TenantId tenantId;

    public CoherenceProductRepositoryTest() {
        super();
    }
    ...
    @Override
    protected void setUp() throws Exception {
        this.setProductRepository(new CoherenceProductRepository());
        this.tenantId = new TenantId("01234567");
        super.setUp();
    }

    @Override
    protected void tearDown() throws Exception {
        Collection < Product > products =
```

```
        this.productRepository()
                .allProductsOfTenant(tenantId);

    this.productRepository().removeAll(products);
    }

    protected ProductRepository productRepository() {
        return this.productRepository;
    }

    protected void setProductRepository(
            ProductRepository aProductRepository) {
        this.productRepository = aProductRepository;
    }
}
```

對於每場測試，都會經歷場佈（setup）與清場（tear-down）兩個動作，以便準備與結束測試。場佈時，我們會建立一個 CoherenceProductRepository 類別的實例，然後假造一個 TenantId 實例。

清場時，則會將測試中所有被加入快取中的 Product 實例移除，對於 Coherence 來說，這個步驟尤為重要；如果沒有妥善地將所有加入快取的實例移除乾淨的話，這些實例就會留到接下來的測試中，很可能會導致一些斷言的判定失敗（例如，判定快取中應有的實例數量）。

接著測試 Repository 行為模式：

```
public class CoherenceProductRepositoryTest extends DomainTest {
    ...
    public void testSaveAndFindOneProduct() throws Exception {

        Product product =
            new Product(
                    tenantId,
                    this.productRepository().nextIdentity(),
                    "My Product",
                    "This is the description of my product.");
```

```
        this.productRepository().save(product);

        Product readProduct =
            this.productRepository()
                .productOfId(tenantId, product.productId());

        assertNotNull(readProduct);
        assertEquals(readProduct.tenantId(), tenantId);
        assertEquals(readProduct.productId(), product.productId());
        assertEquals(readProduct.name(), product.name());
        assertEquals(readProduct.description(), product.description());
    }
    ...
}
```

如同測試方法名稱所述，我們先存入一個 Product 實例，再試著查詢出來。第一個步驟就是產生一個 Product 實例、然後存入 Repository。如果基礎設施層沒有拋出任何異常例外，我們就當作這個 Product 實例已經正確存入了。只有一個方法可以確認，那就是找出這個實例、將它與原本的實例進行比對。因此要使用 productOfId() 方法根據唯一識別值將它找出。如果找到該實例，我們就可以 assert 它非 null 空值，且其 tenantId、productId、name、description 等屬性都與原先的一致，那就判定為成功。

然後測試多物件的儲存及查詢：

```
public class CoherenceProductRepositoryTest extends DomainTest {
    ...
    public void testSaveAndFindMultipleProducts() throws Exception {
        Product product1 =
            new Product(
                    tenantId,
                    this.productRepository().nextIdentity(),
                    "My Product 1",
                    "This is the description of my first product.");
        Product product2 =
            new Product(
                    tenantId,
                    this.productRepository().nextIdentity(),
```

```
                    "My Product 2",
                    "This is the description of my second product.");
        Product product3 =
            new Product(
                    tenantId,
                    this.productRepository().nextIdentity(),
                    "My Product 3",
                    "This is the description of my third product.");

        this.productRepository()
            .saveAll(Arrays.asList(product1, product2, product3));

        assertNotNull(this.productRepository()
            .productOfId(tenant, product1.productId()));
        assertNotNull(this.productRepository()
            .productOfId(tenant, product2.productId()));
        assertNotNull(this.productRepository()
            .productOfId(tenant, product3.productId()));

        Collection < Product > allProducts =
            this.productRepository().allProductsOfTenant(tenant);

        assertEquals(allProducts.size(), 3);
    }
    ...
}
```

首先建立三個 Product 實例，透過 saveAll() 方法將它們存入，然後再個別以 productOfId() 方法查詢取出。如果三個實例都不是 null 值，就判定它們都有成功儲存。

牛仔小劇場

傑哥：「我家妹夫告訴我老妹，要是哪天他掛了，就賣掉他倉庫裡所有東西，『因為我一個子兒都不會讓給妳再嫁的那個王八蛋。』我老妹要他放心，『反正我也不會再嫁給另一個王八蛋了。』」

但 Repository 中還有一個 `allProductsOfTenant()` 方法尚未測試。由於測試開始時 Repository 快取中會是全空的狀態，因此跟測試多物件存入取出時一樣，應該可以取得三個 Product 實例。即使 Repository 裡的內容不是我們要的，返回的 `Collection` 也不應該是 `null`。因此最後一個步驟就是 assert 返回的 `Product` 實例數目應為 3。

既然已經有了一個測試來展示用戶端對於 Repository 的使用，接下來，我們要來看看更優化的測試方式。

以記憶體空間模擬實作的測試

要是真的很難只是為了測試 Repository 就比照正式環境準備一個功能完整的資料庫、或是因此導致測試跑起來太慢的話，我們可以另尋他法。在領域建模初期，持久性機制、資料庫結構等都還沒確定，用記憶體空間模擬實作 Repository 的方法尤為有用。

用記憶體空間來模擬資料庫其實很簡單，但有時也的確會遇到一些問題。簡單之處在於，只要在介面後方建立一個 `HashMap` 即可實作 Repository。對於 Map 來說，存入是 `put()` 方法、刪除是 `remove()` 方法，十分直覺。每個聚合實例的全域唯一識別值是這個 `Map` 的鍵值（key），而聚合實例本身則是 `Map` 鍵值組的資料值（value），`add()` 或 `save()` 方法以及 `remove()` 方法都很容易搞定。事實上，整個 `ProductRepository` 實作十分簡單：

```
package com.saasovation.agilepm.domain.model.product.impl;

public class InMemoryProductRepository implements ProductRepository {

    private Map < ProductId, Product > store;

    public InMemoryProductRepository() {
        super();
        this.store = new HashMap < ProductId, Product > ();
    }

    @Override
```

```
public Collection < Product > allProductsOfTenant(Tenant aTenant) {
    Set < Product > entries = new HashSet < Product > ();

    for (Product product: this.store.values()) {
        if (product.tenant().equals(aTenant)) {
            entries.add(product);
        }
    }
    return entries;
}

@Override
public ProductId nextIdentity() {
    return new ProductId(java.util.UUID.randomUUID()
        .toString().toUpperCase());
}

@Override
public Product productOfId(Tenant aTenant, ProductId aProductId) {
    Product product = this.store.get(aProductId);

    if (product != null) {
        if (!product.tenant().equals(aTenant)) {
            product = null;
        }
    }
    return product;
}

@Override
public void remove(Product aProduct) {
    this.store.remove(aProduct.productId());
}

@Override
public void removeAll(Collection < Product > aProductCollection) {
    for (Product product: aProductCollection) {
        this.remove(product);
    }
}
```

```
    @Override
    public void save(Product aProduct) {
        this.store.put(aProduct.productId(), aProduct);
    }

    @Override
    public void saveAll(Collection < Product > aProductCollection) {
        for (Product product: aProductCollection) {
            this.save(product);
        }
    }
}
```

在這當中，只有 `productOfId()` 方法在實作時需要特別注意一下。以 `ProductId` 取得正確的 `Product` 後，還要將 `Product` 的 `TenantId` 與 `Tenant` 的識別值進行比對。如果不相符，這個就不是我們要找的 `Product` 實例，回傳時必須將其參照設為 `null` 空值。

至於 `CoherenceProductRepositoryTest`，則是幾乎可以原封不動地複製為 `InMemoryProductRepositoryTest`，唯一需要更動的是場佈時的 `setUp()` 方法：

```
public class InMemoryProductRepositoryTest extends TestCase {
    ...
    @Override
    protected void setUp() throws Exception {
        this.setProductRepository(new InMemoryProductRepository());
        this.tenantId = new TenantId("01234567");

        super.setUp();
    }
    ...
}
```

只要將原本初始化 Coherence 資料庫改為初始化 `InMemoryProductRepository` 就可以了，其餘測試方法則完全不用更動。

至於前面說到可能會遭遇的問題，則是在當我們需要實作與測試篩選條件參數較為複雜的查詢方法時。如果篩選的邏輯太過複雜，就可能要另找方法，像是在測試的 setUp() 方法時先存入已經經過篩選、符合條件的聚合實例到 Repository 中，然後在執行查詢時，改為單純將這些實例取出就好。

　　以記憶體空間實作 Repository 的另一個好處是，當你需要測試持久性導向介面的 save() 方法是否有被誤用的情形，可以在測試中去計算 save() 方法被呼叫的次數。每場測試的最後，插入一條斷言以判定 save() 方法被 Repository 用戶端呼叫的次數是否與其相符。對於必須主動呼叫 save() 方法來保存聚合變更狀態的應用服務來說，就可以採用這種測試方法。

本章小結

在本章中我們深入探討了 Repository 的實作。

- 你學到了集合導向與持久性導向兩種 Repository 的差異，以及選用這兩種 Repository 的理由。

- 了解如何以 Hibernate、TopLink、Coherence 及 MongoDB 實作 Repository。

- 你探索了什麼情況下可能會需要在 Repository 介面上增添額外的行為。

- 理解了交易階段在 Repository 中的角色。

- 你對於為型別階層設計 Repository 所面臨的挑戰有了更進一步的認識。

- 你明白了關於 Repository 與資料存取物件之間的一些基本差異。

- 最後，你也學會了幾種可用於測試 Repository 的方法。

接下來的章節中，我們將稍微轉換話題，探討如何整合不同的 Bounded Context。

NOTE

Chapter 13

整合 Bounded Contexts

「心智連接是我們最強大的一項學習工具、
也是人類智慧的精髓所在，
幫助我們建立聯繫；超越現有的知識；
進而觀察出模式、彼此關聯以及所在的上下文情境。」

——佛格森（*Marilyn Ferguson*）

絕大多數的專案中，都存在著多個 Bounded Context（**有界情境**，第 2 章），而在這當中，又可能會有二到多個 Bounded Context 存在著整合的需求。在此之前，我們已經透過**情境地圖**（Context Map，第 3 章）討論過 Bounded Context 之間常見的關係有哪些，以及如何用 DDD 原則來正確管理這些關係。由於本章內容是建立在**領域**（Domain，第 2 章）、**子領域**（Subdomain，第 2 章）和 Bounded Context、情境地圖這些概念之上，因此如果讀者對這些概念還不熟悉的話，建議可以在閱讀本章之前先回頭複習一下。

如之前所述，情境地圖有兩種主要的呈現方式：一種是以圖像的形式，將二到多個 Bounded Context 之間的關係畫出來；另一種則是直接以程式碼實作來呈現這些關係。後者也就是本章所要探討的部分。

本章學習概要

- 先回顧一些整合相關的基本概念，並且建立起在分散式計算環境中進行系統整合應具備的正確思維模式和心態。
- 學習如何將 RESTful 資源運用在整合上，並且討論背後的優缺點。
- 學習如何將訊息交換機制運用在整合上。
- 了解在不同 Bounded Context 維護重複資訊時可能面臨的挑戰。
- 透過研究範例來進一步掌握設計方法。

整合的基礎知識

要將兩個 Bounded Context 整合起來時，有幾種方式可以幫助我們在程式碼中完成這件事情。

　整合 Bounded Context 的其中一種方法，便是透過應用程式介面（API）讓 Bounded Context 彼此之間以遠端程序呼叫（RPC）整合起來。API 可以使用 SOAP 形式、也可以透過 HTTP 的請求與回應發送的 XML 文件（這不是指我們一般所知的 REST；事實上，有很多方式可以建立可供遠端呼叫的 API。這種方法是很多人會選擇的整合手段之一，由於它支援程序呼叫，對大部分的開發人員來說，使用上就像平常在呼叫一道程序或一個方法，也更容易理解。

　第二種整合 Bounded Context 的方法是利用訊息交換機制。在這種整合方式中，每個系統之間都是透過一個一個訊息佇列或**發布 / 訂閱** [Gamma et al.] 機制來互動。雖然這類訊息機制也可以被視為某種程度的 API 介面，但我們認為將它當作一種服務介面會更好。在整合上使用訊息機制有許多相關的技巧可供探討，有興趣進一步了解的讀者，可以參考 Hohpe 與 Woolf 合著的專書 [Hohpe & Woolf]。

第三種整合 Bounded Context 的方法是利用 RESTful HTTP 介面。有些人會認為這跟 RPC 是同樣的東西，但並非如此。在「某個系統發送請求到另一系統」這件事上，確實兩者之間存在類似的性質，但這些請求不像 RPC 那樣使用接收參數的程序。如同**架構**（Architecture，**第 4 章**）中所提到的，所謂的 REST 是一種透過 URI 形式以唯一識別值交換或修改資源的機制，而每一個資源都可以執行各種操作。在 RESTful HTTP 中，會提供 GET、PUT、POST、DELETE 這類方法操作的介面；即使看上去僅支援 CRUD 的四種操作，但稍微想一下就能理解，幾乎所有操作都離不開這四類的範疇。舉例來說，GET 是用在各種查詢操作上、PUT 則是可用來封裝要讓**聚合**（Aggregate，**第 10 章**）執行的命令操作。

整合應用服務並不僅限於以上三種方式，還可以透過檔案交換、資料庫共用等方式來整合系統，但其他方法往往需要耗費許多心力。

牛仔小劇場

傑哥：　「那匹馬可不好駕馭，你最好重心放低點，不然
　　　　　牠可是會讓你心力交瘁而感到開始懷疑人生。」

雖然筆者在這邊講了三種常見的整合 Bounded Context 方法，但本章只會專注在其中兩種方法，主要聚焦在以訊息機制為主的整合上，但同時也會示範 RESTful HTTP 的做法；RPC 的部分則予以略過，畢竟建立 API 來替代前兩種方法對許多讀者來說應該不是什麼難事。此外，我們要建立自主服務（autonomous service，或稱自主應用服務，autonomous application），而 RPC 並不適合。一旦在以 RPC 介接的系統之間出現了系統異常，會導致相依的其他系統也連帶無法完成操作。

這是一件至關重要的議題，每一個想要整合系統的開發人員都應該留意。

分散式系統有著根本上的不同

對於不熟悉分散式系統性質的開發人員來說，常會因忽略這類系統環境的複雜度，而導致整合上遭遇各種問題；尤其是在使用 RPC 時更容易發生，沒有分散式開發經驗的人常會誤以為對遠端的呼叫與程序內的呼叫是一樣的。如果真這樣想的話，那麼只要其中一個系統或是一個元件發生異常，即使情況只是暫時無法使用，也會導致連鎖效應讓異常狀態擴散出去。因此，所有分散式系統的開發人員都應該謹記以下分散式運算的性質與原則：

- 網路傳輸是不可靠的。

- 或多或少一定會有延遲，延遲程度有時甚至會超出想像。

- 頻寬這種資源並非無上限。

- 千萬別認為網路傳輸是安全的。

- 網路的結構拓樸（topology）會改變。

- 每個系統的管理者可能有不同的認知或原則。

- 網路傳輸是有成本的。

- 網路的結構是異質（heterogeneous）的[1]。

以上這些與 Deutsch 所提出的「Fallacies of Distributed Computing」（分散式系統的錯誤認知）說法上並不一樣，我故意做了修改，稱之為「原則」，是為了強調這是在過程中勢必要面對的挑戰與複雜性，而不是僅僅作為常見的「謬誤」而已。

1　譯註：意指由不同作業系統和執行不同協定的電腦所組成。

系統邊界間的資訊交換

當我們需要一個外部系統來提供我們系統所需的服務時，大多數時候都會將資訊傳到對象系統的服務去；而根據情況，這些服務有時需要回傳回應。因此，我們需要一個可靠的機制，能夠在系統之間傳遞這些資訊，而且在這些系統之間傳遞的資料結構，還必須讓相關的所有系統都能夠輕易解析使用。大多數人會選擇標準的資料結構。

以參數或訊息形式傳遞的這些資訊，只是一些機器才能讀的資料型態，因此在有資料交換需求的系統之間必須建立某種合約，或是透過某類可協助解析、轉譯這些資料格式的機制幫助，我們才能進一步利用這些資訊。

這種可用於系統之間交換資訊的資料結構有許多種，其中一種實作方法僅依靠程式語言，來將物件序列化為二進位格式後傳遞過去，再透過程式語言反序列化回物件。當所有系統都採用相同的程式語言、並且序列化後的資料結構可在各種不同的硬體設施之間交換與通行，這種方法可以運作得很好。此外，還必須將用於跨系統的介面與物件類別部署到使用特定物件型別的每一個系統中，以確保資訊能夠正確交換。

另一種建立可交換資訊結構的方案是採用通用標準中介格式，像是 XML、JSON 或是如 Protocol Buffers 的序列化資料結構協定。每種方法都有優缺點：從資料表述能力、資料體積大小、轉換效率、不同版本格式之間的支援彈性、易用性等不一而足。而當考慮到上面說的分散式運算原則，會發現有些因素可能對系統的影響較大（像是網路傳輸的成本）。

即使是使用這些中介的資料格式，還是有可能需要在所有系統部署用於交換資訊的介面和物件類別，然後再使用某類工具把資訊從中介格式轉換為特定的型別安全（type-safe）物件。這樣做的好處是，接收端的系統和發送端的系統都以相同的方式使用這些物件。

但要布署這些介面和類別存在著一定複雜度，同時也代表著，接收端的系統必須配合介面或類別定義的更版，更新介面到最新版本以維護相容性。此外，在接收端的系統中使用來自外部定義的物件，也是違反了本書中一直在強調著的 DDD 戰略設計原則。有些人會主張，可以透過**共用核心**（Shared Kernel，**第 3 章**）來彌補這種方法的問題；然而，這種在系統之間共用物件定義的便利性卻可能帶來反效果。不過，若是不考慮模型被污染的潛在危機和複雜度問題，很多人認為這種做法提供的強型別，不啻為一個好的折衷辦法。

　　但同時，筆者也遇到因各種原因而對此表示反對的人，希望有更簡單且安全的做法，又不想完全捨棄型別安全。讓我們來看看這樣的方法。

　　我們可以在系統之間建立一種合約，產生可交換資訊的資料結構，而接收端無須反序列化為特定類別的物件實例便可以取用裡面的資訊。我們可以用一種標準的方法來定義這樣的合約，這就是所謂的**公開發布的語言**（Published Language，**第 3 章**）。其中一種標準方法，就是自訂媒體類型或是同等的存在；無論是否依照 RFC 4288 的指引來註冊這類媒體類型，重要的是這類規範帶來的約束力。規範中制定了發送方與接收方之間所建立的資訊交換防呆機制，無須共享彼此介面與類別。

　　這種做法當然也是有好有壞。其中一點就是，我們可能無法像平常操作物件那樣，透過每個物件的介面 / 類別以及關聯的型別安全，以屬性存取器瀏覽內容；同時，也無法獲得 IDE 工具的支援，幫助我們在程式編寫上自動完成。但這些都不算什麼大問題。此外，也可能不會有 Event 類別所提供的可操作函數或方法，但我認為這算不上是缺點，反而算是具保護性的優點；作為訊息接收方的 Bounded Context，應僅專注於這些屬性資料上，而不是想著要去使用其他模型上的功能。訊息接收方的**Port Adapter**（**第 4 章**）設計模式，應該將領域模型與外部模型隔離開來、避免對其他 Bounded Context 產生依賴關係，以參數形式傳遞所需資料，然後以自身 Bounded Context 內的類型呈現。任何生成這類資料結構的必要運算或處理，應該由訊息發送方的 Bounded Context 負責，以提供接收方足夠的事件資料。

來審視一個範例。現在 SaaSOvation 團隊需要在不同的 Bounded Context 間交換資訊，他們決定採用 RESTful 資源，並在服務之間發送包含領域**事件（Event，第 8 章）**的訊息。在 RESTful 資源中，有一種資源稱為「通知」（notification 物件），而以領域事件為主的訊息也是以「通知」的形式（**Notification 物件**）發送給訂閱方的。換句話說，這兩種情況都是由 Notification 來持有事件，將兩者格式化為統一的資料結構以便於資訊交換。交換用通知與事件的自訂媒體類型，規範的合約內容則如下所示：

- 型別：Notification，資料格式：JSON

- notificationId：長整數唯一識別值

- typeName：字串型別的 Notification 型別名稱，例如 com.saasovation.agilepm. domain.model.product.backlogItem.BacklogItemCommitted

- version：整數型態的 Notification 版本編號

- occuredOn：Notification 所包含事件發生的時間戳記

- event：以 JSON 格式呈現的資訊，具體內容參考事件的型別。

完整類別名稱（也就是含有套件路徑的名稱）作為 typeName 可有效幫助訂閱方分辨不同的 Notification 型別，換句話說，在通知的規範之下有著各種不同事件型別的規範。以 BacklogItemCommitted 事件為例：

- 事件型別：com.saasovation.agilepm.domain.model.product.backlogItem. BacklogItemCommitted

- eventVersion：整數型態的 Event 版本編號，與 Notification 中的 version 一致

- occuredOn：事件發生的時間戳記，與 Notification 中的 occuredOn 一致

- backlogItemId：也就是 BacklogItemId，字串型態的 id 屬性值

- **committedToSprintId**：也就是 SprintId，字串型態的 id 屬性值

- **tenantId**：也就是 TenantId，字串型態的 id 屬性值

- 事件內容：具體內容參考事件的型別

當然我們還可以進一步依據每種事件型別提供事件細節。有了 Notification 以及所有事件型別的規範內容後，就可以用一個 NotificationReader 安全地存取這些資訊了：

```
DomainEvent domainEvent = new TestableDomainEvent(100, "testing");

Notification notification = new Notification(1, domainEvent);

NotificationSerializer serializer =
    NotificationSerializer.instance();
String serializedNotification = serializer.serialize(notification);

NotificationReader reader =
    new NotificationReader(serializedNotification);

assertEquals(1 L, reader.notificationId());
assertEquals("1", reader.notificationIdAsString());
assertEquals(domainEvent.occurredOn(), reader.occurredOn());
assertEquals(notification.typeName(), reader.typeName());
assertEquals(notification.version(), reader.version());
assertEquals(domainEvent.eventVersion(), reader.version());
```

這個測試案例展示了 NotificationReader 如何正確提供型別安全的存取方式來讀取序列化後的 Notification 物件內容。

下一個測試中，則展示了如何從 Notification 中，讀取出事件相關的內容。這邊我們可以使用 XPath 語法、或以「.」點分隔的屬性路徑表示法、又或者以「,」逗號分隔的屬性名稱（Java 可變長度參數）來存取事件物件的內部。讀取出來的屬性，分別以 String 的字串型別或是相對應的原始型別（int、long、boolean、double 等）呈現：

```
TestableNavigableDomainEvent domainEvent =
    new TestableNavigableDomainEvent(100, "testing");

Notification notification = new Notification(1, domainEvent);

NotificationSerializer serializer = NotificationSerializer.instance();

String serializedNotification = serializer.serialize(notification);

NotificationReader reader =
    new NotificationReader(serializedNotification);

assertEquals("" + domainEvent.eventVersion(),
    reader.eventStringValue("eventVersion"));
assertEquals("" + domainEvent.eventVersion(),
    reader.eventStringValue("/eventVersion"));
assertEquals(domainEvent.eventVersion(),
    reader.eventIntegerValue("eventVersion").intValue());
assertEquals(domainEvent.eventVersion(),
    reader.eventIntegerValue("/eventVersion").intValue());

assertEquals("" + domainEvent.nestedEvent().eventVersion(),
    reader.eventStringValue("nestedEvent", "eventVersion"));
assertEquals("" + domainEvent.nestedEvent().eventVersion(),
    reader.eventStringValue("/nestedEvent/eventVersion"));
assertEquals(domainEvent.nestedEvent().eventVersion(),
    reader.eventIntegerValue("nestedEvent", "eventVersion").intValue());
assertEquals(domainEvent.nestedEvent().eventVersion(),
    reader.eventIntegerValue("/nestedEvent/eventVersion").intValue());
assertEquals("" + domainEvent.nestedEvent().id(),
    reader.eventStringValue("nestedEvent", "id"));
assertEquals("" + domainEvent.nestedEvent().id(),
    reader.eventStringValue("/nestedEvent/id"));
assertEquals(domainEvent.nestedEvent().id(),
    reader.eventLongValue("nestedEvent", "id").longValue());
assertEquals(domainEvent.nestedEvent().id(),
    reader.eventLongValue("/nestedEvent/id").longValue());

assertEquals("" + domainEvent.nestedEvent().name(),
    reader.eventStringValue("nestedEvent", "name"));
assertEquals("" + domainEvent.nestedEvent().name(),
    reader.eventStringValue("/nestedEvent/name"));
```

```
assertEquals("" + domainEvent.nestedEvent().occurredOn().getTime(),
    reader.eventStringValue("nestedEvent", "occurredOn"));
assertEquals("" + domainEvent.nestedEvent().occurredOn().getTime(),
    reader.eventStringValue("/nestedEvent/occurredOn"));
assertEquals(domainEvent.nestedEvent().occurredOn(),
    reader.eventDateValue("nestedEvent", "occurredOn"));
assertEquals(domainEvent.nestedEvent().occurredOn(),
    reader.eventDateValue("/nestedEvent/occurredOn"));
assertEquals("" + domainEvent.occurredOn().getTime(),
    reader.eventStringValue("occurredOn"));
assertEquals("" + domainEvent.occurredOn().getTime(),
    reader.eventStringValue("/occurredOn"));
assertEquals(domainEvent.occurredOn(),
    reader.eventDateValue("occurredOn"));
assertEquals(domainEvent.occurredOn(),
    reader.eventDateValue("/occurredOn"));
```

在上面的範例中，`TestableNavigableDomainEvent` 內還有一個 `TestableDomainEvent` 物件，正好讓我們示範如何存取巢狀結構中的屬性值。以上的讀取過程都是以 XPath 語法存取，並且也驗證了各種不同資料型態的屬性值存取。

由於在 `Notification` 與其包含的事件實例始終都有一個表明合約規範的版本號，我們可以根據這個版本號去讀取特定版本號中的特定屬性值；這樣一來，有特定版本需求的訊息接收方就可以取得他們需要的部分。不過，接收方也有可能將收到的任何 `Notification` 與事件當作最舊的版本 1 來處理。

因此，我們需要妥善設計每種事件型別，這樣才能確保當訊息接收方需要的只是某個事件最舊版本的規範時，不會出現不相容的問題，當事件發生變化，他們不需要去配合事件的版本變更做相應的修改或重新編譯。當然我們還是得在規劃修改時仔細考慮版本之間的相容性，以免影響到訊息接收方。這類相容性目標確實有時很難達成，但多數時候是可行的。

　　這種方法還有另一個好處，事件中可以存放的不僅僅是原始型態的資料屬性或字串值，也可以放心地加入更複雜的**值物件**（Value Object，**第6章**）實例，只要值類別屬於穩定的類型即可。下列程式碼範例中的 `BacklogItemId`、`SprintId` 及 `TenantId` 就是屬於此種類型，我們用另一種以「.」點分隔的形式來展示對屬性的存取：

```
NotificationReader reader =
    new NotificationReader(backlogItemCommittedNotification);

String backlogItemId = reader.eventStringValue("backlogItemId.id"));

String sprintId = reader.eventStringValue("sprintId.id"));

String tenantId = reader.eventStringValue("tenantId.id"));
```

　　值物件實例本身結構與內容上不變的特質，使得事件本身不僅具備了不變性，而且是永久固定的。即使事件中的值物件版本變更了，也不影響我們從先前版本的 `Notification` 實例中讀取舊版本的值物件。不過，當事件版本發生顯著且頻繁變動時，訊息接收方要以 `NotificationReader` 來應對這些變化確實太過困難，改用 Protocol Buffers 會輕鬆許多。

　　這只是其中一種優雅處理反序列化的方法，這種方法不需要到處部署事件類型和依賴性。對某些人來說，這種做法是有效且無拘束，但另一派則認為這是有風險、不方便、甚至於危險。而所謂的另一派就是眾所周知，在訊息接收方部署介面與類別、將資料重新序列化為物件後的使用方式。這邊我所提供給各位讀者參考的，是另一種較少人選擇的做法與思維。

牛仔小劇場

寶弟：「我說傑哥啊，當牛仔年紀大到無法做出不良示
範，就會開始說出明智的老人言了。」

　　不論是部署介面並重新序列化為物件、還是以合約形式制定的媒體規範資料，它們
很可能適用於專案的不同階段。比方說，根據團隊規模、Bounded Context 數量、變更
頻率或其他條件，在專案初期採取共用類別與介面的形式應該是行得通。但是到了邁
入正式上線階段，那麼採取與版本解耦合、自訂合約的媒體類型方式或許會比較好。
在實務上則需視每個開發團隊的性質而定，因為有些團隊從一開始就認定了採用某個
方法，一路堅持下去不再更改。

　　為方便讀者理解，因此本章接下來還是會繼續使用 `NotificationReader` 的做
法。至於各位是否要在整合 Bounded Context 上採行自訂媒體類型的合約做法和
`NotificationReader`，就由你們自行決定了。

透過 RESTful 進行整合

所謂的**開放主機服務**（Open Host Service，**第 3 章**），指的是 Bounded Context 藉由
URI 的形式提供一系列的 RESTful 資源。

> 「定義一個協定（protocol），把你的子系統作為一組 Service 供其他系
> 統存取。開放這個協定，以便「所有需要與你的子系統整合的人」都可
> 以使用它。當有新的整合需求時，就增強並擴充這個協定」（Evans 著
> 作《領域驅動設計》；中譯本 P136，原文書 P138）

可以這樣想：HTTP 方法（GET、PUT、POST、DELETE）和它們操作的這些資源結合在一起，就是一套完整的開放服務；於是乎，這套結合了 HTTP 與 REST 的開放式協定，便能讓任何對象與子系統進行整合。透過 URI 加上唯一識別值的組合，資源的數量在理論上可以無上限，因而能夠有效地應對各種新增加的整合需求、穩健地提供一種讓 Bounded Context 與用戶端整合的管道。

話雖如此，但由於 RESTful 服務的性質，使得服務提供方必須直接參與或介入每一次對資源的操作，因此這種整合方式沒辦法讓用戶端達到完全自主性。換言之，要是提供 REST 服務的 Bounded Context 因為某些因素發生異常，那麼與之相關的整合操作也就無法進行了。

不過，也不是完全沒辦法解決。即使整合的管道僅有 RESTful 服務（或 RPC）之類的手段，我們還是可以利用計時器或訊息交換機制，營造出一種暫時性解耦合的假象，以此降低依賴於 RESTful 資源造成的問題，某種程度上提高了自主性。比方說，只有每當計時器過一段時間被觸發、或是收到訊息時，系統才會再度嘗試與遠端系統溝通。遠端系統若是處於無法使用的狀態，我們就能把這個計時器每次觸發的間隔拉長；或是在訊息交換機制中，對訊息發送方刻意地回覆一則否定回應，以便讓訊息再次發送、等收到後再次嘗試。雖然這樣做勢必會增加開發團隊的負擔，但為了提升自主性、讓系統間的耦合更鬆開一些，這也是不得不付出的代價。

在 SaaSOvation 團隊要為「身分與存取情境」建立整合機制以便將 Bounded Context 功能提供給用戶端，他們決定採用 HTTP 搭配 RESTful 資源的手段，這樣可以在不對外曝露領域模型內部結構與行為細節的前提下、對外公開與系統整合的方式。因此，接下來他們要做的，就是依據多租戶環境的性質，設計一套 RESTful 資源，對外提供身分與存取情境的資訊。

這套用於整合 Bounded Context 的設計中，大部分都是屬於透過 GET 方法取得使用者或群組的身分資訊、以及與角色相關的安全權限資源。舉例來說，當整合對象的用戶端想要知道某個租戶下的某個使用者是否可以擔任某個角色，該用戶端可以透過 GET 方法對以下這條 URI 的資源進行存取：

`/tenants/{tenantId}/users/{username}/inRole/{role}`

若該租戶的這位使用者確實被賦予這個角色，那麼這個資源的回應方式就是一個 HTTP 200 的成功回覆；反之，則是一個 HTTP 204 No Content 的狀態碼回覆，表示該名使用者不存在或是沒被賦予這個角色。這就是一個簡單的 HTTP RESTful 資源設計。

接下來讓我們看看團隊是如何以其 Bounded Context 的 **通用語言**（Ubiquitous Language，**第 1 章**）實作這個可供用戶端與之整合的存取資源。

實作 RESTful 資源

SaaSOvation 開發團隊在實作 Bounded Context 的 REST 服務時，從中學到了重要的經驗，讓我們一起看看這段過程。

SaaSOvation 開發團隊思考如何為「身分與存取情境」的整合提供開放主機服務，起初他們的想法是，簡單地將領域模型曝露出去，作為一套可公開存取的 RESTful 資源。換句話說，讓 HTTP 的用戶端以 GET 方法獲得一個租戶的識別值，然後便能存取該租戶下的使用者、群組與角色等資訊。但這樣做真的好嗎？一開始看起來再直覺不過，畢竟可以提供用戶端最大程度彈性，用戶端可以了解有關領域模型的一切，並根據這些資訊在他們自己的 Bounded Context 中做出判斷。

最適合描述這種設計模式的 DDD 情境地圖模式為何？肯定不會是開放主機服務，不過根據模型的規模，反而更像是共用核心（Shared Kernel）或**遵奉者**（Conformist，**第三**

章）模式，會導致資訊的取用者與被取用的領域模型之間，形成緊密耦合的整合關係。我們應當極力避免這種關係，因為它們與 DDD 最基本的目標背道而馳。

幸好，開發團隊在這個過程中得到了一些有用的建議，從而避免將模型直接曝露給用戶端。他們學到了從使用案例（或稱使用者故事）的角度去思考整合應該採取的做法，而這符合了開放主機服務的定義：「根據新的整合需求去強化及擴展協定。」也就是在整合上，僅需提供使用者當前的需要，而這些需要，是透過使用案例情境來判斷的。

開發團隊依照建議調整方向後，他們發現整合對象真正關心的是使用者是否能夠擔任某個角色，因此，將整合對象跟領域模型的內部節細隔離開來，可以大幅提高生產力，也更容易維護其所依賴的 Bounded Context。在設計上，這意味著 User 的 RESTful 資源可包含以下的設計：

```java
@Path("/tenants/{tenantId}/users")
public class UserResource {
    ...
    @GET
    @Path("{username}/inRole/{role}")
    @Produces({ OvationsMediaType.ID_OVATION_TYPE })
    public Response getUserInRole(
            @PathParam("tenantId") String aTenantId,
            @PathParam("username") String aUsername,
            @PathParam("role") String aRoleName) {

        Response response = null;

        User user = null;

        try {
            user = this.accessService().userInRole(
                aTenantId, aUsername, aRoleName);
        } catch (Exception e) {
            // 處理例外
        }

        if (user != null) {
```

```
        response = this.userInRoleResponse(user, aRoleName);
    } else {
        response = Response.noContent().build();
    }
    return response;
}
...
}
```

以 **六 角 架 構**（Hexagonal，**第 4 章**）—— 或 稱 Port and Adapter —— 來 說，UserResource 類別是由 JAX-RS 實作提供的 RESTful HTTP 埠口的轉接器（Adapter），資訊的需求方可以透過如下形式發出請求：

```
GET /tenants/{tenantId}/users/{username}/inRole/{role}
```

這個轉接器接獲請求後，會把作業委派給六角架構內部提供 API 的 **AccessService 應用服務**（Application Service，**第 14 章**）。這個應用服作為領域模型的直接用戶端，會負責處理使用案例作業及交易階段。作業的任務內容包括了：找出這個 **User** 實體是否存在，而如果存在，它是否擔任某個指定的角色：

```
package com.saasovation.identityaccess.application;
...
public class AccessService...{
    ...
    @Transactional(readOnly = true)
    public User userInRole(
            String aTenantId,
            String aUsername,
            String aRoleName) {

        User userInRole = null;

        TenantId tenantId = new TenantId(new TenantId(aTenantId));

        User user =
            DomainRegistry
```

```
                .userRepository()
                .userWithUsername(tenantId, aUsername);

        if (user != null) {
            Role role =
                DomainRegistry
                    .roleRepository()
                    .roleNamed(tenantId, aRoleName);

            if (role != null) {
                GroupMemberService groupMemberService =
                    DomainRegistry.groupMemberService();

                if (role.isInRole(user, groupMemberService)) {
                    userInRole = user;
                }
            }
        }
        return userInRole;
    }
    ...
}
```

　　這個應用服務會嘗試找出 User 以及這個被指定的 Role 聚合。呼叫 Role 聚合的
isInRole() 查詢類型方法時，會傳入一個 GroupMemberService。GroupMemberService
不是應用服務、而是**領域服務（Domain Service，第 7 章）**，它的主要工作是協助
Role 執行一些跟特定領域相關的查檢和查詢，而這些工作不應當由 Role 承擔。

　　查詢得出的 User 以及角色名稱，則會以一個自訂的媒體類型，作為 UserResource 的
回應：

```
package com.saasovation.common.media;

public class OvationsMediaType {
    public static final String COLLAB_OVATION_TYPE =
            "application/vnd.saasovation.collabovation+json";

    public static final String ID_OVATION_TYPE =
```

```
            "application/vnd.saasovation.idovation+json";

    public static final String PROJECT_OVATION_TYPE =
            "application/vnd.saasovation.projectovation+json";
    ...
}
```

如果使用者確實擔任被指定的角色，那麼 UserResource 轉接器就會以如下 JSON 格式
的資料，產生一個 HTTP 回應：

```
HTTP/1.1 200 OK
Content-Type: application/vnd.saasovation.idovation+json
...
{
    "role":"Author","username":"zoe",
    "tenantId":"A94A8298-43B8-4DA0-9917-13FFF9E116ED",
    "firstName":"Zoe","lastName":"Doe",
    "emailAddress":"zoe@saasovation.com"
}
```

　　而後面我們會看到，這個 RESTful 資源的整合對象，可以將資訊進一步轉譯為該
Bounded Context 所需的領域物件類型。

使用防護層實作 REST 用戶端

雖然對於用戶端的整合對象來說，「身分與存取情境」提供的 JSON 資料格式很有用，
但是當我們專注於 DDD 目標時，用戶端的 Bounded Context 並不會原封不動直接使用
這些資訊。如同前幾章所述，假設用戶端來自於「協作情境」，那麼團隊並不在意原
始使用者與他們的角色資訊，開發「協作情境」的團隊想知道的是跟自身領域相關的
角色。其他 Bounded Context 如何建模一個 User 物件、以及該 User 可能被賦予一到多
個 Role 物件之類的關係，不是自身領域的甜蜜點範疇。

那麼，要如何使用「使用者與角色」的資料滿足特定的協作目的？先回顧一下之前所畫的情境地圖，參考圖 13.1。在這張圖中，UserResource 轉接器重點已經在前面小節中介紹過了，剩下的工作就是針對「協作情境」開發特定的介面和類別，包含 CollaboratorService、UserInRoleAdapter 以及 CollaboratorTranslator 等。圖上還有一個 HttpClient，但那不過是藉由 JAX-RS 的 ClientRequest 與 ClientResponse 所提供的一個工具而已。

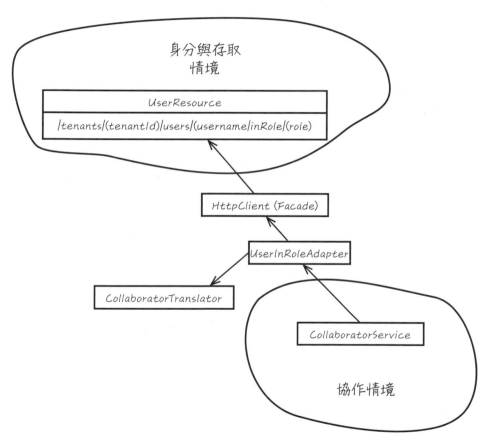

圖 13.1　整合「身分與存取情境」與「協作情境」上，利用了開放主機服務與防護層。

CollaboratorService、UserInRoleAdapter 及 CollaboratorTranslator，三者共同形成了一個**防護層**（Anticorruption Layer，**第 3 章**）；意思是，當「協作情境」從「身分與存取情境」那邊獲取使用者與角色的關係資訊時，都會透過這個防護層，並進一步轉譯為協作情境中的某種值物件。

CollaboratorService 的介面定義如下所示，構成了簡單的防護層操作：

```
public interface CollaboratorService {
    public Author authorFrom(Tenant aTenant, String anIdentity);
    public Creator creatorFrom(Tenant aTenant, String anIdentity);
    public Moderator moderatorFrom(Tenant aTenant, String anIdentity);
    public Owner ownerFrom(Tenant aTenant, String anIdentity);
    public Participant participantFrom(
            Tenant aTenant, String anIdentity);
}
```

對 CollaboratorService 的用戶端來說，這個介面使得他們完全看不到遠端系統的存取細節，也看不到公開發布的語言如何轉譯為符合此 Bounded Context 通用語言的物件。這邊我們採用了**分離介面**（Separated Interface，[Fowler, P of EAA]）設計模式以及一個實作類別，因為實作類別是屬於技術性的，不應該位在領域層。

CollaboratorService 中的所有**工廠**（Factory，**第 11 章**）方法看起來都大同小異，都會建立抽象類 Collaborator 的某個子類別；當然，前提是這名以 anIdentity 標示的使用者位於 aTenant 底下，且確實擔任以下五種角色之一（Author、Creator、Moderator、Owner、Participant）。光看介面可能看不出所以然，因此讓我們來看其中一個方法 authorFrom() 的實作細節：

```
package com.saasovation.collaboration.infrastructure.services;

import com.saasovation.collaboration.domain.model.collaborator.Author;
...
public class TranslatingCollaboratorService
        implements CollaboratorService {
```

```
...
@Override
public Author authorFrom(Tenant aTenant, String anIdentity) {
    Author author =
        this.userInRoleAdapter
        .toCollaborator(
                aTenant,
                anIdentity,
                "Author",
                Author.class);
    return author;
}
...
}
```

首先注意到，TranslatingCollaboratorService 是位於基礎設施層的**模組**（Module，**第 9 章**）內，我們將 CollaboratorService 這個分離介面作為領域模型的一部分，並把它放在六角架構的內部；但實作類別由於是屬於技術性，因而放在六角架構（也就是埠口與轉接器）的外部。

既然是技術實作的一部分，通常防護層中會有對應的**轉接器** [Gamma et al.] 以及轉譯器。在圖 13.1 中可以看到，擔任轉接器角色的是 UserInRoleAdapter，而負責轉譯的則是 CollaboratorTranslator。該防護層的這個 UserInRoleAdapter 職責是負責對外與遠端系統的溝通，也就是對使用者所具備角色的資源發送存取請求：

```
package com.saasovation.collaboration.infrastructure.services;

import org.jboss.resteasy.client.ClientRequest;
import org.jboss.resteasy.client.ClientResponse;
...
public class UserInRoleAdapter {
    ...
    public < T extends Collaborator > T toCollaborator(
            Tenant aTenant,
            String anIdentity,
            String aRoleName,
            Class < T > aCollaboratorClass) {
```

```
        T collaborator = null;

        try {
            ClientRequest request =
                    this.buildRequest(aTenant, anIdentity, aRoleName);

            ClientResponse < String > response =
                    request.get(String.class);

            if (response.getStatus() == 200) {
                collaborator =
                    new CollaboratorTranslator()
                        .toCollaboratorFromRepresentation(
                            response.getEntity(),
                            aCollaboratorClass);
            } else if (response.getStatus() != 204) {
                throw new IllegalStateException(
                        "There was a problem requesting the user: " +
                        anIdentity +
                        " in role: " +
                        aRoleName +
                        " with resulting status: " +
                        response.getStatus());
            }

        } catch (Throwable t) {
            throw new IllegalStateException(
                    "Failed because: " + t.getMessage(), t);
        }

        return collaborator;
    }
    ...
}
```

如果這個 GET 請求的回應是成功的（狀態碼 HTTP 200），就表示 UserInRoleAdapter 成功獲取了一個使用者角色資源，接著便能轉譯為 Collaborator 子類別：

```
package com.saasovation.collaboration.infrastructure.services;

import java.lang.reflect.Constructor;
import com.saasovation.common.media.RepresentationReader;
...
public class CollaboratorTranslator {
    public CollaboratorTranslator() {
        super();
    }

    public < T extends Collaborator > T toCollaboratorFromRepresentation(
        String aUserInRoleRepresentation,
        Class < T > aCollaboratorClass)
    throws Exception {

        RepresentationReader reader =
                new RepresentationReader(aUserInRoleRepresentation);

        String username = reader.stringValue("username");
        String firstName = reader.stringValue("firstName");
        String lastName = reader.stringValue("lastName");
        String emailAddress = reader.stringValue("emailAddress");
        T collaborator =
            this.newCollaborator(
                    username,
                    firstName,
                    lastName,
                    emailAddress,
                    aCollaboratorClass);
        return collaborator;
    }

    private < T extends Collaborator > T newCollaborator(
            String aUsername,
            String aFirstName,
            String aLastName,
            String aEmailAddress,
            Class < T > aCollaboratorClass)
    throws Exception {
```

```
        Constructor < T > ctor =
            aCollaboratorClass.getConstructor(
                String.class, String.class, String.class);

        T collaborator =
            ctor.newInstance(
                    aUsername,
                    (aFirstName + " " + aLastName).trim(),
                    aEmailAddress);

        return collaborator;
    }
}
```

　　轉譯器會透過 RepresentationReader（與先前 NotificationReader 作用類似）接收
一個包含使用者與角色關係的文字字串，以及用於建立 Collaborator 子類別實例的
Class。首先，轉譯器會使用一個稱為 RepresentationReader 的工具——類似之前介紹
的 NotificationReader——從 JSON 格式資料中讀取四個屬性。我們可以放心地進行
這樣的操作，因為 SaaSOvation 的開發團隊以自訂媒體類型，在資料的提供與取用之
間建立起可靠的合約關係；當轉譯器獲取到所需的字串值描述資訊，便能用來實例化
Collaborator 值物件。以本範例而言就是 Author：

```
package com.saasovation.collaboration.domain.model.collaborator;

public final class Author
        extends Collaborator {
    public Author(
            String anIdentity,
            String aName,
            String anEmailAddress) {
        super(anIdentity, aName, anEmailAddress);
    }
    ...
}
```

　　如此一來，不需要額外工作就能讓 Collaborator 值物件實例和「身分與存取情境」保持同步；再次提醒，Collaborator 的性質是不可變的，不能修改、只能整個替換掉。下面將會展示應用服務如何取得 Author，進一步傳入 Forum 並開始一個新的 Discussion：

```
package com.saasovation.collaboration.application;
...
public class ForumService...{
    ...
    @Transactional
    public Discussion startDiscussion(
            String aTenantId,
            String aForumId,
            String anAuthorId,
            String aSubject) {

        Tenant tenant = new Tenant(aTenantId);
        ForumId forumId = new ForumId(aForumId);

        Forum forum = this.forum(tenant, forumId);

        if (forum == null) {
            throw new IllegalStateException("Forum does not exist.");
        }

        Author author =
                this.collaboratorService.authorFrom(
                        tenant, anAuthorId);

        Discussion newDiscussion =
                forum.startDiscussion(
                        this.forumNavigationService(),
                        author,
                        aSubject);

        this.discussionRepository.add(newDiscussion);

        return newDiscussion;
    }
    ...
}
```

就算這個 Collaborator 的 name 與 email 資料在「身分與存取情境」那邊變更了，也不會自動更新到「協作情境」來。況且這類變更本來就很少發生，所以開發團隊決定維持設計的簡單性、不打算將本地端情境與遠端情境做同步更新。但這件事情到了「敏捷式專案管理情境」時，又會有不同的設計目標。

要實作防護層還有其他方法，像是透過 Repository（**資源庫，第 12 章**）來達成。然而 Repository 的設計是用來保存與重組聚合的，用來組建值物件就偏離原意了；反之，如果要從防護層就產生一個聚合的話，那麼 Repository 或許就是恰當的選擇。

透過訊息機制進行整合

訊息交換機制的整合方式，能夠讓系統與系統之間的依賴關係降到最低，從而達到較高的自主性。只要作為中介角色的訊息基礎設施還能夠正常運作，即使對象系統出現了異常，各方的訊息還是能夠如常地發送與傳遞。

在 DDD 中，其中一種用來強化系統自主性的方法是使用領域事件；每當系統有重大事件發生時，就可以發布一則事件。每一個系統都會發生這樣的事件，甚至於是很多，為了方便記錄，你必須為每個事件建立獨一無二的識別方法。當事件發生時，就會透過訊息交換機制發布出去給對事件感興趣的對象。以上只是對領域事件的一個概述，萬一你沒看前幾章，建議你回頭去看**架構（第 4 章）**、**領域事件（第 8 章）**及**聚合（第 10 章）**，再繼續往下閱讀。

追蹤專案負責人與團隊成員的變動

在「敏捷式專案管理情境」中，對於訂閱此服務的租戶，系統需要去維護其名下的那些 Scrum 產品負責人和開發團隊成員。產品負責人在任何時候都可以新建產品專案、指派團隊成員。那麼，Scrum 專案管理的應用程式如何才能知道，哪個使用者擔任什麼角色？答案是，它不可能自己處理這個問題。

　　因此，「敏捷式專案管理情境」需要依賴於「身分與存取情境」，才能妥善地管理
這些角色資訊。在「身分與存取情境」中，凡是有訂閱 Scrum 服務的租戶，都會建立
兩個 Role 實例：ScrumProductOwner 與 ScrumTeamMember。需要擔任兩個角色當中任何
一個角色的使用者，都會被指派給相應的 Role。「身分與存取情境」中負責管理角色
指派的應用服務方法，內容如下所示：

```
package com.saasovation.identityaccess.application;
...
public class AccessService...{
    ...
    @Transactional
    public void assignUserToRole(AssignUserToRoleCommand aCommand) {

        TenantId tenantId =
                new TenantId(aCommand.getTenantId());

        User user =
                this.userRepository
                    .userWithUsername(
                            tenantId,
                            aCommand.getUsername());

        if (user != null) {
            Role role =
                    this.roleRepository
                        .roleNamed(
                                tenantId,
                                aCommand.getRoleName());
            if (role != null) {
                role.assignUser(user);
            }
        }
    }
    ...
}
```

即使這樣，又該怎麼讓「敏捷式專案管理情境」知道誰擔任 ScrumTeamMember 或 ScrumProductOwner 角色呢？是這樣的，每當 assignUser() 中的 Role 角色賦予操作完成後，最後會發布一則事件出去：

```
package com.saasovation.identityaccess.domain.model.access;
...
public class Role extends Entity {
    ...
    public void assignUser(User aUser) {
        if (aUser == null) {
            throw new NullPointerException("User must not be null.");
        }
        if (!this.tenantId().equals(aUser.tenantId())) {
            throw new IllegalArgumentException(
                    "Wrong tenant for this user.");
        }

        this.group().addUser(aUser);

        DomainEventPublisher
            .instance()
            .publish(new UserAssignedToRole(
                    this.tenantId(),
                    this.name(),
                    aUser.username(),
                    aUser.person().name().firstName(),
                    aUser.person().name().lastName(),
                    aUser.person().emailAddress()));
    }
    ...
}
```

這則 UserAssignedToRole 事件中含有 User 名稱與電子郵件信箱等屬性，會發布出去給任何有需要的訂閱方，而每當「敏捷式專案管理情境」收到一則這樣的事件，就會用來建立出自身模型中的 TeamMember 或是 ProductOwner。這不是很難的使用案例，但背後管理上的細節卻可能超乎你的想像。讓我們繼續深入探討。

結果，對 RabbitMQ 的事件通知監聽有著高度的可重複利用性，我們就稍微利用了一個簡易的物件導向函式庫，協助以 Java 程式語言建立出對 RabbitMQ 的用戶端。然後，再加上一個類別，就成了訊息交換佇列的取用端：

```
package com.saasovation.common.port.adapter.messaging.rabbitmq;
...
public abstract class ExchangeListener {

    private MessageConsumer messageConsumer;
    private Queue queue;

    public ExchangeListener() {
        super();

        this.attachToQueue();
        this.registerConsumer();
    }

    protected abstract String exchangeName();

    protected abstract void filteredDispatch(
        String aType, String aTextMessage);

    protected abstract String[] listensToEvents();

    protected String queueName() {
        return this.getClass().getSimpleName();
    }

    private void attachToQueue() {
        Exchange exchange =
                Exchange.fanOutInstance(
                        ConnectionSettings.instance(),
                        this.exchangeName(),
                        true);

        this.queue =
                Queue.individualExchangeSubscriberInstance(
                        exchange,
                        this.exchangeName() + "." + this.queueName());
    }
```

```
    private Queue queue() {
        return this.queue;
    }

    private void registerConsumer() {
        this.messageConsumer =
                MessageConsumer.instance(this.queue(), false);

        this.messageConsumer.receiveOnly(
                this.listensToEvents(),
                new MessageListener(MessageListener.Type.TEXT) {

                @Override
                public void handleMessage(
                        String aType,
                        String aMessageId,
                        Date aTimestamp,
                        String aTextMessage,
                        long aDeliveryTag,
                        boolean isRedelivery)
                throws Exception {
                    filteredDispatch(aType, aTextMessage);
                }
            });
    }
}
```

其中 ExchangeListener 是實作類別會重複使用的一個抽象基礎類別（abstract base class），而這個子類別只要多加一點程式碼，便能擴展抽象基礎類別的功能。首先，子類別只要確保呼叫了抽象基礎類別的建構子方法；不過即使沒有額外的程式碼，這個建構子也會被自動呼叫。接著就是實作三個抽象方法：exchangeName()、filteredDispatch()、與 listensToEvents()。

其中兩個的實作非常簡單。exchangeName() 方法的實作，只要接收通知時把訊息交換監聽器名稱以 String 字串型態傳回。listensToEvents() 則是要以一個 String[] 陣列回覆監聽的事件通知類型；不過大部分監聽器與事件型別是一對一的

關係、只接收一種通知型別，因此回覆的陣列中只會存在一個元素。至於最後一個的 `filteredDispatch()` 方法是最為複雜的，因為它負責處理接收到的訊息所需進行的繁重工作。我們來看看處理 `UserAssignedToRole` 事件通知的 `ExchangeListener`：

```java
package com.saasovation.agilepm.infrastructure.messaging;
...
public class TeamMemberEnablerListener extends ExchangeListener {

    @Autowired
    private TeamService teamService;

    public TeamMemberEnablerListener() {
        super();
    }

    @Override
    protected String exchangeName() {
        return Exchanges.IDENTITY_ACCESS_EXCHANGE_NAME;
    }

    @Override
    protected void filteredDispatch(
                String aType,
                String aTextMessage) {
        NotificationReader reader =
                new NotificationReader(aTextMessage);

        String roleName = reader.eventStringValue("roleName");

        if (!roleName.equals("ScrumProductOwner") &&
            !roleName.equals("ScrumTeamMember")) {
            return;
        }
        String emailAddress = reader.eventStringValue("emailAddress");
        String firstName = reader.eventStringValue("firstName");
        String lastName = reader.eventStringValue("lastName");
        String tenantId = reader.eventStringValue("tenantId.id");
        String username = reader.eventStringValue("username");
        Date occurredOn = reader.occurredOn();
```

```
            if (roleName.equals("ScrumProductOwner")) {
                this.teamService.enableProductOwner(
                        new EnableProductOwnerCommand(
                            tenantId,
                            username,
                            firstName,
                            lastName,
                            emailAddress,
                            occurredOn));
            } else {
                this.teamService.enableTeamMember(
                        new EnableTeamMemberCommand(
                            tenantId,
                            username,
                            firstName,
                            lastName,
                            emailAddress,
                            occurredOn));
            }
        }

        @Override
        protected String[] listensToEvents() {
            return new String[] {
                    "com.saasovation.identityaccess.domain.model.access.UserAssignedToRole"
            };
        }
    }
```

首先，ExchangeListener 的預設建構子有被正確地呼叫，而 exchangeName() 方法也有正確地將負責「身分與存取情境」發布事件的交換器名稱回傳，listensToEvents() 方法則是回傳出一個單維陣列，裡面是事件 UserAssignedToRole 的完整類別路徑名稱。要注意的是，事件發布方與訂閱方都應該使用類別的完整路徑名稱，意即包含模組的套件名稱及類別名稱，這樣子才能避免不同 Bounded Context 的類似事件可能存在相同名稱的衝突或混淆。

剩下的 filteredDispatch() 方法包含了大量行為內容。這個方法的名稱揭示著，在將結果傳給應用服務層之前會對事件通知進行篩選；在本範例中，這個篩選就是指，在 UserAssignedToRole 事件型別的通知中過濾掉不包含 ScrumProductOwner 和 ScrumTeamMember 角色的事件。反之，要是事件包含了以上這兩種角色，那麼就從通知中把 UserAssignedToRole 事件的內容取出，然後分派給 TeamService 應用服務。服務中的 enableProductOwner() 及 enableTeamMember() 方法，分別對應著 EnableProductOwnerCommand 與 EnableTeamMemberCommand 命令物件的處理。

乍看之下，每一則此類事件似乎都會導致一名新成員的建立，但由於每個 User 都可能被指派任何一個 Role 角色、而後撤銷、再重新指派，因此有可能會發生：通知中所描述的使用者代表的成員，早就已經存在了。而此時 TeamService 服務會如下處理：

```java
package com.saasovation.agilepm.application;
...
public class TeamService...{

    @Autowired
    private ProductOwnerRepository productOwnerRepository;

    @Autowired
    private TeamMemberRepository teamMemberRepository;

    ...

    @Transactional
    public void enableProductOwner(
                EnableProductOwnerCommand aCommand) {
        TenantId tenantId = new TenantId(aCommand.getTenantId());

        ProductOwner productOwner =
                this.productOwnerRepository.productOwnerOfIdentity(
                        tenantId,
                        aCommand.getUsername());

        if (productOwner != null) {
            productOwner.enable(aCommand.getOccurredOn());
```

```
    } else {
        productOwner =
                new ProductOwner(
                        tenantId,
                        aCommand.getUsername(),
                        aCommand.getFirstName(),
                        aCommand.getLastName(),
                        aCommand.getEmailAddress(),
                        aCommand.getOccurredOn());
        this.productOwnerRepository.add(productOwner);
        }
    }
}
```

在上面的範例中，服務方法 enableProductOwner() 會負責處理當某個 ProductOwner 已經存在時的情況。若是已經存在，就表示 ProductOwner 需要重新被啟用、執行與之相關的命令操作；反之，若不存在，就新建一個聚合並加到 Repository 中。對 TeamMember 以及 enableTeamMember() 方法來說也是一樣的。

處理同步的職責議題

以上看起來一切運作順暢、也很簡單。現在我們有了 ProductOwner 與 TeamMember 這兩種聚合，它們都有包含外部 Bounded Context 傳入並轉譯後的 User 相關資訊。但你注意到了嗎？在我們設計這些聚合時，是否等於變相地預設了這些聚合應當承擔的職責？

回想一下我們在前面的小節有提到過，「協作情境」開發團隊決定以具不可變性的值物件來存放這些類似的資訊（參見「使用防護層實作 REST 用戶端」一節）。而正因為值物件是不可變的，所以開發團隊就不用擔心要同步更新這些資訊。不過這個優點也有其缺點：如果共享資訊更新了（整個替換），「協作情境」不會知道要更新之前已經建立的相應資訊。因此敏捷式專案管理開發團隊選擇了另外一種做法。

但如果要保持聚合的同步更新，也存在一些有待克服的挑戰。為什麼？不能增加需要監聽的事件通知種類、以便與 ProductOwner 和 TeamMember 有關的 User 實例發生變

動時也隨之更動就好了嗎？這樣講確實也沒錯，而且這也是我們必須做的事情，但由於我們採用了訊息交換機制，因此這件事情比預想的更具挑戰性。

比方說，要是負責管理角色的使用者，不小心在「身分與存取情境」中取消了 Joe Johnson 的 ScrumTeamMember 角色該怎麼辦？此時我們應該會收到一則事件通知，然後透過 TeamService 將 Joe Johnson 對應的 TeamMember 身分停用。誒⋯等等，幾秒鐘後，該名管理者就發現自己搞錯了，應該被解除角色的使用者不是 Joe Johnson 而是 Joe Jones 才對；於是又立刻將 ScrumTeamMember 角色再度指派給 Joe Johnson，並且取消了 Joe Jones 的 ScrumTeamMember 角色賦予。這時我們可能會想，接下來就是「敏捷式專案管理情境」再次收到了相對應的事件通知、一切皆大歡喜。真的是這樣嗎？

但其實在這個使用案例中，我們有可能做出錯誤的假設，假使我們預設接收到的事件通知是按照「身分與存取情境」實際發生的順序。沒錯，實際情況可能不一定如我們所想。萬一先收到了 Joe Johnson 的 UserAssignedToRole 事件後才收到了 UserUnassignedFromRole 事件的話呢？那麼 Joe Johnson 這名使用者的 TeamMember 使用權限就會依舊卡在停用的狀態，最好的情況是，有人不得不進到「敏捷式專案管理情境」的資料庫去做修改，或是管理者想辦法再次發出將該角色指派給這名使用者的事件。這的的確確有可能發生，而諷刺的是，每當我們以為可以安心的時候，它偏偏就會發生。那麼我們該怎麼避免這種情形才好呢？

仔細看一下傳遞給 TeamService API 的命令物件參數，例如 EnableTeamMemberCommand 與 DisableTeamMemberCommand。這兩者都需要加上一條 occurredOn 的 Date 型態物件；其實所有命令物件中都是這樣設計的。這樣我們就能使用 occurredOn 的屬性值，讓 ProductOwner 與 TeamMember 聚合在處理命令操作時，有時序上的概念。回過頭思考上面那個讓我們頭大的使用案例，來看看命令物件有了時序概念後，當我們異常地（也就是與實際發生的事情順序相反）先收到 UserAssignedToRole 事件後才收到 UserUnassignedFromRole 事件，可以怎麼處理：

```
package com.saasovation.agilepm.application;
...
public class TeamService...{
    ...
    @Transactional
    public void disableTeamMember(DisableTeamMemberCommand aCommand) {
        TenantId tenantId = new TenantId(aCommand.getTenantId());

        TeamMember teamMember =
                this.teamMemberRepository.teamMemberOfIdentity(
                        tenantId,
                        aCommand.getUsername());

        if (teamMember != null) {
            teamMember.disable(aCommand.getOccurredOn());
        }
    }
}
```

注意，當我們呼叫 TeamMember 的 disable() 方法時，必須傳入命令物件的 occurredOn 資料值，而 TeamMember 就會依據這個時序來判斷是否應該要執行停用：

```
package com.saasovation.agilepm.domain.model.team;
...
public abstract class Member extends Entity {
    ...
    private MemberChangeTracker changeTracker;
    ...
    public void disable(Date asOfDate) {
        if (this.changeTracker().canToggleEnabling(asOfDate)) {
            this.setEnabled(false);
            this.setChangeTracker(
                this.changeTracker().enablingOn(asOfDate));
        }
    }

    public void enable(Date asOfDate) {
        if (this.changeTracker().canToggleEnabling(asOfDate)) {
            this.setEnabled(true);
            this.setChangeTracker(
```

```
                this.changeTracker().enablingOn(asOfDate));
        }
    }
    ...
}
```

這裡要特別注意的是，聚合的行為會透過一個共用的抽象基礎類別 Member 提供。無論是 disable() 還是 enable() 方法，都會先經過一個 changeTracker，根據 asOfDate 參數（也就是命令物件的 occurredOn 屬性值）來判斷這項操作是否應該被執行。MemberChangeTracker 值物件則用來記錄最近一次與該操作相關的發生時點：

```
package com.saasovation.agilepm.domain.model.team;
...
public final class MemberChangeTracker implements Serializable {
    private Date emailAddressChangedOn;
    private Date enablingOn;
    private Date nameChangedOn;
    ...
    public boolean canToggleEnabling(Date asOfDate) {
        return this.enablingOn().before(asOfDate);
    }
    ...
    public MemberChangeTracker enablingOn(Date asOfDate) {
        return new MemberChangeTracker(
                asOfDate,
                this.nameChangedOn(),
                this.emailAddressChangedOn());
    }
    ...
}
```

如果判斷之後認定操作是被允許執行的，會呼叫 enablingOn() 方法來取得一個替換用的 MemberChangeTracker 實例。由於這兩種類型的事件有可能不按時序送達，那麼 PersonNameChanged 以及 PersonContactInformationChanged 事件也可能不按時序抵達，因此對 emailAddressChangedOn 與 nameChangedOn 也要做相應的檢核才行。對電子郵件

在變更時傳入一個 occurredOn 資料值。這正是 Pat Helland 在描述如何管理可擴展分散式系統的合作關係時所採取的實作細節，也是最終一致性的體現；詳細內容請參閱 Helland 論文的第五節「Activities: Coping with Messy Messages」[Helland]。

讓我們繼續回到關於新職責的討論上⋯

雖然這只是一個處理外部 Bounded Context 重複出現變更事件訊息的基本範例，但其中的職責分離並非微不足道，至少在採用訊息交換機制時是如此，因為我們必須考慮到有可能會多次收到重複事件通知的情況 [2]。除此之外，當我們後續意識到凡是在「身分與存取情境」中的任何操作都可能或多或少對 Member 的少數屬性造成影響時，就要開始思考必須留意哪些事件：

- PersonContactInformationChanged
- PersonNameChanged
- UserAssignedToRole
- UserUnassignedFromRole

然後導致以下這些事件也可能會需要因應：

- UserEnablementChanged
- TenantActivated
- TenantDeactivated

---

2 原註：這裡採用 RESTful 資源的方法可能具有顯著的優勢，因為通知傳遞的順序跟被加進 Event Store（**存放事件的資料庫，第 4 章、附錄 A**）的順序是一樣的；這些通知可以反覆被用戶端使用，而每一次都保證以相同的順序被使用。

之所以提出這點，主要是想強調：如果可能的話，應盡量將 Bounded Context 之間的資訊抄寫情形降到最低、甚至是完全消弭的程度。雖然要完全避免是不太可能，服務層的協議不能保證每次需要存取遠端資源都能成功，這也是為何開發團隊在本地端 Bounded Context 內保存 User 的姓名與 e-mail 資訊。但即使如此，我們還是要盡量將外部資訊抄寫的動作降到最低來減輕工作量；換句話說，要以最小限度去整合。

　　但無論如何，租戶與使用者的識別值這類關鍵資訊，是無法避免重複發送與收取的，反而是整合 Bounded Context 的最主要手段之一。況且，因為識別值本身具備的不可變性，才能讓我們安心地進行傳遞與抄寫，甚至於必要時，也可以用「暫時停用」這類軟性刪除方式，來確保識別值所參照的聚合物件（例如 Tenant、User、ProductOwner、TeamMember）不會遭到永久消滅的命運。

　　這並不表示，不能在領域事件中放入之後可能會變動的事件資訊屬性。事件本來就應該提供足夠的資訊，讓用戶端的消費者根據這些資訊採取相對應的行動。不過，消費者還是可以在其 Bounded Context 中將這些事件資訊用於執行一些計算或是變更 Bounded Context 的狀態，而不需要保留資訊、或主動去確認它們與系統狀態是否保持同步。

長期運行程序的職責議題

如果我們將前一節內容的敘述比喻成一名負起責任的成年人，那麼這個段落對職責的描述就像回到少年少女時代。怎麼說呢？成年人總有各式各樣的責任，父母要買車子、付保險、出錢加油，還得擔負維修費用；而青少年則完全不需要付出就可以開爸媽的車上路。要一名青少年出錢幫爸媽買車、加油、維修或買保險，實在是不可能對吧？青少年通常只會把責任丟給爸媽、自顧自的享樂去。

本節對**長期運行程序**（Long-Running Process，第4章）職責的描述，就是自顧自的專注於自身作業上，對於跟其他 Bounded Context 交換資訊所應擔負的麻煩職責一概予以拒絕，讓資訊來源的系統去負責打點一切，而我們只要享受來自外部 Bounded Context 的「好意」即可。

在**情境地圖（第3章）**一章中的「建立產品」使用案例中：

此情境的前提條件為已啟用（或購買協作功能）。

1. 使用者輸入關於產品（Product）的描述資訊。

2. 使用者表示要給產品建立一個開發團隊的討論。

3. 使用者發出建立產品的請求。

4. 系統建立該產品，同時開啟論壇（Forum）與討論（Discussion）。

接下來就是重點了，我們會說明長期運行程序是如何撇清責任的。

首先在**情境地圖（第3章）**中，原本開發團隊是以 RESTful 資源的形式，將這兩個 Bounded Context 整合起來，但最後改成了訊息交換機制。

讀者可能也注意到了，原先在第3章中關於 Discussion 的通用語言，在這邊進一步深化了。這是因為後來「敏捷式專案管理情境」的團隊發現，應該將兩種不同類型的討論區分開來，因而有了 ProductDiscussion 與 BaklogItemDiscussion（本節中將只討論關於產品的 ProductDiscussion）。雖然這兩種值物件有著同樣的狀態與行為模式，但之所以要區分開來，是為了提供型別安全、從型別上就做出區隔，避免把錯誤的討論內容加到 Product 和 BaklogItem 中。雖然從使用上來看，兩者近乎毫無區別；但這兩種討論有著各自的可見內容範疇，同時持有不同的「協作情境」中 Discussion 聚合實例的識別值。

此外，在這邊要強調一點，範例中開發團隊沒有將「敏捷式專案管理情境」下的值物件名稱與「協作情境」下的聚合名稱區分開來；意即，值物件名稱並沒有因此從原本的 Discussion 更改為 ProductDiscussion 以便與「協作情境」的聚合區分開來。這種做法並沒有錯，尤其是從情境地圖的角度而言，不同 Bounded Context 下出現同樣的名稱不是什麼問題，因為真正區分這兩者的，是情境的邊界。在「敏捷式專案管理情境」需要以不同的名稱區隔不同的值物件，是出自於需要區分兩種不同模型的需求。

　　首先來看建立 Product 產品的應用服務（API）：

```
package com.saasovation.agilepm.application;
...
public class ProductService...{

    @Autowired
    private ProductRepository productRepository;

    @Autowired
    private ProductOwnerRepository productOwnerRepository;
    ...

    @Transactional
    public String newProductWithDiscussion(
                NewProductCommand aCommand) {

        return this.newProductWith(
                aCommand.getTenantId(),
                aCommand.getProductOwnerId(),
                aCommand.getName(),
                aCommand.getDescription(),
                this.requestDiscussionIfAvailable());
    }
    ...
}
```

其實在範例中存在兩種建立 Product 的方式，第一種不用建立 Discussion，這裡並沒有展示出來；上面這一種呢，則是會在過程中建立一個 ProductDiscussion 並與 Product 關聯。還有另外兩個內部方法沒有展示出來，分別是 newProductWith() 與 requestDiscussionIfAvailable()，後者是用來確認 CollabOvation 附加功能是否已啟用，只有啟用狀態下才能獲得 REQUESTED 的回應，否則就會得到 ADD_ON_NOT_ENABLED 的結果。newProductWith() 則是會呼叫 Product 的建構子，建構子如下所示：

```
package com.saasovation.agilepm.domain.model.product;
...
public class Product extends ConcurrencySafeEntity {
    ...
    public Product(
            TenantId aTenantId,
            ProductId aProductId,
            ProductOwnerId aProductOwnerId,
            String aName,
            String aDescription,
            DiscussionAvailability aDiscussionAvailability) {

        this();

        this.setTenantId(aTenantId);
        this.setProductId(aProductId);
        this.setProductOwnerId(aProductOwnerId);
        this.setName(aName);
        this.setDescription(aDescription);
        this.setDiscussion(
                ProductDiscussion.fromAvailability(
                        aDiscussionAvailability));
        DomainEventPublisher
            .instance()
            .publish(new ProductCreated(
                this.tenantId(),
                this.productId(),
                this.productOwnerId(),
                this.name(),
                this.description(),
```

```
            this.discussion().availability().isRequested()));
    }
    ...
}
```

　　在呼叫這個建構子時，需要傳入一個 DiscussionAvailability，用以表明以下其中一種狀態：ADD_ON_NOT_ENABLED、NOT_REQUESTED 或是 REQUESTED。READY 狀態代表已經完成建立。前兩者則如字面意思所示，換言之，ProductDiscussion 不會被建立出來，只有第三種狀態 REQUESTED 才會以 PENDING_SETUP 狀態建立 ProductDiscussion。用於建立 ProductDiscussion 的工廠方法如下所示：

```
package com.saasovation.agilepm.domain.model.product;
...
public final class ProductDiscussion implements Serializable {
    ...
    public static ProductDiscussion fromAvailability(
        DiscussionAvailability anAvailability) {

        if (anAvailability.isReady()) {
            throw new IllegalArgumentException(
                    "Cannot be created ready.");
        }

        DiscussionDescriptor descriptor =
                new DiscussionDescriptor(
                        DiscussionDescriptor.UNDEFINED_ID);
        return new ProductDiscussion(descriptor, anAvailability);
    }
    ...
}
```

　　如果要建立 ProductDiscussion 時狀態已經處於 READY 的話，那就表示流程上一定出了什麼問題；畢竟只有在另外三種狀態下才有可能新建 ProductDiscussion。而如果狀態是 REQUESTED，這時長期運行程序就會負責接手建立討論以及後續 Product 的建立。

但長期運行程序是如何從這邊開始接手的？回顧一下先前 Product 建構子做的最後一件事是什麼？沒錯，就是發布了一則 ProductCreated 事件：

```
package com.saasovation.agilepm.domain.model.product;
...
public Product(...) {
        ...
        DomainEventPublisher
            .instance()
            .publish(new ProductCreated(
                this.tenantId(),
                this.productId(),
                this.productOwnerId(),
                this.name(),
                this.description(),
                this.discussion().availability().isRequested()));
    }
    ...
}
```

如果此時討論的狀態是 REQUESTED，那麼這個事件建構子的最後一個參數就會被傳入 true 值，由此啟動一條長期運行程序。

而在**領域事件（第 8 章）**的內容中我們也提過，每一則事件實例（包括上面的 ProductCreated）都會被存入發出該事件的 Bounded Context 的 Event Store 當中，然後再將新加入的事件透過訊息交換機制轉發給需要的接收者。以 SaaSOvation 團隊來說，他們是選擇以 RabbitMQ 來實作這項交換機制。接下來要做的事情，就是建立一個簡單的長期運行程序，在接收到事件後管理討論的開啟、並與產品建立關聯。

在說明這個長期運行程序的細節之前，還要再來看一個討論建立的情境。若是 Product 實例建立當下，使用者並未發出建立討論的請求、或是協作附加功能尚未啟用呢？之後，產品負責人決定要開啟討論、而且附加功終於啟用了；此時產品負責人可以對 Product 執行以下這個命令方法：

```
package com.saasovation.agilepm.domain.model.product;
...
public class Product extends ConcurrencySafeEntity {
    ...
    public void requestDiscussion(
            DiscussionAvailability aDiscussionAvailability) {
        if (!this.discussion().availability().isReady()) {
            this.setDiscussion(
                    ProductDiscussion.fromAvailability(
                            aDiscussionAvailability));
            DomainEventPublisher
                .instance()
                .publish(new ProductDiscussionRequested(
                    this.tenantId(),
                    this.productId(),
                    this.productOwnerId(),
                    this.name(),
                    this.description(),
                    this.discussion().availability().isRequested()));
        }
    }
    ...
}
```

　　requestDiscussion() 方法中也看到了 DiscussionAvailability 參數，當然，這是因為要開啟討論，用戶端需要證明協作附加功能已經啟用了。當然，用戶端可以在這裡作弊，始終手動傳入 REQUESTED 狀態，但如果附加功能實際上不可用，將會導致程式出現致命的錯誤。反之，如果討論的狀態為 REQUESTED、而事件建構子的最後一個參數為 true 值，那麼啟動長期運行程序的一切條件便已齊備：

```
package com.saasovation.agilepm.domain.model.product;
...
public class ProductDiscussionRequested implements DomainEvent {
    ...
    public ProductDiscussionRequested(
            TenantId aTenantId,
            ProductId aProductId,
```

```
            ProductOwnerId aProductOwnerId,
            String aName,
            String aDescription,
            boolean isRequestingDiscussion) {
            ...
        }
        ...
    }
```

這則 ProductDiscussionRequested 事件和 ProductCreated 擁有相同的屬性,這樣一來,雖然事件類型不同、但可以由同樣的監聽器進行處理。

你可能會想問,要是討論申請開啟的狀態不是 REQUESTED,發布事件與否會有差別嗎?確實有差,因為不論請求能不能達成,請求依然會發出,除非此刻請求的狀態是 READY。至於要不要對請求的事件進行回應,那是事件監聽器的職責。有可能事件參數中 isRequestingDiscussion 被設為 false,代表系統出了問題,或是附加功能尚未就緒,因而需要介入處理;例如,可以發送一封 e-mail 通知系統的管理人員群組。

「敏捷式專案管理情境」中用於管理長期運行程序的類別,與先前用來建立及管理 ProductOwner 和 TeamMember 聚合的類別很像(細節請參考前面的小節)。這邊展示的事件監聽器,都是藉由 Spring 框架的功能做依賴注入,會在 Spring 應用程式啟動時,注入到 Bounded Context 當中。第一個監聽器會在注入時,對 AGILEPM_EXCHANGE_NAME 註冊監聽 ProductCreated、ProductDiscussionRequested 這兩種事件:

```
package com.saasovation.agilepm.infrastructure.messaging;
...
public class ProductDiscussionRequestedListener
        extends ExchangeListener {
    ...
    @Override
    protected String exchangeName() {
        return Exchanges.AGILEPM_EXCHANGE_NAME;
    }
    ...
```

```
    @Override
    protected String[] listensToEvents() {
        return new String[] {
            "com.saasovation.agilepm.domain.model.product.ProductCreated",
            "com.saasovation.agilepm.domain.model.product.ProductDiscussionRequested"
        };
    }
    ...
}
```

另一個事件監聽器則對 COLLABORATION_EXCHANGE_NAME 註冊 DiscussionStarted 事件
的監聽：

```
package com.saasovation.agilepm.infrastructure.messaging;
...
public class DiscussionStartedListener extends ExchangeListener {
    ...
    @Override
    protected String exchangeName() {
        return Exchanges.COLLABORATION_EXCHANGE_NAME;
    }
    ...
    @Override
    protected String[] listensToEvents() {
        return new String[] {
            "com.saasovation.collaboration.domain.model.forum.DiscussionStarted"
        };
    }
    ...
}
```

應該有讀者已經看懂了。無論第一個事件監聽器是收到 ProductCreated 還是
ProductDiscussionRequested 事件，都會對「協作情境」發出一條命令，根據 Product
建立 Forum 與 Discussion。當「協作情境」處理完這條命令請求時，則會發布
DiscussionStarted 事件通知，這則事件被第二個監聽器接收，然後在 Product 中建立

該討論的識別值。這就是這條長期運行程序所做的事情。底下我們來看看第一個事件
監聽中的 `filteredDispatch()` 方法：

```java
package com.saasovation.agilepm.infrastructure.messaging;
...
public class ProductDiscussionRequestedListener
        extends ExchangeListener {
    private static final String COMMAND =
            "com.saasovation.collaboration.discssion.CreateExclusiveDiscussion";
    ...
    @Override
    protected void filteredDispatch(
                String aType,
                String aTextMessage) {
        NotificationReader reader =
                new NotificationReader(aTextMessage);

        if (!reader.eventBooleanValue("requestingDiscussion")) {
            return;
        }

        Properties parameters = this.parametersFrom(reader);
        PropertiesSerializer serializer =
                PropertiesSerializer.instance();
        String serialization = serializer.serialize(parameters);
        String commandId = this.commandIdFrom(parameters);
        this.messageProducer()
            .send(
                serialization,
                MessageParameters
                    .durableTextParameters(
                            COMMAND,
                            commandId,
                            new Date()))
            .close();
    }
    ...
}
```

對於 ProductCreated 和 ProductDiscussionRequested 事件型別，只要 requestingDiscussion 屬性值為 false，事件就會被忽視；反之，就會以事件通知中的資訊建立 CreateExclusiveDiscussion 命令，然後將命令透過訊息交換機制傳達給「協作情境」。

這邊我們先暫停一下，看看這整個過程。既然這個事件是從「敏捷式專案管理情境」內部發出的，為何還要特地以一個事件監聽器去接收自家內部發出的事件呢？在「協作情境」中以事件監聽器接收 ProductCreated 事件不是更好嗎？這樣做的話，只需要用「協作情境」的監聽器管理 Forum 與 Discussion 的建立，還能讓「敏捷式專案管理情境」的職責減輕一些，豈不是更好？要決定哪一種方法，我們需要考量以下幾點因素。

讓一個「上游」的 Bounded Context 去監聽「下游」Bounded Context 發布的事件，合理嗎？在**事件驅動架構（Event-Driven Architecture，第 4 章）**中，系統真的有「上下游」關係嗎？我們有必要將系統做出這種劃分嗎？或許更重要的是，思考 ProductCreated 這則事件是否該交由「協作情境」處理、並建立專屬的 Forum 與 Discussion。但是，ProductCreated 這則事件對「協作情境」真的有意義嗎？這樣真的是最好的做法嗎？會有這樣需求的 Bounded Context 有多少呢？把這樣的職責放在「協作情境」是否是最好的做法？還有另一個需要考量的因素，而這項因素關係到長期運行程序的設計成功與否，因此這點我們稍後再討論，但在討論該項因素後，讀者就會明白為何如此設計。

現在先回到範例上。在「協作情境」收到事件命令後，就會將它傳達給 ForumService 的應用服務。注意，這個 API 在設計上還沒準備好接收命令，暫時還是單獨的屬性參數：

```
package com.saasovation.collaboration.infrastructure.messaging;
...
public class ExclusiveDiscussionCreationListener
        extends ExchangeListener {
```

```
@Autowired
private ForumService forumService;
...
@Override
protected void filteredDispatch(
            String aType,
            String aTextMessage) {
    NotificationReader reader =
            new NotificationReader(aTextMessage);

    String tenantId = reader.eventStringValue("tenantId");
    String exclusiveOwnerId =
            reader.eventStringValue("exclusiveOwnerId");
    String forumSubject = reader.eventStringValue("forumTitle");
    String forumDescription =
            reader.eventStringValue("forumDescription");
    String discussionSubject =
            reader.eventStringValue("discussionSubject");
    String creatorId = reader.eventStringValue("creatorId");
    String moderatorId = reader.eventStringValue("moderatorId");

    forumService.startExclusiveForumWithDiscussion(
        tenantId,
        creatorId,
        moderatorId,
        forumSubject,
        forumDescription,
        discussionSubject,
        exclusiveOwnerId);
}
...
}
```

這很合理，但 ExclusiveDiscussionCreationListener 不是應該在接收事件後回傳一則訊息給「敏捷式專案管理情境」嗎？其實不需要。因為 Forum 還有 Discussion 聚合在建立時就已經各自發出 ForumStarted 與 DiscussionStarted 的事件了，並透過 COLLABORATION_EXCHANGE_NAME 這個訊息交換器來發布領域事件。而這也是為什麼在「敏捷式專案管理情境」中，需要以一個 DiscussionStartedListener 事件監聽器來接收 DiscussionStarted 事件的原因。監聽器在收到事件後是這樣的：

```
package com.saasovation.agilepm.infrastructure.messaging;
...
public class DiscussionStartedListener extends ExchangeListener {

    @Autowired
    private ProductService productService;
    ...
    @Override
    protected void filteredDispatch(
                String aType,
                String aTextMessage) {
        NotificationReader reader =
                new NotificationReader(aTextMessage);

        String tenantId = reader.eventStringValue("tenant.id");
        String productId = reader.eventStringValue("exclusiveOwner");
        String discussionId =
                reader.eventStringValue("discussionId.id");

        productService.initiateDiscussion(
                new InitiateDiscussionCommand(
                    tenantId,
                    productId,
                    discussionId));
    }
    ...
}
```

　　監聽器收到通知、將事件內容作為命令的一部分傳給 ProductService 這個應用服務。initiateDiscussion() 服務方法如下所示：

```
package com.saasovation.agilepm.application;
...
public class ProductService...{

    @Autowired
    private ProductRepository productRepository;
    ...
    @Transactional
```

```
    public void initiateDiscussion(
            InitiateDiscussionCommand aCommand) {
        Product product =
            productRepository
                .productOfId(
                    new TenantId(aCommand.getTenantId()),
                    new ProductId(aCommand.getProductId()));
        if (product == null) {
            throw new IllegalStateException(
                "Unknown product of tenant id: " +
                aCommand.getTenantId() +
                " and product id: " +
                aCommand.getProductId());
        }

        product.initiateDiscussion(
            new DiscussionDescriptor(
                aCommand.getDiscussionId()));
    }
    ...
}
```

最後來看看 Product 聚合中的 initiateDiscussion() 行為方法：

```
package com.saasovation.agilepm.domain.model.product;
...
public class Product extends ConcurrencySafeEntity {
    ...
    public void initiateDiscussion(DiscussionDescriptor aDescriptor) {
        if (aDescriptor == null) {
            throw new IllegalArgumentException(
                "The descriptor must not be null.");
        }

        if (this.discussion().availability().isRequested()) {
            this.setDiscussion(this.discussion()
                        .nowReady(aDescriptor));
            DomainEventPublisher
                .instance()
                .publish(new ProductDiscussionInitiated(
                        this.tenantId(),
```

```
                this.productId(),
                this.discussion()));
        }
    }
    ...
}
```

此時如果與 Product 關聯的 discussion 屬性還是處於 REQUESTED 的狀態，就會將持有「協作情境」中 Discussion 識別值的 DiscussionDescriptor 屬性更改為 READY 狀態。這樣一來，Product 也完成了對 Forum 和 Discussion 的建立並達到關聯作業的一致性。

不過，如果在執行命令時發現 discussion 早就處於 READY 狀態，就不會再往下繼續。這是程式出現了缺失嗎？並非如此，這只是在確保 initiateDiscussion() 方法具備冪等性而已。我們大可以對此做出假設，如果狀態為 READY，此時長期運行程序的作業就等於已經完成了，而之所以還會接到事件通知，有可能只是因為訊息重送機制造成的，因為團隊採用的訊息交換機制可能會多次發送同一則訊息。不管怎麼樣，我們都不用太過擔心，只要操作具備冪等性，任何基礎設施或架構設計的影響都不會對系統造成傷害，因為冪等操作會將它忽略掉。也因此，在這個例子不用像 Member 以及 MemberChangeTracker 那樣去設計一個 ProductChangeTracker。只要看到狀態是 READY，就不用管了。

不過這種方法還存在著一個問題：如果訊息交換機制本身出現問題而影響到長期運行程序，又該怎麼辦呢？這種時候還能確保作業完成嗎？或許是時候讓青少年成長、開始擔起責任了。

執行狀態機與逾時追蹤器

先前提及**長期運行程序（第 4 章）**的時候，曾經有談到類似的機制。當時 SaaSOvation 團隊的開發人員建立了一個名為 TimeConstrainedProcessTracker 的可重複運用機制，這是一個用於追蹤作業逾時的追蹤器，並在到期之前可以不斷地重試。追蹤器有一定

的重試次數上限，允許我們在需要時定期進行重試，直到次數用盡、或是終於不用再重試為止。

要特別澄清，這類追蹤器並不屬於核心領域，而是屬於一種技術性質的子領域，供 SaaSOvation 專案重複運用；意思是，在某些情況下保存與修改這些追蹤器時，不用嚴格地遵守聚合模式的設計原則。畢竟這些追蹤器獨立於外，並與作業程序有著一對一的關係，因此不太可能發生並行的衝突。即使真的發生衝突，也可以透過訊息重試機制來處理，只要訊息傳遞過程中 Bounded Context 拋出了任何例外、監聽器發出否定確認（NAK），那麼 RabbitMQ 就會重新傳送。但基本上通常不需要太多次的重試。

Product 會以一個追蹤器記錄當前作業的狀態，每當重試間隔時間到、或是重試次數到達上限確定逾時，就會發布以下事件；：

```
package com.saasovation.agilepm.domain.model.product;

import com.saasovation.common.domain.model.process.ProcessId;
import com.saasovation.common.domain.model.process.ProcessTimedOut;

public class ProductDiscussionRequestTimedOut extends ProcessTimedOut {

    public ProductDiscussionRequestTimedOut(
            String aTenantTd,
            ProcessId aProcessId,
            int aTotalRetriesPermitted,
            int aRetryCount) {

        super(aTenantId, aProcessId,
            aTotalRetriesPermitted, aRetryCount);
    }
}
```

追蹤器在重試間隔或重試次數到達上限時，會使用 ProcessTimedOut 發布事件。接收這則事件的監聽器則可以使用事件方法 hasFullyTimedOut()，判斷這次只是重試還是真的逾時了。只要還能重試，監聽器就會利用 ProcessTimedOut 類別中 allowsRetries()、retryCount()、totalRetriesPermitted()、totalRetriesReached() 等方法來獲得更多細節。

　　在可以接收重試與逾時通知的情況下，我們可以把 Product 放在更好的處理程序中。首先是啟動程序的方式，我們可以使用先前的 ProductDiscussionRequestedListener：

```
package com.saasovation.agilepm.infrastructure.messaging;
...
public class ProductDiscussionRequestedListener
        extends ExchangeListener {
    @Override
    protected void filteredDispatch(
                String aType,
                String aTextMessage) {
        NotificationReader reader =
                new NotificationReader(aTextMessage);

        if (!reader.eventBooleanValue("requestingDiscussion")) {
            return;
        }

        String tenantId = reader.eventStringValue("tenantId.id");
        String productId = reader.eventStringValue("product.id");
        productService.startDiscussionInitiation(
                new StartDiscussionInitiationCommand(
                        tenantId,
                        productId));
        // 將命令傳給 Collaboration Context
        ...
    }
    ...
}
```

ProductService 會建立一個追蹤器並留存起來，並且與特定 Product 的作業程序關聯在一起：

```
package com.saasovation.agilepm.application;
...
public class ProductService...{
    ...
    @Transactional
    public void startDiscussionInitiation(
            StartDiscussionInitiationCommand aCommand) {

        Product product =
                productRepository
                    .productOfId(
                        new TenantId(aCommand.getTenantId()),
                        new ProductId(aCommand.getProductId()));

        if (product == null) {
            throw new IllegalStateException(
                    "Unknown product of tenant id: " +
                    aCommand.getTenantId() +
                    " and product id: " +
                    aCommand.getProductId());
        }

        String timedOutEventName =
                ProductDiscussionRequestTimedOut.class.getName();

        TimeConstrainedProcessTracker tracker =
                new TimeConstrainedProcessTracker(
                        product.tenantId().id(),
                        ProcessId.newProcessId(),
                        "Create discussion for product: "
                            + product.name(),
                        new Date(),
                        5 L * 60 L * 1000 L, // 每 5 分鐘重試
                        3, // 總共重試 3 次
                        timedOutEventName);

        processTrackerRepository.add(tracker);
        product.setDiscussionInitiationId(
```

```
            tracker.processId().id());
    }
    ...
}
```

必要時 TimeConstrainedProcessTracker 會每隔五分鐘就重試一次，並最多重試三次。一般我們不會把這類設定直接寫死在程式碼中，這邊只是為了方便讓各位了解追蹤器是如何建立出來的。

有發現什麼蹊蹺了嗎？

如果不謹慎安排重試的間隔與次數的話，是有可能造成問題的，但這邊暫且維持原有設計，姑且假設它運作沒問題。

正是因為有與 Product 關聯的追蹤器，我們才會需要在本地 Bounded Context 監聽與處理 ProductCreated 事件，而不是全都交由「協作情境」去負責。這樣做的好處是，可以在本地 Bounded Context 中管理長期運行程序，並把 ProductCreated 事件與「協作情境」中的 CreateExclusiveDiscussion 命令解耦合。

背景還會有一個計時器，定期檢查作業程序的已處理經過時間。計時器會呼叫 ProcessService 中的 checkForTimedOutProcesses() 方法：

```
package com.saasovation.agilepm.application;
...
public class ProcessService...{
    ...
    @Transactional
    public void checkForTimedOutProcesses() {
        Collection < TimeConstrainedProcessTracker > trackers =
            processTrackerRepository.allTimedOut();

        for (TimeConstrainedProcessTracker tracker: trackers) {
            tracker.informProcessTimedOut();
        }
    }
```

```
    ...
}
```

接著呼叫追蹤器的 `informProcessTimedOut()` 方法，確認是否需要重試、或是判定徹底逾時。確定之後，就會發出 `ProcessTimedOut` 事件通知。

發出的事件通知需要安排一個監聽器，來處理最多三次、每次間隔五分鐘的重試，以及徹底逾時的狀況。這個監聽器就是 `ProductDiscussionRetryListener`：

```java
package com.saasovation.agilepm.infrastructure.messaging;
...
public class ProductDiscussionRetryListener extends ExchangeListener {

    @Autowired
    private ProcessService processService;
    ...
    @Override
    protected String exchangeName() {
        return Exchanges.AGILEPM_EXCHANGE_NAME;
    }

    @Override
    protected void filteredDispatch(
            String aType,
            String aTextMessage) {
        Notification notification =
            NotificationSerializer
                .instance()
                .deserialize(aTextMessage, Notification.class);

        ProductDiscussionRequestTimedOut event =
                notification.event();

        if (event.hasFullyTimedOut()) {
            productService.timeOutProductDiscussionRequest(
                    new TimeOutProductDiscussionRequestCommand(
                            event.tenantId(),
                            event.processId().id(),
                            event.occurredOn()));
```

```
        } else {
            productService.retryProductDiscussionRequest(
                    new RetryProductDiscussionRequestCommand(
                            event.tenantId(),
                            event.processId().id()));
        }
    }

    @Override
    protected String[] listensToEvents() {
        return new String[] {
                "com.saasovation.agilepm.process.ProductDiscussionRequestTimedOut"
        };
    }
}
```

這個監聽器只接收 ProductDiscussionRequestTimedOut 事件，處理任何的重試與逾時狀況。作業程序與追蹤器會決定最多可重試幾次，發布的事件則是有兩種情況：要不徹底逾時，要不就是再試一次。不管是哪一種，監聽器都會對 ProductService 下達新的指示。以徹底逾時來說，應用服務是如下處理的：

```
package com.saasovation.agilepm.application;
...
public class ProductService...{
    ...
    @Transactional
    public void timeOutProductDiscussionRequest(
            TimeOutProductDiscussionRequestCommand aCommand) {

        ProcessId processId =
                ProcessId.existingProcessId(
                        aCommand.getProcessId());

        TenantId tenantId = new TenantId(aCommand.getTenantId());

        Product product =
                productRepository
                    .productOfDiscussionInitiationId(
                            tenantId,
```

```
                    processId.id());

        this.sendEmailForTimedOutProcess(product);

        product.failDiscussionInitiation();
    }
    ...
}
```

首先會發送一封電子郵件給產品負責人，告知討論的設定失敗，接著將 Product 標記為「討論初始化失敗」。如同我們在 failDiscussionInitiation() 方法中看到的，這裡需要在 DiscussionAvailability 再定義一個新的 FAILED 狀態。failDiscussionInitiation() 方法則會以一個簡單的方式執行一定的補救措施，以確保 Product 還能運作無誤：

```
package com.saasovation.agilepm.domain.model.product;
...
public class Product extends ConcurrencySafeEntity {
    ...
    public void failDiscussionInitiation() {
        if (!this.discussion().availability().isReady()) {
            this.setDiscussionInitiationId(null);
            this.setDiscussion(
                    ProductDiscussion
                        .fromAvailability(
                            DiscussionAvailability.FAILED));
        }
    }
    ...
}
```

failDiscussionInitiation() 方法中，可能還少了一項操作：發布一則新的 DiscussionRequestFailed 事件。團隊將會需要去考慮這樣做的好處。事實上，前面對產品負責人發送信件的動作，最好放在這則事件的處理器當中；畢竟，要是 ProductService 的 timeOutProductDiscussionRequest() 方法在發送信件時遇到問題該

怎麼辦？事情可能會變得麻煩，因此開發團隊決定先把這項改動記下來，待日後再來處理。

　　上面是徹底逾時的情況，那麼，如果是需要重試的話，監聽器則會呼叫 ProductService 底下的這項操作：

```
package com.saasovation.agilepm.application;
...
public class ProductService...{
    ...
    @Transactional
    public void retryProductDiscussionRequest(
            RetryProductDiscussionRequestCommand aCommand) {

        ProcessId processId =
                ProcessId.existingProcessId(
                        aCommand.getProcessId());

        TenantId tenantId = new TenantId(aCommand.getTenantId());

        Product product =
                productRepository
                    .productOfDiscussionInitiationId(
                            tenantId,
                            processId.id());

        if (product == null) {
            throw new IllegalStateException(
                    "Unknown product of tenant id: " +
                    aCommand.getTenantId() +
                    " and discussion initiation id: " +
                    processId.id());
        }

        this.requestProductDiscussion(
                new RequestProductDiscussionCommand(
                        aCommand.getTenantId(),
                        product.productId().id()));
    }
    ...
}
```

　　此時則是根據 ProcessId 從 Repository 中與 Product 的 discussionInitiationId 對應，取出 Product 來，然後再次呼叫 ProductService（對自身委派即可）來重新請求開啟討論。

　　最後我們得到想要的結果。成功建立討論後，「協作情境」會發布 DiscussionStarted 事件，而「敏捷式專案管理情境」的 DiscussionStartedListener 會監聽該事件，並如同前面所述的那樣，接收事件通知、呼叫 ProductService，但這次的處理邏輯不同出現了新的行為：

```java
package com.saasovation.agilepm.application;
...
public class ProductService...{
    ...
    @Transactional
    public void initiateDiscussion(
                InitiateDiscussionCommand aCommand) {
        Product product =
                productRepository
                    .productOfId(
                        new TenantId(aCommand.getTenantId()),
                        new ProductId(aCommand.getProductId()));

        if (product == null) {
            throw new IllegalStateException(
                "Unknown product of tenant id: " +
                aCommand.getTenantId() +
                " and product id: " +
                aCommand.getProductId());
        }

        product.initiateDiscussion(
                new DiscussionDescriptor(
                    aCommand.getDiscussionId()));

        TimeConstrainedProcessTracker tracker =
                this.processTrackerRepository.trackerOfProcessId(
                    ProcessId.existingProcessId(
```

```
                              product.discussionInitiationId()));
        tracker.completed();
    }
    ...
}
```

這次 ProductService 負責了整條程序的收尾工作，以 completed() 方法通知追蹤器作業已經完成。從通知的時點起，追蹤器就不再重試或是計算逾時，整個流程到此大功告成。

　雖然看起來一切都很完美，但其實這種設計還存在著一點疑慮：在「協作情境」的設計中，如果建立 Product 與討論關聯的方式不改變一下，重試的時候很可能就會產生問題。最基本的問題是，「協作情境」中的操作尚未具備冪等性。以下列出這種設計的瑕疵以及可採用的對策：

- 由於採用的訊息交換機制確保了訊息送到交換機制後（至少一次），一定會被監聽者監聽到，如果「協作情境」建立物件的作業有延遲而導致重試，那麼每次重試都會造成同一條 CreateExclusiveDiscussion 命令重複發送、並且一定會執行，而多次的重試就等於多次嘗試建立 Forum 與 Discussion。當然，並不會真的造成物件重複產生的情形，因為 Forum 與 Discussion 有唯一識別值的限制存在，因此多次嘗試建立的動作錯歸錯，但不至於對系統產生惡性影響。然而，單從系統記錄上面看，會以為這是系統的程式缺失。那麼可以考量的是：既然已經有逾時處理機制了，還需要定期重試嗎？

- 停用「敏捷式專案管理情境」的重試機制似乎是個不錯的解決方案，但「協作情境」的操作還是需要具備冪等性。回想一下前面說的，即使禁用重試、源頭只提供一次訊息，但 RabbitMQ 還是有可能會多次重複發送同一條事件訊息。如果讓「協作情境」的操作具備冪等性，就可以避免多次嘗試建立 Forum 與 Discussion 的問題；至少從系統記錄上看，不會認為這是出現程式缺失。

- 「敏捷式專案管理情境」在發送 `CreateExclusiveDiscussion` 命令時，可能會發生障礙；如果訊息傳送發生障礙，還是需要一個重送機制直到送達訊息交換器才行，否則建立 `Forum` 與 `Discussion` 的命令永遠無法被執行。有幾種方式可以確保訊息被重送。一是從 `filteredDispatch()` 方法中拋出例外，模擬訊息發出否定確認（NAK）的情況，這樣 RabbitMQ 就會以為需要重送 `ProductCreated` 或 `ProductDiscussionRequested` 事件通知，進而引發 `ProductDiscussionRequestedListener` 再次接收並重試。二是單純地重試重送直到成功，並且可以在重試時加上一個 Capped Exponential Back-off（指數型延遲停等，又稱指數型退避）的機制。當 RabbitMQ 不可用時，有可能很長一段時間不管怎麼重試都無法成功；此時再結合先前以模擬訊息接收不成功，可能是最好的方法。若加上原先最多重試三次、每次間隔五分鐘的機制，很可能就萬無一失了。畢竟若發生逾時，系統會寄出一封 e-mail 請求進行人工處理。

到頭來，最關鍵的點還是「協作情境」的 `ExclusiveDiscussionCreationListener` 需要一個具備冪等性的應用服務操作，這樣就可以解決很多問題了：

```
package com.saasovation.collaboration.application;
...
public class ForumService...{
    ...
    @Transactional
    public Discussion startExclusiveForumWithDiscussion(
            String aTenantId,
            String aCreatorId,
            String aModeratorId,
            String aForumSubject,
            String aForumDescription,
            String aDiscussionSubject,
            String anExclusiveOwner) {

        Tenant tenant = new Tenant(aTenantId);

        Forum forum =
                forumRepository
```

```
                   .exclusiveForumOfOwner(
                       tenant,
                       anExclusiveOwner);

        if (forum == null) {
            forum = this.startForum(
                    tenant,
                    aCreatorId,
                    aModeratorId,
                    aForumSubject,
                    aForumDescription,
                    anExclusiveOwner);
        }

        Discussion discussion =
                discussionRepository
                    .exclusiveDiscussionOfOwner(
                        tenant,
                        anExclusiveOwner);

        if (discussion == null) {
            Author author =
                    collaboratorService
                        .authorFrom(
                                tenant,
                                aModeratorId);

            discussion =
                    forum.startDiscussion(
                        forumNavigationService,
                        author,
                        aDiscussionSubject);
            discussionRepository.add(discussion);
        }

        return discussion;
    }
    ...
}
```

只要事先確認關聯的 Forum 與 Discussion 唯一識別值是否存在,就可以避免再次建立
這兩個早已存在的聚合實例。只需要幾行程式碼,就可以讓事件驅動的處理流程更加
完善,有夠划算的投資!

設計更加複雜的流程

有時還是會遇到要設計更複雜的作業程序,像是有著多階段的程序,此時最好採用一
個狀態機來輔助。以底下這個 Process 介面為例:

```java
package com.saasovation.common.domain.model.process;

import java.util.Date;

public interface Process {
    public enum ProcessCompletionType {
        NotCompleted,
        CompletedNormally,
        TimedOut
    }

    public long allowableDuration();
    public boolean canTimeout();
    public long currentDuration();
    public String description();
    public boolean didProcessingComplete();
    public void informTimeout(Date aTimedOutDate);
    public boolean isCompleted();
    public boolean isTimedOut();
    public boolean notCompleted();
    public ProcessCompletionType processCompletionType();
    public ProcessId processId();
    public Date startTime();
    public TimeConstrainedProcessTracker
            timeConstrainedProcessTracker();
    public Date timedOutDate();
    public long totalAllowableDuration();
    public int totalRetriesPermitted();
}
```

這個 Process 介面能夠提供的主要功能如下：

- allowableDuration()：假使 Process 允許逾時，可以透過這個方法取得「重試之間的等待時間」或是「總嘗試總等待時間」。

- canTimeout()：如果 Process 允許逾時，該方法會回傳 true。

- timeConstrainedProcessTracker()：當 Process 允許逾時，可以透過這個方法取得一個新建且是唯一的 TimeConstrainedProcessTracker 追蹤器。

- totalAllowableDuration()：取得 Processi 允許的總嘗試等待時間。如果沒有啟用重試機制，那麼這個值就會是 allowableDuration() 方法的值；如果可以重試，就會回傳「allowableDuration() 方法的值」乘上「totalRetriesPermitted() 的次數」所得出的最大總等待時間。

- totalRetriesPermitted()：如果 Process 允許逾時且有啟用重試機制，那麼可以透過這個方法取得最多可重試次數。

實作 Process 的類別，可以透過先前的 TimeConstrainedProcessTracker 追蹤器來監控逾時與重試情形。建立 Process 物件後，就可以從中取得一個追蹤器。底下的測試驗證展示了這兩者如何合作，基本上就跟先前範例中 Process 使用追蹤器的方式大同小異：

```
Process process =
    new TestableTimeConstrainedProcess(
            TENANT_ID,
            ProcessId.newProcessId(),
            "Testable Time Constrained Process",
            5000 L);

TimeConstrainedProcessTracker tracker =
    process.timeConstrainedProcessTracker();
```

```
process.confirm1();

assertFalse(process.isCompleted());
assertFalse(process.didProcessingComplete());
assertEquals(process.processCompletionType(),
    ProcessCompletionType.NotCompleted);

process.confirm2();

assertTrue(process.isCompleted());
assertTrue(process.didProcessingComplete());
assertEquals(process.processCompletionType(),
    ProcessCompletionType.CompletedNormally);

assertNull(process.timedOutDate());

tracker.informProcessTimedOut();

assertFalse(process.isTimedOut());
```

我們在測試驗證中,設定 Process 必須在五秒內(也就是 5000L 毫秒)完成(不啟用重試機制);而在 confirm1() 方法與 confirm2() 方法都被呼叫後,這個 Process 才會被標記為已完成。這兩個狀態在 Process 內部也必須得到確認:

```
public class TestableTimeConstrainedProcess extends AbstractProcess {
    ...
    public void confirm1() {
        this.confirm1 = true;

        this.completeProcess(ProcessCompletionType.CompletedNormally);
    }

    public void confirm2() {
        this.confirm2 = true;
        this.completeProcess(ProcessCompletionType.CompletedNormally);
    }
    ...
    protected boolean completenessVerified() {
        return this.confirm1 && this.confirm2;
    }
```

```
    protected void completeProcess(
            ProcessCompletionType aProcessCompletionType) {

        if (!this.isCompleted() && this.completenessVerified()) {
            this.setProcessCompletionType(aProcessCompletionType);
        }
    }
    ...
}
```

　　這樣一來，就算 Process 對自身呼叫了 completeProcess() 方法，也會因為 completenessVerified() 方法傳回的並非 true 值而無法標記為「已完成」。而這個方法，只有在 confirm1() 與 confirm2() 都為 true 時，它才會回傳 true 值；也就是這兩項操作必須要先被執行過才行。透過 completenessVerified() 方法，我們就能做到多階段作業程序的管控，只有各階段都被確認過完成後，整個 Process 才算是真的大功告成。而這個 completenessVerified() 方法當然是因 Process 而異的。

　　不過，整個測試最後一個步驟執行後會發生什麼事呢？

```
...

tracker.informProcessTimedOut();

assertFalse(process.isTimedOut());
```

追蹤器可以根據自身內部的記錄，知道 Process 是否有逾時的情形，因此最後一條的驗證結果，應該會是 false（當然這是在以上測試驗證都在設定好的五秒內完成的情況，而在一般情況下，照理來說不太可能逾時）。

在上面的範例中，我們還用了一個 AbstractProcess 抽象類別，當作 Process 實作類別的轉接器，對於開發比較複雜的長期運行程序來說，這個基礎類別降低了實作的門檻。由於 AbstractProcess 還繼承（extend）了 Entity 這個基礎類別，因此我們可以輕易地將一個聚合設計為 Process；比如將 Process 設計為繼承了 AbstractProcess 的子類別——雖然不需要這麼複雜。對於較為複雜的作業流程而言，有這樣的機制還是一大幫助，而且還可以用一個 completenessVerified() 方法確認所有步驟是否已經完成。

當系統或訊息機制停擺時

當我們在開發與設計一個複雜的軟體系統時，沒有哪一個方法可以保證萬無一失。每種方式都有其侷限與副作用，有些我們已經在前面詳加討論過了。訊息交換機制系統的其中一個問題是，它會有一段時間無法運作而造成問題。這種狀況或許很少見，但是一旦發生，那麼有幾件事是我們必須留意的。

一旦訊息交換機制有一段時間無法運作，事件通知的發布方，就無法正常發送訊息。由於發送訊息的用戶端可能會察覺這項異常情形，因此可以用一定程度的延遲停等機制（back off）來嘗試重送、等待訊息交換系統恢復運作。只要有一則訊息確認成功發送，就可以認定機制應該已經恢復運作；但直到恢復之前，記得要盡量拖慢重試之間的間隔，以便系統正常之後、一切可以繼續運作。比方說，我們可以在每次重試之後，把直到下一次重試之前的間隔給再往上放大 30 秒到一分鐘的程度；但要記得，由於我們是採用 Event Store，因此事件佇列中的數量有可能在這段期間不斷累積，要到恢復正常後才能開始繼續消化。

而對於訊息接收方（事件監聽方）來說，訊息交換機制停擺，意味著無法再繼續接收到新進的事件訊息。而後，當系統恢復運作，此時就要確認監聽器是否自動恢復正常、接收到新的事件？還是必須由接收方的用戶端這邊重新註冊訂閱事件訊息才能繼續收到？如果我們無法保證自動恢復訂閱的話，就必須設法確保可以重新訂閱，否則，

即使訊息機制恢復正常，由於訊息交換機制的關聯斷開，這些 Bounded Context 之間也無法恢復互動。這是我們必須極力避免的情形。

　　不過，問題不是完全出自訊息交換機制本身。有時會遇到這類情形：Bounded Context 本身可能一段時間內無法正常運作，在它恢復運作之前的這段時間當中，已經累積了大量訊息在交換機制或佇列中，一旦 Bounded Context 的運作恢復正常、重新註冊訂閱方，就會遭遇海量的訊息接收與處理作業。此時我們能做的，除了盡量追趕之外，再者就是建立一個「即時布署」的機制，增加額外的冗餘節點（群集），這樣才不會因為一個節點失效導致整個系統無法運作。有些時候我們根本避免不了系統暫時停機的狀況，例如，我們修改了程式、但程式需要資料庫的更新來配合，而資料庫無法在運作的情形下透過修補更動，這時候就必須安排一段時間讓系統停止運作；在這種情況下，訊息處理機制也只能盡快追趕了。顯然這是我們必須要審慎注意的事並好好計劃，以免造成問題。

本章小結

在本章中，我們探討了幾種用於整合 Bounded Context 的方法。

- 首先回顧在分散式計算環境中完成整合所需具備的基礎知識。

- 你學到如何以 RESTful 資源的形式整合多個 Bounded Context。

- 透過幾個例子，你看到了如何以訊息交換機制來進行整合，其中包括了長期運行程序的實作和管理，並且涵蓋簡單與複雜的情形。

- 你也了解到在 Bounded Context 之間抄寫資訊時可能遇到的挑戰，如何應對並避免這些問題。

- 你從簡單的範例中學習，逐步進展到複雜的範例，讓設計更加成熟完善。

　既然已經知道如何整合 Bounded Context，現在把目光轉到單一 Bounded Context，來看看如何設計環繞著領域模型的應用程式。

NOTE

Chapter 14

應用程式

「任何程式只有在被使用時才有意義。」

——*Linus Torvalds*（*Linux 創辦人*）

領域模型是一個「應用程式」的核心所在，而應用程式的角色，則是以使用者介面來
將領域模型的概念呈現出來，以便讓使用者可以執行模型的行為。使用者介面會透過
應用程式的各項服務，調度各種使用案例任務、管理交易階段以及驗證必要的資安授
權。而使用者介面、**應用服務**（Application Service）還有領域模型，則仰賴企業等級
的基礎設施平台才能運作。這些基礎設施的底層，往往包含了容器技術、應用程式管
理介面、訊息交換機制與資料庫。

本章學習概要

- 學習使用者介面呈現領域模型的幾種方式。
- 了解如何實作應用服務，以及它們可以提供的操作。
- 探討將應用服務的輸出與用戶端解耦合的方法。
- 探討在使用者介面上結合多個模型的方式，與這樣做的理由。
- 了解如何以基礎設施來滿足應用服務的技術需求。

領域模型有時並非直接與業務相關，而是為了支援與滿足應用程式的需求而存在，本書範例中的「身分與存取情境」便是屬於這種情形。SaaSOvation 開發團隊認為需要將身分與存取管理相關的事務單獨切分出來，成為一個支援子領域模型，同時作為一項可供訂閱的產品。即便是 IdOvation 這項產品，也還是需要擁有自身的管控措施以及使用者介面。雖然**通用子領域**或**支援子領域**（Generic Subdomain / Supporting Subdomain，**第 2 章**）確實有時不會具備一個應用程式的完整要素，但這其實並不要緊，因為這類支援性的模型通常就只是一組以**模組**（Modul，**第 9 章**）單獨切分開來的類別，並以此為形式提供某類概念或演算法的操作而已[1]；其他種類的模型則往往會有一定程度的真實使用者操作，以及與之相關的應用程式元件。我們在本章中所要探討的對象是屬於後者這種比較複雜的情形。

　　本章中所說的「應用程式」（application），有時也會被稱作「系統」（system）或是「業務服務」（business service）。筆者並不打算探討「應用程式」與「系統」之間的界線何在，但一般而言，透過整合的手段，將應用程式與其他應用程式或服務結合起來形成關聯，以此提供解決方案，這樣便可以稱作一個系統。有些人會把「應用程式」與「系統」兩種用詞交換著用，背後指稱的是同樣東西。提供了多種技術性質服務端點的業務服務，有時也被稱為系統。筆者不打算區分這三種不同用詞的概念，而是會統一一種用詞來指稱它們背後共通的性質。

何謂「應用程式」

為了向各位說明，筆者於本書中使用的「應用程式」（application）一詞，指的是一組為了與**核心領域**（Core Domain，**第 2 章**）模型互動或提供支援的元件。這些元件通常包含了領域模型、使用者介面、內部使用的應用服務還有基礎設施元件。至於這些元件的定義以及內容，則根據採用的**架構**（Architecture，**第 4 章**）不同而有所差異。

1　原註：關於獨立通用子領域的範例，參見 Eric Evans 的「Time and Money Code Library」，網址：http://timeandmoney.sourceforge.net/。

當我們透過程式將一個應用程式的服務對外開放時，「使用者介面」定義通常較為廣泛，包含了應用程式介面（API）在內。當然，服務的對外開放有很多種形式，不過這類 API 介面不是提供給真實人類操作的，而是用於先前討論過的**整合 Bounded Contexts（Integrating Bounded Contexts，第 13 章）**上。不過，筆者在本章也會討論到包含圖形化人機介面在內的這種類型。

討論時，筆者會盡量避免侷限在特定架構，就像圖 14.1，雖然圖看起來怪怪的，但這是刻意排除特定架構的緣故。圖上以 UML 虛線空心框箭頭呈現的，代表在實作上採用了**依賴反轉原則（DIP，第 4 章）**；實線箭頭則代表操作轉派。舉例來說，基礎設施會實作使用者介面、應用服務以及領域模型中所定義的的抽象化介面，並且會將操作轉派給應用服務、領域模型及資料庫。

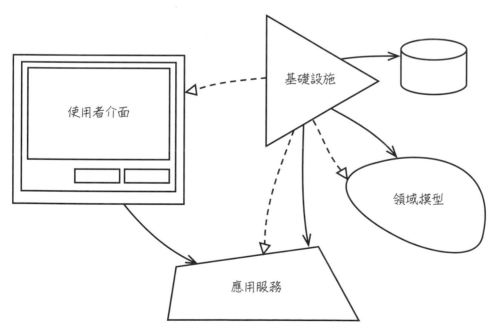

圖 14.1　無關架構的情況下，應用程式牽涉到的主要議題。但在本圖中的基礎設施仍有套用 DIP 依賴反轉原則，以抽象介面依賴於其他部分。

雖然這張圖還是免不了讓人聯想到某種架構風格，但這裡所要表明的是，本章重點不在於架構，而是希望探討應用服務運作所應具備的事項。如果討論過程中涉及到某類架構，筆者也會特別註明。

　　討論過程中很難不用到「層」（layer）這個用詞——請參考**分層架構（Layers Architecture，第 4 章）**說明，但不可諱言，不管是哪種架構，分層都是一個很有用的概念。比方說，講到應用服務的歸屬，無論是像六角架構那樣將應用服務安排在領域模型的外圍、透過訊息傳遞機制與其他元件溝通，還是讓應用服務夾在領域模型與使用者介面之間，我們都會以「應用程式層」（Application Layer）來指稱這種概念性位置安排。筆者會盡可能少用「層」這個詞語，但在講到元件所處位置時，使用「層」還是很方便的，而且這樣也不代表 DDD 就只能運用於分層架構上，希望各位讀者理解。

　　接下來，首先會討論使用者介面，然後是應用服務，接著是基礎設施；每一個主題都會探討領域模型與這些元件的關係，但不會深入說明模型的內容，畢竟其他章節已著墨甚多。

使用者介面

Java、.NET 以及其他程式語言平台，都有各自使用者介面的框架，而比較每家使用者介面框架的優缺點並不是這裡討論的重點。

　　理解更為廣泛的類型似乎才是我們該做的事，如下方所列出的內容。這個排列順序是按照由高到低的「複雜度」排序，而不是按照流行程度。在本書撰寫當下，第二點的多功能網頁使用者介面，在 HTML5 的帶動下可說是未來的趨勢，而第一點的單純請求與應答式網頁使用者介面，雖然已經退流行，但很多應用程式仍使用這種舊有形式，因而使得它比 Web 2.0 更為普遍。

- 單純請求與應答式網頁使用者介面（Pure request-response Web user interface），又稱作「Web 1.0」，典型的代表框架有 Struts、Spring MVC 以及 Web Flow、ASP.NET 等。

- 網頁式多功能網路應用服務使用者介面（Web-based rich Internet application (RIA) user interface），使用 DHTML、Ajax 這類技術，又稱作「Web 2.0」，像是 Google 的 GWT、Yahoo! 的 YUI、Ext JS、Adobe 的 Flex 以及 Microsoft 的 Silverlight 等都屬於此類。

- 原生於用戶端的 GUI 介面（Native client GUI；如 Windows、Mac、Linux 這類系統的桌面使用者介面），通常會用到一些抽象化函式庫如 Eclipse SWT、Java Swing 或是 Windows 的 WinForms、WPF 等。提醒一下，並非指大規模的桌面應用程式才算此類使用者介面。這類 GUI 會透過 HTTP 網路來存取服務，換句話說，用戶端安裝的唯一元件就只有使用者介面而已。

不過，以上的使用者介面都得面臨一些共同的議題：如何將領域物件呈現給使用者？以及如何才能讓使用者的操作與模型產生互動？

呈現（Render）領域物件

關於在使用者介面上怎樣才是呈現領域模型物件最好的方式，一直以來都有許多爭論與不同看法。領域物件會承載比視圖實際作業需求更多的資訊，而這種做法一般來說是有好處的，因為這些額外資訊可以為使用者在執行當下的作業時提供一些支援，幫助使用者做出更好的判斷，甚至，可以直接在額外資訊中提供使用者各種判斷選項。也因此，雖然先前曾經提到過，大多時候使用者的一項狀態變更操作應僅侷限於單一聚合型別中一個實例（instance）的變更；但使用者介面往往需要呈現多個不同**聚合**（**Aggregate，第 10 章**）實例中的屬性資訊。

14

應用程式

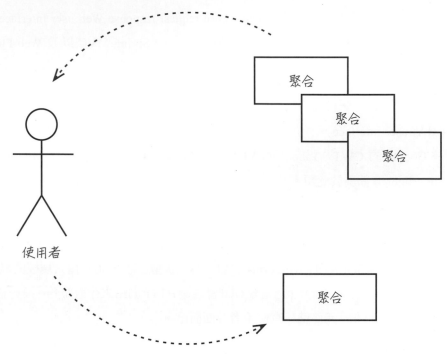

圖 14.2　使用者介面可能會呈現多個聚合的屬性，但提交請求時，每次僅能修改一個實例。

從聚合實例呈現資料傳輸物件

要將多個聚合實例呈現在單一視圖上的其中一種常見做法，就是利用所謂的**資料傳輸物件**（Data Transfer Object，[Fowler, P of EAA]），或簡稱 DTO。這個 DTO 的設計用意是，將某個視圖畫面所需呈現的全部屬性資料打包在一起。應用服務（見後續小節）會透過 Repository（**資源庫，第 12 章**）讀取所需的聚合實例，再交由 **DTO 組合器**（Assembler，[Fowler, P of EAA]）把需要呈現的屬性值對映到 DTO 中。然後 DTO 物件就會帶著呈現所必要的資訊，提供給使用者介面元件，最終以視圖的形式呈現出來。

在上面描述的這個過程中，對資料的讀寫都是透過 Repository。這樣做的好處是可以避免延遲載入的議題，因為 DTO 組裝功能可以直接存取到聚合，用以組裝出 DTO 物件來。而且當使用者介面所在的展示層與領域物件所在的業務層分隔開來的時候，也可以透過這種 DTO 物件的方式搭起橋樑，對資料進行序列化之後在網路上互相傳遞。

有趣的是，這種 DTO 設計模式最初的用意就是給遠端的展示層提供資料來源；DTO 在業務層建立、序列化、透過線路送出、然後在展示層反序列化回來。反之，如果這兩者並非分隔開來的，那麼採用這種設計模式，反而會增加了不必要的複雜度，也就是所謂的「YAGNI」（You Ain't Gonna Need It，意謂「你不會需要它」）。其中一種具體的缺點，就是會產生出一堆與領域物件大同小異的類別。此外，虛擬機環境（例如 JVM）也會被迫承受管理大量此類物件的工作，事實上，這些物件與單一虛擬機環境的應用程式架構很不對頭。

聚合也需要考量 DTO 組裝器是否能取得必要的資料。因此請務必謹慎考慮如何才能取得資料、但又不會因此導致聚合內部太多細節被洩漏出去，試著讓用戶端與聚合的內部細節解耦合。這時要問自己，應該讓用戶端（DTO 組裝器）深入聚合內部嗎？這並不是件好事，因為這樣會讓每個用戶端與某種聚合緊密耦合在一起。

透過中介者模式發布聚合內部狀態

為了處理這種模型與模型用戶端之間的緊密耦合問題，我們可以利用**中介者模式**（Mediator，又稱 Double-Dispatch and Callback，[Gamma et al.]），讓聚合把自己的內部狀態發布出來。用戶端那側負責實作中介者的介面，然後將實作物件的引用作為方法參數傳遞給聚合；聚合這一側則透過雙分派模式（double-dispatch）分派給中介者，把要求的狀態發布出去，而過程中用戶端對聚合的內部一無所知。訣竅就在於，不要讓中介者的介面與任何視圖需求綁定，而是專注於具體呈現（render）聚合狀態：

```
public class BacklogItem...{
    ...
    public void provideBacklogItemInterest(
            BacklogItemInterest anInterest) {
        anInterest.informTenantId(this.tenantId().id());
        anInterest.informProductId(this.productId().id());
        anInterest.informBacklogItemId(this.backlogItemId().id());
        anInterest.informStory(this.story());
        anInterest.informSummary(this.summary());
        anInterest.informType(this.type().toString());
        ...
    }
    public void provideTasksInterest(TasksInterest anInterest) {
        Set < Task > tasks = this.allTasks();
        anInterest.informTaskCount(tasks.size());
        for (Task task: tasks) {
            ...
        }
    }
    ...
}
```

至於視圖那一側不同的需求，可以用其他的實作類別代表，就像先前我們在談到**實體**（Entity，**第 5 章**）時，以不同的驗證類別實作不同驗證方法那樣。

　對於這種做法，有些人認為這已經超出了一個聚合應該承擔的職責；另外一派意見則認為，這是領域模型的正常職責範圍。如同往常，這沒有絕對的對錯，請與開發團隊討論後再做出取捨。

透過領域負載物件呈現聚合實例

沒必要採用 DTO 設計模式時，也有另外一種可行的改進做法：把跟視圖需求相關的多個聚合實例，完整組成一個**領域裝載物件**（Domain Payload Object, DPO，[Vernon, DPO]）。DPO 的設計用意與 DTO 類似，但更適合用在僅有單一虛擬機環境的應用程式架構上。而且，由於是直接把整個聚合實例參照放入、而不是把單一屬性值拿出再

放入,因此可以用單一種裝載容器類別的物件,在多個不同的邏輯層之間傳遞。應用服務(請見相關章節內容)會透過 Repository 取得需要的聚合實例,然後建立 DPO,以 DPO 的形式來持有這些聚合實例的參照;再透過 DPO 對這些聚合索取視圖需要的資料屬性。

牛仔小劇場

寶弟:「要是你不曾落馬,那表示你騎馬的經驗還不夠多。」

這種 DPO 做法的好處在於簡化了邏輯層之間傳遞資料群集的過程;不僅更容易設計,也減少佔用的記憶體空間。畢竟 DPO 只是持有對聚合實例的參照,並不額外佔用太多空間,因為主要的記憶體佔用還是由聚合實例本身負責。

不過,也不是沒有缺點。DPO 跟 DTO 類似,聚合還是需要以某種手段來提供外界讀取內部狀態,因此,為了避免使用者介面與領域模型之間形成緊密耦合關係,可能需要利用到先前在 DTO 組裝器用到的中介者設計模式(雙向轉派、聚合根查詢介面)。

此處還有另一個情況需要處理。由於 DPO 是直接持有整個聚合的參照,因此被設計為延遲載入的物件或集合就不會被讀取出來;畢竟在組裝 DPO 時,本來就沒有必要存取聚合的所有屬性。只是這樣一來,等到應用服務方法結束、交易階段作業被提交時,這些因為只是持有參照、未把延遲載入物件讀取出來的 DPO 就會造成異常例外[2]。

2　原註:有些人喜歡在使用者介面的高層級使用 Open Session In View(OSIV)來控制「請求 - 回應」層級的事務;我認為 OSIV 是有害的,但這可能因人而異(YMMV: Your Mileage May Vary.)。

為解決此一問題，我們可以改用積極載入（eager loading）方式或是引入 Domain Dependency Resolver（**負責領域物件依賴關係的設計模式**，[Vernon, DDR]）。但要切記這是一種**策略**（Strategy，[Gamma et al.]）選擇，而策略選擇通常是針對每一個使用案例流程採取特定的策略，來解決相應的問題。每個策略都會確保在特定使用案例的作業流程中，所有聚合所需的延遲載入屬性都被存取到，而這個強制性的延遲載入處理，會在應用服務的交易階段提交並把 DPO 回傳到用戶端之前完成。至於處理的方式，可以是在提交前以手動方式存取那些延遲載入的屬性，也可以是利用一些簡單的程式語言功能，透過內省和反射的方式逐一尋找並存取聚合實例內的屬性。後者的好處在於，可以隱藏聚合的內部屬性。在某些情況下，也可以透過自訂的查詢，將原本延遲載入的物件改為積極載入的形式。

聚合實例的狀態呈現

如果你的應用程式是屬於以 REST 形式（第 4 章）提供資源存取，會需要替領域物件制定某種狀態呈現的方式，以便提供給用戶端。此時要記得，呈現的方式應從使用案例的視角來考慮、而不是聚合實例，這一點跟 DTO 設計模式的用意類似。但更準確地說，是將 RESTful 資源看成一個單獨的模型——**視圖模型**（View Model）或是**展示模型**（Presentation Model）[Fowler, PM]。因此我們要當心避免設計出與領域模型聚合物件長得一模一樣的呈現物件，甚至包含更深層的資訊細節，否則用戶端就會從狀態資料的傳遞過程中，察覺出背後的關係以及行為，如此一來抽象化就沒意義了。

針對使用案例來最佳化 Repository 查詢

除了這種讀取多種聚合實例、然後包裝在一個容器（DTO 或 DPO）的做法之外，我們其實還可以考慮「使用案例最佳化查詢」的方式。換言之就是以自訂的 Repository 查詢方法，從一到多個聚合實例組成自訂的物件來，針對使用案例的需求，將查詢結果以動態方式放入**值物件**（Value Object，第 6 章）中。要注意的是，你設計的是值物件而

不是 DTO，因為 Repository 的查詢結果是領域的需求、而不是應用程式的需求。這個自訂查詢最佳化的值物件，隨後便可以直接作為呈現視圖的資源傳遞出去。

這種為了使用案例的需求而自訂或最佳化 Repository 查詢的做法，類似於 **CQRS（第 4 章）**設計模式的動機。然而，兩者操作的對象卻相當不同，「使用案例最佳化查詢」是透過 Repository 對單一領域模型持久性儲存進行查詢，CQRS 則是直接地（例如以 SQL 語法）對分離的查詢專用資料庫進行查詢。兩者之間的好壞取捨，請參閱 **Repository（第 12 章）**的討論內容。不過，一旦採用了這種針對使用案例需求最佳化查詢的做法，其實也就離實作 CQRS 不遠了，讀者也可以考慮改用 CQRS。

多個不同的用戶端

要是我們的應用程式必須支援多種不同的用戶端時，該如何是好？比方說，要同時支援 RIA、圖形化用戶介面、REST 服務以及訊息機制，而針對每一種用戶端，又可能需要採用不同的測試方式。我們可以選擇採用**資料轉換器（Data Transformer）**這種設計模式（後面會進一步解說），每種用戶端可以指定要使用哪種轉換器。應用服務透過這些轉換器的參數進行雙向轉派，以便取得需要的資料格式。底下以 REST 用戶端為例，看看使用者介面的情形：

```
...
CalendarWeekData calendarWeekData =
    calendarAppService
        .calendarWeek(date, new CalendarWeekXMLDataTransformer());

Response response =
    Response.ok(calendarWeekData.value())
        .cacheControl(this.cacheControlFor(30)).build();
return response;
```

CalendarApplicationService 的 calendarWeek() 方法會收到某星期的 Date 物件以及一個 CalendarWeekXMLDataTransformer 實作類別物件，將 CalendarWeekData 轉換為 XML 文件格式。此時如果去呼叫 CalendarWeekData 物件的 value() 方法，就會以我們需要的 XML 文件字串格式取得我們需要的資料。

雖然此範例若是以「依賴注入」方式取得資料轉換器實例會更好，不過為了讓讀者更容易理解，因此筆者是刻意選擇不那樣做。

依此類推，還可以看到這幾種實作了 CalendarWeekDataTransformer 的類別：

- CalendarWeekCSVDataTransformer
- CalendarWeekDPODataTransformer
- CalendarWeekDTODataTransformer
- CalendarWeekJSONDataTransformer
- CalendarWeekTextDataTransformer
- CalendarWeekXMLDataTransformer

待後面談到「應用服務」時，我們會再看到另一種將應用程式輸出與用戶端之間抽象化、抽離開來的做法。

呈現轉接器與處理使用者編輯

當需要在使用者介面上「呈現」領域資料、且允許使用者編輯這些資料時，可以運用一些設計模式，將兩個職責分離開來。當然，有許多框架提供了簡便的功能，可以幫助我們處理這些事務，但某些使用者介面框架則是要求必須遵循它支援的特定模式；有時候這些設計模式是好的，有時候卻未必很理想。有時使用其他框架會讓你有較多的彈性跟選擇。

無論我們決定以 DTO、DPO 或是狀態呈現——不管你採用的是什麼呈現框架——從應用服務提供領域資料,以視圖作為觀點的展示模型[3],可以讓我們獲得好處,因為它的目標是將呈現與視圖的職責分離。雖然有些人會將展示模型用於 Web 1.0 的應用程式,但筆者則認為,用在第二類或第三類的 Web 2.0 RIA 或是桌面用戶端會更加適當。

採用這種設計模式時,我們希望視圖僅專注在資料的展示、控制使用者介面這類的事務上,盡量不要插手資料本身。通常有兩種做法:

1. 視圖自己決定如何呈現展示模型。筆者認為這種方法較為自然,而且也能徹底消除展示模型與視圖之間的耦合關係。

2. 反過來,由展示模型決定視圖的呈現。這種方式的好處就是容易測試,但展示模型將與視圖產生耦合關係。

呈現模型可以算是一種**轉接器**(Adapter,[Gamma et al.])設計模式,以視圖的觀點,提供視圖所需要的屬性與行為模式,從而隱藏了關於領域模型的細節。換句話說,展示模型所做的,不僅僅是在領域物件或 DTO 的外面包上一層而已,在滿足視圖的需求同時,轉接器會根據模型的狀態來進行相應的決策。比方說,視圖上的某個控制元件啟用與否,很可能並非與領域模型中的某個特定屬性直接相關,而是由一到多項屬性綜合決定而來。展示模型不足一種被動地根據視圖需求取得某個屬性所屬領域模型這麼簡單,其職責是根據領域模型的狀態,推導並提供視圖所需的指標與資料屬性。

採用展示模型設計模式的另一項潛在好處在於,當使用者介面的框架要求聚合的介面具備 getter 讀取器、但聚合本身並不支援這類 JavaBean 的 getter 時,展示模型可以起到轉接的效果。許多這類基於 Java 程式語言的網頁框架,都會要求物件提供公開存取的 getter 方法(像是 getSummary() 或是 getStory()),但領域模型的設計概念並不

3　原註:請參閱 Dolphin 所寫關於「模型 - 視圖 - 展示器」(Model-View-Presenter);Martin Fowler 在其著作中稱之為「Supervising Controller」與「Passive View」。

在乎這些，而是專注於如何以**通用語言**（Ubiquitous Language，**第 1 章**）表達出領域的思維。雖然這之間的差異，很有可能只是方法名稱變成了 summary() 與 story() 這種程度而已，但對使用者介面框架來說，會變成找不到可用方法了（impedance mismatch）。不過，若有展示模型，就能輕易地在 summary() 與 getSummary()、story() 與 getStory() 之間架起轉接的橋樑，消弭領域模型與視圖之間的矛盾：

```java
public class BacklogItemPresentationModel
    extends AbstractPresentationModel {

    private BacklogItem backlogItem;

    public BacklogItemPresentationModel(BacklogItem aBacklogItem) {
        super();
        this.backlogItem = backlogItem;
    }

    public String getSummary() {
        return this.backlogItem.summary();
    }

    public String getStory() {
        return this.backlogItem.story();
    }
    ...
}
```

展示模型能夠轉接的當然不只這樣，前面提到的 DTO、DPO 或是透過中介者設計模式轉發出來的聚合內部狀態等，都可以透過展示模型轉接。

除此之外，展示模型還能用來追蹤使用者的編輯行為。這樣做並不是在把額外的職責加在展示模型身上，因為它的設計概念就是擔任視圖與模型之間的轉接橋樑；而這個轉接的關係，是雙向的。

有一點需要謹記在心：展示模型不是圍繞著應用服務或領域模型、什麼功能都有的 Façade 模式 [Gamma et al.]。雖然使用者透過使用者介面完成一個任務，通常會使用「執行」或「取消」之類的命令操作，這需要展示模型將使用者的行為反映在應用程式上沒錯，使得展示模型看起來像是某種圍繞在應用服務周邊的迷你 Façade：

```
public class BacklogItemPresentationModel
        extends AbstractPresentationModel {

    private BacklogItem backlogItem;
    private BacklogItemEditTracker editTracker;
    // 以注入取得
    private BacklogItemApplicationService backlogItemAppService;

    public BacklogItemPresentationModel(BacklogItem aBacklogItem) {
        super();
        this.backlogItem = backlogItem;
        this.editTracker = new BacklogItemEditTracker(aBacklogItem);
    }
    ...
    public void changeSummaryWithType() {
        this.backlogItemAppService
            .changeSummaryWithType(
                this.editTracker.summary(),
                this.editTracker.type());
    }
    ...
}
```

以上面的範例來說，使用者在視圖上點擊一個按鈕、觸發命令後，就會呼叫 changeSummaryWithType() 方法。BacklogItemPresentationModel 在這過程中的職責就是與應用服務互動，將記錄在 editTracker 的使用者編輯行為反應上去；不會有其他的第三方元件監聽並等待使用者的編輯行為。若是從視圖的觀點來看，展示模型可以說是應用服務的迷你 Façade 模式，但這種錯覺的前提來自於 changeSummaryWithType() 方法是足夠高階的介面，以至於讓 BacklogItemApplicationService 看起來可以輕鬆操作並轉接過去。但我們也不希望展示模型如同應用服務那樣，管理著複雜的領域模型

細節，甚至直接把展示模型本身作為領域模型的應用服務，那樣就遠超出展示模型的職責了。我們真正希望看到的，還是以比較簡單的委派方式，把作業委任給較複雜、承擔職責較多的真正 Façade 模式，也就是 `BacklogItemApplicationService`。

這種做法可以在領域模型與使用者介面之間做出良好的居中協調，讀者或許也同意這是最為穩健的 UI 管理模式。但不論採用何種視圖管理做法，我們最終都還是要與應用服務 API 互動才行。

應用服務

有些情況下，使用者介面會需要使用個別展示模型元件匯集多個 Bounded Context（第 2 章）來顯示在一張視圖上。不過，無論使用者介面要呈現的是一個模型還是多個模型，最終殊途同歸，都需要與應用服務進行互動，底下就來進行相關討論。

所謂應用服務（Application Service），可以說是領域模型的直接用戶端。至於應用服務要歸屬在哪個位置，請參閱**架構（第 4 章）**的內容。應用服務負責協調使用案例流程的作業，每一個服務方法對應著一個使用案例的流程。如果我們採用的是 ACID 式資料庫，那麼應用服務還會負責控制交易階段，確保模型的狀態變更會一次全部持久保存。關於交易階段的控制，這裡只會簡短帶過，更多細節請參閱 Repository（第 12 章）的討論。此外，資安控管也是應用服務的職責之一。

有些人會將應用服務誤解為**領域服務（Domain Service，第 7 章）**並混為一談，但兩者並不相同。我們會在接下來的內容中詳述它們有什麼不同，但最主要的差異是，業務領域的邏輯應盡可能地保留在領域模型中，也就是聚合、值物件或是領域服務。應用服務本身則應該盡可能地保持單純，純粹用來協調這些模型執行作業的操作。

應用服務範例

底下是一個應用服務的簡單介面與實作類別一部分,這個服務提供的是「身分與存取情境」的租戶管理使用案例。注意,這只是個簡單的範例,因此裡面很多細節被省略、不是完整的最終樣貌,直接拿去用的話可能會有明顯的副作用。

首先我們從介面開始:

```java
package com.saasovation.identityaccess.application;

public interface TenantIdentityService {

    public void activateTenant(TenantId aTenantId);

    public void deactivateTenant(TenantId aTenantId);

    public String offerLimitedRegistrationInvitation(
        TenantId aTenantId,
        Date aStartsOnDate,
        Date anUntilDate);

    public String offerOpenEndedRegistrationInvitation(
        TenantId aTenantId);

    public Tenant provisionTenant(
        String aTenantName,
        String aTenantDescription,
        boolean isActive,
        FullName anAdministratorName,
        EmailAddress anEmailAddress,
        PostalAddress aPostalAddress,
        Telephone aPrimaryTelephone,
        Telephone aSecondaryTelephone,
        String aTimeZone);

    public Tenant tenant(TenantId aTenantId);
    ...
}
```

以上這六個應用服務方法，主要用於建立或驗證租戶資格，啟用、停用既有的租戶，還可以對使用者發出特定與不特定的註冊邀請，並且查詢某個租戶的資訊。

　　這些方法可以看出，有用到一些領域模型的型別，這會讓使用者介面知悉這些型別的存在，並且產生依賴關係。有時候我們會把應用服務設計成將使用者介面與領域模型完全隔開來，此時在應用服務方法的簽署宣告中，只能使用基本型別（int、long、double 這類的）String 類，可能還有一些 DTO 物件。除此之外更好的做法，或許還是採用**命令** [Gamma et al.] 物件設計模式。這之中沒有誰對誰錯的問題，純粹是看每個人的風格與目標，本書中會盡可能地在範例中展示每種設計風格的用法。

　　但要考慮到各方面的取捨。如果我們把領域模型的型別排除掉，雖然可以避免產生依賴和耦合關係，但同時也會喪失這些值物件強型別帶來的輔助檢查與驗證機制的好處。而且，若是我們選擇不回傳領域物件的話，就要提供 DTO 物件；而回傳 DTO 可能會使專案承受額外的複雜度以及額外的型別維護工作負擔。先前也有提到過，在高作業量的應用程式中，如果有非必要的 DTO 物件不斷被建立又被垃圾回收的話，就會導致較高的記憶體操作負擔。

　　但若選擇將領域物件曝露給用戶端知悉，那麼這些用戶端就需要獨自處理這些個別的領域物件型別。於是又回到老問題：有越多型別，耦合問題就越嚴重。因此，我們至少可以改善一些服務方法。如同先前所講的，可以利用資料轉換器：

```
package com.saasovation.identityaccess.application;

public interface TenantIdentityService {
    ...
    public TenantData provisionTenant(
            String aTenantName,
            String aTenantDescription,
            boolean isActive,
            FullName anAdministratorName,
            EmailAddress anEmailAddress,
            PostalAddress aPostalAddress,
            Telephone aPrimaryTelephone,
```

```
            Telephone aSecondaryTelephone,
            String aTimeZone,
            TenantDataTransformer aDataTransformer);

    public TenantData tenant(
            TenantId aTenantId,
            TenantDataTransformer aDataTransformer);

    ...
}
```

接下來，為了簡化範例，我暫時假設會回傳領域物件給用戶端知悉，並且只有一個網頁形式的使用者介面。之後再回頭探討資料轉換器的設計模式。

在看過介面之後，讓我們看看要如何實作。先從比較單純的方法實作開始，有助於快速進入狀況。這邊要提醒的是，使用**分離介面設計模式**（Separated Interface，[Fowler, P of EAA]）不一定有必要或有好處。底下是依照先前介面所實作的類別內容：

```
package com.saasovation.identityaccess.application;

public class TenantIdentityService {
    @Transactional
    public void activateTenant(TenantId aTenantId) {
        this.nonNullTenant(aTenantId).activate();
    }

    @Transactional
    public void deactivateTenant(TenantId aTenantId) {
        this.nonNullTenant(aTenantId).deactivate();
    }

    ...

    @Transactional(readOnly = true)
    public Tenant tenant(TenantId aTenantId) {
        Tenant tenant =
            this
                .tenantRepository()
                .tenantOfId(aTenantId);
```

```
        return tenant;
    }

    private Tenant nonNullTenant(TenantId aTenantId) {
        Tenant tenant = this.tenant(aTenantId);

        if (tenant == null) {
            throw new IllegalArgumentException(
                    "Tenant does not exist.");
        }

        return tenant;
    }
}
```

　　用戶端可以透過 deactivateTenant() 方法，對既有的 Tenant 提出停用請求，而這需要與 Tenant 物件互動，因此要先以 TenantId 從 Repository 中取出來。這邊我們利用了一個名為 nonNullTenant() 的輔助方法，幫助我們委派給 tenant() 方法。所有服務中只要有用到 Tenant 的方法，都可以透過這個輔助方法會幫我們檢查租戶物件是否不存在。

　　在這些方法中，我們以 Spring 框架的 Transactional 註釋標記了 activateTenant() 與 deactivateTenant() 方法，將其宣告為可寫入的交易階段作業，而 tenant() 則是唯讀的。凡是有打上此註釋的，只要用戶端在使用 Spring 過程中以 bean 物件呼叫了這些服務方法，就會自動進入交易階段；之後當方法執行完成並回傳時，交易就會被提交上去。而根據對交易階段的設定不同，當方法中有異常例外被拋出時，有可能會抽回交易。

　　但我們要如何避免這些服務方法被誤用，或者，被惡意利用呢？在停用或重新啟用一名租戶這種操作時，必須要由具有 SaaSOvation 員工授權的使用者才能夠執行。對於新增一名租戶訂閱者也是同樣的道理。

我們可以利用 Spring Security（資安管控功能），也就是 PreAuthorize 這個註釋：

```java
public class TenantIdentityService {

    @Transactional
    @PreAuthorize("hasRole( 'SubscriberRepresentative')")
    public void activateTenant(TenantId aTenantId) {
        this.nonNullTenant(aTenantId).activate();
    }

    @Transactional
    @PreAuthorize("hasRole( 'SubscriberRepresentative')")
    public void deactivateTenant(TenantId aTenantId) {
        this.nonNullTenant(aTenantId).deactivate();
    }

    ...

    @Transactional
    @PreAuthorize("hasRole( 'SubscriberRepresentative')")
    public Tenant provisionTenant(
            String aTenantName,
            String aTenantDescription,
            boolean isActive,
            FullName anAdministratorName,
            EmailAddress anEmailAddress,
            PostalAddress aPostalAddress,
            Telephone aPrimaryTelephone,
            Telephone aSecondaryTelephone,
            String aTimeZone) {

        return
            this
                .tenantProvisioningService
                .provisionTenant(
                    aTenantName,
                    aTenantDescription,
                    isActive,
                    anAdministratorName,
                    anEmailAddress,
                    aPostalAddress,
                    aPrimaryTelephone,
```

14

應用程式

```
                aSecondaryTelephone,
                aTimeZone);
    }
    ...
}
```

　　這是一個可以用在方法層級上的註釋，能夠有效提供安全管控、防止那些未經授權的使用者存取應用服務方法。使用者介面當然可以禁止未經授權的使用者，以手動瀏覽的方式不經意地觸發這些服務方法，但對於真正抱有惡意的攻擊者來說沒什麼用，還是需要在服務端宣告安全管控才行。

　　這種宣告在方法層級上的安全管控機制，與 IdOvation 提供的安全管控機制是不同的。與租戶使用者不同，IdOvation 是提供給 SaaSOvation 的員工登入使用；尤其是那些被賦予了 SubscriberRepresentative 角色的人，可以執行一些資訊敏感的方法，而訂閱戶使用者則無此權限。當然，這需要在 IdOvation 與 Spring Security 之間進行整合。

　　接著來看 provisionTenant() 方法的實作；這個方法是將作業委派給了一個領域服務去執行。這邊要強調的是這兩個服務方法的不同之處，尤其是 TenantProvisioningService 領域的內部更能看出它們的差異。這個領域服務中存在著大量領域邏輯，是我們在應用服務中看不到的。底下來看看領域服務做了哪些事（這裡不會展示程式碼）：

1. 新建一個 Tenant 聚合，並且加到 Repository 中。

2. 為新建的 Tenant 指派一個新的管理者，包含為新建的 Tenant 配置一個 Administrator 角色，然後發布 TenantAdministratorRegistered 事件。

3. 發布 TenantProvisioned 事件。

　　可以看出，應用服務所做的事情僅止於第一個步驟；要是超出第一個步驟的範圍，就會將領域邏輯洩漏到模型以外的地方。既然另外兩個步驟不屬於應用服務的職責範圍，乾脆把這三個步驟一起放入領域服務。這樣在使用領域服務時，我們「將這個重要的作業流程」[Evans] 安置於領域模型中[4]，也能維持一開始對應用服務「管理交易階段、管理資安」的定義，而檢核租戶的重要作業流程就委託給模型處理。

　　思考一下 provisionTenant() 方法參數列表的問題。該方法總共有高達 9 個參數，這算是有點太多了。要避免這個問題，可以利用一個簡單的**命令** [Gamma et al.] 物件：「將請求內容封裝在一個物件當中，以便讓用戶端可以透過這個物件發出不同的請求，或是將請求排入佇列、記錄請求，甚至可以請求具備還原、撤銷的功能。」換句話說，命令物件就像是序列化過後的方法呼叫，在本範例中，除了還原 / 撤銷之外，命令物件的其他特性都對我們有幫助。

　　底下是一個簡單的命令類別：

```
public class ProvisionTenantCommand {
    private String tenantName;
    private String tenantDescription;
    private boolean isActive;
    private String administratorFirstName;
    private String administratorLastName;
    private String emailAddress;
    private String primaryTelephone;
    private String secondaryTelephone;
    private String addressStreetAddress;
    private String addressCity;
    private String addressStateProvince;
    private String addressPostalCode;
    private String addressCountryCode;
    private String timeZone;

    public ProvisionTenantCommand(...) {
```

4　原註：參見第 5 章內容。

```
        ...
    }

    public ProvisionTenantCommand() {
        super();
    }

    public String getTenantName() {
        return tenantName;
    }

    public void setTenantName(String tenantName) {
        this.tenantName = tenantName;
    }
    ...
}
```

　　這裡的 ProvisionTenantCommand 沒有用到模型物件，只使用基本的型別，並且同時提供多參數的建構子及無參數的建構子。如果使用無參數建構子來建立命令物件，使用者介面後續可以透過公開的 setter 方法，將表單上的欄位對映到物件的欄位中（例如，透過 JavaBean 或是 .NET CLR 屬性）。讀者可能會覺得命令物件看起來就是個 DTO，但其實它能表達得更多；由於命令物件是根據執行的操作來命名，因此它的意圖更明確。可以將命令物件的實例傳給應用服務方法：

```
public class TenantIdentityService {
    ...
    @Transactional
    public String provisionTenant(ProvisionTenantCommand aCommand) {
        ...
        return tenant.tenantId().id();
    }
    ...
}
```

命令物件除了能直接發送給應用服務的 API 方法之外，也可以排入一個佇列，然後再由一個命令處理器（Command Handler）來負責處理。這個命令處理器的角色相當於應用服務的方法，但藉由一個佇列，可以達到時序上解耦合的效果。後續在附錄 A 中會談到，這種方法將能大幅提升命令處理的作業處理量與擴展性。

與服務輸出解耦合

先前筆者提到過，利用資料轉換器設計模式，就可以將輸出的資料、轉換為不同用戶端所需要的形式。這些產出資料的轉換器，都會實作同一個抽象介面。從用戶端的角度來看可能會是這種情形：

```
TenantData tenantData =
    tenantIdentityService.provisionTenant(
        ..., myTenantDataTransformer);

TenantPresentationModel tenantPresentationModel =
    new TenantPresentationModel(tenantData.value());
```

應用服務被設計成一個 API，有著輸入與輸出。而傳入資料轉換器的目的就是轉換出用戶端所需資料的形式。

　　要是我們考慮另一種方式：將應用服務的回傳一律改成 void 的無回傳、永遠「不回傳」資料給用戶端呢？有辦法做到嗎？其實答案已經在**六角架構**（Hexagonal Architecture，**第 4 章**）看過了，也就是利用埠口與轉接器，Ports and Adapters 設計模式。在「輸出」這一側安排一個標準的 Port 介面搭配任意數量的轉接器（adapter），每一種轉接器就代表一種用戶端。這樣一來檢核 Tenant() 的 provisionTenant() 應用服務方法就會變成如下所示：

```
public class TenantIdentityService {
    ...

    @Transactional
    @PreAuthorize("hasRole( 'SubscriberRepresentative')")
    public void provisionTenant(
            String aTenantName,
            String aTenantDescription,
            boolean isActive,
            FullName anAdministratorName,
            EmailAddress anEmailAddress,
            PostalAddress aPostalAddress,
            Telephone aPrimaryTelephone,
            Telephone aSecondaryTelephone,
            String aTimeZone) {

        Tenant tenant =
            this
                .tenantProvisioningService
                .provisionTenant(
                        aTenantName,
                        aTenantDescription,
                        isActive,
                        anAdministratorName,
                        anEmailAddress,
                        aPostalAddress,
                        aPrimaryTelephone,
                        aSecondaryTelephone,
                        aTimeZone);

        this.tenantIdentityOutputPort().write(tenant);
    }
    ...
}
```

　　範例中，我們特地在輸出端加上了「Port」字樣以供讀者辨認。採用 Spring 框架時，有可能會是以 bean 的形式注入到服務內。這時 provisionTenant() 方法僅需要將從領域服務查詢得到的 Tenant 實例透過 write() 方法輸出到 Port。至於這個 Port 的後面，可能會有多個事先對應用服務註冊過的讀取者，一旦 write() 方法被觸發，這些註冊過

的讀取者就會被通知、將讀取到的輸出結果作為其輸入，此時讀取端再用資料轉換器把輸出結果轉換成自己需要的形式。

這不僅僅只是一個會增加專案複雜度的炫技而已，這種做法真正的好處與 Ports and Adapters 架構相同——不管對象是軟體或硬體設備。應用服務唯一需要知道的，就是自己需要哪些輸入、專注在自身的行為，然後要將輸出結果寫到哪個 Port。

這種透過 Port 出口寫出的做法，與聚合的純命令方法類似，因為這兩者都不會產生回傳值，但卻會發布**領域事件（Domain Event，第 8 章）**。只是對聚合來說，**領域事件發布器（Domain Event Publisher，第 8 章）**就是 Port 出口。除此之外，如果用中介者設計模式的雙向委派來查詢聚合內部狀態，也與埠口與轉接器設計模式相似。

只是埠口與轉接器方法也存在著缺點，其中一個就是在替應用服務的查詢方法命名時，會變得傷透腦筋。以範例中的 tenant() 這個方法來說，這個名稱其實並不恰當，為什麼呢？因為現在已經不會再直接回傳出查詢的 Tenant 實例。相反地，provisionTenant() 這個檢核 API 方法的名稱就沒問題，因為這是一個單純的命令方法，本來就不會有回傳。只是這樣一來就要為 tenant() 方法重新想一個更好的名稱，如下所示：

```
...
@Override
@Transactional(readOnly=true)
public void findTenant(TenantId aTenantId) {
    Tenant tenant = this
        .tenantRepository
        .tenantOfId(aTenantId);

    this.tenantIdentityOutputPort().write(tenant);
}
...
}
```

14

應用程式

findTenant() 這個名稱算是合理的，因為「尋找」不一定是需要回覆結果。但無論最終我們選擇哪種命名，至少現在知道了：每種架構的選擇，背後一定都存在著正面與負面的影響。

結合多個 Bounded Context

在以上的範例中，我還沒談到單一使用者介面中需要二到多個領域模型的情況。以本書中的範例而言，要讓作業流程中上游模型的概念轉譯為下游模型的通用語言、再整合到下游的模型中。

這跟先前把多個模型給組裝為單一展示模型是不同的，如圖 14.3 所示。在這個範例中存在外部的模型——「產品情境」（Products Context）、「討論情境」（Discussions Context）、「檢查情境」（Reviews Context）等，而且不應該讓使用者介察覺到背後是由多種模型組合而成。當類似情況發生在你的應用程式，那麼你就該仔細思考如何設計**模組（第 9 章）**的結構並妥善命名，以及應用服務應如何在模組化之後重新替模型之間建立起關聯。

其中一種做法就是建立多個應用程式層，這與圖 14.3 所展示的不一樣。如果是多個應用程式層的話，你得替每個應用程式層安排各自的使用者介面元件，這種使用者介面某種程度上會與特定的領域模型關聯性較高。這種設計模式基本上就等於是一種 portlet 介面元件的概念。但話又說回來，使用者介面在意的是從使用案例的觀點出發，要是我們把應用程式層劃分成多個、使用者介面元件也劃分為多個，那麼在構成使用案例作業流程時，就會增加困難度。

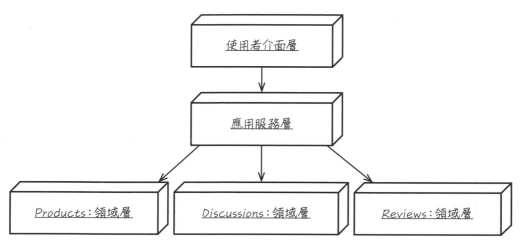

圖 14.3 有時使用者介面需要結合多種模型，以本例來說，是透過一個應用程式層結合了三個模型。

由於本來就是由應用程式層負責管理使用案例，因此建立一個單一的應用程式層來組裝多種模型是最簡單的方法，也就是圖 14.3 所示的方法。在該應用程式層中的服務不包含領域的業務邏輯，只負責把各模型的聚合物件依照使用者介面的需求組裝起來。而根據組裝的目的性不同，為使用者介面層與應用程式層中的模組命名，如下：

```
com.consumerhive.productreviews.presentation
com.consumerhive.productreviews.application
```

上面套件路徑中顯示的「consumer hive」字樣，指的是使用者端的產品檢查及討論，並且將「產品情境」與「討論情境」跟「檢查情境」等 Bounded Context 分隔開來。不過，雖然分屬不同模組，但 presentation 與 application 這兩個模組其實是對應同一個使用者介面。雖然這個使用者介面會從一到多個外部資源去查詢產品目錄，但討論與檢查才是它的核心領域。

而說到核心領域⋯⋯你發現了嗎？這個應用程式層不就是一個內建了**防護層**（Anticorruption Layer，**第 3 章**）的新領域模型嗎？沒錯，這基本上就是一個功能簡

單的新 Bounded Context。應用服務在這邊扮演的角色則是各種 DTO 的合併者，可以視為一種**貧血領域模型（第 1 章）**；而這種方法近似於用 Transaction Script（**第 1 章**）設計模式來建模核心領域。

如果讀者真的覺得 Cosumer Hive 的這三個模型組裝，可以算是一個 Bounded Context 下的某種新的**領域模型（第 1 章）**了，那麼也可以如下命名模組：

```
com.consumerhive.productreviews.domain.model.product
com.consumerhive.productreviews.domain.model.discussion
com.consumerhive.productreviews.domain.model.review
```

最終選擇與決定權還是在你自己手上，要根據策略設計考量還是戰術設計考量來建立一個新的模型？至少要能夠回答底下這個問題：如何去界定要把多個 Bounded Context 組合到一個使用者介面中，還是建立一個全新的 Bounded Context、以一個領域模型來對應？不管選擇哪一種做法，都必須謹慎做出決定。雖然根據系統的重要性不同，在做決定時有可能會有不同的影響與優先程度差異，但依然不能草率做出決定，必須仔細地根據 Bounded Context 的情況進行評估。到頭來，對業務最有益的方法就是最好的做法。

基礎設施

基礎設施的任務，是以技術功能的觀點來支援應用程式的其他部分。雖然我們避免討論到**層（Layer，第 4 章）**，但還是要記得依賴反轉原則的存在。因此，不論實際上基礎設施被歸屬在架構中的哪個位置，只要這些元件都依賴於需要這些技術功能的使用者介面、應用服務以及領域模型提供的介面，就不會造成問題。如此一來，當應用服務查詢 Repository 時，就只需要依賴於領域模型的介面，但實際上利用的卻是基礎設施提供的實作功能。如圖 14.4 所示，圖上以 UML 的結構圖將這個關係呈現出來。

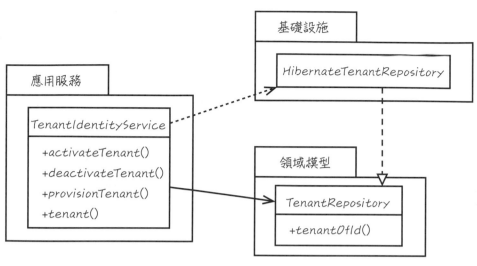

圖 14.4　應用服務是透過 Repository 的介面依賴於領域模型，但實際的實作類別是存在於基礎設施。職責則是藉由套件結構來進行劃分。

　　至於如何取得實作類別物件？**可以透過依賴注入** [Fowler, DI] 或使用**服務工廠**（Service Factory）設計模式提供，本章最後一節「企業等級的元件容器」會談及這個議題。底下我們以應用服務的使用作為範例，展示了如何透過服務工廠取得 Repository 的過程：

```
package com.saasovation.identityaccess.application;

public class TenantIdentityService {
    ...
    @Override
    @Transactional(readOnly = true)
    public Tenant tenant(TenantId aTenantId) {
        Tenant tenant =
            DomainRegistry
                .tenantRepository()
                .tenantOfId(aTenantId);
        return tenant;
    }
    ...
}
```

我們也可以選擇將 Repository 注入到應用服務中，或者透過建構子參數的形式讓依賴關係對象傳入。

　　這個 Repository 的實作，其實是被歸屬在基礎設施中，因為 Repository 的實作是負責儲存，而這不是模型應該要關心的。你還可以在基礎設施中實作與訊息傳遞有關的介面，如訊息佇列與郵件傳送；此外，像是圖表、地圖這類使用者介面元件，也可以在基礎設施中實作。

企業應用服務元件容器

過去高不可攀的企業等級應用程式伺服器，如今已經觸手可及，然而這類伺服器以及內部運行的元件容器，似乎沒什麼創新。要滿足應用服務的需求，我們可以利用 Session Façade（**作業階段外觀設計模式**，[Crupi et al.]）結合企業等級的 JavaBeans（EJB），或是以具備控制反轉（inversion-of-control）的容器——如 Spring 框架——結合單純的 JavaBeans。對於這兩者孰優孰劣，一直都有爭論，不過在框架這件事情上，卻越來越見合流的趨勢了。事實上，只要看一下 JEE 伺服器的內部就會知道，有些功能都是以 Spring 框架實作的。

在 WebLogic 與 Spring 之間的抉擇

如果深入 Oracle WebLogic 伺服器內部查看 stack trace 的內容的話，就會發現底層用到 Spring 框架的某些類別。這不是應用程式布署的一部分，此時使用的依舊是標準 JEE 的 EJB Session Beans。這些 Spring 框架的類別是 WebLogic 的 EJB 容器實作一部分。換句話說，這是不是所謂的「打不過他們，就加入他們」？

　　針對本書的三個 Bounded Context，筆者選擇了以 Spring 框架因應，不過換作其他種類的企業等級容器平台運行，基本上也不會有太大障礙；因此各位就算不使用 Spring 也不會有影響，閱讀本書的範例亦不會覺得困難，因為這些容器之間的差異非常小。

先前談及 Repository（第 12 章）時，我們示範過如何用 Spring 框架設定的方式，在應用服務需要保存領域物件時，提供交易階段管理的支援功能。來看看 Spring 設定的其他部分，主要是底下這兩個檔案：

```
config/spring/applicationContext-application.xml
config/spring/applicationContext-domain.xml
```

就像檔名所示，它們是用來設定應用服務與領域模型元件的聯繫關係。比如下面這個範例是應用服務的部分：

```
<beans ...>
    <aop:aspectj-autoproxy/>

    <tx:annotation-driven transaction-manager="transactionManager"/>
    ...
    <bean
        id="applicationServiceRegistry"
        class="com.saasovation.identityaccess.application.ApplicationServiceRegistry"
        autowire="byName"></bean>
    ...
    <bean
        id="tenantIdentityService"
        class="com.saasovation.identityaccess.application.TenantIdentityService"
        autowire="byName"></bean>
    ...
</beans>
```

這裡的 tenantIdentityService 是先前討論過的應用服務。設定後，這個 bean 就可以被裝配、聯繫（wire）到其他 Spring 框架 beans 中，例如使用者介面。如果讀者偏好服務工廠設計模式，而不是將 bean 實例注入其他的 bean 中，也可以改為設定 applicationServiceRegistry，這個 bean 可以協助我們查找所有的應用服務，使用起來如下所示：

14

應用程式式

```
...
ApplicationServiceRegistry
    .tenantIdentityService()
    .deactivateTenant(tenantId);
```

之所以可以這麼做，是因為當 bean 新建時，會被自動注入到 Spring 框架的 ApplicationContext 中。

而同樣的 bean 物件註冊機制，也可以運用到領域模型如 Repository 或領域服務等元件上。底下是領域模型中註冊庫、Repository 及領域服務的設定範例：

```xml
<beans ...>
    ...
    <bean
        id="authenticationService"
        class="com.saasovation.identityaccess.infrastructure.services.
DefaultEncryptionAuthenticationService"
        autowire="byName">
    </bean>

    <bean
        id="domainRegistry"
        class="com.saasovation.identityaccess.domain.model.DomainRegistry"
        autowire="byName">
    </bean>

    <bean
        id="encryptionService"
        class="com.saasovation.identityaccess.infrastructure.services.
MessageDigestEncryptionService"
        autowire="byName">
    </bean>

    <bean
        id="groupRepository"
        class="com.saasovation.identityaccess.infrastructure.persistence.
HibernateGroupRepository"
        autowire="byName">
    </bean>
```

```
    <bean
        id="roleRepository"
        class="com.saasovation.identityaccess.infrastructure.persistence.
HibernateRoleRepository"
        autowire="byName">
    </bean>

    <bean
        id="tenantProvisioningService"
        class="com.saasovation.identityaccess.domain.model.identity.
TenantProvisioningService"
        autowire="byName">
    </bean>

    <bean
        id="tenantRepository"
        class="com.saasovation.identityaccess.infrastructure.persistence.
HibernateTenantRepository"
        autowire="byName">
    </bean>

    <bean
        id="userRepository"
        class="com.saasovation.identityaccess.infrastructure.persistence.
HibernateUserRepository"
        autowire="byName">
    </bean>
</beans>
```

我們可以透過 `DomainRegistry` 來存取任一個註冊在內的 Spring 框架 bean 物件，這些 bean 也可以依賴注入到其他 bean 當中。由此，應用服務可以任意選擇要以服務工廠設計模式還是依賴注入來使用這些 bean 物件。如果想要深入了解細節，請參閱**服務（第 7 章）**的相關內容，會有以上這兩種方法與建構子注入的討論。

本章小結

在本章中，我們討論了應用服務在領域模型之外如何運作。

- 你學會了幾種將模型資料呈現於使用者介面的技術。

- 你已了解接收使用者輸入並應用在領域模型上的幾種方法。

- 你也學會了各種傳遞模型資料的方法，即使有多種不同的使用者介面也可以妥善因應。

- 你深入探究何謂應用服務以及這類服務的職責。

- 你已知道將服務輸出與特定用戶端解耦合的一種手段。

- 你還學到了如何將基礎設施所承載的技術實作細節與領域模型隔離的方法。

- 並且知道如何利用 DIP 依賴注入原則讓應用程式不直接依賴於實作類別、而是依賴於抽象介面，藉此達到鬆耦合的目標。

- 最後，你也理解了如何使用現今的應用伺服器與企業元件容器來強化你的應用程式。

到了這裡，你已經為實作 DDD 打下了扎實的基礎，一路走來，我們妥善地設計出了領域模型，最終組裝出了完整的應用程式。

Appendix A

聚合與事件溯源（A+ES）

內容由 Rina Abdullin 提供

雖然**事件溯源（Event Sourcing）**的概念數十年前就被提出來，但直到最近由 Greg Young 用於 DDD 後才逐漸推廣開來 [Young, ES]。

在事件溯源中，我們會以一連串從**聚合（Aggregate，詳見第 10 章）**建立以來所發生的**事件（Event，詳見第 8 章）**來代表該聚合的狀態；只要將這些事件以發生的時序重新執行（replay）一遍，就可以重新建立該聚合的狀態。但前提是，必須要有簡化持久性機制的方法，並且能夠從複雜的行為中把概念特徵擷取出來。

這些代表了聚合狀態的事件，會是以後綴（append-only）事件流（Event Stream，或稱事件流）的形式呈現，如圖 A.1 所示，每當有新的事件被追加到事件流的尾端時，就代表著聚合狀態被某個後續的作業給改變了（在本附錄中，為了與其他概念區別，我們會以淺灰底的方框代表「事件」）。

這些聚合的事件流通常會保存在 Event Store（**存放事件的資料庫，第 8 章**）當中，並且以聚合根**實體（Entity，第 5 章）**的唯一識別值作區分。在本附錄中，我們也會談到如何建立用於事件溯源的 Event Store。

圖 A.1　以領域事件發生順序呈現的事件流圖。

接下來，我們會將這類以事件溯源來維護聚合狀態的做法簡稱為「A+ES」（Aggregate + Event Sourcing）。而 A+ES 的好處有：

- 事件溯源可以確保每一次聚合實例發生改變的原因都是可被追溯的。當我們採用傳統方式將聚合序列化存入資料庫時，先前的序列化狀態總是會被覆蓋掉，並且無法再被還原。從業務價值上來看，把每次聚合變更原因都留存下來的做法可能吸引力不大，但如同先前在討論**架構（Architecture，第 4 章）**時談到的，這種方法具有長遠優勢：可以提供可靠性、短期或長期的商業智慧、業務分析與探索、完整的稽核記錄，以及在除錯時可以循時序溯源。

- 事件流的後綴性質（append-only）使其具備很好的效能，並且支援多種資料抄寫的機制。比方說，英國的科技金融公司 LMAX 就採用了類似的機制，開發出低延遲的交易系統。

- 以事件為中心的聚合設計，可以促使開發人員更加聚焦在如何以**通用語言**（Ubiquitous Language，**第 1 章**）表達行為，避免發生物件關聯對映時名稱不一致（impedance mismatch）的情況，這樣會使得系統更加穩健，在面對變更時也更加具備容錯性。

不過 A+ES 也不是什麼萬靈丹，當然也有它的缺點：

- 需要對業務領域具有深刻理解，才能妥善地定義出 A+ES 所需要的事件樣貌。就像在任何 DDD 專案中，通常是那些會給企業帶來競爭優勢的複雜模型，才值得我們投入這麼多心力。

- 在本書撰寫當下，該領域尚缺乏共識去設計出一個關於事件溯源的工具，使得經驗不足的團隊在開發專案時要面臨更高的風險與成本。

- 具備這方面經驗的開發人員為數不多。

- 實作 A+ES 時，由於對事件流的查詢困難，因此勢必要實作某種形式的**命令與查詢職責分離（CQRS，第 4 章）**，而這會增加開發團隊的工作量與學習門檻。

如果讀者並未被這些挑戰給嚇退，那麼恭喜你，實作 A+ES 可以帶給我們許多好處。底下來看看在物件導向領域內實作這項強大功能的幾種做法。

應用服務內部

接著我們會從**應用服務（Application Service，第 4 章、第 14 章）**內部來介紹 A+ES 的概觀。之所以要從應用服務內部著手，是因為在應用服務的後面會有一個領域模型，因此通常我們會把聚合放置在這個領域模型裡面，而應用服務就是該領域模型的直接使用方。

在作業流程進行到由應用服務接手之後，會根據業務操作的需求載入聚合，並且取得所需的**領域服務（Domain Servie，第 7 章）**。當應用服務呼叫聚合執行這些業務行為時，聚合方法就會在產生結果時同時發出事件。事件就代表著聚合的狀態發生了變化，並且以通知的形式發送給事件的訂閱者。聚合的業務方法，是以一到多個領域服務作為傳入的參數，而這些領域服務則是用於計算資料值，導致聚合的狀態產生變化。領域服務的種類繁多，包括了呼叫支付功能閘道、請求唯一識別值或是從遠端系統查詢資料等。整體來說，如圖 A.2 所示。

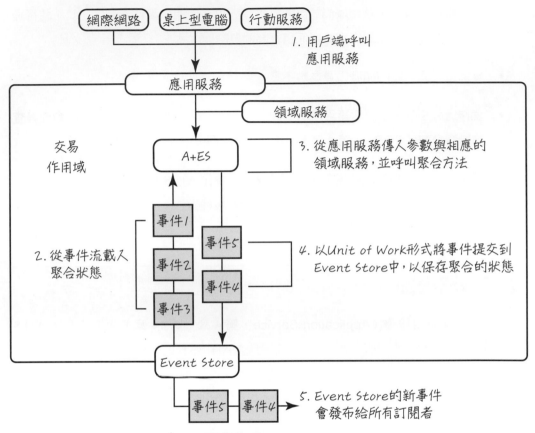

圖 A.2　應用服務對聚合的存取控制與使用。

以下用 C# 程式語言實作的應用服務，展示了圖 A.2 的流程：

```
public class CustomerApplicationService {
    // 存取事件流所在的 Event Store
    IEventStore _eventStore;

    // 聚合需要的領域服務
    IPricingService _pricingService;

    // 領域服務的依賴關係透過建構子方法傳入依賴
    public CustomerApplicationService(
        IEventStore eventStore,
```

```
    IPricingService pricing) {
    _eventStore = eventStore;
    _pricingService = pricing;
}

// Step 1: 呼叫 CustomerApplicationService 的 LockForAccountOverdraft 方法
public void LockForAccountOverdraft(
    CustomerId customerId, string comment) {
    // Step 2.1: 根據 Customer 的識別值載入事件流
    var stream = _eventStore.LoadEventStream(customerId);
    // Step 2.2: 根據事件流建立聚合狀態
    var customer = new Customer(stream.Events);
    // Step 3: 將參數與計價領域服務傳入，呼叫聚合方法
    customer.LockForAccountOverdraft(comment, _pricingService);
    // Step 4: 根據識別值將變更提交到事件流中
    _eventStore.AppendToStream(
        customerId, stream.Version, customer.Changes);
}

public void LockCustomer(CustomerId customerId, string reason) {
    var stream = _eventStore.LoadEventStream(customerId);
    var customer = new Customer(stream.Events);
    customer.Lock(reason);
    _eventStore.AppendToStream(
        customerId, stream.Version, customer.Changes);
}

// 應用服務層的其他方法
}
```

CustomerApplicationService 會透過建構子方法取得兩個依賴關係對象的物件，分別是 IEventStore 與 IPricingService。在處理依賴關係上，雖然也可以透過服務工廠模式（Service Factory）或是依賴注入，但透過建構子是一種很好的做法。當然，這還是要視開發團隊的決策而定。

哪裡可以下載範例程式？

本書所有 A+ES 的範例程式碼都可以從這裡下載：

http://lokad.github.com/lokad-iddd-sample/

範例中的 `IEventStore` 只是一個簡單的介面，事件流的 `EventStream` 也是：

```
public interface IEventStore
{
    EventStream LoadEventStream(IIdentity id);

    EventStream LoadEventStream(
        IIdentity id, int skipEvents, int maxCount);

    void AppendToStream(
        IIdentity id, int expectedVersion, ICollection < IEvent > events);
}

public class EventStream {
    // 事件流的版本
    public int Version;

    // 事件流中的所有事件
    public List < IEvent > Events;
}
```

我們可以用關聯式資料庫（Microsoft SQL、Oracle 或 MySQL）或是具備強一致性的 NoSQL 資料庫（如檔案系統、MongoDB、RavenDB 或 Azure Blob）輕易地實作這個 Event Store 介面。

從 Event Store 載入事件時，需要重建的聚合實例之唯一識別值作為查詢條件。我們來看看範例中名為 `Customer` 的聚合，雖然這個識別值可以是任何資料型別，但為了範例內容的可讀性，這邊是用 `CustomerId` 來實作 `IIdentity` 介面。

　　於是，當我們要初始化某個 Customer 聚合時，就要先找出該 Customer 的相關事件，然後將這些事件透過 Customer 的建構子方法傳入：

```
var eventStream = _eventStore.LoadEventStream(customerId);

var customer = new Customer(eventStream.Events);
```

　　接著，如圖 A.3，聚合會以 Mutate() 方法重新執行（replay）這些事件，如下方程式碼所示：

```
public partial class Customer
{
    public Customer(IEnumerable < IEvent > events)
    {
        // 重建聚合的狀態到最新版本
        foreach(var @event in events)
        {
            Mutate(@event);
        }
    }

    public bool ConsumptionLocked {
        get;
        private set;
    }

    public void Mutate(IEvent e)
    {
        // 藉由 .NET 的功能，呼叫與方法簽署
        // 相符的 'When' 處理器
        ((dynamic) this).When((dynamic) e);
    }

    public void When(CustomerLocked e)
    {
        ConsumptionLocked = true;
    }
```

```
public void When(CustomerUnlocked e)
{
    ConsumptionLocked = false;
}
// etc.
```

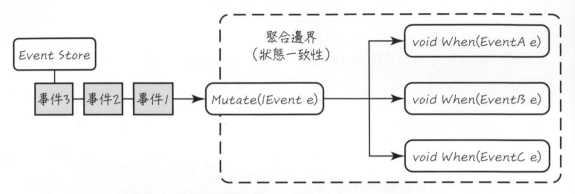

圖 A.3　利用事件發生的順序，透過事件重建出聚合狀態。

`Mutate()` 方法這邊所做的事情，其實就只是透過 .NET dynamics 之類的機制，根據 Event 參數的所屬型別判斷出應該要以何種 `When()` 覆載方法處理，接著就把 Event 轉遞過去呼叫執行。`Customer` 實例的狀態在 `Mutate()` 方法結束後，也就重建完成了。

我們還可以從 Event Store 中取出重建聚合實例所需的事件，簡單地重複利用對 Event Store 的查詢方法就好：

```
public Customer LoadCustomerById(CustomerId id)
{
    var eventStream = _eventStore.LoadEventStream(id);
    var customer = new Customer(eventStream.Events);
    return customer;
}
```

在看過如何利用歷史事件流來重建一個聚合的狀態之後，想必有讀者開始想到這個機制的其他用途了；那就是溯源這條事件流，能簡單地找出何時發生了何事。這項可以查閱歷史記錄的功能，在我們需要對線上系統除錯時特別有用。

重建完聚合狀態之後，又該如何執行業務行為呢？當我們透過 Event Store 重建出聚合應有的狀態後，應用服務就會呼叫聚合實例的一個命令類方法。接著，這個命令類方法便會依據該聚合實例當前已還原出的狀態以及其他執行命令必要的領域服務，完成業務行為。執行命令之後所造成的新狀態，也會以一則事件的形式代表；這些事件都會透過聚合的 Apply() 方法，追加到事件流的尾端，如圖 A.4 所示。

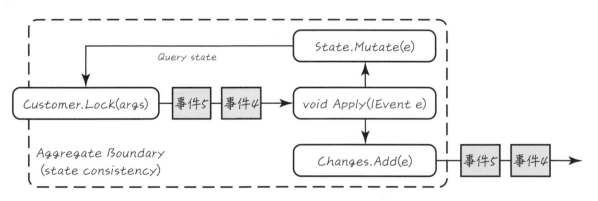

圖 A.4　根據過去的事件重建聚合狀態，新的狀態則會產生新的事件。

如下程式碼內容所示，每當有新事件發生時，就會被加入到 Changes 這個集合中，然後用於重建出聚合的當前狀態：

```
public partial class Customer
{
    ...
    void Apply(IEvent event)
    {
        // 將事件追加到變更串列中
        Changes.Add(event);
```

```
        // 將事件傳入以修改當前記憶體空間中的狀態
        Mutate(event);
    }
    ...
}
```

　　這些被加到 Changes 集合中的事件都會以新加入（newly appended）的事件被保存起來。由於每發生一則事件就代表聚合當下狀態的改變，因此，如果一個作業流程包括了多個步驟，那麼後續的每一個步驟都會使用最新的狀態進行操作。

　　接下來看看 Customer 聚合的一些業務行為：

```
public partial class Customer
{
    // 聚合類別的另一部份
    public List < IEvent > Changes = new List < IEvent > ();

    public void LockForAccountOverdraft(
        string comment, IPricingService pricing)
    {
        if (!ManualBilling)
        {
            var balance = pricing.GetOverdraftThreshold(Currency);
            if (Balance < balance)
            {
                LockCustomer("Overdraft. " + comment);
            }
        }
    }

    public void LockCustomer(string reason) {
        if (!ConsumptionLocked)
        {
            Apply(new CustomerLocked(_state.Id, reason));
        }
    }
    // 其他的業務方法不顯示於此
```

```
    void Apply(IEvent e)
    {
        Changes.Add(e);
        Mutate(e);
    }
}
```

可以考慮採用兩個實作類別

為使程式碼看起來更加簡潔，可以進一步把 A+ES 的實作分為兩個不同類別：一個是處理狀態、一個是處理行為，行為類別則持有狀態類別的物件，並且透過 Apply() 方法協同作業。這樣一來，可以確保狀態只能透過事件發生改變。

一旦負責修改狀態的行為完成之後，就要把這個 Changes 集合提交到 Event Store 當中。所有變更一律以後綴的方式加入，以確保不會因為其他執行緒的寫入造成並行爭用的衝突。因為我們在 Load() 方法中向 Append() 方法傳入一個並行版本的變數，因此可以輕易地透過檢查避免這個問題。

最簡單的實作方法是，我們可以在背景以一個處理器負責擷取這些新加入的事件，然後發布到訊息交換基礎設施（如 RabbitMQ、JMS、MSMQ 或某些雲端訊息佇列）中，接著便能如圖 A.5 所示，將這些訊息傳遞給需要的訂閱方。

這個簡單的實作可以進一步改進，將擷取到的事件以立即或最終一致性的方式抄寫為一到多份的複本，以此來提高容錯度，如圖 A.6 所示。

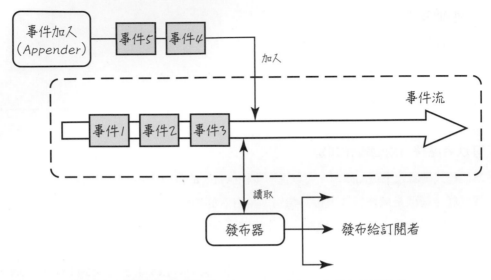

圖 A.5　因聚合行為而新產生加上去的事件，會發布給訂閱者。

圖 A.6　直寫式：當有任何新進事件到主 Event Store 時，都會立即被複寫到備援 Event Store。

在這種設計下，對主 Event Store 而言，只有當事件也成功地被抄寫到備援 Event Store 中之後，才算是真正地完成事件的留存作業；這是一種直寫式（write-through）機制[1]。

1　編註：write-through 是指同時寫入快取和記憶體中的操作。

相對於所謂的直寫式，另一種策略則是在事件被存入主 Event Store 之後，再用另一條執行緒將這則事件抄寫到備援 Event Store 中；稱為回寫式（write-behind）機制，如圖 A.7 所示。這種機制下，備援 Event Store 有可能與主 Event Store 的狀態不一致，尤其是當發生伺服器異常或是因網路造成抄寫延遲的時候。

圖 A.7　回寫式：主 Event Store 最終會把所有加入事件複寫到備援 Event Store 中。

簡單總結一下到目前為止的討論：讓我們從觸發應用服務上的一項作業流程開始，從頭走過一遍執行過程：

1. 用戶端觸發應用服務上的某個方法。

2. 應用服務的方法會取得執行業務操作所需要的領域服務。

3. 根據用戶端提供的聚合實例的識別值，取得與之相關的事件流。

4. 根據事件流中的事件，重建出聚合實例狀態。

5. 以重建後的聚合執行業務，透過事先定義好的介面，將業務執行所需的參數傳遞進去。

6. 過程中，同一份聚合可能會發派給不同領域服務或是其他聚合實例（double-dispatch），而業務執行的結果會產生新的事件。

7. 假設過程中沒有任何業務執行出現錯誤，那麼所有新發出的事件，都會後綴加入到事件流中，並透過事件流的版本號避免並行衝突（concurrency conflict）。

8. Event Store 會將這些新加入的事件，透過訊息交換機制發布到事件的訂閱方。

上述的 A+ES 實作還可以進一步改善，比方說，可以利用 Repository（**資源庫**，**第12 章**）的設計概念，將 Event Store 本身以及聚合實例的狀態重建細節給封裝起來。相信閱讀過前述的範例程式碼後，想要自己設計一個可重複利用的 Repository 基礎類別並不困難。底下我們要來討論另外兩種可改善 A+ES 的做法：Command Handler 與 Lambda。

命令處理器（Command Handler）

讓我們看看在應用服務中使用**命令**（Command，**第 4 章**、**第 14 章**）與命令處理器來管理任務會帶來什麼好處。先看一下範例應用服務中 LockCustomer() 方法的內容：

```
public class CustomerApplicationService
{
    ...
    public void LockCustomer(CustomerId id, string reason)
    {
        var eventStream = _eventStore.LoadEventStream(id);
        var customer = new Customer(stream.Events);
        customer.LockCustomer(reason);
        _store.AppendToStream(id, eventStream.Version, customer.Changes);
    }
    ...
}
```

思考一下，該如何為該方法與該方法及其參數建立一個序列化的呈現方式？可以用該方法的名稱建立一個類別，然後再根據該應用服務方法中的參數，建立相對應的屬性。這樣產生出來的類別就是一個「命令」（Command）：

```
public sealed class LockCustomerCommand
{
    public CustomerId
    {
        get;
        set;
    }
    public string Reason
    {
        get;
        set;
    }
}
```

命令與事件實際上是類似的概念，而且也可以用類似的方式在系統之間進行傳遞。該命令可以用下面這種方式傳遞給應用服務中的方法：

```
public class CustomerApplicationService
{
    ...
    public void When(LockCustomerCommand command) {
        var eventStream = _eventStore.LoadEventStream(command.CustomerId);
        var customer = new Customer(stream.Events);
        customer.LockCustomer(command.Reason);
        _eventStore.AppendToStream(
            command.CustomerId, eventStream.Version, customer.Changes);
    }
    ...
}
```

這個簡單的重構，能給系統帶來長遠的好處。怎麼說呢？

由於我們序列化了命令物件，於是便能以純文字或二進位的呈現形式，透過訊息佇列機制，將物件以訊息型態發送出去。這則「物件訊息」隨後便能交付到訊息處理器——也就是命令處理器（Command Handler）的手中。雖然在這層角色上，命令處理器與應用服務方法幾乎可說是等效的，但替換為命令處理器之後，便能解開用戶端與服務端的耦合關係，從而進一步**達成工作負載平衡、啟用多個彼此爭用的接收端加速消化訊息佇列，並且做到分割系統（system partitioning）**。以負載平衡來說好了，我們可以在任意數量的伺服器上建立同樣的命令處理器（或者說應用服務），而後每當訊息佇列中出現命令，訊息就會被送到在監聽等待訊息的其中一個命令處理器，藉此達成工作負載平衡；如圖 A.8 所示（在本附錄中，我們以圓形物件來代表這些命令）。至於分派訊息的方式，可以是採用簡單的輪替式指派（round-robin），也可以利用訊息交換機制所提供更為複雜的演算法。

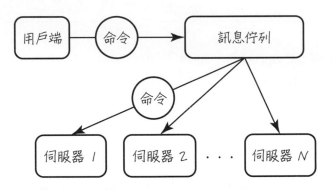

圖 A.8　發送到任意數量命令處理器的應用命令。

總而言之，重要的是我們解除了用戶端與應用服務之間的「時序耦合」（temporal decoupling）關係，讓系統的運作能夠更加穩健。即使應用服務在一段時間內無法運作（例如，為因應系統升級而維護停機），也不會連帶使用戶端的運作跟著卡住。在這段期間內所發出的命令訊息，會照常送至一個佇列中存放，等到應用服務（命令處理器）恢復上線之後，就可以像往常那樣繼續處理了；如圖 A.9 所示。

這種做法的另一個好處，就是在命令需要調度的時候，能夠鏈接額外的程式剖面（chain additional aspects），比如審核、記錄、授權管理和驗證等，都能輕易地加進來。

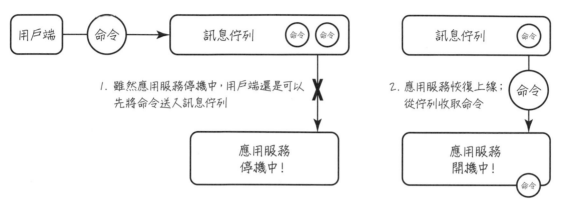

圖 A.9　藉由訊息機制所提供的時序解耦合性質，命令與命令處理器得以讓系統在可用性上具備一定程度的彈性。

底下以記錄（logging）機制作為例子。我們先定義一個介面，然後在應用服務類別中去實作這個介面：

```
public interface IApplicationService
{
    void Execute(ICommand cmd);
}

public partial class CustomerApplicationService: IApplicationService
{
    public void Execute(ICommand command) {
        // 將命令傳給可以處理的 When() 方法
        ((dynamic) this).When((dynamic) command);
    }
}
```

Execute（執行）與 Mutate（變動）的實作其實很類似

從這邊也可以看到，命令處理器中的 `Execute()` 方法，實作起來跟前面聚合設計模式版本 A+ES 的 `Mutate()` 方法相去無幾。

給所有命令處理器（或應用服務）準備好介面之後，我們就能在執行命令的前或後安插各種功能，像是通用的記錄功能：

```
public class LoggingWrapper: IApplicationService
{
    readonly IApplicationService _service;

    public LoggingWrapper(IApplicationService service)
    {
        _service = service;
    }

    public void Execute(ICommand cmd)
    {
        Console.WriteLine("Command: " + cmd);
        try
        {
            var watch = Stopwatch.StartNew();
            _service.Execute(cmd);
            var ms = watch.ElapsedMilliseconds;
            Console.WriteLine(" Completed in {0} ms", ms);
        }
        catch (Exception ex)
        {
            Console.WriteLine("Error: {0}", ex);
        }
    }
}
```

由於所有的應用服務都實作了相同的介面，因此在實際呼叫到命令處理器功能的之前與（或）之後，可以加入任意數量的通用功能。底下以 `CustomerApplicationService` 為例，初始化時在前後都安插了記錄功能：

```
var customerService =
    new CustomerApplicationService(eventStore, pricingService);
var customerServiceWithLogging = new LoggingWrapper(customerService);
```

　　命令物件是以被序列化過後的形式傳遞給命令處理器的，因此可以簡單地將異常處理與錯誤驗證等機制都集中在一處。舉例來說，像是並行情境下的資源爭用問題造成的錯誤，遇到這一類錯誤時，可以採用簡單的重試作業一定次數。在重試次數上，還可以利用指數型延遲停等（Exponential Back-off）機制，讓重試機制更加穩定、可靠，並且在單一類別中進行管理。

Lambda 語法

如果你所採用的程式語言支援 lambda 表達式，就可以利用這項功能將重複使用到的程式碼精簡化，以方便管理事件流。我們以應用服務中的一個輔助方法為例子來說明：

```
public class CustomerApplicationService
{
    ...
    public void Update(CustomerId id, Action < Customer > execute)
    {
        EventStream eventStream = _eventStore.LoadEventStream(id);
        Customer customer = new Customer(eventStream.Events);
        execute(customer);
        _eventStore.AppendToStream(
            id, eventStream.Version, customer.Changes);
    }
    ...
}
```

方法中的參數「`Action<Customer> execute`」指的是一個可用於任何 Customer 實例上的匿名函數參照（以 C# 來說，就是 delegate 委派）。lambda 表達式的精簡程度，看傳入 `Update()` 方法的參數就知道了：

```
public class CustomerApplicationService
{
    ...
    public void When(LockCustomer c) {
        Update(c.Id, customer => customer.LockCustomer(c.Reason));
    }
    ...
}
```

　　可以透過 C# 編譯器所產生的下列程式碼，看到在 C# 中如何編寫這類 lambda 表達式：

```
public class AnonymousClass_X
{
    public string Reason;
    public void Execute(Customer customer);
    {
        Customer.LockCustomer(Reason);
    }
}

public delegate void Action < T > (T argument);

public void When(LockCustomer c)
{
    var x = new AnonymousClass_X();
    x.Reason = c.Reason
    Update(c.Id, new Action < Customer > (customer => x.Execute(customer)));
}
```

　　可以看到，這個編譯器產生的函數以一個 Customer 實例作為傳入參數；它可以多次用在不同的 Customer 實例上，來執行同一段程式邏輯。在接下來的小節中將會看到使用 lambda 的好處。

並行控制

我們可以在多條執行緒上同時存取和讀取聚合型事件流；但如果不仔細檢查，很有可能會造成潛在的並行衝突問題，進而導致無效的聚合狀態。思考一下，當兩條執行緒同時想對同一事件流做修改，如圖 A.10 所示。

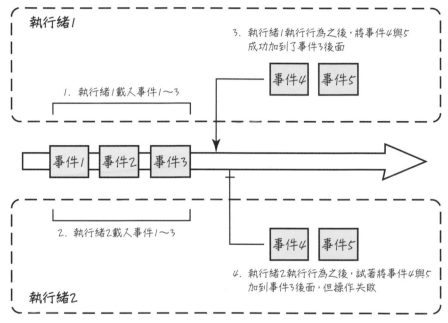

圖 A.10　兩條執行緒在 A+ES 設計下爭用著同一個聚合實例。

解決這個問題的最簡單方法，就是透過步驟 4 當中的 EventStoreConcurrencyException，讓這個異常例外一路往上拋到最源頭的用戶端：

```
public class EventStoreConcurrencyException: Exception
{
    public List < IEvent > StoreEvents
    {
        get;
```

```
        set;
    }
    public long StoreVersion
    {
        get;
        set;
    }
}
```

當最源頭的用戶端捕捉到這則例外時，它就可以指引使用者過一段時間後再手動重試。

先別急著就此下結論，其實我們可以先自己重試。每當 Event Store 拋出了 EventStoreConcurrencyException 例外，當下就可以啟動重試機制：

```
void Update(CustomerId id, Action < Customer > execute)
{
    while (true)
    {
        EventStream eventStream = _eventStore.LoadEventStream(c.Id);
        var customer = new Customer(eventStream.Events);
        try
        {
            execute(customer);
            _eventStore.AppendToStream(
                c.Id, eventStream.Version, customer.Changes);
            return;
        }
        catch (EventStoreConcurrencyException)
        {
            // 處理失敗，並於短暫延遲後重試
        }
    }
}
```

在並行衝突發生之時，可以依循底下步驟來處理問題：

1. 假設執行緒 2 攔截到了例外，直接宣告執行失敗並進入錯誤處理環節，循著控制流程來到 while 迴圈的開頭。將事件 1 到 5 重新載入到一個新的 Customer 實例中。

2. 執行緒 2 將重試的執行作業，委派給這個新載入的 Customer，它會產生出事件 6 到 7，追加在事件 5 之後。

但要是聚合行為的重新執行成本過高（例如，在訂單結帳過程中需要將第三方系統整合進來以便完成信用卡扣款手續）而不適用，就要採用另一種策略。

這種方法就是事件衝突處理機制，如圖 A.11 所示，核心概念是試著在衝突發生當下解決問題，盡量減少最終宣告執行失敗、拋出爭用例外的次數。實際程式碼如下所示：

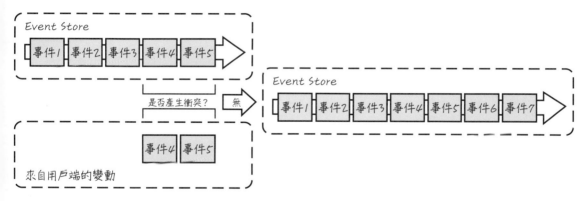

圖 A.11　在聚合的事件流中加上事件衝突處理機制。

```
void UpdateWithSimpleConflictResolution(
    CustomerId id, Action < Customer > execute)
{
    while (true)
    {
        EventStream eventStream = _eventStore.LoadEventStream(id);
        Customer customer = new Customer(eventStream.Events);
        execute(customer);
```

```
        try
        {
            _eventStore.AppendToStream(
                id, eventStream.Version, customer.Changes);
            return;
        }
        catch (EventStoreConcurrencyException ex)
        {
            foreach(var failedEvent in customer.Changes)
            {
                foreach(var succeededEvent in ex.ActualEvents)
                {
                    if (ConflictsWith(failedEvent, succeededEvent))
                    {
                        var msg = string.Format("Conflict between {0} and {1}",
                            failedEvent, succeededEvent);
                        throw new RealConcurrencyException(msg, ex);
                    }
                }
            }
            // 不會有衝突因此可以後綴上去
            _eventStore.AppendToStream(
                id, ex.ActualVersion, customer.Changes);
        }
    }
}
```

我們會以 ConflictsWith() 方法來偵測可能的衝突，藉由攔截到的例外裡面所回報的事件訊息，來與我們手頭上的聚合事件進行比對，看看是不是有發生衝突的可能性。

這類衝突處理機制通常會針對聚合的某種特定行為，因此會根據聚合根的不同而個別設計。但我們也可以定義一種適用於大多數聚合的 ConflictsWith() 實作：

```
bool ConflictsWith(IEvent event1, IEvent event2)
{
    return event1.GetType() == event2.GetType();
}
```

這個泛用衝突處理機制的邏輯很單純：同型別的事件通常會相互衝突，反之，不同類型的事件則不太會相互衝突。

任何結構適用的 A+ES

實務上，採用 A+ES 帶來的其中一種最大好處，就是持久性儲存上的簡化以及彈性。無論今天聚合的結構有多複雜，永遠可以透過序列化事件的形式來表達、也可以反向以序列化的事件來重建出聚合狀態。許多業務領域都會遇到隨時間推進、模型也跟著變化的問題，可能來自於系統不斷演進所產生的需求，隨之產生新的行為或是模型被替換掉的狀況。就算是必須以重寫重構聚合，才能因應這些重大變化，大多時候 A+ES 都不會受到波及，對開發人員來說風險較低、影響也不大。

與特定識別值相關的事件，會集中為一條事件流，其本質是一條只允許往後追加的訊息串列，內容則是以我們選定的序列器所序列化後的二進位區塊串起。因此，只要能夠確保強一致性，那麼這些事件流可以用關聯式資料庫、NoSQL 資料庫、檔案系統甚至是雲端儲存服務等保存起來，並提供存取。

這樣的 A+ES 持久性機制對於長期存在的 Bounded Context（第 2 章）來說，有著三大好處：

- 對於領域專家提出的新行為，都能夠以他們要求的結構形式在實作上呈現。

- 可以在不同的環境方案之間遷移基礎設施，使我們能在雲端環境故障異常時採取可行的緊急因應措施，以保證系統持續運行。

- 能夠配合除錯的需求，將聚合的事件流下載到測試環境上，以事件流重新執行（replay）錯誤發生當下的情況。

效能

有時，事件流的量體太大，每次都從事件流重建聚合狀態的話，可能會產生效能問題，尤其是一條事件流包含成千上萬則事件時。要解決這類問題，可以透過以下兩種方法：

- 事件存入 Event Store 之後就不會改變，因此我們可以安心地將事件流快取在伺服器記憶體空間中作為參考。每當要從 Event Store 中確認是否有新的事件時，可以用快取中的最後一則事件版本號作為基準，取出該版本號往後的新事件即可。這是以記憶體空間來換取較好的效能。

- 或者，將每一個聚合實例的狀態快照留存起來，從而避免每次都要從頭到尾跑過一大長串的事件。這樣一來，每當需要重建聚合狀態時，只需要找到最後一次聚合快照，然後重新執行該快照之後的事件，就能迅速重建最新的聚合狀態了。

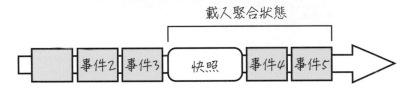

圖 A.12　在這條聚合的事件流中加上快照機制後又有兩個新的事件加入。

如圖 A.12 所示，快照只是在某個時間點，對聚合完整狀態進行序列化複製，並加入事件流當中。存取用的 Repository 介面則如下所示：

```
public interface ISnapshotRepository
{
    bool TryGetSnapshotById < TAggregate > (
        IIdentity id, out TAggregate snapshot, out int version);
    void SaveSnapshot(IIdentity id, TAggregate snapshot, int version);
}
```

　　要記得將快照當下的事件流版本號也一併記錄起來；快照有版本號，才能知道它在事件流中的時序為何，也才會知道該從哪個時點開始往後載入事件。首先根據快照還原該時點的聚合狀態，然後再依時序往後載入並重新執行事件：

```
// 簡單的文件儲存介面
ISnapshotRepository _snapshots;
// 我們的 event store
IEventStore _store;

public Customer LoadCustomerAggregateById(CustomerId id)
{
    Customer customer;
    long snapshotVersion = 0;
    if (_snapshots.TryGetSnapshotById(
            id, out customer, out snapshotVersion))
    {
        // 載入該快照之後的事件
        EventStream stream = _store.LoadEventStreamAfterVersion(
            id, snapshotVersion);
        // 重新執行這些件以更新快照
        customer.ReplayEvents(stream.Events);
        return customer;
    }
    else // 沒有任何快照
    {
        EventStream stream = _store.LoadEventStream(id);
        return new Customer(stream.Events);
    }
}
```

　　ReplayEvents() 方法可以把發生在最新版本的快照之後的所有事件重新執行，使聚合更新到最新的狀態。要記得的是，聚合實例的狀態，從最新快照時點往後會發生變化。因此就這個範例而言，我們不能單純地依靠事件流中的事件，來重建出 Customer 狀態；也不能跟之前一樣只透過 Apply() 方法，因為這個方法不僅會根據事件改變（重建出）狀態、也會將事件直接存入 Changes 集合內。這樣一來就會在 Changes 集

合中出現重複的事件，而導致錯誤發生。因此，如果是採用快照機制的話，直接呼叫
ReplayEvents() 方法即可：

```
public partial class Customer
{
    ...
    public void ReplayEvents(IEnumerable < IEvent > events)
    {
        foreach(var event in events)
        {
            Mutate(event);
        }
    }
    ...
}
```

　　底下則是產生 Customer 快照的簡單程式碼範例：

```
public void GenerateSnapshotForCustomer(IIdentity id)
{
    // 從一開始就載入所有事件
    EventStream stream = _store.LoadEventStream(id);
    Customer customer = new Customer(stream.Events);
    _snapshots.SaveSnapshot(id, customer, stream.Version);
}
```

　　產生快照與持久儲存的動作，可以委派給背景執行的執行緒去處理。而新的快照，
則會在上次快照過後的事件累積到一定數量後才會產生，步驟如圖 A.13 所示。由於每
種聚合的特性都不同，因此產生快照門檻的數量訂在多少，可能要根據不同型別的聚
合而定。

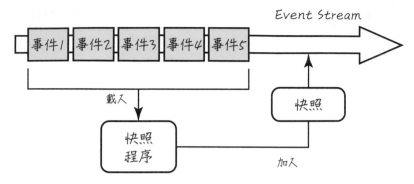

圖 A.13　在一定數量的新事件加入之後，再對聚合執行快照。

　　另一種提升聚合型 A+ES 效能的方法是，將聚合依識別值拆分出去給多條程序或運算資源處理。至於要拆分給哪個資源或程序負責，簡單的可以用識別值做雜湊、複雜的也有各式演算法，再搭配記憶體空間快取與快照的話，就能大大改善問題。

實作 Event Store

接著讓我們看看如何實作出適用於 A+ES 架構下的 Event Store。這邊所示範的 Event Store 是很簡單的，沒有針對高效能去設計，不過對大多領域來說應該夠用了。

　　雖然不同 Event Store 的實作方法都不一樣，但介面設計都遵照相同規範：

```
public interface IEventStore
{
    // 將所有事件載入為串流
    EventStream LoadEventStream(IIdentity id);
    // 僅載入一部分事件作為串流
    EventStream LoadEventStream(
        IIdentity id, int skipEvents, int maxCount);
    // 將事件後綴到串流上
    // 根據 expectedVersion 來決定
    // 是否要拋出 OptimisticConcurrencyException
    void AppendToStream(
```

```
        IIdentity id, int expectedVersion, ICollection < IEvent > events);
}

public class EventStream
{
    // 事件流回傳的版本號
    public int Version;
    // 串流中的所有事件
    public IList < IEvent > Events = new List < IEvent > ();
}
```

如圖 A.14 所示，這是一個實作了 IEventStore、某個特定專案需求的類別，並在其中包含了一份較為通用且可重複使用的 IAppendOnlyStore 實作。IEventStore 的實作主要在處理序列化與提供強型別性質；IAppendOnlyStore 則是用來存取更底層的各式儲存庫引擎。

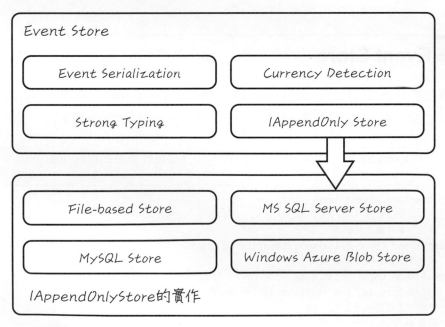

圖 A.14　高階 IEventStore 與底層 IAppendOnlyStore 的樣貌。

Event Store 的範例原始程式碼

本書關於 Event Store 以及各種儲存庫的實作，可於下載 A+ES 範例專案時一併取得，完整程式碼內容請參考：http://lokad.github.com/lokad-iddd-sample/

用來存取底層的 `IAppendOnlyStore` 介面如下：

```
public interface IAppendOnlyStore: IDisposable
{
    void Append(string name, byte[] data, int expectedVersion = -1);
    IEnumerable < DataWithVersion > ReadRecords(
        string name, int afterVersion, int maxCount);
    IEnumerable < DataWithName > ReadRecords(
        int afterVersion, int maxCount);

    void Close();
}

public class DataWithVersion
{
    public int Version;
    public byte[] Data;
}

public sealed class DataWithName
{
    public string Name;
    public byte[] Data;
}
```

`IAppendOnlyStore` 如上所示，處理的對象從事件集合變成了位元組的陣列，其中 Name 的欄位也不是強型別的識別值，而是一個字串名稱。這之間的關鍵在於 `EventStore` 會幫忙處理這兩種資料結構之間的轉換。

`IAppendOnlyStore` 中則定義了兩種不同的 `ReadRecords()` 方法。第一種方法是根據串流名稱，從事件流中讀取事件；第二種則是把所有 Event Store 中的事件都取出。兩種

方法都必須確保，是依照事件追加時序依序讀取出事件的。你或許已經猜到，第一個方法是用來重建聚合狀態，而第二個 ReadRecords() 方法則是提供給底層基礎設施複製事件，在不需要兩階段提交的前提下發布事件，以及重建 CQRS 使用者介面設計所需的持久性讀取模型。

要如何在位元組陣列與強型別的事件物件之間，進行序列化與反序列化呢？可以簡單借助 .NET 的 BinaryFormmater：

```
public class EventStore: IEventStore
{
    readonly BinaryFormatter _formatter = new BinaryFormatter();

    byte[] SerializeEvent(IEvent[] e)
    {
        using(var mem = new MemoryStream())
        {
            _formatter.Serialize(mem, e);
            return mem.ToArray();
        }
    }

    IEvent[] DeserializeEvent(byte[] data)
    {
        using(var mem = new MemoryStream(data))
        {
            return (IEvent[]) _formatter.Deserialize(mem);
        }
    }
}
```

底下是運用序列化與反序列化來載入事件流的程式碼：

```
readonly IAppendOnlyStore _appendOnlyStore;
...
public EventStream LoadEventStream(IIdentity id, int skip, int take)
{
    var name = IdentityToString(id);
```

```
    var records = _appendOnlyStore.ReadRecords(name, skip, take).ToList();
    var stream = new EventStream();

    foreach(var tapeRecord in records) {
        stream.Events.AddRange(DeserializeEvent(tapeRecord.Data));
        stream.Version = tapeRecord.Version;
    }
    return stream;
}

string IdentityToString(IIdentity id) {
    // 在這個專案中是以識別值作為名稱
    return id.ToString();
}
```

然後是透過 `IAppendOnlyStore` 將新事件追加到 Event Store 的操作：

```
public void AppendToStream(
    IIdentity id, int originalVersion, ICollection < IEvent > events)
{
    if (events.Count == 0)
        return;
    var name = IdentityToString(id);
    var data = SerializeEvent(events.ToArray());
    try
    {
        _appendOnlyStore.Append(name, data, originalVersion);
    } catch (AppendOnlyStoreConcurrencyException e) {
        // 載入伺服端事件
        var server = LoadEventStream(id, 0, int.MaxValue);
        // 拋出異常問題
        throw OptimisticConcurrencyException.Create(
            server.Version, e.ExpectedVersion, id, server.Events);
    }
}
```

關聯式持久性

由於關聯式資料庫可以保證很強的一致性，因此對於事件流這種僅允許追加事件的持久性行為，是最簡單的實作方法。許多企業也已經具備採用一到多種關聯式資料庫的經驗，並且行之有年，因此運用在 Event Store 上，可說是一種低成本、低學習曲線的選擇。

而在這之中，MySQL 為目前廣泛採用、可在許多平台上取得的開放原始碼關聯式資料庫，因此我們也選擇以此作為 Event Store 的實作。範例中我們會以 MySQLAppendOnlyStore 實作 IAppendOnlyStore 存取介面，將轉換為位元組的事件資料，保存在 ES_Events 資料表中，之後再從這個資料表內讀取這些保存的事件。

底下就是這個資料表的定義，Bounded Context 中的每一種聚合型別，都會有一條對應的事件流在其中：

```
CREATE TABLE IF NOT EXISTS `ES_Events` (
  `Id`  int NOT NULL AUTO_INCREMENT,       -- unique id
  `Name` nvarchar(50) NOT NULL,            -- name of the stream
  `Version` int NOT NULL,                  -- incrementing stream version
  `Data` LONGBLOB NOT NULL                 -- data payload
);
```

依照如下步驟，透過交易階段把事件給追加到某條事件流上：

1. 開始一個交易階段。

2. 將手頭上的版本號與 Event Store 中的版本號做比對，確認是否發生變動；若有，則拋出例外。

3. 如果沒有並行衝突的風險，就把事件追加上去。

4. 提交交易階段。

Append() 方法的內容如下：

```
public void Append(string name, byte[] data, int expectedVersion)
{
    using(var conn = new MySqlConnection(_connectionString))
    {
        conn.Open();
        using(var tx = conn.BeginTransaction())
        {
            const string sql =
                @ "SELECT COALESCE(MAX(Version),0)
                    FROM `ES_Events`
                    WHERE Name = ? name ";
            int version;
            using(var cmd = new MySqlCommand(sql, conn, tx))
            {
                cmd.Parameters.AddWithValue("?name", name);
                version = (int) cmd.ExecuteScalar();
                if (expectedVersion != -1)
                {
                    if (version != expectedVersion)
                    {
                        throw new AppendOnlyStoreConcurrencyException(
                            version, expectedVersion, name);
                    }
                }
            }

            const string txt =
                @ "INSERT INTO `ES_Events` (`Name`, `Version`, `Data`)
                  VALUES( ? name, ? version, ? data)";

            using(var cmd = new MySqlCommand(txt, conn, tx))
            {
                cmd.Parameters.AddWithValue("?name", name);
                cmd.Parameters.AddWithValue("?version", version + 1);
                cmd.Parameters.AddWithValue("?data", data);
                cmd.ExecuteNonQuery();
            }
            tx.Commit();
```

```
        }
    }
}
```

　　要實作 `IAppendOnlyStore` 的讀取也很簡單，只需進行查詢。例如，從資料庫中讀取出某類聚合的事件流記錄：

```
public IEnumerable < DataWithVersion > ReadRecords(
    string name, int afterVersion, int maxCount)
{
    using(var conn = new MySqlConnection(_connectionString))
    {
        conn.Open();
        const string sql =
            @ "SELECT `Data`, `Version` FROM `ES_Events`
               WHERE `Name` = ? name AND `Version` > ? version
               ORDER BY `Version`
               LIMIT 0, ? take ";
        using(var cmd = new MySqlCommand(sql, conn))
        {
            cmd.Parameters.AddWithValue("?name", name);
            cmd.Parameters.AddWithValue("?version", afterVersion);
            cmd.Parameters.AddWithValue("?take", maxCount);
            using(var reader = cmd.ExecuteReader())
            {
                while (reader.Read())
                {
                    var data = (byte[]) reader["Data"];
                    var version = (int) reader["Version"];
                    yield return new DataWithVersion(version, data);
                }
            }
        }
    }
}
```

這個 MySQL 版本的 Event Store 實作完整程式碼，同樣可以在本書隨附的範例程式中找到。另一個的範例，則是針對 Microsoft SQL Server 的實作。

BLOB 大型物件持久性

善加利用成熟的資料庫伺服器（如 MySQL 或 MS SQL Server）可以省下很多功夫，不僅能幫助我們處理並行爭用的管理問題，也提供檔案碎化（file fragmentation）、快取，以及維持資料的一致性。如果不是採用資料庫伺服器，以上這些議題顯然會需要我們自己勞心勞力去完成。

然而，你若不想這麼做，本書也樂意提供一些指引。例如，Windows Azure Blob 的儲存服務和簡單的檔案系統儲存，本書隨附的範例程式碼裡面同樣也可以找到這兩種方法的實作。

先想一下，要以非資料庫的方式打造 Event Store 會需要考慮什麼，如圖 A.15 所示：

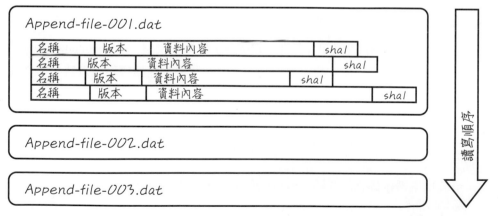

圖A.15　以每個聚合實例一個檔案的BLOB大型物件保存方案，其中每條記錄都代表一則事件。

1. 這個 BLOB 儲存方案是由一到多個、唯讀的二進位大型物件（Binary Large Object，簡稱 BLOB）檔案為主，在將物件追加到儲存庫時，會暫時性地進入寫入時鎖定狀態，但允許並行讀取。

2. 根據不同的考量，可以是用單一 BLOB 儲存庫來保存一個 Bounded Context 下的所有聚合型別與實例；也可以是每一種聚合型別就安排一個對應的 BLOB 儲存庫，凡是該型別的聚合實例就存在一起；甚至也可以為每一種聚合型別安排一個 BLOB 儲存庫，也就是每一個實例的事件流都有自己的 BLOB 儲存庫。

3. 當寫入元件要把事件追加進去時，會先找到對應的 BLOB 儲存庫、執行寫入、然後更新索引。

4. 不論我們採取哪種保存方式，務必記得所有新到的事件都必須是以追加的方式寫入。每筆記錄都會有一個名稱、一個版本號、一個關於事件內容的二進位資料欄位，跟前面關聯式資料庫的方法類似。但由於我們採用 BLOB 儲存機制，因此除了這些之外，還需要提供長度會變動的資料欄位長度資訊，以及一個雜湊值或循環冗餘碼（cyclic redundancy check, CRC），用於驗證讀取出來的資料完整性。

5. 由於所有事件不分類型都被轉換為 BLOB 物件，因此採用 BLOB 儲存庫的好處之一，就是可以跨不同事件類型，對所有事件流執行列舉操作（enumeration），將同一操作套用到所有檔案與內容上。但為了要加速搜尋與讀取特定事件流中事件的效率，我們還是要在記憶體空間中維護一份事件流的索引（或是快取）。如果採用後者的快取機制，那麼要記得在追加事件時同時更新快取。除此之外，也可以透過聚合快照、檔案重組（defragmentation）等機制，來提高效能。

6. 至於檔案系統碎化的問題，也可以利用事先給這類 BLOB 檔案宣告一塊夠大的空間，以保存事件流檔案來做因應。

以上設計是根據 Riak Bitcask 所提供的模型進一步發想而來，你也可以自行參考 Riak Bitcask 的論文來了解更多細節與資訊（網址連結：http://downloads.basho.com/papers/bitcask-intro.pdf）。

專責聚合

採用傳統持久性儲存方法（例如，未採用事件溯源機制的關聯式資料庫）開發聚合時，在系統中加入新的實體或是改進既有實體設計時，總是會遇到一些棘手的問題；這涉及了新增資料表、定義新的對映關係和新的 Repository 方法。如果不想負擔這些額外的開發成本，聚合可能會變得很複雜，因為會有更多的狀態與行為在其中。與其建立新的聚合，還不如直接修改既有的聚合來得容易多了。

然而，如果設計新的聚合比修改既有的更容易，我們可能就會改變想法了；我必須要說，採用事件溯源時正是如此。就筆者的經驗，在 A+ES 架構下設計的新聚合都很小，而這也是聚合設計的首要原則之一。

比方說，假設有一家公司提供軟體即服務（software as a service），而這項服務的實際使用者，可以用不同的聚合來表示，將他們不同的行為區分開來：

- Customer:505 負責帳單、發票及一般的帳戶管理行為。

- Security-Account:505 負責管理多名使用者的存取權限。

- Consumer:505 負責追蹤服務的實際使用情形。

這些聚合可能是在不同 Bounded Context 下實作的，而每個 Bounded Context 都採用不同的技術與架構。例如，Consumer 的實作就很可能需要具備高度可擴展性，以便因應同時間數以千計 Customer 所產生的訊息；考量到這一點，這類聚合的事件流就必須

以具備自動擴展功能的雲端服務為主。其他兩種反而沒有此類需求，所以可以採用其他儲存方案。

不過，也不應該毫無根據地就把聚合設計得過小。聚合設計的用意在於保護業務邏輯中的定則（不變量），因此它可能是由多個圍繞著該定則的實體與值物件所構成。話雖如此，採用 A+ES 架構比較有機會達成簡化、有效率的設計，既然有這樣的優勢，又何樂而不為？

事實上也確實如此，有時候在一開始建立作為領域模型核心的通用語言時，能夠先定義好主要的輸入命令、產生事件和相關行為的話，後續會輕鬆很多。之後只要根據這些概念的相似性、相關性、業務邏輯等組成聚合──就算只是試行、一次練習，這種做法也有助於更深入理解自身的核心業務概念。

讀取模型映射

A+ES 設計其中一個常見的議題是，探討如何以聚合自身的屬性去查詢聚合。對於像是「上個月所有客戶訂單的總金額是多少？」這類問題，事件溯源是無法以簡單的方式給出答案的，會需要實際把所有 Customer 實例都載入後，再一個個遍歷（enumerate）所有上個月的 Order 物件，以計算總額。這過程十分地缺乏效率。

這時候我們就可以用上**讀取模型映射**（Read Model Projection）的技巧了。所謂的讀取模型映射，可以單純地想成是一組領域事件訂閱方，用以產生與更新一種特定的持久讀取模型。換句話說，這類事件訂閱方**將事件映射到某類特定的讀取模型上**。每當他們接收到新的事件時，就會根據事先定義好的映射規則，計算出某種結果，並存入一個讀取模型中，以待後續查詢使用。

簡單來說,映射類似於聚合實例,差別只在於事件會先被預處理過,我們再用這些處理過的資料去建立映射的狀態。每次更新後,映射後的讀取模型會被持久保存,然後就能提供給 Bounded Context 內部或外部存取使用。

下載映射範例程式碼

更多的映射使用細節,包括不同種類的持久性技術下如何實作,以及自動從讀取模型中重建物件的方式,都可以在本書隨附的範例程式碼中找到:http://lokad.github.com/lokad-cqrs/

底下是以映射來擷取所有 Customer 交易情形的實作:

```
public class CustomerTransactionsProjection
{
    IDocumentWriter < CustomerId, CustomerTransactions > _store;
    public CustomerTransactionsProjection(
        IDocumentWriter < CustomerId, CustomerTransactions > store) {
        _store = store;
    }
    public void When(CustomerCreated e) {
        _store.Add(e.Id, new CustomerTransactions());
    }
    public void When(CustomerChargeAdded e) {
        _store.UpdateOrThrow(e.Id,
            v => v.AddTx(e.ChargeName, -e.Charge, e.NewBalance, e.TimeUtc));
    }
    public void When(CustomerPaymentAdded e) {
        _store.UpdateOrThrow(e.Id,
            v => v.AddTx(e.PaymentName, e.Payment, e.NewBalance, e.TimeUtc));
    }
}
```

這個 Projection 類別其實就類似於 A+ES 中使用了 lambda 的應用服務,只是處理的對象是事件而不是命令,且更新的對象是透過 IDocumentWriter 更新的檔案而不是聚合實例。

至於讀取模型的底層，就只是一個單純的**資料傳輸物件**（DTO，[Fowler]）而已，經過 IDocumentWriter 的序列化可保存於某種儲存庫內。

```
[Serializable]
public class CustomerTransactions
{
    public IList < CustomerTransaction > Transactions =
        new List < CustomerTransaction > ();

    public void AddTx(
        string name, CurrencyAmount change,
        CurrencyAmount balance, DateTime timeUtc)
    {
        Transactions.Add(new CustomerTransaction()
        {
            Name = name,
                Balance = balance,
                Change = change,
                TimeUtc = timeUtc
        });
    }
}

[Serializable]
public class CustomerTransaction {
    public CurrencyAmount Change;
    public CurrencyAmount Balance;
    public string Name;
    public DateTime TimeUtc;
}
```

　　雖然也可以用其他的方法，但這類讀取模型在實務上通常會以文件檔案型資料庫作為持久性儲存機制。可以搭配快取將讀取模型快取在記憶體空間中（例如 memcached 實例），再用文件格式推送到內容傳遞網路（content delivery network, CDN），或是保存到關聯式資料庫中。

　　若考量到可擴展性，映射的其中一項好處就是可棄置性（disposable）。即使是在應用程式運作期間，也可以任意地追加、修改或完全取代，不會影響服務。如果要替換掉整個讀取模型，只要把既有模型的資料整份捨棄，再以映射類別從事件流中重新產生新的讀取模型。這個過程還可以自動化，甚至在替換整個模型時可以先產生、後棄置，不會發生系統停止運作的狀況。

與聚合設計結合

這種讀取模型映射，常被用來呈現不同用戶端所需要的資訊（比方說，給桌面型應用程式使用者跟給網頁版使用者介面的資訊是不同的），但在 Bounded Context 聚合之間傳遞資訊也是很好用的。像是當 Invoice 聚合需要某個 Customer 聚合的資訊（例如客戶姓名、帳單地址、身分證 / 統編等），以便正確地計算出 Invoice 的發票內容時，透過 CustomerBillingProjection 的映射器獲得這些訊息，然後建立並維護一個 CustomerBillingView 實例。Invoice 聚合只要透過 IProvideCustomerBillingInformation 這個領域服務就能存取到這個讀取模型，領域服務會再透過文件檔案式儲存庫，取出 CustomerBillingView 實例使用。

　　如此一來，聚合實例之間就可以用一種鬆耦合、便於維護的形式共享與交換資訊。即使將來某個時間點需要變更透過 IProvideCustomerBillingView 所取得的資訊，也不用去修改到作為資訊提供方的 Customer 聚合；只要重新執行所有事件來修改映射的實作、以此重建讀取模型即可。

事件豐富度

A+ES 設計模式其中一個較常見的議題是它的雙重角色。在 A+ES 當中，事件同時被用於聚合的狀態記錄，卻也同時在事件發布機制中扮演了向周遭廣播業務領域層發生了什麼事情的通知角色。

　　思考一下這個情境：有一個專案管理系統，提供了讓使用者建立新專案並封存已完成專案的功能。在每次使用者封存專案時，都會發布一則 ProjectArchived 事件，這則領域事件可能的設計如下：

```
public class ProjectArchived {
    public ProjectId Id {
        get;
        set;
    }
    public UserId ChangeAuthorId {
        get;
        set;
    }
    public DateTime ArchivedUtc {
        get;
        set;
    }
    public string OptionalComment {
        get;
        set;
    }
}
```

對 A+ES 來說，這個事件設計的豐富度用於重建已封存的 Project 似乎已經足夠，然而對於取用事件的接收方卻可能因資訊不足而造成問題。

為什麼會有問題？我們從圖 A.16 上 ArchivedProjectsPerCustomer 這個映射的角度思考，該映射會訂閱這類事件，並維護每個使用者的封存專案列表。對這個映射來說，要達成上述目標，需要獲得以下資訊：

- 專案名稱

- 使用者的名稱

- 使用者與專案之間的關聯

- 專案的封存事件

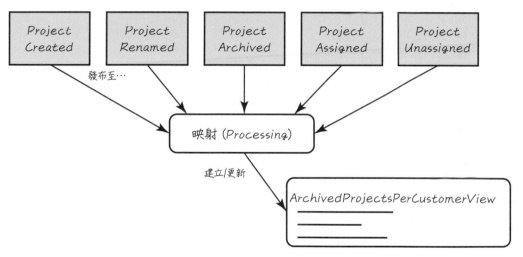

圖 A.16　映射需要多個領域事件，才能建立出讀取模型的視圖。

透過增加 ProjectArchived 事件豐富度，就可以大幅簡化這個映射——只要將與封存相關的資料作為成員，放入事件設計當中就好。對重建聚合狀態的作業來說，雖然這些額外的資料成員並非必要的，不過對於事件的使用方來說卻能夠大幅簡化作業。來看看改善後的 ProjectArchived 設計：

```
public class ProjectArchived {
    public ProjectId Id {
        get;
        set;
    }
    public string ProjectName {
        get;
        set;
    }
    public UserId ChangeAuthorId {
        get;
        set;
    }
    public DateTime ArchivedUtc {
        get;
        set;
    }
    public string OptionalComment {
        get;
        set;
    }
    public CustomerId Customer {
        get;
        set;
    }
    public string CustomerName {
        get;
        set;
    }
}
```

在改善事件的豐富度之後，`ArchivedProjectsPerCustomerView` 的建立作業便能大幅簡化，如圖 A.17 所示。

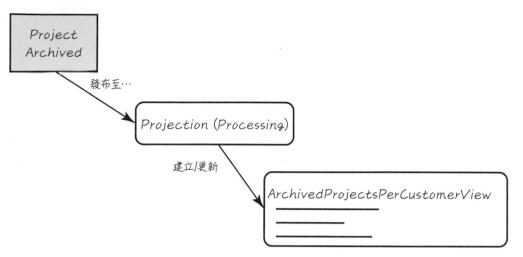

圖 A.17　透過 Projection 處理器將 ProjectArchived 等領域事件轉換為視圖或報表用的讀取模型。

在領域事件的設計上，一個大方向的原則是，事件本身所含的內容豐富度，應該至少要能夠滿足 80% 以上訂閱方的需求，即便這樣會導致事件持有對一部分訂閱者不具意義的額外資訊也沒關係。而本書範例的設計目標則是，事件資料的豐富度要能夠滿足視圖映射處理器，朝這個方向思考的話，應該要包括：

- 事件發出方（owner/master），即實體的識別值，以 Customer 來說的話就是 CustomerId。

- 其他滿足顯示需求所需要的名稱或屬性，例如 ProjectName、CustomerName 這一類。

不過這終究只是一種建議，不是非遵守不可的鐵則，但是對於那種擁有各式各樣不同 Bounded Context 的企業級業務領域來說，通常都適用且運作得很好。假使你的專案是那種龐大的單一 Bounded Context，這些建議就沒太大幫助了，因為只是多了需要維護的查詢用資料表格和 Entity maps（對實體的對映關係）。無論如何，只有自己才最清楚適用不適用，事件裡面應該要納入什麼樣的資訊與什麼程度的豐富度，也只有各

位自己了解。有時候，某個事件類型應包含哪些屬性是顯而易見的，對於這類事件來說，很少需要重構。

可配合的工具與設計模式

對於預計要在開發、建構、布署與維護上採用 A+ES 的系統來說，需要使用到的工具與設計模式，與一般我們所熟悉的系統會有所不同。因此在本節的內容中，我們將說明在實作 A+ES 時會用到的各項設計模式、工具以及實務原則。

事件序列器（Event Serializer）

在維護事件的版本號與名稱的變動時，透過序列器機制來處理是一個好方法；尤其是在 A+ES 專案早期、領域模型變動頻繁的時候更是如此。來看底下這個事件，以 .NET 程式語言寫成的協定緩衝（Protocol Buffer）[2] 註釋：

```
[DataContract]
public class ProjectClosed {
    [DataMember(Order = 1)] public long ProjectId {
        get;
        set;
    }
    [DataMember(Order = 2)] public DateTime Closed {
        get;
        set;
    }
}
```

2　原註：Protocol Buffers 是 Google 開發的資料交換格式，有人建立了 .NET 的實作版本。

假設我們原先並非使用協定緩衝，而是以一個 DataContractSerializer 或是 JsonSerializer 來序列化 ProjectClosed 的話，每當事件中有成員需要更名，比如，當我們把 Closed 屬性更名為 ClosedUtc 時，就會導致事件接收方的依賴關係出現問題。除非你在取用事件方的 Bounded Context 中，大費周章地另外維護一個屬性更名的對映關係，否則就會導致錯誤、資料不正確：

```
[DataContract]
public class ProjectClosed {
    [DataMember] public long ProjectId {
        get;
        set;
    }
    [DataMember(Name = "Closed")] public DateTime ClosedUtc {
        get;
        set;
    }
}
```

改用協定緩衝的話，就能有效改善上述序列化的問題，因為存取事件資料時不再是以名稱為準、而是標記。如同下列程式碼所示，資料取用的用戶端不論屬性名稱是 Close 也好或 CloseUtc 也罷，都能正常取得。此外，序列化的效率也能提高，產生出相對量體較小的二進位形式。只要利用協定緩衝之類的工具，就能安心地變更事件屬性名稱，不用擔心向後相容性（backward compatibility）降低領域模型在在開發過程中可能出現的困難和阻礙。

```
[DataContract]
public class ProjectClosed {
    [DataMember(Order = 1)] public long ProjectId {
        get;
        set;
    }
    [DataMember(Order = 2)] public DateTime ClosedUtc {
        get;
```

```
        set;
    }
}
```

還有其他類似的跨平台序列化工具，如 Apache Thrift、Avro 和 MessagePack，選項不只一種。

事件不可變性

從本質上來講，事件流本來就該是具備不可變性。為了讓模型從開發的時候就具備這種概念（並且避免可能的副作用）的話，事件從設計上就必須將不可變性納入考量。在使用 C# 或 .NET 程式語言開發時，我們將欄位設成唯讀，並且限制只能透過建構子設值。以先前的 `ProjectClosed` 事件為例，具備不可變性的實作範例如下所示：

```
[DataContract]
public class ProjectClosed {
    [DataMember(Order = 1)] public long ProjectId {
        get;
        private set
    }
    [DataMember(Order = 2)] public DateTime ClosedUtc {
        get;
        private set;
    }
    public ProjectClosed(long projectId, DateTime closedUtc) {
        ProjectId = projectId;
        ClosedUtc = closedUtc;
    }
}
```

值物件

如同先前在**值物件（Value Object，第 6 章）**的討論中所述，值物件的設計模式可以大幅簡化資料豐富的充血領域模型（rich domain model，相對於貧血領域模型）的開發與演進過程。透過值物件設計模式，我們可以將一組具有內聚關係的原始型態資料，組成一個明確、具名、具有不可變性的資料型別。比方說，我們不會直接以 long 型態變數作為 Project 的識別值，而是會將其包裝為明確的 ProjectId 類別：

```
public struct ProjectId
{
    public readonly long Id {
        get;
        private set;
    }
    public ProjectId(long id) {
        Id = id
    }
    public override ToString() {
        return string.Format("Project-{0}", Id);
    }
}
```

雖然類別內部到底還是以 long 資料型別來持有實際的識別值資訊，但對外則會有一個明確的 ProjectId 型別用以昭示。但值物件設計模式不僅僅是只能用在唯一識別值上，其他像是表示金額之類的欄位（尤其是牽涉到多種貨幣匯率的系統）、地址、電子信箱、量測值等等的，也很適合利用值物件。

　　而如果牽扯到 A+ES 實作的話，值物件在事件的豐富度與表達性以及建立命令物件的介面規範上，也起到了實務上的助益；例如，透過 IDE 工具可以幫助我們事先檢查型別是否相符。就像下面的範例，在未採用值物件型別的情況下，開發人員不小心將傳入事件建構子的參數順序給搞錯了，也不容易被發現：

```
long customerId = ...;
long projectId = ...;
var event = new ProjectAssignedToCustomer(customerId, projectId);
```

　　編譯器在這種情況並不會報錯，很可能直到出現錯誤了、開始安排除錯，經過一連串的挫折之後才能夠找出問題的原因。但要是採用了值物件作為識別值，那麼編譯器（或是 IDE 編輯器）就會在我們搞錯 CustomerId 與 ProjectId 的傳入順序時，立即地提醒我們：

```
CustomerId customerId = ...;
ProjectId projectId = ...;
var event = new ProjectAssignedToCustomer(customerId, projectId);
```

　　這種好處在我們遇到那種持有大量資料欄位的情況時更加明顯。以下方這個事件為例（這還是經過簡化之後的版本）：

```
public class CustomerInvoiceWritten {
    public InvoiceId Id {
        get;
        private set;
    }
    public DateTime CreatedUtc {
        get;
        private set;
    }
    public CurrencyType Currency {
        get;
        private set;
    }
    public InvoiceLine[] Lines {
        get;
        private set;
    }
    public decimal SubTotal {
        get;
```

```
            private set;
        }

        public CustomerId Customer {
            get;
            private set;
        }
        public string CustomerName {
            get;
            private set;
        }
        public string CustomerBillingAddress {
            get;
            private set;
        }
        public float OptionalVatRatio {
            get;
            private set;
        }
        public string OptionalVatName {
            get;
            private set;
        }
        public decimal VatTax {
            get;
            private set;
        }
        public decimal Total {
            get;
            private set;
        }
    }
```

你可以想像，面對具有這麼大量屬性[3]的類別，使用與處理起來將會很麻煩。不過，根據領域中的概念，將模型進一步地重構為更加明確、更加具備可讀性的形式，將能夠改善這個問題：

```
public class CustomerInvoiceWritten {
    public InvoiceId Id {
        get;
        private set;
    }
    public InvoiceHeader Header {
        get;
        private set;
    }
    public InvoiceLine[] Lines {
        get;
        private set;
    }
    public InvoiceFooter Footer {
        get;
        private set;
    }
}
```

InvoiceHeader 與 InvoiceFooter 當中則是各自持有具備內聚關係的屬性：

```
public class InvoiceHeader {
    public DateTime CreatedUtc {
        get;
        private set;
    }
    public CustomerId Customer {
        get;
        private set;
    }
    public string CustomerName {
```

3　原註：根據過去的實證測試證明了，每一個類別包含的屬性成員不應該超過五到七個。

```
        get;
        private set;
    }
    public string CustomerBillingAddress {
        get;
        private set;
    }
}

public class InvoiceFooter {
    public CurrencyAmount SubTotal {
        get;
        private set;
    }
    public VatInformation OptionalVat {
        get;
        private set;
    }
    public CurrencyAmount VarAmount {
        get;
        private set;
    }
    public CurrencyAmount Total {
        get;
        private set;
    }
}
```

原本以 CurrencyType 呈現的 Currency 欄位，以及用 decimal 資料型態呈現的 SubTotal 屬性，則是進一步改以 CurrencyAmount 值物件更明確地區分開來。這樣做的一個額外好處是，可以在值物件類別中以檢核邏輯來強化，避免直接把不同匯率之間的金額拿來操作，或是檢查其他應該避免的問題。在 InvoiceFooter 裡面把與 VAT 相關的資訊組成一個獨立的值物件也是同樣的道理，也是為了與其他的總計值做出區分。

無論是命令物件、事件或是聚合的一部分，我們應當盡可能地在可以採用值物件的地方去使用。

雖然在命令或是事件中採用值物件的設計模式，意味著這些值物件之間彼此將會建立起共同關係、甚至建立某種**共用核心**（Shared Kernel，**第 3 章**），但對於某些較為複雜的領域來說，使用這類值物件設計模式，則是需要將高度相關的業務邏輯封裝在其中；在這種情況下，如果僅僅因為反序列化時的型別安全考量，就把這類值物件置於共用核心中，將會導致設計層面變得很脆弱。此時最好的辦法就是，將那些「以型別安全方式用於反序列化命令與事件時的簡單共用值物件類別」，與那些「用於**核心領域**（Core Domain，**第 2 章**）的複雜值物件類別」區分開來。換句話說，要建立兩套值物件類別，一套僅供核心領域使用，另一套則是用在命令與事件類別。然後，根據用途，讓資料在這兩種類別之間進行必要的轉換。

　　建立重複的類別可能會對某些人而言有點多此一舉，覺得這樣做只是徒增系統的複雜度而已。你如果也這麼認為，那我們可以嘗試另一種做法，也就是把序列化後的事件標準化成一種**公開發布的語言**（Published Language，**第 3 章**）設計模式。這部分在先前談及**整合 Bounded Contexts**（Integrating Bounded Contexts，**第 13 章**）時說明過，標準化後的好處就是可以用動態方式來接收使用這些事件通知。這樣一來，我們就不必把特定的事件與值物件型別也布署到事件訂閱方那邊了。但請謹記，無論是哪種做法，都有其優缺點存在，必須仔細權衡考量。

建立合約精神的規範

當事件（和命令）的合約規範數量來到了數以百計之譜，要人工去維護這些合約規範將會是一項枯燥麻煩且可能出錯的工作。這種時候，可以藉助一些以領域特定語言（domain-specific language, DSL）所寫成的定義檔，然後在建立時，再簡單地從定義檔轉為程式碼，以建立出正確的類別。這類 DSL 語法有很多種，在本書範例中，我們選擇以協定緩衝的 .proto 格式為主，或另一種類似的語言作為介紹。比方說，下面這種做法很好用：

```
CustomerInvoiceWritten!(InvoiceId Id, InvoiceHeader header, InvoiceLine[] lines,
    InvoiceFooter footer)
```

透過簡單的程式碼產生器，就可以解析這類 DSL 語言，然後幫我們產生出一行行的程式碼來。以下的 CustomerInvoiceWritten 就是根據前面的 DSL 所生成：

```
[DataContract]
public sealed class CustomerInvoiceWritten: IDomainEvent {
    [DataMember(Order = 1)]
    public InvoiceId Id {
        get;
        private set;
    }
    [DataMember(Order = 2)]
    public InvoiceHeader Header {
        get;
        private set;
    }
    [DataMember(Order = 3)]
    public InvoiceLine[] Lines {
            get;
            private set;
        }
    [DataMember(Order = 4)]
    public InvoiceFooter Footer {
        get;
        private set;
    }
    public CustomerInvoiceWriter(
        InvoiceId id, InvoiceHeader header, InvoiceLine[] lines,
        InvoiceFooter footer) {
        Id = id;
        Header = header;
        Lines = lines;
        Footer = footer;
    }

    // 序列器所需
    ProjectClosed() {
```

```
        Lines = new InvoiceLine[0];
    }
}
```

這樣做在實務上有以下好處：

- 可以透過加快領域模型的迭代，來降低開發過程中的困難。

- 減少因人為疏失而導致錯誤的可能性。

- DSL 語言的精簡性質，可以讓我們在一個畫面上就看到並維護所有的事件定義，提供一個從全局管理的觀點。甚至於，還可形成一種另類的通用語言詞彙庫。

- 方便我們以精簡的型態管理這些事件定義的版本，而不是管理一份份的原始程式碼、或是一個個編譯後的二進位檔案。在與其他開發團隊進行協作時，這一點更能體現出來。

應用在命令合約上也是同樣的道理。在本書隨附的範例專案中，讀者們可以找到基於開源 DSL 程式碼產生工具所寫成的範例。

單元測試與測試規範

事件溯源對於建立單元測試也有幫助，只要採用「條件 - 情境 - 驗收」（Given-When-Expect）的原則就能簡單地進行測試，如下所示：

1. Given：以過去發生的事件作為測試的條件

2. When：呼叫聚合的方法作為測試的情境

3. Expect：驗收測試的結果（產生出事件或拋出例外）

底下進一步詳細說明。在單元測試的開頭，首先我們會以過去已產生的事件來建立聚合的狀態。接著在執行測試時，根據作為測試對象的聚合方法，提供領域服務測試用的參數值還有模擬假造的實作。最後，把聚合在執行方法後所產生的事件，拿來與我們預期會產生的事件做比對，以驗收測試的結果是否正確無誤。

用這種方式，我們便能擷取與驗證聚合內的行為是否都能正確執行。同時，因為聚合的內部狀態成為了一種可控變因，因此測試的結果不會受到狀態影響。如此一來，測試的韌性便獲得保障，開發團隊能夠安心地在單元測試的保護傘下，對聚合實作進行變更與調整最佳化。

我們甚至還可以進一步在測試情境的階段，改以命令的形式呈現，對持有聚合的應用服務做測試。這樣就能夠將單元測試的規範完全以我們的通用語言來表達，不管是以程式碼編寫也好，還是以 DSL 語言定義，都同樣具備通用語言的精神。

而且，只要再稍加一點功夫，我們還能把這類測試規範自動輸出為具備人類可讀性的使用案例敘述，讓領域專家也都能看得懂。這樣做的好處在於，方便專案的開發團隊在面對較為複雜的業務領域行為時，能夠溝通得更加順暢，讓模型可以打造得更加精確。

底下就是一個以文字敘述所呈現的測試案例定義：

```
[Passed] Use case 'Add Customer Payment - Unlock On Payment'.

Given:
  1. Created customer 7 Eur 'Northwind' with key c67b30 ...
  2. Customer locked

When:
  Add 'unlock' payment 10 EUR via unlock

Expectations:
  [ok] Tx 1: payment 10 EUR 'unlock' (none)
  [ok] Customer unlocked
```

如果讀者對這類議題有興趣，可以上網搜尋「Event Sourcing Specifications」進一步了解更多細節。

事件溯源與函式語言（Functional Language）

前面所說的各種實作模式，都是基於物件導向程式語言的場景，也就是以現今作為程式語言主流的 Java 或 C# 之類為主。但事件溯源在本質上其實更接近於函式語言，因此，使用 F# 或是 Clojure 這類語言可以成功實作出事件溯源來。採用函式語言，編寫的程式碼可能會更加簡潔，系統效能也能夠達到最佳化。

不過要把聚合實作從物件導向程式語言改為函式語言之時，有一些需要考量的議題：

* 原先我們是以狀態會變化的物件導向聚合設計為主，在以函式語言改寫之後，則會變成一種本身狀態具備不可變性、但持有一個改變狀態用的函數集合的記錄型態。這些函數以某種狀態記錄與事件作為傳入的參數，回傳一份全新狀態的記錄。從某種角度來說，與同樣具備不可變性的值物件很相似，無副作用函數也是會根據傳入的值物件以及其他參數，產生一份全新的值物件作為回傳、而非去變更傳入的值物件。這類函數通常會是 Func<State, Event, State> 這樣的形式。

* 至於聚合的當前狀態，則會以過去事件的集合形式呈現，傳到那些改變狀態用的函數中。

* 聚合方法也可以是以無狀態函數的集合呈現，傳入的則是命令參數、領域服務以及一個某種狀態的記錄。這類函數會回傳無到多個的事件，函數本身則通常是 Func<TArg1, TArg2..., State, Event[]> 的形式。

* Event Store 本身則會是變成以「函數資料庫」（functional database）的形式呈現，也就是保存那些用於改變聚合狀態的函數參數。這類函數 Event Store 的快照機

制，就是函式程式語言開發人員都很熟悉的「memoization」（函式快取機制，或稱記憶化機制）。

在函式程式語言中搭配 A+ES，將能加速我們在開發過程中對核心業務概念的理解，打造出更好的領域模型。再者，這也會嚴格地強迫我們在領域通用語言的框架下，來描述業務領域行為、而不受聚合本身的結構影響。任何有助於我們專注在核心領域、擺脫技術層面影響的技巧，都能夠進一步激發出業務價值，使我們更加具有競爭力。

NOTE

Bibliography

參考資料

[Appleton, LoD] Appleton, Brad. n.d. "Introducing Demeter and Its Laws."
www.bradapp.com/docs/demeter-intro.html.

[Bentley] Bentley, Jon. 2000. Programming Pearls, Second Edition. Boston, MA: Addison-Wesley.
http://cs.bell-labs.com/cm/cs/pearls/bote.html.

[Brandolini] Brandolini, Alberto. 2009. "Strategic Domain-Driven Design with Context Mapping."
www.infoq.com/articles/ddd-contextmapping.

[Buschmann et al.] Buschmann, Frank, et al. 1996. Pattern-Oriented Software
Architecture, Volume 1: A System of Patterns. New York: Wiley.

[Cockburn] Cockburn, Alastair. 2012. "Hexagonal Architecture."
http://alistair.cockburn.us/Hexagonal+architecture.

[Crupi et al.] Crupi, John, et al. n.d. "Core J2EE Patterns."
http://corej2eepatterns.com/Patterns2ndEd/DataAccessObject.htm.

[Cunningham, Checks] Cunningham, Ward. 1994. "The CHECKS Pattern Language of Information
Integrity."
http://c2.com/ppr/checks.html.

[Cunningham, Whole Value] Cunningham, Ward. 1994. "1. Whole Value."
http://c2.com/ppr/checks.html#1.

[Cunningham, Whole Value aka Value Object] Cunningham, Ward. 2005. "Whole Value."
http://fit.c2.com/wiki.cgi?WholeValue.

[Dahan, CQRS] Dahan, Udi. 2009. "Clarified CQRS."
www.udidahan.com/2009/12/09/clarified-cqrs/.

[Dahan, Roles] Dahan, Udi. 2009. "Making Roles Explicit."
www.infoq.com/presentations/Making-Roles-Explicit-Udi-Dahan.

[Deutsch] Deutsch, Peter. 2012. "Fallacies of Distributed Computing."
http://en.wikipedia.org/wiki/Fallacies_of_Distributed_Computing.

[Dolphin] Object Arts. 2000. "Dolphin Smalltalk; Twisting the Triad."
www.object-arts.com/downloads/papers/TwistingTheTriad.PDF.

[Erl] Erl, Thomas. 2012. "SOA Principles: An Introduction to the Service-Oriented Paradigm."
http://serviceorientation.com/index.php/serviceorientation/index.

[Evans] Evans, Eric. 2004. Domain-Driven Design: Tackling the Complexity
in the Heart of Software. Boston, MA: Addison-Wesley.

[Evans, Ref] Evans, Eric. 2012. "Domain-Driven Design Reference."
http://domainlanguage.com/ddd/patterns/DDD_Reference_2011-01-31.pdf.

[Evans & Fowler, Spec] Evans, Eric, and Martin Fowler. 2012. "Specifications."
http://martinfowler.com/apsupp/spec.pdf.

[Fairbanks] Fairbanks, George. 2011. Just Enough Software Architecture.
Marshall & Brainerd.

[Fowler, Anemic] Fowler, Martin. 2003. "AnemicDomainModel."
http://martinfowler.com/bliki/AnemicDomainModel.html.

[Fowler, CQS] Fowler, Martin. 2005. "CommandQuerySeparation."
http://martinfowler.com/bliki/CommandQuerySeparation.html.

[Fowler, DI] Fowler, Martin. 2004. "Inversion of Control Containers and the Dependency Injection Pattern."
http://martinfowler.com/articles/injection.html.

[Fowler, P of EAA] Fowler, Martin. 2003. Patterns of Enterprise Application
Architecture. Boston, MA: Addison-Wesley.

[Fowler, PM] Fowler, Martin. 2004. "Presentation Model."
http://martinfowler.com/eaaDev/PresentationModel.html.

[Fowler, Self Encap] Fowler, Martin. 2012. "SelfEncapsulation."
http://martinfowler.com/bliki/SelfEncapsulation.html.

[Fowler, SOA] Fowler, Martin. 2005. "ServiceOrientedAmbiguity."
http://martinfowler.com/bliki/ServiceOrientedAmbiguity.html.

[Freeman et al.] Freeman, Eric, Elisabeth Robson, Bert Bates, and Kathy
Sierra. 2004. Head First Design Patterns. Sebastopol, CA: O'Reilly Media.

[Gamma et al.] Gamma, Erich, Richard Helm, Ralph Johnson, and John
Vlissides. 1994. Design Patterns. Reading, MA: Addison-Wesley.

[Garcia-Molina & Salem] Garcia-Molina, Hector, and Kenneth Salem. 1987.
"Sagas." ACM, Department of Computer Science, Princeton University, Prince ton, NJ.
www.amundsen.com/downloads/sagas.pdf.

[GemFire Functions] 2012. VMware vFabric 5 Documentation Center.
http://pubs.vmware.com/vfabric5/index.jsp?topic=/com.vmware.vfabric.gemfire.6.6/developing/function_exec/chapter_overview.html.

[Gson] 2012. A Java JSON library hosted on Google Code.
http://code.google.com/p/google-gson/.

[Helland] Helland, Pat. 2007. "Life beyond Distributed Transactions: An Apostate's Opinion." Third Biennial Conference on Innovative DataSystems Research (CIDR), January 7–10, Asilomar, CA.
www.ics.uci.edu/~cs223/papers/cidr07p15.pdf.

[Hohpe & Woolf] Hohpe, Gregor, and Bobby Woolf. 2004. Enterprise Integration Patterns: Designing, Building, and Deploying Messaging Systems. Boston, MA: Addison-Wesley.

[Inductive UI] 2001. Microsoft Inductive User Interface Guidelines.
http://msdn.microsoft.com/en-us/library/ms997506.aspx.

[Jezequel et al.] Jezequel, Jean-Marc, Michael Train, and Christine Mingins.
2000. Design Patterns and Contract. Reading, MA: Addison-Wesley.

[Keith & Stafford] Keith, Michael, and Randy Stafford. 2008. "Exposing the ORM Cache." ACM, May 1.
http://queue.acm.org/detail.cfm?id=1394141.

[Liskov] Liskov, Barbara. 1987. Conference Keynote: "Data Abstraction and Hierarchy." http://en.wikipedia.org/wiki/Liskov_substitution_principle. "The Liskov Substitution Principle."
www.objectmentor.com/resources/articles/lsp.pdf.

[Martin, DIP] Martin, Robert. 1996. "The Dependency Inversion Principle."
www.objectmentor.com/resources/articles/dip.pdf.

[Martin, SRP] Martin, Robert. 2012. "SRP: The Single Responsibility Principle."
www.objectmentor.com/resources/articles/srp.pdf.

[MassTransit] Patterson, Chris. 2008. "Managing Long-Lived Transactions with MassTransit.Saga."
http://lostechies.com/chrispatterson/2008/08/29/managing-long-livedtransactions-with-masstransit-saga/.

[MSDN Assemblies] 2012.
http://msdn.microsoft.com/en-us/library/51ket42z%28v=vs.71%29.aspx.

[Nilsson] Nilsson, Jimmy. 2006. Applying Domain-Driven Design and Patterns:
With Examples in C# and .NET. Boston, MA: Addison-Wesley.

[Nijof, CQRS] Nijof, Mark. 2009. "CQRS à la Greg Young."
http://cre8ivethought.com/blog/2009/11/12/cqrs--la-greg-young.

[NServiceBus] 2012.
www.nservicebus.com/.

[Öberg] Öberg, Rickard. 2012. "What Is Qi4j™?"
http://qi4j.org/.

[Parastatidis et al., RiP] Webber, Jim, Savas Parastatidis, and Ian Robinson. 2011. REST in Practice. Sebastopol, CA: O'Reilly Media.

[PragProg, TDA] The Pragmatic Programmer. "Tell, Don't Ask." http://pragprog.com/articles/tell-dont-ask.

[Quartz] 2012. Terracotta Quartz Scheduler. http://terracotta.org/products/quartz-scheduler.

[Seovi] Seovi , Aleksandar, Mark Falco, and Patrick Peralta. 2010. Oracle Coherence 3.5: Creating Internet-Scale Applications Using Oracle's High-Performance Data Grid. Birmingham, England: Packt Publishing.

[SOA Manifesto] 2009. SOA Manifesto. www.soa-manifesto.org/.

[Sutherland] Sutherland, Jeff. 2010. "Story Points: Why Are They Better than Hours?" http://scrum.jeffsutherland.com/2010/04/story-points-why-are-they-betterthan.html.

[Tilkov, Manifesto] Tilkov, Stefan. 2009. "Comments on the SOA Manifesto." www.innoq.com/blog/st/2009/10/comments_on_the_soa_manifesto.html.

[Tilkov, RESTful Doubts] Tilkov, Stefan. 2012. "Addressing Doubts about REST." www.infoq.com/articles/tilkov-rest-doubts.

[Vernon, DDR] Vernon, Vaughn. n.d. "Architecture and Domain-Driven Design." http://vaughnvernon.co/?page_id=38.

[Vernon, DPO] Vernon, Vaughn. n.d. "Architecture and Domain-Driven Design." http://vaughnvernon.co/?page_id=40.

[Vernon, RESTful DDD] Vernon, Vaughn. 2010. "RESTful SOA or Domain-Driven Design—A Compromise?" QCon SF 2010. www.infoq.com/presentations/RESTful-SOA-DDD.

[Webber, REST & DDD] Webber, Jim. "REST and DDD." http://skillsmatter.com/podcast/design-architecture/rest-and-ddd.

[Wiegers] Wiegers, Karl E. 2012. "First Things First: Prioritizing Requirements." www.processimpact.com/articles/prioritizing.html.

[Wikipedia, CQS] 2012. "Command-Query Separation." http://en.wikipedia.org/wiki/Command-query_separation.

[Wikipedia, EDA] 2012. "Event-Driven Architecture." http://en.wikipedia.org/wiki/Event-driven_architecture.

[Young, ES] Young, Greg. 2010. "Why Use Event Sourcing?" http://codebetter.com/gregyoung/2010/02/20/why-use-event-sourcing/.